Grundzüge der Beschaffung, Produktion und Logistik

Grundzüge der Beschaffung, Produktion und Logistik

4., aktualisierte Auflage

Sebastian Kummer (Hrsg.)
Oskar Grün
Werner Jammernegg

Pearson

Bibliografische Information der Deutschen Nationalbibliothek

Die Deutsche Nationalbibliothek verzeichnet diese Publikation in der Deutschen Nationalbibliografie; detaillierte bibliografische Daten sind im Internet über *http://dnb.d-nb.de* abrufbar.

10 9 8 7 6 5 4 3 2

22 21 20 19

ISBN 978-3-86894-287-3 (Buch)
ISBN 978-3-86326-778-0 (E-Book)

www.pearson.de
A part of Pearson plc worldwide

Programmleitung Wirtschaft: Martin Milbradt, mmilbradt@pearson.de
Lektorat: Elisabeth Prümm, epruemm@pearson.de,
Markus Stahmann, markus.stahmann@pearson.de
Korrektorat: Petra Kienle
Coverabbildung: welcomia, 123rf.com
Herstellung: Claudia Bäurle, cbaeurle@pearson.de
Satz: Gerhard Alfes, mediaService, Siegen (www.mediaservice.tv)
Druck und Verarbeitung: DZS-GRafik d.o.o., Ljubljana

Printed in Slovenia

Inhaltsübersicht

Inhaltsverzeichnis

Teil II Beschaffung 133

Vorwort der Autoren zur 4. Auflage

Für das positive Feedback der Leserinnen und Leser und die große Nachfrage nach der dritten Auflage sind wir dankbar. Sie zeigen uns, dass unsere Darstellung der Grundlagen der Beschaffung, Produktion und Logistik für deutschsprachige Universitäten, Fachhochschulen aber auch Aus- und Weiterbildungseinrichtungen führend ist. Die kompakte Einführung in das „Operations Management", so bezeichnet die angelsächsische Literatur das Management der betrieblichen Leistungserstellungsprozesse, stiftet großen Nutzen.

Wie viele andere Bereiche auch befinden sich Beschaffung Produktion und Logistik zurzeit in einem tief greifenden Wandel. Auch wenn die Grundlagen gleichbleiben, so stellen Digitalisierung und nachhaltiges Wirtschaften Herausforderungen für Unternehmen und die akademische Ausbildung dar, die nicht ignoriert werden können. Aufbauend auf der soliden Basis der dritten Auflage haben wir deswegen das Buch konsequent in diese Richtung weiter entwickelt.

Im Teil I geben wir einen Überblick über die Herausforderungen der betrieblichen Leistungserstellung, wobei digitale Transformation und nachhaltiges Wirtschaften Schwerpunkte darstellen, die in den weiteren Teilen des Buches vertieft werden. Im Kapitel 2 Transformationsebenen im Unternehmen haben wir die dispositive Ebene stark ausgebaut. Die Managementaufgaben Planung, Entscheidung und Kontrolle werden intensiver behandelt. Zusätzlich gehen wir auf Management-Ansätze, wie zum Beispiel die integrierte Absatz-, Produktions- und Beschaffungsplanung (Sales and Operations Planning), ein. Das Kapitel 4 Prozessmanagement haben wir um praxisrelevante Konzepte, insbesondere Prozesslandkarten und Change Management erweitert. Das Kapitel Supply Chain Management wurde komplett überarbeitet, die Supply Chain Planung wurde ausgebaut und das SCOR-Modell auf die aktuelle Version 12.0 aktualisiert. Die praktische Anwendung der beschriebenen Konzepte zeigen wir anhand kurzer Exkurse.

Der Teil II – Beschaffung wurde überarbeitet und aktualisiert. Die Überarbeitung bezog sich unter anderem auf Überschneidungen mit und Abweichungen gegenüber anderen Teilen. Die Aktualisierung betraf vor allem die Berücksichtigung von zwei für die Beschaffung bedeutsamen neuen Trends, nämlich die Nachhaltigkeit und die Industrie 4.0. Auf Grund der großen Bedeutung für die Praxis wurden im Rahmen der Überarbeitung und Aktualisierung des Teils III ein neuer Abschnitt zum Projektmanagement sowie Ergänzungen im Bereich der Produktionsplanung eingefügt. Der Teil III – Produktion bildet somit das Kernstück der kompakten Einführung in das „Operations Management".

Im Zuge der Überarbeitung von Teil IV – Logistik haben wir die Grundlagen der Logistikdienstleister in einem eigenen Kapitel beschrieben. Da Umweltaspekte und soziale Fragen zunehmend eine Herausforderung für die Logistik darstellen, adressieren wir diese umfassend in Abschnitt 17.4 Nachhaltige Logistik und integrieren Beispiele dazu in den Folgekapiteln. In Kapitel 18 erläutern wir neben den bestehenden Inhalten die digitale Transformation im Kontext mit Logistik 4.0. Im Kapitel 21 Supply Chain Management wurde die Gestaltung des SCM aktualisiert und erweitert. Das Efficient Consumer Response als Konzept des SCM wurde ausführlicher erläutert. Außerdem wurden die Herausforderungen des SCM aktualisiert und um die digitale Transformation sowie Nachhaltigkeitsaspekte ergänzt.

Das Übungsbuch wurde analog zur neuen Auflage des Textbuchs überarbeitet. Ergänzende Materialien zum Textbuch in elektronischer Form sind über die Website des Verlages kostenlos erhältlich.

Die Autoren zeichnen weiterhin für ihren jeweiligen Themenbereich verantwortlich, Sebastian Kummer fungiert darüber hinaus wie gehabt als Herausgeber. Die Koordination der Autoren und die Abstimmung mit dem Verlag besorgte dankenswerter Weise wieder Herr Dr. Wolfram Groschopf. Für die großartige Unterstützung bei der Aktualisierung der Fallstudien möchten wir uns bei Herrn Professor J. Rod Franklin und Herrn Dr. Christoph Horvatits bedanken. Unser Dank gilt auch dem Verlag für die gute Zusammenarbeit, insbesondere Herrn Martin Milbradt. Last but not least danken wir den Studierenden und TutorInnen der Wirtschaftsuniversität Wien sowie den Kolleginnen und Kollegen anderer deutschsprachiger Universitäten und Fachhochschulen für ihre zahlreichen Rückmeldungen, Fragen und Anregungen.

Wien, im Oktober 2018
Sebastian Kummer,
Oskar Grün,
Werner Jammernegg

Vorwort der Autoren zur 3. Auflage

Die vorliegende dritte Auflage stellt eine konsequente Weiterentwicklung der vorangegangenen Auflagen dar. Basis der inhaltlichen Neuerungen sind aktuelle Entwicklungen in Unternehmen und entlang von Supply Chains sowie die zahlreichen eigenen Erfahrungen im Lehrbetrieb und nicht zuletzt das erfreuliche Feedback anderer Lehrender.

Wesentliche Neuerungen betreffen im Teil I Grundlagen ein neues Kapitel zu Supply Chain Management inklusive der Steuerung durch die Logistik und eine zusätzliche Fallstudie aus dem Bereich Dienstleistungsproduktion betreffend den Logistikdienstleister Kühne + Nagel. Aufgrund der wachsenden Bedeutung des Umweltschutzes und des Nachhaltigkeitsmanagements haben wir im Grundlagenteil aber auch in anderen Teilen des Buchs die Herausforderungen des Nachhaltigkeitsmanagements stärker behandelt.

Änderungen im Teil II Beschaffung betreffen vorrangig einen neuen Abschnitt zur Beschaffungspolitik und Vertiefungen zur Corporate Social Responsibility im Lieferantenmanagement, zum Dienstleistungseinkauf (Service-Level-Agreements) und zur elektronischen Beschaffung. Anpassungen im Teil III Produktion betreffen vor allem das Kapitel Produktionsmanagement in den Bereichen Layout-, Ablauf- und Personaleinsatzplanung. Im Teil IV Logistik wurden sowohl strukturelle Anpassungen als auch inhaltliche Erweiterungen vorgenommen. Das *Kapitel 17* „Entwicklung der Logistik" wurde um die Unterkapitel Logistikkosten, Grüne Logistik und Grundlagen der Quantitativen Logistik: Operations Research Modelle, ergänzt. Im *Kapitel 18* „Logistik als funktionale Spezialisierung" finden sich nun die Lagerhaltungsmodelle im Unterkapitel Bestandsmanagement und die Transportmodelle im Unterkapitel Transport. Wegen der großen Bedeutung der Informationsflüsse und Informationssysteme in der Logistik wurde dieser Bereich wesentlich erweitert. Das Unterkapitel der Distributionslogistik wurde durch eine Darstellung der eLogistik und der Auslieferung an den Endkunden ergänzt. Entsprechend der Behandlung des SCM im Grundlagenkapitel wurde das *Kapitel 21* SCM komplett neu gestaltet.

Aufgrund des großen Zuspruchs haben wir auch das Übungsbuch der neuen Auflage des Textbuchs angepasst und überarbeitet. Wie bereits zu den vorangegangenen Auflagen sind ergänzende Materialien zum Textbuch in elektronischer Form über die Website des Verlages beim Verlag kostenlos erhältlich.

Die Autoren zeichnen weiterhin für ihren jeweiligen Themenbereich verantwortlich, Sebastian Kummer fungiert darüber hinaus als Herausgeber. Die Koordination der Autoren und die Abstimmung mit dem Verlag besorgte dankenswerter Weise Herr Mag. Wolfram Groschopf. Herr Professor Dr. Peter Faller hat mit seinen kritischen Anmerkungen und seinen Anregungen einen wesentlichen Beitrag zur Überarbeitung des Textbuches geleistet, wofür wir Ihm danken. Für die großartige Unterstützung bei der Erstellung der Fallstudien möchten wir uns bei Herrn Professor J. Rod Franklin und Herrn Dr. Otto Horvatits bedanken. Unser Dank gilt auch dem Verlag für die gute

Zusammenarbeit, insbesondere Herrn Martin Milbradt. Last but not least danken wir den Studierenden und TutorInnen der Wirtschaftsuniversität Wien für ihre zahlreichen Rückmeldungen, Fragen und Anregungen.

Wien, im März 2013
Sebastian Kummer,
Oskar Grün,
Werner Jammernegg

Vorwort der Autoren zur 2. Auflage

Der Erfolg der ersten Auflage und das positive Feedback zeigen uns, dass sich unser Konzept der Integration von Beschaffung, Produktion und Logistik in der betriebswirtschaftlichen Grundausbildung bewährt hat. Wir gehen diesen Weg weiter, haben aber das Konzept und die Materialien inhaltlich und didaktisch ergänzt.

Wir haben den Stoff sowohl in der Tiefe, z.B. Ergänzung der formalen Darstellungen bei Produktionsfunktionen oder der Ableitung von Lagerhaltungsmodellen, als auch in der Breite, z.B. Konzepte des Qualitätsmanagements, des Lean Managements oder des Beschaffungscontrollings, ergänzt. Im Hinblick auf die didaktischen Anforderungen wurde das Textbuch durch ein Übungsbuch ergänzt. Wie bereits zur ersten Auflage sind ergänzende Materialien zum Textbuch in elektronischer Form über die Website des Verlages und auf DVD beim Verlag kostenlos erhältlich.

Die Autoren zeichnen weiterhin für ihren jeweiligen Themenbereich verantwortlich, Sebastian Kummer fungiert darüber hinaus als Herausgeber.

Die ProfessorInnen Peter Faller, Kathrin Fischer, Herbert Meyr und Gerd Rainer Wagner haben mit ihren kritischen Anmerkungen und ihren Anregungen einen wesentlichen Beitrag zur Überarbeitung des Textbuches geleistet, wofür wir Ihnen danken. Unser Dank gilt auch dem Verlag für die gute Zusammenarbeit, insbesondere Herrn Christian Schneider und Herrn Dr. Rainer Fuchs. Schließlich danken wir den Studierenden und TutorInnen der Wirtschaftsuniversität Wien, insbesondere Frau Andrea Wittmann, für ihre zahlreichen Rückmeldungen, Fragen und Anregungen.

Wien, im Januar 2009
Sebastian Kummer,
Oskar Grün,
Werner Jammernegg

Vorwort der Autoren zur 1. Auflage

Beschaffung, Produktion und Logistik zählen zu den Kerngebieten der Betriebswirtschaftslehre. Dementsprechend sind sie ein unverzichtbarer Bestandteil im Lehrangebot des Faches. Darüber hinaus handelt es sich um wichtige Gestaltungsbereiche der Wirtschaftspraxis, unabhängig von Branche und Betriebsgröße. Neben altbekannten Problemen und Lösungsansätzen zeichnen sich in allen drei Bereichen tief greifende Veränderungen ab. Die Bedeutung der Beschaffung ist mit der in vielen Branchen zu beobachtenden Erhöhung des Fremdbezugsanteils und der stärkeren Lieferanteneinbindung sowie dem Trend zum weltweiten Einkauf (Global Sourcing) merklich gewachsen. Die Produktion, früher eine Domäne der Industrie, ist inzwischen zu einem Schlüsselfaktor der Dienstleistungsbetriebe geworden, wobei sowohl in der Güter- als auch in der Dienstleistungsproduktion die Orientierung an den individuellen Kundenbedürfnissen (Customization) angestrebt wird. Die Logistik leistet als Querschnittsfunktion innerbetrieblich und betriebsübergreifend (Supply Chain) einen unverzichtbaren Integrationsbeitrag.

Das Buch soll Studierende und Praktiker in die Themenbereiche Beschaffung (Teil II), Produktion (Teil III) und Logistik (Teil IV) einführen. Es bietet den Lesern ohne betriebswirtschaftliche Vorkenntnisse im Teil I darüber hinaus eine leicht verständliche Darstellung der Grundlagen der betrieblichen Leistungserstellung. Das Buch entstand aus einer gemeinsamen Lehrveranstaltung der Autoren an der Wirtschaftsuniversität Wien, wo diese Themenbereiche ein Modul des Common Body of Knowledge in der Studieneingangsphase bilden. Die Autoren zeichnen für ihren jeweiligen Themenbereich verantwortlich, Sebastian Kummer fungiert darüber hinaus als Herausgeber.

Die Kollegen Peter Faller und Herbert Meyr haben mit ihren kritischen Anmerkungen und Anregungen einen dankenswerten Beitrag zur Entstehung dieses Buches geleistet. Verlagsseitig haben uns Rainer Fuchs und Dennis Brunotte ausgezeichnet und geduldig unterstützt. Schließlich danken wir den Studierenden und Tutoren der Wirtschaftsuniversität Wien für ihre Rückmeldungen, Fragen und Anregungen, die besonders bei der Auswahl der Materialien, der Beispiele und der Kontrollfragen hilfreich waren.

Zusätzliche Materialien zum Buch sind in elektronischer Form über die Website des Verlages und auf DVD beim Verlag kostenlos erhältlich.

Wien, im August 2006
Sebastian Kummer,
Oskar Grün,
Werner Jammernegg

Die Autoren

Teil I

Univ.Prof. Dr. Sebastian Kummer ist Vorstand des Instituts für Transportwirtschaft und Logistik der Wirtschaftsuniversität Wien. Als praxisorientierter Wissenschaftler führt er sowohl wissenschaftliche Forschungsprojekte als auch Beratungsvorhaben zu aktuellen Fragen des Logistikmanagements und des Supply Chain Management durch.

E-Mail: *sebastian.kummer@wu.ac.at*

Dr. Wolfram Groschopf ist Mitarbeiter des Instituts für Transportwirtschaft und Logistik der Wirtschaftsuniversität Wien. Im Rahmen seiner Lehr- und Forschungstätigkeit beschäftigt er sich mit Logistikmanagement und Supply Chain Management.

E-Mail: *wolfram.groschopf@wu.ac.at*

Teil II

em. o. Univ.Prof. Dr. Oskar Grün war Vorstand des Instituts für Organisation und Materialwirtschaft der Wirtschaftsuniversität Wien. Konzeptionelle Fragen sowie Kern- und Supportprozesse der Materialwirtschaft bilden den Schwerpunkt seiner Lehre und Forschung.

E-Mail: *oskar.gruen@wu.ac.at*

Mag. Jean-Claude Brunner ist Berater für Business Intelligence. Er war wissenschaftlicher Mitarbeiter am Institut für Organisation und Materialwirtschaft der Wirtschaftsuniversität Wien. Seine Forschungsinteressen sind Organisationsgrenzen und Wertschöpfungsnetzwerke.

E-Mail: *jc.brunner@gmail.com*

Teil III

Univ.Prof. Dipl.-Ing. Dr. Werner Jammernegg war bis 2018 Professor für Operations Management am Institut für Produktionsmanagement der WU Wien. Seine Schwerpunkte in Forschung, Lehre und Beratung liegen im Operations Management und im Supply Chain Management.

E-Mail: *werner.jammernegg@wu.ac.at*

Dr. Martin Poiger ist externer Lehrbeauftragter an der Donauuniversität Krems sowie an der Wirtschaftsuniversität Wien. Er war stellvertretender Studiengangsleiter der Fachhochschulstudiengänge „Logistik und Transportmanagement" (Bachelor & Master) der FH des bfi Wien sowie wissenschaftlicher Mitarbeiter am Institut für Produktionsmanagement an der Wirtschaftsuniversität Wien. Seine fachlichen Schwerpunkte liegen in den Bereichen Prozess- und Qualitätsmanagement, Supply Chain Management und wissenschaftliche Methoden.

E-Mail: *martin.poiger@a1.net*

Dr. Stefan Treitl ist Senior Lecturer am Institut für Produktionsmanagement der Wirtschaftsuniversität Wien. Im Rahmen seiner Forschungs- und Lehrtätigkeit beschäftigt er sich u.a. mit Methoden und Tools des Produktionsmanagements sowie mit Nachhaltigkeitsaspekten im Operations und Supply Chain Management.

E-Mail: *stefan.treitl@wu.ac.at*

Teil IV

Univ.Prof. Dr. Sebastian Kummer

Dr. Wolfram Groschopf

TEIL I

Grundlagen der betrieblichen Leistungserstellung

Sebastian Kummer
Wolfram Groschopf

Dieser erste Teil vermittelt Ihnen die Grundlagen der betrieblichen Leistungserstellung aus unterschiedlichen Perspektiven. Zunächst erläutern wir aktuelle Herausforderungen der betrieblichen Leistungserstellung und beschreiben grundlegende Ziele, die Unternehmen im Kontext der Nachhaltigkeit verfolgen. Danach stellen wir Ihnen Beschaffung, Produktion und Logistik als Spezielle Betriebswirtschaftslehren, als betriebliche Funktionen und Funktionsbereiche sowie als betriebliche Prozesse im Kontext mit der Entwicklung der Betriebswirtschaftslehre vor. Davon ausgehend beschreiben wir die Transformationsebenen der betrieblichen Leistungserstellung. Im Folgenden führen wir Sie in die faktorbezogene Sichtweise ein und stellen betriebliche Leistungserstellung als Input-Output-System dar. Wir erläutern anschließend die prozess(fluss-)orientierte Sichtweise der Leistungserstellung und stellen unternehmensübergreifende Sachverhalte im Rahmen des Supply Chain Managements dar. Den Abschluss des ersten Teils bilden Fallstudien aus der Güter- und Dienstleistungsproduktion über die Unternehmen Kurt Mann Bäckerei & Konditorei und den Logistikdienstleister Kühne + Nagel.

Sie lernen:

- Herausforderungen der betrieblichen Leistungserstellung kennen
- Ziele als Ausgangspunkt wirtschaftlicher Handlungen zu verstehen
- Nachhaltiges Wirtschaften als essenzielle Unternehmensaufgabe zu erfassen
- Beschaffung, Produktion und Logistik als betriebliche Funktionen, Funktionsbereiche und Spezielle Betriebswirtschaftslehren zu begreifen
- Die Entwicklung der betrieblichen Leistungserstellung von der Funktions- zur Prozessbetrachtung kennen
- Transformationsebenen in einem Unternehmen zu unterscheiden
- Produktionsfaktoren zu differenzieren und Beispiele zu nennen
- Güter- und Dienstleistungsproduktion voneinander zu unterscheiden
- Faktor-, Funktions- und Prozessbetrachtung abzugrenzen und anzuwenden
- Kennzahlen und Kennzahlensysteme zu erklären
- Konzepte zur Effizienzsteigerung zu verstehen
- Grundlagen des Supply Chain Managements zu erfassen
- Die Bereiche „Beschaffung“, „Produktion“ und „Logistik“ anhand von Fallstudien aus der Güter- und Dienstleistungsproduktion einzuschätzen

Betriebliche Leistungserstellung

1

ÜBERBLICK

Unternehmen erbringen Leistungen, um sie am Markt abzusetzen und Kundenbedürfnisse zu erfüllen. Die betriebliche Leistungserstellung umfasst große Teile der betrieblichen Aktivitäten. Weitere Aktivitäten sind Finanzierung sowie die Leistungsverwertung (z.B. Werbung und Verkauf). Die betriebliche Leistungserstellung umfasst insbesondere Beschaffung, Produktion und Logistik.

Die betriebliche Leistungserstellung findet nicht abgekoppelt in einem Glaslabor statt, sondern ist eingebettet in das gesellschaftliche, ökologische und ökonomische Umfeld und befindet sich im ständigen Wandel. Deswegen gehen wir im Folgenden zunächst im *Abschnitt 1.1* auf einige wichtige Herausforderungen ein. Im Anschluss werden Ziele als Ausgangspunkt wirtschaftlichen Handels (vgl. *Abschnitt 1.2*) sowie nachhaltiges Wirtschaften (vgl. *Abschnitt 1.3*) erläutert.

Die Begriffe Beschaffung, Produktion und Logistik können unterschiedliche Sachverhalte bezeichnen:

- In der betriebswirtschaftlichen Forschung und Lehre bezeichnen Beschaffung, Produktion und Logistik Spezielle Betriebswirtschaftslehren (vgl. *Abschnitt 1.4*).
- In der Unternehmenspraxis benennen sie entweder die betrieblichen Funktionen oder die betrieblichen Funktionsbereiche (Organisationseinheiten), in denen Material und Waren beschafft, produziert, gelagert, transportiert und umgeschlagen werden (vgl. *Abschnitt 1.5*).

1.1 Aktuelle Herausforderungen

Die weltweite Verflechtung der Volkswirtschaften durch Entstehung globaler Kapital-, Güter- und Dienstleistungsmärkte hat zu einer starken internationalen Verteilung der betrieblichen Leistungserstellung geführt. Diese als **Globalisierung** bezeichnete Entwicklung wurde in den vergangenen Jahrzehnten durch zahlreiche Initiativen, wie z.B. die Gründung der World Trade Organisation (WTO), unterstützt und auf diese Weise wurde der Freihandel gefördert. Wenn aufgrund nationaler politischer Interessen nun wieder verstärkt Zölle oder nicht monetäre Handelsbarrieren (Export/Importverbote oder -kontingente, nationale Standards) eingeführt werden, müssen Unternehmen ihre internationalen Beschaffungs-, Produktions- und Logistiknetzwerke überdenken und ggf. neu designen.

Die steigenden und sich rasch verändernden **Kundenanforderungen** stellen eine große Herausforderung für die betriebliche Leistungserstellung dar. Ob notwendig oder nicht, wünscht sich die Mehrzahl der Konsumenten eine immer größere Vielfalt und Individualität der Produkte. Reichte vor knapp 20 Jahren in vielen Fällen noch ein begrenztes Produktspektrum, so müssen Unternehmen heute eine Vielzahl von Produkten und Produktvarianten anbieten. Selbst Apple, das lange Zeit an einer starken Standardisierung des iPhones festhielt (eine Farbe, eine Größe), bietet heute unterschiedliche iPhones in mehreren Varianten an.

Insbesondere im Onlinehandel steigen die Erwartungen der Kunden und die Angebote der Hersteller/Händler auch hinsichtlich der Lieferzeit der Produkte. Ein bekanntes Beispiel hierfür ist die Auslieferung innerhalb von zwei Stunden oder zumindest am gleichen Tag (Same Day Delivery), die der Onlinehändler Amazon – ausgehend von den USA – nun in immer mehr Märkten anbietet.

Im Laufe der vergangenen Jahrhunderte haben unterschiedliche technologische Entwicklungen zu einem dauerhaften und tiefgreifenden Wandel der betrieblichen Leistungserstellung und der Gesellschaft geführt. Die **Digitalisierung** verändert aktuell nicht nur die Lebens- und Arbeitswelten der Menschen, sondern auch die Wertschöpfung. Sie bringt eine umfassende Vernetzung aller Bereiche von Wirtschaft und Gesellschaft mit sich und ist durch die Fähigkeit, relevante Informationen zu sammeln, zu analysieren und in Handlungen umzusetzen charakterisiert. Große Fortschritte im Bereich von Robotertechnologien ermöglichen Unternehmen eine weitestgehende Automatisierung der betrieblichen Leistungserstellung. Im Zusammenspiel mit Sensoren und Anwendungen der Künstlichen Intelligenz (KI) werden zunehmend auch autonome Systeme entwickelt, die sich selbst steuern und lernfähig sind. Dies steigert einerseits die Effizienz und eröffnet darüber hinaus neue Wege hinsichtlich der Gestaltung flexibler und anpassungsfähiger Produktionsnetzwerke. Dadurch sind Unternehmen in der Lage, auf wechselnde Kundenforderungen rasch zu reagieren und individualisierte Produkte in kleinen Mengen zu niedrigen Produktionskosten zu fertigen.

In der produzierenden Industrie wird die Umsetzung der Digitalisierung im deutschen Sprachraum als **Industrie 4.0** bezeichnet. Um die zunehmende Kundenindividualisierung sowie steigende Flexibilitätsanforderungen zu adressieren, wird eine Vielzahl von Lösungsansätzen verwendet. Eine Technologie, die das Potenzial hat, sowohl Beschaffung, Produktion als auch Logistik stark zu verändern, ist der **3D-Druck**, bei dem unterschiedliche Materialien Schicht für Schicht aufgetragen werden (additives Produktionsverfahren). Dieses Verfahren ermöglicht unter anderem dezentrale Produktionsstrukturen, wobei anstelle einer oder weniger Produktionsstätten viele Produktionsstätten in der Nähe der Kunden errichtet werden. Dadurch verändert sich die Effizienz der Logistik stark (z.B. bei Ersatzteilen).

Der disruptive Charakter der Digitalisierung führt zum Teil dazu, dass bestehende Geschäftsmodelle nicht mehr wirtschaftlich sind und durch neue, digitale Lösungen ersetzt werden. In diesem Zusammenhang dringen die „Digital Giants", wie z.B. Google und Amazon, in neue Bereiche vor. Zum Teil in Form von digitalen Plattformen, aber auch – wie das Beispiel der eigenständigen Durchführung von Auslieferungen durch Amazon zeigt – in traditionelle, physische Aktivitäten. In der Literatur wird dieser Prozess als **digitale Transformation** beschrieben, wobei sowohl Organisationen als auch Geschäftsmodelle und Märkte betroffen sind. Unternehmen müssen auf diese Entwicklung mit **Innovation** reagieren, um wettbewerbsfähig zu bleiben.

Neben den zahlreichen Chancen, welche die Digitalisierung zweifelsohne mit sich bringt, sollte nicht verschwiegen werden, dass diese Entwicklung auch erhebliche Gefahren birgt. Prof. Dr. Hawking, der selbst auf Grund von künstlicher Intelligenz und Robotertechnologien lange überlebt hat und arbeiten konnte, warnte vor der Entwicklung, indem er sagte: „The development of full artificial intelligence could spell the end of the human race."

1.2 Ziele als Ausgangspunkt wirtschaftlichen Handelns

Wirtschaften bedeutet planmäßiges Handeln mit der Absicht, Bedürfnisse zu befriedigen. Die Bedürfnisbefriedigung erfolgt durch die Wahl zwischen alternativ zu verwendenden knappen Mitteln unter Einhaltung des ökonomischen Prinzips, das in zwei Ausprägungen existiert: Beim Minimumprinzip wird mit möglichst geringen Mitteln (Input) ein gegebenes Ergebnis (Output) erzielt. Beim Maximumprinzip wird mit gegebenen Mitteln (Input) ein möglichst hohes Ergebnis (Output) erzielt (vgl. *Abschnitt 3.5*). Als **Betrieb** wird die kleinste Einheit verstanden, in der sich durch Zusammenfassung von Menschen und Sachen wirtschaftliche Handlungen vollziehen lassen. **Unternehmen** (Unternehmungen) sind Betriebe, die vornehmlich auf die Deckung fremder Bedürfnisse ausgerichtet sind. Im Gegensatz dazu können Haushalte als Betriebe aufgefasst werden, die vornehmlich zur Deckung des Eigenbedarfs dienen.

Das **allgemeine Sachziel** eines Unternehmens erstreckt sich auf die Bereitstellung von Gütern und Dienstleistungen (zusammengefasst als Produkte) mit dem Ziel der Bedürfnisbefriedigung. Daraus folgen **spezielle Sachziele**, die angeben, welche Produkte hergestellt und am Markt verkauft werden sollen. Diese werden durch Art und Menge der in einem bestimmten Zeitraum bereitzustellenden Produkte im betrieblichen Leistungsprogramm festgelegt.[1] Um die Bedürfnisse der Kunden konsequent zu befriedigen, ist die Berücksichtigung von Kundenanforderungen bei Entwicklung und Erstellung betrieblicher Leistungen von Bedeutung. Wesentliche Gestaltungsdimensionen sind dabei die Art und Eigenschaften der Produkte, das Preisniveau sowie die mengen- und zeitmäßige Verfügbarkeit der Produkte.

Formalziele geben an, wie die **Sachziele** eines Unternehmens erreicht werden sollen. Sie liefern Handlungskriterien für die Art der Leistungserstellung. Dabei lassen sich vier Kategorien von Formalzielen unterscheiden:[2]

- **Wirtschaftliche Ziele** betreffen im engeren Sinn die Wirtschaftlichkeit als das Verhältnis zwischen Input- und Output-Werten bei der Produktion sowie Rentabilitätsziele (vgl. *Abschnitt 3.5*). Weitere wesentliche wirtschaftliche Zielgrößen sind Gewinn, Umsatz und Marktanteile.
- **Technische Ziele** beschreiben mengen- und qualitätsbezogene Aspekte der Materialien, der Produkte sowie des Produktionssystems. Wesentliche technische Zielgrößen betreffen die angestrebte Material- und Produktqualität, die Kapazität und Flexibilität der Produktionsanlagen (vgl. *Teil III*) sowie deren Produktivität (vgl. *Abschnitt 3.5*).
- **Soziale Ziele** beinhalten vor allem die Gestaltung humaner und sicherer Arbeitsbedingungen, die Möglichkeit zur Weiterentwicklung von MitarbeiterInnen und umfassen oftmals Grundregeln für den zwischenmenschlichen Umgang im eigenen Unternehmen sowie mit Lieferanten und Kunden in Form von Verhaltensleitfäden (engl. „Code of Conduct"). Darüber hinaus definieren Unternehmen im Rahmen ihrer gesellschaftlichen Verantwortung Ziele, die das soziale Umfeld positiv beeinflussen sollen.

1 Vgl. Zelewski, S. (2008), S. 53
2 Vgl. Zelewski, S. (2008), S. 12 f.

- **Ökologische Ziele** behandeln die Inanspruchnahme der natürlichen Umwelt. Wesentliche Zieldimensionen betreffen den Verbrauch natürlicher Ressourcen (z.B. Rohstoffe), die Belastung der Umwelt durch Schadstoffe (z.B. Luft-, Wasserverschmutzung) und die Emission von klimaschädlichen Treibhausgasen.

Eine verstärkte Integration von wirtschaftlichen, sozialen und ökologischen Formalzielen wird seit den 1990er-Jahren im Rahmen des **nachhaltigen Wirtschaftens** verfolgt.

1.3 Nachhaltigkeit

Der Begriff **„Nachhaltigkeit"** (sustainability) lässt sich bis ins 18. Jahrhundert zurückverfolgen und hat seinen Ursprung in der Forstwirtschaft. Die Grundidee dabei war, nicht mehr Holz aus dem Wald zu entnehmen als nachwächst, um den Wald nicht zu schädigen und somit die natürliche Umwelt langfristig zu erhalten.

Definition

Nachhaltiges Wirtschaften (engl. „sustainable development") bedeutet, dass den Bedürfnissen der heutigen Generation dergestalt Rechnung getragen werden sollte, dass die Möglichkeit künftiger Generationen, ihre Bedürfnisse zu befriedigen, nicht gefährdet wird.[3]

Die Erfüllung der gesetzlichen Rahmenbedingungen ist die Basis der betrieblichen Leistungserstellung und damit die Voraussetzung für nachhaltiges Wirtschaften. Allerdings müssen Unternehmen als Reaktion auf Stakeholderinteressen ihre Nachhaltigkeitsstandards über die gesetzlichen Mindestanforderungen hinaus anheben. Zunehmend erkennen Unternehmen die Chancen nachhaltigen Wirtschaftens und nutzen dieses Differenzierungsmerkmal als Teil der Unternehmensstrategie, wie folgende ▶ *Abbildung 1.1* zeigt.

Abbildung 1.1: Entwicklung des Nachhaltigkeitsmanagements

3 Vgl. Rat der europäischen Kommission (2006), S. 2

Als Reaktion auf schlechte Lebens-, Arbeits- und Umweltbedingungen während der Industrialisierung wurden in den meisten westlichen Ländern gesetzliche Rahmenbedingungen im Arbeits-, Sozial- und Umweltbereich geschaffen, die bei der betrieblichen Leistungserstellung eingehalten werden müssen.

Zwar wurde die **Arbeitszeitgesetzgebung** durch die EU in der Europäischen Richtlinie 93/104/EG und der Richtlinie 2003/88/EG über bestimmte Aspekte der Arbeitszeitgestaltung geregelt, die Umsetzung ist jedoch in den Ländern der EU und selbst in so nahen Rechtssystemen wie Deutschland und Österreich unterschiedlich. Neben der höchstzulässigen täglichen Arbeitszeit regelt die Arbeitszeitgesetzgebung in der Regel die Ruhepausen während der Arbeitszeit und Mindestruhezeiten, die zwischen Beendigung und Wiederaufnahme der Arbeit einzuhalten sind. Außerdem gibt es Regelungen für Arbeit bzw. Arbeitsruhe an Sonn- und Feiertagen sowie zur Nachtarbeit. Spezifische gesetzliche oder zwischen den Sozialpartnern vereinbarte Arbeitszeitregelungen gibt es in einzelnen Branchen, z.B. gelten für Lkw-Fahrer zusätzlich zu den Arbeitszeitregelungen noch strengere Lenkzeitregelungen. Außerdem sehen viele Tarifverträge Arbeitszeitregelungen und entsprechende Vereinbarungen für Löhne und Gehälter vor.

Bereits zur Frühzeit der Industrialisierung wurden erste **Umweltgesetze** erlassen, diese blieben jedoch lange Zeit sehr fragmentiert und ließen den Unternehmen große Spielräume. Mit dem beginnenden Umweltbewusstsein im deutschsprachigen Raum wurden seit den 1970er-Jahren viele Umweltgesetze verabschiedet. Allerdings gibt es lediglich in der Schweiz ein Umweltgesetz, das den gesamten Umweltbereich außer dem Gewässerschutz regelt. In Deutschland und Österreich ist die Umweltgesetzgebung auf unterschiedliche Gesetze verteilt.

Bei der betrieblichen Leistungserstellung muss darauf geachtet werden, dass (negative) Einwirkungen auf Mensch und Natur vermieden und Gesetze beachtet werden, die zum Schutz der Umwelt erlassen wurden. Um die diversen Naturschutz- und Wassergesetze nicht zu verletzen, muss sichergestellt werden, dass z.B. von betrieblichen Abwässern keine Gefahren für Grundwasser oder fließende Gewässer ausgehen. Durch Immissionsschutzgesetze werden z.B. Luftverunreinigungen, Lärm oder Strahlenemissionen geregelt, indem Unternehmen Emissionsobergrenzen für bestimmte Stoffe vorgegeben werden. Außerdem regeln Gesetze die Verwendung bestimmter umweltgefährdender Stoffe. Beispiele hierfür sind das Abfall- und das Chemikalienrecht. Unternehmen sollten nicht nur aus moralischen Gründen hohe Umweltstandards einhalten, denn Verstöße gegen Umweltgesetze können zu Strafzahlungen führen. Außerdem können die verantwortlichen ManagerInnen bei Verstößen gegen Umweltgesetzte auch strafrechtlich verfolgt werden.

Um nachhaltig zu wirtschaften, sind Unternehmen somit gefordert, im Rahmen des betrieblichen Nachhaltigkeitsmanagements wirtschaftliche Leistung sozial- und umweltverträglich zu realisieren. Das grundlegende **„Drei-Säulen-Modell" der Nachhaltigkeit**[4] (engl. „Triple Bottom Line") zielt daher auf die gemeinsame Berücksichtigung ökonomischer, ökologischer und sozialer Formalziele von der Strategiefindung bis zur operativen Erstellung betrieblicher Leistungen ab. Dabei erscheint es sinnvoll,

4 Vgl. Wissenschaftliche Dienste des Deutschen Bundestages (2004), S. 2

die Treiber der einzelnen Säulen sowie Schnittmengen zwischen den Säulen genauer zu betrachten. Während Treiber die Leistung innerhalb der einzelnen Säulen beeinflussen, stellen die Schnittmengen auf die Wechselwirkungen zwischen einzelnen Säulen der Nachhaltigkeit ab (vgl. ▶ *Abbildung 1.2*).

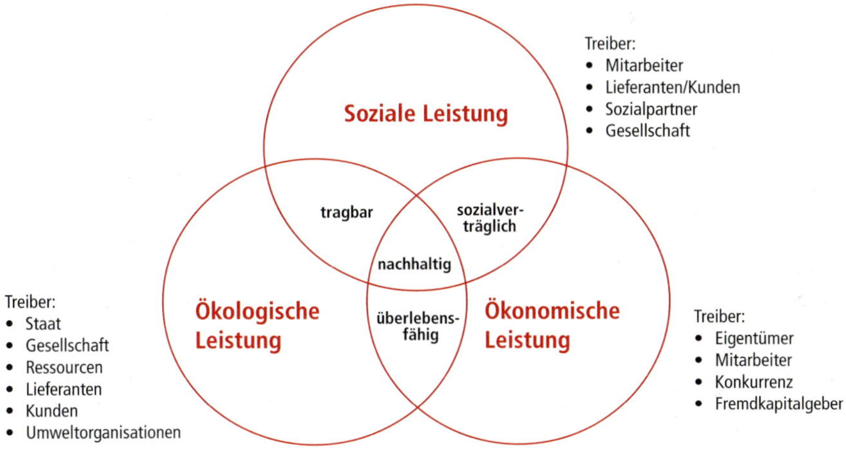

Abbildung 1.2: Drei Säulen, Schnittmengen und Treiber der Nachhaltigkeit[5]

Die grundlegendste Schnittmenge besteht zwischen der ökologischen und der ökonomischen Leistung, die die **Überlebensfähigkeit** des Unternehmens und der natürlichen Umwelt sichern. Dazu sind die wirtschaftlich effiziente und ökologisch tragbare, zielgerichtete Bewirtschaftung natürlicher Ressourcen und der Aufbau kreisförmiger Material- und Güterflüsse wichtig, um die Ressourcenintensität zu senken. Der Erhalt der natürlichen Umwelt ist dabei in erster Linie Selbstzweck und dient dem Überleben der Menschheit, der Sicherung des sozialen Friedens und der menschlichen Lebensqualität.

Die gemeinsame Betrachtung von ökonomischer und sozialer Leistung des Unternehmens kann über die Erfüllung gesetzlicher Standards hinaus als Fairness im Sinne der **Sozialverträglichkeit** betrachtet werden. Diese umfasst neben der gemeinsamen Berücksichtigung der Arbeits- und Lebenswelten von MitarbeiterInnen (engl. „work-life balance") auch gesellschaftliche Werthaltungen und politische Entwicklungen, wodurch ein komplexer und sich wandelnder Betrachtungsraum entsteht.[6]

Tragbarkeit bezeichnet die gemeinsame Betrachtung von ökologischer und sozialer Leistung des Unternehmens. Die Beanspruchung natürlicher Ressourcen und die Emission von Schadstoffen und Treibhausgasen haben oftmals soziale Auswirkungen zur Folge (z.B. Verschlechterung der Lebensqualität durch Luftschadstoffe), die gemeinsam berücksichtigt werden müssen.

5 Eigene Darstellung in Anlehnung an: Carter, C./Rogers, D. (2008), S. 365 und Straube, F./Borkowski, S./Nagel, A. (2009), S. 207

6 Vgl. Corsten, H./Roth, S. (2012), S. 5

Zwischen ökonomischen Zielen einerseits und sozialen sowie ökologischen Zielen andererseits bestehen oftmals (zumindest bei kurzfristiger Betrachtung) Zielkonflikte. Das bedeutet, dass die Verfolgung eines Ziels meist nur zu Lasten eines anderen Ziels möglich ist. So kann die Schaffung von besseren Arbeitsbedingungen für die Mitarbeiter oder die Beschaffung von modernen, schadstoffarmen Transportmitteln kurzfristig den Unternehmensgewinn verringern. Daher wurden solche Maßnahmen von vielen Unternehmen in der Vergangenheit nur zögernd in Angriff genommen. Bei langfristiger Betrachtung wird deutlich, dass die kurzfristigen Gewinne weniger Akteure zu hohen Kosten für die Allgemeinheit (externe Kosten) und zu irreversiblen Umweltschäden führen können, die sich negativ auf die Umwelt, den sozialen Frieden und die menschliche Lebensqualität auswirken. Um dieser Entwicklung Einhalt zu gebieten, ist eine Zusammenarbeit folgender Akteure notwendig:[7]

Unternehmen sind gefordert, Nachhaltigkeit als strategische Herausforderung zur Integration von wirtschaftlichen, sozialen und ökologischen Zielen zu erfassen. In den Unternehmensbereichen Beschaffung, Produktion und Logistik können durch eine effiziente Ausgestaltung der Leistungserstellung sowie verstärkte inner- und zwischenbetriebliche Zusammenarbeit Ressourcen geschont und ein verantwortungsvoller Umgang mit Mensch und Natur erreicht werden. Viele Unternehmen ergreifen freiwillig Maßnahmen, die unter dem Begriff „Corporate Social Responsibility“ (CSR) zusammengefasst werden. Beispiele für die umweltverträgliche und kostensenkende Ausgestaltung der betrieblichen Organisationsbereiche Beschaffung, Produktion und Logistik werden in den Fallstudien in *Kapitel 6* vorgestellt.

Auf **politischer Ebene** sind konsistente Rahmenbedingungen für die nachhaltige Entwicklung notwendig. Zentrale Herausforderungen sind die enge Zusammenarbeit der verschiedenen Institutionen, die Einbindung von Betroffenen in die politische Entscheidungsfindung, die Auswahl und der adäquate Einsatz unterschiedlicher Steuerungsinstrumente und die Etablierung von Partnerschaften zwischen dem öffentlichen und dem privaten Sektor.

Die **Gesellschaft** und somit jedes Individuum soll Konsum- und Verhaltensmuster hinterfragen. Dazu sind nicht nur Information und Bildungsarbeit erforderlich, sondern auch die Entwicklung von Verhaltensangeboten. Da nachhaltige Konsum- und Verhaltensmuster von subjektiven Bedürfnissen und lokalem Wissen abhängig sind, ist die Zivilgesellschaft gefordert, Entscheidungen in Politik und Wirtschaft mitzugestalten.

7 Vgl. Research Institute for Managing Sustainability (2008), *http://www.sustainability.at*

Exkurs: Nachhaltiges Wirtschaften bei Sonnentor

Das Unternehmen Sonnentor vertreibt ein Sortiment von rund 900 Bio-Produkten, vor allem selbst produzierte Kräutermischungen, Tees, andere Lebensmittel und Kosmetika. Die Produktion erfolgt am eigenen Firmenstandort im ländlich geprägten Sprögnitz (Niederösterreich), der Vertrieb über 25 eigene sowie Franchise-Filialen, den Bio-Fachhandel in Österreich, Deutschland und Tschechien sowie über den eigenen Onlineshop in 50 Länder.

Die Idee des Gründers war im Jahr 1988, regionale Bio-Produkte der Bauern aus dem strukturschwachen Waldviertel einem großen Käuferkreis zugänglich zu machen, um umweltverträgliche Landwirtschaft zu fördern und die Region zu stärken. Unter dem Motto „Faires Wirtschaften für mehr Gemeinwohl" folgt das Unternehmen den Grundwerten Fairness, Transparenz und Nachhaltigkeit – und ist damit wirtschaftlich überaus erfolgreich. Die Eigenkapitalquote liegt bei über 60 Prozent, benötigtes Fremdkapital wird über die ethisch orientierte Bank für Gemeinwohl bezogen. Erwirtschaftete Gewinne investiert das Unternehmen konsequent in langfristiges Wachstum entlang der gesamten Wertschöpfungskette.

Die **Beschaffung** der 300 Rohstoffe erfolgt zu 70 Prozent direkt von klein strukturierten Bio-Bauernbetrieben aus der Region und rund um den Globus. Durch Preis- und Abnahmegarantien, Trainings zur Verbesserung des Anbaus und zinslose Kredite in finanziell schwierigen Zeiten stellt das Unternehmen eine langfristige, partnerschaftliche Zusammenarbeit mit seinen Lieferanten sicher. Die eigenen Produkte und die **Produktion** entwickelt Sonnentor laufend weiter, um den Ressourceneinsatz zu senken und die Umweltleistung zu verbessern. So werden Verpackungsfolien aus kompostierbaren Holzfasern und ungebleichte Teebeutel ohne Metallklammern eingesetzt. Wasser für die Produktion bezieht das Unternehmen aus dem eigenen Brunnen, es wird nach Gebrauch in der eigenen Kläranlage gereinigt. Strom wird in der eigenen Photovoltaikanalage produziert und es wird nur Öko-Strom zugekauft, wovon auch die **Logistik** profitiert, da die Warenlager sowie die unternehmenseigenen E-Fahrzeuge klimaneutral betrieben werden. Trotzdem entstehende CO2-Emissionen bei der Anlieferung und dem Versand der Produkte kompensiert das Unternehmen freiwillig über CO_2-Zertifikate der Öko-Region Kaindorf. Dabei wird über die Produktion von Humus CO_2 auf natürliche Weise im Boden gespeichert.

Wesentliche Maßnahmen für die 320 eigenen **MitarbeiterInnen** aus neun Nationen sind überdurchschnittliche Bezahlung, Schulungen, flexible Arbeitszeitmodelle und weitere Benefits. Die Mitarbeiterfluktuation liegt daher weit unter dem Branchenschnitt, wodurch Know-how im Unternehmen verbleibt. Zusätzlich unterstützt das Unternehmen Hilfsprojekte und übernimmt so auch außerhalb der eigenen Geschäftstätigkeit soziale Verantwortung (Corporate Citizenship).

Seine Gesamtleistung erfasst Sonnentor in einer extern validierten „Gemeinwohlbilanz", die eine Art integrierten Geschäftsbericht darstellt. Dabei werden die ökonomische, ökologische und soziale Leistung integrativ mit Hinblick auf den Beitrag des Unternehmens zum Gemeinwohl bewertet und zukünftige Maßnahmen definiert, um laufend besser zu werden. (*https://www.sonnentor.com*)

1.4 Beschaffung, Produktion und Logistik als Spezielle Betriebswirtschaftslehren

Die Betriebswirtschaftslehre als eine realwissenschaftliche Disziplin der Sozial- und Geisteswissenschaften beschreibt und erklärt wirtschaftliche Aktivitäten in Unternehmen und entwickelt Handlungsempfehlungen. In diesem Zusammenhang hat sich eine Vielzahl von Teildisziplinen herausgebildet. ▶ *Abbildung 1.3* greift die Klassifikation der **Speziellen Betriebswirtschaftslehren** von Jürgen Weber auf und unterscheidet:

- **Wirtschaftszweiglehren** beschäftigen sich mit den spezifischen wirtschaftlichen Aktivitäten und Problemen von Unternehmen in einzelnen Wirtschaftszweigen.
- **Faktorenlehren** treffen Aussagen über wirtschaftliche Aktivitäten im Zusammenhang mit wichtigen Produktionsfaktoren.
- **Funktionenlehren** haben die wirtschaftlichen Aktivitäten einzelner betrieblicher Funktionsbereiche als Erkenntnisobjekt.
- **Führungslehren** beschreiben und erklären Führungshandlungen. Außerdem sollen Handlungsempfehlungen für die Führung von Unternehmen abgeleitet werden. Auch bei den Führungslehren zeigt sich eine zunehmende Spezialisierung auf einzelne Führungsteilsysteme.
- **Metaführungslehren** oder **Querschnittsfunktionslehren** befassen sich mit wirtschaftlichen Aktivitäten, die nicht einzelne Faktoren, Funktionen oder Führungsteilsysteme betreffen, sondern übergreifend eine Koordination der wirtschaftlichen Aktivitäten im Unternehmen vornehmen.

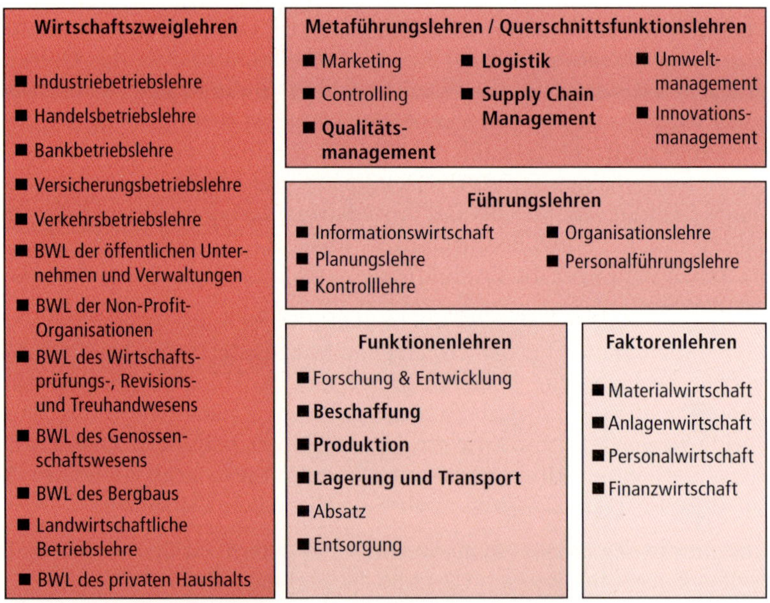

Abbildung 1.3: Unterscheidung Spezieller Betriebswirtschaftslehren nach Jürgen Weber[8]

8 Vgl. Weber, J. (1996), S. 66

Die Speziellen Betriebswirtschaftslehren Beschaffung und Produktion (auch „Produktionswirtschaft“) zählen zu den Funktionenlehren. Gegenstand der Speziellen Betriebswirtschaftslehre der Logistik sind sowohl Funktionen wie Lagerung und Transport als auch Funktions- und Führungsteilsysteme koordinierende Aktivitäten. Logistik ist – wie das Supply Chain Management – den Metaführungslehren zuzuordnen. Lagerung(swirtschaft) und Transport(wirtschaft) gehören zu den Funktionenlehren (vgl. ▶ *Abbildung 1.3*).

1.5 Beschaffung, Produktion und Logistik als betriebliche Funktionen und Funktionsbereiche

Zur Zielerreichung organisieren Unternehmen ihre Aufgabenerfüllung auf unterschiedliche Art und Weise. Die traditionelle Organisationsform ist die funktionale Organisation.

Definition

Eine **Funktion** entsteht durch die Zusammenfassung gleichartiger Aufgaben.

Definition

Ein **Funktionsbereich** ist ein abgegrenzter Bereich zur Aufgabenerfüllung innerhalb einer betrieblichen Organisation. Im Organigramm einer funktionalen Organisation findet er sich als Element der Aufbauorganisation wieder.

Die ▶ *Abbildung 1.4* zeigt eine derartige Gliederung nach Funktionsbereichen mit Entwicklung, Beschaffung, Produktion, Absatz etc.

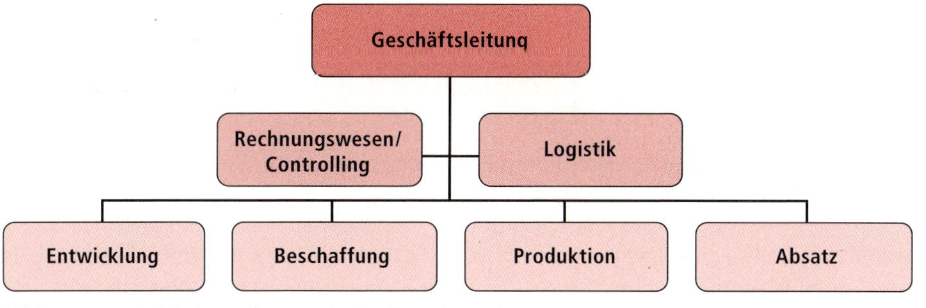

Abbildung 1.4: Beispiel einer Aufbauorganisation (Organigramm)

Aufgabe der **Beschaffung** ist es, das Unternehmen mit Roh-, Hilfs- und Betriebsstoffen, Zulieferteilen, Waren, Betriebsmitteln, Dienstleistungen, Personal, Informationen und Kapital in entsprechender Art, Menge und Qualität zum richtigen Zeitpunkt und am richtigen Ort zu versorgen (vgl. *Teil II*).

Die **Produktion** erzeugt aus den beschafften Materialien und Teilen durch Kombination der Produktionsfaktoren (Arbeit, Betriebsmittel, Material) die durch das Sachziel vorgegebenen Produkte. Bei der Dienstleistungsproduktion sind Arbeit und Informationen die wesentlichen Produktionsfaktoren. Die Kriterien Zeit, Flexibilität, Qualität und Wirtschaftlichkeit spielen bei der Gestaltung des Produktionsprozesses eine wesentliche Rolle (vgl. *Teil III*).

Unter dem Begriff **Absatz** (Vertrieb) werden die Maßnahmen zum Verkauf (marktliche Verwertung) der erstellten Leistungen zusammengefasst, die wiederum Zahlungsvorgänge auslösen. Der Absatz von Sachgütern und Dienstleistungen ist die Grundlage aller anderen unternehmerischen Aktivitäten, da die Absatzmengen, die im Rahmen der Absatzplanung ermittelt werden, die Planungsgrundlage für die anderen Funktionen (Beschaffung, Produktion und Logistik) bilden.

Die Funktion **Logistik** umfasst alle Transport-, Lager- und Umschlagsvorgänge, die in und zwischen Unternehmen getätigt werden, sowie deren Steuerung. Üblicherweise erfolgt eine Konzentration auf die drei genannten Leistungen Transport, Lagerung und Umschlag. Darüber hinaus existieren logistische Dienstleistungen wie Verpacken, Kommissionieren, Etikettieren oder Palettieren, deren Management ebenfalls von Bedeutung ist. Die Logistik als Koordinationsfunktion geht über die Optimierung der material- und warenflussbezogenen Dienstleistungen innerhalb der betrieblichen Funktionsbereiche hinaus und zielt auf eine Abstimmung zwischen den unterschiedlichen Funktionsbereichen ab. Deshalb bezeichnet man die Logistik auch als **Querschnittsfunktion**. Ein in der Praxis wichtiges Beispiel hierfür ist das Just-in-Time-Prinzip als Verbindung zwischen den beiden Funktionen Beschaffung und Produktion (vgl. *Teil IV*).

Durch die Bündelung von Aufgaben zu Funktionen und deren Erfüllung in Funktionsbereichen werden Spezialisierungsvorteile erzielt. Wesentliche Spezialisierungsvorteile liegen in der Realisierung von Lern- bzw. Erfahrungskurveneffekten in den einzelnen Funktionsbereichen. Darüber hinaus lassen sich Teilsysteme wie die Beschaffung einfacher leiten als das Gesamtsystem Unternehmen.

1.6 Beschaffung, Produktion und Logistik: von der Funktions- zur Prozessorientierung

In der Entwicklung der Betriebswirtschaftslehre lassen sich im Zeitablauf unterschiedliche Ansätze beobachten. Trotz der Vielzahl der Entwicklungen soll der Versuch einer groben Skizzierung der für Beschaffung, Produktion und Logistik wichtigsten Entwicklungsstufen unternommen werden. Die Entwicklung der Betriebswirtschaftslehre und die Adaption betriebswirtschaftlicher Theorien in den Unternehmen sind wesentlich durch Einflüsse aus der anglo-amerikanischen Einzelwirtschaftslehre (Business Administration) gekennzeichnet. ▶ *Abbildung 1.5* zeigt einen Überblick über die Entwicklung von der Funktions- hin zur Prozessorientierung, die anschließend kurz erläutert wird.

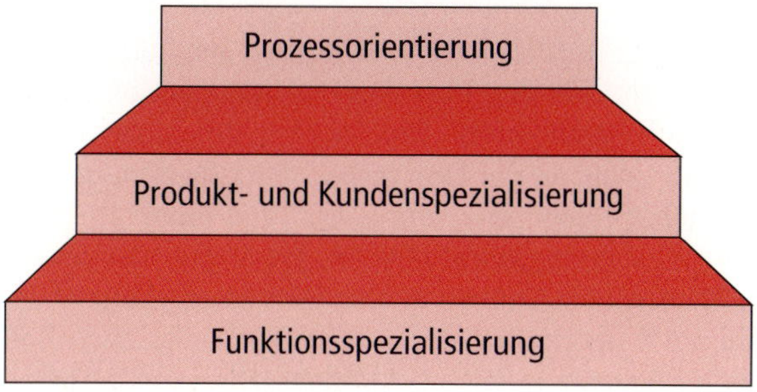

Abbildung 1.5: Betriebswirtschaftliche Entwicklungsstufen

Die Grundlagen für die Funktionsspezialisierung durch Arbeitsteilung finden sich in den Theorien von Adam Smith und Frederick Winslow Taylor. Die erste Theorie zur **Funktionsspezialisierung** durch Arbeitsteilung in der klassischen Literatur stammt von **Adam Smith**. Um den Grundgedanken der Produktivitätssteigerung durch Arbeitsteilung zu verdeutlichen, wählte Smith das folgende Beispiel der Stecknadelproduktion:

> *Der eine Arbeiter zieht den Draht, der andere streckt ihn, ein dritter schneidet ihn, ein vierter spitzt ihn zu, ein fünfter schleift das obere Ende, damit der Kopf aufgesetzt werden kann. Um eine Stecknadel anzufertigen, sind somit etwa 18 verschiedene Arbeitsgänge notwendig. Ich selbst habe eine kleine Manufaktur gesehen, in der nur zehn Leute beschäftigt waren, sodass einige von ihnen zwei oder drei solcher Arbeiten übernehmen mussten. So waren die zehn Arbeiter imstande, täglich etwa 48.000 Nadeln herzustellen, jeder also ungefähr 4.800 Stück.*
>
> *Hätten sie indes alle einzeln und unabhängig voneinander gearbeitet, noch dazu ohne besondere Ausbildung, so hätte der Einzelne gewiss nicht einmal 20, vielleicht sogar keine einzige Nadel am Tag zustande gebracht. Mit anderen Worten, sie hätten mit Sicherheit nicht den zweihundertvierzigsten, vielleicht nicht einmal den vierhundertachtzigsten Teil von dem produziert, was sie nunmehr infolge einer sinnvollen Teilung und Verknüpfung der einzelnen Arbeitsgänge zu erzeugen imstande waren.*[9]

Der von Smith geprägte Grundsatz der Arbeitsteilung verfolgt die Teilung von Aufgaben in einzelne Teilaufgaben und führt somit zu einer Spezialisierung der Arbeitskräfte hinsichtlich der Erfüllung einzelner Teilaufgaben in handwerklich geprägten Unternehmen. Neben der Erfüllung individueller Aufgaben einzelner Arbeiter betrachtet er die Koordination der einzelnen Teilaufgaben mit dem Ziel, die operativen Abläufe im Unternehmen zu verbessern. Die Arbeitsteilung wirkt dabei laut Smith in dreifacher Weise auf die Produktivität:

1. Arbeitsteilung steigert die Geschicklichkeit jedes einzelnen Arbeiters.
2. Sie spart Zeit, die sonst beim Wechsel zwischen unterschiedlichen Tätigkeiten verloren geht.
3. Arbeitsteilung liefert Anreize, Maschinen einzusetzen, welche die Arbeit erleichtern und beschleunigen.[10]

9 Vgl. Smith, A. (2005), S. 90

Adam Smith wurde 1723 in Kirkcaldy (Schottland) geboren und starb 1790 in Edinburgh. Er gilt als Begründer der liberalen Nationalökonomie.[11] In Glasgow und Oxford studierte Smith Mathematik, Philosophie, Sprachen und Ökonomie. 1750 wurde er Professor für Logik an der Universität von Glasgow. Im Jahre 1752 erhielt er den Lehrstuhl für Moralphilosophie, den er bis 1764 innehatte. Nach einigen Jahren der literarischen Tätigkeit veröffentlichte er 1776 das bahnbrechende Werk „An Inquiry into the Nature and Causes of the Wealth of Nations“ (kurz: „Wealth of Nations“). Im Jahr 1779 übernahm er das Amt des königlichen Zollkontrolleurs für Schottland, das er bis zu seinem Tode bekleidete.

Auswahl seiner Werke:

- „The Theory of Moral Sentiments“, 1759
- „An Inquiry into the Nature and Causes of the Wealth of Nations“, 1776

Grundgedanke des **Scientific Management** von **Frederick Winslow Taylor** ist es in Anlehnung an Adam Smith, durch Arbeitsteilung menschliche Funktionsträger so effizient wie möglich einzusetzen. Die Arbeitsteilung führt zu einer starken Zerlegung und Spezialisierung der Arbeitsprozesse. Ein Mitarbeiter soll sich also nicht mit vielen verschiedenartigen Aufgaben befassen, sondern sich konsequent auf eine oder wenige Aufgaben spezialisieren. Ein weiterer Gedanke Taylors, der im Hinblick auf die Entwicklung der Unternehmen wichtig erscheint, ist die Trennung dispositiver und ausführender Funktionen im Unternehmen.

Frederick Winslow Taylor wurde am 20.3.1856 in Philadelphia geboren, wo er am 21.3.1915 auch verstarb. Er gilt als Begründer des Scientific Management, einer Weiterentwicklung der Funktionsspezialisierung, die die industrielle Produktion revolutionierte und Unternehmen auch heute noch beeinflusst.[12] Taylor absolvierte von 1874 bis 1878 eine Lehre zum Modellbauer und Maschinisten und begann danach als Ingenieur bei einem amerikanischen Stahlkonzern. In seiner Freizeit studierte er Maschinenbau und widmete sich der Entwicklung von Golfschlägern und anderer Sportartikel. Im Jahr 1898 wurde er Berater bei der Bethlehem Iron Company und begann mit der ersten systematischen Erfassung von Arbeitsprozessen. Trotz der erzielten Produktivitätssteigerungen wurde Taylor im Jahr 1901 entlassen, da seine Methoden von der Belegschaft und der Unternehmensführung als inhuman kritisiert wurden. So machte sich Taylor selbstständig und erlangte durch seine Publikationen große Bekanntheit. Er beriet in Folge mehr als 200 amerikanische und europäische Unternehmen bei der streng wirtschaftlichen Planung ihrer Produktionsabläufe und der von ihm entwickelten „wissenschaftlichen Betriebsführung“.

10 Vgl. Smith, A. (2005), S. 91 ff.
11 Vgl. Smith, A. (2005), S. 334 ff.
12 Vgl. Hesse, H. (2003), S. 358 f.

Auswahl seiner Werke:

- „A Piece-Rate System“, 1895
- „Shop Management“, 1903
- „The Principles of Scientific Management“, 1911

Auf die Phase der Funktionsspezialisierung folgte die Phase der **Produkt- und Kundenspezialisierung**. Ziel der Unternehmen war es dabei, sich stärker an den Bedürfnissen der Kunden zu orientieren, d.h. die Wünsche der Kunden besser zu erkennen bzw. zu wecken und diese zu befriedigen. Die Produkte wurden individualisierter, das heißt den Bedürfnissen der jeweiligen Kunden angepasst.

Aufbauend auf der Produkt- und Kundenspezialisierung war es Ziel der Unternehmen, den Fluss von Material und Informationen durch das Unternehmen zu verbessern. Dies ergibt sich aus der Forderung der Kunden nach kürzeren Lieferzeiten und aus dem Bestreben der Unternehmen, durch schnellere Durchlaufzeiten der Unsicherheit über die zukünftige Nachfrage besser zu begegnen. Kürzere Reaktionszeiten und größere Flexibilität führen bei großer Unsicherheit zu geringeren Gesamtkosten. Allerdings wird das Management komplexer Beschaffungs-, Produktions- und Logistiksysteme bei steigenden Anforderungen an Präzision, Schnelligkeit und Flexibilität immer schwieriger. Hier setzt die **Prozessorientierung** (Flussorientierung) an, um die unternehmensinternen und -übergreifenden Waren- und Informationsströme innerhalb der einzelnen betrieblichen Funktionsbereiche besser zu koordinieren und durchgängige Flüsse über die einzelnen Funktionsbereiche und Unternehmensgrenzen hinaus zu gestalten.

Als Pionier gilt in diesem Zusammenhang die japanische Toyota Motor Company. Dort wurde bereits nach dem Zweiten Weltkrieg mit der Entwicklung eines prozessorientierten Produktionssystems begonnen. Die Grundlagen des Prozessmanagements sowie das von Toyota geprägte Lean Management lernen Sie in *Kapitel 4* kennen.

Z U S A M M E N F A S S U N G

Die Begriffe „Beschaffung", „Produktion" und „Logistik" können Spezielle Betriebswirtschaftslehren oder betriebliche Funktionen und Funktionsbereiche (Organisationseinheiten) bezeichnen. Um planmäßig zu handeln, definieren Unternehmen Sachziele und Formalziele. Sachziele geben an, welche Produkte (Güter und Dienstleistungen) hergestellt und verkauft werden (allgemeines Sachziel) bzw. die Art und Menge der bereitzustellenden Produkte (spezielle Sachziele). Formalziele beschreiben die Art, wie Sachziele im Unternehmen verwirklicht werden sollen. Im Rahmen des nachhaltigen Wirtschaftens werden ökonomische, ökologische und soziale Zieldimensionen gemeinsam betrachtet, um das langfristige Überleben des Unternehmens in einer intakten Umwelt auf sozialverträgliche Weise sicherzustellen.

Im Rahmen der speziellen Betriebswirtschaftslehren zählen Beschaffung und Produktion sowie die logistischen Teilaufgaben Lagerung und Transport zu den Funktionenlehren. Die Logistik als Koordinationsfunktion ist ebenso wie das Supply Chain Management und das Qualitätsmanagement den Metaführungslehren zuzuordnen. Wichtige betriebswirtschaftliche Entwicklungsstufen für das Verständnis von Beschaffung, Produktion und Logistik sind die Funktionsspezialisierung, die Produkt- und Kundenspezialisierung sowie die Prozessorientierung.

Z U S A M M E N F A S S U N G

1.7 Übungsfragen

1. Welche unterschiedlichen Bedeutungen haben die Begriffe „Beschaffung", „Produktion" und „Logistik"?
2. Erläutern Sie den Unterschied zwischen Sach- und Formalzielen und nennen Sie die vier Kategorien von Formalzielen.
3. Definieren Sie den Begriff „Nachhaltiges Wirtschaften" und erläutern Sie nötige Handlungen in Unternehmen, Politik und Gesellschaft, um die Nachhaltigkeit zu steigern.
4. Ordnen Sie Beschaffung, Produktion und Logistik in das Schema der Speziellen Betriebswirtschaftslehren nach Jürgen Weber ein.
5. Warum wird Logistik als Querschnittsfunktion bezeichnet?
6. Welche betriebswirtschaftlichen Entwicklungsstufen sind wesentlich für die Entwicklung von Beschaffung, Produktion und Logistik?

EXTRAS ONLINE

Lösungen zu den Übungsfragen und weiterführende Materialien finden Sie auf der Website zum Buch unter *www.pearson-studium.de*.

Transformationsebenen im Unternehmen

2

ÜBERBLICK

Ergänzend zu den im ersten Kapitel behandelten Funktionen, Funktionsbereichen und Speziellen Betriebswirtschaftslehren werden im folgenden Abschnitt die Transformationsebenen im Unternehmen erklärt.[1]

Die finanziellen, güter-, informations-, planungs- und entscheidungsbezogenen wechselseitigen Beziehungen bzw. Veränderungen in einem Unternehmen können als Transformationsebenen betrachtet werden (Güterebene, Finanzebene, dispositive Ebene). Die folgende ▶ *Abbildung 2.1* gibt einen Überblick über die drei Transformationsebenen und deren Hauptflussrichtungen.

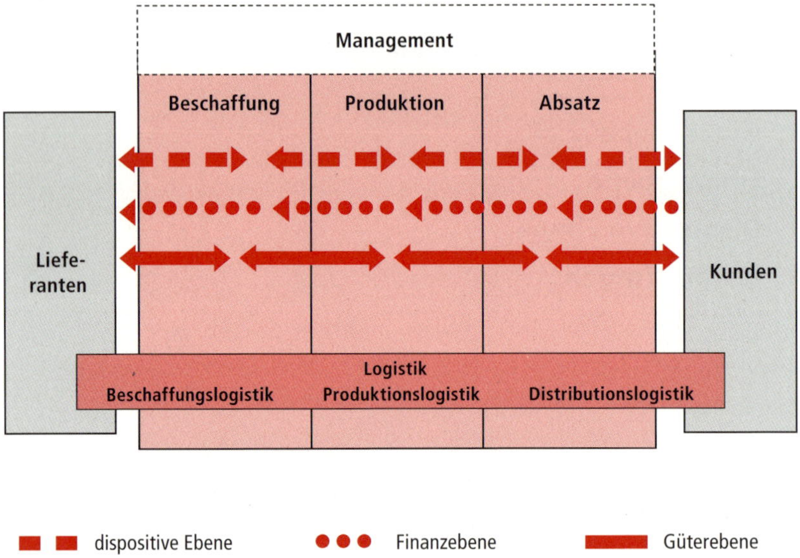

Abbildung 2.1: Transformationsebenen im Unternehmen

2.1 Güterebene

Die **Güterebene** (bonetäre Ebene; lat. „bonum", das Gut) behandelt den Güterfluss von Roh-, Hilfs- und Betriebsstoffen, Zulieferteilen, Waren, Halbfertig- und Fertigprodukten innerhalb eines Unternehmens und zwischen Unternehmen **(Realgüterstrom)**. Beispiele für diese Transformationsebene sind der innerbetriebliche Weitertransport mittels Montagestraße, Verladung von Schiff auf Lkw oder der Pakettransport der Post. Alle material- und warenflussbezogenen Aktivitäten sind Aufgabe der **Logistik** mit den Teilbereichen Beschaffungs-, Produktions- und Distributionslogistik.

Der Material- und Güterfluss beginnt beim **Lieferanten** mit der Lieferung an das Unternehmen und erstreckt sich über den **Wareneingang** (Eingangslager) im Rahmen der **Beschaffungslogistik**. In der **Produktion** erfolgt die Verarbeitung der Materialien in Abstimmung mit der **Produktionslogistik**. Nach der Fertigung „fließt" das Produkt im Rahmen der **Distributionslogistik** über **Fertigwaren- und Auslieferungslager** zum **Kunden**. Der Strom von Recyclinggütern, Verpackungen und Leergut verläuft in die

1 In Anlehnung an Grün, O. (1994), S. 455 ff.

entgegengesetzte Richtung zurück zum Lieferanten oder zu einem Entsorgungsunternehmen (vgl. ▶ *Abbildung 2.3*). Die Abwicklung in diesem Bereich übernimmt die **Entsorgungslogistik**. Bei speziellen Fertigungssystemen (z.B. Lohnfertigung) können auch Materialien vom Kunden bereitgestellt werden. Diese werden dann im Unternehmen bearbeitet und fließen im bearbeiteten Zustand an den Kunden zurück.

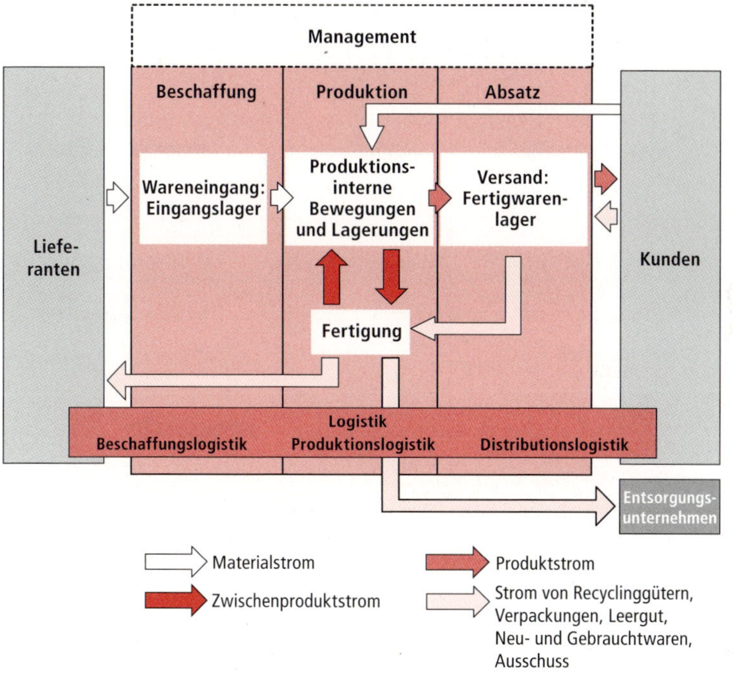

Abbildung 2.2: Gütertransformation

2.2 Finanzebene

Die **Finanzebene** (monetäre Ebene, lat. „moneta", die Münze) erfasst den Geldfluss innerhalb eines Unternehmens und zwischen Unternehmen (Nominalgüterstrom). Im Einzelnen handelt es sich um **Zahlungsströme**, die vom **Kunden zum Produzenten** (Bezahlung des Kaufpreises am Absatzmarkt) und vom **Produzenten zum Lieferanten** (Bezahlung der Faktorpreise am Beschaffungsmarkt) verlaufen. Die ausgelösten **Zahlungsverpflichtungen** werden vom Kunden in Form von Bargeld oder bargeldlos als Buchgeld (Giralgeld) abgegolten. **Gutschriften** als Folge von Retournierungen, Gegenlieferungen oder anderen Gegengeschäften verlaufen in entgegengesetzter Richtung.[2] Manche Unternehmen arbeiten mit **internen Verrechnungspreisen**, um die Leistungen einzelner Abteilungen an andere Abteilungen abzurechnen (vgl. ▶ *Abbildung 2.3*).

2 Vgl. Grün, O. (1994), S. 457 f.

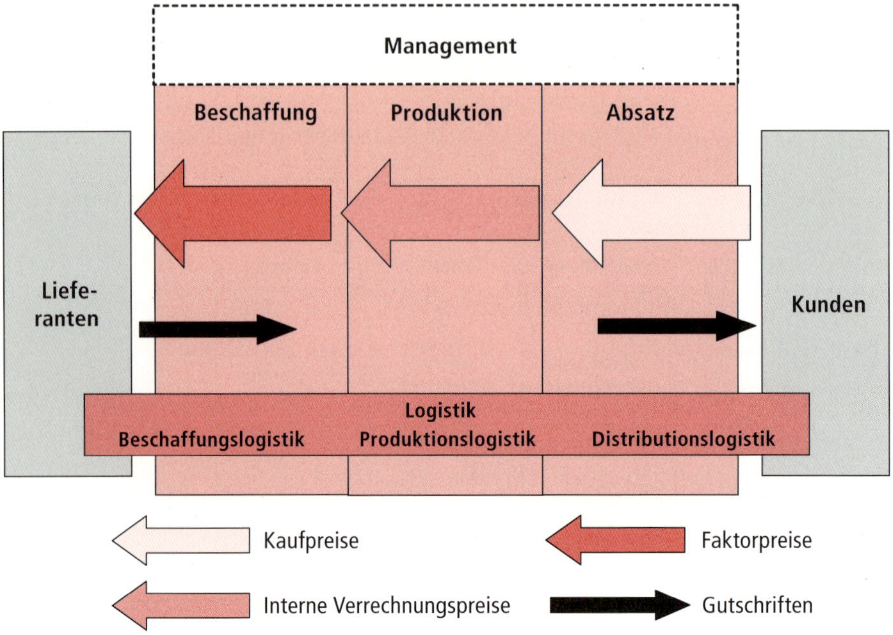

Abbildung 2.3: Finanzielle Transformation

2.3 Dispositive Ebene

Die **dispositive Ebene** (Informations-, Planungs- und Entscheidungsebene) behandelt den Informationsfluss in und zwischen Unternehmen, sämtliche Planungsprozesse, das Fällen von Entscheidungen und die Kontrolle der Umsetzung getroffener Entscheidungen im Unternehmen. Sie ist den Tätigkeiten auf den anderen Ebenen (bonetär, monetär) zeitlich vorgelagert.[3] Dispositive Tätigkeiten sind Management- und Führungsprozesse

- innerhalb des Unternehmens (interne dispositive Tätigkeiten) wie die Bestimmung eines Beschaffungs-, Produktions- und Absatzplans,
- zwischen Unternehmen und Lieferanten beziehungsweise Kunden (externe dispositive Tätigkeiten) wie die Abwicklung einer Kundenbestellung von der Anfrage bis hin zur Rechnungslegung,
- mit sonstigen Institutionen wie Kooperationspartnern, Banken, öffentlicher Verwaltung.

3 Vgl. Grün, O. (1994), S. 458

Informationsflüsse und die Beziehung der Produktion zum Absatzmarkt

Die Abfolge der dispositiven Tätigkeiten ist von der **Beziehung der Produktion zum Absatzmarkt** abhängig (vgl. *Teil III Produktion*). Grundformen sind die Lagerproduktion und die auftragsbezogene Beschaffung und Produktion. Zwischen den beiden Grundformen existieren Mischformen.

Bei der **Lagerproduktion (make to stock)** erfolgt die Produktion auf Basis von erwarteten Absatzzahlen (Prognosen) für einen anonymen Markt, also existiert zum Zeitpunkt der Produktion noch kein konkreter Kundenauftrag. Bei der Lagerproduktion erfolgen somit zunächst lieferantenseitige und unternehmensinterne dispositive Tätigkeiten. Die externen dispositiven Tätigkeiten auf der Kundenseite erfolgen erst nach Fertigstellung der Produktion im Rahmen eines Kundenauftrags.

Bei der **auftragsbezogenen Produktion (make to order)** werden die Produkte erst gefertigt, wenn Kundenaufträge vorliegen. Ggf. werden nach Erteilung des Kundenauftrags noch Konstruktions- bzw. Designaktivitäten unternommen **(design to order)**.

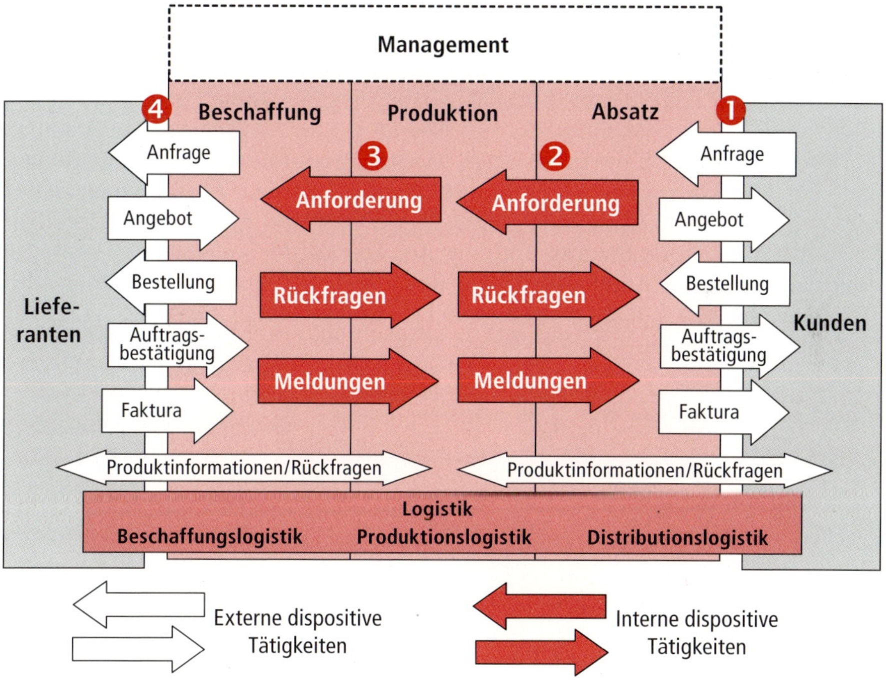

Abbildung 2.4: Dispositive Transformation am Beispiel auftragsbezogener Beschaffung und Produktion

Bei der **auftragsbezogenen Beschaffung und Produktion (purchase and make to order)** werden erst nach Eingang einer konkreten Kundenbestellung die notwendigen Komponenten und Rohstoffe beschafft und anschließend die Produkte hergestellt. Auslöser der Prozesse auf der dispositiven Ebene ist somit die Kundenbestellung: Die Kundenanfrage (1) bildet die Basis für ein Angebot, das in eine Bestellung mündet und vom Unternehmen in Form einer Auftragsbestätigung fixiert wird. Die folgende interne Anforderung aus dem Absatzbereich nach fertigen Produkten (2) löst eine Anforderung der Produktion nach Rohstoffen für den Produktionsprozess aus (3). Darauf folgt nach eventuellen

Rückfragen eine externe Anfrage der Beschaffung beim Lieferanten (4). Der Lieferant seinerseits versorgt die Beschaffung mit Informationen zum gewünschten Material und erstellt entsprechende Angebote. Nach Vereinbarung der Details wie Preis, Qualität, Menge, Liefer- und Zahlungsbedingungen bestellt die Beschaffung beim Lieferanten. Eine entsprechende Meldung darüber geht an die Produktionsabteilung. Die Auftragsbestätigung und die Rechnung (Faktura) des Lieferanten sowie die Rechnungserledigung komplettieren den Beschaffungsprozess auf der dispositiven Ebene. Nach erfolgter Produktion und Auslieferung der Produkte an den Kunden (Güterebene) erfolgen die Rechnungslegung und Rechnungserledigung durch den Kunden als Auslöser für den Geldfluss auf der Finanzebene (vgl. ▶ *Abbildung 2.4*).

Funktionsübergreifende Planung

Die **Planung** dient dabei der Vorbereitung des künftigen Handelns auf Basis verfügbarer Informationen und Erwartungen über die zukünftige Marktentwicklung. Sie umfasst die Festlegung der zu erreichenden Unternehmensziele und Maßnahmen zur Erreichung dieser Ziele. Im Rahmen der Planung werden **Entscheidungen** zwischen unterschiedlichen, sich ausschließenden Handlungsmöglichkeiten getroffen.

Ausgangspunkt der Planung der betrieblichen Leistungserstellung ist die **Produktprogrammplanung**, bei der die vom Unternehmen angebotenen Güter und Dienstleistungen definiert werden (spezielle Sachziele, vgl. *Abschnitt 1.2*). Ausgehend vom Produktprogramm erfolgt im Rahmen der **integrierten Absatz-, Produktions- und Beschaffungsplanung** (Sales and Operations Planning, S&OP) die laufende Abstimmung zwischen Plänen der leistungsverwertenden Absatzbereiche sowie der leistungserstellenden Bereiche Beschaffung, Produktion und Logistik. Ziel ist die laufende, gewinnoptimale Abstimmung zwischen Kundennachfrage und der betrieblichen Leistungserstellung. Dazu wird gemeinsam in definierten Intervallen (z.B. auf Monatsbasis) der folgende Planungszyklus durchlaufen:

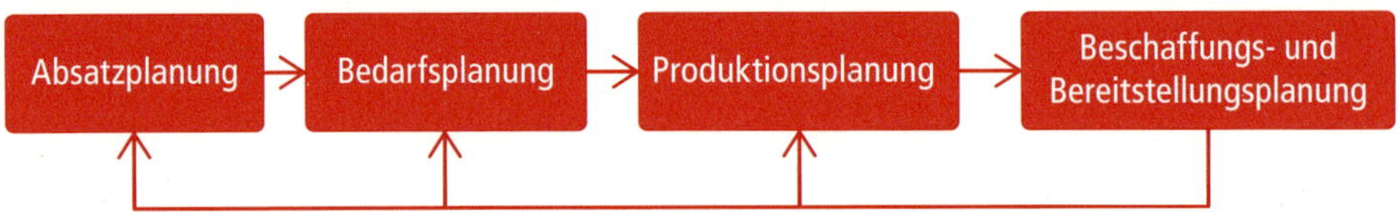

Abbildung 2.5: Flussprinzip der integrierten Absatz-, Produktions- und Beschaffungsplanung (Sales and Operations Planning)

- In der Absatzplanung werden auf Basis von Prognosen und/oder vorliegenden Bestellungen die zukünftigen Verkaufsmengen der Produkte unter Berücksichtigung verfügbarer Ressourcen in der Produktion (v.a. Maschinen und Mitarbeiter) festgelegt.
- Die Bedarfsplanung ermittelt auf Basis geplanter Verkaufsmengen und bestehender Lagermengen Art und Menge benötigter Materialien und Baugruppen (vgl. *Kapitel 8*).
- Die Produktionsplanung gestaltet in einem mehrstufigen Prozess das Produktionsprogramm und sorgt dafür, dass Maschinen und Mitarbeiter bestmöglich eingesetzt werden (vgl. *Abschnitt 16.6*).
- Die Beschaffungs- und Bereitstellungsplanung stellt sicher, dass das Produktionsprogramm umgesetzt werden kann. Dazu werden die erforderlichen Materialien

und Baugruppen zu möglichst geringen Kosten beschafft (vgl. *Kapitel 11*) und durch die Logistik termingerecht bereitgestellt (vgl. *Abschnitt 19.1*).

- Die laufende Abstimmung der einzelnen betrieblichen Funktionsbereiche im Zuge der simultanen Planung ist komplex, jedoch verbessert der Einsatz von S&OP die Kundenorientierung, die innerbetriebliche Kommunikation und den Abbau von Barrieren zwischen einzelnen Planungsfeldern. Diese Faktoren führen in der Regel zur Verbesserung der Zielerreichung und der Erhöhung des Unternehmensgewinns.

Die **Kontrolle** hat die Aufgabe, den Grad der Zielerreichung zwischen geplanten und realisierten Ergebnissen abzugleichen. Auf diese Weise kann die Veränderung der Effizienz der betrieblichen Leistungserstellung ermittelt werden (vgl. *Abschnitt 3.5*). Darüber hinaus liefert die Analyse von Abweichungen zwischen Plänen und ihrer Umsetzung wesentliche Informationen für die zukünftige Planung.[4]

Managementebenen im Unternehmen (Entscheidungsebenen)

Die dispositive Ebene umfasst drei Managementebenen, nämlich das strategische, taktische und operative Management. Das Management auf den einzelnen Ebenen trifft Entscheidungen über Ziele, Aufgaben und Prozesse eines Unternehmens mit unterschiedlichem Zeithorizont, Umfang und Detaillierungsgrad.

Das **strategische Management** umfasst Grundsatzentscheidungen der betrieblichen Leistungserstellung. Ziele sind die Nutzung von Chancen und die Abwehr von Gefahren. Bei strategischen Entscheidungen können die Geschäftsidee ebenso wie die Ressourcenausstattung des Unternehmens verändert werden. In der Regel sind strategische Entscheidungen langfristig (länger als fünf Jahre), wobei die Fristigkeit von der Geschäftstätigkeit abhängt. In High-Tech-Industrien kann ein Zeitraum von drei Jahren langfristig sein, bei einem Energieversorgungsunternehmen umfasst ein langfristiger Zeitraum eher 10–20 Jahre.

Auf der strategischen Entscheidungsebene, die als **Top-Management** (z.B. mitarbeitende Eigentümer des Unternehmens, Geschäftsführer und Vorstandsmitglieder) bezeichnet wird, werden Führungsentscheidungen getroffen, die den Betrieb als Ganzes betreffen. Wesentliche Entscheidungen betreffen dabei die Vorgabe der anzustrebenden Unternehmensziele, die Festlegung der Unternehmenspolitik, die Koordination der betrieblichen Teilpläne sowie die Kontrolle der Zielerreichung.

Im Rahmen der strategischen Planung werden ausgehend von der Unternehmensstrategie Funktionalstrategien für die einzelnen betrieblichen Funktionsbereiche in Form konkreter Beschaffungs-, Produktions-, Absatz- und Logistikstrategien festgelegt.

Das **taktische Management** befasst sich mit der Konkretisierung der vom Top-Management getroffenen strategischen Entscheidungen. Die Geschäftsidee wird ebenso als gegeben betrachtet, wie die grundsätzliche Ressourcenausstattung des Unternehmens. Allerdings ist es Aufgabe der taktischen Planung, die Ressourcen des Unternehmens so anzupassen, dass die konkreten Ziele erreicht werden. Der Zeitraum ist mittelfristig und wird meist mit zwei bis fünf Jahren angegeben, wobei auch hier die Fristigkeit von der Geschäftstätigkeit abhängt.

4 Vgl. Thommen, J.-P- et al. (2017), S. 508

Taktische Entscheidungen werden in der Regel vom **Middle-Management** getroffen. Dazu gehören Leiter der einzelnen Funktionsbereiche des Unternehmens (z.B. Beschaffung, Produktion, Logistik, Finanzen). Auf dieser Ebene werden funktionsspezifische Entscheidungen, z.B. zum Leistungsprogramm und den Kapazitäten des Unternehmens, getroffen (Rahmenplanung).

Das **operative Management** trifft kurzfristige Entscheidungen, die zur Umsetzung der Rahmenplanung nötig sind. Der Zeitraum der Entscheidungen ist in der Regel ein Jahr oder kürzer.

Operative Entscheidungen obliegen dem **Lower-Management**. Dazu gehören Abteilungsleiter, Meister und Vorarbeiter. Diese Ebene trifft Entscheidungen zum wirtschaftlichen Vollzug der Prozesse der Leistungserstellung für ein gegebenes Produktprogramm (Detailplanung), z.B. Personaleinsatzplanung.

Die trennscharfe Abgrenzung zwischen den einzelnen Managementebenen ist in der betrieblichen Praxis nicht immer möglich und stark von der gewählten Organisationsstruktur (vgl. *Abschnitt 1.5*) sowie der Unternehmenskultur abhängig. Daher kommt der Abstimmung zwischen den einzelnen Managementebenen und der Koordination der betrieblichen Teilpläne wesentliche Bedeutung zu. Dabei spielen das betriebliche **Rechnungswesen** und das **Controlling** eine wesentliche Rolle. Das Rechnungswesen mit seinen Teilbereichen Finanz- und Betriebsbuchhaltung, Kostenrechnung, Planungsrechnung und Statistik hat die Aufgabe, das betriebliche Geschehen zu dokumentieren, zu planen und zu kontrollieren. Das Controlling unterstützt als betriebliche Querschnittsfunktion (vgl. *Abbildung 1.4*) das Management bei der Entscheidungsfindung sowie der Steuerung des Unternehmens, beispielsweise durch Vorgaben in Form von Budgets, der Abstimmung von Teilplänen und der Bewertung der Wirkungen getroffener Entscheidungen.

Definition

Controlling ist eine spezifische Führungs- und Managementfunktion. Kernaufgaben sind die Gestaltung des Planungsprozesses, die Kontrolle der gesetzten Ziele, die Versorgung des Managements mit führungsrelevanten Informationen und die Unterstützung des Managements.[5]

Wichtige Instrumente der Akteure auf der dispositiven Ebene betreffen quantitative **Methoden des Operations Research** (OR-Modelle) zur Unterstützung der Entscheidungsfindung sowie Methoden zur Abbildung und Diagnose der betrieblichen Leistung in Form von **Kennzahlen** bzw. **Kennzahlensystemen** (z.B. Effizienz von Faktoren im *Abschnitt 3.5*). Im vorliegenden Buch werden zahlreiche OR-Modelle und Kennzahlen für die betrieblichen Funktionsbereiche Beschaffung, Produktion und Logistik vorgestellt. Wesentliche OR-Modelle des vorliegenden Buchs betreffen dabei die optimale Bestellmenge in *Teil II*, das Kapazitätsmanagement in *Teil III* sowie das Newsboy-Modell und Transportmodelle in *Teil IV*.

5 Vgl. Weber, J., Schäffer, U. (2006), S. 13

Exkurs: Planung und Entscheidungsfindung bei Store.Me

Store.Me ist ein Start-up, das sich dem Thema Lagerung verschrieben hat. Neben einer Online-Lagerplatzbörse betreibt das Unternehmen Standorte mit Lagerabteilen für Privatpersonen und Unternehmen im urbanen Raum unter der Marke Storebox. Die Lagerabteile sind online buchbar, jederzeit betretbar und mit Sensoren überwacht. Darüber hinaus bietet das Unternehmen seinen Kunden Zusatzleistungen (z.B. Versicherung, Umzugsservice) an. Nach einem erfolgreichen Start in Wien expandiert das Unternehmen innerhalb Österreichs, in Deutschland und der Schweiz mit dem Ziel, bis 2020 der größte Selfstorage-Anbieter Europas zu werden.

Grundsätzlich zeichnet sich die Entscheidungsfindung bei Store.Me durch flache Hierarchien und kurze Entscheidungswege sowie eigenverantwortliches Handeln aus. Das Top-Management kommuniziert die lang- und mittelfristigen Ziele an die jeweiligen Abteilungen, diese treffen dann die Entscheidungen auf operativer Ebene basierend auf ihrem Expertenwissen und ihrer Erfahrung. Das Marketing ist das Bindeglied zwischen allen Abteilungen und zieht sich quer durch alle Ebenen von der langfristigen Marketingplanung und Konzeption, über mittelfristige Kampagnenplanung bis zu einzelnen Marketingaktivitäten z.B. im Rahmen einer Standorteröffnung.

Wesentliche strategische Entscheidungen trifft das Führungsteam in Abstimmung mit den Business Angels selbst. Diese betreffen vor allem die Unternehmensexpansion, Investor & Public Relations, Forschung und Entwicklung sowie Personalentwicklung.

Auf taktischer Ebene werden Entscheidungen zur Standortwahl, mittelfristiger Finanzplanung und Pricing getroffen. Die Standortwahl wird vom Führungsteam getroffen und erfolgt in enger Abstimmung mit den Abteilungen Product, F&E und Sales. Nach einer profunden Marktrecherche und Nachfrageanalyse mittels eigens dafür entwickelter Tools werden potenzielle Standorte vom Product-Team dem Management vorgeschlagen. Nach der Auswahl eines Standorts erfolgen Standortausbau und Vertrieb eigenständig auf operativer Ebene.

Die operative Managementebene bei Store.Me umfasst somit neben dem laufenden Standortausbau und Marketingaktivitäten vor allem die Preisgestaltung und die Kundenbetreuung. Die Preisstrategie wird vom Führungsteam bestimmt und in Form von Preiselastizitäten bzw. Preisgerüsten an die Sales-Abteilung kommuniziert. Die Sales-Manager handeln dann eigenverantwortlich und treffen Entscheidungen zur endgültigen Preisgestaltung basierend auf der Kostenkalkulation des Standorts, den eigenen Zielvorgaben und in enger Abstimmung mit der Marketingabteilung.

Z U S A M M E N F A S S U N G

Die drei Transformationsebenen betreffen unterschiedliche Aspekte der Leistungserstellung. Die Güterebene (bonetäre Ebene) behandelt den Materialfluss vom Lieferanten über den Wareneingang bis in die Produktion und – nach erfolgter Produktion – den Fluss der fertigen Güter über Auslieferungslager zum Kunden.

Gegenstand der Finanzebene (monetäre Ebene) sind Geldflüsse in und zwischen Unternehmen. Diese Geldflüsse werden durch Zahlungsverpflichtungen für Materialien, Halbfertigprodukte oder erbrachte Dienstleistungen ausgelöst.

Die Aktivitäten der dispositiven Ebene sind den Tätigkeiten auf den anderen Ebenen zeitlich vorgelagert. Sie dient der Planung, Steuerung und Kontrolle der betrieblichen Aktivitäten auf den drei Managementebenen (strategische, taktische und operative Ebene). Ausgehend vom Produktprogramm erfolgt im Rahmen der integrierten Absatz-, Produktions- und Beschaffungsplanung (S&OP) die laufende Abstimmung zwischen Plänen der leistungsverwertenden Absatzbereiche sowie der leistungserstellenden Bereiche Beschaffung, Produktion und Logistik. Der Ablauf der Informationsflüsse auf der dispositiven Ebene sowie die unterschiedlichen Auslöser für Produktionsprozesse in Form von Prognosen oder Kundenaufträgen hängen von der Beziehung der Produktion zum Absatzmarkt ab.

Z U S A M M E N F A S S U N G

2.4 Übungsfragen

1. Welche Transformationsebenen lassen sich im Unternehmen unterscheiden?
2. Welche Arten von Strömen unterscheidet man auf der Güterebene?
3. Wozu dienen interne Verrechnungspreise auf der monetären Ebene?
4. Wie läuft die integrierte Absatz-, Produktions- und Beschaffungsplanung (Sales and Operations Planning) ab?
5. Welche Vorgänge löst die interne Anforderung der Produktionsabteilung (z.B. nach Rohstoffen) im Unternehmen und beim Lieferanten bei auftragsbezogener Beschaffung und Produktion aus?

EXTRAS ONLINE

Lösungen zu den Übungsfragen und weiterführende Materialien finden Sie auf der Website zum Buch unter *www.pearson-studium.de*.

Faktorbetrachtung (Input – Output)

3

ÜBERBLICK

3.1 Einführung

Die Produktion ist Teil der betrieblichen Leistungserstellung (vgl. *Kapitel 1*). Das Wort Produktion (lat. „producere" = hervorbringen) bezeichnet den Transformations- bzw. Wertschöpfungsprozess, der Ausgangsstoffe (Rohstoffe, Zwischenprodukte) unter Einsatz von Arbeitskraft, Betriebsmitteln und Energie in Güter transformiert **(Sachgüterproduktion)**. Im Gegensatz dazu erfordern Dienstleistungen (z.B. Beratungsleistungen) bei ihrer Herstellung keine Werkstoffe, weisen aber oft „Begleitgüter" auf (z.B. Gutachten bei Beratungsleistungen).[1] In diesem Fall spricht man von **Dienstleistungsproduktion**. Die betriebliche Leistungserstellung kann somit als Transformations- bzw. Wertschöpfungsprozess gesehen werden. Mit einem Input (Material, Betriebsmittel, Personal etc.) wird ein Output (Sachgüter oder Dienstleistungen) geschaffen.

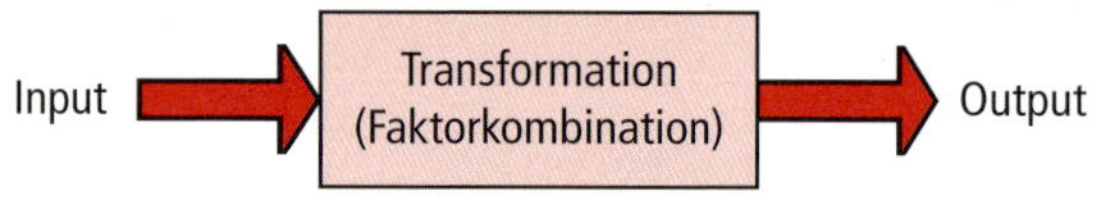

Abbildung 3.1: Das Produktionssystem

3.2 Input (Produktionsfaktoren)

Die **Produktionsfaktoren** stellen den **Input** der Transformation dar. Die folgende ▶ *Abbildung 3.2* gibt einen Überblick über die verschiedenen Klassifikationsschemata von Produktionsfaktoren.

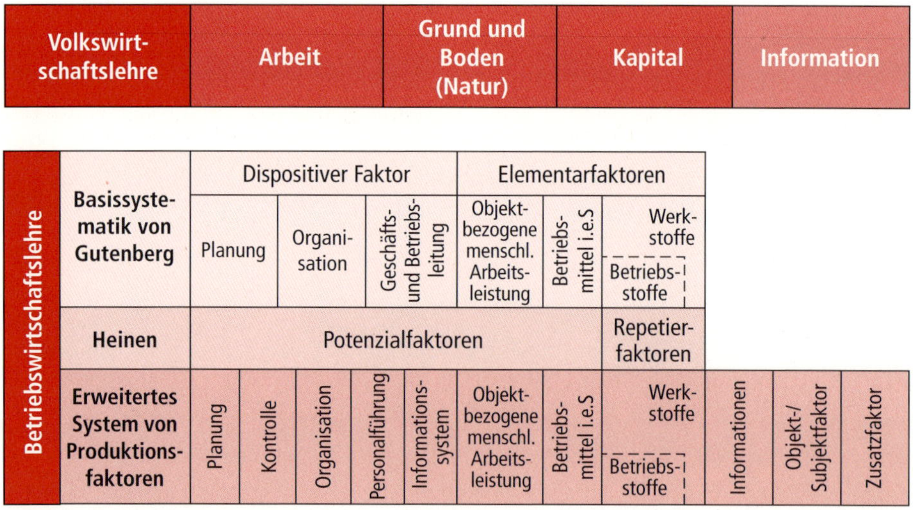

Volkswirtschaftslehre	Arbeit	Grund und Boden (Natur)	Kapital	Information

<table>
<tr><td rowspan="4">Betriebswirtschaftslehre</td><td rowspan="2">Basissystematik von Gutenberg</td><td colspan="5">Dispositiver Faktor</td><td colspan="3">Elementarfaktoren</td><td colspan="3" rowspan="3"></td></tr>
<tr><td colspan="2">Planung</td><td>Organisation</td><td colspan="2">Geschäfts- und Betriebsleitung</td><td>Objektbezogene menschl. Arbeitsleistung</td><td>Betriebsmittel i.e.S</td><td>Werkstoffe / Betriebsstoffe</td></tr>
<tr><td>Heinen</td><td colspan="7">Potenzialfaktoren</td><td>Repetierfaktoren</td></tr>
<tr><td>Erweitertes System von Produktionsfaktoren</td><td>Planung</td><td>Kontrolle</td><td>Organisation</td><td>Personalführung</td><td>Informationssystem</td><td>Objektbezogene menschl. Arbeitsleistung</td><td>Betriebsmittel i.e.S</td><td>Werkstoffe / Betriebsstoffe</td><td>Informationen</td><td>Objekt-/Subjektfaktor</td><td>Zusatzfaktor</td></tr>
</table>

Abbildung 3.2: Produktionsfaktoren

1 Vgl. Schmalen, H. (2003), S. 30

In der **Volkswirtschaftslehre** wird zwischen menschlicher Arbeit, Grund und Boden, Kapital und Information unterschieden. In der **Betriebswirtschaftslehre** gibt es verschiedene Klassifizierungen von Produktionsfaktoren.

Der deutsche Betriebswirt **Erich Gutenberg** unterscheidet zwischen Elementarfaktoren und dispositiven Produktionsfaktoren. Die **Elementarfaktoren** umfassen die objektbezogene menschliche Arbeit, die Betriebsmittel und die Werkstoffe. Die dispositiven Faktoren steuern den Einsatz und die Kombination der Elementarfaktoren.

Erich Gutenberg wurde am 13. Dezember 1897 in Herford (Ostwestfalen) als Sohn eines Fabrikanten geboren und starb am 22. Mai 1984 in Köln. Er gilt als Begründer der modernen deutschen Betriebswirtschaftslehre.

Er promovierte 1921 in Volkswirtschaftslehre in Halle an der Saale. Von 1924 bis 1930 war er wissenschaftlicher Assistent an der Westfälischen Wilhelms-Universität in Münster, wo er 1928 in BWL habilitierte. Er hatte von 1948 bis 1951 den Lehrstuhl für BWL an der Johann Wolfgang Goethe-Universität in Frankfurt/Main inne. Danach wurde er als Nachfolger von Eugen Schmalenbach an die Universität zu Köln auf den Lehrstuhl für Allgemeine BWL und die Spezielle BWL der Wirtschaftsprüfung und des Treuhandwesens berufen (1951 bis 1966).

In seinem bedeutendsten dreibändigen Werk „Grundlagen der Betriebswirtschaftslehre" entwickelte Gutenberg ein neues System der BWL. Er betrachtete den Betrieb nun nicht mehr in seinen einzelnen Funktionsbereichen, sondern in der Gesamtheit als Kombination von Produktionsfaktoren. Im Mittelpunkt stand die Produktivitätsbeziehung zwischen Input und Output, die Produktionsfunktion. Ausgangspunkt seiner Modellierung war die mikroökonomische Theorie. Er gilt als Begründer einer einflussreichen „Schule" und erhielt zahlreiche Ehrungen und Auszeichnungen.

Auswahl seiner Werke:

- „Grundlagen der Betriebswirtschaftslehre" (drei Bände), 1951 bis 1969
- „Betriebswirtschaftslehre als Wissenschaft", 1957
- „Unternehmensführung: Organisation und Entscheidungen", 1962

Die **menschliche Arbeitsleistung** wird differenziert nach objektbezogener und dispositiver Arbeitsleistung. Die **objektbezogene Arbeitsleistung** umfasst die ausführenden Tätigkeiten bei der Produktion, der Vorbereitung der Produktion, der Güterverteilung, der Aufrechterhaltung der Betriebsbereitschaft sowie bei Veränderungen in der Produktionsstätte. Die dispositive Arbeitsleistung **(dispositiver Faktor)** beinhaltet die Planung, Organisation und Führung (Geschäfts- und Betriebsleitung) der Faktorkombination. Nach heutiger Auffassung zählen hierzu auch die Kontrolle und der führungsbezogene Teil der Informationssysteme (z.B. internes und externes Rechnungswesen). In der anglo-amerikanisch geprägten Literatur wird hierfür zumeist der Begriff „Management" verwendet.

Betriebsmittel sind alle Einrichtungen und technischen Anlagen (vor allem Maschinen), die für den betrieblichen Leistungsprozess notwendig sind.

Zu den Produktionsfaktoren zählen auch die im Produktionsprozess benötigten **Werkstoffe** (Material). Werkstoffe umfassen Roh-, Hilfs-, Betriebsstoffe und die Zulieferteile.

- **Rohstoffe** gehen als wesentlicher Bestandteil in das Fertigungserzeugnis ein, z.B. Holz bei der Möbelherstellung.
- **Hilfsstoffe** gehen ebenfalls in das Fertigungsprodukt ein, gelten aber (vor allem wegen ihres geringen Wertanteils) als unwesentlicher Bestandteil, z.B. Schrauben.
- **Betriebsstoffe** gehen nicht in das Fertigerzeugnis ein, sondern werden im Produktionsprozess verbraucht, z.B. Strom.
- **Zulieferteile** sind halbfertig und fertig bezogene Teile, die in das Produkt eingebaut werden, z.B. Computer-Chips.

Der deutsche Betriebswirt **Edmund Heinen** unterscheidet in seinen Schriften zwischen Potenzialfaktoren und Repetierfaktoren.

Potenzialfaktoren sind „Nutzenpotenziale", die nicht durch einmaligen Verbrauch aufgezehrt werden. Typische Beispiele hierfür sind Betriebsmittel und menschliche Arbeit. Potenzialfaktoren sind in der Regel nicht teilbar. **Repetierfaktoren** gehen hingegen mit ihrem Einsatz im Produktionsprozess unter. Sie werden entweder verbraucht (z.B. Energie, Betriebsstoffe) oder physikalisch bzw. chemisch umgewandelt (z.B. Rohöl).

Edmund Heinrich Heinen wurde am 18. Mai 1919 in Saarbrücken geboren und starb am 22. Juni 1996 in München. Er gilt als Schöpfer und Wegbereiter der deutschsprachigen entscheidungsorientierten Betriebswirtschaftslehre.

Der Zweite Weltkrieg und die anschließende Gefangenschaft unterbrachen sein Studium. In Frankfurt/Main legte Heinen 1948 das Examen als Diplom-Kaufmann ab. Ein Jahr später promovierte er an der Universität in Saarbrücken. Nach der Habilitation 1951 war er dort zunächst als Privatdozent, dann ab 1954 als Professor tätig. Drei Jahre später folgte Heinen einem Ruf an die Universität München, wo er als ordentlicher Professor das Institut für Industrieforschung gründete und bis 1987 leitete.

In seinen zahlreichen Veröffentlichungen entwickelte der Schüler von Erich Gutenberg die Betriebswirtschaftslehre entscheidend weiter. Seine Werke wurden in viele Sprachen übersetzt, allein fünf Bücher ins Japanische. Heinen erfuhr unzählige Ehrungen und Auszeichnungen (u.a. das Bundesverdienstkreuz).

Auswahl seiner Werke:

- „Die Kosten – ihr Begriff und ihr Wesen", 1956
- „Handelsbilanzen", 1958
- „Einführung in die Betriebswirtschaftslehre", 1968
- „Kosten und Kostenrechnung", 1975

Das **erweiterte System der Produktionsfaktoren** umfasst neben den klassischen Produktionsfaktoren auch Informationen, Objektfaktoren und Zusatzfaktoren:

- Es ist unbestritten, dass **Informationen** unverzichtbare Produktionsfaktoren darstellen. Es wird lediglich darüber gestritten, ob Informationen eine eigene Kategorie von Produktionsfaktoren darstellen. Wegen der wachsenden Bedeutung von Informationen wird dies hier bejaht.
- **Objektfaktoren** sind Faktoren, die vom Kunden zur Leistungserstellung bereitgestellt werden. In der Sachgüterproduktion sind dies z.B. bereitgestellte Halbfertigprodukte, die bearbeitet werden. Noch wichtiger sind die Objektfaktoren bei der Dienstleistungsproduktion. Der Objektfaktor beim Gütertransport ist das zu transportierende Gut. Ohne dieses kann die Produktion nicht erfolgen. Wird eine Dienstleistung an einer Person erbracht, z.B. Personentransport oder Haarschnitt, muss diese Person anwesend sein. Da Menschen keine Objekte sind, wird hier die Bezeichnung **Subjektfaktor** verwendet. Dieser Begriff macht ein weiteres Problem der Dienstleistungsproduktion am Menschen deutlich. Eine objektiv gleiche Leistungserstellung wird häufig von verschiedenen Personen – oder sogar von derselben Person zu unterschiedlichen Zeitpunkten – unterschiedlich beurteilt.
- **Zusatzfaktoren** sind Faktoren, die für die Erstellung eines Produkts unentgeltlich oder entgeltlich eingesetzt werden. Dies sind insbesondere Dienstleistungen, die von Betriebsfremden erbracht werden: Nutzung der materiellen (z.B. Verkehrsinfrastruktur) und immateriellen (z.B. staatliches Rechtssystem) Infrastruktur sowie die Beanspruchung der Umwelt.

3.3 Transformation

Im Zuge der Transformation werden die Produktionsfaktoren (Input) kombiniert. Dadurch entsteht Output in Form von Gütern und/oder Dienstleistungen.

Die traditionelle Produktionstheorie befasst sich mit dieser Faktorkombination. Zur Beschreibung unterschiedlicher Faktorkombinationen wurden Produktionsfunktionen entwickelt. Die Produktionsfunktionen beschreiben, wie sich der Output (x) ändert, wenn die Mengen und die Zusammensetzung der Produktionsfaktoren (r_1, r_2, ... r_n) variiert werden:

$$x = f(r_1, r_2, ...r_n)$$

Die Produktionstheorie unterscheidet zwei Typen der Faktorkombination:

1. **Substitutionalität** bedeutet, dass die Produktionsfaktoren in unterschiedlichen Mengenkombinationen eingesetzt werden können. Um dasselbe Produktionsergebnis (Output) zu erzielen, kann ein geringerer Einsatz eines Faktors (z.B. menschliche Arbeitsleistung) durch einen Mehreinsatz eines anderen Produktionsfaktors (z.B. Maschinen) ausgeglichen werden. Bei der **totalen Faktorsubstitution** kann ein Faktor durch einen anderen vollständig ersetzt werden.

   Bei der **partiellen (teilweisen) Faktorsubstitution** (synonym auch beidseitig begrenzte Faktorkombination)[2] muss jeder Produktionsfaktor mit einer Mindest-

2 Vgl. Corsten, H. (2004), S. 54 f.

menge eingesetzt werden. Bei der partiellen Substitution wird häufig das sogenannte **Ertragsgesetz** unterstellt, das auf das im 18. Jh. entwickelte Gesetz vom abnehmenden Bodenertrag von Turgot zurückgeht. So führt beispielsweise in der Landwirtschaft der Einsatz von Düngemitteln bei gleichbleibender Menge an Saatgut bis zu einer bestimmten Einsatzmenge zu höheren Produktionserträgen, im Falle einer Überdüngung jedoch zu sinkenden Erträgen.

In der Betriebswirtschaftslehre wird das Ertragsgesetz als Produktionsfunktion vom Typ A bezeichnet. Voraussetzung ist, dass die Faktoren in gewissen Grenzen frei variierbar sind, also die Einsatzmenge eines Faktors variiert werden kann, während die Einsatzmengen der anderen Faktoren konstant bleiben.[3] Daher werden in Folge alle Faktoren außer r_1 konstant gesetzt und die Variation von r_1 betrachtet. Daher gilt:

$$x = f(r_1, \underbrace{r_2, \ldots r_n}_{\text{konstant}(r^c)})$$

Die Kernaussage ist, dass bei einem vermehrten Einsatz eines Produktionsfaktors zunächst der Gesamtertrag progressiv ansteigt (siehe Produktionsfunktion vom Typ A3.3, Phase I). Bei weiterem Einsatz desselben Faktors nimmt der Gesamtertrag nur noch degressiv zu (Phasen II, III), bis das Ertragsmaximum erreicht ist. Danach führt jede zusätzliche Steigerung des Einsatzes dieses Produktionsfaktors sogar zu einem Rückgang des Gesamtertrags (Phase IV).

Der Durchschnittsertrag $\bar{x}$ ist das Verhältnis zwischen Gesamtertrag und Einsatzmenge des variablen Faktors und lautet:

$$\bar{x} = \frac{x}{r_1}$$

Der Durchschnittsertrag steigt in den Phasen I und II mit zunehmendem Faktoreinsatz an. An der Grenze von Phase II zu III erreicht der Durchschnittsertrag sein Maximum und nimmt ab diesem Punkt ab.

Der Grenzertrag x' ist der Zuwachs der Ausbringungsmenge, der durch den zusätzlichen Einsatz einer Einheit des variablen Faktors erzielt werden kann und wird definiert als:

$$x' = f'(r_1)$$

Der Grenzertrag nimmt in Phase I zu und erreicht an der Grenze der Phasen I und II sein Maximum, da hier die Gesamtertragskurve die größte Steigung aufweist. In den Phasen II und III nimmt der Grenzertrag bereits ab, erreicht an der Grenze zwischen den Phasen III und IV den Nullpunkt, da sich hier das Maximum der Gesamtertragskurve befindet, und wird in Folge negativ.

3 Vgl. Gutenberg, E. (1973), S. 304

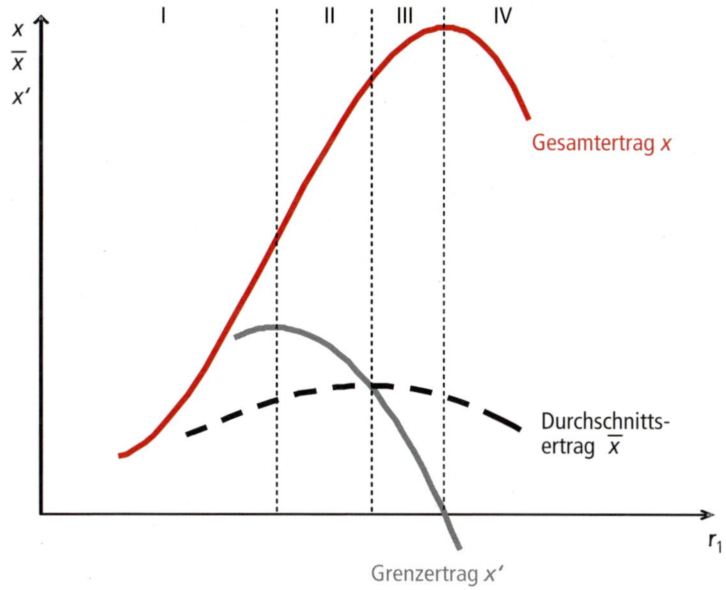

Abbildung 3.3: Produktionsfunktion vom Typ A

2. **Limitationalität**. Beim Vorliegen einer limitationalen Produktionsfunktion können die Produktionsfaktoren nur in einem bestimmten Verhältnis zueinander eingesetzt werden. Die grundlegende Form dieser Produktionsfunktion ist die **linear-limitationale Produktionsfunktion** (Leontief-Produktionsfunktion). Bei einem konstanten Mengenverhältnis der Produktionsfaktoren führt eine Steigerung des Einsatzes derselben zu einem proportionalen Anstieg des Produktionsertrags (Produktionselastizitäten = 1). So wird beispielsweise in der Tischproduktion ein Tisch ($x = 1$) aus den Produktionsfaktoren Tischplatte ($r_1 = 1$) und Tischbeinen ($r_2 = 4$) hergestellt (vgl. ▶ *Abbildung 3.4*). Dieses Verhältnis (1:4) muss immer gegeben sein. Die Steigerung nur eines Faktors führt zu keiner Steigerung des Produktionsertrags (Output). Die notwendige Einsatzmenge jedes Produktionsfaktors (r_i) je Produkteinheit bei effizienter Produktion wird im Inputkoeffizienten (a_i) ausgedrückt, somit gilt:

$$r_i = a_i \times x$$

Da im Normalfall nicht alle Produktionsfaktoren in unbegrenzten Mengen verfügbar sind, kann ein einzelner Produktionsfaktor den maximal erzielbaren Output x beschränken und wird daher als limitationaler Produktionsfaktor bezeichnet. Wenn beispielsweise die Produktionsfaktoren für das Produkt Tisch in den Mengen $r_1 = 4$ und $r_2 = 12$ gegeben sind, dann bildet r_2 den limitationalen Faktor, da mit dieser Menge nur maximal drei Tische hergestellt werden können. Somit gilt für den maximal erzielbaren Output x:

$$x = \text{Min}(\frac{r_1}{a_1}, \frac{r_2}{a_2})$$

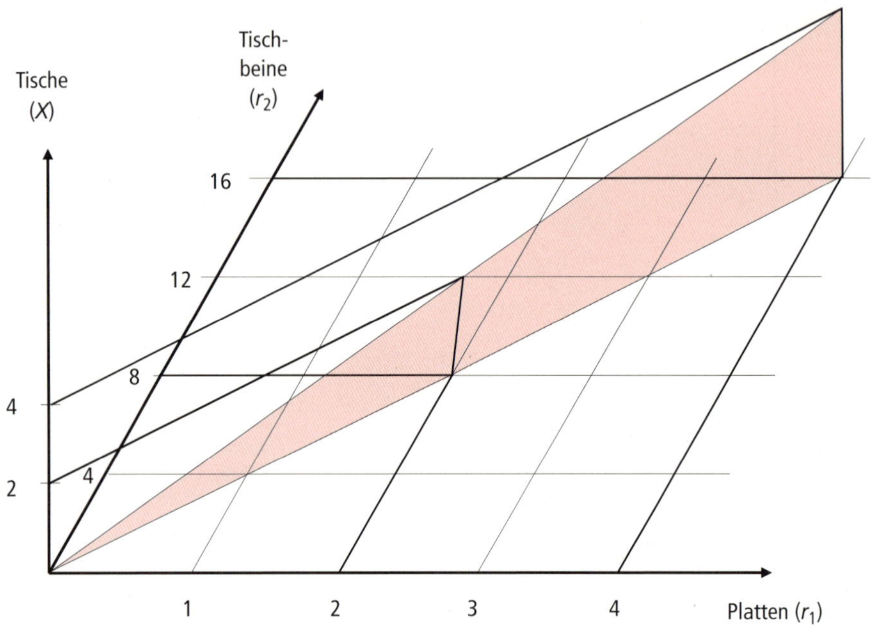

Abbildung 3.4: Linear-limitationale Produktionsfunktion

Die von Gutenberg entwickelte Produktionsfunktion vom Typ B ist limitational. Die linear-limitationale Produktionsfunktion kann als praxisrelevanter Spezialfall angesehen werden. In der Produktionsrealität finden sich jedoch häufig auch nicht lineare Zusammenhänge, z.B. steigt bei einer Erhöhung der Geschwindigkeit beim Autofahren der Einsatz des Produktionsfaktors Treibstoff überproportional.

Zur Erhöhung des Produktionsertrags stehen nach Gutenberg grundsätzlich drei Möglichkeiten zur Verfügung:

1. Bei der **intensitätsmäßigen Anpassung** bleiben die Anzahl der Ressourcen und deren Einsatzzeit gleich. Die Mengensteigerung wird durch eine intensivere Nutzung erzielt, z.B. durch Erhöhung der Drehzahl der Maschinen.

2. Bei der **zeitlichen Anpassung** wird mit einer gleichbleibenden Anzahl von Ressourcen die Einsatzzeit verlängert, z.B. durch die Einführung einer weiteren Schicht.

3. Bei der **mengenmäßigen Anpassung** bleiben die Einsatzzeit und die Intensität der Nutzung der Ressourcen gleich. Die Mengensteigerung wird durch eine Erhöhung der Anzahl der Ressourcen erreicht, z.B. durch den Einsatz zusätzlicher Maschinen.

3.4 Output (Güter und Dienstleistungen)

Output eines Produktionsprozesses sind entweder Güter oder Dienstleistungen (Güter- oder Dienstleistungsproduktion). Güter sind materielle Leistungen und werden von Sachleistungsbetrieben produziert, z.B. Pkw-Produktion, Möbeltischlerei, Bäckerei. Bei Dienstleistungen handelt es sich um körperlich nicht greifbare (immaterielle) Leistungen.

Zu den Dienstleistungen zählen:

- Persönliche Dienste an Menschen (z.B. Information, ärztliche Behandlung) oder an der Gesellschaft (z.B. Schulwesen)
- Dienste zur Vollendung des Produktionsprozesses bzw. des Güterkreislaufes:
  - Finanzielle Dienste (Banken, Versicherungen)
  - Überbrückungsdienste (Handel, Transportwesen)
  - Beratungsdienste (Werbung, Rechtsberatung)
- Erhaltungs- und Reparaturdienste (Reinigung, Inspektion)

Dienstleistungen werden von Dienstleistungsbetrieben erbracht, z.B. Transportbetriebe, Handels- und Bankbetriebe. Dienstleistungen fungieren entweder unterstützend für die Gütererstellung (z.B. technische Beratung) oder sind unmittelbar verbrauchsorientiert (d.h. autonome Leistungen für den Konsumenten, z.B. Tourismus).

Dienstleistungen werden entweder direkt an Menschen (Subjekten), z.B. ein Haarschnitt, oder an Objekten, z.B. der Transport eines Gutes, erbracht. Die Menschen bzw. Objekte, an denen die Dienstleistung vollzogen wird, werden vereinzelt als „externe Faktoren“ bezeichnet. Wenn sie fehlen, kann die Dienstleistungsproduktion nicht erfolgen.

Die mangelnde Speicherfähigkeit erfordert eine Synchronisierung von Produktion und Verbrauch bzw. von Leistungserstellung und Leistungsabgabe.

Folgende ▶ *Tabelle 3.1* zeigt die charakteristischen Merkmale von Gütern und Dienstleistungen:

Güter	**Dienstleistungen**
Materieller Output	**Immaterieller Output**
Lagerungsfähig, im Voraus produzierbar (Lager zwischen Produktion und Konsumierung möglich)	Lager im engeren Sinne nicht möglich, jedoch Verschiebung der Dienstleistungsproduktion in aufkommensschwache Zeiten (z.B. Flugreisen, Urlaube)
Zuerst Erstellung des Produkts, dann Kundenerfahrung	Erbringung der Leistung und Kundenerfahrung häufig gleichzeitig
Bei Erstellung der Leistung ist die Anwesenheit des Kunden NICHT notwendig	Erfordert in der Regel die physische Anwesenheit des Objekt- (Dienstleistungen an Objekten) oder Subjektfaktors (Dienstleistungen an Menschen) bei Erstellung

Tabelle 3.1: Merkmale von Gütern und Dienstleistungen

Güter	Dienstleistungen
Materieller Output	**Immaterieller Output**
Herstellungsprozesse richten sich nach ökonomischen und materialbedingten Vorgaben	Höhere Anforderungen bezüglich Gestaltung der Prozesse (Umgangsformen, Umweltgestaltung, Kundenorientierung)
Messung der Qualität des Produkts oftmals standardisiert (z.B. DIN, ISO)	Messung der Qualität der Leistung erfolgt oft subjektiv durch den Kunden
Beispiele: Handwerksbetriebe (Maurer, Tischler), Industriebetriebe	Beispiele: Banken, Versicherungen, Handelsunternehmen, Transportunternehmen, Gastronomie, Friseure

Tabelle 3.1: Merkmale von Gütern und Dienstleistungen (Forts.)

3.5 Effizienz von Faktoren

Der im Rahmen der betrieblichen Leistungserstellung erzielbare oder erzielte mengenmäßige Gesamtertrag hängt vom Einsatz der Produktionsfaktoren ab. Das mengenmäßige Gesamtergebnis ist eine Funktion der jeweils eingesetzten Produktionsfaktoren (Produktionsfunktion).[4]

Kennzahlen (auch KPIs = Key Performance Indicators, Ratios, Kennziffern oder Messzahlen genannt)[5] sind quantitative Daten, die als bewusste Vereinfachung der komplexen wirtschaftlichen Realität über zahlenmäßig erfassbare betriebswirtschaftliche Sachverhalte informieren sollen. Sie dienen dazu, schnell und prägnant einen ökonomischen Sachverhalt zahlenmäßig zu erfassen, für den eine Vielzahl relevanter Einzelinformationen vorliegen, deren umfassende Auswertung für den normalen Informationsbedarf zu aufwendig ist.[6]

Die Effizienz von Faktoren kann u.a. mit folgenden Kennzahlen dargestellt werden:

- Produktivität
- Wirtschaftlichkeit
- Rentabilität

Die **Produktivität** drückt die mengenmäßige Ergiebigkeit einer wirtschaftlichen Tätigkeit aus und erlaubt Aussagen darüber, wie gut die eingesetzten Faktoren genutzt werden. Diese Kennzahl gilt für die Betrachtung eines einzelnen Faktors, eines Betriebs oder einer Branche. Bei der Produktivitäts-Kennzahl steht der Output (Sachgüter, Dienstleistungen) in Relation zu den Input-Faktoren, wobei nach einzelnen Produktionsfaktoren (Material, Arbeit, …) differenziert werden kann.

$$\text{Arbeitsproduktivität} = \frac{\text{Produktmenge}}{\text{Arbeitsstunden}}$$

4 Vgl. Lechner, K., Egger, A., Schauer, R. (2005), S. 409 ff.

5 Vgl. Probst, J. (2004), S. 13

6 Vgl. Küpper, H.-U., Weber, J. (1995), S. 172

Eine Steigerung der Arbeitsproduktivität kann z.B. durch den Einsatz anderer Betriebsmittel erfolgen (besseres Werkzeug, größeres Fahrzeug), eventuell aber auch durch organisatorische Verbesserungen.

$$\text{Maschinenproduktivität} = \frac{\text{Produktmenge}}{\text{Maschinenstunden}}$$

$$\text{Materialergiebigkeit} = \frac{\text{Produktmenge}}{\text{Materialverbrauch}}$$

Wirtschaftlichkeit ist die monetär bewertete Ergiebigkeit. Die Wirtschaftlichkeit wird meist als Verhältnis zwischen den Erträgen und Aufwendungen oder zwischen den Leistungen und Kosten definiert. Das Wirtschaftlichkeitsprinzip (auch ökonomisches Prinzip) fordert, dass mit gegebenen Mitteln ein möglichst großer Bedarfsdeckungseffekt (Maximumprinzip) oder ein gegebener Bedarfsdeckungseffekt mit möglichst wenigen Mitteln (Minimumprinzip) erzielt werden soll.

$$\text{Wirtschaftlichkeit} = \frac{\text{Erträge}}{\text{Aufwendungen}} \text{ oder } \frac{\text{Leistungen}}{\text{Kosten}}$$

Die **Rentabilität** eines Unternehmens gibt an, wie hoch sich das eingesetzte Kapital während einer bestimmten Zeitspanne verzinst hat. Die Rentabilität bezeichnet somit das Verhältnis des Gewinns zum erzielten Umsatz (Umsatzrentabilität) oder zum eingesetzten Kapital (Kapitalrentabilität). Bei Betrachtung der Eigenkapitalrentabilität wird nur das von den Eigentümern im Unternehmen eingesetzte Kapital in die Rentabilitätsrechnung einbezogen.[7]

$$\text{Umsatzrentabilität} = \frac{\text{Gewinn}}{\text{Umsatz}}$$

$$\text{Eigenkapitalrentabilität} = \frac{\text{Gewinn}}{\text{Eigenkapital}}$$

Eine wichtige Nebenbedingung zur Aufrechterhaltung der Geschäftstätigkeit ist die **Liquidität**. Sie beschreibt die Fähigkeit eines Unternehmens, das finanzielle Gleichgewicht zu wahren, also seine Zahlungsverpflichtungen fristgerecht zu erfüllen. Dabei ist es unerheblich, ob die Zahlung der fälligen Verbindlichkeiten aus eigenen Mitteln oder durch die Aufnahme von Krediten erfolgt. Die Einhaltung der Liquidität bzw. die Sicherung des finanziellen Gleichgewichts ist wichtig, da sonst die Existenz des Unternehmens gefährdet ist. Sind im Unternehmen nicht genügend Geldmittel vorhanden, bedeutet dies Zahlungsunfähigkeit oder Illiquidität.[8]

$$\text{Liquidität} = \frac{\text{Flüssige Mittel im Betrachtungszeitraum}}{\text{Zahlungsverpflichtungen im Betrachtungszeitraum}}$$

Für die Sicherung der Liquidität reichen Kennzahlen in der Regel nicht aus. Vielmehr bedarf es dafür eines Finanzplans, der alle Einnahmen und Ausgaben periodengerecht erfasst.

7 Vgl. Schmalen, H. (2003), S. 32 f.
8 Vgl. Schmalen, H. (2003), S. 35

Da einzelne Kennzahlen häufig nur begrenzte Aussagekraft haben, werden mehrere Kennzahlen in **Kennzahlensystemen** zusammengefasst, strukturiert und aufeinander abgestimmt, um die Aussagekraft zu erhöhen.

Das folgende Kennzahlensystem **(ROI-System)** zeigt, wie einzelne Größen (z.B. Umsatz, Kosten, Preis, Menge, Anlage- und Umlaufvermögen) in der Kennzahl ROI zusammenfließen. Der Return on Investment (ROI) bildet die Spitze dieses Kennzahlensystems und besteht aus einzelnen Komponenten (z.B. Umsatz). Die folgende ▶ *Abbildung 3.5* gibt einen Überblick über das ROI-System.

$$\text{ROI} = \frac{\text{Gewinn}}{\text{Umsatz}} \times \frac{\text{Umsatz}}{\text{Kapital}}$$

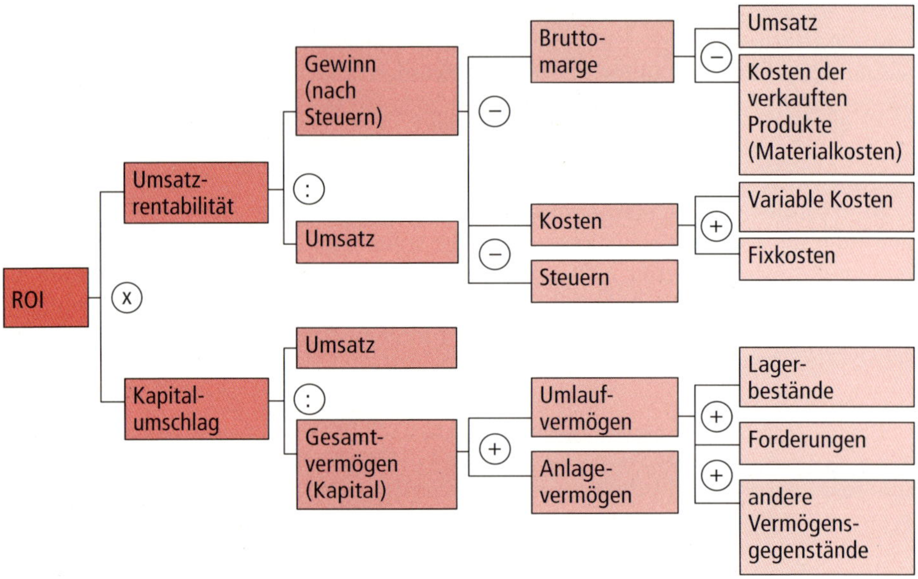

Abbildung 3.5: Das ROI-System

Die Veränderung der einzelnen Rechengrößen wirkt sich direkt auf den ROI aus.[9] So bedeutet z.B. eine Erhöhung der Materialergiebigkeit (Senkung des Materialeinsatzes pro Output-Einheit) eine Steigerung von Bruttomarge, Gewinn (nach Steuern) und Umsatzrentabilität. Dies wirkt sich positiv auf den ROI aus, wie in der folgenden ▶ *Abbildung 3.6* dargestellt wird.

9 Vgl. Zäpfel, G. (2001), S. 44

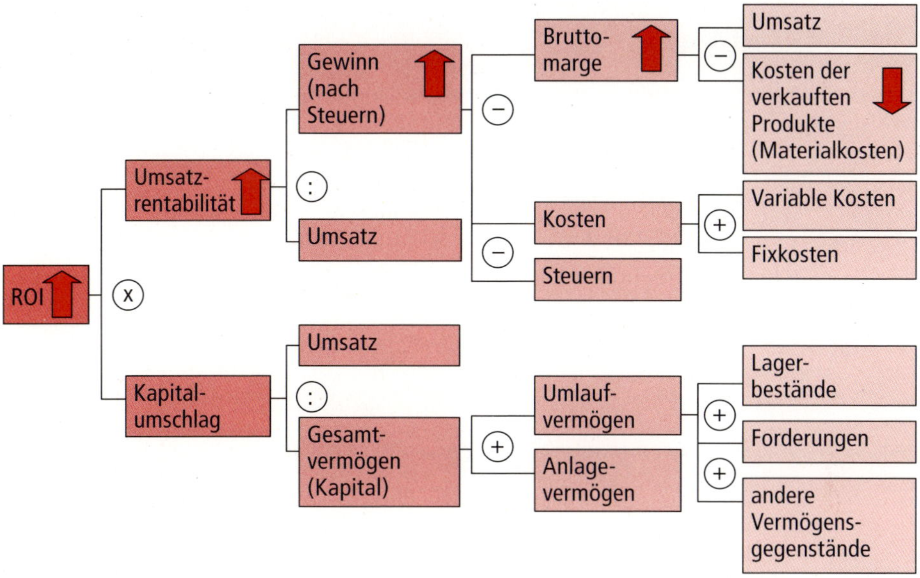

Abbildung 3.6: Steigerung des ROI durch Erhöhung der Materialergiebigkeit

Z U S A M M E N F A S S U N G

Im Rahmen der Faktorbetrachtung werden Unternehmen als Input-Output-Systeme dargestellt. Aus einzelnen Input-Faktoren (Produktionsfaktoren) wird durch Transformation (Produktion, Faktorkombination) ein Produktionsergebnis (Output) geschaffen. Output der betrieblichen Produktion können Güter (z.B. Pkw) oder Dienstleistungen (z.B. Haarschnitt) sein. Diese unterscheiden sich grundlegend dadurch, dass Güter materiell und lagerungsfähig sind. Dienstleistungen hingegen sind immateriell und erfordern zur Leistungserstellung in der Regel die physische Anwesenheit des Objekt- oder Subjektfaktors.

Zur Messung der Effizienz von Produktionsfaktoren werden Kennzahlen verwendet. Diese können in Kennzahlensystemen (z.B. ROI-System) miteinander verknüpft werden, um die Auswirkungen der Veränderung einer Kennzahl auf den Erfolg des gesamten Unternehmens zu messen.

Z U S A M M E N F A S S U N G

3.6 Übungsfragen

1. Welche Faktoren unterscheidet Gutenberg in seiner Basissystematik?
2. Was bedeutet Faktorkombination?
3. Welche zusätzlichen Faktoren werden im erweiterten System von Produktionsfaktoren berücksichtigt?
4. Welche Arten von Output gibt es und wie unterscheiden sie sich?
5. Vergleichen Sie den Informationsgehalt von Kennzahlen und Kennzahlensystemen.

EXTRAS ONLINE

Lösungen zu den Übungsfragen und weiterführende Materialien finden Sie auf der Website zum Buch unter *www.pearson-studium.de*.

Prozessmanagement

4

ÜBERBLICK

4.1 Begriff und Merkmale von Geschäftsprozessen

Das Wort „Prozess“ wird mit Dynamik, Entwicklung oder dem „Fließen“ von Dingen assoziiert (lat. procedere = Voranschreiten). Ein Prozess setzt sich aus unterschiedlichen Aktivitäten zusammen, die in einem logischen Zusammenhang stehen.

Betriebliche Leistungen werden in der Regel durch das Zusammenwirken unterschiedlicher Stellen im Unternehmen erbracht. Daher ist es wesentlich, die **betrieblichen Abläufe** aufgaben- und abteilungsübergreifend zu gestalten. Ziel ist dabei, die Durchführung der Aufgaben zu koordinieren und beim Ablauf zeitliche und räumliche Aspekte in Form von Prozessen (wer macht was wann wie und womit)[1] zu berücksichtigen. Geschäftsprozesse sind besondere Ausprägungen von Prozessen und lassen sich definieren als:

Definition

Ein **Geschäftsprozess** ist ein abgrenzbarer, meist arbeitsteiliger Vorgang, der zur Erstellung oder Verwertung betrieblicher Leistungen führt. Die Betonung liegt hierbei auf der Leistungsorientierung im Rahmen einer Kunden-Lieferanten-Beziehung. Es geht sowohl um die Orientierung des Leistungsangebots am externen Kunden als auch um die Orientierung an den internen Kunden (z.B. zwischen den einzelnen Produktionsstufen).[2]

Das **Prozessmanagement** umfasst die Planung, Organisation und Kontrolle sowie die Optimierung von Geschäftsprozessen.

Sowohl Geschäftsprozesse als auch deren Teilprozesse bestehen jeweils aus Input-Output-Beziehungen, die durch einen Transformationsprozess verbunden sind. Diese grundlegende Systematik ist auch auf das Management von Geschäftsprozessen (Prozessmanagement) anwendbar, das ebenfalls als Input-Output-Transformation dargestellt werden kann. Die folgende ▶ *Abbildung 4.1* zeigt die grundlegende Logik eines Geschäftsprozessmodells.

1 Vgl. Becker, J., Kahn, D. (2012), S. 6
2 Vgl. Zäpfel, G., Piekarz, B. (1996), S. 100

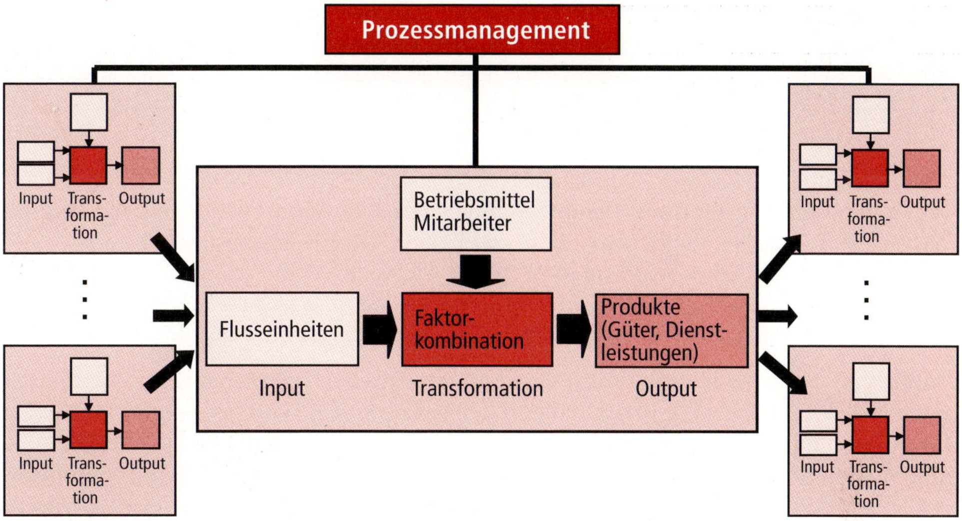

Abbildung 4.1: Geschäftsprozessmodell

Bei der Durchführung von Prozessen verfolgen Unternehmen in einer Wettbewerbswirtschaft das Ziel, dem Markt Leistungen zur Verfügung zu stellen, bei denen die Wertschöpfung (= Wertsteigerung) möglichst hoch ausfällt. Diese Wertschöpfung findet Ausdruck im Preis als Wert, den die Nachfrager einer angebotenen Leistung aufgrund ihrer Funktionalität und Qualität zumessen und zu zahlen bereit sind. Wesentlich ist somit, dass Geschäftsprozesse ausgehend von Kundenanforderungen auf die Befriedigung von Kundenbedürfnissen durch die Bereitstellung von Leistungen abzielen. Je nachdem, ob externe oder interne Kunden die Leistungsempfänger sind, sind dabei **primäre Geschäftsprozesse** (Wertsteigerungsprozesse für externe Kunden) sowie **sekundäre Geschäftsprozesse** (Management- und Unterstützungsprozesse für interne Kunden) ohne direkten Bezug zum hergestellten Produkt zu unterscheiden (vgl. ▶ *Abbildung 4.2*).

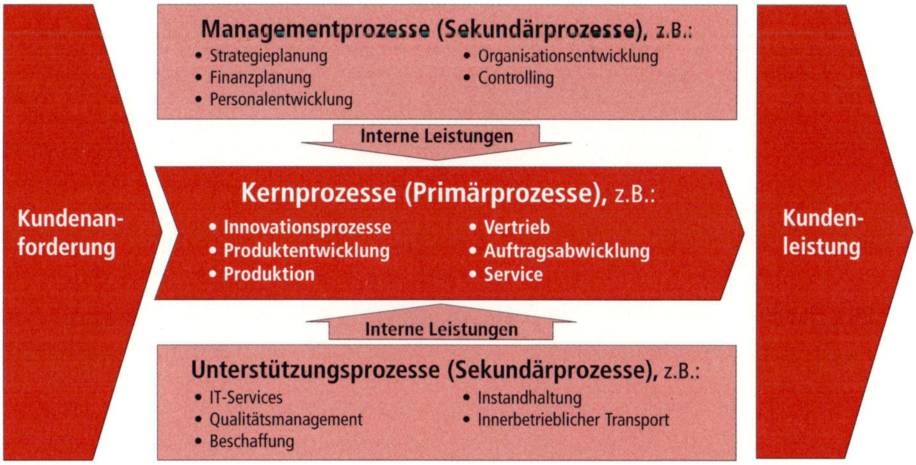

Abbildung 4.2: Typische primäre und sekundäre Geschäftsprozesse eines produzierenden Unternehmens

Managementprozesse dienen zur Gestaltung der betrieblichen Leistungserstellung und sorgen als Führungs- und Steuerungsprozesse für eine wirtschaftliche Ausgestaltung von Kern- und Supportprozessen. Derartige Prozesse sind als Sekundärprozesse zu klassifizieren, da sie selbst keinen direkten Beitrag zur Erfüllung von Kundenbedürfnissen leisten.

Wertsteigerungsprozesse (Kernprozesse) erzeugen aus Input-Einheiten mittels Ressourcen (Betriebsmittel, Mitarbeiter) und Stammdaten (z.B. Rezeptur) wertgesteigerte Output-Einheiten für externe Kunden in Form von Gütern oder Dienstleistungen. Input eines Geschäftsprozesses sind Flusseinheiten (Flow Units) in Form von Material, Kunden, Daten/Information/Wissen oder Geld. Dieser Wertsteigerungsprozess kann auch als Wertschöpfung durch Transformation bezeichnet werden (vgl. *Abschnitt 3.3* und *Teil III*).

Supportprozesse (Unterstützungsprozesse) ermöglichen die reibungslose Funktion wertschöpfender Prozesse bzw. damit Unternehmen als Ganzes funktionieren. Die Gestaltung der Supportprozesse ist deswegen wichtig, da sie wertsteigende Prozesse ermöglichen oder, wenn sie ineffektiv sind, Wertschöpfung behindern. Auch Supportprozesse bestehen aus Input, Transformation und Output. Der Output von Unterstützungsprozessen ist jedoch nicht (direkt) wertschöpfend, sondern geht als Input in andere Prozesse ein. Die Leistungsempfänger sind somit interne Kunden (z.B. Produktion).

Wesentliche Supportprozesse im Unternehmen bestehen in Form von Dienstleistungen (z.B. Instandhaltung, Rechnungswesen und IT) oder auch in Form von Gütern, die Kernprozesse ermöglichen (z.B. Herstellung eines Ersatzteils für eine Maschine). Die Abgrenzung zwischen Kern- und Supportprozessen ist dabei nicht immer eindeutig. So sind Logistikprozesse in einem Industriebetrieb Supportprozesse, die die Güterproduktion ermöglichen. In einem Logistikunternehmen (z.B. Transporteur, Paketdienst) bilden Logistikleistungen jedoch die Kernprozesse, die direkten Kundennutzen erzeugen. Ebenso sind in Industrieunternehmen Beschaffungsprozesse zur Gruppe der Supportprozesse hinzuzurechnen, während Beschaffungsprozesse in einem Handelsunternehmen direkt die Wertschöpfung beeinflussen und Kernprozesse bilden.

4.2 Betrachtungsebenen von Geschäftsprozessen

Da zwischen einzelnen Geschäftsprozessen unterschiedliche Verbindungen und Abhängigkeiten bestehen, ist es nötig, die Gesamtheit an Unternehmensprozessen strukturiert zu erfassen, um diese zu verstehen, zu steuern und zu verbessern. Die oberste Ebene der Betrachtung von Geschäftsprozessen erfolgt daher in der Regel in Form einer Prozesslandkarte, die Inputs und Outputs der einzelnen Geschäftsprozesse sowie deren Wechselbeziehungen aufzeigt. Die folgende ▶ *Abbildung 4.3* zeigt die Zusammenhänge sowie die Kundeninteraktion typischer primärer Geschäftsprozesse eines produzierenden Unternehmens mit Auftragsfertigung (make to order).

Im Rahmen des **Innovationsprozesses** werden ausgehend von Kundenwünschen Ideen generiert und evaluiert. Dabei wenden Unternehmen zunehmend die Methode des Design Thinking an. Diese Methode stellt den Menschen/Kunden in den Mittelpunkt und versucht über hochkreative iterative Prozesse zu schnellen kundenorientierten Lösungen zu kommen. Dazu wird in interdisziplinären, funktionsübergreifenden Workshops ein Problemverständnis entwickelt. Dabei erforschen die TeilnehmerInnen ergebnisoffen die Lebenswelten der Kunden, um konkrete bestehende oder zukünftige Kundenwünsche vor Ort zu entdecken. Auf Basis der Beobachtungen werden im Sinne eines Rapid Prototyping einfache Prototypen gebaut, evaluiert und verbessert. Die Ergebnisse fließen in die **Produktplanung** und in weiterer Folge mit konkretisierten Kundenanforderungen als Pflichtenheft in die **Produktentwicklung** ein, die mit einem marktfähigen, fertigungsreifen Produkt endet.

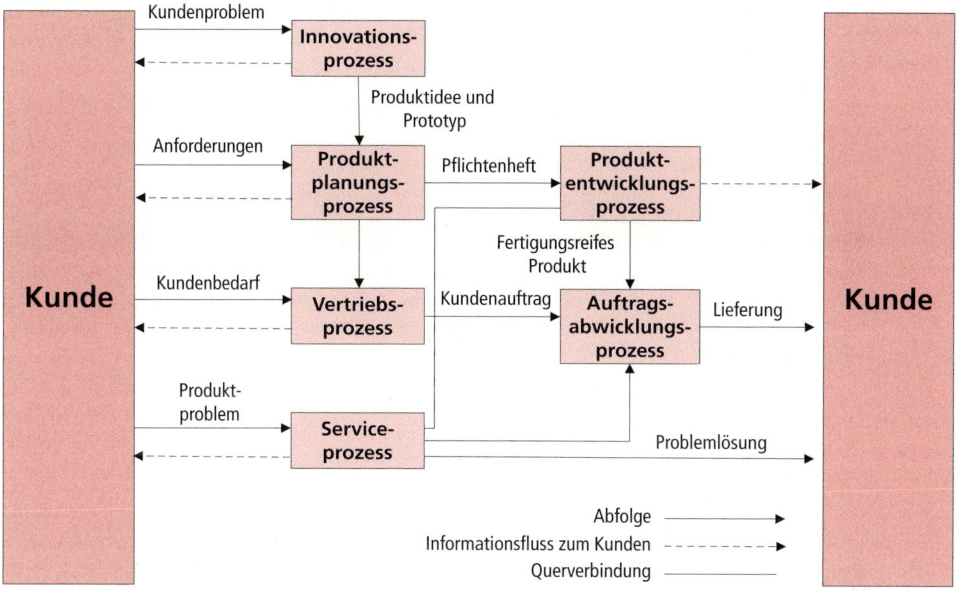

Abbildung 4.3: Prozesslandkarte eines produzierenden Unternehmens (make to order[3])

Im Rahmen des **Vertriebsprozesses** wird der mengenmäßige Bedarf nach dem marktfähigen Produkt durch einzelne Kunden vertraglich fixiert und der Kundenauftrag dem **Auftragsabwicklungsprozess** zugeführt. Entsprechend der Beziehung der Produktion zum Absatzmarkt wird der Bedarf direkt aus dem Lager bedient (make to stock) oder kundenspezifisch produziert (make to order). Die Auftragsabwicklung endet mit der Lieferung an den Kunden und dem erfolgten Zahlungseingang. Im Rahmen des **(After Sales) Service** bieten Unternehmen eine Reihe von produktbezogenen Dienstleistungen an:

- Bei Auftreten von Produktproblemen erfolgt ein Serviceprozess, der mit der Problemlösung (z.B. Reparatur, Tausch des Produkts) endet und auftretende Produktprobleme an die Produktentwicklung rückmeldet.
- Unternehmen gehen immer mehr dazu über, neben physischen Produkten im Bündel Services, wie z.B. Wartung und Instandhaltung, zu verkaufen.
- Serviceangebote selbst von etablierten Herstellern entkoppeln sich zunehmend von den physischen Produkten. So versuchen fast alle Automobilhersteller sich in Zukunft als Mobilitätsanbieter zu positionieren und innovative Dienstleistungen

3 Vgl. Schmelzer, H. J., Sesselmann, W. (2010), S. 82

anzubieten. Beispiele hierfür sind Carsharing oder umfangreiche Mobilitätsabonnements, die auch andere Verkehrsmittel beinhalten.

Da Unternehmen über eine große Anzahl von Prozessen verfügen, fasst das Prozessmanagement je nach Detaillierungsgrad der Betrachtung diese Prozesse in Aggregationsstufen zusammen. In der Unternehmenspraxis werden meistens drei bis vier Ebenen gebildet. Weitestgehend Einigkeit besteht darüber, dass die oberste Betrachtungsstufe als Geschäftsprozess bezeichnet wird. Die folgende ▶ *Abbildung 4.4* zeigt den Geschäftsprozess Auftragsabwicklung eines produzierenden Unternehmens mit Lagerproduktion (make to stock) in drei Detaillierungsgraden. Die Produktion ist vor Eingang eines Kundenauftrags bereits abgeschlossen.

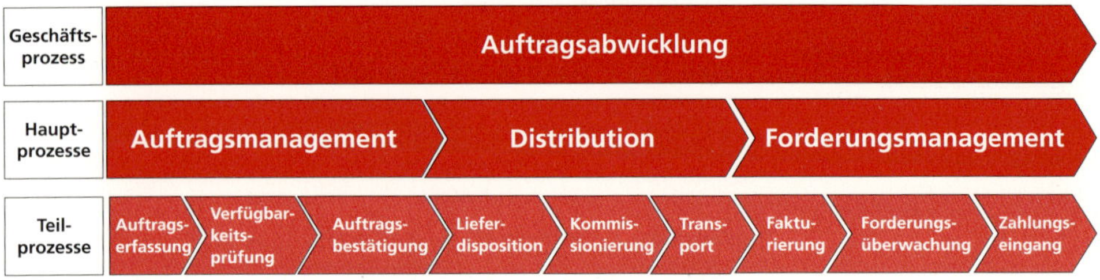

Abbildung 4.4: Auftragsabwicklungsprozess eines produzierenden Unternehmens (make to stock)

Wie ▶ *Abbildung 4.4* zeigt, setzt sich ein Geschäftsprozess aus mehreren **Hauptprozessen** zusammen. Diese sind eine Folge zusammenhängender **Prozesse**, die in einer Leistungsbeziehung stehen und innerhalb einer bestimmten Zeitspanne nach definierten Regeln ablaufen. Für die Prozesse können unterschiedliche Varianten existieren **(Prozessvarianten)**. Will man eine weitere Ebene einführen, so werden die Prozesse in **Teilprozesse** unterteilt. Die unterste Betrachtungsebene sind die einzelnen **Aktivitäten**. Der folgende Exkurs über die Autoteile GmbH zeigt die Logik sowie den Zusammenhang der unterschiedlichen Betrachtungsebenen von Geschäftsprozessen anhand eines praktischen Beispiels.

Exkurs: Geschäftsprozesse der Autoteile GmbH

Die Autoteile GmbH beschäftigt sich schwerpunktmäßig mit der Verwertung von Unfallfahrzeugen und dem Handel gebrauchter Autoteile. Zur Ergänzung des Sortiments werden auch Neuteile und für die Reparatur notwendige Materialien angeboten. Im Rahmen einer Prozessanalyse wurde die Geschäftstätigkeit des Unternehmens analysiert und die beiden Geschäftsprozesse „Verwertung“ und „Handel“ herausgearbeitet. Der Prozess „Verwertung“ besteht aus der Beschaffung von Fahrzeugen und Teilen sowie deren Einlagerung. Den Geschäftsprozess „Handel“ sowie dessen Hauptprozesse, Prozesse, Prozessvarianten sowie beispielhafte Teilprozesse und die kleinste Einheit auf Ebene der Aktivitäten des Unternehmens zeigt die folgende ▶ *Abbildung 4.5*.

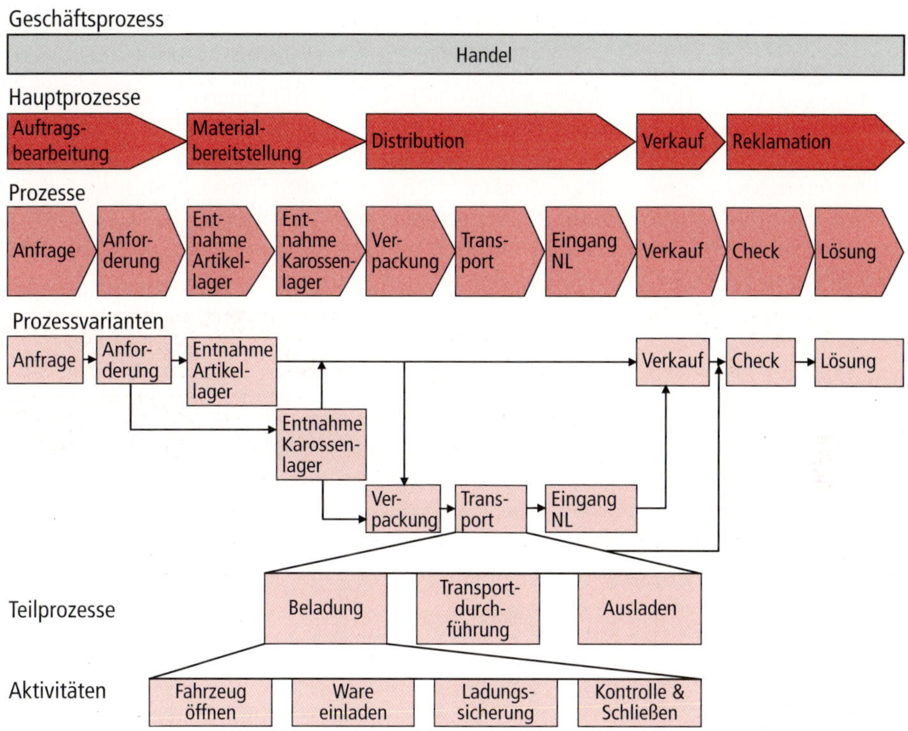

Abbildung 4.5: Geschäftsprozess – Handel (Autoteile GmbH)

Aus der Abbildung wird deutlich, dass es unterschiedliche Prozessvarianten gibt, aus denen verschiedene Teilprozesse sowie Aktivitäten resultieren. Bestellt ein Kunde ein Teil, so wird eine interne Anforderung ausgelöst. Die für den Auftrag benötigten Teile können entweder aus dem Artikel- oder dem Karossenlager entnommen werden. Werden die Teile an andere Niederlassungen (NL) oder direkt an den Endkunden versendet, so werden sie verpackt und transportiert. Werden die Teile am Standort direkt verkauft, so entfallen der Verpackungs- und Transportprozess.

4.3 Messung der Prozesseffizienz

Um eine optimale Wertschöpfung in Geschäftsprozessen zu erreichen, ist es notwendig, die Prozesse nach den Kriterien „Zeit", „Kosten/Wirtschaftlichkeit", „Qualität" und „Flexibilität" zu beurteilen. Damit wird der Forderung nach geringen Kosten und kurzen Zeiten bei höchstmöglicher Qualität Rechnung getragen. Die Kriterien zur Messung der Effizienz von Geschäftsprozessen im Einzelnen sind:

- **Zeit**

  Geschäftsprozesse erfordern eine Vielzahl unterschiedlicher Aktivitäten, die für ihre Durchführung jeweils entsprechende Zeit benötigen. Bei gegebenen Ressourcen fällt die Wertschöpfung umso höher aus, je schneller die einzelnen Aktivitäten durchgeführt werden. Ein Beispiel für Kennzahlen dieses Kriteriums ist z.B. die Lieferzeit (Wie schnell kann ein Unternehmen liefern?).

- **Kosten**

  Je nach Gestaltung des Prozesses können höhere oder niedrigere Kosten anfallen. In der traditionellen Denkweise bedeuteten kürzere Zeiten, höhere Qualität oder höhere Flexibilität auch höhere Kosten. Dies muss aber nicht der Fall sein, z.B. kann eine höhere Materialqualität zunächst zu höheren Produktionskosten führen. Wenn jedoch dadurch die Anzahl der Reklamationen sinkt, können ggf. die Gesamtkosten sinken. Darüber hinaus kann dies über ein besseres Image auch zu weiteren positiven Effekten führen, die die Wirtschaftlichkeit verbessern. Als Beispiel kann der Anteil der Material- oder Personalkosten an den Gesamtkosten einzelner Prozesse genannt werden.

- **Qualität**

  Die Qualität bildet die Gesamtheit von Eigenschaften und Merkmalen eines Produkts oder Prozesses sowie die daraus resultierende Kundenzufriedenheit (z.B. Anzahl der Reklamationen) und stellt einen entscheidenden Wettbewerbsfaktor dar (siehe *Kapitel 14*). Eine wesentliche Kennzahl für Qualität in der Güterproduktion ist die Ausschussrate (Anteil des Ausschusses am Gesamt-Output).

- **Flexibilität**

  Die Flexibilität von Geschäftsprozessen beschreibt ihre Anpassungsfähigkeit an sich wandelnde Kundenanforderungen, wie beispielsweise eine Änderung des Produktprogramms oder schwankende Kundennachfrage. Geschäftsprozesse sind flexibel, wenn eine Anpassung in der nötigen Zeit zu vertretbaren Kosten erfolgen kann.

Die Zieldimensionen Zeit, Kosten, Qualität und Flexibilität bilden dabei ein „magisches Viereck“, wobei zwischen den einzelnen Zielen häufig Zielkonflikte auftreten. Das heißt, bei dem Versuch, eine der Zielgrößen zu verbessern, verschlechtert sich meist der Erfüllungsgrad einer anderen Zielgröße (vgl. ▶ *Abbildung 4.6*).

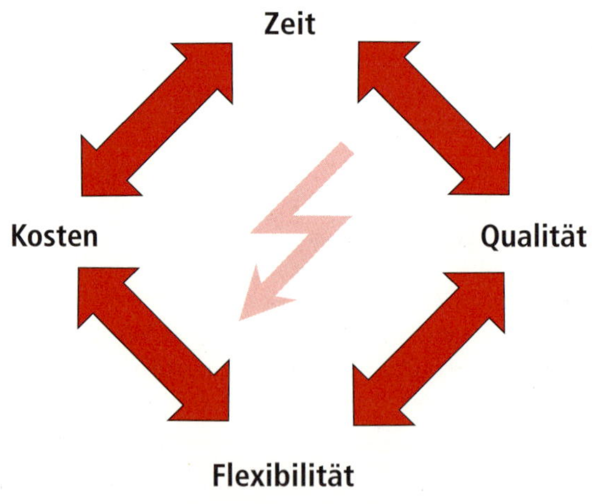

Abbildung 4.6: Zielgrößen und Zielkonflikte beim Prozessmanagement

Drei weitere wichtige Kennzahlen zur Beurteilung von Geschäftsprozessen sind die Durchlaufzeit (wie lange dauert die Transformation von Input zu Output?), die Output-Rate (wie viele Einheiten verlassen pro Zeiteinheit einen Prozess?) und der Bestand eines Prozesses (wie viele Einheiten sind zeitgleich in einem Prozess?). Den Zusammenhang zwischen diesen Kennzahlen beschreibt das **Gesetz von Little**, das im Zusammenhang mit Produktionsprozessen in *Kapitel 14* behandelt wird.

Diese grundlegenden Kennzahlen können auf verschiedenste Anwendungsfälle angewandt werden und liefern wesentliche Erkenntnisse zur Messung der Effizienz von Geschäftsprozessen. Darüber hinaus werden in vielen Unternehmen weitere Spitzenkennzahlen zur Effizienzmessung der betrieblichen Leistungserstellung eingesetzt. So beinhaltet das weit verbreitete SCOR-Modell ein Kennzahlensystem für die Messung der Prozessperformance (vgl. *Abschnitt 5.5*).

4.4 Ansätze zur Steigerung der Prozesseffizienz

Im Folgenden werden zwei Ausprägungen von Modellen zur Effizienzsteigerung vorgestellt, die sich wesentlich durch die Herangehensweise sowie den zeitlichen Horizont umzusetzender Veränderungen unterscheiden. Das Business Process Reengineering (BPR) zielt darauf ab, radikale Veränderungen innerhalb eines kurzen Zeitraums rasch umzusetzen. Im Gegensatz dazu verfolgt KAIZEN das Ziel, kontinuierlich kleine Veränderungen über einen längeren Zeitraum umzusetzen (vgl. ▶ *Abbildung 4.7*).

- **Business Process Reengineering (BPR):** Der Begriff wurde 1993 von Michael Hammer und James Champy geprägt. Sie verstehen darunter ein fundamentales Überdenken und die radikale Restrukturierung von Geschäftsprozessen, um drastische Verbesserungen in kritischen Leistungsgrößen wie Kosten, Qualität, Service und Geschwindigkeit zu erzielen. Grundidee des BPR ist, dass Geschäftsprozesse definiert, optimiert und soweit wie möglich durch Informationstechnologie unterstützt werden sollen.[4] Dabei gelten vier Grundsätze:
  - BPR orientiert sich an den kritischen Geschäftsprozessen.
  - Die Geschäftsprozesse müssen auf die Kunden ausgerichtet werden.
  - Das Unternehmen muss sich auf seine Kernkompetenzen konzentrieren.
  - Die Möglichkeiten der aktuellen Informationstechnologie zur Unterstützung der Prozesse müssen intensiv genutzt werden.
- **KAIZEN:** Dieses ursprünglich japanische Konzept wurde unter dem Namen **„kontinuierliche Verbesserungsprozesse"** (KVP) auch für den deutschen Sprachraum adaptiert. Es dient dazu, Verbesserungspotenziale zu finden und diese auszuschöpfen. Im Gegensatz zu BPR ist KAIZEN ein kontinuierlicher Prozess, wodurch das Risiko einer einzelnen Fehlentscheidung minimiert wird. Häufig wird dieses Konzept auch den eigenen Lieferanten vorgeschrieben, um Kostensenkungen zu erzielen. Auf japanischen Ansätzen zur Verbesserung von Unternehmen basieren auch sogenannte **Qualitätszirkel**. Hierbei werden Gruppen von fünf bis zehn Mitarbeitern gebildet, die ihr arbeitsspezifisches Wissen und ihre Erfahrung einbringen, um Probleme ihrer Arbeit zu besprechen. Durch selbst entwickelte Lösungen sollen die Produkt- und Arbeitsqualität verbessert und die Arbeitszufriedenheit aller Mitarbeiter gesteigert werden.

---

4 Vgl. Hammer, M., Champy, J. (1993)

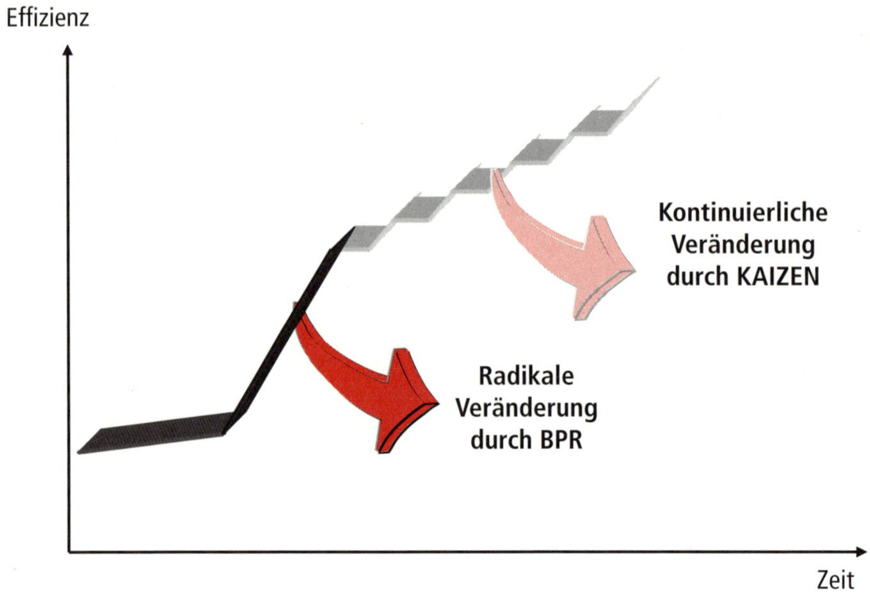

Abbildung 4.7: Vergleich BPR und KAIZEN-Konzept

4.5 Lean Management

Ein oftmals praktiziertes Konzept zur Koordination und Steigerung der Effizienz betrieblicher Produktions- und Logistikprozesse ist die aus Japan stammende **Lean Production** (engl. für schlanke oder fitte Produktion). Die Ökonomen James P. Womack, Daniel T. Jones und Daniel Roos beschreiben das Konzept der Lean Production in ihrem Werk „The machine that changed the world“ als Konzept, das in jeder Branche weltweit einsetzbar sein sollte.[5] Die japanische Toyota Motor Company gilt als Vorreiter und hat bereits nach dem Zweiten Weltkrieg begonnen, das Konzept der Lean Production zu entwickeln. Dessen Grundgedanke besteht darin, die Fertigung des Unternehmens effizient unter Vermeidung jeder Verschwendung zu gestalten. Zum Konzept der **Lean Production** gehören Strategien wie KAIZEN (vgl. *Abschnitt 4.4*) oder Kanban (vgl. *Teil IV*).

Dieser aus der Produktion stammende Ansatz hat sich auch in anderen Bereichen etabliert, beispielsweise in der Beschaffung (Lean Supply), in der Logistik (Lean Logistics) und in der Administration (Lean Administration). Im englischsprachigen Raum hat er unter der Bezeichnung Lean Thinking den Status einer umfassenden Management-Strategie erreicht. Im deutschsprachigen Raum hat sich dafür der Begriff **„Lean Management“** durchgesetzt.

5 Vgl. Womack, J. P., Jones, D. T., Roos, D. (1990), S. 4 ff.

Definition

Lean Management ist eine Management-Strategie zur effizienten Ausgestaltung von betrieblichen Leistungssystemen unter den Prämissen der konsequenten Kundenorientierung und der Vermeidung jeglicher Verschwendung.

Im Rahmen dieses Ansatzes wird davon ausgegangen, dass der **Wert** eines Produkts vom Hersteller erzeugt, jedoch nur vom Kunden (Endverbraucher) bestimmt wird. Im Rahmen dieser **konsequenten Kundenorientierung** werden nicht nur der Endkunde, sondern auch inner- und zwischenbetrieblich jede nachfolgende Produktionsstufe als Kunde betrachtet. Die Weitergabe fehlerhafter Teile oder unvollständiger Informationen erfüllt somit nicht den Kundennutzen und ist Verschwendung (japanisch „muda").

Um „muda" zu identifizieren, wird der **Wertstrom** eines Produkts (Gut, Dienstleistung) erhoben. Dieser setzt sich aus allen erforderlichen Tätigkeiten der Produktentwicklung, der Transformation im Rahmen der betrieblichen Leistungserstellung und dem Informationsmanagement zusammen. Alle Aktivitäten werden in einer umfassenden **Wertstromanalyse** im Hinblick auf die Schaffung von Nutzen für den Kunden analysiert. Schließlich wird jede Aktivität einer der folgenden Gruppen zugeordnet.[6]

1. Aktivitäten mit eindeutiger Wertschöpfung für den Kunden (z.B. Zusammenbau eines Computers).

2. Scheinleistungen (muda Typ I): Nicht direkt wertschöpfende Aktivitäten, die jedoch notwendig sind, um Aktivitäten mit eindeutiger Wertschöpfung für den Kunden durchzuführen (z.B. Anlieferung der Computerplatinen).

3. Blindleistungen (muda Typ II): Aktivitäten, die für den Kunden keinen Wert erzeugen und vermeidbar wären (z.B. unnötig lange Lagerzeiten der Computerplatinen).

Auf Basis dieser Wertstromanalyse werden im folgenden Schritt Blindleistungen so rasch wie möglich eliminiert. In weiterer Folge wird versucht, Scheinleistungen kontinuierlich auf ein Mindestmaß zu verringern. Dies ist oftmals nur durch ein Umdenken des Managements im Sinne der **Schaffung von Transparenz** und durch grundlegende Eingriffe in die Prozesse der Leistungserstellung entlang der gesamten Supply Chain möglich. Letztlich geht es darum, einen **Fluss aller wertschöpfenden Aktivitäten** zu ermöglichen.

Produktionssysteme sollen demnach so gestaltet sein, dass nicht wertschöpfende Tätigkeiten (z.B. Wartezeiten, Zwischenlagerungen) wegfallen und Durchlaufzeiten von Produktentwicklung, Auftragsbearbeitung und Produktion deutlich reduziert werden können. Durch diese Neugestaltung werden die Gesamtdurchlaufzeit gesenkt und die Flexibilität der Leistungserstellung deutlich erhöht, sodass kundenspezifische Produkte und Leistungen erst nach Vorliegen einer Kundenbestellung produziert werden **(Pull-Prinzip)**.

6 Vgl. Womack, J. P., Jones, D. T. (2004), S. 28 f.

Die konsequente abteilungs- und unternehmensübergreifende Orientierung am Kunden im Rahmen des Lean Managements führt zu einem **Perfektionsstreben** und damit zur Aufdeckung und Beseitigung weiterer „mudas“. So soll die stetige Reduktion von Arbeit, Zeit, Raum, Kosten und Fehlern schließlich das hervorbringen, was der Kunde tatsächlich wünscht, und die eigene Wettbewerbssituation soll gestärkt werden.[7]

4.6 Change Management

Unternehmen stehen vor zahlreichen Herausforderungen (vgl. *Kapitel 1*), die mit bestehenden Prozessen oftmals nicht gemeistert werden können. Anstelle reaktiv veränderten Umweltbedingungen und Kundenanforderungen zu folgen, antizipieren zukunftsfähige Unternehmen Entwicklungen aktiv und initiieren Veränderungsprozesse. Diese haben das Ziel, Chancen zu realisieren und Risiken zu bewältigen. Wesentliche Hebel sind dabei die Steigerung der Effizienz und das Schaffen von Wachstumspotenzialen. Anlass und Umfang unternehmensbezogener Veränderungen können dabei sehr unterschiedlich sein und werden unter dem Begriff Change Management zusammengefasst.

Definition

Change Management hat die Aufgabe, Veränderungsprozesse im Unternehmen in Abstimmung mit der Unternehmensführung konsequent zu gestalten, zu steuern und umzusetzen.

Je nach Umfang der Veränderung kommen dabei die Begriffe Transformation, Wandel oder Änderung zum Einsatz.[8] Als **Transformation** wird die gesamthafte Neuausrichtung des Unternehmens bezeichnet, z.B. anlässlich einer Übernahme oder im Rahmen einer umfassenden Digitalisierung der Geschäftsprozesse. **Wandel** umfasst funktions- und abteilungsübergreifende Veränderungen, wie die Einführung neuer Technologien oder Prozesse (z.B. Einführung einer SCM-Software) oder die Neugestaltung von internen Regelungen (z.B. Entlohnungssystem). **Änderung** bezeichnet abteilungsbezogene Anpassungen, wie beispielsweise die Reorganisation eines Funktionsbereichs mit dem Ziel der Effizienzsteigerung (z.B. Zentralisierung der Beschaffung).[9]

Veränderungsprozesse lassen sich grob in fünf Phasen mit unterschiedlichen Aufgaben einteilen, wie folgende ▶ *Abbildung 4.8* zeigt.

7 Vgl. Womack, J. P., Jones, D. T. (2004), S. 30 ff.
8 Vgl. Steinle et al. (2008), S. 12 f.
9 Vgl. Lauer, T. (2014), S. 6 ff.

Initialisierung	Konzeption	Mobilisierung	Umsetzung	Verstetigung
• Wandlungsbedarf feststellen • Wandlungsträger aktivieren	• Ziele festlegen • Vorhaben priorisieren • Konzepte auswählen bzw. entwickeln	• Ziele und Konzepte kommunizieren • Bereitschaft und nötige Fähigkeiten schaffen	• Priorisierte Vorhaben konsequent durchführen • Folgeprojekte umsetzen	• Ergebnisse verankern • Bereitschaft und Fähigkeit für weiteren Wandel sichern

Abbildung 4.8: Phasen und Aufgaben von Veränderungsprozessen

Wichtige Erfolgsfaktoren für betriebliche Veränderungsprozesse liegen dabei in der Initialisierungs- und Konzeptionsphase im Hinblick auf die Auswahl der richtigen Themen und deren Priorisierung. Dabei ist die Zusammenarbeit zwischen der Unternehmensführung und dem Change-Management-Team wesentlich: Das strategische Management definiert im Rahmen der **Initialisierung** den Wandlungsbedarf und entwickelt einen gewünschten Zielzustand in Form der optimalen Ausrichtung des Unternehmens an den bestehenden und künftig erwarteten Kundenanforderungen unter Berücksichtigung der Mitbewerber. Dabei sind in Abstimmung mit dem Change Management sowohl Veränderungen außerhalb des Unternehmens (z.B. einzelne Zielmärkte, technologischer Fortschritt) als auch der unternehmensinterne Status quo (z.B. bestehende Aufbau- und Ablauforganisation, verfügbare Ressourcen, Kompetenzen der MitarbeiterInnen) zu berücksichtigen.[10]

In der **Konzeptionsphase** erfolgen die Festlegung von Zielen, die Fokussierung auf die wichtigsten Themenfelder sowie die Auswahl geeigneter Konzepte zur Umsetzung der Veränderung im Unternehmen. Dabei kommen je nach Umfang und Zielsetzung des Change-Prozesses unterschiedliche Konzepte zum Einsatz: [11]

- Generische Rahmenkonzepte bilden einen allgemeinen Bezugsrahmen, der unabhängig vom betrachteten Gegenstand ist (z.B. Lean Management, vgl. *Abschnitt 4.5*).
- Themenbezogene Gesamtkonzepte sind auf den Wandel eines spezifischen Themenschwerpunkts bezogen. So fokussiert das Konzept von Total Quality Management auf die Verbesserung der Qualität (vgl. *Teil III*), die bereits vorgestellten Ansätze BPR und Kaizen fokussieren auf Prozessverbesserungen (vgl. *Abschnitt 4.4*).
- Fokussierte Einzelkonzepte bilden Handlungsanweisungen für konkrete Phasen des Wandels (z.B. Umsetzung) oder spezialisierte Einzelaufgaben, wie im Rahmen des Projektmanagements (vgl. *Abschnitt 16.2*).

In der Regel gibt es bei Veränderungsvorhaben Widerstände, die aus persönlichen Motiven (z.B. Angst vor Veränderung, Überforderung) sowie organisationsbedingten Rahmenbedingungen (z.B. autoritärer Führungsstil, statische Unternehmenskultur, fehlende Fortbildungsprogramme) resultieren können. Daher kommt der Aktivierung und Einbindung von Management und MitarbeiterInnen insbesondere in der **Mobilisierungsphase** eine wichtige Rolle in Change-Prozessen zu.

Die **Umsetzung** erfolgt in der Regel in Form von Projekten. Ein Projekt ist ein Vorhaben, gekennzeichnet durch einen begrenzten Zeithorizont, begrenzte personelle und

10 Vgl. Doppler, K., Lauterburg, C. (2008), S. 96
11 Vgl. Krüger, W., Petry, T. (2005), S. 758

finanzielle Mittel. Dabei kommen je nach Projektumfang funktions- oder unternehmensübergreifende Projektteams zum Einsatz (vgl. *Abschnitt 16.2*).

Die Phase der **Verstetigung** dient der Nachbereitung des Change-Prozesses und hat zum Ziel, dass die Veränderungen auf Dauer in der Organisation gelebt werden. So sind beispielweise der Aufbau eines Weiterbildungsprogramms oder die Übertragung funktionsübergreifender Kompetenzen an Geschäftsprozessverantwortliche (engl. „Process Owners") wesentliche Maßnahmen, um den gewünschten Zielzustand in der Organisation und in den Köpfen der Menschen nachhaltig zu verankern.

ZUSAMMENFASSUNG

Die betriebliche Leistungserstellung wird in der Regel durch das Zusammenwirken unterschiedlicher Stellen im Unternehmen erbracht. Daher ist es wesentlich, die betrieblichen Abläufe aufgaben- und abteilungsübergreifend in Form von Geschäftsprozessen zu gestalten. Im Unternehmen lassen sich hinsichtlich des Beitrags zur direkten Wertschöpfung primäre Kernprozesse sowie sekundäre Management- und Supportprozesse unterscheiden. Geschäftsprozesse bestehen je nach Betrachtungsebene aus mehreren Haupt- sowie Teilprozessen, die zueinander in einer Leistungsbeziehung stehen und nach bestimmten Regeln ablaufen. Für jeden Teilprozess können unterschiedliche Prozessvarianten existieren. Das Management von Geschäftsprozessen innerhalb eines Unternehmens heißt Prozessmanagement, das unternehmensübergreifende Management von Geschäftsprozessen heißt Supply Chain Management.

Die Messung der Effizienz von Geschäftsprozessen erfolgt anhand der Kriterien „Zeit", „Kosten", „Qualität" und „Flexibilität". Die Steigerung der Effizienz von Geschäftsprozessen kann entweder radikal durch das Business Process Reengineering (BPR) oder durch eine kontinuierliche Verbesserung der Geschäftsprozesse (KAIZEN) erfolgen.

Lean Management ist ein Denkansatz, der sich aus der japanischen Lean Production entwickelt hat. Die fünf Prinzipien des Lean Managements sind Kundenorientierung, Betrachtung des gesamten Wertstroms, Fluss der Produktion, Produktion nach dem Pull-Prinzip und Streben nach Perfektion.

Change Management dient der konsequenten Gestaltung, Steuerung und Umsetzung von Veränderungsprozessen in Unternehmen in Abstimmung mit dem Management. Derartige Prozesse bestehen in der Regel aus den Phasen Initialisierung, Konzeption, Mobilisierung, Umsetzung und Verstetigung. Je nach Umfang des Change-Prozesses kommen unterschiedliche Methoden des Change Managements zum Einsatz.

ZUSAMMENFASSUNG

4.7 Übungsfragen

1. Erläutern Sie den Unterschied zwischen Funktionsspezialisierung und Prozessorientierung.
2. Wofür steht der Begriff „Geschäftsprozess“? Woraus setzt sich ein Hauptprozess zusammen?
3. Wodurch unterscheiden sich primäre und sekundäre Geschäftsprozesse?
4. Welche Kennzahlen werden zur Messung der Effizienz herangezogen?
5. Erläutern Sie die unterschiedlichen Ansätze und Modelle zur Effizienzsteigerung.
6. Geben Sie einen Überblick über die Wertstromanalyse.
7. Welche Arten von Konzepten können in Abhängigkeit von Umfang und Zielsetzung eines Change-Prozesses zum Einsatz kommen?

Lösungen zu den Übungsfragen und weiterführende Materialien finden Sie auf der Website zum Buch unter *www.pearson-studium.de*.

EXTRAS ONLINE

Supply Chain Management

5

ÜBERBLICK

5.1 Ursprung und Entwicklung

Die Wurzeln des Supply Chain Managements (SCM) liegen in den USA, wo der Begriff in den 1980er-Jahren geprägt wurde. Mithilfe von Unternehmensberatern und dem neuen Schlagwort **Supply Chain Management** entdeckten die Unternehmen seit Beginn der 90er-Jahre, was sie schon lange tun: Sie erfüllen in Supply Chains mit Lieferanten, Vorlieferanten und Händlern Kundenwünsche. Offensichtlich war die Zeit „reif" für eine unternehmensübergreifende Sichtweise. Rasch stellte sich heraus, dass Supply Chain Management keine Modeerscheinung war, da unternehmensinterne Prozesse nur noch verhältnismäßig geringe Effizienzsteigerungspotenziale boten. Die unternehmensübergreifende Zusammenarbeit wurde immer mehr vom Lippenbekenntnis zur betrieblichen Praxis. Bald schon beschäftigten sich amerikanische Forscher mit dem Konzept, das sich Mitte der 1990er-Jahre in Europa etablierte und sich aktuell zu einem zentralen Unternehmensprozess weiterentwickelt hat (vgl. *Teil IV*). Unter dem Schlagwort Supply Chain Management suchen Unternehmen systematisch nach Verbesserungen in der gesamten Supply Chain.[1]

Definition

Eine **Supply Chain** (SC, Wertschöpfungskette) umfasst alle an der Entwicklung, Erstellung, Lieferung und Entsorgung eines Produkts Beteiligten vom Rohstofflieferanten bis zum Endkunden.

Supply Chains entstehen in der Regel durch **vertikale Kooperationen**, also den Zusammenschluss von Unternehmen aufeinanderfolgender Wertschöpfungsstufen innerhalb einer Branche in Form eines **strategischen Netzwerks**. Ziel ist, die gemeinsame Leistungserstellung bestmöglich auf die Endkundennachfrage abzustimmen. Die Grundlagen zu Kooperationen und Erscheinungsformen von Netzwerken werden in *Kapitel 21* ausführlich behandelt.

Die Idee der Supply Chain ist der Versuch der ganzheitlichen Betrachtung möglichst aller Wertschöpfungsstufen vom Rohstoff bis zum Endkonsumenten (engl. bird eye's view). In der Regel sind auf den einzelnen Stufen der Supply Chain mehrere Unternehmen tätig, wodurch ein Netzwerk an miteinander interagierenden Unternehmen entsteht. Im strategischen Netzwerk erfolgt diese Betrachtung aus Sicht des **Fokalen Unternehmens**. Das Fokale Unternehmen ist das Unternehmen, das wesentliche Teile der Wertschöpfung kontrolliert (vgl. ▶ *Abbildung 5.1*). In der Automobilindustrie ist dies z.B. die Produktentwicklung, die Gestaltung und Steuerung der beschaffungsseitigen Supply Chain (z.B. Teile- und Komponentenproduktion) sowie der Marktauftritt in Form einer Marke.

1 Vgl. Porter, M. E. (1985), S. 11 ff.

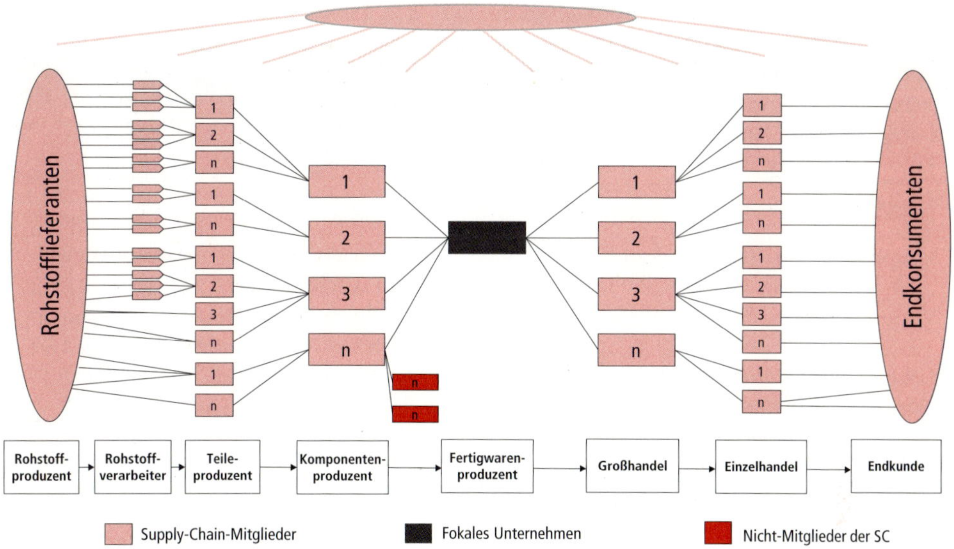

Abbildung 5.1: Systematisierung von Supply Chains als Kette und Netzwerk

Die verstärkte Notwendigkeit der unternehmensübergreifenden Zusammenarbeit entlang von Supply Chains wurde dabei durch unterschiedliche Treiber in den letzten Jahrzehnten ausgelöst. Wesentlich sind dabei die rapide gestiegene Komplexität der betrieblichen Leistungserstellung und daraus resultierend die Zunahme des Kontroll- und Koordinationsaufwands.

Unternehmensseitige Komplexitätstreiber sind die verstärkte Spezialisierung einzelner Unternehmen und die internationale Arbeitsteilung bei der Leistungserstellung. Daraus resultieren räumlich stark verteilte Supply Chains mit einer hohen Anzahl an beteiligten Unternehmen.

Kundenseitige Komplexitätstreiber sind vor allem veränderte Konsumgewohnheiten, aus denen eine stark gestiegene Artikelvielfalt, kürzere Produktlebenszyklen und somit laufender Anpassungsbedarf in Supply Chains resultieren (vgl. ▶ *Tabelle 5.1*).

	Artikelvielfalt im Handel	Durchschnittliche Lieferzeit	Produktlebenszyklus im Handel
1998	100%	100%	23 Monate
2003	155%	91%	19 Monate
2008	206%	79%	18 Monate

Tabelle 5.1: Entwicklung von Artikelvielfalt, Lieferzeit und Produktlebenszyklen[2]

2 Eigene Darstellung in Anlehnung an Melzer-Ridinger, R. (2007), S. 4 ff.

Zur Steigerung der Wettbewerbsfähigkeit und zur Erhöhung der Reaktionsfähigkeit auf die veränderte Kundennachfrage ist es daher sinnvoll, eine Abstimmung aller an einer Supply Chain beteiligten Unternehmen durch Supply Chain Management anzustreben. Bis heute existieren unterschiedliche Definitionsansätze für Supply Chain Management. SCM wird in diesem Buch wie folgt definiert:

Definition

Supply Chain Management (SCM) ist ein prozessorientierter Managementansatz, der alle Flüsse von Gütern (Rohstoffe, Bauteile, Halbfertig- und Fertigprodukte), Informationen, Finanzmitteln sowie die vertraglichen und sozialen Beziehungen entlang der Supply Chain vom Rohstofflieferanten bis zum Endkunden umfasst und das Ziel der Integration der Wertschöpfungsprozesse und letztendlich einer Verbesserung der Wettbewerbsposition aller an der Supply Chain Beteiligten verfolgt.

Der Fokus der Betrachtung erweitert sich beim SCM analog zur Entwicklung der Logistik im Zeitablauf stufenweise (vgl. *Teil IV*). Ein wesentliches Kernelement ist dabei die konsequente unternehmensinterne und -übergreifende Prozessorientierung. In Unternehmen erfolgt die Integration der betrieblichen Funktionen (vgl. *Kapitel 1*) zu internen Supply Chains. Die Tätigkeiten in den einzelnen Funktionsbereichen entwickeln sich zu bereichsübergreifenden Prozessketten. Die betriebliche Leistungserstellung wird durch die gemeinsame Betrachtung der Flüsse auf allen drei Ebenen durch das Unternehmen verbessert.

Aus Unternehmensperspektive ergeben sich durch die konsequente Prozessorientierung drei Makroprozesse, um Kundenanfragen zu generieren, Kundenaufträge zu erhalten und zu erfüllen sowie den damit verbundenen Material- und Güterfluss, den Informationsfluss sowie den Fluss an Geldmitteln zu managen:

Der Prozess des **Kundenbeziehungsmanagements** (Customer Relationship Management, CRM) behandelt alle kundenseitigen Beziehungen mit dem Ziel, die Kundennachfrage zu generieren sowie die Auftragsabwicklung und Nachverfolgung von Bestellungen zu unterstützen. Dieser Prozess beinhaltet zum Beispiel Marketing, Preisgestaltung, Vertrieb, Auftragsmanagement und Callcenter-Management. CRM-Prozesse umfassen auch die Erstellung von Marketingunterlagen oder das Verwalten eines Online-Shops.

Der Prozess des **internen Supply Chain Managements** (ISCM) umfasst alle internen Prozesse des Unternehmens mit dem Ziel, die durch den CRM-Prozess generierte Nachfrage termingerecht zu geringstmöglichen Kosten zu erfüllen. ISCM-Prozesse beinhalten die Erstellung von Bedarfs- und Beschaffungsplänen, die Ausführung von Bestellungen (vgl. *Teil II*), die Produktionsplanung (vgl. *Teil III*) und das Bestandsmanagement (vgl. *Teil IV*).

Der Prozess des **Lieferantenbeziehungsmanagements** (Supplier Relationship Management, SRM) umfasst alle Prozesse an der Schnittstelle zwischen dem Unternehmen und seinen Lieferanten. Die SRM-Prozesse beinhalten dabei Lieferantensuche sowie Aufbau und Management langfristiger Lieferbeziehungen, die Bewertung und Auswahl von Lieferanten, die Verhandlung von Lieferbedingungen sowie alle Maßnahmen zur Gestaltung des Informationsflusses mit den Lieferanten (vgl. *Teil II*).

SRM	ISCM	CRM
■ Lieferantenauswahl und -entwicklung ■ Verhandlung von Preisen und Konditionen ■ Kommunikation und Prozessintegration ■ Bestellabwicklung	■ Bedarfs- und Beschaffungsplanung ■ Bestellabwicklung ■ Produktionsplanung ■ Bestandsmanagement	■ Marketing ■ Preisgestaltung ■ Vertrieb ■ Auftragsmanagement

Tabelle 5.2: Makro-Prozesse und Hauptaufgaben im SCM[3]

Die **Push-Pull-Perspektive** unterscheidet alle Prozesse innerhalb der Supply Chain hinsichtlich ihres Prozessauslösers in eine der beiden folgenden Kategorien:

- **Pull-Prozesse** werden durch eine Kundenbestellung ausgelöst und werden daher auch als reaktive Prozesse bezeichnet, da sie auf die Kundenbestellung reagieren.
- **Push-Prozesse** basieren auf Prognosen ohne Vorliegen von Kundenbestellungen und werden daher auch als spekulative Prozesse bezeichnet, da sie nicht auf einer tatsächlichen Nachfrage basieren.

In der Praxis findet sich meist eine Kombination aus Push- und Pull-Steuerung von Prozessen, die durch den Entkopplungspunkt (Push-Pull-Grenze) miteinander verbunden sind. An diesen Punkten werden in der Regel Bestände an Rohstoffen, Halbfertig- oder Fertigwaren als Puffer gehalten, um rasch auf eingehende Kundenbestellungen reagieren zu können. Zu diesem Zeitpunkt gehen Kundenbestellungen ein und prognosebasierte Prozesse gehen in kundenauftragsbezogene Prozesse über.

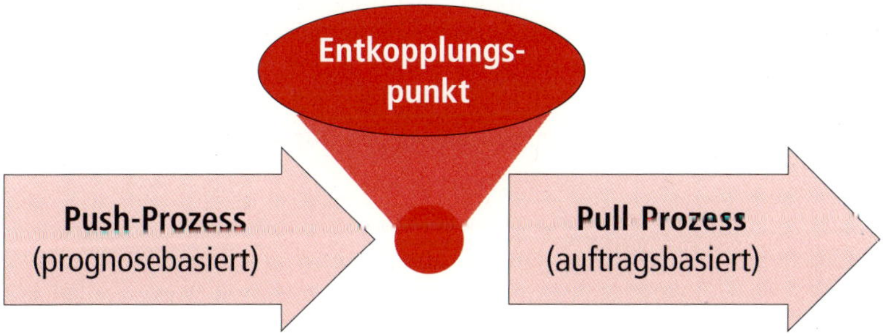

Abbildung 5.2: Push-Pull-Betrachtung von Prozessen entlang der Supply Chain

Um die integrative Betrachtung der relevanten Geschäftsprozesse über die Unternehmensgrenzen hinweg langfristig sicherzustellen, zielt das SCM auf die Abstimmung der wesentlichen Teilnehmer an der SC ab. SCM lässt sich durch die folgenden Kernbestandteile und Enabler charakterisieren.

3 Vgl. Chopra, S., Meindl, P. (2016), S. 24

Kernbestandteile sind:

- Ganzheitliche, integrierte Betrachtung von Supply Chains
- Kooperation der Supply-Chain-Partner durch: partnerschaftliches Verhalten, langfristige Verträge und Aufbau von Vertrauen

Wesentliche Enabler sind somit:

- SCM-Software
- Kommunikationstechniken
- Vertrauen

Insgesamt ist das Ziel des SCM das Schaffen von Kundennutzen unter Berücksichtigung von Kosten (Prozesskosten, Transaktionskosten, Kosten des SCM) und Gewinn. Die Wege, die Unternehmen bei SCM gehen, sind vielfältig: Neben Anstrengungen zu einer besseren Koordination des Güter- und Informationsflusses zwischen den einzelnen Unternehmen einer Supply Chain wird durch die unternehmensübergreifende Verlagerung von Teilprozessen in der Supply Chain nach Synergien gesucht. Somit plant, steuert und überwacht SCM den Güter- und Informationsfluss durch ein unternehmensübergreifendes Netzwerk unter Berücksichtigung aller Transformationsebenen (vgl. *Kapitel 2*).

5.2 Zieldimensionen und Gestaltungsebenen des SCM

Erfolgreiches SCM realisiert Nutzen für alle beteiligten Unternehmen und Kunden. Hauptziel von SCM ist, den **Nutzen der Endkunden** zu steigern. Der Kundennutzen wird subjektiv wahrgenommen und ist produktabhängig. **Marktseitige Zieldimensionen** des SCM dienen zur Stärkung der Wettbewerbsposition der gesamten SC gegenüber Mitbewerbern am Markt. **Unternehmensinterne Zieldimensionen** sind die Verbesserung der Prognosefähigkeit mit dem Ziel, Bestände an Rohstoffen, Halbfertigfabrikaten und fertigen Produkten im Unternehmen und letztlich entlang der gesamten SC gering zu halten sowie die unternehmenseigenen Ressourcen durch verbesserte Planung effizient auszulasten.

Die bereits vorgestellten Dimensionen zur Messung der Prozesseffizienz sind Zeit, Kosten, Qualität und Flexibilität. Diese haben auch für unternehmensübergreifende Prozesse im Rahmen des SCM Gültigkeit, ebenso die Zielkonflikte zwischen den einzelnen Zieldimensionen. Die Anforderungen an die SC und somit der Trade Off zwischen den konkurrierenden Zieldimensionen sind oftmals abhängig vom hergestellten Produkt (vgl. ▶ *Tabelle 5.3*).[4]

4 Vgl. Fisher, M. L. (1997), S. 106 ff.

	Standardisierte Produkte	Innovative Produkte
Effiziente Supply Chain	geeignet	ungeeignet
Reaktionsfähige Supply Chain	ungeeignet	geeignet

Tabelle 5.3: Eignung von Supply Chains für unterschiedliche Produkte[5]

Standardisierte Produkte haben einen langen Produktlebenszyklus mit gut prognostizierbaren Absatzmengen und niedrigen Gewinnspannen (z.B. Grundnahrungsmittel, Bürobedarf). Kunden erwarten, dass diese Produkte in entsprechender Qualität zu günstigen Preisen sofort verfügbar sind (z.B. im Supermarkt). Somit stehen aus Kundensicht neben Qualitätsaspekten vor allem die sofortige Verfügbarkeit und der Preis im Mittelpunkt. Auf Basis dieser Kundenanforderungen versuchen Unternehmen, **Supply Chains kosteneffizient und schlank (lean)** zu gestalten. Von den vier Zieldimensionen hat somit die Kostendimension die höchste Priorität. Kosten wie Bestands-, Transport- und Produktionskosten sollen so niedrig wie möglich gehalten werden.

Kurzlebige und innovative Produkte zeichnen sich hingegen durch einen kurzen Produktlebenszyklus, schwer prognostizierbare Absatzmengen und höhere Gewinnspannen aus (z.B. Smartphones, Textilkollektionen). Die Nachfrage nach diesen Produkten ist bei der Markteinführung schwer abschätzbar, das Zeitfenster für den Verkauf ist begrenzt. Bei diesen Produkten sind Kunden weniger preissensitiv, erwarten jedoch eine rasche Verfügbarkeit und ansprechende Qualität. Die Unternehmen entlang der SC stehen damit vor einem Dilemma: Werden vorab große Mengen produziert, besteht das Risiko, dass nicht alle Produkte gewinnbringend verkauft werden können. Falls zu geringe Mengen produziert werden, besteht das Risiko, dass die Nachfrage nicht abgedeckt werden kann und daraus niedrigere Erlöse resultieren. Insofern ergibt sich für die SC ein Zielkonflikt zwischen Kosten der Über- oder Unterproduktion und den Dimensionen Zeit bzw. Flexibilität. Unternehmen versuchen oftmals durch **reaktionsfähige Supply Chains**, kurze Produktions- und Bestellzyklen zu realisieren und die Verfügbarkeit der Produkte am Markt durch Verbesserung des Logistikservices zu erhöhen.

5 Eigene Darstellung in Anlehnung an Fisher, M.L. (1997), S. 109

Zur Erreichung der Zieldimensionen ist die Gestaltung der SC maßgeblich. Ausgehend vom vorherrschenden Führungskonzept und der Kooperationsform innerhalb der Supply Chain können unterschiedliche **Gestaltungsebenen** für das SCM abgeleitet werden:[6]

- Die **strategische Ebene** beinhaltet Gestaltungs- und Lenkungsaufgaben und zielt auf eine Optimierung der Effektivität der Supply Chain durch Setzen der richtigen Maßnahmen ab, z.B. Integration von Logistikdienstleistern, Technologieauswahl, Abstimmung der Produktentwicklung zwischen den einzelnen Partnern und Strategien zur gemeinsamen Marktbearbeitung.
- Auf **taktischer Ebene** erfolgt die Mittelfristplanung, z.B. Planung von Absatzzahlen eines neuen Produkts oder die produktspezifische Konfiguration der Supply Chain.
- Auf **operativer Ebene** kommen unterschiedliche Instrumente zum Einsatz, die die Effizienz der Leistungserstellung erhöhen. Dadurch sollen günstige Kosten-Nutzen-Relationen bei der Leistungserstellung entstehen, z.B. durch die Abstimmung von Beschaffungs-, Produktions- und Distributionsmengen sowie Lieferterminen der einzelnen Teilnehmer an der Supply Chain.

Teile der taktischen Ebene sowie die Gestaltung und Steuerung der Supply Chain auf operativer Ebene sind **Aufgabe der Logistik**. Sie zielt auf die unternehmensübergreifende Verknüpfung und Abstimmung des Material- und Informationsflusses zwischen den Supply-Chain-Partnern. Aus Unternehmenssicht übernimmt die **Beschaffungslogistik** die Gestaltung und Abwicklung der Güter- und Informationsflüsse ins Unternehmen. Für den Produktionsbereich relevant ist die Gestaltung der Produktionsprozesse mit dem Ziel der Reduktion von Durchlaufzeiten, also einer möglichst raschen Transformation und effizienten Ausgestaltung der Prozessabläufe in Abstimmung mit der **Produktionslogistik**. Die **Distributionslogistik** realisiert den auftragsbezogenen Güter- und Informationsfluss zwischen Produzenten und Kunden in der Supply Chain. Immer stärkere Bedeutung kommt dabei dem umfassenden und durchgängigen Informationsfluss entlang der gesamten SC zu, um dem sogenannten Bullwhip-Effekt entgegenzuwirken.

5.3 Die Bedeutung von Informationen: Bullwhip-Effekt

Basis für die effiziente Kooperation in Supply Chains ist der rasche und umfassende Austausch von Informationen entlang der Supply Chain. Die erste Betrachtung dieser Wirkungszusammenhänge geht auf den amerikanischen Ökonom Jay W. Forrester[7] zurück, der bereits 1958 in seinem Artikel „Industrial Dynamics – A Major Breakthrough for Decision Makers“ festgestellt hat, dass sich geringe absatzseitige Veränderungen der Kundennachfrage nach einem Fertigprodukt dynamisch zu immer stärkeren Bedarfsschwankungen entlang der vorgelagerten Produktions- und Handelsstufen aufschaukeln. So resultiert beispielsweise aus einer sehr geringen Bedarfsschwankung im Einzelhandel eine geringe Bedarfsschwankung im Großhandel, eine mittlere Bedarfsschwankung beim Produzenten und eine große Bedarfsschwankung beim Rohstofflieferanten (vgl. ▶ *Abbildung 5.3*).

6 Vgl. Corsten, H., Gössinger, J. (2008), S. 111 ff.
7 Vgl. Forrester, J.W. (1958), S. 37 ff.

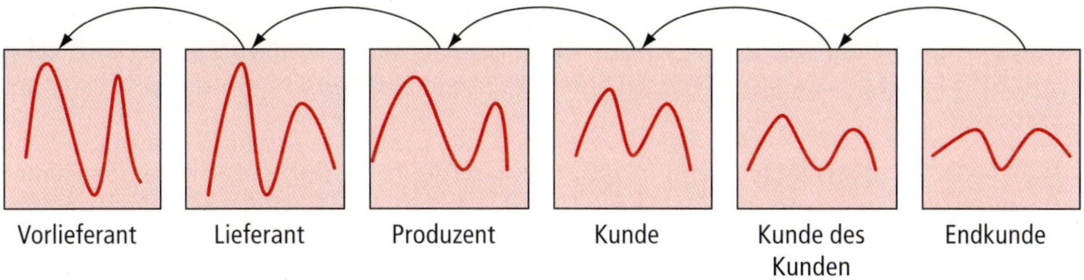

Abbildung 5.3: Entwicklung von Bedarfsschwankungen entlang der Supply Chain

Dieses Phänomen wird **Bullwhip-Effekt (Peitschenschlageffekt)** genannt und verursacht Kosten durch Überbestände und Fehlmengen sowie schwankende Auslastung bei allen an der Supply Chain beteiligten Unternehmen. Eine Veränderung der Nachfrage des Einzelhandels um 10% kann bei Vorlieferanten zu Nachfrageschwankungen bis zu 50% führen.

Ursachen für den Bullwhip-Effekt sind vor allem die verzerrte Weitergabe von Informationen, unabgestimmte Nachfrageprognosen einzelner Unternehmen, zeitliche Verzögerungen bei den Bestellungen entlang der Supply Chain, die Bündelung von Aufträgen, um Skaleneffekte zu erzielen und die Bestellung von größeren Mengen aus Furcht vor Lieferengpässen.[8]

Zur Lösung dieses umfassenden Problems ist eine abgestimmte Vorgehensweise aller beteiligten Unternehmen nötig, da die Erzielung eines Gesamtoptimums nur durch die rasche Informationsweitergabe und die Abstimmung aller Aktivitäten innerhalb der Supply Chain möglich ist.[9] Neben dem Aufbau von Vertrauen steht dabei die IT-Anbindung der Supply-Chain-Partner zur kollaborativen Planung und Steuerung der Zusammenarbeit im Mittelpunkt (vgl. *Teil IV*).

5.4 Supply-Chain-Planung

Bereits innerhalb eines Unternehmens ist es schwierig, die gemeinsame Planung funktionsbereichsübergreifend zwischen Absatz, Beschaffung, Produktion und Logistik im Rahmen von Sales & Operations Planning zu gestalten. Die unternehmensübergreifende Planung in einer Supply Chain ist entsprechend schwieriger.

Die Abstimmung und unternehmensübergreifende Planung ist jedoch wesentlich, um Angebot und Nachfrage aufeinander abzustimmen und den Bullwhip-Effekt zu vermeiden. Bezüglich der Verantwortlichkeit gibt es unterschiedliche Planungsansätze. Da es in der Realität keinen (unabhängigen) zentralen Planer gibt, der unternehmensübergreifend plant, kann eine solche Funktion das Fokale Unternehmen übernehmen. Aufgrund der Komplexität, Machtbedingungen und Informationsasymmetrien optimieren Fokale Unternehmen sich häufig lediglich selbst. Die Supply-Chain-Partner müssen sich an die Planungsvorgaben des Fokalen Unternehmens anpassen. Eine weitere Form der **Supply-Chain-Planung** sind kooperative Ansätze, bei denen idealerweise die Partner durch gemeinsame Planung für alle Beteiligten vorteilhafte Lösun-

8 Vgl. Winkler, H., et al. (2007), S. 23
9 Vgl. Chopra, S., Meindl, P. (2016), S. 268 ff.

gen suchen. Planungsaufgaben entlang der Supply Chain bestehen auf allen drei Gestaltungsebenen des Supply Chain Managements (vgl. *Abschnitt 5.2*). Dabei sind unterschiedlicher Umfang, Fristigkeiten und Genauigkeitsstufen der Planung zu unterscheiden:

- Auf der **strategischen Ebene** erfolgt die langfristige Planung des gesamten Netzwerks (Supply Chain (Re-)Design), die den Rahmen für die folgenden Planungsebenen bildet. Wesentliche Fragestellungen sind dabei: Welche Unternehmen nehmen an der Supply Chain teil? Wo sollen Standorte positioniert werden? Wie erfolgt der Vertrieb der Waren?
- Auf der **taktischen Ebene** erfolgt die Mittelfristplanung. Dabei werden im Rahmen der bestehenden Netzwerkkapazitäten ausgehend von der Absatzplanung die Produktions- und Distributionsmengen für entsprechende Zeiträume festgelegt und den entsprechenden Produktionskapazitäten zugeordnet. Daraus ergeben sich für die Mitglieder der Supply Chains Vorgaben für die operative Planung. Wesentliche Fragen sind: Wie entwickeln sich Nachfrage, Mitbewerber und Preise? Wann und in welchem Umfang werden Marketing-Aktivitäten gesetzt? Welche Märkte sollen von den einzelnen Standorten aus beliefert werden? Wie hoch sollen die Sicherheitsbestände sein?
- Auf **operativer Ebene** erfolgt die kurzfristige Planung mit dem Ziel, die Vorgaben aus strategischer und operativer Ebene umzusetzen und Abläufe zur Erfüllung einzelner Kundenaufträge zu planen. Hauptfragen sind dabei: In welcher Losgröße soll gefertigt werden? In welcher Reihenfolge werden Aufträge abgearbeitet? Welche Produkte werden gemeinsam transportiert?

Um eine Stabilität der Planung zu gewährleisten, erfolgt die Planung regelmäßig für eine festgelegte Anzahl von Perioden (z.B. werden Ende Dezember 2019 zwölf Monatspläne von Januar 2020 bis Dezember 2020 erstellt). In einer rollierenden Planung wird bei jeder Planungsrunde die „letzte" abgelaufene Periode gestrichen und durch eine neue Planungsperiode ersetzt. In unserem Beispiel würden Ende Januar 2020 zwölf Monatspläne für Februar 2020 bis Januar 2021 erstellt. Um außerdem die Stabilität der Produktion zu sichern, wird der Plan für die aktuelle Planungsperiode eingefroren. Dies bedeutet, dass keine Planungsänderungen für diese Periode zulässig sind. Treten – was in der Regel der Fall ist – Abweichungen zwischen Planung und Realität auf, z.B. fehlendes Material oder Störungen bei einer Maschine, müssen Ad-hoc-Lösungen gefunden werden. Die daraus resultierenden Planabweichungen müssen in der nächsten Planungsrunde berücksichtigt werden.

Moderne IT-Systeme ermöglichen es, dass die oben beschriebene traditionelle Planung durch eine ereignisgesteuerte Echtzeitplanung abgelöst wird, bei der immer dann, wenn es zu einer Abweichung der Realität von der Planung kommt, ein neuer Planungsdurchlauf gestartet wird, bei dem die gesamte Planungsperiode neu geplant wird. Einen Überblick über IT-Systeme im SCM sowie die Umsetzung kollaborativer Planung entlang der Supply Chain lernen Sie in *Teil IV* kennen.

5.5 SCOR-Modell

Mit dem Supply-Chain-Operations-Reference-(SCOR)-Modell können bestehende Geschäftsprozesse erfasst und analysiert werden. Dies kann sowohl für ein einzelnes Unternehmen als auch unternehmensübergreifend für gesamte Supply Chains erfolgen.

Definition

Das **Supply-Chain-Operations-Reference-Modell** (SCOR-Modell) ist ein Werkzeug zur Darstellung, Messung und Analyse der Effizienz unternehmensinterner und unternehmensübergreifender Geschäftsprozesse.

Die Idee einer standardisierten Beschreibung und Analyse aller Aspekte einer Supply Chain (SC) wurde Anfang 1996 von zwei Bostoner Unternehmensberatungen entwickelt. Das Modell wurde vom Supply Chain Council (SCC), einer unabhängigen Non-Profit-Organisation, entworfen. Seit dem Zusammenschluss des SCC mit der American Production and Inventory Control Society (APICS) ist SCOR nicht nur ein Standardtool im Supply Chain Management, sondern Teil eines umfassenden Produktbündels, das alle Prozesse vom Produktdesign bis zu Vertrieb und Service standardisiert und abgestimmt betrachtet. Interessierte Leser finden weitere Informationen dazu unter *http://www.apics.org/scor*.

Das SCOR-Modell ist ein allgemein gehaltenes Referenzmodell und kann auf Geschäftsprozesse unterschiedlicher Supply Chains angewendet werden. Die Hauptaufgabe besteht in der Beschreibung aller auf die Befriedigung der Kundenbedürfnisse gerichteten Aktivitäten und Prozesse in Form einer einheitlichen Sprache. Ziel ist die Entwicklung einer Prozessarchitektur, die Unternehmensziele und betriebliche Funktionen entlang der Supply Chain abstimmt. SCOR adressiert dazu die folgenden vier Aspekte und integriert unterschiedliche Konzepte in einem umfassenden Referenzmodell:

- **Prozesse (Processes):** Standardisierte Beschreibung von Prozessen und der Beziehungen zwischen den einzelnen Prozessen. Dabei dient das Konzept des Business Process Reengineering der Erhebung des Ist-Zustands eines Geschäftsprozesses und der Ableitung eines Idealzustands. Der Idealzustand wird oftmals durch radikale Änderungen im Unternehmen herbeigeführt (vgl. *Abschnitt 4.4*).
- **Leistung (Performance):** Standardisierte Kennzahlen, um die Leistung der Supply-Chain-Prozesse zu messen und um strategische Ziele zu verfolgen. Ein Konzept zur Erhebung und Verbesserung der Performance von Geschäftsprozessen ist dabei das Benchmarking, wobei das eigene Unternehmen mit Unternehmen derselben und anderer Branchen verglichen wird.
- **Anwendung (Practices):** Aufzeigen von Management-Praktiken, die signifikant bessere Ergebnisse erzielen. Dabei werden Best-Practice-Analysen zur Identifikation von Management-Praktiken und Softwarelösungen eingesetzt, die bestmögliche betriebliche Leistungen innerhalb einer bestimmten Branche aufweisen.
- **Menschen (People):** Standardisierte Definition von Fähigkeiten, die für die Ausführung einzelner Prozesse erforderlich sind.

Das SCOR-Modell ist somit ein weithin anerkanntes Modell als Basis für spezifische Modelle unterschiedlicher Branchen. Es erleichtert die Zusammenarbeit von Unternehmen in Supply Chains und schafft Ansatzpunkte für die unternehmensübergreifende Messung der Effizienz.

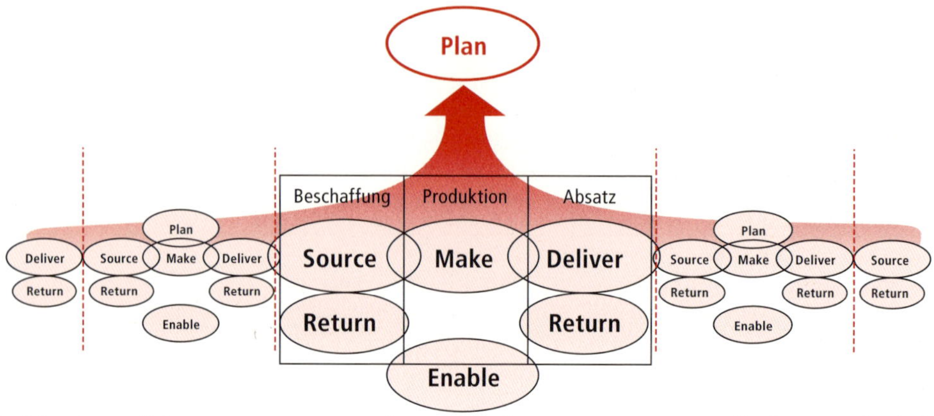

Abbildung 5.4: Wirkungsbereich und Prozesse des SCOR-Modells[10]

Im Rahmen des SCOR-Modells werden alle beteiligten Vorlieferanten und Lieferanten, das eigene Unternehmen sowie direkte Kunden und deren Kunden in Form einer integrierten Supply Chain betrachtet (vgl. ▶ *Abbildung 5.4*). Die Prozesse „source", „make", „deliver" und „return" entsprechen den Tätigkeiten der einzelnen Unternehmensbereiche auf der Güterebene, die Prozesse „plan" und „enable" repräsentieren die Informationsflüsse auf der dispositiven Ebene.

Das SCOR-Modell besteht aus vier hierarchisch angeordneten Ebenen, wobei nur die oberen drei Ebenen im Rahmen des Modells näher spezifiziert sind. Auf der **höchsten Ebene** (Ebene 1) werden Umfang und Inhalt der Aufgaben aller Teilnehmer einer Supply Chain beschrieben, voneinander abgegrenzt und den folgenden sechs Prozesstypen zugeordnet (vgl. ▶ *Abbildung 5.4*):

- **Befähigung (enable**) beschreibt alle Prozesse, die zum Management der Supply Chain nötig sind. Dazu gehören z.B. Netzwerkmanagement, das Management von Standorten und Betriebsmitteln sowie Compliance und Risikomanagement.
- **Planung (plan)** umfasst alle Planungsprozesse, die die gesamte Supply Chain betreffen und ist die Basis für eine Abstimmung der folgenden vier Prozesse.
- **Beschaffung (source)** beinhaltet die Beschaffungsprozesse, beispielsweise den Einkauf von Material.
- **Herstellung (make)** umfasst die betriebliche Transformation, beispielsweise Produktionsprozesse und produktionsinterne Lagervorgänge.
- **Lieferung (deliver)** bezieht sich auf die Distributionsprozesse und stellt die Schnittstelle zu den Kunden dar, beispielsweise die Auftragsbearbeitung und der Versand.

10 eigene Darstellung in Anlehnung an APICS (2017), S. V

- **Rücksendung (return)** umfasst Rücklaufprozesse, beispielsweise den Rücklauf von überschüssigen oder defekten Produkten.[11]

Die unternehmensübergreifende Darstellung der Prozesse erfolgt durch die Verknüpfung der Prozesse der beteiligten Unternehmen einer Supply Chain. Beispielsweise sind die Top-Level-Prozesse „Deliver" eines Lieferanten und „Source" des Abnehmers auf der nächsten Stufe miteinander verknüpft.

Auf der **Konfigurationsebene** (Ebene 2) werden die sechs oben beschriebenen Prozesstypen in insgesamt 30 Prozesskategorien aufgelöst. Diese Ebene macht wegen des höheren Detaillierungsgrads Schnittstellenprobleme und Steuerungsaktivitäten sowie die Verknüpfung der Teilprozesse besser sichtbar.

Die Prozesskategorien werden auf der **Gestaltungsebene** (Ebene 3) weiter in Prozesselemente mit definierten Inputs und Outputs spezifiziert.

Die **Implementierungsebene** (Ebene 4) betrachtet die Details der Prozesselemente und ist für die anwendungsspezifische und stark implementierungsbezogene Detaillierung einzelner Prozesselemente vorgesehen. Diese Ebene wird im SCOR-Modell nicht näher betrachtet.[12] Einen Überblick über alle vier Ebenen gibt folgende ▶ *Abbildung 5.5*:

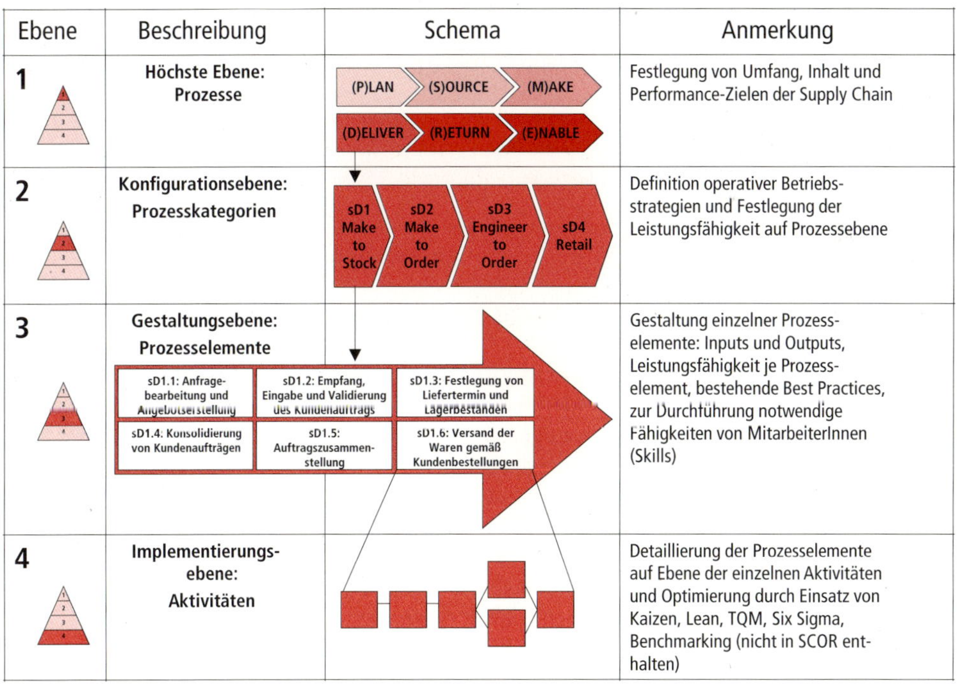

Abbildung 5.5: Ebenen des SCOR-Modells[13]

11 Vgl. APICS (2017), S. V

12 Vgl. Stölzle, W., Halsband, E. (2005), S. 541 f.

13 Von den Verfassern modifiziert nach: APICS (2017), S. VII

Zur Messung der Prozesseffizienz gibt es im Rahmen des SCOR-Modells ein System von Kennzahlen **(SCOR Metrics)**. Diese sind analog zu den vier Ebenen meist hierarchisch aufgebaut. So setzt sich eine Kennzahl auf Ebene 1 aus mehreren Kennzahlen der darunterliegenden Ebenen zusammen und betrifft meist mehrere der oben angeführten Prozesse. Kennzahlen auf Ebene 1 werden den beiden Sichtweisen „**Kundensicht**" und „**interne Sicht**" zugeordnet (vgl. ▶ *Tabelle 5.4*).

Leistungsmerkmal	Definition	Level 1 Kennzahl (Beispiele)	Sichtweise
Zuverlässigkeit	Die Fähigkeit, Vereinbarungen einzuhalten. Wesentliche Elemente sind die Vorhersagbarkeit und Ergebnisse von Prozessen.	Perfekte Auftragserfüllung (v.a. hinsichtlich Pünktlichkeit, Menge und Qualität)	Kundensicht
Reaktionsfähigkeit	Die Geschwindigkeit, mit der Aufgaben erfüllt werden.	Durchlaufzeit eines Kundenauftrages	
Flexibilität	Die Fähigkeit, auf externe Einflüsse zu reagieren, um die Wettbewerbsfähigkeit bei veränderten Marktbedingungen aufrecht zu erhalten.	Lieferanten- und kundenseitige Anpassungsfähigkeit der SC	
Kosten	Die Kosten aller Supply-Chain-Prozesse.	Gesamtkosten des Supply Chain Managements, Herstellungskosten	interne Sichtweise
Effizientes Finanzmanagement	Die Fähigkeit finanzielle Ressourcen effizient zu nutzen.	Cash-to-Cash CycleTime, Return on Fixed Assets	

Tabelle 5.4: SCOR-Modell: Spitzenkennzahlen[14]

Aus **Sicht des Kunden** sind die wichtigsten Aspekte die Zuverlässigkeit, die Reaktionsfähigkeit und die Flexibilität des Lieferanten. Die **Zuverlässigkeit** beschreibt die Fähigkeit des Lieferanten, Vereinbarungen hinsichtlich Lieferungen einzuhalten und lässt sich auf Ebene 1 des SCOR-Modells in drei Kennzahlen darstellen: Die Lieferzuverlässigkeit drückt den Anteil der termingerechten Lieferungen aus. Die Lieferverfügbarkeit gibt Auskunft über die Fähigkeit, die erwartete Nachfrage bedienen zu können. Die perfekte Auftragserfüllung drückt sich im Anteil vollständiger, termingerechter und unbeschädigter Lieferungen inklusive der entsprechenden Dokumentation aus. Die **Reaktionsfähigkeit** des Lieferanten lässt sich an der Durchlaufzeit der Auftragsabwicklung messen, also jener Zeit, die der Lieferant benötigt, um einen Kundenauftrag zu bearbeiten.

Für die **interne Sichtweise** des Unternehmens sind unter anderem die anfallenden Herstellungskosten oder der Kapitalumschlag von Bedeutung. Als Beispiel einer Spitzenkennzahl des SCOR-Modells beschreibt die **Cash-to-Cash Cycle Time** die Zeitdauer, wie lange eingesetztes Kapital von der Bezahlung des Materials bis zur Bezahlung durch den Kunden gebunden ist (vgl. ▶ *Abbildung 5.6*).

14 Von den Verfassern modifiziert nach: APICS (2017), S. VII

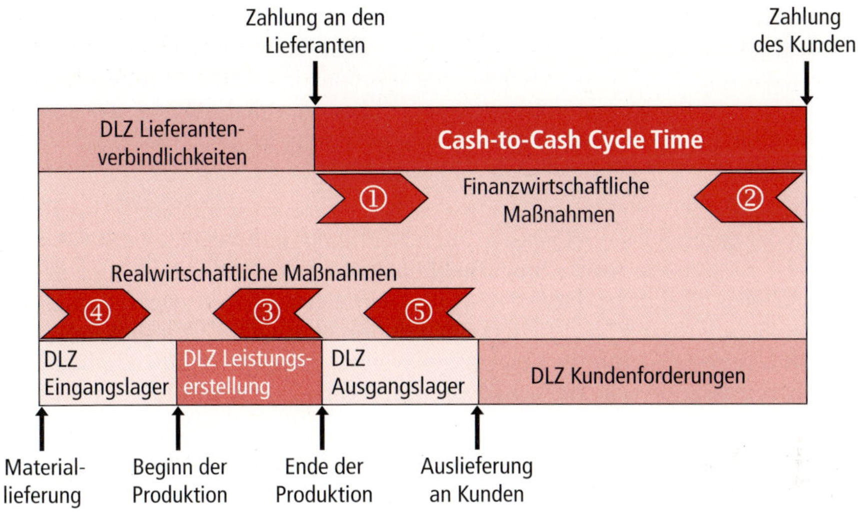

Abbildung 5.6: Cash-to-Cash Cycle Time

Die Cash-to-Cash Cycle Time wird wie folgt anhand der einzelnen Durchlaufzeiten (DLZ) berechnet:

Cash-to-Cash Cycle = DLZ Eingangslager
+ DLZ Leistungserstellung (inkl. Zwischenlagerungen)
+ DLZ Ausgangslager
+ DLZ Kundenforderung
− DLZ Lieferantenverbindlichkeiten

Die Reduzierung der Cash-to-Cash Cycle Time kann zum einen durch finanzwirtschaftliche Maßnahmen erfolgen, nämlich durch:

1. **Verlängerung des Lieferantenzahlungsziels:** Das Unternehmen vereinbart mit den Lieferanten eine Verlängerung des Zahlungsziels, d.h. die Durchlaufzeit der Lieferantenverbindlichkeiten steigt.

2. **Beschleunigung der Kundenzahlung:** Das Unternehmen vereinbart mit den Kunden eine Verkürzung des Zahlungsziels, z.B. verbunden mit dem Einräumen von Skonti als Anreiz, oder die Rechnungsstellung erfolgt zeitgleich mit der Lieferung.

Die Cash-to-Cash Cycle Time kann auch durch realwirtschaftliche Maßnahmen reduziert werden, wie:

3. **Verringerung der Durchlaufzeit der Leistungserstellung:** Gelingt es einem Unternehmen z.B. durch eine Beschleunigung oder eine Parallelisierung von Produktionsprozessen, Produkte rascher an die Kunden auszuliefern, so verkürzt sich die Durchlaufzeit der Leistungserstellung.

4. **Verringerung der Durchlaufzeit im Eingangslager:** Ein späterer Anlieferungszeitpunkt bedeutet kürzere Lagerzeiten. Dies kann z.B. durch eine genauere Disposition oder durch Just-in-Time-Anlieferungen erreicht werden. Die spätere Anlieferung führt dazu, dass die Lieferanten – bei gleicher Durchlaufzeit der Lieferantenverbindlichkeiten (Zahlungsziel) – später bezahlt werden müssen.

5. Senkung der Durchlaufzeit im Ausgangslager: Ein früherer Auslieferungszeitpunkt bedeutet kürzere Lagerzeiten. Dies kann z.B. durch eine genauere Disposition erreicht werden. Die frühere Auslieferung führt dazu, dass die Kunden – bei gleicher Durchlaufzeit der Kundenforderungen – früher bezahlen müssen. Bei einer Lagerproduktion (Make to Stock) kann durch eine bessere Prognose der Lagerbestand im Ausgangslager reduziert werden. Hierdurch reduziert sich die Durchlaufzeit im Ausgangslager.

Um neben der ökonomischen Leistung auch Nachhaltigkeitsaspekte in SCOR abbilden und messen zu können, wurde **Sustainable SCOR** entwickelt, das sich an den Leitlinien der Global Reporting Initiative (GRI) orientiert. GRI entwickelt international anerkannte Standards zur Nachhaltigkeitsberichterstattung für Unternehmen. Sustainable SCOR ist ein strukturiertes Kennzahlensystem, das Unternehmen helfen soll, den Verbrauch von Energie und Wasser sowie die Verursachung von Abfall und Emissionen (Luftschadstoffe und Treibhausgase) zu messen, Reduktionsziele zu entwickeln und die Umweltwirkungen entlang der gesamten Supply Chain konsequent zu reduzieren.[15]

ZUSAMMENFASSUNG

Die wachsende Komplexität der betrieblichen Leistungserstellung in globalisierten Märkten und rasch wandelnde Kundenanforderungen verlangen nach unternehmensübergreifender Abstimmung der Leistungserstellung entlang der gesamten Supply Chain. Diese Aufgabe übernimmt das **Supply Chain Management** (SCM) als prozessorientierter Managementansatz, der alle Flüsse von Gütern (Rohstoffen, Bauteilen, Halbfertig- und Fertigprodukten), Informationen und Finanzmitteln entlang der Supply Chain vom Rohstofflieferanten bis zum Endkunden umfasst. Ziel ist die Integration der Wertschöpfungsprozesse sowie eine Verbesserung der Wettbewerbsposition aller an der Supply Chain Beteiligten. Aus Unternehmensperspektive ergeben sich durch die konsequente Prozessorientierung die drei Makroprozesse Kundenbeziehungsmanagement, internes SCM sowie Lieferantenbeziehungsmanagement, die je nach Prozessauslöser in prognosebasierte Push-Prozesse oder auftragsbasierte Pull-Prozesse unterteilt werden.

Die Ausrichtung der Supply Chain erfolgt produktabhängig nach den Aspekten Kosteneffizienz oder Reaktionsfähigkeit auf drei Ebenen. Die strategische Ebene beinhaltet Gestaltungs- und Lenkungsaufgaben und zielt auf eine Optimierung der Effektivität der Supply Chain. Die Gestaltung und Steuerung der Supply Chain auf taktischer und operativer Ebene sind Aufgabe der Logistik mit den Teilbereichen Beschaffungs-, Produktions- und Distributionslogistik. Dies erfolgt durch die unternehmensübergreifende Verknüpfung und Abstimmung des Material- und Informationsflusses zwischen den Supply-Chain-Partnern. Die unternehmensübergreifende Planung sowie die rasche Informationsweitergabe sind wesentlich, um Angebot und Nachfrage in der SC aufeinander abzustimmen und dem Bullwhip-Effekt entgegenzuwirken.

15 Vgl. APICS (2017), S. 5-2 ff.

Zur umfassenden Abbildung und standardisierten Betrachtung von SCs existieren SCM-Referenzmodelle. Das SCOR-Modell dient der Gestaltung und Analyse der gesamten Supply Chain sowie der Analyse von unternehmensinternen Geschäftsprozessen. Darüber hinaus beinhaltet es ein Kennzahlensystem zur Messung der Prozesseffizienz.

Z U S A M M E N F A S S U N G

5.6 Übungsfragen

1. Erläutern Sie wesentliche Charakteristika von SCM.
2. Welche Entwicklungen forcieren die SC-Betrachtung?
3. Welche Aufgaben übernimmt die Logistik im SCM?
4. Beschreiben Sie die Auswirkungen des Bullwhip-Effekts.
5. Welche Hauptprozesse werden im Rahmen des SCOR-Modells unterschieden?
6. Welchen Sachverhalt misst die Cash-to-Cash Cycle Time?

Lösungen zu den Übungsfragen und weiterführende Materialien finden Sie auf der Website zum Buch unter *www.pearson-studium.de*.

EXTRAS ONLINE

Fallstudien

6

ÜBERBLICK

6.1 Fallstudie „Der Mann, der verwöhnt“

6.1.1 Einführung

Im folgenden Kapitel wird das österreichische Traditionsunternehmen Kurt Mann Bäckerei & Konditorei („Der Mann“) vorgestellt. „Der Mann verwöhnt“ seine Kunden seit dem Jahr 1860 mit selbst produzierten Backwaren und Süßspeisen und ist somit ein anschauliches Beispiel einer Erfolgsgeschichte in der österreichischen Unternehmenslandschaft.[1]

Das Unternehmen gehört zur Sparte „Gewerbe und Handwerk“, der in Österreich eine besonders wichtige Rolle durch die Nahversorgung der Bevölkerung mit einem umfassenden Produktions- und Dienstleistungsangebot zukommt. Auf Unternehmen dieser Sparte entfällt ein Anteil von fast 20% an der nationalen Bruttowertschöpfung (Wert der erzeugten Güter und Dienstleistungen abzüglich eingesetzter Vorleistungen). Sie sind wegen ihrer Rolle als wichtigster Arbeitgeber und größter Anbieter von Lehrstellen (knapp 50% aller Lehrstellen) der bedeutendste Wirtschaftszweig innerhalb der österreichischen Gesamtwirtschaft.

6.1.2 Steckbrief

Der folgende Abschnitt gibt einen Überblick über die Unternehmensentwicklung und die Organisationsstruktur von „Der Mann“:

Firmengeschichte	
1860	Unternehmensgründung durch Anton Mann in Oberweiden (Niederösterreich)
1909	Verlegung des Firmensitzes in die Hauptstadt Wien
1973	Kurt Mann übernimmt die Firmenleitung in 4. Generation
1986	Beginn des Aufbaus eines eigenen Filialnetzes („Backshops“)
2004	Bau und Inbetriebnahme des neuen Produktionsstandortes („Backzentrum“) in Wien
2017	Filialanzahl ist auf 75 gewachsen

1 Die Verfasser danken Dr. Christoph Horvatits für die Unterstützung bei der Erstellung der Fallstudie.

Abbildung 6.1: Bäckerei 1948[2] und Backzentrum 2004[3]

Basisdaten ausgewählter Jahre	2017	2011	2008
Umsatzin Mio. €	60	55	45
produzierte Brote/ Tag in Stück	55.000	45.000	35.000
Anzahl Mitarbeiter	790	805	740
Mitarbeiter Backzentrum	190	200	185
Mitarbeiter Filialen	600	605	555

Zusatzinformationen „Der Mann"	
Firmenname	Kurt Mann Bäckerei & Konditorei GmbH & Co. KG
Firmensitz	Wien
Eigentümer	Senator Kurt Mann
Gewerbeberechtigungen	Bäcker, Konditor (Zuckerbäcker) und Einzelhandel mit Nahrungs- und Genussmitteln
Einteilung des Geschäftsjahres	Vom Kalenderjahr abweichend – jeweils April bis März des Folgejahres
Website	http://www.dermann.at
Firmenlogo	DerMann der verwöhnt – seit 1860

2 Quelle: Der Mann
3 Quelle: J. Zinner

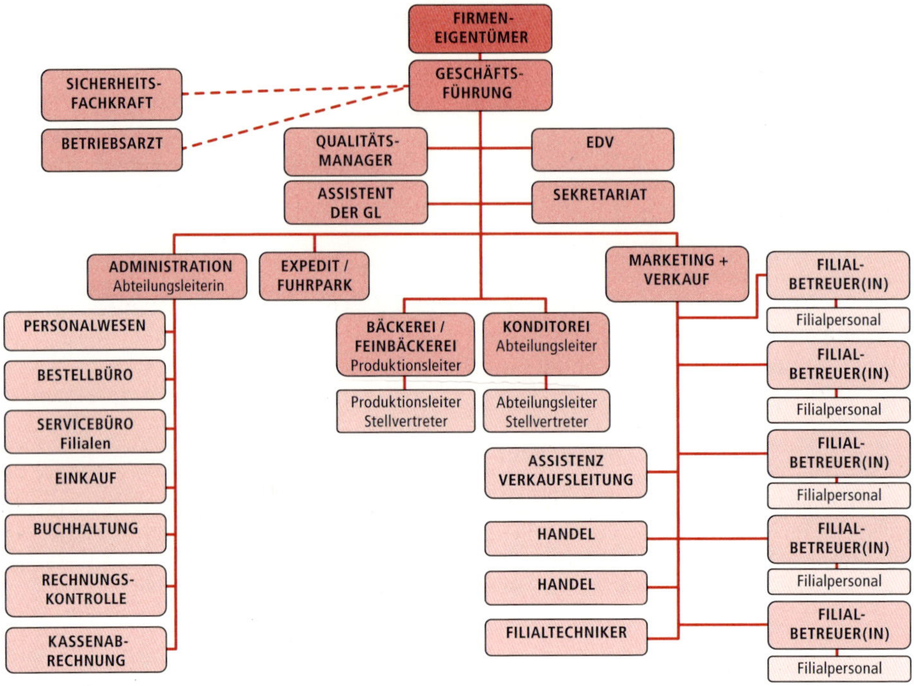

Abbildung 6.2: Organigramm „Der Mann"

6.1.3 Geschäftskonzept

Die Geschäftstätigkeit der Firma Mann umfasst die Herstellung und den Verkauf des eigenen Produktprogramms (vgl. ▶ *Tabelle 6.1*). Zusätzlich werden zugekaufte Handelswaren (z.B. Milchprodukte, Getränke) vertrieben, die einen Anteil von 10% am Gesamtumsatz der eigenen Filialen ausmachen. Alle Handelswaren werden von den Lieferanten direkt an die einzelnen Filialen geliefert.

Produktprogramm	Produktionsmenge/Tag (in Stück)
Mehlspeisen	65.000
Kleingebäck	90.000
Brote	55.000
Snacks	15.000
SUMME	225.000

Tabelle 6.1: Produktprogramm und Produktionsmengen/Tag

Die Herstellung des gesamten Produktprogramms erfolgt im unternehmenseigenen Backzentrum in Wien, der Verkauf der Produkte geschieht sowohl über das eigene

Filialnetz als auch über Handelsketten. Den wichtigsten Distributionskanal bilden die eigenen Filialen, die 80% des Gesamtumsatzes erwirtschaften. Aktuell betreibt „Der Mann“ 75 eigene Filialen im Großraum Wien. Um den Kunden möglichst frische Produkte anbieten zu können, wird jede Filiale mehrmals täglich mit Frischware und im Backzentrum produzierten Teiglingen beliefert. Alle Filialen verfügen über einen eigenen Ladenbackofen, in dem laufend frisch gebacken wird.

6.1.4 Wettbewerbssituation

Da sich die Geschäftstätigkeit von „Der Mann“ auf den Großraum Wien erstreckt, zählen grundsätzlich alle im Großraum Wien tätigen Anbieter von Nahrungsmitteln, die zum sofortigen Verzehr geeignet sind, zu den Mitbewerbern. Um das Marktsegment klarer abzugrenzen, werden nur Bäckereien, die mehr als eine Filiale betreiben, als Mitbewerber betrachtet. Supermärkte und andere Verkäufer von Snacks und Backwaren werden nicht berücksichtigt.

Die **numerische Distribution**[4] ist eine Kennzahl, welche die Anzahl eigener Filialen in Relation zum Gesamtmarkt setzt. Den Gesamtmarkt bilden demnach die Filialen aller Premiumanbieter von Backwaren in Wien. Daraus ergibt sich die folgende Wettbewerbssituation:

$$\text{Numerische Distribution „Der Mann“} = \frac{\text{Anzahl eigener Filialen (in Periode)}}{\text{Gesamtanzahl Filialen (in Periode)}}$$

$$\text{Numerische Distribution „Der Mann“} = \frac{\text{Anzahl eigener Filialen (in Periode)}}{\text{Gesamtanzahl Filialen (in Periode)}} = \frac{75}{351} = 21{,}37\%$$

Anbieter	Anzahl Filialen (2016)	in % (gerundet)
Bäckerei Anker	97	27,6%
Bäckerei Der Mann	75	21,4%
Bäckerei Ströck	74	21,1%
Bäckerei Felber	48	13,7%
Bäckerei Geier	22	6,3%
Bäckerei Schwarz	17	4,8%
Sonstige	18	5,1%
SUMME	351	100%

Tabelle 6.2: Wettbewerbssituation Premium-Bäckereien in Wien und Umgebung[3]

4 Vgl. Hesse, J., Neu, M., Theuner, G. (2007), S. 215 f.

5 Quelle: eigene Recherche auf Internetseiten der Bäckereien (2018)

Die Betrachtung der numerischen Distribution auf Basis der Filialen zeigt, dass „Der Mann“ knapp vor der Bäckerei Ströck an zweiter Stelle in Wien liegt. Die Stärkung der eigenen Wettbewerbssituation erfolgt in erster Linie durch den Ausbau des eigenen Filialnetzes und begleitende Marketing-Maßnahmen.

6.1.5 Grundlagen der betrieblichen Leistungserstellung

Um die Versorgung aller Filialen mit frischen Produkten sicherzustellen, ist ein leistungsfähiges Produktionssystem notwendig, dessen Funktionsweise im Folgenden vorgestellt wird.

Die Herstellung des gesamten Produktprogramms erfolgt im unternehmenseigenen Backzentrum. Zunächst soll die Stellung des Backzentrums mittels der SCOR-Systematik in der Supply Chain von „Der Mann“ verdeutlicht werden (vgl. ▶ *Abbildung 6.3*).

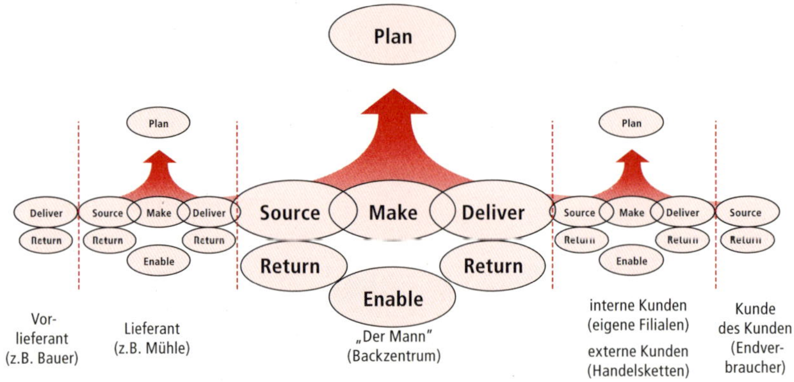

Abbildung 6.3: Supply Chain „Der Mann“[6]

Die Flüsse von Rohstoffen, unfertigen und fertigen Produkten auf der **Güterebene** verlaufen von den (Vor-)Lieferanten durch das Backzentrum von „Der Mann“ mit den Hauptbereichen Wareneingang, Produktion und Absatzbereich hin zu den eigenen Filialen oder zu externen Kunden und schließlich zum Endverbraucher. Einen Überblick über das Layout des Backzentrums gibt die folgende ▶ *Abbildung 6.4*.

6 Vom Verfasser modifiziert nach: APICS (2017), S. V

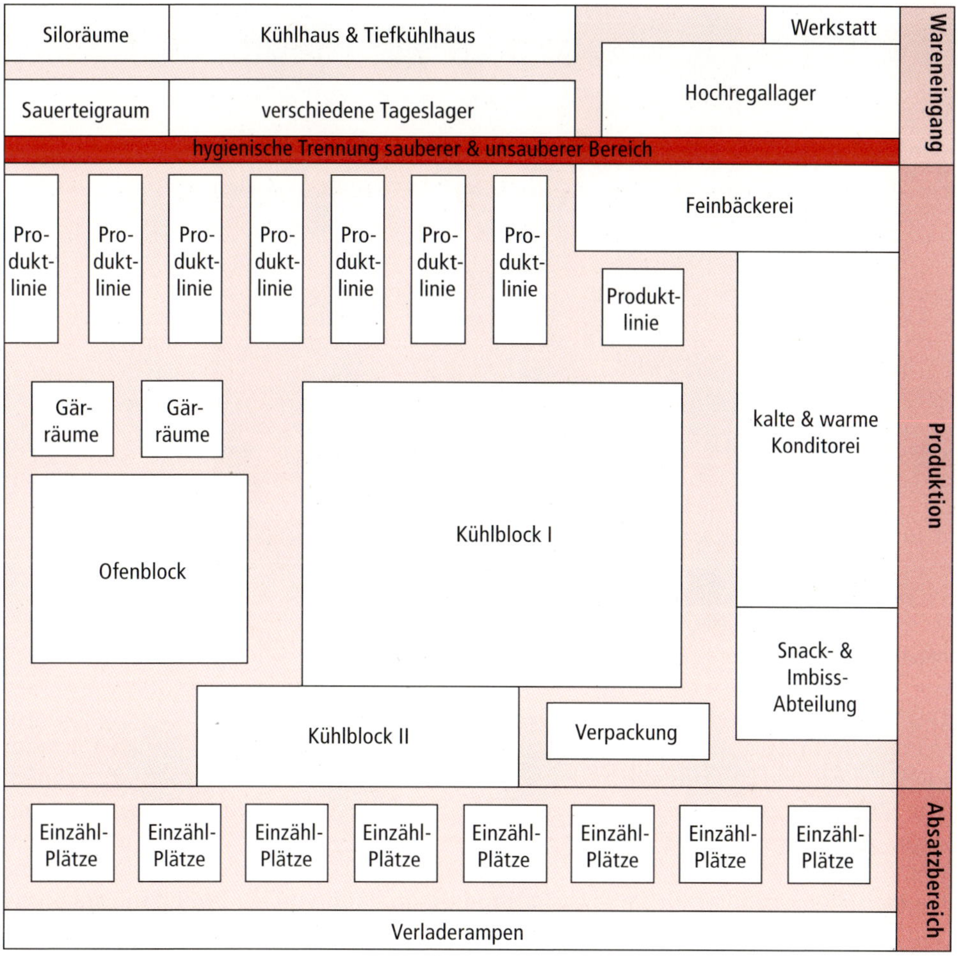

Abbildung 6.4: Layout Backzentrum

Nach der Anlieferung durch die Lieferanten erfolgen im **Wareneingang** die Übernahme der angelieferten Rohstoffe und die Wareneingangsprüfung. Danach werden die Rohstoffe in speziellen Eingangslagern zwischengelagert (z.B. Mehl im Silo). Der Wareneingang ist von der Produktion (Backstube) durch eine Hygieneschleuse getrennt, durch die keine Verpackungen der Lieferanten gelangen dürfen. Die in diesem Bereich anfallenden beschaffungslogistischen Tätigkeiten basieren auf den Bestellungen des Einkaufs.

Abbildung 6.5: Silolager[7]

Der **Produktionsbereich** ist in unterschiedliche Produktlinien zur Fertigung der einzelnen Produkte unterteilt, die je nach Produktionsverfahren entweder im Gärraum zwischengelagert oder direkt in den Ofen oder den Kühlblock transportiert werden. Für Mehlspeisen und Snacks gibt es eigene Produktionsbereiche, die an die besonderen Anforderungen der Produkte angepasst sind (Feinbäckerei, kalte und warme Konditorei, Snack- und Imbissabteilung). Der Verpackungsbereich befindet sich aus hygienischen Gründen ebenfalls in der Produktion. Während die Produktionsplanung den Bereichen der Produktion zuzuordnen ist, handelt es sich bei dem innerbetrieblichen Transport und der Lagerung um produktionslogistische Tätigkeiten.

Abbildung 6.6: Produktion[8]

7 Quelle: J. Zinner
8 Quelle: J. Zinner

Zum **Absatzbereich** gehört der Warenversand inklusive der Einzählplätze zur Zusammenstellung (Kommissionierung) der Produkte gemäß den Bestellungen der eigenen Filialen und der Handelsketten. Die korrekt kommissionierten Teilmengen gelangen von den Einzählplätzen über die Verladerampe in die Fahrzeuge und werden an die Filialen und externen Kunden ausgeliefert. Die Kommissionierung sowie die Auslieferung basieren auf den einzelnen Kundenbestellungen und werden von den Mitarbeitern der Distributionslogistik (Expedit/Fuhrpark) durchgeführt.

Abbildung 6.7: Einzählplätze[9]

Die Flüsse auf der **Finanzebene** sind gegenläufig zu den eben dargestellten Flüssen auf der Güterebene. Die Einnahmen aus Umsatzerlösen fließen von den Kunden in das Unternehmen. Von dort fließen die Ausgaben für Faktorpreise (Rohstoffe, Handelswaren, Betriebsmittel) zu den Lieferanten.

Einen Überblick über typische Entscheidungen auf der **dispositiven Ebene** bei „Der Mann" gibt die folgende ▶ *Tabelle 6.3*:

Managementebene	Typische Entscheidungen
Strategisches Management	Änderung des Produktsortiments, Standortentscheidung für neue Filialen
Taktisches Management	Abschluss von Lieferantenverträgen, Planung von Verkaufsförderungsmaßnahmen
Operatives Management	Nachbestellung von Rohstoffen, Personaleinsatzplanung

Tabelle 6.3: Managemententscheidungen bei „Der Mann"

9 Quelle: J. Zinner

Zur Messung der **Effizienz des Faktoreinsatzes** wird der mengen- oder wertmäßige Output des Unternehmens in Form von Kennzahlen ermittelt.

- **Arbeitsproduktivität**

  Dieses mengenmäßige Input-Output-Verhältnis zeigt, wie effizient die eingesetzten Faktoren (Mitarbeiter, Material oder Betriebsmittel) sind. Im vorliegenden Beispiel wird die Anzahl der Mitarbeiter in der Produktion in Relation zur Anzahl der täglich hergestellten Produkte gesetzt. Bezugsgrößen zur Errechnung der Arbeitsproduktivität sind im vorliegenden Beispiel nur direkt in der Produktion beschäftigte Mitarbeiter und die Produktionsmenge eines Tages. Bei „Der Mann" erzeugen 145 Mitarbeiter in der Produktion täglich 225.000 Produkte.

$$\text{Arbeitsproduktivität} = \frac{\text{Anzahl erzeugter Einheiten}}{\text{Anzahl der Mitarbeiter}}$$

$$= \frac{225.000}{145} = 1.551{,}72 \text{ Stück/Mitarbeiter}$$

- **Wirtschaftlichkeit**

  Im Gegensatz zur Produktivität betrachtet die Wirtschaftlichkeit das wertmäßige Input-Output-Verhältnis. Im vorliegenden Fall wird die (Gesamt)Wirtschaftlichkeit des Unternehmens betrachtet. Das Verhältnis des Ertrags (Output: 60.000.000) zu den Aufwendungen (Input: 57.142.857) ergibt:

$$\text{Wirtschaftlichkeit} = \frac{\text{Output wertmäßig}}{\text{Input wertmäßig}} = \frac{60.000.000}{57.142.857} = 1{,}05 \text{ € Ertrag je € Aufwand}$$

6.1.6 Beschaffung

Aufgabe der Beschaffung ist die **Versorgung des Unternehmens** mit allen Produktionsfaktoren, die nicht selbst erstellt werden (Beschaffung im weiteren Sinn). Im folgenden Abschnitt wird beispielhaft die Beschaffung von Rohstoffen dargestellt.

Alle Beschaffungsaktivitäten sind bei „Der Mann" im Bereich „Einkauf" zusammengefasst und organisatorisch dem Bereich Administration zugeordnet. Das Bestellbüro ist ebenfalls dem Bereich Administration zugeordnet und dient als Sammelstelle aller internen und externen Kundenbestellungen (vgl. ▶ *Abbildung 6.2*).

Für das Produktprogramm von „Der Mann" werden monatlich 400 unterschiedliche Artikel von fast 100 Lieferanten bestellt. Der Großteil der Bestellungen betrifft Rohstoffe mit 300 Bestellpositionen pro Monat. Eine Auswahl der wichtigsten Rohstoffe zeigt ▶ *Tabelle 6.4*.

Rohstoffbedarf pro Monat (in t)	
Mehl	460
Eier	25

Tabelle 6.4: Auszug aus dem Bedarfssortiment inklusive Bestellmengen

Rohstoffbedarf pro Monat (in t)	
Butter	25
Zucker	22
Marmeladen	13
Kürbis-, Sonnenblumenkerne	25
Tomaten	4
Käse	5

Tabelle 6.4: Auszug aus dem Bedarfssortiment inklusive Bestellmengen (Forts.)

Ausgehend vom Produktprogramm wird im **Bedarfssortiment** festgelegt, welche Rohstoffe eingekauft werden. Die einzelnen **Bedarfsmengen** der Rohstoffe werden im Rahmen der **Bedarfsermittlung** festgelegt. Dazu wird der Bedarf an fertigen Erzeugnissen **(Primärbedarf)** prognostiziert. Dieser wird aus den Verkaufszahlen des vergangenen Geschäftsjahres berechnet. Dabei sind auch neu eröffnete Filialen und Kontingente für Verkaufsförderungsmaßnahmen zu berücksichtigen.

Anhand dieser Werte lassen sich relativ stabile Prognosen errechnen, und durch Multiplikation des Primärbedarfs mit den je Erzeugnis benötigten Mengen an Rohstoffen gemäß der Rezepte lässt sich auch der Rohstoffbedarf **(Sekundärbedarf)** ermitteln. Kurzfristige **Bedarfsschwankungen** werden durch Sicherheitsbestände an Rohstoffen und zusätzliche Bestellungen aufgefangen (vgl. *Kapitel 9*).

Zur Deckung des Rohstoffbedarfs setzt „Der Mann" im Sinne eines modernen Supply Chain Managements auf eine kooperative **Lieferantenpolitik**, um der Firmendevise „beste Produkte aus besten Rohstoffen" gerecht zu werden. Dies zeigt sich in langfristigen, partnerschaftlichen Beziehungen zu den Lieferanten, die fast alle im geografischen Umfeld des Unternehmens angesiedelt sind (Local Sourcing). So bezieht die Firma Mann, soweit verfügbar, Rohstoffe aus heimischen Quellen. Ziel dieser Beschaffungsstrategie ist es, den hohen Qualitätsanforderungen an die eingesetzten Rohstoffe Rechnung zu tragen und effiziente Beschaffungsprozesse zu gewährleisten. So sind beispielsweise die gesamte Beschaffung und das Lagerbestandsmanagement des wichtigsten Rohstoffs Mehl an eine Mühle fremdvergeben (Outsourcing). Mit den anderen Lieferanten werden jährlich Rahmenverträge mit wöchentlichen Lieferabrufen vereinbart. Absolute Frischware der Saison (z.B. Erdbeeren) wird täglich angeliefert. Aufgrund der Verderblichkeit der Rohstoffe erfolgen Bestellungen somit in kurzen **Bestellrhythmen**.

Die **Lieferantenbewertung** erfolgt anhand von Reklamationsstatistiken. Sollte irgendein Parameter außerhalb der mit dem Lieferanten vereinbarten Toleranzen liegen (z.B. wenn die Kühlkette unterbrochen wurde), dann wird die Ware zurückgeschickt und es erfolgt ein Vermerk in der Reklamationsstatistik, die mindestens einmal pro Jahr ausgewertet wird. Darüber hinaus werden unregelmäßige Audits bei Lieferanten durchgeführt und diverse Zertifikate der Lieferanten überprüft.

6.1.7 Produktion

Wie bereits erwähnt, produziert „Der Mann“ für zwei verschiedene Kundenkreise, steht also zu den einzelnen Absatzmärkten in unterschiedlichen Beziehungen:

- Die Produktion für die eigenen Filialen (interne Kunden) erfolgt auf Basis der täglichen Bestellungen der einzelnen Filialen. Dies kann als **prognosegetrieben** (Make To Stock) bezeichnet werden, da jede Filiale die Bestellmengen auf Basis des erwarteten Absatzes (Prognose) kalkuliert. Die Endkunden sind in der Regel Privatpersonen, die Produkte zum eigenen Verzehr kaufen.
- Die Produktion für Wiederverkäufer (z.B. Handelsketten, Restaurants) gehört zur **Kundenauftragsproduktion** (Make To Order), da in diesem Fall genau definierte Mengen an Produkten gemäß dem Auftrag der Großkunden hergestellt werden.

Die Struktur der Produktion bei „Der Mann“ ist der **umgruppierenden Produktion** zuzuordnen, da aus einer Vielzahl von Zutaten und Materialien verschiedenste Produktvarianten hergestellt werden. Zur Fertigung der über 200 Produktvarianten stehen Produktionsflächen von knapp 8.000 m^2 zur Verfügung, die modernsten technischen Standards entsprechen. Das Backzentrum gliedert sich in die Bereiche „Bäckerei“, „Feinbäckerei“, „Konditorei“ und „Snackerzeugung“ (vgl. ▶ *Tabelle 6.5*), wobei auf klimatisch und hygienisch getrennte Produktionsbereiche größter Wert gelegt wird.

Neben den 145 Mitarbeitern in der Produktion und den Rohstoffen sind die Betriebsmittel die wichtigsten **Ressourcen** der Produktion. Daher wurden bei der **Anlagenplanung** im Hinblick auf das zukünftige Unternehmenswachstum beim Bau des neuen Backzentrums bewusst ausreichende Reserven berücksichtigt, damit Produktionsengpässe vermieden werden. Die zur Verfügung stehende Backfläche beträgt 355 m^2, verteilt auf 17 Backöfen:

Backöfen	Anzahl	Backfläche in m^2
Thermoöl-Durchlaufofen	1	80
Thermoöl-Etagenofen	2	115
Stikkenofen/Doppelstikkenofen	12	130
Statikofen	2	30

Tabelle 6.5: Auszug aus der Kapazitätsplanung (Backöfen)

Das **Produktionsmanagement** trägt dafür Sorge, dass ausreichend Ressourcen für die Produktion zur Verfügung stehen. Dazu werden **Arbeitspläne** erstellt, in denen Reihenfolge und Bearbeitungszeiten der einzelnen Produktionsschritte angeführt werden. Die **Kapazitätsdaten** der einzelnen Maschinen geben die **Maximalkapazität**, also den maximal erzielbaren Output pro Maschine und Zeiteinheit an (z.B. Semmeln pro Arbeitsstunde). Einen Überblick über die Transformation der Inputfaktoren zu „Back(kunst)werken“ gibt die ▶ *Abbildung 6.8*:

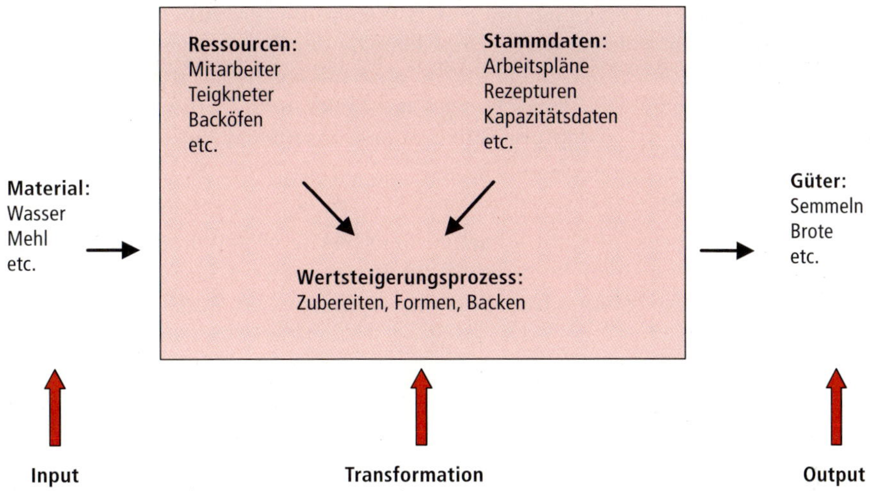

Abbildung 6.8: Produktionssystem Bäckerei

Grundlage für die Zusammensetzung der einzelnen Produkte ist die Rezept-Bibliothek, in der alle **Rezepturen** gespeichert sind. Die Zutaten werden auf Knopfdruck vollautomatisch aus dem Wareneingangslager direkt in die Produktion transportiert und gewogen. Danach erfolgt im Teigkneter die Teigbereitung, bevor die weiteren Produktionsschritte durchlaufen werden. 20% der Gesamtproduktion an Semmeln werden vor der Auslieferung gebacken, während 80% der Semmeln als Teiglinge tiefgefroren und erst in den Filialen frisch gebacken werden.

6.1.8 Logistik

Logistische Tätigkeiten fallen bei „Der Mann“ entlang der gesamten Wertschöpfungskette an: im Rahmen der Zulieferung von Rohstoffen, in allen drei Teilbereichen des Backzentrums und bei der Distribution an die Kunden. Logistische Aufgaben fallen demnach in allen Stationen des Material- und Warenflusses mit den entsprechenden Informationsflüssen an.

Beschaffungslogistik

Die beschaffungslogistischen Aufgaben betreffen den Wareneingang und beinhalten eine Vielzahl an Teiltätigkeiten: Nach der Anlieferung der Rohstoffe per Lkw zum Wareneingang werden sie entladen, gemäß den Vereinbarungen mit den Lieferanten anhand der Lieferscheine hinsichtlich Qualität und Bestellmengen geprüft und in die entsprechenden Eingangslager transportiert.

Die **Lagerhaltungsstrategie** folgt dem FIFO-Verfahren („First In First Out“). Dieses Verfahren besagt, dass jene Rohstoffe, die zuerst angeliefert werden, wegen ihrer begrenzten Haltbarkeit in der Produktion als Erste verarbeitet werden. Die **Lagerbestände** werden möglichst gering gehalten, um wenig Kapital in Form von Rohstoffen im Lager zu binden und um die Gefahr des Verderbens auszuschließen. Die **Bestandsführung** im Lager wird teilweise den Lieferanten übertragen (z.B. bei Mehl), die häufig, meist wöchentlich liefern und auch Lagerhaltungsaufgaben wahrnehmen.

Zur Vermeidung von **Fehlmengen**, die zum Stillstand der Produktion führen können, gibt es **Sicherheitsbestände** im Lager. Die Übergabe der Rohstoffe aus dem Wareneingang in die Produktion erfolgt ausnahmslos über die Hygieneschleuse. Aus hygienischen Gründen dürfen keine Verpackungen der Lieferanten in die Produktion gelangen (vgl. ▶ *Abbildung 6.4* „Trennung sauberer und unsauberer Bereich").

Produktionslogistik

Die Maschinen sind prozessorientiert angeordnet (Fertigungslayout). Die Orientierung an der Abfolge der einzelnen Produktionsschritte ermöglicht klar definierte Produktionsabläufe und kurze interne Transportwege zwischen den einzelnen Produktionsschritten.

Der **innerbetriebliche Transport** erfolgt zum Teil automatisch über ein computergesteuertes Rohrleitungssystem, durch das Rohstoffe aus dem Wareneingangsbereich direkt in die Produktion gelangen, wo die Zutaten gemischt und weiterverarbeitet werden. Der innerbetriebliche Transport zwischen den einzelnen Produktionsschritten erfolgt vor allem mittels Fließbändern, „Stikkenwägen" (siehe folgende ▶ *Abbildung 6.9*) oder manuell.

Abbildung 6.9: Stikkenwagen und Brotstraße[10]

Als **Produktionslager** dienen in erster Linie die Gärräume und die Transportmittel selbst, für die bestimmte Abstellzonen im Produktionsbereich gekennzeichnet sind. Dabei wird auf Abstände zwischen Transportmitteln und Wänden geachtet, um Verunreinigungen auszuschließen. Nach Abschluss der Produktion fließen die fertigen Erzeugnisse in den Absatzbereich.

Distributionslogistik

Die Distributionslogistik übernimmt alle warenbezogenen Aufgaben von der Fertigstellung der Produktion bis zur Übernahme durch den Kunden. Ausgangspunkt der Tätigkeiten sind die Bestellungen der einzelnen Filialleiter und der externen Kunden.

Um allen Kunden die georderten Arten und Mengen an Produkten liefern zu können, müssen die bestellten Teilmengen zusammengestellt werden. Diese Bündelung von Teilmengen ist Aufgabe der **Kommissionierung** und geschieht bei „Der Mann" im

10 Quelle: J. Zinner

Bereich der Einzählplätze in einem einstufigen Verfahren mithilfe eines Warenverteilsystems („dispoTool-System“, vgl. ▶ *Abbildung 6.10*): Jedem Kunden wird ein Display mit darunter befindlichen Kisten zugeordnet. Um Kommissionierungsfehler zu vermeiden, sind die einzelnen Kundenplätze durch herabhängende Ketten voneinander getrennt.

Alle Displays sind mit einem Touch-Industrie-PC verbunden, auf dem die bestellten Mengen jedes Artikels gespeichert sind. Nach Anwählen eines bestimmten Artikels auf dem PC (z.B. Semmel) wird die Bestellmenge dieses Artikels für jeden Kunden auf den Displays angezeigt (vgl. ▶ *Abbildung 6.10*). Auf Basis dieser Daten verteilt ein Kommissionierer die angezeigten Teilmengen auf die entsprechenden Kisten. Sobald eine Kundenbestellung vollständig kommissioniert ist, wird diese schnellstmöglich verladen und ausgeliefert.

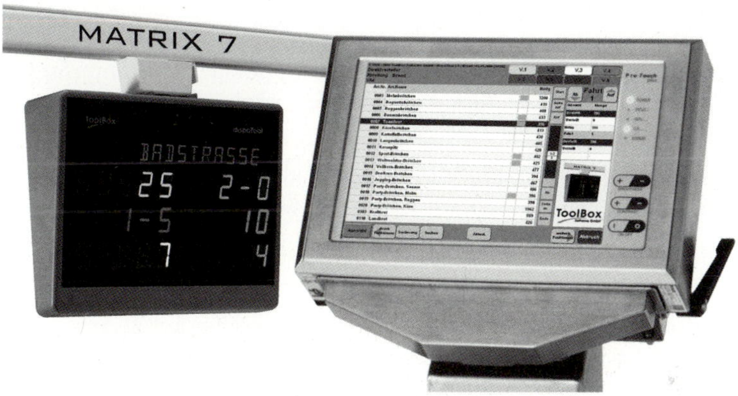

Abbildung 6.10: Display und Touch-Industrie-PC [11]

Die **Distribution** der Produkte erfolgt größtenteils mit dem eigenen Fuhrpark. Er umfasst aktuell 18 Fahrzeuge, die täglich durchschnittlich 430 Lieferungen zustellen. Bei Engpässen werden zusätzliche Transportkapazitäten bei Logistikdienstleistern (LDL) angemietet. Für die Optimierung der Transportwege wird ein System zur Tourenplanung eingesetzt. Es stellt sicher, dass die richtigen Produkte in der gewünschten Menge zum vereinbarten Zeitpunkt am richtigen Ort und zu minimalen Kosten bis zu dreimal täglich frisch ausgeliefert werden können. Darüber hinaus trägt die Optimierung der Transporte zur Verringerung der Umweltbelastung bei.

6.1.9 Nachhaltiges Wirtschaften im Unternehmen

„Der Mann“ setzt laufend Maßnahmen zur Verbesserung von Produktsicherheit, Qualität, Hygiene und Umweltverträglichkeit ein. Seit dem Jahr 2006 ist das Unternehmen nach dem International Food Standard (IFS) zertifiziert. Dieser Standard dient sowohl der Überprüfung als auch der Zertifizierung von Systemen zur Gewährleistung von Lebensmittelsicherheit und Qualität im Rahmen der Produktion von Lebensmitteln

11 Quelle: ToolBox GmbH

(vgl. *http://www.food-care.info*). Seit 2008 wird das Unternehmen im Rahmen des Ökobusiness-Plans, einem Umwelt-Service-Paket der Stadt Wien zur Verbesserung der Wettbewerbsfähigkeit und der Öko-Effizienz von Unternehmen, laufend prämiert und gilt als vorbildlich im Hinblick auf Umweltschutz und Ressourcenverträglichkeit.

Neben der bereits angesprochenen Optimierung von Transportrouten werden bei „Der Mann“ zahlreiche Maßnahmen ergriffen, die entlang der gesamten **Wertschöpfungskette** (Supply Chain) die Ziele der Ressourcenschonung und Umweltverträglichkeit verfolgen. Das Credo des Eigentümers Kurt Mann lautet:

> *„Als Bäckermeister sehe ich es als meine Verpflichtung, heimische landwirtschaftliche Produkte umweltschonend zu abwechslungsreichen, genussvollen Backwaren zu verarbeiten. Oberste Prämissen dabei sind seit jeher höchste Qualität, Hygiene und Frische.“*

Auf der **Beschaffungsseite** wird beim Einkauf von Rohstoffen darauf geachtet, dass die Lieferanten aus der Region stammen (Local Sourcing), was kurze Anlieferungswege und rasche Verfügbarkeit bedeutet. Dies steigert die lokale Wertschöpfung und reduziert Umweltbelastungen durch den Anlieferungsverkehr. Nach der Anlieferung wird ein Großteil der Rohstoffe in Silos gelagert, um Verpackungsmaterial einzusparen.

Im **Produktionsbereich** senken hohe technische Standards und ein modernes Energiemanagement den Energieverbrauch und damit verbundene Energiekosten:

- Eine wichtige Maßnahme ist die Energierückgewinnung. Die Abwärme der Backöfen wird für die Fußbodenheizung und die Warmwassererzeugung verwendet.
- Um den Stromverbrauch niedrig zu halten, ist das Backzentrum mit modernen Leuchtmitteln ausgestattet, die teilweise mit Bewegungsmeldern gekoppelt sind. Die Außenbeleuchtung wird über Lichtsensoren gesteuert.
- Im Jahr 2008 wurde das Druckluftsystem optimiert, wodurch der Strombedarf zur Drucklufterzeugung um 30% (ca. 66.000 kWh) pro Jahr gesunken ist.
- Im Jahr 2017 wurden zwölf alte Stikkenöfen durch elf neue Stikkenöfen und einen Doppel-Stikkenofen ersetzt. Im Schnitt verbraucht ein neuer Ofen 22% weniger Gas als ein alter Ofen. Der deutlich geringere Energiebedarf wird durch eine ausgeklügelte Luftführung innerhalb des Ofens (Air Control) und die Energienutzung des Rauchgases (Rauchgas-Rückführung) erzielt. Daraus ergeben sich ca. 92.000 m^3 weniger Gasverbrauch pro Jahr, was 12% des gesamten Jahresverbrauchs entspricht.

Zur optimalen Überwachung des Wasserverbrauchs in der Produktion gibt es zahlreiche Wasserzähler, die einen sehr guten Überblick über die einzelnen Verbraucher im Betrieb ermöglichen. So können undichte Leitungen oder Wasserverschwendung zeitnah erkannt werden.

Zu den wichtigsten ressourcenschonenden Maßnahmen im **Absatzbereich** zählen der Einsatz einer modernen Fahrzeugflotte, computergestützte Methoden zur Tourenplanung und die Verlagerung eines Großteils der Auslieferungsaktivitäten in möglichst verkehrsarme Zeiten am frühen Morgen vor den Hauptverkehrszeiten. In den Morgenstunden können die Auslieferungen um 10–35% rascher abgewickelt werden, woraus sich erhebliche Einsparungen für das Unternehmen ergeben. Alle eigenen Fahrzeuge sind mit einer verstellbaren Trennwand für den Tiefkühl- und Normaltemperaturbereich und einem Kühlaggregat ausgestattet. Somit sind die Fahrzeuge flexibel einsetzbar und können je nach Bedarf ohne großen Aufwand an die aktuellen Anforderungen angepasst werden.

Im Bereich der **Entsorgungslogistik** werden Konzepte zur Verwertung von unverkäuflichen oder überzähligen Produkten angewandt: Backwaren mit leichten Mängeln (z.B. zu geringes Gewicht) und überzählige Produkte werden karitativen Organisationen gespendet. Nicht verkaufte Backwaren aus den Filialen werden im Sinne einer nachhaltigen Entsorgung in einer Biogasanlage in Energie umgewandelt.

6.2 Fallstudie Kühne + Nagel: Logistikdienstleistungen für einen Druckerproduzenten

6.2.1 Unternehmensprofil

Kühne + Nagel ist einer der weltweit größten Full Service Third Party Logistics Service Provider (3PL). Das Unternehmen wurde 1890 in Bremen, Deutschland, gegründet und wuchs stetig. Aktuell ist Kühne + Nagel in 109 Ländern tätig, unterhält circa 1.300 Niederlassungen und beschäftigt über 75.000 Mitarbeiter. Die Geschäftstätigkeit des Unternehmens erstreckt sich auf Luft- und Seefrachtspedition, Straßen- und Eisenbahnlogistik sowie Kontraktlogistik in Form maßgeschneiderter Logistikdienstleistungen für Kunden aus allen Branchen. Einen Überblick über die Entwicklung von Umsatz, Gewinn und Mitarbeiter gibt die folgende Tabelle:

Jahr	Umsatz	Gewinn	Mitarbeiter
2017	22.220	740	75.876
2016	19.985	720	70.038
2015	20.283	679	67.236
2014	21.291	644	63.448
2013	20.929	607	62.744

Tabelle 6.6: Kennzahlen Kühne + Nagel (in Mio. CHF bzw. Personen)[12]

6.2.2 Geschäftskonzept

Kühne + Nagel erbringt als international tätiger Logistikdienstleister für seine Kunden umfassende Dienstleistungen im Logistikbereich. Dazu zählt die Übernahme aller unternehmensbezogenen Logistikprozesse für Kunden. Neben der Organisation und Vermittlung von Transporten als Spedition übernimmt das Unternehmen auch die Durchführung von Transport- und Lageraktivitäten und bietet seinen Kunden im

12 Vgl. Kuehne + Nagel Group – Annual Report (2017)

Bereich der Kontraktlogistik Value Added Services (Mehrwertdienstleistungen) entlang der gesamten logistischen Kette an (vgl. ▶ *Abbildung 6.11*).

z.B.
- Management von Anlieferungstransporten
- Bestellabwicklung
- Annahme und Einlagerung von Gütern
- Reporting

z.B.
- Prozessmanagement
- Lagerhaus- und Bestandsmanagement
- Auftragsabwicklung
- Reporting

z.B.
- Transportplanung
- Transportmanagement
- Tracking & Tracing
- Reporting

z.B.
- Management von Material- und Produktrückflüssen
- Reparaturmanagement
- Kundenservicemanagement
- Ersatzteillogistik

Abbildung 6.11: Leistungsüberblick Kühne + Nagel

Kühne + Nagel erbringt Logistikdienstleistungen in vier operativen Geschäftsbereichen. Der Schwerpunkt liegt umsatzmäßig im Transportsektor mit den Bereichen Seefracht, Luftfracht sowie Landverkehre:

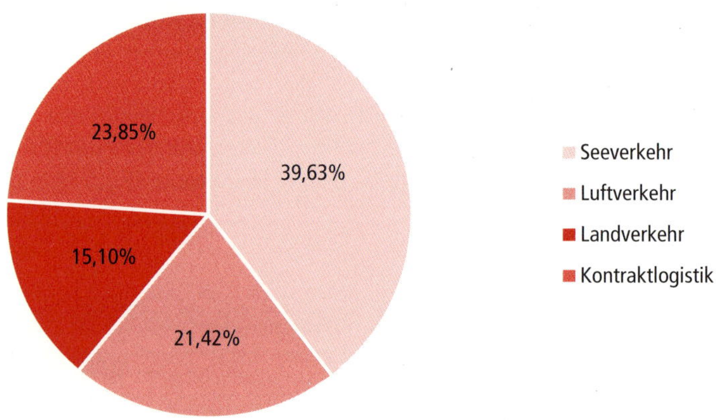

Abbildung 6.12: Umsatzanteile nach operativen Einheiten

Als global agierender Dienstleister verfügt Kühne + Nagel über ein eigenes Vertriebs- und Servicenetzwerk. Das gesamte Dienstleistungsportfolio wird somit über mehr als 1.300 Niederlassungen in 109 Ländern angeboten.

6.2.3 Value Added Services (Mehrwertdienstleistungen)

Während sich in der öffentlichen Wahrnehmung logistische Dienstleistungen oftmals auf die Übernahme der betrieblichen Funktionen Lagerung und Transport beschränken, umfasst die Angebotspalette von modernen Logistikdienstleistern wie Kühne + Nagel weitaus mehr. Sie erbringen für Kunden unterschiedlicher Branchen im Bereich der Kontraktlogistik maßgeschneiderte Value Added Services (VAS). Dazu zählt die Übernahme von wertschöpfenden Aktivitäten, die im Normalfall von Produzenten oder Handelsunternehmen selbst erbracht werden, wie z.B.:

- Beschaffungsmanagement
- Endfertigung von Produkten: Zusammenbau bzw. Verpackung (product completion)
- Anpassung von Produkten an regionale Gegebenheiten (localization)
- Planung der Fertigungsreihenfolge von Produktionsaufträgen (sequencing)
- Versorgung von Fertigungslinien (line feeding)
- Zusammenstellung von Produktbündeln (kitting)
- Filialbelieferung inklusive Regalbestückung
- Herstellung von Verkaufsdisplays

Basis für diese maßgeschneiderten Mehrwertdienstleistungen sind langfristige Verträge und die enge Kooperation mit Kunden. In den folgenden Abschnitten wird ein Beispiel für einen solchen Service vorgestellt, der im Auftrag eines weltweit führenden Herstellers von Druckern erbracht wird. Dabei übernimmt Kühne + Nagel für den Kunden die Verpackung, das Kitting und die Distribution von Verbrauchsmaterialen für Tintenstrahldrucker.

6.2.4 Center für Distribution und Endfertigung in Duisburg

Im Jahr 1998 begann Kühne + Nagel mit dem Betrieb eines Distributionscenters für Drucker-Verbrauchsmaterialen in Duisburg. Das Projekt für den Druckerproduzenten startete zunächst mit der Übernahme von Lager- und Distributionsaktivitäten für Druckerteile und komplette Drucker am Standort „Am Blumenkampshof" (BKH) in Duisburg. Die übertragenen Aufgaben erfüllte Kühne + Nagel zur vollen Zufriedenheit des Druckerproduzenten, wodurch bereits im Jahr 1999 der Wunsch von Kundenseite nach einer Erweiterung der Zusammenarbeit in Form von Value Added Services kam. Diese erfolgte durch den Aufbau und den Betrieb von Verpackungslinien für Druckerpatronen einer neuen Generation von Druckern, wodurch der Standort BKH von einem reinen Distributionscenter zu einem Center für Distribution und Endfertigung (Product Completion Center) aufgewertet und um zusätzliche Flächen am Standort „Logport" (LGP) erweitert wurde. Einen Überblick der Entwicklung des Standorts Duisburg gibt folgende ▶ *Abbildung 6.13*.

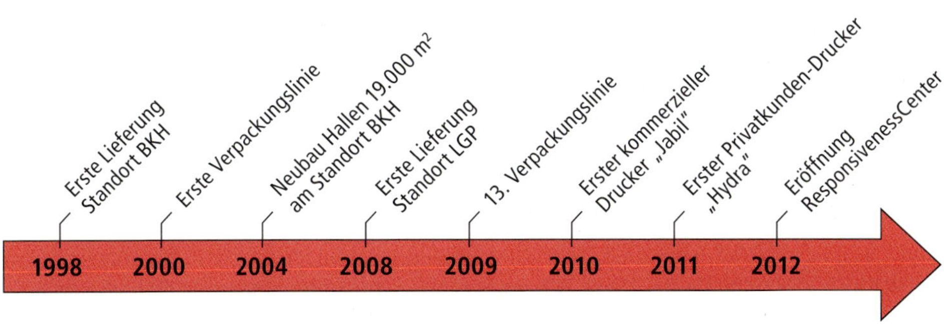

Abbildung 6.13: Entwicklung des Standorts in Duisburg

Diese Erweiterung der Zusammenarbeit mit Kühne + Nagel von der Übertragung logistischer Dienstleistungen hin zu Produktionsaufgaben wurde durch einen Strategiewechsel des Druckerproduzenten begünstigt: Statt die gesamte Fertigung selbst durchzuführen, wurden Teile der Produktion ausgelagert, sofern sie nicht als Kernkompetenz betrachtet wurden (z.B. Verpackung). Die erfolgreiche Umsetzung und das Management der Produktion bei Kühne + Nagel führten zu einer Erweiterung der Aktivitäten in Form von zusätzlichen Verpackungslinien für Druckerpatronen, Reparaturdiensten für Drucker, der Localization von Druckern (z.B. durch Beipacken von entsprechenden Netzteilen) und der Konfiguration von Druckern für den europäischen Markt (Jabil, Hydra). Für die Folgejahre sind zusätzliche Erweiterungen geplant (vgl. ▶ *Abbildung 6.13*).

Ursprünglich hat Kühne + Nagel für das Projekt einen Standort erbaut, der jedoch aus Kapazitätsgründen für das bestehende Projekt und zusätzliche Vorhaben bis heute auf zwei Hauptstandorte mit zwei zusätzlichen Satelliten-Standorten erweitert wurde. Einen Überblick gibt die folgende ▶ *Abbildung 6.14*:

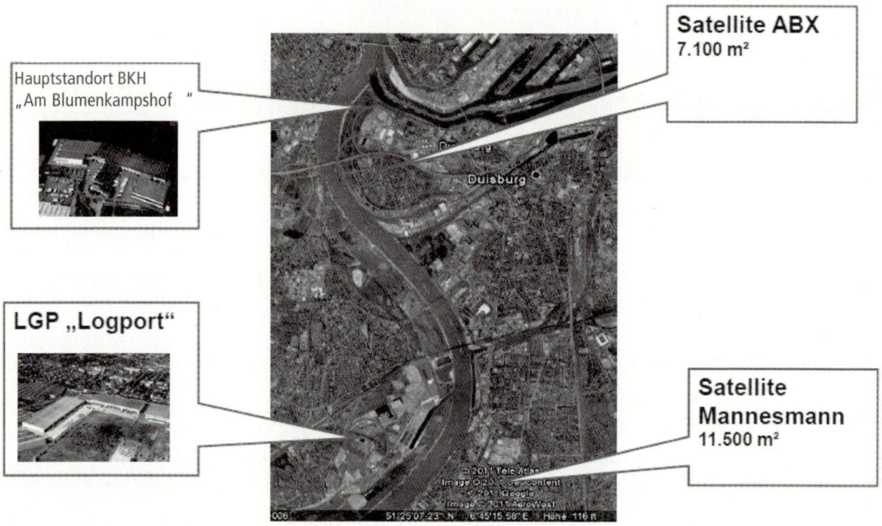

Abbildung 6.14: Übersicht Standorte in Duisburg

An den beiden Hauptstandorten BKH (57.500 m^2) und LGP (95.000 m^2) werden Lager-, Distributions- und Value Added Services durchgeführt. Der gesamte Standort BKH und 14.500 m^2 am Standort LGP werden exklusiv für den Druckerproduzenten betrieben. An beiden Standorten befinden sich Containerdepots: Das Duisburg Intermodal Terminal am Standort LGP und die Duisburger Container-Terminalgesellschaft am Standort BKH. Am Standort BKH befinden sich neben Wareneingangs- und Distributionslager auch Verpackungslinien zur endkundengerechten Verpackung von Druckerpatronen für den europäischen Markt.

Die folgende ▶ *Abbildung 6.15* zeigt die maßgeschneiderten Logistikdienstleistungen von Kühne + Nagel für den Druckerproduzenten und den gesamten Güterfluss. Aus den einzelnen Werken des Druckerproduzenten (Lieferanten) werden Produkte entweder direkt ins Distributions-Center angeliefert oder zunächst in der Fertigung bearbeitet und verpackt. Von dort werden die verkaufsfähigen Produkte an Händler und sonstige Großabnehmer (Empfänger) verschickt, die den Verkauf an Endkunden abwickeln. Kühne + Nagel führt auch den Versand von Ersatzteilen an die Endkunden durch. Defekte Geräte werden im Rahmen der Entsorgungslogistik direkt vom Endkunden ans Distributions-Center zurückgeschickt.

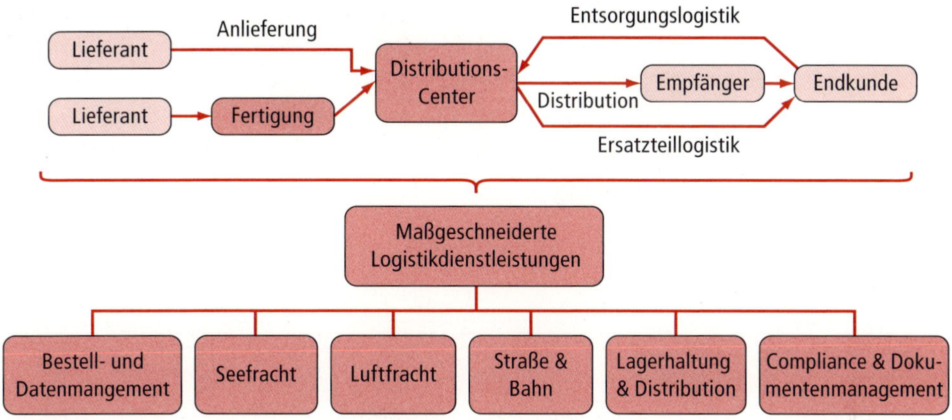

Abbildung 6.15: Abläufe und Logistikdienstleistungen

Der Wareneingang an den Betriebsstandorten in Duisburg umfasst 600.000 Paletten, 10.000 Container und 7.000 Lkw-Ladungen pro Jahr. Dieselbe Menge an Produkten wird in bearbeiteter Form an Kunden in ganz Europa ausgeliefert. Das wertmäßige Volumen der verarbeiteten Produkte beträgt circa 9,5 Milliarden Euro pro Jahr, der durchschnittliche Lagerbestandswert liegt bei 237 Millionen Euro.

Am Standort BKH werden neben Lager- und Distributionsservices auch Produktionsservices für die herstellereigenen Druckerpatronen durchgeführt. Pro Jahr werden 70 Millionen Stück verpackt und ausgeliefert. Die Kapazitäten am Standort werden laufend erweitert, um die steigenden Produktionsvolumina für den Kunden abwickeln zu können.

6.2.5 Management

Das Management dieses komplexen Betriebs ist in drei funktionale Bereiche gegliedert (vgl. ▶ *Abbildung 6.16*). Das Logistikmanagement hat dabei die Aufgabe, alle Anlieferungsverkehre, die Lagerhaltung und die Distribution zu koordinieren. Das Bestandsmanagement (vgl. Lager in ▶ *Abbildung 6.16*) hat die Aufgabe, alle Bestände an fertigen Druckern, in Produktion befindlichen Druckern und Verbrauchsmaterialien über die einzelnen Betriebsbereiche hinweg zu überwachen und den Schwund zu minimieren. Der Bereich Value Added Services (VAS) verantwortet die gesamte Produktion, die Zusammenstellung von Produktbündeln und die Anpassung der Produkte an die unterschiedlichen regionalen Gegebenheiten. Darüber hinaus ist dieser Bereich für die Erfüllung kurzfristiger Kundenanforderungen zuständig. Je nach aktueller Auftragslage sind am Standort Duisburg zwischen 150 und 450 Mitarbeiter vor Ort verfügbar.

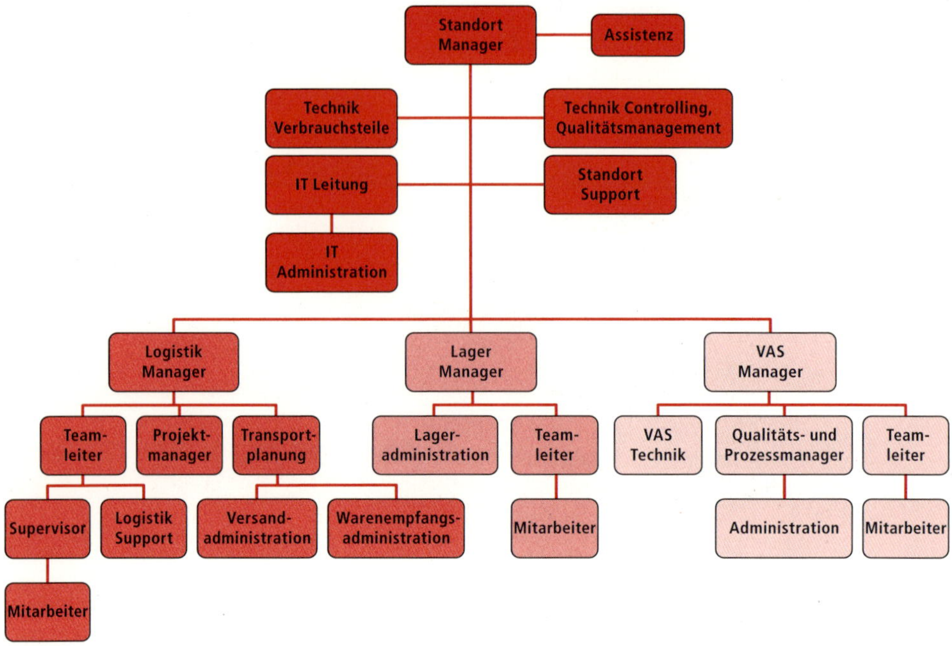

Abbildung 6.16: Organigramm Kühne + Nagel Duisburg

6.2.6 Logistik

Logistische Aufgaben am Standort BKH dienen zur Abwicklung des gesamten Güterflusses mit den entsprechenden Informationsflüssen (v.a. in Form von Lieferscheinen und Kundenaufträgen). Folgende Hauptaktivitäten sind dazu vom Empfang der Drucker und Verbrauchsteile in der Reihenfolge ihres Auftretens notwendig: Zunächst erfolgt im Eingangsbereich die **Warenannahme**. Dabei ist oftmals der **Umschlag** der Waren von nicht standardisierten Paletten oder aus Containern auf standardisierte Paletten notwendig, um die folgende **Lagerhaltung** raumoptimiert durchführen zu können. Auf Basis der Kundenbestellungen erfolgen bei der **Kommissionierung** die Entnahme der bestellten Teilmengen aus den unterschiedlichen Bereichen des Lagers und die transportgerechte Palettierung der bestellten Teilmengen. Abschließend erfolgen die **Verpackung** und der **Versand** der bestellten Mengen an die unterschiedlichen Kunden. Darüber hinaus erledigt Kühne + Nagel die Zollabwicklung für den Druckerproduzenten.

Am Standort BKH werden täglich im Durchschnitt folgende logistische Leistungen erbracht:

- Empfang von ca. 2.500 Paletten
- Versand von ca. 2.500 Paletten
- Kommissionierung von ca. 9.400 Teilen
- Beladung und Abfertigung von ca. 65 Lkw
- Lagerung von ca. 70.000 Paletten
- Lagerung von ca. 5.500 unterschiedlichen Artikeln

Zur Abwicklung dieser enormen Gütermengen am Standort BKH setzt Kühne + Nagel Materialflusstechnik in Form von speziellen Maschinen und Einrichtungen ein. Für den raschen Umschlag und die Einlagerung von angelieferten Produkten auf Standardpaletten kommen dabei Gabelstapler und Regalbedienungsgeräte zum Einsatz (vgl. ▶ *Abbildung 6.17*).

Abbildung 6.17: Umschlag per Gabelstapler und Standardpalette

Am Standort BKH dient ein Einfahrregal-System (drive in racking system, DIS) zur Lagerung der Produkte und Verbrauchsmaterialien. Diese Regaltechnik erlaubt eine raumoptimierte Lagerung und minimiert Ein- und Auslagerungszeiten (vgl. ▶ *Abbildung 6.18*).

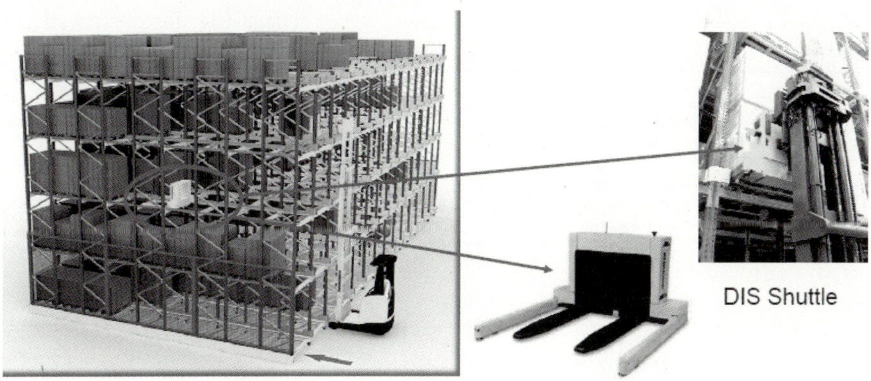

Abbildung 6.18: Einfahrregalsystem und Regalbediengerät (DIS Shuttle)

Insbesondere Druckerpatronen enthalten gefährliche Substanzen, die beispielsweise im Fall eines Brands ins Grundwasser gelangen könnten. Aus diesem Grund wurde der Standort BKH speziell für diese Anforderungen konfiguriert. Im Lagerhaus wurde ein 7.500 m^2 großer Bereich für Gefahrengüter eingerichtet, der spezielle Sicherheitsmerkmale aufweist. Um mögliche Brände räumlich zu beschränken, wurden einzelne Bereiche abgetrennt. Das gesamte Gefahrengutlager verfügt über eine Regal-Sprinkleranlage und spezielle Bodenisolationen, die kontaminiertes Löschwasser auffangen (vgl. ▶ *Abbildung 6.19*). Alle Regale sind mit Erdungen ausgestattet, die statische Aufladungen verhindern. Dank dieser umfassenden Sicherheitsmaßnahmen ist der Lagerbereich offiziell für die Lagerung von Gefahrengütern der Wassergefährdungsklassen 1 bis 3 zertifiziert.

Abbildung 6.19: Ausstattung Gefahrengutlager

Logistikleistungen für ein Hochtechnologieunternehmen können nicht starr abgewickelt werden, da der Logistikdienstleister flexibel auf schwankenden Bedarf des Druckerproduzenten reagieren muss. Innerhalb eines Monats schwankt das tägliche Sendungsaufkommen zwischen 1.000 und 7.000 Paletten. Diese stark schwankenden Mengen erfordern eine äußerst flexible Personaleinsatzplanung (vgl. ▶ *Abbildung 6.20*). Daher verfügt das Duisburger Kühne + Nagel Management über ein Team an eigenen Vollzeitmitarbeitern und arbeitet zur Abdeckung von Personalspitzen zusätzlich mit Personalvermittlungsunternehmen zusammen.

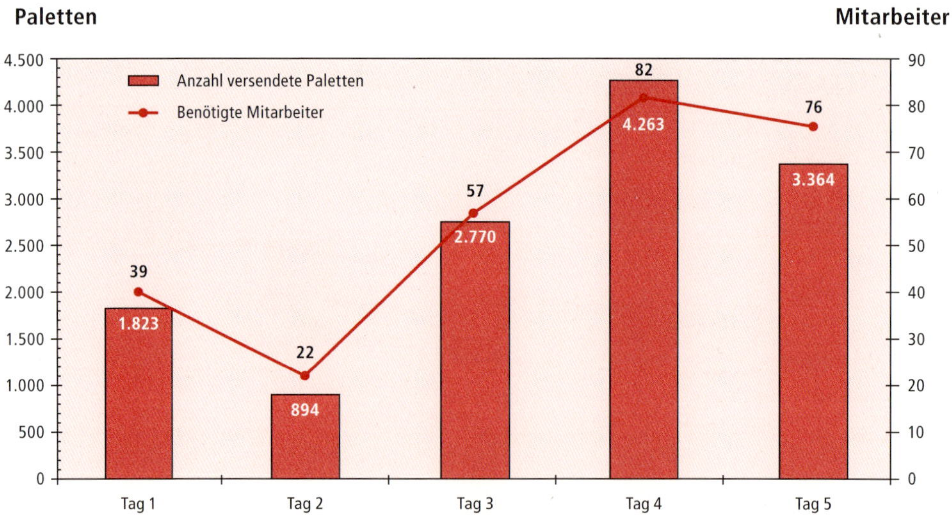

Abbildung 6.20: Schwankungen von Sendungsaufkommen und Personalbedarf

Die Flexibilität wird durch Entscheidungen und Handlungen des Managements garantiert. Zunächst werden auf Basis historischer Daten und aktueller Prognosen tagesgenaue Personalbedarfsmodelle errechnet. Im nächsten Schritt werden diese Modelle an den tatsächlichen Arbeitsaufwand des Folgetags angepasst. Um 14 Uhr treffen die vorläufigen Bedarfsanforderungen für das Transaktionsvolumen des folgenden Tages bei Kühne + Nagel ein. Dies kann unter Umständen noch zu Änderungen des geplanten Personalbedarfs am Folgetag führen. Zwischen 19 Uhr und 3 Uhr in der Früh werden die Arbeiter über ihre Arbeitszeiten informiert. Spezielle Verträge mit den eigenen Mitarbeitern und lokalen Personalvermittlungsunternehmen erleichtern eine umfassende Einsatzflexibilität. Durch diese flexible Einsatzplanung kann zusätzlich auftretender Bedarf von über zwanzig Prozent direkt am folgenden Tag verschickt werden, auch wenn dieser noch nicht in den vorläufigen Bedarfsanforderungen um 14 Uhr enthalten ist (vgl. ▶ *Abbildung 6.21*).

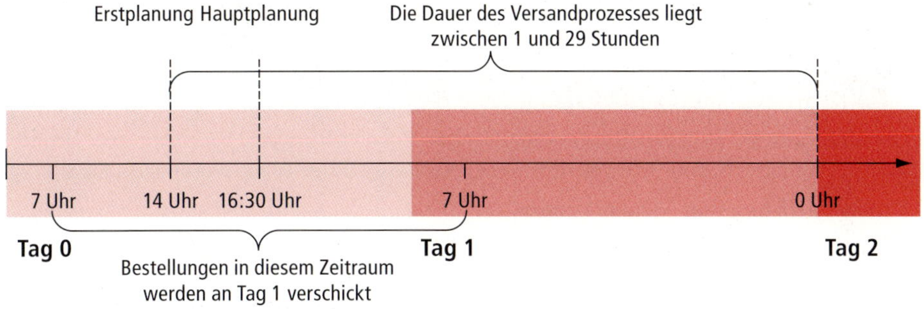

Abbildung 6.21: Bestellabwicklungszyklus

Neben der flexiblen Personalbereitstellung sind auch die Betriebsmittel und Anlagen in Duisburg auf unterschiedliche Kapazitätsanforderungen ausgelegt, sodass die Betriebsmittel bedarfsgemäß erweitert oder reduziert werden können. Zusätzlich sind Servicetechniker vor Ort, um die Anlagen zu warten und rasch auf technische Defekte der Betriebsmittel reagieren zu können.

Das Duisburger Management gewährleistet, dass die fristgerechte Auftragserfüllung bei über 95% liegt (on time order delivery performance). Die folgende ▶ *Abbildung 6.22* zeigt die Entwicklung der Flexibilität der Anlage hinsichtlich der Versandmengen in den letzten Jahren.

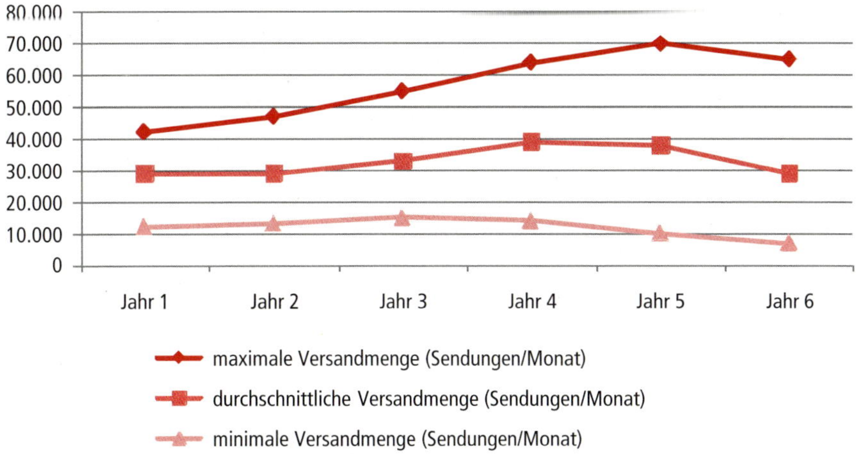

Abbildung 6.22: Entwicklung der Versandflexibilität

6.2.7 Endkonfiguration

Als Product Completion Center erfolgt am Standort BKH die Endkonfiguration der Verbrauchsmaterialien im Auftrag des Druckerproduzenten mit folgenden Teilaktivitäten:

- **Auslieferungsvorbereitung (pre-flighting):** Upgrade von Drucker-Betriebssystemen, Austausch von Speicherkarten, Durchführung kurzfristiger Qualitätsverbesserungen, etc.
- **Verpackung:** Entwurf von Verpackungen, Abpacken von Druckpatronen in Einzelhandelsverpackungen, Zusammenstellung von Sammelpackungen, Kommissionierung von Handelsverpackungen nach Stücklisten etc.
- **Multi-boxing:** Zusammenfügen verschiedener Teile in ein größeres Installationspaket, Umverpacken verschiedener Teile für eine Einzelinstallation etc.
- **Localization:** Anbringen länderspezifischer Beschriftungen, Beilegen von Handbüchern, Austausch von Artikelnummern, Austausch der Stromversorgungskabel etc.
- **Umbeschriftung von Verpackungen**
- **Umpacken von Teilen**

Abbildung 6.23: Verpackungslinien

Die Hauptaktivität der Anlage ist die Verpackung von Tintenstrahldruckpatronen. Derzeit sind vierzehn Verpackungslinien in Betrieb, zwei weitere Verpackungslinien sind im Design- oder Installationsstadium. Die Linien lassen sich wie folgt unterscheiden:

- Sechs Hochgeschwindigkeitslinien (zwei mit einer Leistung von 240 Einheiten/min, drei mit 120 Einheiten/min, eine mit 100 Einheiten/min)
- Fünf halbautomatisierte Linien (Leistung bis zu 55 Einheiten/min, Verarbeitung von Sichtverpackungen, Aktionsverpackungen)
- Drei flexible manuelle Linien (zur Zusammenstellung von Aktions-Produktbündeln, Displays)
- Zwei Linien in Planung/Installation: eine Hochgeschwindigkeits-Eco-Box-Linie und eine Hochgeschwindigkeits-Verpackungslinie für Sichtverpackungen

Analog zum Logistikbereich bestehen auch im Produktionsbereich besonders hohe Anforderungen an die Flexibilität, um die kurzfristig um bis zu 250% schwankenden Produktionsmengen bewältigen zu können. Das Management achtet daher bei der Produktionsplanung auf hohe Flexibilität in Bezug auf Produktionskapazität der Maschinen und Personalverfügbarkeit. Wie die Logistikorganisation hat die Produktionsplanung durch Erfahrung gelernt, in enger Zusammenarbeit mit dem eigenen Kernteam und besonderen Vereinbarungen mit lokalen Personalvermittlungsunternehmen die notwendigen flexiblen Personalkapazitäten bereitzustellen. Durch diese Vorgehensweise erzielt der Produktionsbereich eine perfekte Auftragserfüllung von mehr als 95% (vgl. ▶ *Tabelle 5.4*).

Die folgende ▶ *Abbildung 6.24* zeigt die Variation zwischen minimalen, durchschnittlichen und maximalen Produktionsvolumina der letzten Jahre, die bei wachsendem Gesamtvolumen von den Verpackungslinien abgewickelt wurden.

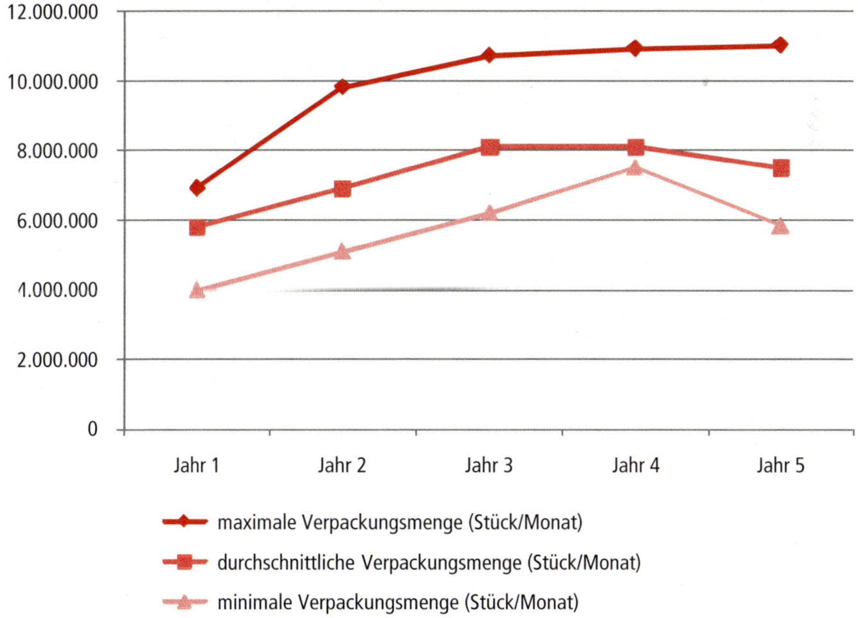

Abbildung 6.24: Entwicklung der Produktionsflexibilität

6.2.8 Service Level Agreement

Das Service Level Agreement ist ein Vertrag zwischen dem Druckerproduzenten und Kühne + Nagel zur konkreten Beschreibung von Umfang und Inhalt der Dienstleistung und der Festlegung der Servicequalität. Ein Beispiel dafür ist die perfekte Auftragserfüllung, welche die Servicequalität hinsichtlich vollständiger, termingerechter und unbeschädigter Lieferungen inklusive der entsprechenden Dokumentation angibt (vgl. *Tabelle 5.3: SCOR-Modell: Spitzenkennzahlen*). Kühne + Nagel ist dem Druckerproduzenten gegenüber verpflichtet, eine perfekte Auftragserfüllung von mindestens 95% zu garantieren. Klassische Lieferservicegrade wie die Lieferzuverlässigkeit und die Lieferverfügbarkeit im SCOR-Modell sind oftmals wichtige Elemente eines Service Level Agreement (vgl. auch *Abschnitt 13.2.3*). Die Erfüllung kann der Druckerproduzent auf Basis des Service Level Agreement nachprüfen und einfordern. Am Standort Duisburg gelingt die Einhaltung der Service Level durch die hohe Flexibilität in der Produktion und im Logistikbereich, wie bereits in den vorangegangenen Abschnitten beschrieben. Die folgende Tabelle zeigt wesentliche Leistungsdaten aus der Betriebsstatistik, die zur Leistungsmessung am Standort Duisburg herangezogen wird:

> 85 Millionen produzierte Einheiten	
durchschnittliche Qualitätsrate: 35 Defekte pro Million Produkte (35 ppm)	Nur 3 Kundenbeschwerden
> 750.000 € Einsparungen (exkl. Reduktion von Folien für Sichtverpackungen)	Exzellente Auftragserfüllung – Kundennachfrage befriedigt
ca. 96% Bestellpünktlichkeit	100% bei Prozess-Audits
Stufe 3 Qualitäts-Audit	

Tabelle 6.7: Leistungsdaten

Die Einhaltung der vereinbarten Service Level ist für Kühne + Nagel besonders wichtig, da der Druckerproduzent berechtigt ist, den Vertrag bei Nichteinhaltung der Service Level zu kündigen und zu einem anderen Logistik-Dienstleister in Osteuropa zu wechseln. Diese Vereinbarung mit dem Druckerproduzenten ist ein laufender Ansporn für Kühne + Nagel zu besonderer Sorgfalt bei der Leistungserstellung und der ständigen Verbesserung des Services in allen Bereichen. Für die Zusammenarbeit mit dem Druckerproduzenten besteht aufgrund der hohen Zufriedenheit weiteres Potenzial (z.B. für die Auslagerung von Aktivitäten in anderen Regionen).

6.2.9 IT-Systeme

Zur Steuerung der gesamten Leistungserstellung am Standort Duisburg kommen vier IT-Systeme zum Einsatz. Diese Systeme sind spezifisch auf die Aktivitäten in Duisburg angepasst worden und bieten eine verlässliche und flexible Unterstützung bei der Planung und Steuerung der Aktivitäten über alle Anlagen hinweg. Die vier Hauptsysteme am Standort Duisburg sind:

Lagerverwaltungssystem

Das Lagerverwaltungssystem ist eine Eigenentwicklung von Kühne + Nagel. Das System ist bei über 500 Auftraggebern weltweit im Einsatz und ermöglicht eine vollkommen papierlose Abwicklung im Lager. Es weist Gütern anhand ihrer Artikelnummer einen passenden Lagerplatz zu. So werden Gefahrengüter nur den speziell dafür ausgelegten Lagerplätzen zugewiesen. Zusätzlich verwaltet das System die Chargen- und Seriennummern sowie die Lagerdauer. Durch die Erfassung dieser Daten wird sichergestellt, dass eine kurze Lagerdauer der Produkte realisiert wird und keine Produkte wegen Überalterung ausgeschieden werden müssen.

Transportmanagementsystem

Das Transportmanagementsystem erlaubt es dem Duisburger Transportteam, einzelne Sendungen anhand individueller Lkw-Beladungspläne aus dem Warenlager abzurufen. Diese versandbasierten, individuellen Lkw-Beladungspläne helfen dem Warenlagerteam, den Versandbereich effektiv und effizient zu managen. Da das Versandvolumen zwischen weniger als 50 bis zu über 200 Lkw-Ladungen pro Tag schwankt, ist die effiziente Steuerung des Versandbereichs ein kritischer Erfolgsfaktor für eine termingerechte Zustellung.

Produktionssteuerungssystem

Die effektive Steuerung der gesamten Anlage und die Belegungsplanung der Hochgeschwindigkeitsverpackungslinien sind erfolgskritisch für die Einhaltung der Planung. Ebenso wichtig ist die Verfügbarkeit der richtigen Ressourcen, um die geplanten Produktionsaktivitäten auszuführen. Das Produktionssteuerungssystem der Duisburger Anlage wurde speziell für diese Art von Produktionsprozessen entwickelt und erlaubt eine effektive Einsatzplanung. Zusätzlich unterstützt das System die Wartungsplanung, das Management der Maschinenausfallszeiten und anderer unproduktiver Aktivitäten, sodass mit den verfügbaren Betriebsmitteln die maximale Produktionsleistung erbracht werden kann.

Training

Angesichts der starken Mengenschwankungen in den Bereichen Warenannahme, Produktion und Distribution ist am Standort Duisburg ein effektives und effizientes Trainingssystem zur laufenden Fortbildung der Mitarbeiter erfolgskritisch. Das VETO-System wurde genau für diesen Zweck entwickelt. Es erfasst nicht nur die Trainingsaktivitäten, sondern identifiziert, wer das notwendige Qualifikationsprofil für eine bestimmte Aktivität besitzt, welche Mitarbeiter Auffrischungstrainings benötigen und welche Zusatzqualifikationen zur Deckung des Personalbedarfs notwendig sind, um den Betrieb sicherzustellen. Darüber hinaus teilt das System die Auszubildenden den offenen Trainingsplätzen zu und unterstützt so die Weiterbildungsaktivitäten umfassend.

6.2.10 Qualitäts- und Umweltmanagement

Das Management von Kühne + Nagel legt hohen Wert auf Qualitätsarbeit an allen Unternehmensstandorten. So sind die Duisburger Anlagen als Nachweis für hohe Standards in mehreren Bereichen nach ISO zertifiziert: ISO 9001 (Qualität), ISO 14001 (Umwelt) und ISO 18001 (Arbeitssicherheit). Zusätzlich setzt das Management in

Duisburg auf kontinuierliche Verbesserung und hat ein Six-Sigma-Programm eingerichtet, sodass die Anlagen über eine präventive Qualitätssicherung verfügen. Das Qualitätsversprechen des Duisburger Managements zeigt sich auch in der Verpflichtung zu den Leitlinien von Kühne + Nagel im Bereich der Kontraktlogistik:

1. Handle wie eine Verlängerung des Geschäfts des Kunden
2. Verbessere dich laufend
3. Sei kooperativ
4. Halte deine Versprechen
5. Übernimm Verantwortung
6. Überwache die Kosten
7. Respektiere andere
8. Hab´ Spaß!

Von den hohen Qualitätsstandards (vgl. ▶ *Tabelle 6.7*) profitieren sowohl der Druckerproduzent als auch Kühne + Nagel. Die Einhaltung und laufende Verbesserung der Prozessqualität am Standort Duisburg wird jährlich mehrmals vom Druckerproduzenten in Form von Audits überprüft und auf einer dreistufigen Skala (Stufe 1 bis 3) bewertet. Der Standort Duisburg erreicht dabei laufend die höchste Stufe 3. Aufgrund der hohen Qualitätsstandards besteht ein gutes Vertrauensverhältnis zwischen Kunde und Auftragnehmer. So hat der Druckerproduzent kein eigenes Personal mehr vor Ort zur Überwachung der Aktivitäten in Duisburg und verlässt sich bei der Qualitätssicherung auf die Berichte von Kühne + Nagel sowie die wöchentlich stattfindenden Abstimmungssitzungen.

Die Anlagen in Duisburg folgen auch den Bestrebungen von Kühne + Nagel, die negativen Umweltauswirkungen von Logistik- und Produktionsaktivitäten zu reduzieren. Kühne + Nagel hat Leitlinien im Bereich der Umweltpolitik definiert, um Nachhaltigkeitsaspekte bei allen Entscheidungen zu berücksichtigen. Daraus werden jährlich Umweltziele für die einzelnen Bereiche abgeleitet.

Umweltthema	Ziel bis 2020	Fortschritt 2012–2016
Reduktion standortbezogener CO_2-Emissionen	15% CO_2-Reduktion pro Mitarbeiter und 100 m^2 Fläche	25% pro Mitarbeiter und 13% pro 100 m^2 erreicht
Verbesserung der Treibstoffeffizienz eigener Lkw	10% Reduktion (l/km)	7% Verbesserung erreicht
Erhöhung des Einsatzes erneuerbarer Energie	10% des gesamten Energieverbrauchs	7% eingespart
Steigerung des Anteils CO_2-armer Verkehrsträger	Erhöhung des Volumens auf Schiene und Binnenschiff um 2% (ab 2016)	2% Erhöhung
Erhöhung der Recyclingqoute	Erhöhung der Recyclingqoute um 5% pro Jahr (75% bis 2020)	82% erreicht

Tabelle 6.8: Kühne + Nagel Umweltziele bis 2020[13]

13 Vgl. Kuehne + Nagel Group – Annual Report (2017)

Die Umweltziele, die in den Umweltpolitikrichtlinien von Kühne + Nagel festgelegt sind, verpflichten das Duisburger Management zu einem kontinuierlichen Verbesserungsprogramm in allen Bereichen. Dieses Programm soll die bestehenden Anlagen so energieeffizient und umweltfreundlich wie möglich machen. Am Standort LGP wurden Solarenergiekollektoren installiert. Die Beleuchtung in allen Anlagen wurde auf die höchste Leuchteffizienzklasse aufgerüstet. Die Wartungsintervalle des Fuhrparks wurden im Hinblick auf die Kosten optimiert. Die Abfälle der Anlagen wurden auf ihr Recycling-Potenzial untersucht, um möglichst viel Material wiederzuverwenden oder an externe Recyclingunternehmen abzugeben, die diese Materialien umweltgerecht verwerten können.

6.2.11 Weitere Aktivitäten am Standort Duisburg

Die Anlage in Duisburg wird aktuell zu 95% für den Druckerproduzenten betrieben, ist aber grundsätzlich zur Mischnutzung für mehrere Kunden ausgelegt. Die freien Lagerkapazitäten am Standort BKH setzt Kühne + Nagel derzeit zur Abwicklung der Lagerhaltung für einen anderen Kunden ein. Bei Freiwerden von Produktionskapazitäten können auch diese für andere Kunden eingesetzt werden. Durch die Erbringung von zusätzlichen Leistungen oder die Mischnutzung bestehender Anlagen reduziert Kühne + Nagel Kosten für die Kunden.

6.3 Verwendete Literatur

APICS (2017): American Production and Inventory Control Society (Hrsg.): SCOR – Supply Chain Operations Reference Model 12.0, Chicago.

Becker, J., Kahn, D. (2012): Der Prozess im Fokus, in: Becker, J., Kugeler, M., Rosemann, M. (Hrsg.): Prozessmanagement, 7. Auflage, Berlin, Heidelberg.

Carter, C., Rogers, D. (2008): A framework of sustainable supply chain management: moving towards new theory, in: International Journal of Physical Distribution & Logistics Management, Vol. 38 No. 5, S. 360–387.

Chopra, S., Meindl, P. (2016): Supply Chain Management, 6th edition, Boston.

Corsten, H. (2004): Produktionswirtschaft, 10. Auflage, München/Wien.

Corsten, H., Gössinger, R. (2008): Einführung in das Supply Chain Management, 2. Auflage, München.

Corsten, H., Roth, S. (2012): Nachhaltigkeit als integriertes Konzept, in: Corsten, H., Roth, S. (Hrsg.): Nachhaltigkeit – Unternehmerisches Handeln in globaler Verantwortung, Wiesbaden 2012, S. 1–13.

Doppler, K., Lauterburg, C. (2008): Change Management: Den Unternehmenswandel gestalten, 12. Auflage, Frankfurt/New York.

Fisher, M. L. (1997): What is the right Supply Chain for your product?, Harvard Business Review, Boston, S. 105–116.

Forrester, J.W. (1958): Industrial dynamics: a major breakthrough for decision makers, Harvard Business Review, Vol. 36, No. 4, S. 37–66.

Grün, O. (1994): Industrielle Materialwirtschaft, in Schweitzer, M. (Hrsg.): Industriebetriebslehre, 2. Auflage, München, S. 449–568.

Gutenberg, E. (1973): Grundlagen der Betriebswirtschaftslehre, Band 1, 20. Auflage, Berlin, Heidelberg, New York.

Hammer, M., Champy, J. (1993): Reengineering the Corporation: A Manifesto for Business Revolution, New York.

Hesse, H. (2003): Ökonomen Lexikon, Düsseldorf.

Hesse, J., Neu, M., Theuner, G. (2007): Marketing-Grundlagen, 2. Auflage, Berlin.

Krüger, W., Petry, T. (2005): Change Management, in: wisu – Das Wirtschaftsstudium, 34. Jg., S. 758-760

Küpper, H.-U., Weber, J. (1995): Grundlagen des Controlling, Stuttgart.

Lauer, T. (2014): Change Management, Berlin/Heidelberg.

Lechner, K., Egger, A., Schauer, R. (2005): Einführung in die allgemeine Betriebswirtschaftslehre, 22. Auflage, Wien.

Melzer-Ridinger, R. (2007): Supply Chain Management, München.

Porter, M. E. (1985): Competitive Advantage: Creating and Sustaining superior Performance, Free Press, New York.

Probst, J. (2004): Kennzahlen leicht gemacht, Frankfurt.

Rat der europäischen Kommission (2006): Die erneuerte EU-Strategie für nachhaltige Entwicklung (DOC 10917/06), Brüssel.

Schmalen, H. (2003): Grundlagen und Probleme der Betriebswirtschaft, Köln.

Schmelzer, H. J., Sesselmann, W. (2010): Geschäftsprozessmanagement in der Praxis, 7. Auflage, München.

Smith, A. (2005): Untersuchung über Wesen und Ursache des Reichtums der Völker, aus dem Englischen (The Wealth of Nations) übersetzt von Streissler, M., Basel u.a.

Steinle, C., Eggers, B., Ahlers, F. (2008): Change Management – Wandlungsprozesse erfolgreich planen und umsetzen, München und Mering.

Stölzle, W., Halsband, E. (2005): Das Supply Chain Operations Reference (SCOR)-Modell, in: Controlling, Heft 8/9, S. 541–543.

Straube, F., Borkowski, S., Nagel, A. (2009): Ökologisch nachhaltige Logistik – Ansätze zur Konzeption und Bewertung, in: Reimer, M./Fiege, S.: Perspektiven des strategischen Controllings, Wiesbaden 2009.

Thommen, J. P., Achleitner, A.-K., Gilbert, D. U., Hachmeister, D., Kaiser, G.: Allgemeine Betriebswirtschaftslehre, 8. Auflage, Wiesbaden.

Weber, J. (1996): Zur Bildung und Strukturierung spezieller Betriebswirtschaftslehren, in: Die Betriebswirtschaftslehre, 56. Jg., Nr. 1, S. 63–84.

Weber, J., Schäffer, U. (2006): Einführung in das Controlling, 11. Auflage, Stuttgart.

Winkler, H. et al. (2007): Entwicklung eines Performance- und Risikomanagement-Konzeptes für nachhaltige Supply Chain Netzwerke, Wien.

Wissenschaftliche Dienste des Deutschen Bundestages (2004): Nachhaltigkeit – Der aktuelle Begriff 06/2004.

Womack, J. P., Jones, D. T., Roos, D. (1990): The machine that changed the world, New York.

Womack, J. P., Jones, D. T. (2004): Lean Thinking, aus dem Englischen übersetzt von Meyer, H.-P., Bühler, M., Frankfurt.

Zäpfel, G. (2001): Grundzüge des Produktions- und Logistikmanagements, München.

Zäpfel, G., Piekarz, B. (1996): Supply Chain Controlling, Wien.

Zelewski, S. (2008): in Corsten, H., Reiß, M. (Hrsg.); Betriebswirtschaftslehre, Band 1, 4. Auflage, München.

Internetquellen:

Kuehne + Nagel Group – Annual Report (2017):
https://2017-annual-report.kuehne-nagel.com/home/

Research Institute for Managing Sustainability (2008): *http://www.sustainability.at*

TEIL II

Beschaffung

Oskar Grün
Jean-Claude Brunner

Die Beschaffung zählt zu den Kernfunktionen des Unternehmens. Sie ist der Produktion vorgelagert. Wegen der überragenden Bedeutung der Beschaffung gilt für den Handel der Slogan „Im Einkauf liegt der Gewinn“. Im Zuge der Erhöhung des Fremdbezuges hat die Beschaffung auch in anderen Branchen, u.a. in der Automobilindustrie, stark an Bedeutung gewonnen, wie die beiden folgenden Zitate belegen: „Bei uns hat die Beschaffung eine Schlüsselfunktion, die wesentlich dazu beiträgt, die Unternehmensziele zu erreichen.“ „Die richtigen Beschaffungsentscheidungen zu treffen, wird immer wichtiger für den Unternehmenserfolg.“

Der Teil *Beschaffung* umfasst die Kapitel 7 bis 13. Im Kapitel 7 werden nach der Definition und der Abgrenzung der Beschaffung deren Objekte, Prozesse, Institutionen, Ziele und Effizienzpotenzial sowie deren aktuelle Trends erläutert. Das Kapitel 8 behandelt die Grundbegriffe und die vorbereitenden Maßnahmen sowie die Methoden der Bedarfsermittlung (programmorientierte, verbrauchsorientierte und Schätzverfahren). Im Kapitel 9 wird die Beschaffungsmarktforschung dargestellt. Das Kapitel 10 beschäftigt sich mit der Bedeutung, den Varianten, den Anlässen, den Kriterien und den Instrumenten der Entscheidung über Make or Buy. Die Grundbegriffe und Prozesse der Bestellung, die Bestellmengenentscheidung und die Bestellpolitiken finden sich im Kapitel 11. Kapitel 12 geht auf die Lieferantenauswahl, die Kriterien und Instrumente der Lieferantenbewertung sowie die Lieferantenpolitik und die Lieferantenentwicklung ein. Abschließend führt Kapitel 13 in die Beschaffungspolitik und in das Beschaffungscontrolling ein. Die logistischen Aspekte der Beschaffung, insbesondere die physische Bereitstellung des Materials, werden in Teil IV *Logistik* abgehandelt.

Sie lernen:

- **Den Beschaffungsbereich anhand seiner Funktionen und Objekte von anderen Unternehmensbereichen abzugrenzen und die Trends der Beschaffung zu erkennen**
- **Den Zusammenhang von Bedarfsermittlung, Beschaffungsmarktforschung, Entscheidungen über Make or Buy, Lieferantenmanagement und Bestellung zu verstehen**
- **Die ABC-Analyse sowie Verfahren zur programm- und verbrauchsorientierten Bedarfsermittlung einzusetzen**
- **Die Unterschiede und den Zusammenhang zwischen Marktbeobachtung und Marktanalyse aufzuzeigen**
- **Eine Make or Buy-Entscheidung mithilfe der Kostenvergleichsrechnung und der Nutzwertanalyse (Punktbewertung) zu treffen**
- **Trends bei der Auswahl der Lieferanten zu erkennen und deren Konsequenzen für die Lieferantenbeziehungen darzulegen**
- **Lieferantenpolitiken in Abhängigkeit vom Beschaffungsrisiko und vom Einfluss auf das Betriebsergebnis zu unterscheiden**
- **Die Bestellung in Prozesse zu gliedern und das Grundmodell zur Ermittlung der optimalen Bestellmenge grafisch und mithilfe einer Formel anzuwenden**
- **Die Bedeutung des Beschaffungscontrolling und seine wichtigsten Instrumente zu erkennen**

Das Aufgabenfeld der Beschaffung

7

ÜBERBLICK

Die Beschaffung zählt wie die Produktion, der Absatz und die Logistik zu den Kernfunktionen des Unternehmens. Dementsprechend früh und intensiv hat die Betriebswirtschaftslehre das Thema „Beschaffung" behandelt.

Die Beschaffung ist Teil des betrieblichen **Transformationsprozesses** mit seinen drei Ebenen: Die beschaffungsrelevanten Aspekte der **Güterebene** (Realgütertransformation, z.B. Anlieferungen und innerbetriebliche Transporte) werden in *Teil IV* behandelt. Auf der **Finanzebene** (Nominalgütertransformation) werden die durch die Beschaffung verursachten finanziellen Prozesse abgebildet, gegenläufig zum Realgüterstrom (das Geld fließt vom Abnehmer zum Lieferanten). Die Mehrzahl der Beschaffungsprozesse (von der Bedarfsermittlung bis zum Beschaffungscontrolling) ist der **dispositiven Ebene** zuzurechnen.

Das Kapitel *Aufgabenfeld* dient der Einführung und beschäftigt sich mit Definitionen (*Abschnitt 7.1*), Prozessen (*Abschnitt 7.2*), Zielen (*Abschnitt 7.3*) und Trends (*Abschnitt 7.4*).

7.1 Definitionen und Abgrenzung

Definition

Unter **Beschaffung im weiteren Sinn** versteht man alle Maßnahmen zur Versorgung des Unternehmens mit jenen Produktionsfaktoren, die nicht selbst erstellt werden.

Objekte der Beschaffung sind das Material (Roh-, Hilfs- und Betriebsstoffe, Zulieferteile), Handelswaren, Ersatzteile, Dienstleistungen, Betriebsmittel (Anlagen), Personal, Informationen und Kapital.

- **Rohstoffe** gehen mit hohen Mengen- bzw. Wertanteilen in das Endprodukt ein (z.B. Mehl bei Backwaren, Holz bei Möbeln, Stahlbleche bei Automobilen). Rohstoffe sind aus der Erzeugnisgliederung (Stückliste, vgl. *Abschnitt 8.2*) bzw. aus Rezepturen (wie bei Backwaren) zu ersehen.
- **Hilfsstoffe** gehen ebenfalls in das Produkt ein, allerdings mit geringeren Mengen- bzw. Wertanteilen (z.B. Gewürze bei Backwaren, Leim und Farbe bei Möbeln, Schrauben und Schweißmaterial bei Automobilen). Auch die Hilfsstoffe sind in den Stücklisten bzw. Rezepturen aufgeführt.
- **Betriebsstoffe** gehen nicht in das Endprodukt ein. Sie sind für die Nutzung der Betriebsmittel erforderlich und dienen somit der Aufrechterhaltung des Produktionsprozesses (z.B. Schmierstoffe und Energie für Mischanlagen, Sägen oder Pressen).
- **Zulieferteile** gehen als Komponenten in das Endprodukt ein (Matratzen in Betten, Sitze in Kraftfahrzeugen). Zulieferteile sind wie Roh- und Hilfsstoffe in den Stücklisten aufgeführt.
- **Handelswaren** dienen der Ergänzung und Erweiterung der eigenen Produkt(ions)-Palette (z.B. Getränke, um das Sortiment der Backwaren zu ergänzen). Sie werden nicht (allenfalls geringfügig) bearbeitet, d.h. direkt nach der Beschaffung in das Fertigwarenlager überstellt.

- **Ersatzteile** sind erforderlich, weil die Betriebsmittel (Anlagen) im Zuge ihrer Nutzung verschleißen bzw. beschädigt werden. Ihr Einsatz erfolgt anlässlich der Instandhaltung oder des Umbaus der Betriebsmittel. Ihr Bedarf wird anhand der Konstruktionspläne der Betriebsmittel unter Berücksichtigung der Instandhaltungsintervalle ermittelt.
- **Dienstleistungen** sind immaterielle Güter (z.B. Transportleistungen oder Leistungen des Facility Management/Gebäudeservice wie Reinigung, Wachdienst). Im Zuge des Trends zum Outsourcing (siehe *Abschnitt 7.4* und Fallstudie *Kühne + Nagel*) nimmt die Bedeutung des Dienstleistungseinkaufs ständig zu.
- **Betriebsmittel** (Anlagen) sind Maschinen und Einrichtungen zur Erstellung betrieblicher Leistungen (z.B. Backofen, Fräsmaschinen, Stapler, Förderbänder). Die Beschaffung von Maschinen und Einrichtungen dient dem Ersatz alter Anlagen (Ersatzinvestition), der Vergrößerung der Fertigungskapazität (Erweiterungsinvestition) oder der Kostensenkung (Rationalisierungsinvestition).
- **Personal** (Human Resources) wird im Wege der internen bzw. externen Rekrutierung beschafft, wobei man insbesondere nach den Qualifikationen differenziert (Fachkräfte vs. ungelernt/angelernt/Auszubildende; Generalisten vs. Spezialisten etc.).
- **Informationen** sind zweckbezogenes Wissen. Mitarbeiter aller Unternehmensbereiche und Hierarchiestufen benötigen diese als Entscheidungsgrundlage. Im Einzelnen handelt es sich um Informationen über Produkte, Kunden, Märkte (Mitbewerber) und Verfahren. Sie werden teils intern generiert (z.B. durch Beobachtung des Kundenverhaltens), teils extern beschafft (z.B. von Auskunftsbüros, Marktforschungsinstituten). Mit der Einführung des Wissensmanagements (Knowledge Management) haben die Gewinnung, Verteilung und Nutzung des Wissens stark an Bedeutung gewonnen.
- **Kapital** (finanzielle Mittel) ist erforderlich, um die Produktionsfaktoren zu beschaffen und zu nutzen (Investitionen in Material/Dienstleistungen, Betriebsmittel, Personal, Informationen). Kapitalgeber sind die Eigentümer des Unternehmens, die Lieferanten, die Banken und andere Finanzdienstleister wie Investmentgesellschaften und Versicherungen sowie die öffentliche Hand (z.B. als Subventionsgeber).

Roh-, Hilfs- und Betriebsstoffe sowie Zulieferteile fassen wir unter dem Begriff „Material“ zusammen. Es handelt sich dabei ebenso wie bei den Handelswaren, den Ersatzteilen und den Dienstleistungen um sog. **Repetierfaktoren**, im Unterschied zu Betriebsmitteln und Personal, die als **Potenzialfaktoren** bezeichnet werden (vgl. *Abschnitt 3.2*).

Die Beschaffung der Produktionsfaktoren unterscheidet sich hinsichtlich des Mengenvolumens, des Wertvolumens, der Beschaffungsprozesse und der Qualifikation der Prozessbeteiligten sowie der Folge- und Begleitprozesse. Dies soll am Beispiel der Beschaffung von Material und Betriebsmitteln beim Backwarenhersteller „Der Mann“ gezeigt werden.

	Material	Betriebsmittel
Mengenvolumen/Periode	500 t Mehl/Monat 27 t Eier/Monat 20 t Butter/Monat 21 t Zucker/Monat	Erweiterung des Filialnetzes um drei bis fünf Filialen pro Jahr, weitere fünf Filialen werden pro Jahr generalsaniert
Wertvolumen/Periode	Wareneinsatz ca. 15 Mio. €	Investitionen in Sachanlagen ca. 4 Mio. €
Beschaffungsprozess/Qualifikation	Routinemäßig, programmierbar, z.T. EDV-gestützt	Diskontinuierlich, vielfach komplexer Entscheidungsprozess, an dem Bedarfsträger, Beschaffungsspezialisten, Lieferanten, Berater und Unternehmensleitung mitwirken
Folge-/Begleitprozesse	Anlieferung, Bereitstellung, Lagerung, Entsorgung	Sondertransport, Errichtung, Wartung, Stilllegung, Abbau, Entsorgung

Tabelle 7.1: Vergleich der Beschaffung von Material und Betriebsmitteln

Wegen dieser Unterschiede ist es zweckmäßig, die Beschaffungskompetenz auf verschiedene Organisationseinheiten mit jeweils objektspezifischem Know-how zu übertragen. So wird die Beschaffung von Einrichtungen und Maschinen von eigenen Beschaffungsstellen (technischer Einkauf, Anlagenwirtschaft) besorgt. Bei der Beschaffung von Personal arbeiten die Personalabteilung und das jeweilige Linienmanagement zusammen. Die Personalabteilung beobachtet den Arbeitsmarkt, selektiert die BewerberInnen vor und erledigt die Einstellungsformalitäten. Das betroffene Linienmanagement definiert die Arbeitsanforderungen und trifft die Letztentscheidung über die Einstellung. Informationen werden sowohl von den Entscheidungsträgern selbst als auch von Spezialisten der internen Informationswirtschaft beschafft. Auch die Beschaffung von Kapital erfordert Spezialkenntnisse und obliegt deshalb der Finanzwirtschaft.

Wie aus ▶ *Tabelle 7.1* ersichtlich, wirken an der Beschaffung gewöhnlich mehrere (zum Teil auch externe) Institutionen mit, die gemeinsam ein **Buying-Center** bilden. Man spricht in diesem Zusammenhang von Organizational Buying (vgl. dazu den Klassiker von Webster/Wind 1972).

Die Spezialisierung auf Beschaffungsobjekte hat sich auch in der Betriebswirtschaftslehre durchgesetzt, wie die folgende Tabelle zeigt:

Beschaffungsobjekt	Betriebswirtschaftliches Fach
Material, Handelswaren, Ersatzteile, Dienstleistungen	Materialwirtschaft, Logistik
Betriebsmittel	Produktionsmanagement, Industriebetriebslehre
Personal	Personalwesen
Informationen	Informationswirtschaft
Kapital	Finanzwesen

Tabelle 7.2: Zuordnung der Beschaffungsobjekte zu betriebswirtschaftlichen Fächern

Da hier nicht der Raum ist, alle Beschaffungsobjekte abzuhandeln, konzentrieren wir uns im Folgenden auf die Objekte Material, Handelswaren, Ersatzteile sowie Dienstleistungen und verwenden deshalb einen enger gefassten Beschaffungsbegriff:

> **Definition**
>
> **Beschaffung im engeren Sinn** umfasst alle Maßnahmen zur Versorgung des Unternehmens mit Material (Roh-, Hilfs- und Betriebsstoffe, Zulieferteile), Handelswaren, Ersatzteilen und Dienstleistungen.

Die Begriffe Beschaffung und Einkauf werden hier synonym verwendet. In einer engeren Begriffsfassung bezeichnet „Einkauf" nur operative Tätigkeiten der Beschaffung oder die vertraglichen Aspekte zwischen Abnehmern und Lieferanten.

7.2 Prozesse und Institutionen

Die Beschaffung wird in der folgenden Abbildung als Bündel unterschiedlicher Prozesse dargestellt, an denen mehrere interne und externe Institutionen auf unterschiedlichen Transformationsebenen beteiligt sind. Die Beschaffungslogistik wird im *Abschnitt 19.1* behandelt.

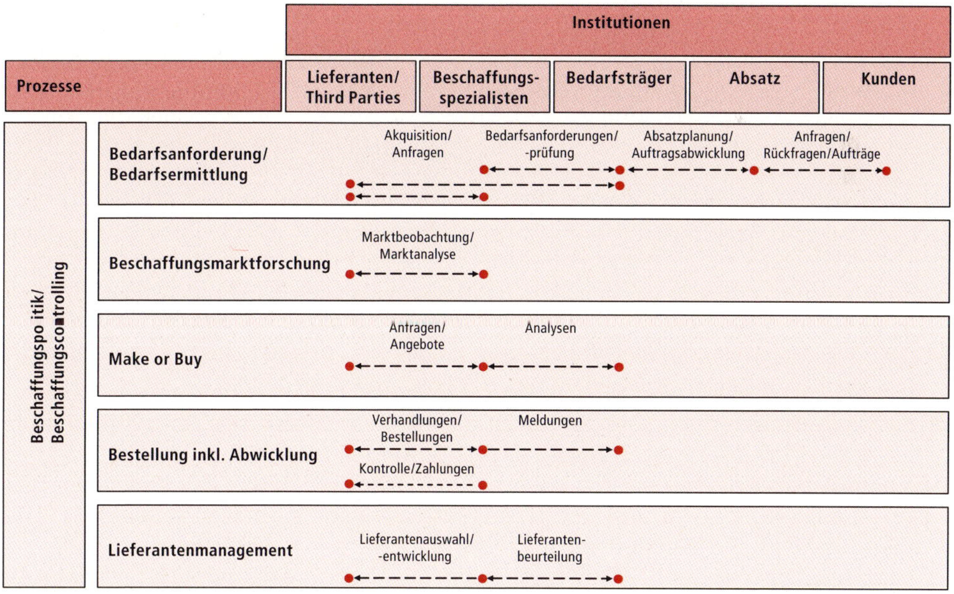

Abbildung 7.1: Beschaffungsprozesse

Wir unterscheiden sieben verschiedene Beschaffungsprozesse:

- **Bedarfsanforderung/-ermittlung**, d.h. die Auslösung des Beschaffungsprozesses durch die Anforderungen der Bedarfsträger (Produktion bzw. Absatz) und die Feststellung des Bedarfs hinsichtlich Art und Qualität (sog. Bedarfssortiment), Menge,

Zeitpunkt und Ort. Die Anforderungen der Bedarfsträger basieren ihrerseits auf der Kundennachfrage (vgl. *Kapitel 8*).

- **Beschaffungsmarktforschung**, d.h. die Sammlung, Analyse, Aufbereitung und Weiterleitung von Marktinformationen für Beschaffungsentscheidungen (vgl. *Kapitel 9*).
- **Make-or-Buy-Entscheidungen**, d.h. Entscheidungen über Eigenerstellung oder Fremdbezug unter Berücksichtigung der jeweiligen Kernkompetenzen, der Kosten, der Bedarfscharakteristika, der Produktionskapazität des Abnehmers, des Lieferangebots und des Kapitalbedarfs (vgl. *Kapitel 10*).
- **Bestellung inkl. Bestellabwicklung**, d.h. die Ermittlung von Bestellmengen und -zeitpunkten, -vereinbarung der Lieferbedingungen, Bestellüberwachung, Wareneingangskontrolle, Rechnungsprüfung und -erledigung (vgl. *Kapitel 11*).
- **Lieferantenmanagement** (Supplier Relationship Management, SRM), d.h. die Bestimmung des Lieferantenkreises, Auswahl, Beurteilung und Entwicklung der Lieferanten nach Maßgabe der Lieferantenpolitik (vgl. *Kapitel 12*).
- **Beschaffungspolitik**, d.h. die Formulierung von Zielen, Grundsätzen und Programmen für die Beschaffung unter Berücksichtigung der übergeordneten Unternehmenspolitik (vgl. *Abschnitt 13.1*).
- **Beschaffungscontrolling,** d.h. die Unterstützung des Managements durch Mitwirkung an der Formulierung der Beschaffungsziele und -strategien, Entwicklung von Instrumenten zur Steuerung der Beschaffungsprozesse, Überwachung der Zielerreichung und Einleitung von Korrekturmaßnahmen (vgl. *Abschnitt 13.2*).

Die an den Beschaffungsprozessen beteiligten **Institutionen** sind die Bedarfsträger, die Kunden, der Absatz, die Lieferanten/Third Parties und die Beschaffungsspezialisten.

- Als **Bedarfsträger** bezeichnet man alle betrieblichen Stellen/Bereiche, die Güter/Dienstleistungen verbrauchen (interne Kunden). In Industriebetrieben ist der Produktionsbereich der dominierende Bedarfsträger, im Handel ist es der Absatz. Die Bedarfsträger lösen durch ihre Bedarfsanforderungen den Beschaffungsprozess aus. Sie wirken auch an der Entscheidung über Make or Buy und am Lieferantenmanagement mit und erhalten von den Beschaffungsspezialisten Meldungen über die getätigten Bestellungen. Im Fall der **Just-in-Time-** (produktionssynchronen) Beschaffung löst der Materialverbrauch durch die Bedarfsträger eine (meist automatisierte) Bedarfsanforderung an die Lieferanten aus (vgl. *Abschnitt 18.1.2*).
- Bei der Auftragsfertigung ist der **Kunde** der Prozessauslöser. Die Produktion und in weiterer Folge die Beschaffungsspezialisten werden in der Regel erst aktiv, wenn ein konkreter Auftrag eines Kunden vorliegt, z.B. der Auftrag zur Lieferung einer Spezialmaschine. Dem Auftrag gehen üblicherweise Anfragen seitens der und Rückfragen an die Kunden voraus. Man spricht hier von **Einzelbeschaffung im Bedarfsfall**, wobei die Beschaffungsobjekte nicht oder nur kurzfristig gelagert werden, ehe sie von den Bedarfsträgern eingesetzt werden (vgl. *Abschnitt 15.1*).
- Der **Absatz** ist das Bindeglied zwischen den (externen) Kunden und den unternehmensinternen Stellen. Die MitarbeiterInnen des Absatzes beraten die Kunden und beeinflussen damit deren Nachfrage. Ihnen obliegen auch die Auftragsannahme und wesentliche Teile der Auftragsabwicklung.

- **Lieferanten** werden eingeschaltet, wenn sich ein Unternehmen gegen die Eigenerstellung (Make) und für den Fremdbezug (Buy) entscheidet. Sie sind die Adressaten der Bestellungen und wirken an der Bestellabwicklung mit. Die Lieferanten versuchen, die Beschaffungsspezialisten und die Bedarfsträger durch ihre absatzpolitischen Instrumente bei der Bedarfsermittlung in ihrem Sinne zu beeinflussen. Die Beschaffungsspezialisten nehmen ihrerseits auf dem Wege des Lieferantenmanagements Einfluss auf das Verhalten der Lieferanten. Bei den sog. **Third Parties** handelt es sich in der Regel um spezialisierte Dienstleister wie Logistikunternehmen, die im Auftrag der Lieferanten oder der Abnehmer z.B. Transport- oder Lagerdienste leisten. Kühne + Nagel ist eine Third Party für den Hersteller von Druckern (vgl. Fallstudie *Kühne + Nagel*).

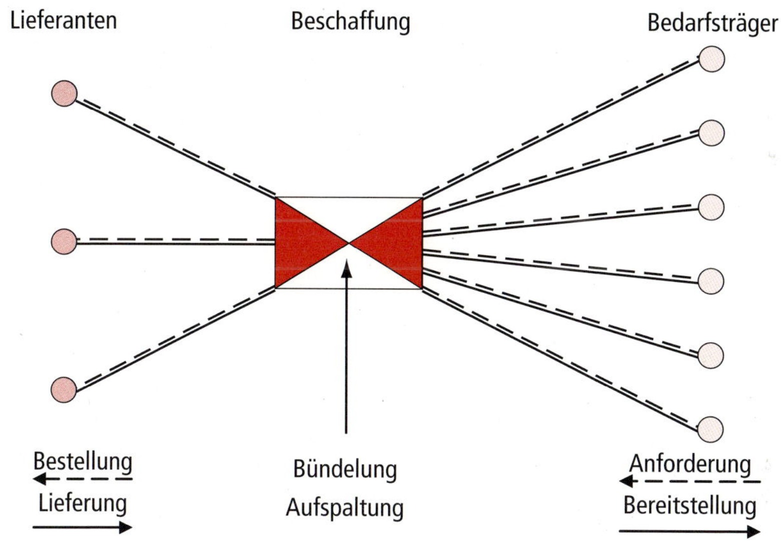

Abbildung 7.2: Beschaffungsspezialisten als Grenzsystem

- Die **Beschaffungsspezialisten** (eine oder mehrere Stellen) sind als Grenzsystem an der Schnittstelle zwischen dem Unternehmen und dem Beschaffungsmarkt angesiedelt und maßgeblich an allen Beschaffungsprozessen beteiligt: Prüfung der Bedarfsanforderungen; Beschaffungsmarktforschung sowie Entscheidungen über Make or Buy; Anfragen an die und Verhandlungen mit den Lieferanten; Bestellungen; Auswahl, Beurteilung und Entwicklung der Lieferanten. Wie aus ▶ *Abbildung 7.2* ersichtlich, bündeln sie die Anforderungen der Bedarfsträger zu Bestellungen bei den Lieferanten. Deren Lieferungen werden den Bedarfsträgern avisiert (Meldungen) und entsprechend den Anforderungen auf die einzelnen Bedarfsträger aufgeteilt.

  Man unterscheidet zwischen **zentraler** und **dezentraler Beschaffung**. Zentral bedeutet, dass die Bedarfsdeckung durch die Beschaffungsspezialisten erfolgt. Dezentral bedeutet, dass die jeweiligen Bedarfsträger ihren Bedarf selbst decken. Für die Zentralisierung der Beschaffung sprechen vor allem die Stärkung der Verhandlungsposition gegenüber den Lieferanten und günstigere Einkaufspreise. Gegen die Zentralisierung sprechen die Gefahr der Bürokratisierung sowie damit verbundene Verzögerungen der Beschaffungsprozesse. Richtlinien regeln die Zuständigkeiten für bestimmte Beschaffungsvorgänge und schreiben z.B. zwingend vor, ab einem bestimmten Mengen- oder Wertvolumen oder für bestimmte Materialarten die zentralen Beschaffungsspezialisten (Zentraleinkauf) einzuschalten. Die **interne Gliederung** der Beschaffungsspezialisten erfolgt üblicherweise nach Funktionen (z.B. Marktforschung, Bestellwesen und Rechnungserledigung), nach Objekten (z.B. Materialarten) oder nach Bedarfsträgern (z.B. Werken).

7.3 Ziele und Erfolgspotenzial

Ziel der Beschaffung ist die Versorgung der Bedarfsträger

■ mit den richtigen Gütern und Dienstleistungen ■ in der richtigen Art, Menge und Qualität ■ zur richtigen Zeit ■ am richtigen Ort	} Sachziel
■ zu möglichst geringen Kosten	} Formalziel
■ unter Bedachtnahme auf Mitarbeiterinteressen	} Sozialziel
■ und Umweltbelange/Nachhaltigkeit	} Umweltziel

In Analogie zur finanziellen Liquidität soll das **Sachziel** der Beschaffung die „materielle Liquidität“ sicherstellen, es geht also um die **Versorgungssicherheit**. Wie anspruchsvoll dieses Ziel ist, kann am Beispiel der Automobilindustrie gezeigt werden. Für einen Mittelklasse-Pkw werden mehr als 4.000 Teile benötigt und ein Pkw-Hersteller hat mehrere Tausend Zulieferer und Dienstleister.

Das **Formalziel** dient der **Versorgungswirtschaftlichkeit**. In materialintensiven Betrieben wie der Automobilindustrie entfallen auf den Materialaufwand ca. 75% des Gesamtaufwands. Je höher der Fremdbezugsanteil (je geringer also die Fertigungstiefe), desto stärker schlagen Veränderungen der Versorgungswirtschaftlichkeit (z.B. bedingt durch gestiegene Rohstoffpreise) auf das Unternehmensergebnis durch.

Bei den **Sozialzielen** gibt es in der Beschaffung keine Besonderheiten, abgesehen von Freisetzungsmaßnahmen im Zusammenhang mit dem Outsourcing (vgl. *Kapitel 10*) und der Beachtung arbeits- und sozialrechtlicher Mindestanforderungen seitens der Lieferanten (vgl. *Abschnitt 12.2*). Die **Umweltziele** (vgl. *Abschnitt 1.3*) gewinnen ständig an Bedeutung und sind deshalb beschaffungsrelevant, weil Art und Menge des Materials die Umweltbelastung im Zuge der Produktion und der Wiederverwendung (Recycling) bzw. Entsorgung maßgeblich beeinflussen.

Bei der Beschaffung treten **Zielkonflikte** auf. Ein klassischer Zielkonflikt liegt vor, wenn einerseits die Bedarfsträger hohe Servicegrade und andererseits das Management Kostensenkungen erwarten. Der **Servicegrad** (Lieferbereitschaft) wird meist in einer Kennziffer als Prozentsatz der erfüllten zu den von den Bedarfsträgern artikulierten Bedarfsanforderungen dargestellt (vgl. *Abschnitt 13.2.3*). Der Servicegrad kann Spitzenwerte knapp unter 100% erreichen. Hohe Servicegrade helfen, Produktionsausfälle zu vermeiden, verursachen jedoch hohe **Kosten,** nämlich Lagerkosten (Kosten der Kapitalbindung in den Beständen) und Dispositionskosten (Kosten für die Ermittlung von Soll-Werten und für die Erfassung von Ist-Werten). Die folgende ▶ *Abbildung 7.3* zeigt den Zusammenhang zwischen Servicegrad (Lieferbereitschaft) und Kosten.

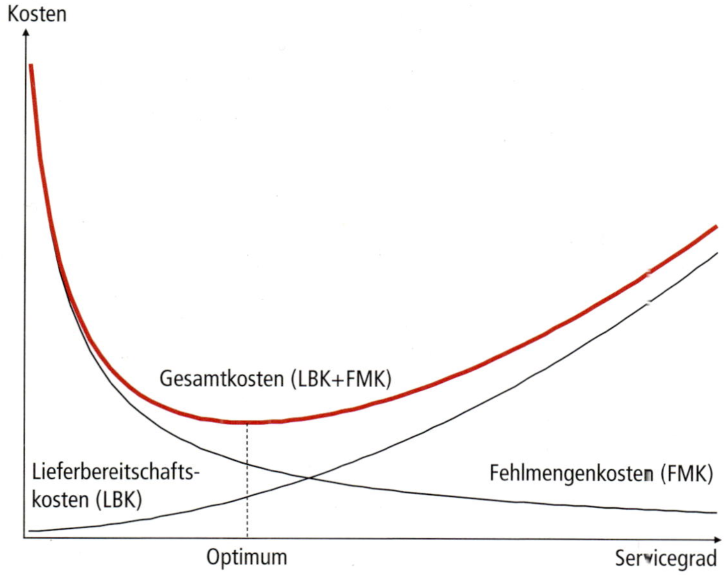

Abbildung 7.3: Zusammenhang von Servicegrad und Kosten

Bei niedrigen Servicegraden fallen zwar nur geringe Lagerhaltungs- und Dispositionskosten (Lieferbereitschaftskosten) an, die Fehlmengenkosten (z.B. Vertragsstrafe wegen Lieferverzögerungen oder Erfolgseinbußen durch entgangene Aufträge) sind jedoch hoch. In der Praxis wird der Zielkonflikt meist dadurch gelöst, dass ein bestimmter Servicegrad fixiert wird, der mit möglichst geringen (vertretbaren) Kosten erreicht werden soll.

Die **Erfolgspotenziale** der Beschaffung hängen vor allem von der Branche, aber auch vom Organisationsgrad der Anbieter ab. Die Erfolgspotenziale sind im Handel am größten und rechtfertigen den eingangs zitierten Slogan „Im Einkauf liegt der Gewinn". Aber auch in anderen Branchen ist bei einem hohen Anteil des Materialaufwands der Einfluss der Versorgungswirtschaftlichkeit auf den Unternehmenserfolg unmittelbar einsichtig. Da bei der Senkung des Materialaufwands in der Regel weniger Restriktionen zu beachten sind als beim Personalaufwand (z.B. Kündigungsfristen, Versetzungsschutz), gilt die Devise „Material sparen ist einfacher als Personal einzusparen". Wie weit das gelingt, hängt entscheidend von der **Marktmacht des Abnehmers** gegenüber den Lieferanten ab. Bei starker Marktmacht kann der Abnehmer den Lieferanten Preise und Konditionen diktieren, bei schwacher Marktmacht sind sie für ihn kaum beeinflussbar. Die Bildung von Kooperationen erhöht die Marktmacht sowohl auf Seiten der Abnehmer als auch der Lieferanten.

Unternehmensintern kommt es vor allem darauf an, die Art und Menge des Materialbedarfs zu beeinflussen. Wirksame Anstrengungen zur Senkung des Materialaufwands setzen auch Eingriffe in das sog. Mengengerüst voraus. Beispielsweise kann durch die Forcierung des Einsatzes von Gleichteilen die Teilevielfalt reduziert werden. Voraussetzung dafür ist ein starkes **Aktionspotenzial** der Beschaffungsspezialisten, das es ihnen dank ihrer hierarchischen Position und ihrer fachlichen Qualifikation erlaubt, die Anforderungen der Bedarfsträger kritisch zu hinterfragen.

Neben der Versorgungswirtschaftlichkeit hat auch die Versorgungssicherheit beachtliches Erfolgspotenzial. Die Sicherung der materiellen Liquidität ist Voraussetzung für die Lieferfähigkeit gegenüber den eigenen Kunden und damit ein wesentlicher Wettbewerbsfaktor. „Betteln um Stahl" war vorübergehend angesagt, um die Produktion der Stahlverarbeiter nicht zu verzögern oder zu gefährden. Ähnliche Versorgungsengpässe waren bei anderen Rohstoffen (z.B. Silizium), bei elektronischen Bauteilen (bestimmte Chips) oder bei Zulieferteilen (z.B. Dieselfilter) zu beobachten.

7.4 Trends

In der Beschaffung zeichnen sich folgende bedeutsame Trends ab, die sich zum Teil gegenseitig verstärken:

Erhöhung des Zukaufanteils (Outsourcing). Outsourcing zählt zu den prominentesten Managementkonzepten der Gegenwart. Vorreiter dieses Trends ist die Automobilindustrie. Dort hat sich die Erhöhung des Zukaufanteils als bedeutsamer Erfolgsfaktor erwiesen. Dementsprechend gewinnt die Zulieferindustrie ständig an Bedeutung und die Hersteller entwickeln sich zu reinen Entwicklungs- und Montagebetrieben. Aufgrund des hohen Anteils zugekaufter Teile und eines weitgehend globalisierten Liefermarkts verlieren Herkunftsbezeichnungen wie „Made in Germany" oder „Made by BMW" zunehmend an Aussagekraft. Apple formuliert korrekt: „Designed by Apple in California, assembled in China". Wenn bei den Lieferanten Probleme hinsichtlich der Qualität und Zuverlässigkeit der Lieferungen auftreten, wie jüngst im Flugzeugbau, erwägen die Hersteller einen Richtungswechsel zu mehr Eigenfertigung, d.h., es kommt zum **Insourcing**.

In steigendem Maße werden im Zuge von Outsourcing auch Dienstleistungen zugekauft. Dies gilt insbesondere für Dienstleistungen der Supportbereiche wie IT-Services, Logistikdienste (Transport und Lagerung) und Facility Management (Reinigungs-, Reparatur- und Bewachungsdienste). Die Erhöhung des Zukaufanteils impliziert eine Steigerung der Bedeutung des **Dienstleistungseinkaufs** (vgl. auch *Kapitel 10*).

Lange Zeit war man bemüht, die Liefermengen auf mehrere/viele Lieferanten aufzuteilen, um günstigere Beschaffungspreise zu erzielen und besser gegen Lieferstörungen gewappnet zu sein. Aus Risikoüberlegungen und mangels Kenntnis von Alternativen bevorzugte man regionale oder nationale Lieferantenbeziehungen. Heute ist man in vielen Branchen von dieser Lieferantenstrategie abgerückt (vgl. auch *Abschnitt 12.1*) und tendiert zum **Single Sourcing** und zum **Global Sourcing.** Das bedeutet, große Beschaffungsvolumina mit wenigen (im Extremfall einem) Lieferanten abzuwickeln, diese jedoch weltweit auszuwählen.

Neben den markt- oder lieferantenseitigen Anstrengungen zur Senkung des Materialaufwands gibt es auch eine wirksame innerbetriebliche Maßnahme, nämlich die **Verkleinerung des Materialsortiments**. Mit dem sog. Baukastensystem kann aus einer vergleichsweise geringen Zahl von Bauteilen eine Vielfalt von Varianten erstellt werden. Eine ähnliche Maßnahme ist die von der Automobilindustrie erfolgreich praktizierte Plattformstrategie, d.h. die Verwendung derselben Plattform für verschiedene Fahrzeugmodelle. Auch die **Modularisierung** bewirkt eine Verkleinerung des Materialsortiments, weil anstelle von Einzelteilen (z.B. Griffe) zunehmend Komponenten (z.B. Seitenteile) und Systeme/Module (z.B. Autotüren) beschafft werden (vgl. *Abschnitt 12.1.1*).

Auch das Verhältnis zwischen Abnehmern und Lieferanten hat sich gewandelt. Die Abnehmer bemühen sich zunehmend um den **Aufbau partnerschaftlicher Lieferantenbeziehungen**, insbesondere zu den sog. Schlüssel-Lieferanten, denen wichtige Funktionen (z.B. Entwicklungsaufgaben) übertragen und mit denen oft langfristige Vereinbarungen getroffen werden (vgl. *Abschnitt 12.1.4*). Das gilt allerdings nicht in Krisenzeiten, wo die Abnehmer die angestrebten Kostensenkungen häufig mit rigorosen Forderungen gegenüber den Lieferanten durchsetzen. In diesem Zusammenhang ist zu berücksichtigen, dass im Zuge des Aufbaus logistischer Ketten (Supply Chains) die traditionelle Abnehmer-Lieferanten-Beziehung durch ein Geflecht von Beziehungen mit einer Mehrzahl von Wertschöpfungspartnern ersetzt wird (vgl. *Kapitel 21*). Die Absatzkrise in der Automobilindustrie (im Jahr 2008) hatte tiefgreifende Auswirkungen auf die Zulieferer und deren Vorlieferanten. Ähnliches galt für den Flugzeugbau, wo die rückläufige Nachfrage nach neuem Fluggerät in Verbindung mit dessen verspäteter Entwicklung und Fertigung zu massiven Umsatzeinbrüchen und zum Kapazitätsabbau bei den Zulieferern geführt hat.

Unter dem Begriff **„E-Procurement"** (elektronische Beschaffung) werden vielfältige Nutzungen moderner elektronischer Medien für die Beschaffung zusammengefasst. Zunehmend verbreitet sind standardisierte Datenformate (Electronic Data Interchange, EDI) zur Vermeidung von Medienbrüchen oder Doppelerfassungen, IT-basierte Bestellwerkzeuge (Self Service Procurement oder Desktop Purchasing mit elektronischen Katalogen, vor allem für C-Teile), elektronische Ausschreibungen und Auktionen sowie Online-Verhandlungen mit den Lieferanten. Je nachdem, wer das IT-System betreibt und die Systemdetails vorgibt, spricht man von buy-side-Lösungen (abnehmerseitig), sell-side-Lösungen (lieferantenseitig) oder von Marktplatzsystemen (sog. many-to-many-Lösungen), die einer Vielzahl von Lieferanten und Abnehmern den Zugang eröffnen. Große Aufmerksamkeit hat die Internetplattform führender Automobilhersteller gefunden (Covisint), welche die Einkaufsmacht bündeln und die Ansprache eines großen Lieferantenkreises erleichtern sollte. Die beteiligten Automobilhersteller erwarteten sich davon eine höhere Transparenz des Lieferangebots, eine Beschleunigung der Bestellprozesse und eine Senkung des Materialaufwands (vgl. *Abschnitt 12.1.2*). E-Procurement senkt die Prozesskosten und verkürzt die Durchlaufzeiten erheblich, was angesichts der Ausbreitung von Supply Chains von zunehmender Bedeutung ist. Obwohl E-Procurement also eine wesentliche operative Entlastung bewirkt und Freiräume für die strategischen Aufgaben schafft, wird es derzeit nur in Großbetrieben intensiv genutzt.

Ein weiterer markanter Trend ist das Streben nach **Nachhaltigkeit**. Nachhaltigkeit in der Beschaffung bedeutet, dass neben ökonomischen Zielen (Versorgungssicherheit und Versorgungswirtschaftlichkeit) auch ökologische (Umwelt-) Ziele und Sozialziele (Verzicht auf Kinderarbeit, Brandschutzvorkehrungen in den Produktionsstätten) verfolgt werden (vgl. *Abschnitt 1.3*).

Der Trend zur nachhaltigen Beschaffung ist in allen Wirtschaftsbereichen zu beobachten, er ist im Handel jedoch besonders bedeutsam, weil er sich dort unmittelbar auf den Absatzbereich auswirkt. Ein im deutschsprachigen Raum führender Einzelhändler für Lebensmittel und andere Güter des täglichen Bedarfs verfolgt im Rahmen eines langfristigen Projekts ehrgeizige Ziele wie die Umstellung des Sortiments auf Bio-Produkte, die Konzentration der Lieferquellen auf zertifizierte bzw. regionale (bei Frischwaren) Lieferanten, die Vermeidung umweltschädlicher Inhaltsstoffe, die Nutzung umweltfreundlicher Transportsysteme und Verpackungen sowie die Vermeidung von

Abfall. Darüber hinaus wird das CO_2-neutrale Betreiben des weitgespannten und dichten Filialnetzes angestrebt. Das ökonomische Ziel, im Wettbewerb um ein preisgünstiges Angebot führend zu bleiben, wird dabei nicht vernachlässigt.

Im Zuge der Ausbreitung von **Industrie 4.0 (Internet of Things)** werden unter dem Stichwort „Beschaffung 4.0" auch für den hier behandelten Bereich z.T. tief greifende Veränderungen erwartet. Die am häufigsten prognostizierte Veränderung betrifft das Verhältnis von operativer und strategischer Beschaffung, d.h. der durch E-Procurement angestoßene Trend verstärkt sich, weil die digitale Vernetzung der Abnehmer mit ihren Lieferanten noch enger wird. Viele der oben beschriebenen Beschaffungsprozesse können digitalisiert werden, insbesondere die Bedarfsermittlung (bei automatisierter Lagerhaltung), die Bestellabwicklung (von der Angebotseinholung bis zur Rechnungserledigung), die laufende Lieferantenbeurteilung sowie Teilaufgaben des Beschaffungscontrollings (z.B. Kennzahlenfortschreibung).

Die fortschreitende Automatisierung der administrativen Beschaffungsprozesse setzt Kapazitäten für die intensivere Beschäftigung mit strategischen Beschaffungsaufgaben frei, insbesondere für Make-or-Buy-Entscheidungen und die vorgelagerte Beschaffungsmarktforschung, für das Lieferantenmanagement zur Stärkung der unternehmungsübergreifenden Supply Chain sowie für die Pflege der Schnittstellen mit den internen Bedarfsträgern und den Kunden (Beschaffung als Treiber der horizontalen Vernetzung). Im Zuge ihrer Marktforschung wird von der Beschaffung auch zunehmend erwartet, sich als „Innovationshorchposten" zu betätigen und dafür zu sorgen, dass die neuesten Technologien erkannt und verfügbar werden. Insgesamt sollten die genannten Veränderungen den Wertbeitrag der Beschaffung erhöhen.

Als Folge der beschriebenen Tendenzen wird der operative Einkäufer an Bedeutung verlieren, es wird weniger Einkäufer, aber solche mit einem höheren Qualifikationsniveau, geben. Die Prognosen stimmen darin überein, dass der persönliche Kontakt mit den Lieferanten und zu den anderen Partnern in der Supply Chain bedeutsam bleibt. Als neue geforderte Fähigkeiten werden u.a. jene zum Schnittstellenmanager und Berater, zum Datenanalysten und zum Innovationsscout genannt. Der Beschaffungsbereich ist also auch in Zukunft ein herausforderndes und spannendes Tätigkeitsfeld.

ZUSAMMENFASSUNG

Das Aufgabenfeld der Beschaffung ist vielfältig und hängt im Wesentlichen von der Art und Menge der zu beschaffenden Produktionsfaktoren (Objekte) ab. Die Beschaffung beginnt mit der Bedarfsermittlung und endet mit dem Beschaffungscontrolling. An diesen Prozessen wirken interne (insbesondere Bedarfsträger und Beschaffungsspezialisten) sowie externe Institutionen (insbesondere Lieferanten) auf unterschiedlichen Transformationsebenen mit. Die dominanten Beschaffungsziele sind die Versorgungssicherheit und die Versorgungswirtschaftlichkeit, deren Erreichung den Unternehmenserfolg wesentlich beeinflusst.

ZUSAMMENFASSUNG

7.5 Übungsfragen

1. Nennen Sie die Objekte der Beschaffung und geben Sie jeweils ein Beispiel an.
2. Erläutern Sie die Prozesse der Beschaffung.
3. Geben Sie für die folgenden Prozesse die jeweils zutreffende Transformationsebene an.

Transformationsebene / Prozesse	Güterebene	Finanzebene	Dispositive Ebene
Bedarfsermittlung			
Lieferantenbeurteilung			
Anlieferung + Lagerung			
Bereitstellung für Produktion			
Bestandsrechnung + Rechnungsprüfung			
Rechnungserledigung (Bezahlung)			

4. Welche Institutionen sind an den Beschaffungsprozessen beteiligt?
5. Erläutern Sie den Zielkonflikt zwischen Versorgungssicherheit und Versorgungswirtschaftlichkeit.

Lösungen zu den Übungsfragen und weiterführende Materialien finden Sie auf der Website zum Buch unter *www.pearson-studium.de*.

EXTRAS ONLINE

Die Bedarfsermittlung

8

ÜBERBLICK

Für die Bedarfsermittlung stehen drei Verfahren zur Auswahl: programmorientierte Verfahren (*Abschnitt 8.2*), verbrauchsorientierte Verfahren (*Abschnitt 8.3*) und Schätzungen (*Abschnitt 8.4*). Mithilfe vorbereitender Maßnahmen (*Abschnitt 8.1*) wird festgestellt, welche Verfahrensvariante für welche Materialarten am besten geeignet ist.

8.1 Grundbegriffe und vorbereitende Maßnahmen

Die Bedarfsermittlung ist Voraussetzung für die Erreichung der Ziele Versorgungssicherheit und Versorgungswirtschaftlichkeit, nämlich die Bereitstellung der richtigen Güter und Dienstleistungen in der richtigen Art und Menge, zur richtigen Zeit und am richtigen Ort sowie zu angemessenen Kosten, unter Berücksichtigung der Sozial- und Umweltziele.

Bei der Ermittlung der „richtigen" Art und Menge sowie des „richtigen" Zeitpunkts treten in der Regel Interessenkonflikte zwischen den Bedarfsträgern und den Beschaffungsspezialisten auf: Die Bedarfsträger neigen dazu, ihre Ansprüche sowohl hinsichtlich der Qualität („vergoldete Schrauben") als auch der Menge („möglichst viel") und des Zeitpunkts („möglichst früh") aus Gründen der Vorsicht zu hoch anzusetzen. Die Beschaffungsspezialisten versuchen deshalb, die Bedarfsanforderungen und damit die Kosten zu reduzieren.

Bei der Bedarfsermittlung geht es um einen qualitativen (Bedarfssortiment) und einen quantitativen Aspekt (Bedarfsmenge). Das **Bedarfssortiment** legt fest, welche Materialien in welcher Qualität (Best-, Durchschnitts- oder Mindestqualität) beschafft werden. Das Sortiment hängt von der Komplexität der Erzeugnisse ab. Viele (wenige) verschiedene Teile in den Erzeugnissen ergeben ein breites (schmales) Bedarfssortiment. Unter versorgungswirtschaftlichem Aspekt sind schmale Sortimente von Vorteil. Dementsprechend bemüht man sich, die Anzahl/Vielfalt von Teilen durch deren Standardisierung oder die Anwendung des Baukastensystems oder der Plattformstrategie zu reduzieren. So ist es in der Automobilindustrie gelungen, mit einer moderaten Erweiterung des Bedarfssortiments die Zahl der Modellreihen und Modellvarianten drastisch zu erhöhen. Ein eindrucksvolles Beispiel liefert auch die Swatch-Uhr, bei der die Zahl der Einzelteile von mehr als 100 auf ca. 50 reduziert wurde. Anhaltspunkte zur Reduzierung der Teilevielfalt können sich aus der Wertanalyse ergeben, die darauf abzielt, nicht erwünschte bzw. nicht notwendige Funktionen eines Produkts zu identifizieren (vgl. *Abschnitt 13.2.2*).

Die **Bedarfsmenge** bezieht sich auf eine bestimmte Verbrauchsperiode (Jahr, Monat, Woche). Man unterscheidet zwischen Primär-, Sekundär- und Tertiärbedarf.

- Der **Primärbedarf** ergibt sich aus der Menge der verkaufsfähigen Erzeugnisse (Marktbedarf), d.h. aus dem Absatzplan. Er berücksichtigt auch den geplanten Absatz von Ersatzteilen.
- Der **Sekundärbedarf** leitet sich aus dem Primärbedarf ab. Den Sekundärbedarf ermittelt man durch Multiplikation des Primärbedarfs mit den Mengen der je Erzeugnis benötigten Rohstoffe, Teile (inkl. Ersatzteile) und Baugruppen (siehe Stückliste im *Abschnitt 8.2*).
- Der **Tertiärbedarf** wird analog zum Sekundärbedarf ermittelt, allerdings nicht für Rohstoffe, Teile und Baugruppen, sondern für Hilfs- und Betriebsstoffe.

Neben dem Unterschied von Primär-, Sekundär- und Tertiärbedarf ist die Unterscheidung von Brutto- und Nettobedarf zu beachten.

- Der **Bruttobedarf** ist die Summe aus Sekundär- bzw. Tertiärbedarf unter Berücksichtigung des Zusatzbedarfs (für Ausschuss etc.). Der Bruttobedarf umfasst die von der Produktion in einer Periode benötigte Menge. Er ist vom Nettobedarf zu unterscheiden.
- Den **Nettobedarf** (Bestellbedarf) erhält man, wenn man den Bruttobedarf um die Lagerbestände, die Vormerkbestände (erwartete Lagerabgänge) und die offenen Bestellungen (erwartete Lagerzugänge) korrigiert.

Das folgende Beispiel zeigt die Ermittlung der verschiedenen Bedarfsarten in der Möbelfertigung. Der Tertiärbedarf (Farbe) wird im Beispiel nicht weiter spezifiziert, da dieser Hilfsstoff auch für andere Möbelprodukte benötigt wird.

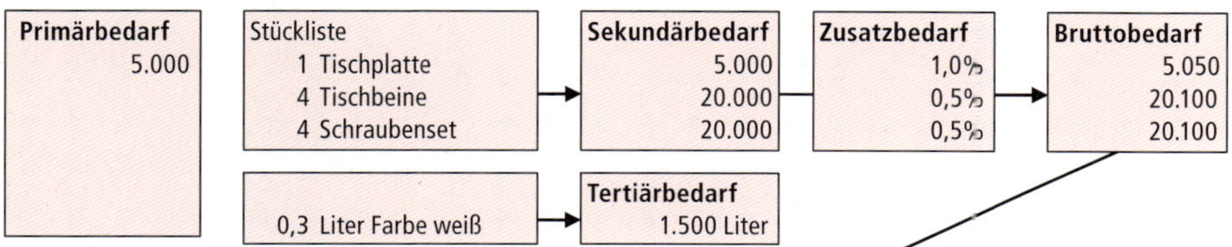

	Tischplatte	Tischbeine	Schraubenset
Bruttobedarf	5.050	20.100	20.100
– Lagerbestände	–1.000	–5.000	–40.000
– erwartete Liefereingänge	–2.000	–5.000	0
+Vormerkbestände	250	2.000	0
Nettobedarf	2.300	12.100	0

Abbildung 8.1: Vom Primär- zum Nettobedarf (Angaben in Stück, soweit nicht anders erwähnt)

Der Genauigkeitsanspruch und der Dispositionsaufwand der Bedarfsermittlung hängen vom Wert des Materials und vom Beschaffungsrisiko ab. Die Wertigkeit kann mithilfe der ABC-Analyse ermittelt werden. Das Material-Portfolio berücksichtigt zusätzlich das Beschaffungsrisiko.

8.1.1 Die ABC-Analyse

Die **ABC-Analyse** ist eine einfache und in der Praxis weit verbreitete Methode, um Materialien anhand ihres Wert-Mengen-Verhältnisses zu klassifizieren. Aus Erfahrung weiß man, dass in der Regel ein sehr hoher Anteil am Gesamtwert des Materials auf wenige Materialarten entfällt. Andere Materialarten weisen einen geringen Wert- und einen hohen Mengenanteil auf. Dieser Logik folgend, unterteilt die ABC-Analyse die Güter in drei Klassen:

- **A-Güter:** Materialarten mit hohem Anteil am Wert (60–80%) und niedrigem Anteil an der Gesamtmenge der Materialarten. Sie haben höchste Priorität bei der Materialdisposition, insbesondere bei der Ermittlung der Bedarfsmengen.
- **B-Güter:** Materialarten, die beim Gesamtwert unter (10–30%) und bei der Menge über den entsprechenden Anteilen der A-Güter liegen. Der Aufwand für Dispositionsaktivitäten ist geringer als bei A-Gütern, aber höher als bei C-Gütern.
- **C-Güter:** Spiegelbildlich zu A-Gütern haben C-Güter einen niedrigen Anteil am Gesamtwert (< 10%) und einen hohen Anteil an der Menge. Der Dispositionsaufwand für C-Güter wird wegen ihres geringen Werts bewusst klein gehalten.

Die Prozentangaben sind als Richtwerte zu verstehen. Die Festlegung der Grenzen liegt im Ermessen des Bedarfsermittlers. Ob eine nahe am Grenzwert liegende Materialart in die höhere oder niedrigere Klasse gehört, kann mit einer Sensitivitätsanalyse geklärt werden. Diese Analyse zeigt die Wirkungen der Veränderung eines Parameters auf die Zielgröße.

Vorgehen bei der ABC-Analyse

Der Nutzen der ABC-Analyse, nämlich die Trennung von Wichtigem und Unwichtigem, steigt mit der Anzahl der zu disponierenden Materialarten. Um den Rechenaufwand gering zu halten, enthält das folgende Beispiel nur eine geringe Anzahl von Materialarten. Das Beispiel ist fiktiv und wurde so gewählt, dass sich eine eindeutige Klassifikation der Materialarten ergibt.

Die ABC-Analyse erfolgt in vier Schritten:

1. **Schritt:** Erfassen von Menge und Wert je Materialart und Ermittlung des Gesamtwerts (absolut und relativ).
2. **Schritt:** Vergabe von Rangziffern entsprechend der Wertanteile der Materialarten (1 steht für den höchsten Wertanteil).

Materialart	Menge	Preis	Wert		Rang
		EUR	absolut	relativ	
M01	18.000	0,15	2.700	2,52%	6
M02	7.500	0,90	6.750	6,30%	5
M03	35.000	0,05	1.750	1,63%	8
M04	21.000	1,80	37.800	35,28%	1
M05	50.000	0,14	7.000	6,53%	4
M06	2.000	1,00	2.000	1,87%	7
M07	4.000	2,00	8.000	7,47%	3
M08	6.000	0,25	1.500	1,40%	9
M09	15.000	0,06	900	0,84%	10
M10	4.500	0,03	135	0,13%	14
M11	200	0,30	60	0,06%	15
M12	800	0,75	600	0,56%	11
M13	165	3,00	495	0,46%	12
M14	10.000	0,04	400	0,37%	13
M15	19.500	1,90	37.050	34,58%	2

Tabelle 8.1: ABC-Analyse: Mengen- und Wertermittlung für Materialarten

3. Schritt: Klassenbildung der Materialarten nach dem Gesamtwert.

Materialart	Wert			Materialart-	Klasse
	absolut	relativ	kumuliert	anteil	
M04	37.800	35,28%	35,28%	6,67%	A
M15	37.050	34,58%	69,86%	6,67%	A
M07	8.000	7,47%	77,33%	6,67%	B
M05	7.000	6,53%	83,86%	6,67%	B
M02	6.750	6,30%	90,16%	6,67%	B
M01	2.700	2,52%	92,68%	6,67%	C
M06	2.000	1,87%	94,55%	6,67%	C
M03	1.750	1,63%	96,18%	6,67%	C
M08	1.500	1,40%	97,58%	6,67%	C
M09	900	0,84%	98,42%	6,67%	C
M12	600	0,56%	98,98%	6,67%	C
M13	495	0,46%	99,44%	6,67%	C
M14	400	0,37%	99,82%	6,67%	C
M10	135	0,13%	99,94%	6,67%	C
M11	60	0,06%	100,00%	6,67%	C

Tabelle 8.2: ABC-Analyse: Rangreihung nach dem Wertanteil und Klassenbildung (in der Tabelle treten Rundungsdifferenzen auf.)

In unserem Beispiel entfallen jeweils 6,67% auf die insgesamt fünfzehn Materialarten.

Bei der ABC-Analyse kann neben dem relativen Anteil an der Anzahl der Materialien (Materialarten) auch der relative Anteil an der Gesamtmenge verwendet werden.

4. **Schritt:** Grafische Darstellung.

Das Ergebnis der ABC-Analyse wird in Form eines Diagramms (siehe ▶ *Abbildung 8.2*) oder in einer Summenkurve (sog. Lorenzkurve) dargestellt.

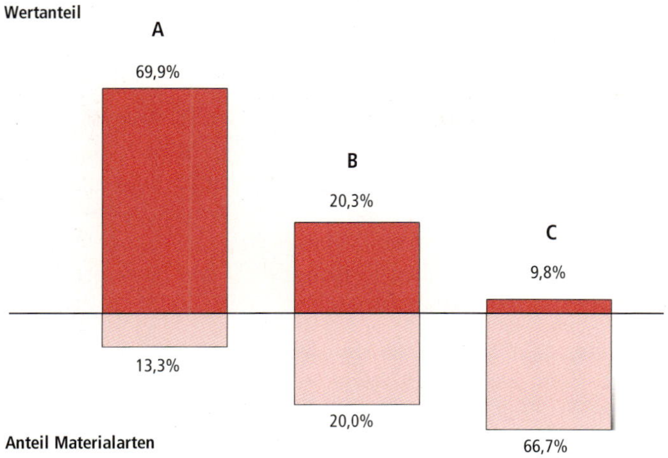

Abbildung 8.2: Grafische Darstellung der ABC-Analyse

Das Problem, knappe Dispositionsressourcen zielgerichtet einzusetzen, tritt nicht nur bei der Bedarfsermittlung von Material auf. Deshalb wird die ABC-Analyse z.B. auch als Klassifikationsverfahren im Kunden- oder Lieferantenmanagement verwendet. So ist für die selektive Bearbeitung der Lieferanten der Wertanteil der einzelnen Lieferanten am Beschaffungsvolumen bereits ein gutes Selektionskriterium, unabhängig von ihrem jeweiligen Mengenanteil (vgl. *Abschnitt 12.3.1*).

8.1.2 Das Material-Portfolio

Die aus der Strategielehre stammende Portfolio-Methode ermöglicht eine Materialklassifikation. Sie erfolgt anhand der Dimensionen **Beschaffungsrisiko** und Einfluss auf das **Betriebsergebnis** mit jeweils zwei Ausprägungen (gering, groß). Das ergibt eine Vier-Felder-Matrix mit unterschiedlichen Materialbeschaffungsstrategien, wie die folgende Abbildung zeigt.

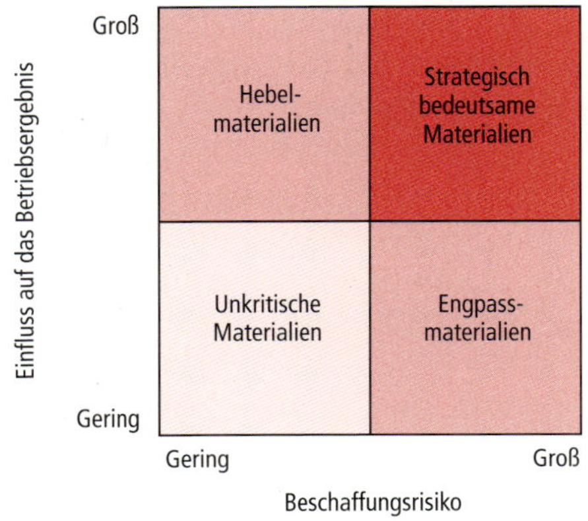

Abbildung 8.3: Materialklassifikation mithilfe der Portfolio-Methode

Für **unkritische Materialien** gilt, dass die Versorgungssicherheit gewährleistet ist. Die Wirtschaftlichkeit kann durch Ausreizen der Verhandlungsposition verbessert werden. Im Übrigen genügt für diese Materialklasse (meist C-Teile) eine Grobplanung.

Bei **strategisch bedeutsamen Materialien** empfiehlt sich eine sog. Investitionsstrategie. Im Interesse der Versorgungssicherheit werden höhere Bestände und höhere Beschaffungspreise in Kauf genommen. Zusätzlich empfehlen sich langfristige, partnerschaftliche Beziehungen zu den Lieferanten ebenso wie Anstrengungen zur Materialsubstitution. Strategisch bedeutsame Materialien erfordern wegen ihres hohen Beschaffungsrisikos und ihres großen Einflusses auf das Betriebsergebnis eine intensive Beobachtung und exakte Bedarfsprognosen.

Für die verbleibenden Materialklassen sind Kompromisse zwischen Versorgungswirtschaftlichkeit und -sicherheit zu schließen (selektive Strategie). Bei **Engpassmaterialien** sind eine intensive Beobachtung und exakte Bedarfsprognosen im Hinblick auf die Versorgungssicherheit wichtig, obwohl ihre Relevanz für das Betriebsergebnis geringer ist. Auf **Hebelmaterialien** ist vor allem bei den Preisverhandlungen mit Lieferanten zu achten, weil sie die Versorgungswirtschaftlichkeit stark beeinflussen.

8.2 Die programmorientierte Bedarfsermittlung

Beim programmorientierten Verfahren wird der Bedarf aus dem Produktionsprogramm abgeleitet. Es eignet sich für Güter mit hohem Wertanteil. Für dieses Verfahren ist die Kenntnis der geplanten Absatzmenge und der Bestandteile des jeweiligen Erzeugnisses erforderlich. Die Bestandteile der Erzeugnisse kann man der Stückliste (bzw. Rezeptur) entnehmen. Aus den Stücklisten wird im Wege der sog. **analytischen Bedarfsauflösung** der Materialbedarf pro Erzeugnis ermittelt und mit der Absatzmenge multipliziert. Diese Bedarfsauflösung erfolgt in der Regel EDV-gestützt (sog. Stücklistenprozessoren als ein Element von Enterprise-Resource-Planning-Systemen, ERP, vgl. *Abschnitt 18.6.2*).

Man unterscheidet Mengenstücklisten, Strukturstücklisten und Baukastenstücklisten. **Mengenstücklisten** zeigen die Anzahl der Teile, die für die Fertigung einer Erzeugniseinheit benötigt werden. Sie sind unstrukturiert, d.h., sie lassen die Stellung der Bestandteile (z.B. der 16 Schrauben mit der Sach-Nr. 27 im folgenden Beispiel) innerhalb der Erzeugnisstruktur nicht erkennen.

Sach-Nr. 1 Bezeichnung: Getriebe		
Stück	**Sach-Nr.**	**Bezeichnung**
1	11	Unterkasten
1	13	Oberteil komplett
1	15	Vorgelege komplett
1	18	Antriebswelle komplett
16	27	Schraube
1	32	Antriebswelle komplett
2	40	Welle komplett
1	46	Mittelkasten
3	49	Lager
4	52	Lager
2	71	Welle
2	73	Passfeder
2	75	Schraube
1	77	Welle
1	79	Zahnrad
1	81	Zahnrad
1	88	Oberkasten
1	94	Zahnrad
1	98	Zahnrad

Tabelle 8.3: Mengenstückliste eines Getriebes

Der **Gozinto-Graph** wird aus dem Konstruktionsplan abgeleitet und stellt die Struktur eines Erzeugnisses grafisch durch Gliederung in Baugruppen oder Fertigungsstufen auf verschiedenen Ebenen mit Verbindungslinien (Kanten) dar. Der Name Gozinto ist eine Verballhornung von „(the part that) goes into". Im Gozinto-Graph erkennt man leichter als in der Strukturstückliste, dass Teile bzw. Baugruppen verschiedenen Ebenen der Erzeugnisstruktur angehören (z.B. die Teile 40 und 52 in die Baugruppen 18 und 32). Der Gozinto-Graph in der folgenden Abbildung basiert auf der Strukturstückliste für das Getriebe (▶ *Abbildung 8.4*).

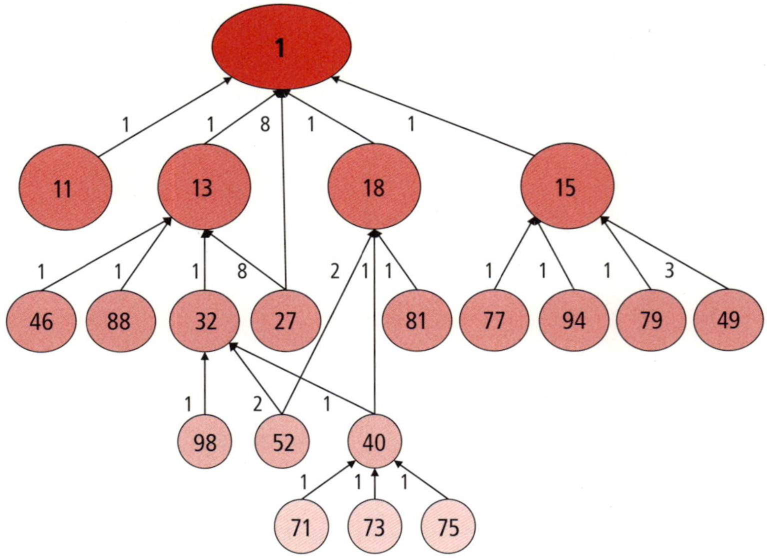

Abbildung 8.4: Gozinto-Graph eines Getriebes

Strukturstücklisten zeigen wie der Gozinto-Graph den konstruktions- und fertigungsbedingten Aufbau eines Erzeugnisses, jedoch in tabellarischer Form. In ▶ *Tabelle 8.4* markieren die Kreuze die Zugehörigkeit zu einer bestimmten Baugruppe (Ebene).

Beispiel: Das Getriebe (Sach-Nr. 1) besteht aus 1 Oberteil komplett, 8 Schrauben, 1 Antriebswelle komplett, 1 Unterkasten und 1 Vorgelege komplett. Beginnend auf der obersten Fertigungsstufe wird der Teilebedarf je Fertigungsstufe berechnet. Um beispielsweise 100 Getriebe (1. Fertigungsstufe) zu bauen, sind 100 Antriebswellen komplett notwendig. Auf der 2. Fertigungsstufe werden für diese 100 Antriebswellen komplett wiederum je 100 Wellen komplett, 100 Zahnräder und 200 Lager benötigt.

Die Verwaltung der Strukturstücklisten wird mit zunehmender Komplexität der Erzeugnisse (Vielzahl von Fertigungsstufen bzw. komplexe Teile und Baugruppen) immer aufwendiger. **Baukastenstücklisten** lösen dieses Problem, indem pro Stückliste stets nur eine Fertigungsstufe dokumentiert wird. Aus einer großen Stückliste entstehen auf diese Weise viele kleine, leichter zu wartende Stücklisten (siehe ▶ *Abbildung 8.5*). Allerdings kann man aus einer einzelnen Baukastenstückliste den Zusammenhang zwischen den jeweils aufgelisteten Baugruppen und Teilen mit dem Endprodukt nicht mehr erkennen.

In der Baubranche wird die Stückliste mit **BIM (Building Information Modeling)** zu einem digitalen Vollmodell erweitert. Jedes Gebäudeteil (z.B. Wände, Fenster, Türen) hat ein digitales Äquivalent („digitaler Schatten") mit den entsprechenden physischen und logischen Attributen und ist durch einen Primärschlüssel eindeutig identifiziert. Die Sonderwünsche und Spezifikationen des Modells werden mit den (Vor-)Lieferanten ausgetauscht und wechselseitig aktualisiert, was die Qualität, Termintreue und den Informationsaustausch verbessert. Zusätzlich hinterlegte wichtige Informationen wie Standort, Zeit und Kosten steigern die Effizienz der Prozesse. Weitere Informationen zu BIM finden sich unter www.buildingsmart.de.

Sach-Nr. 1 Bezeichnung: Getriebe						
Ebenen				**Stück**	**Sach-Nr.**	**Bezeichnung**
1	**2**	**3**	**4**			
x				1	13	Oberteil komplett
	x			1	46	Mittelkasten
	x			1	88	Oberkasten
	x			8	27	Schraube
	x			1	32	Antriebswelle komplett
		x		1	98	Zahnrad
		x		2	52	Lager
		x		1	40	Welle komplett
			x	1	71	Welle
			x	1	73	Passfeder
			x	1	75	Schraube
x				8	27	Schraube
x				1	18	Antriebswelle komplett
	x			1	81	Zahnrad
	x			2	52	Lager
	x			1	40	Welle komplett
		x		1	71	Welle
		x		1	73	Passfeder
		x		1	75	Schraube
x				1	11	Unterkasten
x				1	15	Vorgelege komplett
	x			1	77	Welle
	x			1	94	Zahnrad
	x			1	79	Zahnrad
	x			3	49	Lager

Tabelle 8.4: Strukturstückliste eines Getriebes

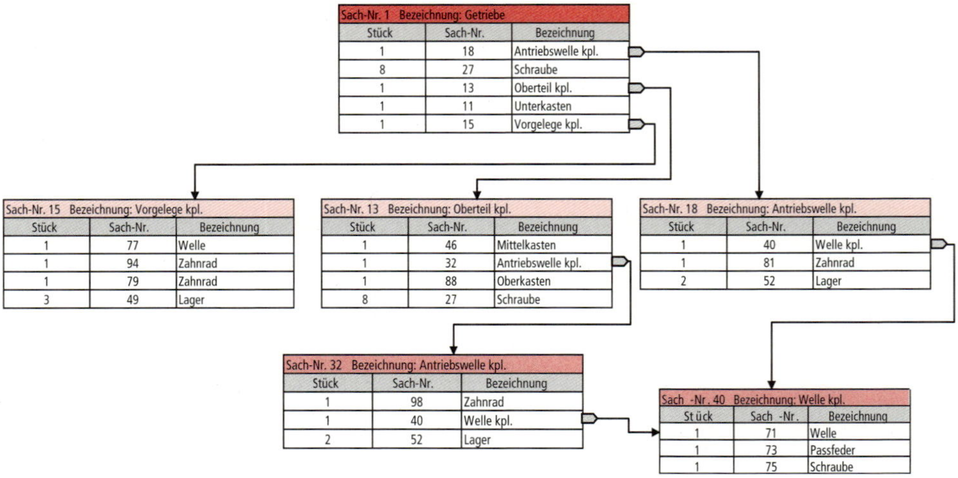

Abbildung 8.5: Baukastenstückliste eines Getriebes

8.3 Die verbrauchsorientierte Bedarfsermittlung

Die verbrauchsorientierte Bedarfsermittlung basiert auf Verbrauchswerten aus der Vergangenheit (Materialbewegungsrechnungen und -statistiken) und/oder auf Annahmen über den zukünftigen Verbrauch. Sie wird angewandt, wenn

- keine Produktprogramm-Planung möglich bzw.
- keine Stücklisten vorhanden bzw.
- die Teile in den Stücklisten nicht erfasst sind (z.B. Kleinstteile, Hilfs- und Betriebsstoffe) bzw.
- der geringe Materialwert (C-Teile) eine programmorientierte Ermittlung nicht rechtfertigt.

Die Bedarfsprognosen werden mithilfe von stochastischen Methoden erstellt. Die Prognosewerte sind stets mit zwei Fehlerrisiken behaftet, nämlich der Vorhersehbarkeit des zukünftigen Bedarfs und deren adäquaten mathematischen Modellierung. Die verbrauchsorientierte Bedarfsermittlung zählt zum Kerneinsatzgebiet der Methoden der **künstlichen Intelligenz (KI)**, wobei der Einsatz stufenweise erweitert wird um von KI-Modellen vorgeschlagene Bedarfsmengen zur Vorhersage des zukünftigen Bedarfs (Prediction) und der vorausschauenden Vermeidung zukünftiger Versorgungslücken (Prävention).

Die Vorhersehbarkeit hängt vom **Bedarfsverlauf** ab. Die **XYZ-(RSU-)Analyse** klassifiziert Güter nach den Kriterien Stetigkeit und Vorhersagegenauigkeit ihres Verbrauchs. Aufgrund von Erfahrungswerten zum Bedarfsverlauf werden drei Klassen gebildet:

- **X**-(**R**-)Güter weisen einen regelmäßigen Verbrauch und hohe Prognosegenauigkeit auf. Für diese Güterklasse eignen sich einfache Verfahren, z.B. Mittelwertverfahren.
- **Y**-(**S**-)Güter sind durch stärkere, meist saisonale Schwankungen und eine mittlere Prognosegenauigkeit gekennzeichnet. Sie erfordern einen höheren Dispositionsaufwand.
- **Z**-(**U**-)Güter haben einen unregelmäßigen Verbrauch und eine niedrige Prognosegenauigkeit. Dementsprechend bedarf es aufwendiger Dispositionsverfahren.

Diese Unterscheidung ist auch für die Wahl der Bestellpolitik relevant (vgl. *Abschnitt 11.4*).

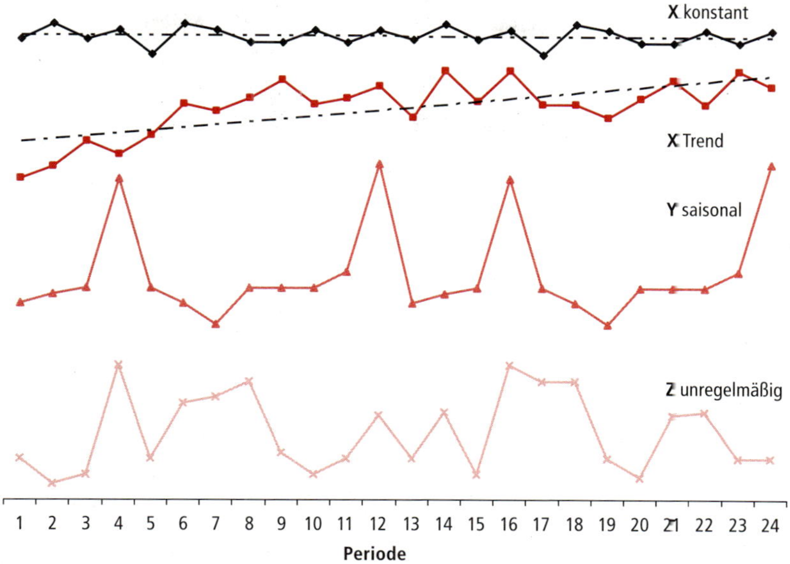

Abbildung 8.6: Bedarfsverläufe von XYZ-Gütern

Für die mathematische Modellierung des Bedarfsverlaufs gibt es eine Vielzahl von Verfahren. Einfache Berechnungsmethoden arbeiten mit Mittelwerten oder mit Glättungsfaktoren. Sie beruhen auf der Annahme, dass der Mittelwert des Verbrauchs in der Vergangenheit ein brauchbarer Indikator für den zukünftigen Bedarf ist (Zukunft als Durchschnitt der Vergangenheit).

V_{t+1}	Vorhersagewert für die nächste Periode (Tag, Woche, Monat)
V_t	Vorhersagewert der letzten Periode
T_t	Tatsächlicher Bedarf der letzten Periode
i	Zählindex
t	Aktuelle (jüngste) Periode (die Erfassung beginnt in Periode 1)
m	Anzahl der betrachteten Perioden (Zeitfenster, $m \leq t$)
G	Gewichtungsfaktor in Prozent
α	Glättungsfaktor (zwischen 0 und 1)

Der **arithmetische Mittelwert** wird aus den Einzelwerten aller bisherigen Perioden errechnet.

$$V_{t+1} = \frac{1}{t} \sum_{i=1}^{t} T_i$$

Die gleichwertige Berücksichtigung aktueller und weit zurückliegender Perioden ist problematisch, wenn sich der Bedarf rasch ändert.

Bei der Methode des **gleitenden Mittelwerts** wird der Mittelwert aus einer bestimmten Anzahl früherer Perioden (m) errechnet.

$$V_{t+1} = \frac{1}{m} \sum_{i=t-m+1}^{t} T_i$$

Je größer die Anzahl der betrachteten Perioden, desto geringer ist der Einfluss zufälliger Schwankungen auf den Vorhersagewert. Aktuelle Werte haben kein größeres Gewicht als Werte aus früheren Perioden, d.h. der gleitende Mittelwert berücksichtigt stärkere Veränderungen des aktuellen Bedarfs nicht adäquat.

Der **gewogene gleitende Mittelwert** sieht eine Gewichtung der betrachteten Perioden (m) am Zeitstrahl entlanggleitend vor (Gewicht G), wobei die aktuellen Perioden in der Regel höher gewichtet werden als frühere Perioden.

$$V_{t+1} = \sum_{i=t-m+1}^{t} T_i \times G_i$$

Die Verfahren der **exponentiellen Glättung** arbeiten mit einem Glättungsfaktor α zur Anpassung der zukünftigen an die früheren Verbrauchsmengen. Die Methode der exponentiellen **Glättung 1. Ordnung** liefert brauchbare Ergebnisse, wenn die Vergangenheitswerte um einen Mittelwert schwanken, also bei schwachen Trend- oder Saisoneinflüssen.

$$V_{t+1} = V_t + \alpha \, (T_t - V_t)$$

Die exponentielle **Glättung 2. Ordnung** berücksichtigt auch Trends. Die folgende Tabelle gibt einen Überblick über die gängigsten verbrauchsorientierten Methoden anhand eines Beispiels. In diesem Beispiel ist ein Vergleich der Verfahren erst ab der sechsten Periode sinnvoll, da erst dann für alle Verfahren vergleichsrelevante Werte vorliegen.

Periode	Ist-Befarfs-wert	Einfacher Mittelwert		Gleitender Mittelwert		Gewogener gleitender Mittelwert		Glättung 1. Ordnung	
		$V_{t+1} = \frac{1}{t}\sum_{i=1}^{t} T_i$		$V_{t+1} = \frac{1}{m}\sum_{i=t-m+1}^{t} T_i$		$V_{t+1} = \sum_{i=t-m+1}^{t} T_i \times G_i$		$V_{t+1} = V_t + \alpha\,(T_t - V_t)$	
				m = 5		m=5, G_{t-4}=5%, G_{t-3}=10%, G_{t-2}=20%, G_{t-1}=25%, G_t=40%		α = 0,1	
i	T_i	Vorhersage (V_t)	Prognosefehler	Vorhersage (V_t)	Prognosefehler	Vorhersage (V_t)	Prognosefehler	Vorhersage (V_t)	Prognosefehler
1	315	-	-	-	-	-	-	-	-
2	325	-	-	-	-	-	-	-	-
3	318	320,0	2,0	-	-	-	-	-	-
4	321	319,3	-1,7	-	-	-	-	-	-
5	327	319,8	-7,3	-	-	-	-	325,0*	-2,0
6	316	321,2	5,2	321,2	5,2	322,9	6,9	325,2	9,2
7	318	320,3	2,3	321,4	3,4	320,4	2,4	324,3	6,3
8	320	320,0	0,0	320,0	0,0	319,6	-0,4	323,7	3,7
9	301	320,0	19,0	320,4	19,4	319,5	18,5	323,3	22,3
10	280	317,9	37,9	316,4	36,4	312,0	32,0	321,1	41,1
11	292	314,1	22,1	307,0	15,0	298,9	6,9	317,0	25,0
12	296	312,1	16,1	302,2	6,2	294,9	-1,1	314,5	18,5
13	304	310,8	6,8	297,8	-6,2	293,5	-10,5	312,6	8,6
14	310	310,2	0,2	294,6	-15,4	297,1	-13,0	311,8	1,8
15	298	310,2	12,2	296,4	-1,6	302,4	4,4	311,6	13,6

*geschätzter Anfangswert

Abbildung 8.7: Verbrauchsorientierte Methoden der Bedarfsermittlung im Überblick

Es gibt eine Vielzahl weiterer Prognoseverfahren. Wir erwähnen beispielsweise die **Regressionsanalyse**, die kausale Zusammenhänge zwischen abhängigen und unabhängigen Variablen ermittelt. Auf diese Weise kann etwa der Energiebedarf in Abhängigkeit von der Temperaturentwicklung prognostiziert werden.

8.4 Schätzungen

Schätzungen und heuristische Methoden werden für die Bedarfsermittlung herangezogen, wenn die Voraussetzungen für die Anwendung programmorientierter bzw. verbrauchsorientierter Verfahren fehlen. Die sog. **Analogschätzung** basiert auf den Verbrauchsmengen artverwandter Güter, d.h., man unterstellt einen ähnlichen Bedarfsverlauf. Zum Beispiel unterstellt man für Muttern einen ähnlichen Bedarfsverlauf wie für Schrauben und Unterlegscheiben. Die sog. **Intuitivschätzung** verzichtet auf Rechenverfahren und stützt sich auf einfache Heuristiken („Faustregeln“, z.B. für die Ermittlung von Schwund und Ausschuss). Die geringe Prognosegenauigkeit der Schätzung kann vor allem bei Gütern mit kurzer Beschaffungszeit bzw. mit niedrigem Wert (C-Güter) toleriert werden.

Z U S A M M E N F A S S U N G

Ziel der Bedarfsermittlung ist die zeitgerechte und exakte Feststellung der benötigten Güter und Dienstleistungen, um die Versorgungssicherheit und die Versorgungswirtschaftlichkeit zu gewährleisten. Bei A- und B-Gütern sowie bei Materialien mit großem Beschaffungsrisiko empfiehlt sich die programmorientierte Bedarfsermittlung, bei C-Gütern und Materialien mit geringem Beschaffungsrisiko die verbrauchsorientierte Bedarfsermittlung oder die Schätzung. Bei programmorientierten Verfahren wird der Bedarf auf Basis von Stücklisten ermittelt (sog. analytische Bedarfsauflösung). Die verbrauchsorientierte Bedarfsermittlung basiert auf Verbrauchswerten aus der Vergangenheit. Schätzungen und heuristische Methoden werden verwendet, wenn die Voraussetzungen für die Anwendung exakterer Verfahren fehlen. Die Verfahren können auch kombiniert werden, z.B. durch die Verwendung von verbrauchsorientierten Verfahren für lange und von programmorientierten Verfahren für mittlere und kurze Prognosezeiträume.

Z U S A M M E N F A S S U N G

8.5 Übungen und Übungsfragen

Übung 1: Primär- und Sekundärbedarf

Die Hofwerth-Möbel GmbH erzeugt das Regal „Silvia". Für die nächste Periode ist ein Absatz (Primärbedarf) von 2.000 Regalen geplant. Das Regal setzt sich aus zwei Seitenwänden, drei Regalfächern, einer Rückwand, einer Boden- und einer Deckplatte zusammen. Boden- und Deckplatte weisen die gleiche Beschaffenheit und Maße wie die Regalfächer auf. Bei der Fertigung der einzelnen Bauteile ist mit einem Ausschuss in Höhe von 5% der Produktionsmenge zu rechnen.

Alle Bauteile werden aus Buchenholz-Platten hergestellt. Diese Platten werden in der Fertigung auf die Maße der unterschiedlichen Teile zugeschnitten und lackiert. Aus einer Buchenholz-Platte können entweder zwei Seitenwände oder fünf Regalfächer oder eine Rückwand gefertigt werden.

Am Ende der laufenden Periode liegen 150 Stück des Regals „Silvia" auf Lager. 50 Regale sind für den Eigenverbrauch vorgemerkt.

Bei den Regalteilen sind folgende Lager-, Bestell- und Vormerkbestände zu berücksichtigen:

Bauteil	Lagerbestand	Bestellbestand	Vormerkbestand
Seitenwand	500	200	350
Regalfach bzw. Boden-/Deckplatte	800	1.500	400
Rückwand	150	20	30
Buchenholz-Platte	250	40	500

1. Berechnen Sie den Primärbedarf (netto) des Regals „Silvia" unter Berücksichtigung des Lagerbestands.
2. Berechnen Sie den Nettobedarf der Seitenwände, Regalfächer bzw. Boden-/Deckplatten und der Rückwände. Hinweis: Um den Nettobedarf ermitteln zu können, müssen Sie zunächst den Bruttobedarf der Einzelteile berechnen.
3. Berechnen Sie den Nettobedarf der Buchenholz-Platten.

Übung 2: ABC-Analyse

Sie sind der Einkaufsleiter eines mittelständischen Produktionsbetriebs mit dem unten angegebenen Einkaufsvolumen im letzten Jahr. Welche Materialarten verlangen einen besonders hohen Dispositionsaufwand? Treffen Sie eine Auswahl auf Basis einer ABC-Analyse.

Materialart-Nr.	Durchschnittlicher Einkaufspreis [EUR]	Bestellte Menge im Vorjahr [Stück]
A-301	100	650
A-302	350	450
A-303	500	315
A-304	550	350
A-305	1.000	60
A-306	750	95
A-307	50	750
A-308	30	900

Tabelle 8.5: Einkaufsvolumen eines mittelständischen Produktionsbetriebs

Übung 3: Stücklisten

Die BHR Maschinenbau GmbH konstruiert eine Maschine M1, die aus zwei Baugruppen BG 32, zwei Baugruppen BG 88 und einer Baugruppe BG 40 besteht.

Die Baugruppe BG 32 besteht aus:

- 1 Stück BG 40
- 4 Stück Einzelteil (EZ) 45
- 2 Stück EZ 48

Die Baugruppe BG 88 besteht aus:

- 1 Stück EZ 49
- 4 Stück EZ 46

Die Baugruppe BG 40 besteht aus:

- 1 Stück EZ 70
- 1 Stück EZ 72
- 5 Stück EZ 77

1. Zeichnen Sie den Gozinto-Graphen für die Maschine M1.
2. Ermitteln Sie die Mengenstückliste für M1.
3. Ermitteln Sie die Strukturstückliste für M1.
4. Zerlegen Sie diese in Baukastenstücklisten.

Übung 4: Verfahren der Bedarfsermittlung

Sie sind Produzent von Zubehör für Notebooks. Eines Ihrer Produkte ist die optische Notebook-Maus. Sie beabsichtigen, mit einem neuen Modell dieser Computermaus auf den Markt zu kommen, und rechnen damit, dass nach der Markteinführung des neuen Modells die Nachfrage nach dem alten Modell rasch zusammenbrechen wird. Um die Produktion von Ladenhütern zu vermeiden, soll der Bedarf für die nächste Periode so exakt wie möglich berechnet werden. Die nachfolgende Tabelle zeigt den Absatz (in Stück) der letzten zehn Perioden (Monate):

Periode (= Monat)	1	2	3	4	5	6	7	8	9	10	11
Absatz in Tsd.	95	80	85	100	60	50	45	50	40	35	?
Gewichtungskoeffizienten											

Tabelle 8.6: Absatzentwicklung eines Produkts (Notebook-Zubehör)

In Periode 4 wurde aufgrund einer Sonderaktion ein außergewöhnlich hoher Absatz verzeichnet (Ausreißer!). Erstellen Sie eine Bedarfsprognose für Periode 11 mit den unten angeführten Verfahren und diskutieren Sie deren Eignung für den Beispielfall:

- Verfahren des arithmetischen Mittelwerts
- Verfahren des gleitenden Mittelwerts
- Verfahren des gleitenden gewichteten Mittelwerts (Gewichtungskoeffizienten selbst bestimmen und begründen)
- Verfahren der exponentiellen Glättung (Glättungsfaktor $\alpha = 0{,}1$; der Vorhersagewert V_{10} für Periode 10 ist 37)

Übungsfragen

1. Nach welchen Kriterien werden Güter im Rahmen der ABC-Analyse klassifiziert?
2. Nach welchen Kriterien werden Güter im Rahmen der XYZ-Analyse klassifiziert?
3. Erklären Sie die Begriffe Primär-, Sekundär- und Tertiärbedarf.
4. Worin unterscheiden sich die programmorientierte und die verbrauchsorientierte Bedarfsermittlung?
5. Welche Arten von Stücklisten gibt es (mit kurzer Erläuterung)?
6. Vergleichen Sie den trendmäßig steigenden und den saisonabhängigen Bedarfsverlauf anhand von Beispielen.

EXTRAS ONLINE

Lösungen zu den Übungsfragen und weiterführende Materialien finden Sie auf der Website zum Buch unter *www.pearson-studium.de*.

Die Beschaffungsmarkt-forschung

9

ÜBERBLICK

In *Kapitel 8* konzentrierte sich die Betrachtung auf die Bedarfsermittlung und damit auf die unternehmensinternen Bedarfsträger. Demgegenüber beschäftigt sich die Beschaffungsmarktforschung mit unternehmensexternen Aspekten, dem Beschaffungsmarkt. Allerdings hängen die beiden Teilaufgaben der Beschaffung eng zusammen, weil die Bedarfsermittlung den Rahmen für die Marktforschungsaktivitäten vorgibt. Von den Ergebnissen der Beschaffungsmarktforschung hängt es wiederum ab, ob der Bedarf am Markt gedeckt wird oder ob die benötigten Güter und Dienstleistungen intern erzeugt werden, d.h. ob man sich für Make (Eigenerstellung) oder für Buy (Fremdbezug) entscheidet (siehe *Kapitel 10*). Schließlich sind die Ergebnisse der Beschaffungsmarktforschung auch für das Lieferantenmanagement von Interesse, insbesondere für die Lieferantenauswahl und die Lieferantenbeurteilung. Die folgende Abbildung soll diesen Zusammenhang verdeutlichen. Eine einmal getroffene Entscheidung (für Make bzw. Buy oder einen bestimmten Lieferantenkreis) muss infrage gestellt werden, wenn die Beschaffungsmarktforschung wesentliche Veränderungen auf dem Beschaffungsmarkt erkennen lässt.

Abbildung 9.1: Der Zusammenhang der Beschaffungsmarktforschung mit anderen Beschaffungsprozessen

9.1 Definition, Ziele und Bedeutung

Definition

Unter **Beschaffungsmarktforschung** versteht man die systematische Ermittlung des aktuellen und des zukünftigen Lieferangebots hinsichtlich aller relevanten Merkmale (Sortiment, Menge/Zeiteinheit, Preis, Know-how, Konditionen).

Die Beschaffungsmarktforschung soll klären, wer womit und zu welchen Konditionen den in *Kapitel 8* ermittelten Bedarf befriedigen kann. Er kann von (externen) Lieferanten (Fremdbezug) oder unternehmensintern (Eigenfertigung) gedeckt werden.

Die Beschaffungsmarktforschung gliedert sich in vier Teilprozesse, die sukzessive absolviert werden:

1. Auswahl der Untersuchungsobjekte	2. Auswahl der zu erhebenden Daten und Kriterien	3. Methoden und Quellen	4. Auswertung und Darstellung
z.B. Suche eines neuen Lieferanten	Lieferkapazität, Lieferqualität, Preise, Lieferfrist	Internetrecherche, Anfrage, Benchmarking	Checkliste, Punktbewertung, Lieferantendatei

Tabelle 9.1: Teilprozesse der Beschaffungsmarktforschung zur Lieferantensuche

Die **Ziele** der Beschaffungsmarktforschung sind:

- Die Informationsversorgung der Entscheidungsträger: Das Hauptziel der Beschaffungsmarktforschung ist die Befriedigung des Informationsbedarfs der Beschaffungsspezialisten und der Bedarfsträger.
- Die Erhöhung der Markttransparenz: Die Beschaffungsmarktforschung liefert einen Überblick über die Marktstrukturen sowie die Lieferanten und deren Kompetenzen und Produkte. Wegen der fortschreitenden Differenzierung des Lieferangebots und der zunehmenden Globalisierung der Wirtschaftsbeziehungen erweist sich dieses Ziel als immer anspruchsvoller.
- Die Früherkennung von Beschaffungsrisiken: Je früher Beschaffungsrisiken erkannt werden, desto größer ist das Repertoire an Gegenmaßnahmen.
- Die Erschließung neuer Beschaffungsquellen und die Suche nach Substitutionsgütern: Die Kenntnis neuer Lieferanten und alternativ einsetzbarer Güter stärkt die Verhandlungsposition der Abnehmer.
- Die Beschaffungsmarktforschung als Baustein des Beschaffungsmarketings und der Lieferantenpflege: Beschaffungsmarktforschung bedeutet nicht nur das Einholen von Informationen, sondern schafft auch die Voraussetzungen für die zielgerichtete Bearbeitung des Beschaffungsmarkts und für den Aufbau eines guten Beschaffungsimages bei den aktuellen und potenziellen Lieferanten.

Während die Absatzmarktforschung eine lange Tradition aufweist und als unverzichtbar gilt, ist die Beschaffungsmarktforschung noch vergleichsweise wenig entwickelt, d.h., viele Unternehmen haben erhebliche Informationsdefizite hinsichtlich der Beschaffungsmärkte. Die folgenden drei Beispiele illustrieren die **Bedeutung** der Beschaffungsmarktforschung:

- Aufgrund seiner Beschaffungsmarktforschung erkannte Audi frühzeitig, dass sich die geplante Umstellung von der Stahl- auf die Aluminium-Bauweise auf die Aluminium-Weltmarktpreise auswirken würde. Die Umstellung wurde deshalb erst vollzogen, nachdem die vom Unternehmen betriebene Lieferantenentwicklung das Lieferangebot hinsichtlich der Mengen und Preise verbessert hatte.
- Vor einem ähnlichen Problem stand Apple vor der Einführung des iPod nano, wo zunächst die Versorgung mit neu auf den Markt kommenden Flash-Speicherchips durch Asiens Chipfabrikanten gesichert werden musste.
- Anlässlich der Übernahme von Unternehmen zeigt sich immer wieder, dass Neuverhandlungen mit Stammlieferanten ein erhebliches Einsparpotenzial ergeben. Das lässt darauf schließen, dass die Preisforderungen und Konditionen der Stammlieferanten in der Vergangenheit wegen mangelnder Markttransparenz stillschweigend akzeptiert worden sind.

Die Beschaffungsmarktforschung ist ein aufwendiger Prozess. Wegen der Vielzahl der zu beschaffenden Güter ist eine kontinuierliche Beschaffungsmarktforschung für alle Güter nicht vertretbar. Der Aufwand für die Beschaffungsmarktforschung hängt vom Wert der zu beschaffenden Güter, vom Beschaffungsrisiko und der Veränderung der Liefer- und Bedarfsstruktur ab. Mittels ABC-Analyse oder artikelspezifischer Auswahlkriterien (wie Qualitätsschwankungen oder Engpässe auf dem Beschaffungsmarkt) können jene Güter bestimmt werden, deren Beschaffungsmarkt wegen ihrer hohen Wertigkeit erforscht werden soll. Das sog. Buyclass-Framework differenziert die Beschaffungssituation unter Berücksichtigung der Neuartigkeit des Problems (der Beschaffungsaufgabe), der Höhe des Informationsbedarfs und der Bedeutung der Alternativensuche.

	Neuartigkeit des Problems	Informationsbedarf	Bedeutung der Alternativensuche
Neue Aufgabe (New Task)	hoch	sehr hoch	bedeutsam
Modifizierter Wiederholungskauf (Modified Rebuy)	mittel	mittel	weniger bedeutsam
Routinekauf (Straight Rebuy)	niedrig	sehr niedrig	unbedeutend

Tabelle 9.2: Varianten der Beschaffungssituation (Buyclass-Framework)

Koppelmann entwickelt dieses Konzept weiter zu einer Produkte-Märkte-Matrix mit den Dimensionen Bedarfsobjekte und potenzielle Lieferanten/Märkte.

Potenzielle Lieferanten/Märkte / Bedarfsobjekte	Alte, bewährte Lieferanten/Märkte	Angrenzende Lieferanten/Märkte	Neue Lieferanten/Märkte
Alte Bedarfsobjekte	Reiner Wiederholungskauf	Modifizierter Wiederholungskauf	Beschaffungsmarktvariation
Modifizierte Bedarfsobjekte	Modifizierter Wiederholungskauf	Beschaffungsmodifikation	Beschaffungsmarktvariation für mod. Bedarfsobjekte
Neue Bedarfsobjekte	Neukauf auf alten Märkten	Beschaffungsvariation	Beschaffungsinnovation

Tabelle 9.3: Produkte-Märkte-Matrix nach Koppelmann (2004, S.207)

Die Tabellen zeigen, dass insbesondere in den Fällen „Neue Aufgabe (New Task)" bzw. „Neue Bedarfsobjekte sowie neue Lieferanten/Märkte" ein sehr hoher Informationsbedarf bzw. eine „Beschaffungsinnovation" vorliegt, die eine entsprechend intensive Marktforschung rechtfertigen.

9.2 Objekte

Objekte der Beschaffungsmarktforschung sind die Beschaffungsgüter und deren Preise, die Lieferanten und der Markt (gilt analog für Dienstleistungen).

- Die **Beschaffungsgüter** müssen hinsichtlich ihrer Beschaffenheit und Verwendung untersucht werden. Oftmals stellen die Bedarfsträger zu hohe Ansprüche an die Qualität („vergoldet") und an die Verfügbarkeit („gestern"), was sich negativ auf die

Verhandlungsoptionen der Beschaffungsspezialisten und auf den Preis der Beschaffungsgüter auswirkt (siehe *Abschnitt 8.1*). Eine gute Kenntnis der am Markt verfügbaren Güter hilft, die überzogenen Bedarfsanforderungen und die damit verbundenen Kosten zu reduzieren.

- Der **Preis** ist ein wesentliches, in vielen Fällen sogar ausschlaggebendes Merkmal der Beschaffungsgüter. Es ist erforderlich, alle Kosten des Beschaffungsguts zu erfassen („Total Cost of Ownership"), nämlich Einstandspreise, indirekte Beschaffungskosten (Bestellprozess), Logistikkosten sowie Entsorgungskosten. Preisvergleiche unter Berücksichtigung der Liefer- und Zahlungskonditionen (im Zeitverlauf und zwischen verschiedenen Anbietern und Qualitäten) sowie die Aufschlüsselung der Einstandspreise in ihre Komponenten (Zielkostenrechnung/Target Costing) stärken die Verhandlungsposition der Abnehmer (vgl. *Abschnitt 13.2.2*).
- **Lieferanten** (aktuelle und potenzielle) sind hinsichtlich ihrer wirtschaftlichen und technischen Leistungsfähigkeit zu prüfen. Die Prüfung der Leistungsfähigkeit wird durch die in vielen Branchen etablierten Zertifizierungssysteme (z.B. EN ISO 9000 ff.) erleichtert.
- Der **Markt**, auf dem sich Abnehmer und Lieferanten treffen, weist eine bestimmte Marktstruktur auf. Diese ist abhängig von der Anzahl und den Größenverhältnissen der Marktteilnehmer und von der Dynamik der Marktentwicklung. Dementsprechend unterschiedlich ist die Marktmacht der Abnehmer. Generell gilt, dass bei geringer Marktmacht der Abnehmer und hoher Marktdynamik größere Anstrengungen der Beschaffungsmarktforschung geboten sind.

9.3 Methoden

Die Methoden der Beschaffungsmarktforschung werden nach den Kriterien Häufigkeit und Datenquellen differenziert. Dementsprechend unterscheidet man zwischen Marktbeobachtung und -analyse einerseits sowie Primär- und Sekundärforschung andererseits.

Die ständige **Marktbeobachtung** der Mengen-, Preis- und Qualitätsentwicklung sowie der Anbieterstruktur (z.B. Marktanteile) der relevanten Beschaffungsmärkte soll Entwicklungen im Zeitablauf aufzeigen, damit Unternehmen zeitgerecht und in geeigneter Weise reagieren können. Die Marktbeobachtung baut einerseits auf Erkenntnissen der Marktanalyse auf und liefert andererseits Hinweise für die Schwerpunkte von Marktanalysen.

Anlassbezogene **Marktanalysen** zeigen die Marktstrukturen zu einem gegebenen Zeitpunkt. Interne Anlässe für Marktanalysen sind z.B. die Unzufriedenheit mit den derzeitigen Lieferanten, Produktinnovationen oder Reorganisationen. Externe Anlässe für eine Marktanalyse sind insbesondere:

- Unvorhergesehene Angebotsverknappungen, z.B. als Folge politischer Umwälzungen oder Naturkatastrophen
- Der Ausfall von Stammlieferanten
- Das Auftreten neuer Wettbewerber und Lieferanten
- Technologischer Wandel (Produkt- oder Verfahrensinnovationen)
- Umweltveränderungen (Haftungsrichtlinien, Umweltgesetze)

Die Beschaffungsmarktforschung basiert auf unterschiedlichen Datenquellen und Methoden der Datengewinnung. Von **Primärforschung** (sog. direkte Methode, Field Research) spricht man, wenn die Daten für die spezifischen Zwecke der Beschaffungsmarktforschung erhoben werden. Bevorzugte Datenquellen der Primärforschung sind:

- Lieferantenkontakte (Befragung, Besuch, Begehung)
- Besuch von Messen, Tagungen und Ausstellungen
- Einholen von Auskünften (z.B. bei Banken, Verbänden, Informationsdiensten)
- Internetrecherchen
- Erhebungen durch Marktforschungsinstitute

Die Primärforschung ist zeitaufwendig und kostspielig. Deshalb begnügt man sich häufig mit der **Sekundärforschung**. Die Sekundärforschung (sog. indirekte Methode, Desk Research) arbeitet im Gegensatz zur Primärforschung mit bereits vorhandenem Datenmaterial. Sie ist daher weniger aufwendig und vor allem in mittelständischen Unternehmen weit verbreitet.

Gute unternehmensinterne Quellen sind Bezugsquellen- und Lieferantendateien, Einkaufsstatistiken und abteilungsspezifische Aufzeichnungen (z.B. über Reklamationen und Ausschuss). Als unternehmensexterne Quellen kommen infrage:

- Informationen der Lieferanten (Geschäftsberichte, Bilanzen, Kataloge, Prospekte, Werbematerial, Preislisten, Firmenzeitschriften)
- Medienberichte (Fachzeitschriften, Börsen-/Marktberichte, Zeitungen)
- Datenbanken und Auskünfte (Industrie- und Handelskammern, Banken, Wirtschaftsverbände, Informationsdienstleister)
- Sonstige Quellen (Adressbücher, Branchenhandbücher, Branchenverzeichnisse, Bezugsquellennachweise)

Die Beschaffungsmarktforschung bedient sich zunehmend des Internets (z.B. elektronische Kataloge und Marktplätze) und des Intranets (z.B. Einkaufsportale) mit folgenden Vorteilen:

- Aktuelle, weltweite Informationen über Material, Märkte und Lieferanten
- Tools für systematische Recherchen
- Integration der Beschaffungsmarktforschung mit den anderen Beschaffungsprozessen

Z U S A M M E N F A S S U N G

Die Beschaffungsmarktforschung ist ein wichtiger, aber in der Praxis häufig vernachlässigter Prozess zur Vorbereitung von Beschaffungsentscheidungen, insbesondere der Make-or-Buy-Entscheidung. Sie liefert die notwendigen Informationen über Produkte, Lieferanten und Märkte. Marktbeobachtungen und Marktanalysen stützen sich entweder auf vorhandene Daten (Sekundärforschung) oder auf Daten, die anlassbezogen recherchiert werden (Primärforschung).

Z U S A M M E N F A S S U N G

9.4 Übungsaufgaben und Übungsfragen

Übung 1: Kiwi-Marktforschung

„Der Mann" verwendet die Kiwi-Frucht bereits als Zutat z.B. im „Früchteplunder", einer 150-Gramm-Mehlspeise aus frisch gebackenem Butterplunderteig, feinem Pudding und Früchten der Saison. Aufgrund der guten Annahme des Produkts bei den Kunden wird über die Einführung einer neuen Kiwi-basierten Süßspeise nachgedacht. Da damit erheblich höhere Mengen an Kiwi eingekauft werden müssten, wird eine Marktforschung gestartet, die zu folgendem Ergebnis führt:

Der Erfolg der Vitamin-C-reichen Frucht Kiwi ist den neuseeländischen Marketingkünsten zu verdanken, die 1959 die chinesische Stachelbeere auf den Namen des flugunfähigen neuseeländischen Nationalvogels Kiwi umgetauft haben. Die neue Bezeichnung wurde jedoch nicht mit einer Trademark versehen, sodass heute Italien der Weltmarktführer im Kiwi-Anbau ist. Italien produziert 380.000 Tonnen, die von November bis Mai auf den Markt kommen. Neuseelands Produktion von 280.000 Tonnen deckt die andere Jahreshälfte ab (Mai bis November). Als drittes wichtiges Produktionsland hat sich Chile etabliert, dessen 150.000 Tonnen von Mai bis August auf den Markt kommen. Ein wachsendes Angebot kommt aus Frankreich und Griechenland, aber auch aus Österreich. Die Versorgung mit Kiwis aus Österreich ist wegen ihrer geringen Winterhärte unsicher. In den letzten Jahren gefährdeten Bakterien die weltweite Kiwi-Ernte. Neue resistente Sorten sollen Abhilfe schaffen.

Bezugsquellen für „Der Mann" wären entweder Obstgroßhändler, Vertriebsgesellschaften oder Bauern (Direktabnahme). Die neuseeländischen Kiwi werden für den Export von einer Alleinvermarktungsgesellschaft unter der Marke ZESPRI angeboten. Italienische Kiwis sind bei verschiedenen großen Obst- und Gemüseproduzenten erhältlich. Die österreichische Landwirtschaftskammer hat Kontakte zu österreichischen Kiwi-Bauern. Wenn das neue Produkt nicht nur saisonal angeboten werden soll, sind Bezugsquellen aus der Nord- und Südhemisphäre notwendig.

1. Welche Datenquellen sind geeignet, um die Anbaugebiete und Anbaumengen von Kiwis zu ermitteln?
2. Handelt es sich demnach um Primär- oder Sekundärforschung?
3. Im nächsten Schritt sind bei verschiedenen möglichen Bezugsquellen Informationen über Produkte, Konditionen und Verarbeitungsstufen einzuholen. Welche Methode empfehlen Sie dafür?
4. Empfiehlt sich für Punkt 3 die Einschaltung eines Marktforschungsinstituts?

Übungsfragen

1. Erläutern Sie den Zusammenhang der Beschaffungsmarktforschung mit der Bedarfsermittlung und der Make-or-Buy-Entscheidung.
2. Nennen Sie fünf Datenquellen für die primäre Beschaffungsmarktforschung.
3. Welche Vorteile ergeben sich aus der Nutzung des Internets für die Beschaffungsmarktforschung?

EXTRAS ONLINE

Lösungen zu den Übungsfragen und weiterführende Materialien finden Sie auf der Website zum Buch unter *www.pearson-studium.de*.

Make or Buy

10

ÜBERBLICK

Die Aussage „Wir machen nur das, was wir besser können als andere“ verdeutlicht, dass es bei Make-or-Buy-Entscheidungen um die Arbeitsteilung zwischen den Abnehmern und den Lieferanten geht. In vielen Branchen ist ein eindeutiger Trend zur Reduzierung der Fertigungstiefe (der Zahl der Fertigungsstufen) und zur Erhöhung des Zukaufanteils, d.h. zum Fremdbezug, erkennbar. Obwohl diese Trends für ganze Branchen gelten, bezieht sich die Entscheidung Make or Buy immer auf einzelne Güter und Dienstleistungen.

10.1 Bedeutung und Varianten

Die Entscheidung über **Make (Eigenfertigung)** oder **Buy (Fremdbezug)** legt fest, ob bestimmte Güter und Dienstleistungen vom Markt beschafft oder im Unternehmen selbst erstellt werden. Dies bedeutet auch eine Entscheidung über die Fertigungstiefe eines Unternehmens. Wenn Leistungen, die früher selbst erstellt wurden, dauerhaft auf Lieferanten ausgelagert werden, kommt es zum **Outsourcing**, d.h., Outsourcing ist das Ergebnis einer Make-or-Buy-Entscheidung.

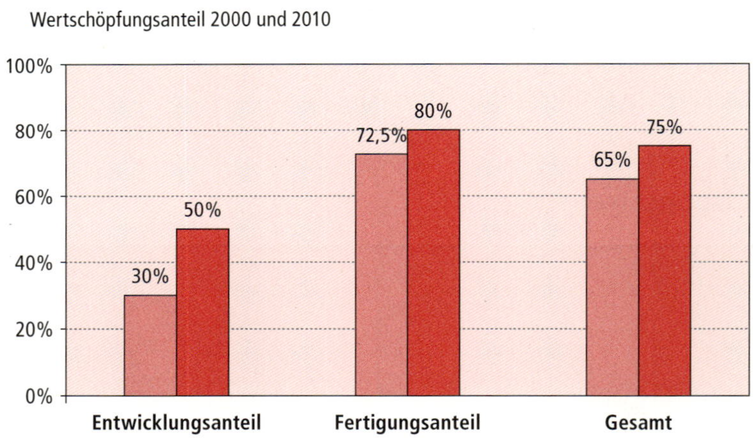

Abbildung 10.1: Prognose der Wertschöpfungsanteile der Zulieferer in der Automobilindustrie[1]

Zur **Bedeutung** ist festzustellen, dass sich Outsourcing seit den 90er-Jahren des vorigen Jahrhunderts zu einem der mächtigsten Trends mit nach wie vor starkem Wachstumspotenzial entwickelt hat. Die Entscheidung über Make or Buy von Gütern und Dienstleistungen hat wegen ihres Potenzials zur Kostensenkung und zur Qualitätssteigerung und den damit verbundenen Wettbewerbsvorteilen den Stellenwert einer strategischen Entscheidung.

Die Beschaffungsspezialisten nehmen maßgeblichen Einfluss auf die Make-or-Buy-Entscheidung. Das hat zur Bedeutungsaufwertung eines Bereichs geführt, der früher oft abschätzig als „Bestellbüro“ bezeichnet wurde, weil er vielfach nur Hilfsfunktionen für die Bedarfsträger wahrnahm. Heute ist der Beschaffungsbereich in vielen Unternehmen zur „Know-how-Drehscheibe“ geworden, welche die zukünftige Struktur des Unternehmens entscheidend mitbestimmt, indem die Wertschöpfungsaktivitä-

1 Quelle: Dudenhöffer 2003

ten eines Unternehmens hinterfragt und mit den am Markt angebotenen Leistungen verglichen werden.

Varianten der Make-or-Buy-Entscheidung ergeben sich aufgrund unterschiedlicher Anlässe, Objekte und Ausmaße.

Die **Anlässe** unterscheiden sich, je nachdem, ob es sich um eine Erst- oder um eine Folge-Entscheidung handelt:

Erst-Entscheidung: Häufiger Anlass für die erstmalige Entscheidung über Eigenfertigung oder Fremdbezug ist ein neuer oder zusätzlich auftretender Bedarf an Gütern oder Dienstleistungen. Erst-Entscheidungen sind bei der Firmengründung, bei einer Sortimentserweiterung oder einer Verlagerung der Produktionsstandorte des Abnehmers im Zuge der Internationalisierung bzw. Globalisierung des Unternehmens zu treffen.

Folge-Entscheidung: Eine früher getroffene Entscheidung für Eigenfertigung oder Fremdbezug ist bei folgenden Anlässen infrage zu stellen:

- Fokussierung des Abnehmers auf seine Kernkompetenzen
- Veränderung der Beschäftigungslage auf dem Beschaffungsmarkt, beziehungsweise beim Abnehmer
- Änderungen der Kosten der Eigenfertigung bzw. des Fremdbezugs
- Veränderung der Liquiditätslage des Abnehmers
- Veränderte Qualitäts- und Flexibilitätsanforderungen
- Verschlechterung der Lieferzuverlässigkeit, z.B. sich häufende Terminüberschreitungen oder Qualitätsmängel
- Auslaufen von Lieferverträgen
- Markteintritt neuer bzw. Marktaustritt derzeitiger Lieferanten

Ein namhafter Hersteller von Druckern begründet seine Entscheidung zum Outsourcing wesentlicher logistischer Funktionen an Kühne + Nagel vor allem mit der Fokussierung auf seine Kernkompetenz in der Drucktechnologie (vgl. *Fallstudie Kühne + Nagel*).

Der Backwaren-Hersteller „Der Mann“ hat die Mehlversorgung an seinen Lieferanten übertragen, der selbstständig ein eigenes Silo auf dem Gelände des Herstellers betreibt und damit für das Mehl verantwortlich ist (vgl. *Fallstudie „Der Mann“*).

Objekte von Make-or-Buy-Entscheidungen sind alle Arten von Gütern (Roh-, Hilfs- und Betriebsstoffe, Teile oder Baugruppen) und Dienstleistungen. Bei Letzteren wird ein besonders großes Outsourcing-Potenzial geortet, insbesondere:

- Bei IT-Dienstleistungen (z.B. Hardware-Wartung)
- Bei Human-Resources-Dienstleistungen (z.B. Aus- und Weiterbildung)
- Beim Engineering (z.B. die Vergabe von Entwicklungsleistungen an Lieferanten oder an Ingenieurbüros)
- Bei der Logistik (z.B. die Lagerhaltung durch externe Logistikdienstleister oder das Flottenmanagement durch spezialisierte Dienstleister)
- Bei der Distribution (z.B. Einschaltung von Vertriebsgesellschaften)
- Beim Facility Management (z.B. Sicherheitsdienste, Reinigungs- und Instandhaltungsarbeiten)

- Bei der Beschaffung (z.B. die Übertragung des Einkaufs geringwertiger Güter an Einkaufsverbände oder die Wahrnehmung der Beschaffungsmarktforschung durch Marktforschungsinstitute)

An dieser Stelle ist auf zwei **Besonderheiten des Dienstleistungseinkaufs** hinzuweisen, nämlich die gesteigerten Anforderungen an die Spezifizierung der Leistung und die Bedeutung von Service Level Agreements. Was die **Spezifizierung** betrifft, zeigt die Erfahrung, dass sie häufig vernachlässigt und nicht hinreichend detailliert wird. Es empfiehlt sich deshalb, potenzielle Lieferanten in den Prozess der Spezifizierung einzubeziehen und die damit verbundenen Verzögerungen in Kauf zu nehmen. Bei der Spezifizierung ist auch danach zu unterscheiden, ob die zugekaufte Leistung vom Abnehmer oder von Kunden des Abnehmers empfangen wird. Letzteres gilt zum Beispiel für Wartungsleistungen und für das Beheben von Störungen, welche die Hersteller bzw. Betreiber von Investitions- oder langfristigen Konsumgütern an spezialisierte Dienstleister vergeben.

Die Vereinbarungen mit den Dienstleistungslieferanten werden in Form von **Service Level Agreements** (SLA) fixiert. Sie stellen Vereinbarungen über die gewünschte Qualität der Leistung dar. Wichtig ist, die vereinbarten Leistungen durch Maßgrößen zu definieren, die alle wesentlichen Aspekte der Leistung abdecken. Letztlich leiten sich die Qualitätskriterien und -maße aus den Anforderungen der Bedarfsträger (interne Kunden) bzw. der Kunden ab. In der Fallstudie Kühne + Nagel (vgl. *Fallstudie Kühne + Nagel*) darf beispielsweise der Anteil fristgerechter Auftragserledigungen (orders on time) 95 Prozent nicht unterschreiten. Im Falle von Wartungsarbeiten und Störungsbehebungen könnte die durchschnittliche Dauer bis zur Wiederinbetriebnahme berücksichtigt werden. Je nach Erfüllungsgrad kommt es zu Zu- und Abschlägen beim vereinbarten Entgelt.

Make or Buy unterscheidet sich schließlich im **Ausmaß:**

- **Reiner Fremdbezug:** In diesem Fall wird auf die Eigenfertigung völlig verzichtet, d.h., bestimmte Güter/Dienstleistungen werden ausschließlich fremdbezogen. Eine Sonderform des reinen Fremdbezugs ist der Kauf von Produkten (Handelswaren) zur Sortimentserweiterung und zur Entlastung der eigenen Kapazität. Dieser Fall trifft auf die Firma Kühne + Nagel zu, die vom Druckerhersteller nicht nur mit Lagerung und Transport (Distribution) betraut wurde, sondern unter anderem auch mit Montagearbeiten sowie mit der Kommissionierung und Verpackung.
- **Reine Eigenfertigung:** In diesem Fall wird bei bestimmten Gütern und Dienstleistungen auf die Einschaltung von Lieferanten verzichtet, d.h., es gibt keinen Fremdbezug.
- **Mischformen aus Eigenfertigung und Fremdbezug:** Bestimmte Güter und Dienstleistungen werden sowohl selbst erstellt als auch fremdbezogen, wobei jeweils das Verhältnis von selbst gefertigter und zugekaufter Menge bestimmt werden muss. Bei unternehmensweiter Betrachtung liegt immer eine Mischform vor, da sich kein Unternehmen bei allen Gütern und Dienstleistungen für reinen Fremdbezug oder reine Eigenfertigung entscheiden wird.

Im Folgenden präsentieren wir je ein markantes Beispiel für die Eigenfertigung und für den Fremdbezug, beide aus der Automobilindustrie. Die im Beispiel der Ford-Werke River Rouge dargestellte Eigenfertigung durch vertikale Konzentration aller Wertschöpfungsaktivitäten vom Rohstoff bis zum Fertigprodukt galt lange Zeit als vorbildlich. Dagegen ist für die moderne Automobilfertigung der hohe Fremdbezugsanteil wie im Beispiel „MAN Resende" typisch.

10.1.1 Beispiel Eigenfertigung: Die Ford-Werke River Rouge, Detroit, USA

Im Jahr 1915 erwarb Henry Ford (1863–1947) 2.000 Hektar Land entlang des Rouge River westlich von Detroit, um in den folgenden Jahrzehnten Automobile in Massenproduktion zu fertigen. Als 1927 in Ford River Rouge, dem größten und bekanntesten Produktionsstandort seiner Zeit, auch noch die Fertigungsstraße Einzug hielt, konnten hier nahezu alle Vorprodukte und Teile eines Automobils („Model A") gefertigt werden, vom Stahl für Karosserien und Motoren über Reifen bis hin zu Autogläsern. Auch ein Großteil der Produktionsanlagen wurde selbst erstellt.

Der Erfolg von Ford in River Rouge begann mit dem „Model T" und erreichte seinen Höhepunkt in den 60er-Jahren mit dem Bau des legendären Ford „Mustang". In der Folge veraltete die mittlerweile in die Jahre gekommene Produktionsstätte zusehends. Daher wurde Ende der 80er-Jahre das Stahlwerk verkauft und Platz für eine neue Anlage geschaffen. In den 90er-Jahren erwog man sogar, das gesamte Werk und die Produktion stillzulegen. Nach nationalen Protesten wurde eine umfassende Sanierung des Standorts unter Berücksichtigung des Umweltschutzes beschlossen.

Die folgende Abbildung vermittelt eine Vorstellung von den Ausmaßen des ursprünglichen Ford-River-Rouge-Komplexes.

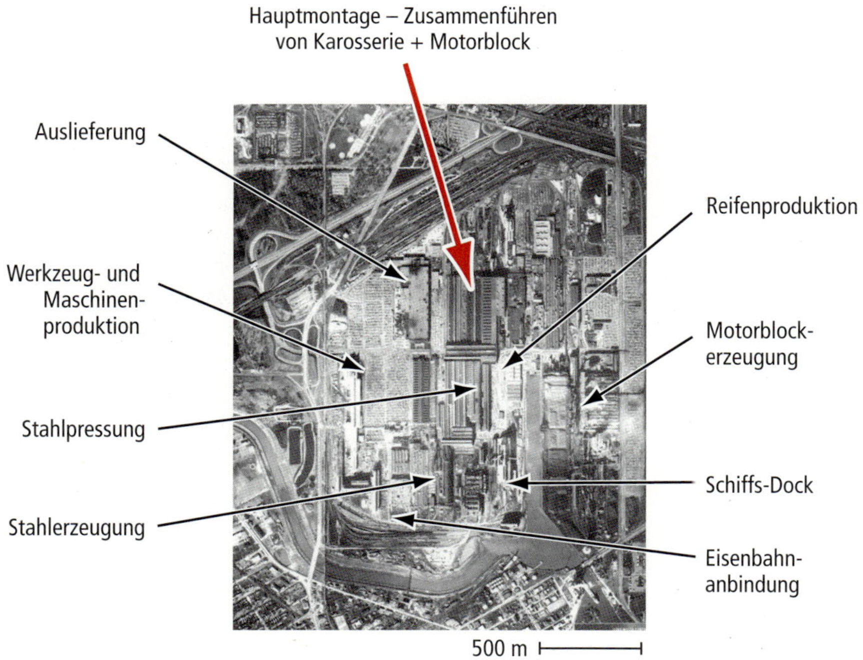

Abbildung 10.2: Gesamtansicht Ford-River-Rouge-Komplex[2]

2 Quelle: Air-Crafts Photo Division, Pontiac, Michigan

10.1.2 Beispiel Fremdbezug: MAN Resende, Brasilien

Im inzwischen von MAN übernommenen früheren Volkswagen-Werk in Resende wurden 2012 täglich 260 Lkw produziert. Von den insgesamt ca. 6.300 Mitarbeitern gehörte nur ein Viertel zum MAN-Stammpersonal, das Gros entfiel auf Mitarbeiter der Zulieferer bzw. auf Servicepersonal. Alle Systemlieferanten sind am Standort Resende zusammengefasst und fertigen das Endprodukt. Jeder der sieben Systemlieferanten ist verantwortlich für ein modulares System:

- AKC (früher die Firma Delga) liefert den Kabinenrohbau.
- Die Firma Carese betreibt die Eisenmann-Lackieranlage.
- Der Armaturenbretthersteller VDO (Continental AG) ist für die gesamte Kabineninnenausstattung zuständig.
- Der Chassis-Modul-Lieferant IOCHPE-Maxion montiert auch Tank, Rohrleitungen, Verkabelungen, Druckluftbehälter und Lenkung.
- Der Achsenhersteller Meritor montiert auch Radaufhängungen, Federungen und Bremsen.
- Das Serviceunternehmen Remon montiert Felgen und Reifen verschiedener Hersteller.
- Powertrain, ein Joint Venture von MWM und Cummins, baut Motoren sowie Getriebe ein.

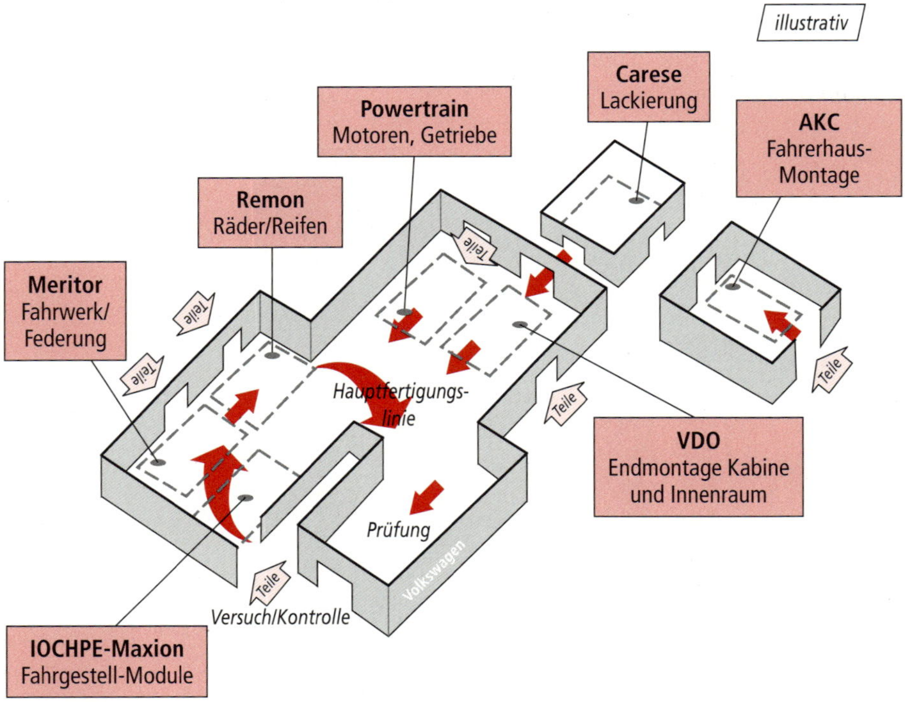

Abbildung 10.3: MAN-Werkslayout Resende[3]

3 Wolters 1999, S. 40, aktualisiert

10.2 Entscheidungskriterien

Bei der Make-or-Buy-Entscheidung sind eine Reihe von Kriterien zu berücksichtigen:

- **Kernkompetenz/Unternehmensstrategie:** Unter Kernkompetenzen versteht man einzigartige, nicht imitierbare und nicht substituierbare Ressourcen eines Unternehmens, die dauerhafte Wettbewerbsvorteile sichern. Leistungen im Zusammenhang mit den Kernkompetenzen sollten selbst erstellt werden (Konzentration auf Kernkompetenzen). Umgekehrt empfiehlt es sich, Leistungen, die nicht auf den Kernkompetenzen eines Unternehmens basieren, an Lieferanten zu vergeben. Das gilt insbesondere für sog. Supportprozesse wie die Informationsverarbeitung. Strategische Programme wie „Lean Production" haben zu einer wesentlichen Reduzierung der Fertigungstiefe und damit zu einer Erhöhung des Fremdbezuganteils geführt. Auch Bestrebungen, Lieferanten im Zuge von Gegengeschäften oder in Exportmärkten die lokalen Lieferanten zu berücksichtigen („Local Content"), führen zu einer Erhöhung des Fremdbezuganteils.
- **Kosten:** Bei der Eigenfertigung fallen Kosten für Material, Löhne und Gehälter sowie für Abschreibungen auf Fertigungs-, Transport- und Lagereinrichtungen an. Die Kosten des Fremdbezugs ergeben sich aus den Lieferpreisen, den Kosten des Wareneingangs und der Kontrolle sowie der Einsteuerung der Fremdteile. Outsourcing bedeutet vielfach eine Kostensenkung, jedenfalls eine Variabilisierung von Fixkosten.
- **Höhe und Regelmäßigkeit des Bedarfs:** Vielfach wird der Grundbedarf (längerfristig gleichbleibender Bedarf) durch Eigenfertigung gedeckt, während geringer oder nur sporadisch auftretender Bedarf durch Fremdbezug gedeckt wird.
- Qualitative und quantitative **Produktionskapazität des Abnehmers:** Die jeweils verfügbare Kapazität ist kurz- bis mittelfristig meist unveränderlich und limitiert die Eigenfertigung. Rechtliche Bindungen (z.B. Liefer- bzw. Beschäftigungsverträge, Patente/Lizenzen) können die Eigenerzeugung bzw. den Fremdbezug erschweren bzw. verhindern. Die Furcht vor Qualitätsproblemen ist ein häufiges Argument contra Outsourcing.
- **Autonomie:** Fremdbezug setzt häufig die Preisgabe von Know-how an die Lieferanten voraus, z.B. durch Bereitstellung von Konstruktionsunterlagen. Daraus kann eine Abhängigkeit vom Lieferanten bzw. die Gefahr entstehen, einen potenziellen Konkurrenten zu „züchten". Eigenfertigung wird deshalb oft damit begründet, einen unbeabsichtigten Know-how-Abfluss zu vermeiden.
- **Lieferangebot/Marktmacht:** Fremdbezug setzt ein ausreichendes Lieferangebot hinsichtlich Qualität und Menge voraus. Dabei ist zu beachten, dass mit steigendem Fremdbezugsanteil auch die Qualität zunehmend vom Lieferanten abhängt. Hohe Qualitäts-, Mengen- und Terminrisiken auf dem Beschaffungsmarkt sind – insbesondere im Falle weniger potenzieller Lieferanten und bei geringer Marktmacht des Abnehmers – oft das ausschlaggebende Argument für die Eigenfertigung.
- **Kapitalbedarf:** In finanzwirtschaftlich angespannten Situationen (Kapitalknappheit bzw. hohe Zinskosten) ist der Kapitalbedarf ein wichtiges Kriterium. Eine Ausweitung des Fremdbezugs vermindert den Kapitalbedarf für Ersatz- bzw. Erweiterungsinvestitionen.

10.3 Entscheidungsinstrumente

Geläufige Instrumente der Entscheidung über Make or Buy sind die Break-Even-Analyse, das Make-or-Buy-Portfolio, die Investitionsrechnung, die Nutzwertanalyse (Punktbewertung, siehe *Abschnitt 12.3.3*) und Checklisten.

10.3.1 Die Break-Even-Analyse

In der folgenden Abbildung werden sowohl für den Fremdbezug als auch für die Eigenfertigung die Gesamtkosten in Abhängigkeit von den Bedarfsmengen dargestellt. Die Menge, bei der im Falle der Eigenfertigung dieselben Gesamtkosten wie für den Fremdbezug anfallen, bei der also unter Kostengesichtspunkten beide Varianten gleichwertig sind, ist der **Break-Even-Punkt** (im Beispiel: 2.000 Stück; bei geringeren Stückzahlen ist der Fremdbezug, bei höheren Stückzahlen die Eigenfertigung kostengünstiger). Bei der Interpretation des Break-Even-Punkts ist allerdings auch die Abbaubarkeit der Fixkosten zu berücksichtigen.

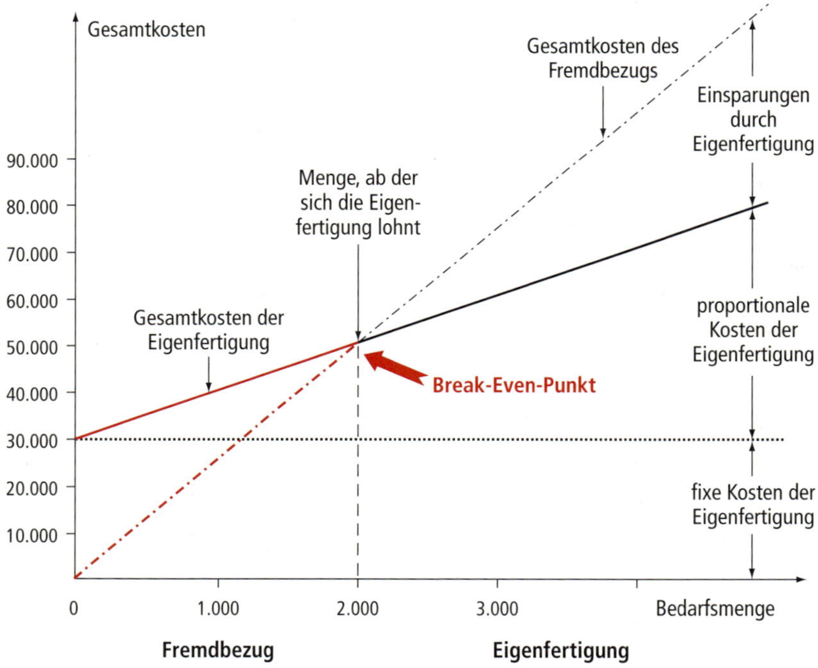

Abbildung 10.4: Break-Even-Analyse für Make or Buy

10.3.2 Das Make-or-Buy-Portfolio

Die Portfolio-Methode dient zur Klassifikation strategischer Optionen. Die folgende Abbildung unterscheidet im Hinblick auf die Kriterien „Verfügbarkeit am Markt" und „strategische Bedeutung" neun Handlungsfelder, die zu den drei Optionen Eigenfertigung, selektive Entscheidung und Fremdbezug verdichtet werden.

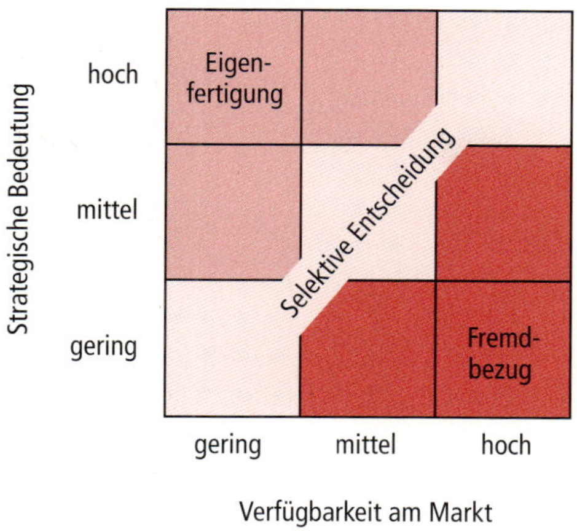

Abbildung 10.5: Make-or-Buy-Portfolio

Selektive Entscheidung bedeutet, die Entscheidung über Make or Buy von Fall zu Fall auf der Basis von Kostenvergleichsrechnungen und anderer Entscheidungshilfen zu treffen. In allen anderen Fällen empfiehlt sich bis auf Weiteres (vgl. oben Folge-Entscheidung) die Eigenfertigung bzw. der Fremdbezug.

10.3.3 Die Investitionsrechnung

Die Investitionsrechnung ist ein klassisches Instrument der Make-or-Buy-Entscheidung, das allerdings nur quantifizierbare Größen berücksichtigt. Investitionsrechnungen werden unterteilt in statische und dynamische Verfahren. Die **statischen Verfahren** (insbesondere Kosten- und Gewinnvergleichsrechnungen, Rentabilitätsrechnungen) vernachlässigen die unterschiedlichen Zeitpunkte der zu erwartenden Ausgaben und Einnahmen und eignen sich daher nur als grobe Entscheidungshilfe.

Die folgende Kostenvergleichsrechnung zeigt das Grundprinzip der statischen Verfahren. Als Vergleichskriterium dienen die Kosten für eine Fertigungsvorrichtung, die alternativ bei einem darauf spezialisierten Lieferanten oder in der eigenen nicht voll ausgelasteten Werkstätte erzeugt werden kann. Die Eigenerstellung verursacht Material-, Fertigungs- und Verwaltungskosten, die direkt (Einzelkosten) oder indirekt (Gemeinkosten, verrechnet über Zuschlagsätze) in die Kalkulation eingehen.

Variante Fremdbezug			EUR
Kaufpreis			3.100,0
Kosten für Transport und Verpackung			280,5
Gesamtkosten des Fremdbezugs			**3.380,5**

Variante Eigenfertigung		EUR	EUR
Rohstoffe		430,0	
Hilfsstoffe		65,5	
Einbauteil A1		1.500,0	
Einbauteil A2		238,5	
Kleinteile		40,8	
Materialeinzelkosten			2.274,8
Materialgemeinkosten	5%		113,7
Materialkosten			**2.388,5**
Schmiede		62,9	
Mechanische Bearbeitung		954,6	
Zusammenbau		56,9	
Anstreicherei		9,7	
Fertigungseinzelkosten			1.084,1
Fertigungsgemeinkosten	130%		1.409,3
Fertigungskosten			**2.493,4**
Herstellkosten der Eigenfertigung			4.881,9
Anteilige Verwaltungsgemeinkosten	15%		732,3
„Selbstkosten" der Eigenfertigung			**5.614,2**

Abbildung 10.6: Kostenvergleichsrechnung für eine Fertigungs-Vorrichtung[4]

Der Fremdbezug wäre vorteilhaft, wenn die Werkstätte voll ausgelastet ist (3.380,50 € vs. 5.614,20 €). Da die Werkstätte in unserem Fall nicht voll ausgelastet ist, wird der Kostenvergleich nur auf der Basis der Einzelkosten durchgeführt. Die Variante Eigenfertigung verursacht Einzelkosten in Höhe von 3.358,90 € (Materialeinzelkosten und Fertigungseinzelkosten). Da der Fremdbezug nur geringfügig teurer ist, müssen andere Kriterien zur Entscheidung über Fremdbezug oder Eigenfertigung herangezogen werden (z.B. Kernkompetenz).

Dynamische Verfahren der Investitionsrechnung berücksichtigen die unterschiedlichen Zeitpunkte der zu erwartenden Ausgaben und Einnahmen durch zinseszinsmäßiges Rechnen unter Festlegung eines gemeinsamen Bezugszeitpunkts. Dadurch liefern die dynamischen Verfahren (z.B. dynamische Amortisationsmethode, Kapitalwertverfahren, Interner-Zinsfuß-Methode) eine wesentlich aussagekräftigere Entscheidungsgrundlage, insbesondere wenn es sich um Investitionsvorhaben mit langer Nutzungsdauer handelt.

10.3.4 Checklisten

Checklisten zählen zu den sog. heuristischen Verfahren. Sie erfassen zwar ebenfalls eine Vielzahl und Vielfalt entscheidungsrelevanter Kriterien (in Frageform), die man, wie bei der Nutzwertanalyse, entsprechend ihrer Bedeutung gewichten kann. Prob-

4 in Anlehnung an Männel 1996, S. 72ff.

leme ergeben sich bei der Verdichtung der Antworten auf die einzelnen Fragen zu einem Gesamturteil. Checklisten eignen sich daher vor allem zur Schaffung eines Problembewusstseins und liefern Anstöße für weitere, quantifizierende Analysen.

Für Betriebe, welche den Fremdbezug erwägen, sind folgende Fragen zu den Kriterien Bedarf, Lieferanten (qualitativ, quantitativ-zeitlich), Markt, Finanzierung, Sonstige relevant:

1. Bedarf	Welche Qualitätsanforderungen bestehen? Lassen sich durch eine Variation der Produkt- bzw. Leistungsgestaltung günstigere Voraussetzungen für den Fremdbezug schaffen? Wie groß ist der voraussichtliche Bedarf an bereitzustellenden Gütern bzw. Leistungen, wie lange wird er bestehen, welchen Schwankungen wird er unterworfen sein?
2. Lieferanten, qualitativ	Werden die gewünschten Qualitäten bereits auf dem Markt angeboten? Sind die bisherigen Lieferanten ähnlicher Produkte oder andere Firmen zu einer Sonderanfertigung bereit? Ist sichergestellt, dass die infrage kommenden Lieferanten die Qualitätsstandards einhalten? Ist eine wirkungsvolle Qualitätskontrolle möglich? Welche Garantien geben die fraglichen Lieferanten?
3. Lieferanten, quantitativ-zeitlich	Schreibt der infrage kommende Lieferant Mindestabnahmemengen vor? Lohnt es sich – falls sehr große Mengen abgenommen werden müssen –, die zu viel beschafften Mengen für eine spätere Verwendung auf Lager zu legen? Sind die Lieferanten in der Lage, ausreichende Mengen zu liefern? Können die Lieferanten auch einen Spitzenbedarf befriedigen? Welche Lieferzeiten werden verlangt? Muss mit Lieferverzögerungen gerechnet werden? Können feste Liefertermine und Konventionalstrafen vereinbart werden? Soll man den Bedarf zweckmäßigerweise auf mehrere Lieferanten aufteilen?
4. Markt	Wurde auf dem Beschaffungsmarkt gründlich genug nach geeigneten Lieferanten gesucht? Wurden die Anzeigen in Fachzeitungen und -zeitschriften ausgewertet? Sollen eigene Inserate für die Lieferantensuche aufgegeben werden? Können Vermittler Kontakte zu geeigneten Zulieferern herstellen?
5. Finanzierung	Müssen Vorauszahlungen geleistet werden? Welches Zahlungsziel räumt der Lieferant ein? Entsteht ein größerer Finanzbedarf als bei Selbsterstellung? Sind für den Zukauf genügend finanzielle Mittel verfügbar? Werden die erforderlichen Kapitalbeträge für andere Zwecke benötigt? Welche Finanzierungskosten entstehen?
6. Sonstiges	Widerspricht der Übergang zum Fremdbezug den Interessen der eigenen Abnehmer? Ist die Einkaufsabteilung den technischen Erfordernissen der Bereitstellung durch Fremdbezug gewachsen? Verstößt der Übergang zum Fremdbezug gegen strenge Geheimhaltungsvorschriften?

Tabelle 10.1: Checkliste zur Analyse der Vorteilhaftigkeit des Fremdbezugs

Z U S A M M E N F A S S U N G

Bei der Wahl zwischen Make (Eigenfertigung) oder Buy (Fremdbezug) handelt es sich um eine strategische Entscheidung mit einem anhaltenden Trend zum Fremdbezug. Bei der Entscheidungsfindung sind eine Reihe von Kriterien zu berücksichtigen, insbesondere die Kernkompetenz, die Kosten und das Lieferangebot, aber auch subjektive Faktoren wie die Sicherung der Autonomie. Es gibt eine Palette von Entscheidungshilfen von rein quantitativen Verfahren wie der Investitionsrechnung bis zu heuristischen Verfahren wie der Verwendung von Checklisten.

Z U S A M M E N F A S S U N G

10.4 Übungsfragen

1. Erläutern Sie den Zusammenhang zwischen Outsourcing und der Make-or-Buy-Entscheidung.
2. Aus welchen Gründen wird in vielen Branchen der Fremdbezugsanteil erhöht?
3. Diskutieren Sie die Kriterien für die Entscheidung über Make or Buy hinsichtlich ihrer Bedeutung in einer kurz-/mittelfristigen vs. einer langfristigen Betrachtung.
4. Nennen Sie fünf Make-or-Buy-relevante Entscheidungskriterien (Schritt 1) und gewichten Sie diese Kriterien hinsichtlich ihrer Bedeutung (Schritt 2). Begründen Sie Ihre Gewichtung.
5. Welche für die Make-or-Buy-Entscheidung relevanten Kriterien werden in einer Investitionsrechnung nicht berücksichtigt?

EXTRAS ONLINE

Lösungen zu den Übungsfragen und weiterführende Materialien finden Sie auf der Website zum Buch unter *www.pearson-studium.de*.

Die Bestellung

11

ÜBERBLICK

Die Bestellung hat einen inhaltlichen und einen prozeduralen Aspekt. Inhaltlich regelt die Bestellung, in welcher Menge („wie viel“) und zu welchem Zeitpunkt („wann“) Güter oder Dienstleistungen geordert werden. Im Mittelpunkt steht die Frage nach der sog. optimalen Bestellmenge (*Abschnitt 11.3*).

Die Bestellung beginnt mit dem Prozess der Angebotsbearbeitung und der rechtsverbindlichen Bestellung. Es folgen die Terminüberwachung, der Wareneingang sowie die Prüfung und Zahlung der Rechnung. Diese überwiegend operativen Prozesse werden im *Abschnitt 11.2* behandelt. Wir beginnen mit der Erläuterung der Grundbegriffe.

11.1 Grundbegriffe

Definition

Die **Bestellung** ist eine verbindliche Aufforderung des Abnehmers an den Lieferanten, bestimmte Güter oder Dienstleistungen zu vereinbarten Bedingungen zu liefern.

Die Bestellung räumt dem Abnehmer die Verfügungsmacht über die Güter ein. Sie regelt im Einzelnen:

- Art und Qualität
- Menge
- Zeit und Ort
- Preis
- Liefer- und Zahlungsbedingungen

Das Grundproblem der Bestellung ist das wirtschaftlich oder technisch bedingte Auseinanderklaffen von Bedarfs- und Bestellmenge. Die im *Kapitel 8* beschriebene Bedarfsermittlung berücksichtigt weder die Verkaufsbedingungen des Lieferanten (Mindestbestellmengen, Mengenrabatte) noch die Bestellkosten des Abnehmers (bestellfixe Kosten s.u.). Demnach sind folgende **Mengenarten** zu unterscheiden:

- Die **Bedarfsmenge** ist die Gesamtmenge, die von einem Gut oder einer Dienstleistung in einer Periode benötigt wird.
- Die **Bestellmenge** ist die Menge, die beim Lieferanten bestellt wird (Auftragserteilung).
- Die **Liefermenge** ist jene Menge, die der Abnehmer als eine Einheit zu einem bestimmten Zeitpunkt erhält.

Die Zeitdifferenz zwischen Bestellung und Lieferung wird durch den Lagerbestand überbrückt, der die Leistungserstellung im Unternehmen gewährleisten soll. Für jede Materialart(-gruppe) werden sog. **Bestandsgrenzen** festgelegt. Diese sind abhängig von saisonalen oder konjunkturellen Einflüssen. Die Grenzen müssen jeweils an die Veränderungen der Bedarfs- und Lieferstruktur angepasst werden. Hohe Bestandsgrenzen sind Ausdruck eines starken Sicherheitsstrebens oder Äquivalente für Dispositionsfehler bei der Bestellentscheidung. Mit modernen Konzepten wie Just-in-Time können die Bestände minimiert werden.

- Der **Mindestbestand** (Sicherheitsbestand) dient zur Abdeckung externer und interner Risikofaktoren, d.h. unvorhergesehener Lieferschwierigkeiten (z.B. Transportstörungen) oder eines unerwarteten Mehrbedarfs. Seine Höhe hängt u.a. vom Servicegrad, vom Bedarfsverlauf und seiner Vorhersehbarkeit, von der Wiederbeschaffungszeit und vom Wert des Materials ab. Der Mindestbestand soll nicht unterschritten und somit auch nicht in die laufende Bedarfs- bzw. Bestelldisposition einbezogen werden (sog. „eiserne Reserve").
- Der **Meldebestand** berücksichtigt die vorhersehbaren Verzögerungen durch den Bestell- und Lieferprozess. Er deckt den Mindestbestand und den Verbrauch in der Wiederbeschaffungszeit ab. Bestellungen müssen spätestens beim Erreichen des Meldebestands ausgelöst werden.
- Der **Höchstbestand** limitiert den Bestand nach oben. Diese Limitierung erfolgt aus Kostengründen (Raum- und Kapitalkosten) und wegen physischer Beschränkungen der Lagerkapazität.

▶ *Abbildung 11.1* zeigt den idealtypischen Fall eines konstanten Verbrauchs mit einer Nachbestellung zum sog. Bestellpunkt. Ein konstanter Verbrauch vereinfacht zwar die Bestellentscheidung, ist in der Realität jedoch eher selten (siehe Bestellpolitiken, *Abschnitt 11.4*)

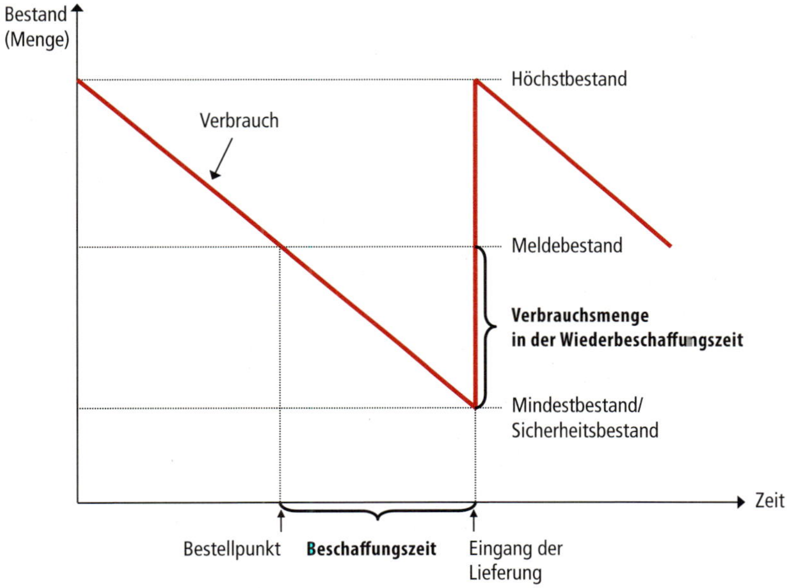

Abbildung 11.1: Bestandsgrenzen

11.2 Prozesse

Der Prozess der Bestellung beginnt mit der **Angebotsbearbeitung**. Das Angebot wird formal auf Korrektheit, Vollständigkeit sowie Eindeutigkeit und materiell hinsichtlich der Entscheidungskriterien (Preis, Qualität etc.) untersucht. Die Angebotsbearbeitung kann Anlass für Nachverhandlungen über Preise und Konditionen sein.

Nach der Angebotsprüfung folgt die **Bestellung**. Wichtig ist, die Zahl der Bestellungen durch Mengenbündelungen und Lieferantenkonzentration zu reduzieren. Die Mengenbündelung senkt den Verwaltungsaufwand beim Abnehmer, da beachtliche fixe Kosten je Bestellung anfallen. Die Lieferantenkonzentration verringert die Anzahl der externen Schnittstellen und stärkt durch große Bestellmengen die Verhandlungsmacht des Abnehmers. Dies gilt jedenfalls, wenn keine Beschaffungshemmungen (z.B. Lieferengpässe) auftreten.

Die Bestellung löst auch eine Reihe interner Vorgänge beim Abnehmer aus: Eintragungen in die Bestelldatei, die Ermittlung des Bestellbestands (offene Bestellungen) und des Vormerkbestands (Bestand, über den bereits verfügt wurde), den Vergleich von Auftragsbestätigung und Bestellung, die Information der Bedarfsträger (über den vereinbarten Liefertermin bzw. den für ihn relevanten Verfügbarkeitstermin, insbesondere bei Abweichungen gegenüber der Bedarfsanforderung).

Nach der Bestellung müssen die **Liefertermine überwacht** werden, um frühzeitig auf Lieferengpässe reagieren zu können. Im Rahmen der Lieferantenerziehung ist ein Kompromiss zwischen Kontrolle und Vertrauen zu treffen, um einerseits die Versorgungssicherheit zu gewährleisten und andererseits den Lieferanten nicht aus der Verantwortung für die Liefertreue zu entlassen.

Beim **Wareneingang** wird die Lieferung auf Korrektheit und Vollständigkeit untersucht (vgl. *Abschnitt 19.1*). Im Anschluss an den Wareneingang kommt es zur **Prüfung** und **Bezahlung der Rechnung (Rechnungserledigung)**.

Wegen der Rechtsverbindlichkeit, wegen der Korruptionsgefahren im Verhältnis Besteller und Lieferant sowie wegen der Häufigkeit der Bestellprozesse werden dafür in der Praxis **spezielle Regelungen** getroffen und dokumentiert (z.B. im Einkaufshandbuch). Geregelt werden u.a. der Bestellablauf, die Schriftlichkeit, die Verwendung von Formularen und die Zeichnungsberechtigung (Vier-Augen-Prinzip).

Auf Rationalisierungsmöglichkeiten durch den Einsatz leistungsfähiger Software wurde im *Abschnitt 7.4* bereits hingewiesen. Die bestellfixen Kosten können auch mit **Desktop-Purchasing**-Systemen gesenkt werden. Sie bieten dem Bedarfsträger über ein Intranet die Möglichkeit, im Rahmen seiner Beschaffungsbudget-Kompetenz selbstständig zu bestellen. Dies beschleunigt die Beschaffungsprozesse und entlastet die Beschaffungsspezialisten.

Den vorwiegend operativen Bestellprozessen vorgelagert sind die vertraglichen Regelungen zwischen Abnehmer und Lieferanten. Ein Kaufvertrag kommt zustande, wenn entweder der Kunde das Angebot des Lieferanten oder der Lieferant die Bestellung des Kunden annimmt. Bei einem **Rahmenvertrag** fixieren Lieferant und Kunde die Preise sowie die Kauf- und Verkaufsbedingungen für bestimmte Mengen bzw. Mengenkontingente und einen bestimmten Lieferzeitraum. Der Kunde kann die Menge und den Zeitpunkt der Lieferungen bestimmen. Rahmenverträge vereinfachen die Abwicklung, weil wesentliche Aspekte vorab geklärt werden.

Bei einem **Kauf auf Abruf** vereinbaren Lieferant und Kunde Mindest- oder Höchstmengen für einen bestimmten Zeitraum. Der Kunde bestimmt die Liefertermine durch Abrufe (vgl. auch *Abschnitt 19.1.2*). Der **Sukzessivliefervertrag** ist eine Variante des Kaufs auf Abruf, der auch die Liefertermine (täglich, stündlich) regelt und sich somit für Just-in-Time-Lieferungen eignet.

11.3 Die Bestellmengenentscheidung

Die Bestellmengenentscheidung bestimmt, in welcher Menge ein Gut geordert wird. Dazu werden die von den Bedarfsträgern angeforderten und geprüften Bedarfsmengen unter Abwägung verschiedener Kriterien zu „optimalen" Bestellmengen gebündelt. Folgende Kriterien sind für die Bestellmengenentscheidung relevant:

Der **Bedarf** und das **Lieferangebot** müssen jeweils hinsichtlich der Menge, des Zeitpunkts, der Regelmäßigkeit und der Vorhersehbarkeit spezifiziert werden.

Die **Einstandspreise** hängen von der beschafften Menge (Rabatte!) und von saisonalen oder konjunkturellen Schwankungen des Lieferangebots ab. Bei der Ermittlung der Einstandspreise müssen neben dem Listen- oder Angebotspreis des Lieferanten die Preiskonditionen berücksichtigt werden, insbesondere die Liefermodalitäten (Fracht-, Versicherungs- und Verpackungskosten), die Zahlungsbedingungen (Skonto und Finanzierungskosten) sowie absatzpolitische Aspekte (Treuerabatte, Sonderaktionen).

Bei den **Kosten** ist zwischen Lager- und Fehlmengenkosten zu unterscheiden:

- Zu den **Lagerkosten** (Bestandskosten) zählen die Zinskosten für die Kapitalbindung der Bestände, die Kosten des Lagerpersonals (Löhne) und der Lagereinrichtung (Abschreibungen, Mietkosten, Versicherungsprämien) sowie die Versicherungsprämien und Abschreibungen für Wertminderungen und Schwund der Lagergüter.
- Die **Fehlmengenkosten** umfassen die Fracht- oder Transportkosten sowie höhere Preise für Eilbestellungen zur Vermeidung von Fehlmengen, Konventionalstrafen für Nicht- bzw. verspätete Lieferungen, Opportunitätskosten durch Stillstand der Produktion (Leerkosten für Arbeitskräfte und Betriebsmittel) sowie Opportunitätskosten als Folge von Imageverlusten und entgangenen Umsätzen.

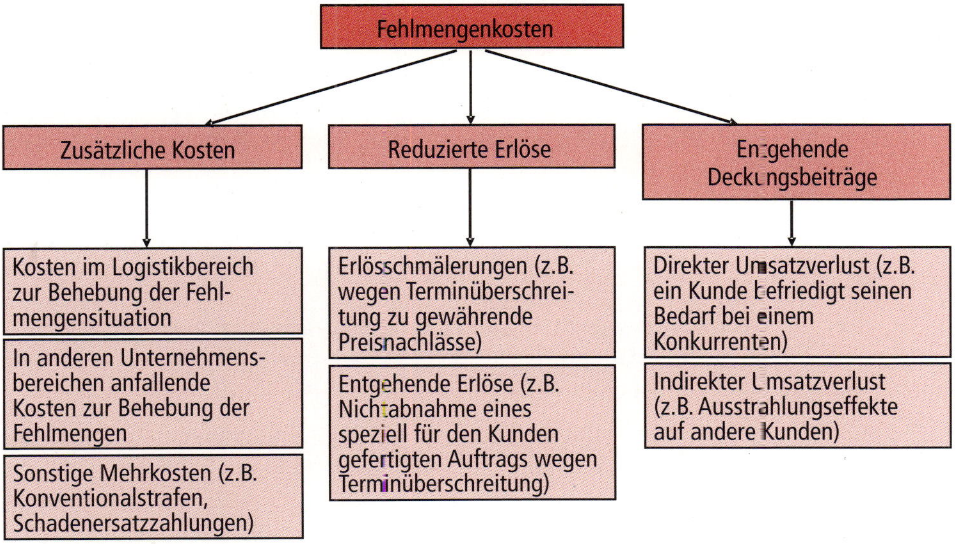

Abbildung 11.2: Arten von Fehlmengenkosten[1]

1 Weber/Wallenburg 2010, S. 187

Auch die **finanzielle Lage** des Abnehmers ist für die Bestellmengenentscheidung von Bedeutung. Bei guter Liquidität und Bonität kann der Abnehmer seine Gesamtkosten durch große Bestellmengen (auch Vorziehkäufe) und die Inanspruchnahme von Skonti senken. In finanziell angespannter Lage werden lange Zahlungsziele und günstige Möglichkeiten der Zwischenfinanzierung angestrebt. Der Abnehmer kann sich durch Termingeschäfte gegen Preisschwankungen (z.B. steigende Rohstoff- oder Energiepreise) auf dem Beschaffungsmarkt absichern (sog. Hedging).

Schließlich ist die verfügbare **Lager- und Transportkapazität** zu beachten. Die Lagerkapazität limitiert die Bestellmenge, wenn man auf die (meist teure) Fremdlagerung verzichten will. Die Transportkapazität ist insbesondere bei güterspezifischen Anforderungen an die Transportmittel (z.B. Kühlung) relevant.

Da die Wirkung der dargestellten Kriterien vielfach gegenläufig ist (die Priorisierung eines Kriteriums verschlechtert den Erfüllungsgrad eines anderen Kriteriums), liegt ein typisches Optimierungsproblem vor. Methoden zur Ermittlung der **optimalen Bestellmenge** wurden bereits Anfang des 20. Jahrhunderts von Stefanic-Allmayer entwickelt und später auch zur Ermittlung der optimalen Losgröße in der Fertigung verwendet.

Die Berechnung der optimalen Bestellmenge basiert im Grundmodell auf folgenden, vereinfachenden Annahmen:

- Der Periodenverbrauch ist bekannt.
- Der Verbrauch (Lagerabgang) ist kontinuierlich.
- Es treten keine Fehlmengen auf und die Mindestmenge ist konstant.
- Die Wiederbeschaffungszeit ist gleich null.
- Der Einstandspreis ist konstant (mengenunabhängig).
- Der Lagerhaltungskostensatz ist konstant.
- Der Zinssatz für das durchschnittlich gebundene Kapital ist konstant.

Das Grundmodell unterscheidet bestellfixe und -variable Kosten. **Bestellfixe Kosten** entstehen für die Administration und Disposition im Einkauf, für den Wareneingang und die Rechnungsprüfung (im Wesentlichen Personalkosten). **Bestellvariable Kosten** hängen von der Bestellmenge ab und ergeben sich aus den Zinskosten für das im Lager gebundene Kapital und den anfallenden Lagerkosten (Lagerhaltungskostensatz).

Definition

Optimal ist jene **Bestellmenge**, bei der die Summe aus den fixen und variablen Kosten (Gesamtkosten) im Planungszeitraum ein Minimum aufweist.

Die folgende Grafik zeigt die Gesamtkosten der Bestellung in Abhängigkeit von den bestellfixen und den variablen Kosten:

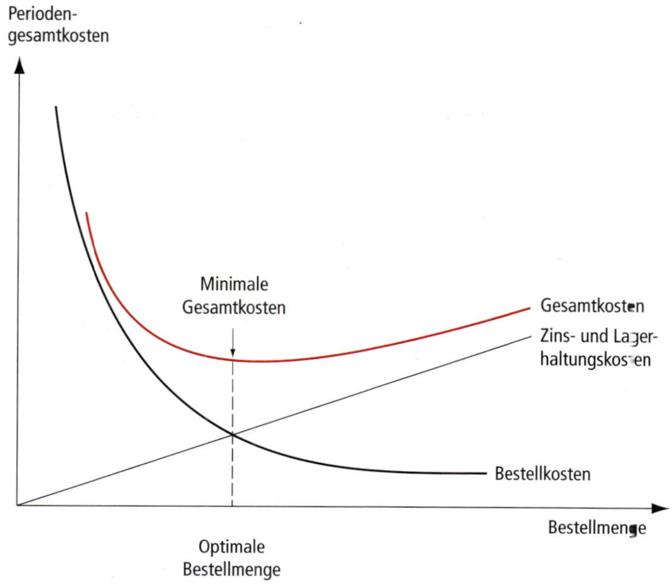

Abbildung 11.3: Optimale Bestellmenge

Mit der folgenden Formel werden die zu optimierenden Gesamtkosten ermittelt:

$$G_k = B_k \times \frac{J}{q} + \frac{q}{2} \times E_p \times i$$

q: Bestellmenge	Bestellhäufigkeit je Periode $= \frac{J}{q}$
q_{opt}: Gesuchte optimale Bestellmenge	Bestellfixe Kosten $= B_k \times \frac{J}{q}$
J: Periodenbedarf	Durchschnittlicher Lagerbestand $= \frac{q}{2}$
B_k: Bestellfixe Kosten	Durchschnittlicher Lagerwert $= \frac{q}{2} \times E_p$
E_p: Einstandspreis pro Stück	Zins- und Lagerhaltungskosten $= \frac{q}{2} \times E_p \times i$
i: Zins- und Lagerhaltungskostensatz	
G_k: Gesamtkosten	

Die Minimierung dieser Kostenfunktion durch Bildung der ersten Ableitung ergibt die **optimale Bestellmenge** *(Andlersche Formel)*:

$$q_{\text{opt}} = \sqrt{\frac{2 \times J \times B_k}{E_p \times i}}$$

Die optimale Bestellmenge ist hoch bei hohen bestellfixen Kosten bzw. hohem Periodenbedarf und bei niedrigem Zins- und Lagerhaltungskostensatz bzw. niedrigen Einstandspreisen.

Durch Umformulierung kann die **optimale Bestellhäufigkeit h_{opt}** einer Periode (Bestellrhythmus) errechnet werden:

$$h_{\text{opt}} = \frac{J}{q_{\text{opt}}} = \sqrt{\frac{E_p \times J \times i}{2 \times B_k}}$$

Das Grundmodell operiert mit vereinfachenden Annahmen (Entscheidung unter Sicherheit!) und taugt deshalb nur als Orientierungshilfe, indem es den Trade-off zwischen bestellfixen und bestellvariablen Kosten illustriert. Weiterentwicklungen des Grundmodells verzichten auf diese realitätsfremden Annahmen und sind dementsprechend hinsichtlich des erforderlichen Informations-Inputs und der mathematischen Modellierung (stochastische Modelle) anspruchsvoller.

Das Grundmodell kann erweitert werden, z.B. durch Lagerzugangszeiten, die Einführung von beschränkten Lagerkapazitäten oder durch die Gewährung von mengenabhängigen Rabatten. Für die Unternehmenspraxis ist vor allem die Berücksichtigung von unsicheren Erwartungen hinsichtlich der Lagerzugänge und der Lagerabgänge relevant (vgl. *Abschnitt 18.2.2*).

11.4 Bestellpolitiken

Die Ermittlung der optimalen Bestellmenge für jede Materialart und jede Bedarfsmeldung ist aufwendig. In der Praxis wird diese Optimierungsrechnung deshalb vielfach nur für wertmäßig bedeutsame Stoffe durchgeführt (vgl. dazu *Abschnitt 8.1.1*). Bestellpolitiken ersetzen die aufwendige Berechnung durch Regeln für die Ermittlung der Bestellmenge und der Bestellperiode.

Die vier Grundformen der Bestellpolitik ergeben sich aus der Kombination der Bestellmenge (fix, variabel) und der Bestellperiode (fix, variabel).

Bestellmenge \ Bestellperiode	Fix	Variabel
Fix	t,q-Politik	s,q-Politik
Variabel	t,S-Politik	s,S-Politik

t = Fixe Periode zwischen zwei Bestellungen (Bestellrhythmus, -zeitpunkt)
q = Bestellmenge
s = Lagerbestand, der die Bestellung auslöst (Bestellgrenze oder Meldebestand)
S = Sollbestand

Tabelle 11.1: Grundformen der Bestellpolitik

Man unterscheidet Bestellrhythmus- und Bestellpunktverfahren. Die **Bestellrhythmusverfahren** sind eine Form der Terminsteuerung mit fixen Bestellperioden und fixen oder variablen Bestellmengen (t,q- bzw. t,S-Politik).

- Die **t,q-Politik** sieht fixe Bestellmengen und fixe Bestellperioden vor. Sie wird auch als Bestellrhythmus-Losgrößen-Politik bezeichnet. Diese Politik empfiehlt sich bei längerfristig konstantem Bedarf (X-Güter). Bei unregelmäßigem Bedarf schwanken die Lagerbestände und es kann zu Fehlbeständen kommen, was am ehesten bei Gütern ohne Beschaffungsrisiko toleriert werden kann. Ein Vorteil dieser Politik ist der geringe Dispositionsaufwand.
- Die **t,S-Politik** operiert mit variablen Bestellmengen und fixen Bestellperioden. Sie heißt auch Bestellrhythmus-Lagerniveau-Politik, weil nach jeweils einer Periode (t_0) jene Menge bestellt wird, die notwendig ist, um den Lagerbestand auf den Sollbestand S anzuheben. Wegen der fixen Bestellintervalle können jedoch bei unregelmäßigem Bedarf Fehlbestände auftreten (wie bei der t,q-Politik), was für die Anwendung bei X- und allenfalls Y-Gütern spricht. Die Limitierung der Höchstbestände ist wegen der damit ebenfalls begrenzten Kapitalbindung insbesondere für A- und B-Güter bedeutsam. Die t,S-Politik verursacht höheren Dispositionsaufwand als die t,q-Politik, weil zum Bestellzeitpunkt t_0 jeweils die Höhe des Bestands ermittelt werden muss.

Bei **Bestellpunktverfahren** ergibt sich die Bestellmenge aus der Differenz zwischen Meldebestand und Höchstbestand, man spricht auch von einer Mengensteuerung. Die Bestellung erfolgt, wenn der Meldebestand erreicht oder unterschritten wird. Die Bestellperioden sind also variabel (s,q- bzw. s,S-Politik).

- Die **s,q-Politik** kombiniert fixe Bestellmengen und variable Bestellperioden (sog. Bestellpunkt-Losgrößen-Politik). Die fixe Menge q wird bestellt, wenn der Lagerbestand den Meldebestand erreicht oder unterschreitet. Steigt (sinkt) der Bedarf (z.B. wegen saisonaler Schwankungen), dann verkürzen (verlängern) sich die Bestellintervalle. Diese Bestellpolitik berücksichtigt auftretende Bedarfsschwankungen und eignet sich für Y- bzw. Z-Güter und A- bzw. B-Güter. Der Dispositionsaufwand ist beachtlich, weil bei jeder Entnahme die Lagerbestände mit dem Meldebestand zu vergleichen sind.
- Die **s,S-Politik** sieht variable Bestellmengen und variable Bestellperioden vor (sog. Bestellpunkt-Lagerniveau-Politik). Das Erreichen der Bestellgrenze löst eine Bestellung aus, wobei die Bestellmenge vom Sollbestand S abhängt. Diese Politik limitiert die Höchstbestände, eignet sich also wiederum für A- und B-Güter. Sie hilft auch, Fehlbestände zu vermeiden, und empfiehlt sich daher für Z- und Y-Güter. Diesen Vorteilen steht der Nachteil des höheren Dispositionsaufwands für die Überwachung der Lagerbestände gegenüber.

Die Auswahl der geeigneten Bestellpolitik optimiert die Gesamtkosten unter Berücksichtigung der Bedarfsstruktur und der anderen (evtl. gewichteten) Entscheidungskriterien (z.B. Fehlmengenkosten). Im Folgenden werden die einzelnen Politiken vergleichend dargestellt. Dabei wird die Lieferfrist vernachlässigt, d.h., die Wiederbeschaffungszeit wird als unendlich klein angenommen.

	t,q-Politik	**t,S-Politik**
Abbildung	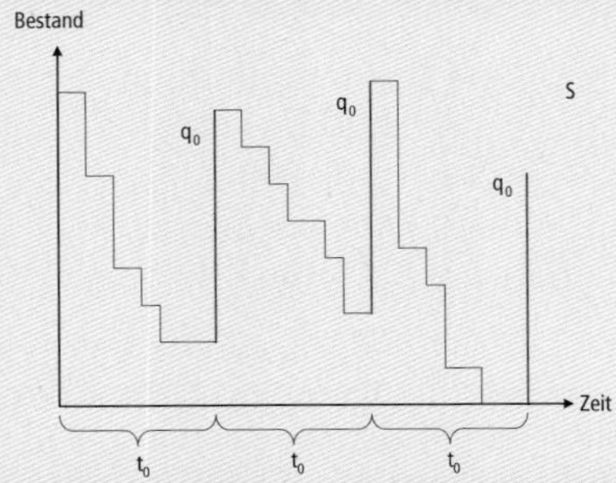	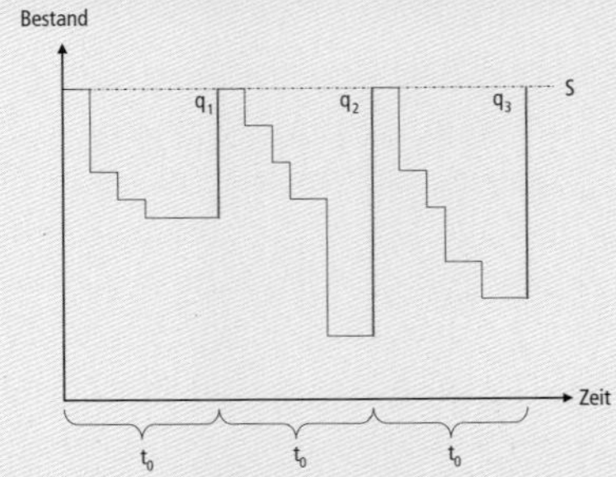
Name	Bestellrhythmus-Losgrößen-Politik	Bestellrhythmus-Lagerniveau-Politik
Bestellperiode	Fix (t_o)	Fix (t_o)
Bestellmenge	Fix (q_o)	Variabel (q_i)
Beschreibung	In konstanten Intervallen t_o wird die konstante Menge q_o bestellt.	In konstanten Intervallen t_o wird der Lagerbestand mit der Menge q_i auf den Sollbestand S aufgefüllt.
	s,q-Politik	**s,S-Politik**
Abbildung	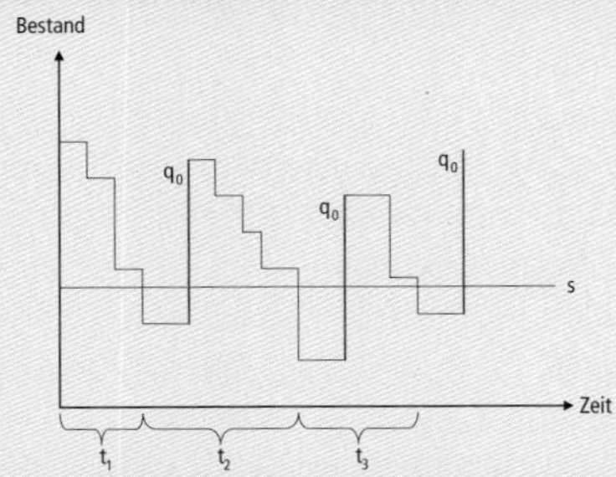	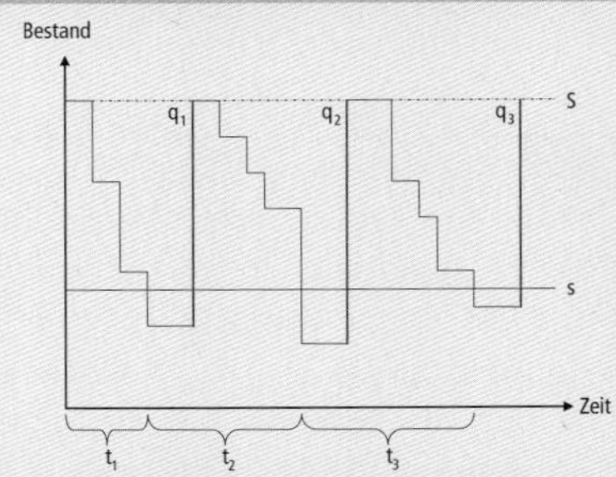
Name	Bestellpunkt-Losgrößen-Politik	Bestellpunkt-Lagerniveau-Politik
Bestellperiode	Variabel (t_i)	Variabel (t_i)
Bestellmenge	Fix (q_o)	Variabel (q_i)
Beschreibung	Wenn der Lagerbestand den Meldebestand s erreicht, wird eine fixe Menge q_o bestellt.	Wenn der Lagerbestand den Meldebestand s erreicht, wird mit der Menge q_i auf den Sollbestand S aufgefüllt.

Tabelle 11.2: Merkmale der Bestellpolitiken

Da sich die Güter hinsichtlich der für die Wahl der Bestellpolitik relevanten Entscheidungskriterien unterschiedlich verhalten (z.B. was die Stetigkeit des Bedarfs oder den Dispositionsaufwand für die Beobachtung des jeweiligen Lagerbestands betrifft), verfolgen Abnehmer für verschiedene Güter unterschiedliche Bestellpolitiken.

ZUSAMMENFASSUNG

Die Bestellung ist ein Beschaffungsprozess mit einer administrativen und einer dispositiven Komponente. Die administrative Komponente betrifft im Wesentlichen Routineprozesse, beginnend bei der Angebotsbearbeitung und endend mit der Rechnungserledigung. Die dispositive Komponente betrifft vor allem die Ermittlung der optimalen Bestellmenge. Die Bestellmenge ist optimal, wenn die Summe aus Bestellkosten und Lagerkosten ihr Minimum erreicht. Zu den dispositiven Prozessen zählt auch die Auswahl der für die einzelnen Güter jeweils am besten geeigneten Bestellpolitik, deren Grundformen sich aus der Kombination von fixen und variablen Bestellmengen sowie fixen und variablen Bestellperioden ergeben.

ZUSAMMENFASSUNG

11.5 Übung und Übungsfragen

Übung: Optimale Bestellmenge

In einem Unternehmen sind im Vorjahr folgende Bestände, Einkaufsvolumina und Verbrauchsmengen (Entnahmen) angefallen:

Datum	Bestand/Einkaufsvolumen (Stück)	Entnahme (Stück)
01.01.	8.500 (Anfangsbestand)	
10.02.		3.000
01.03.	4.000	
14.04.		6.500
03.05.		1.500
01.06.	5.000	
17.07.		4.500
12.08.	2.000	
29.09.	4.000	
30.10.		6.000
11.11.	2.000	
28.12.		3.000
31.12.	.... (Endbestand)	

Tabelle 11.3: Materialeinkäufe und -verbrauchsmengen

Ermitteln Sie die optimale Bestellmenge und -häufigkeit für das Folgejahr unter der Annahme, dass sich die Bedarfsmenge nicht ändert.

- Bestellfixe Kosten: € 110
- Einstandspreis: € 19
- Zins- und Lagerhaltungskostensatz: 7%

1. Welche Bestellmenge ist optimal?
2. Wie oft soll bestellt werden (Häufigkeit und Intervall in Tagen)?

Übungsfragen:

1. Warum fixiert man Bestandsgrenzen?
2. Welche Arten von Bestandsgrenzen können unterschieden werden und wovon hängt deren Höhe ab?
3. Reihen Sie die Prozesse der Bestellung entsprechend ihrer zeitlichen Abfolge.
4. Nennen Sie vier relevante Kriterien der Bestellmengenentscheidung.
5. Wie lautet die Formel zur Ermittlung der optimalen Bestellmenge?
6. Welche Bestellpolitiken gibt es?
7. Welche Merkmale sind für die Unterscheidung der Bestellpolitiken relevant?

EXTRAS ONLINE

Lösungen zu den Übungsfragen und weiterführende Materialien finden Sie auf der Website zum Buch unter *www.pearson-studium.de*.

Lieferantenmanagement

12

ÜBERBLICK

„Lieferanten sind unsere wichtigsten Partner!" Dieses Statement eines prominenten deutschen Herstellers belegt die überragende Bedeutung der Lieferanten für den Unternehmenserfolg. Sie sind nicht nur Geschäftspartner, auf die ein großes mengen- und wertmäßiges Transaktionsvolumen entfällt, das sich wegen des Trends zur Erhöhung des Fremdbezuganteils noch steigern wird, sondern auch eine wichtige Innovationsquelle. Dementsprechend intensivieren viele Abnehmer ihre Anstrengungen im Lieferantenmanagement (Supplier Relationship Management).

Definition

Unter **Lieferantenmanagement** versteht man alle Maßnahmen zur Beeinflussung der Lieferanten im Sinne der Unternehmensziele. Im Einzelnen zählen dazu die Auswahl, die Entwicklung und die Beurteilung der Lieferanten im Rahmen der Lieferantenpolitik.

12.1 Lieferantenauswahl

Die Auswahl der richtigen Lieferanten wird mit steigendem Fremdbezuganteil zu einem bedeutsamen Erfolgsfaktor. Soweit nicht ausdrücklich etwas anderes vermerkt ist, gelten die Aussagen zur Lieferantenauswahl für einzelne Materialarten oder -gruppen und nicht für das gesamte Materialsortiment. Die folgende Abbildung zeigt die Alternativen bei der Auswahl der Lieferanten im Überblick:

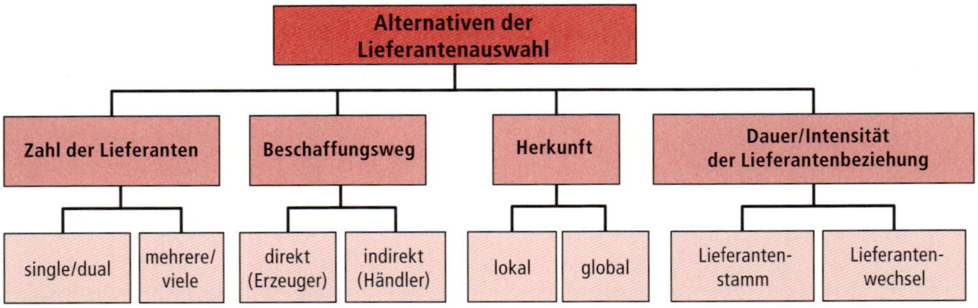

Abbildung 12.1: Alternativen der Lieferantenauswahl

12.1.1 Zahl der Lieferanten

Man unterscheidet Single, Dual und Multiple Sourcing. Das Modular Sourcing führt zu einer Verringerung der Zahl der Lieferanten.

Beim **Single Sourcing (Alleinlieferant)** ist ein Lieferant, und zwar der leistungsfähigste, die einzige Bezugsquelle. Das damit verbundene Risiko (größere Abhängigkeit, die sich vor allem bei Preisverhandlungen und bei Lieferschwierigkeiten bemerkbar macht) sollte durch Preiszugeständnisse des Lieferanten, geringeren Bestellaufwand, Teilnahme an Qualitätssicherungs- und Kostensenkungsprogrammen, logistische Vorteile und Zusatzleistungen (z.B. anwendungstechnische Beratung) kompensiert werden. Ein spektakuläres Beispiel für die Risiken des Single Sourcing ist ein Hersteller von Mobiltelefonen, der wegen eines Brands in der Fertigungshalle seines Halbleiterlieferanten mehrere Hundert Millionen Euro durch Produktionsunterbrechungen verlor.

Beim **Dual Sourcing** besteht die Bezugsquelle aus zwei Lieferanten, die permanent im Wettbewerb stehen (z.B. zwei Lieferanten für Pkw-Reifen). Der Lieferant mit den günstigeren Konditionen oder der besseren Qualität erhält ein entsprechend größeres Auftragsvolumen. Gegenüber dem Single Sourcing ist das Beschaffungsrisiko kleiner.

Multiple Sourcing bedeutet, mehr als zwei bzw. eine Vielzahl von Beschaffungsquellen gleichzeitig zu nutzen. Multiple Sourcing fördert den Wettbewerb unter den Lieferanten und soll deren Leistungsfähigkeit und Preiswürdigkeit steigern. Diese Variante empfiehlt sich bei standardisierten Gütern und bedeutet eine weitere Senkung des Beschaffungsrisikos. Lange Zeit galten z.B. in der Automobilindustrie sog. **Quotenregelungen** zur Aufteilung der Mengenanteile auf die Lieferanten:

- **60/30/10-Klausel:** 60% des Bedarfsvolumens entfallen auf den ersten Hauptlieferanten, 30% auf den zweiten und 10% auf Restlieferanten.
- **30%-Klausel:** Das Auftragsvolumen des Abnehmers soll 30% der Kapazität eines Lieferanten nicht überschreiten. Die Beachtung dieser Klausel vermeidet eine Krisensituation des Abnehmers bei Ausfall eines Lieferanten bzw. des Lieferanten für den Fall des Entzugs des Auftrags.

Beim **Modular Sourcing (System Sourcing)** werden statt einer Mehrzahl von Einzelteilen (von vielen Lieferanten) ganze Baugruppen bzw. Systeme von einem oder wenigen Lieferanten bezogen, die man Systemlieferanten (auch „Tier-1-Lieferanten") nennt. Der Trend zum Modular Sourcing hat zu einer Verringerung der Zahl der Lieferanten geführt, z.B.:

- Das System „Kraftstoffversorgung" in Autos besteht aus Benzintank, Benzinpumpe, elektronischer Motorsteuerung und Sensoren für Druck und Motordrehzahl.
- Das System „Pkw-Front" besteht aus Scheinwerfern, Kühlergrill, Kühler, Lüfter und Stoßfänger.
- Das System „Armaturenbrett" besteht aus Innenverkleidung, Ablagefächern, kompletter Instrumentenausstattung etc.

Voraussetzung des Modular Sourcing sind Entwicklungspartnerschaften im Rahmen längerfristiger Verträge, wobei der Lieferant frühzeitig in die Entwicklung eingeschaltet wird bzw. selbstständig entwickelt. Der Lieferant erweitert also sein Tätigkeitsfeld und übernimmt neben Entwicklungs-, Fertigungs- und Qualitätssicherungs- auch Koordinationsaufgaben.

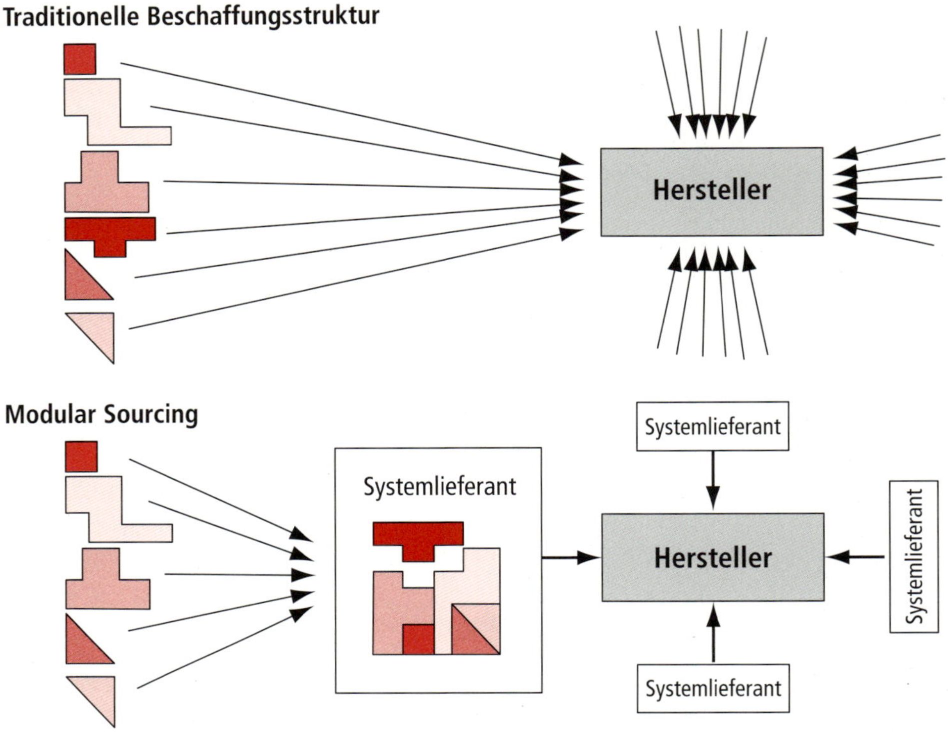

Abbildung 12.2: Traditionelle Beschaffungsstruktur vs. Modular Sourcing[1]

12.1.2 Beschaffungsweg

Der Beschaffungsweg gibt Auskunft darüber, ob direkt beim Produzenten oder (indirekt) unter Einschaltung des Handels beschafft wird (vgl. die Analogie zu den Distributionskanälen im *Abschnitt 19.3.2*). Der **Direktbezug** vom Produzenten ist i.d.R. mit Kostenvorteilen für den Abnehmer verbunden und insbesondere bei der Beschaffung großer Mengen zu empfehlen.

Die **indirekte Beschaffung**, also der Bezug vom Handel bzw. durch Einkaufskooperativen (z.B. Einkaufsgenossenschaften), empfiehlt sich trotz der in der Regel höheren Einstandspreise bei kleinen Beschaffungsmengen und wegen der geringeren Entfernung der Bezugsquelle. Der Handel bietet darüber hinaus wegen seiner Sortimentsfunktion und seiner Beratungs- und Serviceleistungen Vorteile. Die bereits erwähnten Plattformen (elektronische Marktplätze) sind eine neue Variante der indirekten Beschaffung. In manchen Fällen wird die indirekte Beschaffung durch die vom Produzenten fixierten Mindestabnahmemengen erzwungen.

1 in Anlehnung an Weber/Kummer 1994, S. 172

12.1.3 Herkunft der Lieferanten

Die traditionelle Beschaffung aus dem geografischen Umfeld des Abnehmers wird zunehmend vom Trend zum weltweiten Einkauf abgelöst, dem sog. **Global Sourcing**. Dies bedeutet erhöhte Ansprüche an die Beschaffungsmarktforschung, weil der internationale/globale Einkauf den Informationsbedarf des Abnehmers überproportional steigert.

Als interessante neue Bezugsquellen gelten die Länder Asiens sowie Mittel- und Osteuropas. Aus der Standortdiversifikation der Lieferanten ergeben sich nicht nur Preisvorteile, sie mindert auch das Risiko von (z.B. streik- oder transportbedingten) Beschaffungshemmungen. Weltweit operierende Unternehmen bemühen sich zunehmend um Lieferanten aus ihren Exportmarkt-Ländern bzw. im Umfeld ihrer jeweiligen Produktionsstandorte, um handels- und währungspolitische Risiken auszuschalten.

12.1.4 Dauer und Intensität der Lieferantenbeziehung

Unter diesem Aspekt wird zwischen Lieferantenstamm und fallweisem/häufigem Lieferantenwechsel unterschieden. Als **Stammlieferanten** bezeichnet man jene Lieferanten, mit denen ein Abnehmer längerfristig und intensiv zusammenarbeitet. Gründe für das Festhalten an bestimmten Lieferanten (sog. Lieferantentreue) sind:

- Enger räumlicher und prozessualer Verbund des Abnehmers mit den Lieferanten, z.B. als Elemente sog. logistischer Ketten (Supply Chains). Immer häufiger produzieren Lieferanten auf dem Betriebsgelände des Abnehmers und erbringen die Montageleistung für die zu fertigende Teilekonfiguration (i.d.R. Baugruppen/Module und Systeme) direkt an der Montagelinie (Vormontage/Endmontage) des Abnehmers. Dies bedeutet für den Lieferanten niedrigere Logistikkosten und bessere Integration in die Prozesse des Abnehmers. Der Abnehmer profitiert von einer beschleunigten Entwicklung und Zulieferung. Er kann die Qualität der Lieferantenleistung besser überwachen, insbesondere die Lieferpünktlichkeit und die Lieferqualität. Probleme können sich aus der größeren gegenseitigen Abhängigkeit, dem erhöhten Koordinations- und dem zusätzlichen Investitionsaufwand des Zulieferers ergeben.
- Nutzung des Wissens über Stärken/Schwächen aufgrund langandauernder Geschäftsbeziehungen.
- Ungenügende Kenntnis über alternative Lieferantenquellen wegen der „Gewöhnung" an die Stammlieferanten („Hoflieferanten").
- Hohe Kosten des Lieferantenwechsels. Eine Faustregel besagt, dass sich der Wechsel zu einem ausländischen Lieferanten nur lohnt, wenn dessen Preise mindestens 10% unter dem Inlandsniveau liegen.
- Anforderungen anderer Bereiche (z.B. Gegengeschäfte auf Wunsch des Absatzbereichs, Präferenzen für lokale oder regionale Lieferanten).

Beim fallweisen/häufigen **Lieferantenwechsel** wählt der Abnehmer die jeweils günstigste Bezugsquelle. Daraus ergeben sich Chancen für Außenseiter und „Newcomer" unter den Lieferanten.

Ein häufig beschrittener **Mittelweg** ist die Bindung an einen festen Lieferantenpool, der sich aus bewährten Geschäftspartnern rekrutiert. Aus diesem Lieferantenpool kommen die jeweils preisgünstigsten zum Zuge.

12.2 Kriterien der Lieferantenbeurteilung

Für die Lieferantenbeurteilung sind folgende **Merkmale des Lieferanten** (Kriterien) relevant:

- **Liefersortiment** (Art und Qualität der angebotenen Güter/Dienstleistungen). In zunehmendem Maße werden Lieferanten bevorzugt, die Komplettleistungen (Baugruppen, Module, Systeme) oder ein Paket aus Gütern und Dienstleistungen („Solutions") anbieten können. Man nennt sie „Solution Provider".
- **Liefermenge** (in Relation zur Bedarfsmenge des Abnehmers unter Berücksichtigung der Flexibilität bei Bedarfsänderungen)
- **Lieferpreise/Lieferbedingungen** (sind in Abhängigkeit von der Marktmacht der Abnehmer und Lieferanten fix bzw. Gegenstand von Verhandlungen)
- **Zuverlässigkeit** (hinsichtlich Liefermenge, Lieferzeit, Qualität)
- **Innovationsfähigkeit** (Forschungs- und Entwicklungskompetenz im Hinblick auf neue Produkte, Systeme und Verfahren, Umfang der Anwendungsberatung)
- **Lieferstandort** (Nähe zum Abnehmer, insbesondere bei fertigungssynchroner Anlieferung/Just-in-Time)
- **Wirtschaftliche Lage** (Umsatz bzw. Umsatzentwicklung, Pro-Kopf-Umsatz, Marktposition)
- **Corporate Social Responsibility** (CSR, Beachtung sozialer und ethischer Standards, z.B. betreffend Kinderarbeit und Umweltbelastung/Nachhaltigkeit, vgl. *Abschnitt 1.3*)

Die folgende Abbildung zeigt die Kriterien der Lieferantenbeurteilung eines Energieversorgers und die Erfüllung dieser Kriterien durch die Lieferanten A, B und C.

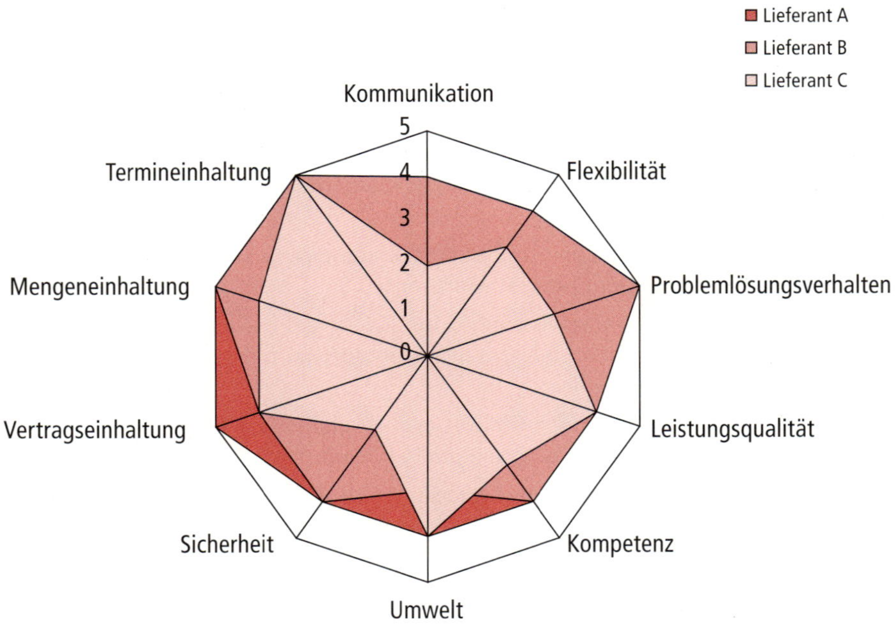

Abbildung 12.3: Kriterien der Lieferantenbeurteilung eines Energieversorgers

Die Auswahl und Gewichtung der Kriterien hängen in starkem Maß von der Unternehmensstrategie und von der Lieferantenpolitik, aber auch von der Art der Güter ab. Wird eine langfristige Partnerschaft mit einem Systemlieferanten in Form eines Produktionsverbunds angestrebt, ist z.B. das Kriterium Standort (räumliche Nähe) von großer Bedeutung. Bei technisch anspruchsvollen Produkten wiederum spielt die Innovationsfähigkeit (F&E-Kapazität) des Lieferanten eine entscheidende Rolle. Jedenfalls sollten die für die Lieferantenauswahl und -beurteilung relevanten Kriterien für die Lieferanten transparent sein, um ihnen die Anpassung an die Ansprüche des Abnehmers zu erleichtern.

12.3 Instrumente der Lieferantenbeurteilung

Die Dynamik der Beschaffungsmärkte (Stichwort Global Sourcing), die erhöhten Qualitätsanforderungen und die Reduzierung der Fertigungstiefe erfordern leistungsfähige Instrumente zur Bewertung der Lieferanten. Die wichtigsten Instrumente der Lieferantenbewertung sind die ABC-Analyse, die Lieferantendatei, die Punktbewertungsmethode und das Qualitäts-Audit. Neuerdings wird auch die Corporate Social Responsibility auditiert.

12.3.1 Die ABC-Analyse

Die ABC-Analyse empfiehlt sich nicht nur für die Klassifikation von Materialarten (siehe *Abschnitt 8.1.1*), sondern auch für das Management einer größeren Zahl von Lieferanten. Demzufolge wird zwischen A-, B- und C-Lieferanten unterschieden.

Bei einem Automobilhersteller mit mehr als 10.000 Lieferanten entfallen beispielsweise auf 19 Lieferanten (0,1%) ca. ein Viertel des Einkaufsvolumens (A-Lieferanten) und auf 289 Lieferanten (2,3%) ca. zwei Drittel (B-Lieferanten). Demzufolge entfällt auf das Gros der Lieferanten (C-Lieferanten) nur ein Zwölftel des Einkaufsvolumens.

A-, B- und C-Lieferanten werden entsprechend ihrer unterschiedlichen Bedeutung bearbeitet, d.h., das Lieferantenmanagement ist bei A- und B-Lieferanten wesentlich aufwendiger und erfolgskritischer als bei C-Lieferanten.

12.3.2 Die Lieferantendatei

Die Lieferantendatei ist eine systematische Sammlung der im Zuge der Lieferantenbeobachtung gewonnenen Informationen inkl. der Ergebnisse einer fallweisen oder regelmäßigen Beurteilung der mit den Lieferanten getätigten Geschäfte. Sie sollte neben den aktuellen auch die potenziellen Lieferanten und jedenfalls folgende Inhalte abdecken: Liefersortiment, Lieferbedingungen, spezifisches Know-how (Entwicklungskapazität, Just-in-Time-Fähigkeit), Zertifizierungen (Audits), Betriebsgröße, Marktposition, Standorte, Referenzen und Kontaktpersonen. Die Gliederung der Lieferantendatei erfolgt zweckmäßigerweise nach den Arten des Materialbedarfs.

12.3.3 Die Punktbewertung (Scoring-Tabelle)

Die Punktbewertung oder Nutzwertanalyse bietet die Möglichkeit, neben quantitativen auch qualitative Zielkriterien bei der Lieferantenbeurteilung zu berücksichtigen. Die Zielkriterien müssen im Hinblick auf das Entscheidungsproblem aussagekräftig, voneinander unabhängig und messbar sein.

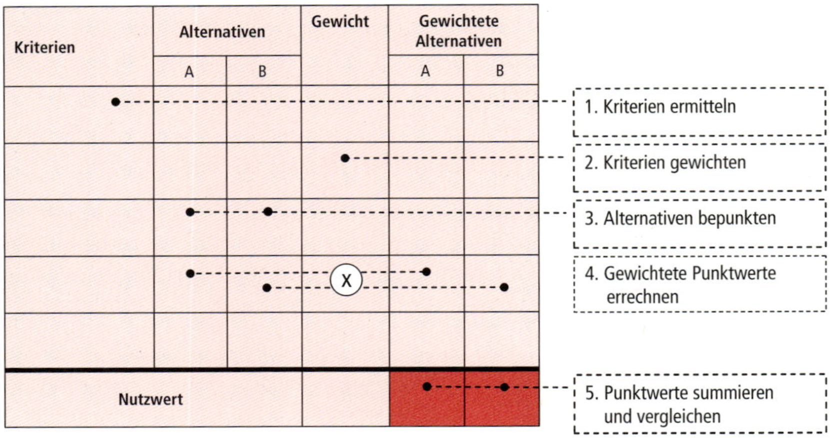

Abbildung 12.4: Anleitung zur Punktbewertung

In einem ersten Auswahlprozess werden alle Lösungsalternativen ausgeschieden, welche die sog. Muss-Ziele (Mindestanforderungen, z.B. Mindestqualität) verfehlen. Anschließend wird mithilfe der Nutzwertanalyse untersucht, welche Alternative die Ziele am besten erfüllt. Dazu werden die Kriterien der Lieferantenbeurteilung bestimmt und entsprechend ihrer Bedeutung gewichtet. Jeder Lieferant erhält je Kriterium einen Punktwert (z.B. von 1 bis 5 für den niedrigsten bzw. den höchsten Erfüllungsgrad). Die Multiplikation der Punktwerte mit dem jeweiligen Gewicht des Kriteriums ergibt die gewichteten Punktwerte. Durch Addition der gewichteten Punktwerte erhält man den Nutzwert jedes Lieferanten. Im folgenden Beispiel einer Punktbewertung ist der Lieferant C mit einem Nutzwert von 455 die vorteilhafteste Alternative. Lieferant A kann bei entsprechenden Maßnahmen der Lieferantenentwicklung – in diesem Fall Maßnahmen zur Steigerung der Termintreue – das Niveau von Lieferant C erreichen.

Teil-Nr.		Lieferant A		Lieferant B		Lieferant C	
Kriterien	**Gewicht**	**P**	**W**	**P**	**W**	**P**	**W**
Qualität	30	5	150	4	120	5	150
Preis	30	5	150	3	90	4	120
Termintreue	15	2	30	4	60	5	75
Zuverlässigkeit	15	3	45	4	60	5	75
Konditionen	5	4	20	5	25	2	10
Standort	5	4	20	3	15	5	25
Summe	100		415		370		455

Tabelle 12.1: Punktbewertung/Nutzwertanalyse zur Lieferantenauswahl

12.3.4 Das Qualitäts-Audit

Mit dem Qualitäts-Audit wird der zunehmenden Bedeutung des Qualitätsaspekts bei der Bewertung der Lieferanten Rechnung getragen. Im Folgenden werden die wichtigsten Ziele und Arten der Qualitäts-Auditierung dargestellt.

Ziele der Qualitäts-Auditierung sind:

- Die Sicherstellung eines ausreichenden Qualitätsniveaus der Lieferanten
- Überprüfung der Wirksamkeit der Qualitätsmanagement-Systeme der Lieferanten
- Ableitung von Entscheidungskriterien für die Lieferantenbeurteilung
- Einleitung von Verbesserungen bei den Lieferanten (Lieferantenentwicklung s.u.)

Arten der Qualitäts-Auditierung sind:

- Das **Verfahrens-Audit** (auch Prozess-Audit) analysiert die Wirksamkeit der Qualitätssicherung. Die praktizierten Verfahren bzw. Arbeitsabläufe werden hinsichtlich ihrer Sicherheit und Zweckmäßigkeit sowie der Einhaltung der Verfahrens- und Arbeitsanweisungen beurteilt.
- Das **Produkt-Audit** beurteilt die Wirksamkeit der Qualitätssicherung im Hinblick auf die Produkte, die Bauteile und Baugruppen. Die zentrale Frage lautet: Entspricht das Material (Roh-, Hilfs- und Betriebsstoffe sowie Zulieferteile) den Qualitätsvorgaben?
- Beim **System-Audit** steht die Wirksamkeit des Qualitätssicherungssystems (nach EN ISO 9000 ff. und QS 9000) des Lieferanten im Mittelpunkt. Das Qualitätssicherungssystem soll Fehler im gesamten Entwicklungs- und Herstellungsprozess vom Entwurf bis zum Kundendienst vermeiden bzw. aufdecken. Grundlagen für das System-Audit sind das Qualitätssicherungshandbuch, Qualitätsanweisungen, Auftragsunterlagen, Richtlinien, gesetzliche Auflagen und Qualitätssicherungsnormen.

12.3.5 Das CSR-Audit

In zunehmendem Maße werden die Abnehmer bezüglich der Auswahl ihrer Lieferanten in die Verantwortung genommen. Jüngstes Beispiel ist der Vorwurf an IKEA, Zwangsarbeiter (politische Gefangene) in der ehemaligen DDR ausgebeutet zu haben. Apple wurde mit dem Vorwurf konfrontiert, dass bei seinen Zulieferern in Asien skandalöse Arbeitsbedingungen herrschen. Apple reagierte darauf mit der Veröffentlichung der sog. Apple Supplier Responsibility Progress Reports. Diese Berichte belegen die intensivierten Bemühungen von Apple, die Einhaltung der Arbeits-, Umwelt- und Sozialziele des Apple Supplier Code of Conduct zu überprüfen. 2017 wurden laut dem Apple Supplier Responsibility Progress Report 2018 insgesamt 754 Assessments durchgeführt. Dabei schnitten 444 Betriebsstätten sehr gut, 302 durchschnittlich und 8 schlecht ab. Apple bewertete sich im Bereich Arbeitnehmerschutz und Menschenrechte mit 86%, wobei Prozentpunkt-Abschläge in drei Stufen ausgewiesen werden. Die größten Abschläge gab es für Vergehen bei Löhnen und Gehältern mit 4,6% und bei Arbeitszeitregelungen ebenfalls mit 4,6%. Da kein Zeitvergleich und keine Detailergebnisse präsentiert werden, ist die Nachvollziehbarkeit gering.

12.4 Lieferantenpolitik und Lieferantenentwicklung

Die Lieferantenpolitik bestimmt die Grundsätze für die Gestaltung der Geschäftsbeziehungen zwischen Abnehmer und Lieferanten. Unter Lieferantenentwicklung versteht man Maßnahmen zur Festigung und Verbesserung bestehender Lieferanten-Abnehmer-Beziehungen nach Maßgabe der Lieferantenpolitik.

12.4.1 Lieferantenpolitik

Viele Abnehmer bemühen sich explizit um ein faires und partnerschaftliches Verhältnis zu ihren Lieferanten, wie die folgenden Statements belegen:

„Lieferanten sind unsere wichtigsten Partner."

„Wir verlangen nichts von den Zulieferern, was wir nicht auch von uns verlangen."

„Wir geben partnerschaftlichen, auf dem Leistungsprinzip beruhenden Beziehungen zu unseren Lieferanten den Vorzug."

„Grundsätzlich müssen unsere Lieferanten in der Lage sein, dieselben Anforderungen zu erfüllen, die unsere Kunden an uns stellen."

Im Gegensatz dazu setzen manche Abnehmer, insbesondere in Krisensituationen, ihre Marktmacht ein und fordern von ihren Lieferanten einen Sanierungsbeitrag, wie die folgenden Zitate demonstrieren:

„Automobilindustrie setzt Daumenschrauben an."

„Zulieferer unter dem Joch der Konzerne."

„Kostendruck auf Lieferanten abgewälzt."

„Wir empfangen unsere Aufträge in Gnade und liefern in Demut und Dankbarkeit." (Sarkastische Äußerung eines Lieferanten)

Modul	Erwartete jährliche Kostenreduktion
Chassis	2,4%
Antrieb	2,2%
Verbrennungsmotor	2,5%
elektr. Antriebsysteme	4,8%
Karosserie	2,5%
Außendesign	3,2%

Tabelle 12.2: Von Lieferanten erwartete jährliche Kostensenkungen in der Automobilindustrie[2]

Die ▶ *Tabelle 12.2* zeigt die von der Beratungsgesellschaft Oliver Wyman ermittelten durchschnittlichen jährlichen Kostensenkungen, die seitens der Abnehmer von den Lieferanten in der Automobilindustrie gefordert werden.

2 Oliver Wyman 2016

Die folgende Tabelle macht die Unterschiede zwischen einer partnerschaftlichen (Tandem) und einer Abnehmer-dominanten Lieferantenpolitik deutlich:

	Tandem	Abnehmer-Dominanz
Grundhaltung	Partnerschaft	Ausnutzen der Marktmacht
Einsparungsziele	Kontinuierlich	Abhängig von der wirtschaftlichen Lage des Abnehmers
Maßnahmen	Gemeinsame Entwicklung einfacherer/ billigerer Teile, Teilestandardisierung, integrierte Qualitätssicherungs- und Informationssysteme	Ultimative Forderung von Lieferpreis-Senkungen
Erfolgszurechnung	Faire Teilung der Rationalisierungsgewinne	Sanierungserfolg beim Abnehmer/ Gewinnschmälerung beim Lieferanten

Tabelle 12.3: Partnerschaftliche vs. Abnehmer-dominante Lieferantenpolitik

Die Lieferantenpolitik hängt u.a. vom Beschaffungsrisiko der Güter/Dienstleistungen (Versorgungssicherheit) und vom Einfluss der Beschaffung auf das Betriebsergebnis ab (Versorgungswirtschaftlichkeit):

- Beim **Abschöpfen** wird auf Basis einer ungefährdeten Versorgungssicherheit die Versorgungswirtschaftlichkeit forciert und die Verhandlungsposition gegenüber den Lieferanten ausgereizt.
- Die Strategie des **Abwägens** (auch selektive Strategie) sieht Kompromisse zwischen Versorgungssicherheit und Versorgungswirtschaftlichkeit vor, z.B. durch Kombination von Vertragskäufen und Gelegenheitskäufen.
- Bei der Strategie des **Diversifizierens** (auch Investitionsstrategie) dominiert die Versorgungssicherheit. Man bildet einerseits einen Pool zuverlässiger Lieferanten und verstärkt andererseits die Anstrengungen zur Substitution versorgungskritischer Güter/Dienstleistungen.

12.4.2 Lieferantenentwicklung

Die Lieferantenentwicklung basiert auf der Lieferantenpolitik und umfasst Maßnahmen der Lieferantensicherung, -förderung und -pflege. Sie hängt auch von der Bedeutung der Lieferanten für den Abnehmer ab. Dementsprechend sind A- und B-Lieferanten bevorzugte Adressaten der Lieferantenentwicklung.

Maßnahmen der Lieferantensicherung sind

- Abschluss längerfristiger Lieferverträge, um die Geschäftsbeziehungen zu stabilisieren
- Partizipation der Lieferanten an den Rationalisierungsgewinnen
- Kapitalverflechtung mit den Zulieferunternehmen
- Vereinbarung von Gegengeschäften, die beiden Parteien einen zusätzlichen Nutzen versprechen

Maßnahmen der Lieferantenförderung zielen auf die Beratung und aktive Unterstützung der Lieferanten bei Problemen, welche diese mit eigenen Mitteln nicht lösen können, z.B. Probleme im Produktions- oder im Forschungs-/Entwicklungsbereich (F&E). Beispiele für die Lieferantenförderung sind

- das Abstellen von Spezialisten auf Zeit, Unterstützung bei der Ausbildung sowie der Qualitätssicherung
- die Gewährung von Investitionshilfen
- Preiszugeständnisse. Dazu ein Zitat: „Da haben wir den Lieferanten schon Aufträge mit Konditionen zum Überleben gegeben."

Maßnahmen der Lieferantenpflege sind

- Genaue Einhaltung der Verpflichtungen gegenüber den Lieferanten
- Toleranz bei seltenem/geringfügigem Fehlverhalten des Lieferanten
- Diskretion und Fairness in Verhandlungen
- Lieferantenbefragungen und Veranstaltung von Lieferantentagen zur Abstimmung gegenseitiger Verhaltensweisen, insbesondere mit Systemlieferanten
- Auslobung von Lieferanten-Awards

Z U S A M M E N F A S S U N G

Lieferanten sind Geschäftspartner der Abnehmer, mit denen häufig enge und langfristige Beziehungen bestehen, insbesondere mit den sog. Systemlieferanten (intensive Lieferanteneinbindung). Dementsprechend aufwendig sind Auswahl und Beurteilung der Lieferanten, für die es ein breites Spektrum an Alternativen und Instrumenten gibt. Die Lieferantenpolitik fixiert die Grundsätze für die Gestaltung der Geschäftsbeziehungen zwischen Abnehmern und Lieferanten und bildet die Basis für die Lieferantenentwicklung.

Z U S A M M E N F A S S U N G

12.5 Übungsfragen

1. Vergleichen Sie die Prinzipien des Modular Sourcing und des Multiple Sourcing miteinander.
2. Welche Rolle spielt Global Sourcing im Lieferantenmanagement?
3. Nennen Sie die Kriterien für die Lieferantenbeurteilung.
4. Nennen Sie drei Instrumente zur Lieferantenbeurteilung und beschreiben Sie ein Verfahren ausführlich.
5. Nennen Sie die Arten der Lieferanten-Auditierung und beschreiben Sie ein Audit Ihrer Wahl ausführlich.
6. Was versteht man unter Lieferantenentwicklung? Nennen Sie die wichtigsten Maßnahmen.

Lösungen zu den Übungsfragen und weiterführende Materialien finden Sie auf der Website zum Buch unter *www.pearson-studium.de*.

EXTRAS ONLINE

Beschaffungspolitik und Beschaffungscontrolling

13

ÜBERBLICK

Beschaffungspolitik und Beschaffungscontrolling beziehen sich auf alle Beschaffungsprozesse und auf alle an der Beschaffung mitwirkenden Institutionen. Sie werden in diesem Kapitel zusammengefasst, weil die Beschaffungspolitik wesentliche Ansatzpunkte des Beschaffungscontrolling determiniert (Objekte, Soll-Größen) und weil das Controlling auch Aussagen über den jeweils erreichten Grad der Umsetzung der beschaffungspolitischen Vorgaben liefern soll.

13.1 Beschaffungspolitik

Definition

Unter **Beschaffungspolitik** versteht man die Ziele, die Grundsätze und die Programme der Beschaffung.

Die **Ziele** der Beschaffung (Versorgungssicherheit, Versorgungswirtschaftlichkeit, Sozial- und Umweltziele) wurden bereits im *Abschnitt 7.3* dargelegt. Neben diesen generellen und langfristigen gibt es auch mittelfristige (z.B. die Erhöhung des Anteils des Fremdbezugs) und kurzfristige Ziele (z.B. die Erweiterung des Lieferantenkreises). Beispiele für **Grundsätze** sind ein hoher Servicegrad gegenüber den Bedarfsträgern, die Schaffung partnerschaftlicher Beziehungen mit den Lieferanten oder der Verzicht auf Gegengeschäfte. **Programme** stehen für zeitlich befristete Schwerpunktaktionen wie die Verkleinerung des Materialsortiments im Wege der Substitution von Einzelteilen durch Baugruppen und Module (vgl. Modular Sourcing im *Abschnitt 12.1.1*).

Die Beschaffungspolitik ist als eine Teilpolitik mit der übergeordneten Unternehmenspolitik abzustimmen, eine Aufgabe, an der die Unternehmensleitung zumindest mitwirken muss. So ergibt sich das Ziel einer Erhöhung des Fremdbezuganteils häufig aus der strategischen Vorgabe einer stärkeren Konzentration auf die Kernkompetenzen. Die Beschaffungspolitik hat wesentliche **Funktionen** zu erfüllen. Sie muss die z.T. widerstreitenden Interessen der an den Beschaffungsprozessen beteiligten Akteure (insbesondere Absatz, Bedarfsträger, Lieferanten und Beschaffungsspezialisten) ausgleichen, wenn es z.B. um die Bestimmung einer angemessenen Sortimentsbreite, eines vertretbaren Servicegrads oder eines fairen Bezugspreises geht. Sie verpflichtet die Akteure der Beschaffung zu einem politikkonformen Verhalten und ist Basis für die Beschaffungsentscheidungen sowie für die Steuerung und Kontrolle der Beschaffungsprozesse. Insofern hat die Beschaffungspolitik eine wichtige Informationsfunktion, insbesondere gegenüber den (internen) Bedarfsträgern und den (externen) Lieferanten.

Die Beschaffungspolitik hat es mit drei **Zielgruppen** zu tun: den Beschaffungsspezialisten (S), den Bedarfsträgern (B) und den Lieferanten (L). Wenn die Beschaffungsspezialisten Adressaten der Beschaffungspolitik sind, liegt Selbstgestaltung vor, z.B. wenn die traditionellen Beschaffungsprozesse durch E-Procurement beschleunigt werden. Wenn dagegen die Bedarfsträger angehalten werden, die Breite des Bedarfssortiments zu reduzieren, spricht man von interner Fremdgestaltung. Dementsprechend handelt es sich um externe Fremdgestaltung, wenn die Lieferanten zur Einhaltung bestimmter Service Level Agreements (SLAs) verpflichtet werden.

Neben den Zielgruppen sind die **Handlungsebenen** zu beachten. Hier ist zwischen monetärer (M, finanzieller) und güterlicher (G) Ebene zu unterscheiden. Preiszugeständnisse an die Lieferanten zur Sicherung einer langfristigen Lieferquelle oder Materialbudgets für die Bedarfsträger zwecks Senkung des Materialaufwands betreffen die monetäre Ebene. Beschaffungspolitik auf der güterlichen Ebene bedeutet Einflussnahme auf den Fluss von Gütern und Dienstleistungen vom Lieferanten bis zu den Bedarfsträgern, etwa durch die Vereinbarung einer Just-in-Time-Anlieferung.

Handlungsebenen / Zielgruppen	Monetäre Ebene (M)	Güter-Ebene (G)
Beschaffungsspezialisten (S)	SM	SG
Lieferanten (L)	LM	LG
Bedarfsträger (B)	BM	BG

Tabelle 13.1: Kombination von Zielgruppen und Handlungsebenen[1]

Eine selektive Beschaffungspolitik erschöpft sich darin, nur eine Zielgruppe auf einer Handlungsebene anzusprechen, indem z.B. die Marktmacht des Abnehmers durch Druck auf die Lieferpreise ausgeschöpft wird („LM" in der Tabelle). Die Beschaffungspolitik ist ganzheitlich, wenn – wie im Falle der Realisierung des Just-in-Time-Prinzips (vgl. *Abschnitt 19.1.2*) – alle Zielgruppen (S, L, B) adressiert und wenn beide Handlungsebenen (M, G) genutzt werden. Ob selektiv oder ganzheitlich hängt darüber hinaus vom **Aktionspotenzial** der Beschaffungsspezialisten ab (vgl. *Abschnitt 7.3*).

13.2 Beschaffungscontrolling

Controlling ist eine Servicefunktion, die das Management durch die Bereitstellung entscheidungsrelevanter Informationen (Berichtswesen), durch Planung, Überwachung und Koordination unterstützt. Beschaffungscontrolling ist ein sogenanntes Bereichscontrolling (Dotted Line-Controlling), das den Spezifika der Beschaffung Rechnung trägt. Es wirkt an der Formulierung der Beschaffungsziele und -strategien mit, entwickelt Instrumente zur Steuerung der Beschaffungsprozesse, überwacht die Zielerreichung und leitet im Bedarfsfall Korrekturmaßnahmen ein. Das Aufgabenvolumen, die personelle Ausstattung und die hierarchische Eingliederung des Beschaffungscontrollings hängen vom Erfolgsbeitrag der Beschaffung ab (vgl. *Abschnitt 7.3*).

Definition

Unter **Beschaffungscontrolling** versteht man die Unterstützung des Managements durch Mitwirkung an der Formulierung der Beschaffungsziele und -strategien, Entwicklung von Instrumenten zur Steuerung der Beschaffungsprozesse, Überwachung der Zielerreichung und Einleitung von Korrekturmaßnahmen.

1 Grün 1994, S. 525

Die Tätigkeiten des Beschaffungscontrollings sind eng verwandt mit dem Logistikcontrolling (siehe *Abschnitt 18.2.2* und *Abschnitt 21.2.5*). Auch die Revision überwacht – ex post oder begleitend – die Beschaffungsprozesse, in der Regel mittels Stichproben. Die Bedeutung der Revision in der Beschaffung hat angesichts zahlreicher, aktueller Korruptionsfälle in der Wirtschaftspraxis stark zugenommen.

13.2.1 Aufgaben und Bedeutung

Das **Aufgabenfeld** des Beschaffungscontrollings ist breit gefächert. Es umfasst:

- Die einzelnen **Beschaffungsprozesse** inklusive der darin involvierten Institutionen (von der Bedarfsermittlung bis zum Lieferantenmanagement bzw. von den Kunden bis zu den Lieferanten, vgl. *Abbildung 7.1*). Um die Ziele Versorgungssicherheit und Versorgungswirtschaftlichkeit zu erreichen, beschränkt sich Beschaffungscontrolling nicht auf die Überwachung dieser Prozesse, sondern greift auch in deren Steuerung ein (Prozesscontrolling).
- Die **prozessübergreifenden Tatbestände der Beschaffung**, z.B. die Analyse der unternehmensinternen und -externen Wertschöpfungsketten. Man spricht in diesem Zusammenhang auch von der Querschnittsfunktion des Controllings und unterstreicht damit seine Koordinationsleistung.
- Unter dem Gesichtspunkt des Planungshorizonts und der Relevanz ist zwischen **strategischen** und **operativen Controllingaufgaben** zu unterscheiden. Das operative Controlling dient zur Steuerung des Routinegeschäfts; das strategische Controlling beschäftigt sich anlassbezogen und aperiodisch mit dem Aufbau der Erfolgspotenziale der Beschaffung.
- Das **Instrumentarium** des Beschaffungscontrollings ist vielfältig: Zielvorgaben, Budgets, Soll-Ist-Vergleiche, Kennzahlen, Zielkostenrechnung (Target Costing), Wertanalyse und Benchmarking sowie Analysen von Wertschöpfungsketten, von Stärken/Schwächen, von Potenzialen und Portfolios.

Die **Bedeutung** des Beschaffungscontrollings hat zweifellos zugenommen. Dafür gibt es mehrere Gründe:

- Die Beschaffung wird zunehmend als Grenzsystem zum Beschaffungsmarkt verstanden. Dementsprechend wichtig ist, dass das Beschaffungscontrolling als deren Informationssammelstelle auch schwache Signale frühzeitig erkennt und richtig deutet.
- Auf den Trend zur Erhöhung des Fremdbezuganteils im Zuge des Outsourcings haben wir mehrfach hingewiesen. Das Beschaffungscontrolling liefert wichtige Informationen für die Make-or-Buy-Entscheidungen, die vielfach von strategischer Bedeutung sind.
- Die zunehmende Verbreitung der Informations- und Kommunikationstechnologie sowie der Warenwirtschaftssysteme erleichtert die Versorgung des Beschaffungscontrollings mit den für das Berichtswesen und die Steuerungsaktivitäten erforderlichen Daten (vgl. den oben erwähnten Trend zum E-Procurement).
- Schließlich gibt es einen Trend zum Self-Controlling mittels EDV-Unterstützung. Das bedeutet, dass Controlling-Aufgaben zunehmend von zentralen auf dezentrale Controlling-Stellen (Bereichscontrolling) und von den Controlling-Spezialisten auf die jeweiligen Prozessbeteiligten übertragen werden.

Wir konzentrieren uns im Folgenden auf das prozessübergreifende Controlling, insbesondere auf die Performance der Versorgungswirtschaftlichkeit und der Versorgungssicherheit sowie auf ganzheitliche Controlling-Ansätze.

13.2.2 Performance der Versorgungswirtschaftlichkeit

Empirische Analysen lassen vermuten, dass in der Controlling-Praxis die wertmäßige Dimension der Beschaffung, also die Versorgungswirtschaftlichkeit, nach wie vor als prioritär betrachtet wird. Diese Dominanz des Formalziels hängt mit den Wurzeln des Controllings im Rechnungswesen zusammen.

Ermittlung der Materialintensität

Das Verhältnis des Materialaufwands zum Gesamtaufwand liefert eine erste Orientierung über die Bedeutung der Beschaffung für den Unternehmenserfolg. Hierbei treten zwischen den Branchen erhebliche Unterschiede auf, z.B. ist in der chemischen Industrie der Materialaufwand besonders hoch.

$$\text{Materialintensität (\%)} = \frac{\text{Materialaufwand}}{\text{Gesamtaufwand}}$$

Alternativ kann die Materialintensität als das Verhältnis zwischen Materialaufwand und Umsatz ermittelt werden.

In der Stückkostenrechnung (Kalkulation) interessiert das Verhältnis der Materialkosten zu den Gesamtkosten:

$$\text{Materialkostenanteil} = \frac{\text{Materialeinzelkosten + Materialgemeinkosten}}{\text{Gesamtkosten}}$$

Wenn die Materialkosten in Vergleichsanalysen (z.B. mittels Benchmarking) auffällig hohe Werte erreichen, können deren Verursacher mithilfe der Zielkostenrechnung (Target Costing) oder der Wertanalyse identifiziert und Maßnahmen zur Aufwands- bzw. Kostensenkung eingeleitet werden.

Eine häufig verwendete Maßnahme zur Senkung des Materialaufwands ist die **Materialbudgetierung**. Budgets sind periodenbezogene Sollvorgaben für Organisationseinheiten, Leistungsarten, Bestände und Projekte. Diese Vorgaben können Input- oder Output-orientiert sein. Die Input-orientierte Materialbudgetierung soll den Materialaufwand limitieren. Budgets sind auch die Grundlage für Soll-Ist-Vergleiche. Sie ergänzen die Plan- um die Ist-Werte und ermöglichen eine revolvierende Vorschau- bzw. Vorgaberechnung. Abweichungen werden im Hinblick auf ihre Verursacher analysiert.

Budget Periode	Plan 1–12	Soll 1–8	Ist 1–8	Erwartung 9–12	Soll Neu 1–12
Zinn (USD/t, LME)	19.000	17.500	20.540	21.000	20.700
Alu (USD/t, LME)	2.800	2.800	2.859	2.900	2.850
Nickel (USD/t, LME)	30.000	30.000	25.298	22.000	24.200
…	…	…	…	…	…

Tabelle 13.2: Beispiel eines Soll-Ist-Vergleichs am Ende von Periode 8

Wie das Beispiel zeigt, müssen die revidierten Plan-Werte (Soll Neu 1–12) in Abhängigkeit von den Ist-Werten (Perioden 1–8) und den Erwartungswerten (Perioden 9–12) in unterschiedlich starkem Maße gegenüber den Planwerten (1–12) erhöht (Zinn und Alu) bzw. gesenkt (Nickel) werden.

Ermittlung der Zielkosten

Die Zielkostenrechnung (Target Costing) ist eine Spezialform der retrograden Preisfeststellung zur Steigerung der Wettbewerbsfähigkeit eines Unternehmens. Das Beschaffungscontrolling entwickelt aus der Zielkostenrechnung Vorschläge zur Optimierung des Produkts und der Beschaffungskosten. Die Zielkostenrechnung kann bereits im Zuge der Produktentwicklung Richtwerte für bestimmte Komponenten vorsehen.

Ausgangspunkt sind das Produkt und dessen im Markt erzielbarer Preis. Die Produktkomponenten und ihre Kosten werden detailliert analysiert und daraus werden Komponentenkostenziele festgelegt. Die Addition der Komponentenzielkosten ergibt die Produktzielkosten, die mit dem am Markt erzielbaren Preis verglichen werden.

Die Komponentenbetrachtung erleichtert es, Schwerpunkte und Einsparungspotenziale zu identifizieren, insbesondere wenn die Lieferanten zur **Open-Book-Politik** bereit sind, d.h. ihre Kalkulation offenlegen. Auch **Preisindizes**, d.h. die Fortschreibung von Einkaufspreisen (Zeitvergleich) in Relation zur branchenspezifischen Preisentwicklung bzw. zur Inflationsrate, liefern Hinweise auf Einsparungspotenziale.

Das folgende Beispiel zeigt die Kostenaufschlüsselung eines Apple iPhone X durch eine Beratungsgesellschaft. Im Vergleich zu den Vorgängermodellen sind das Display und die Kameramodule deutlich teurer.

Komponente	Kosten in USD	Anteil
Richtpreis (vor Steuern, Initial Retail Price)	999,00	269,8%
Materialkosten (Bill of Materials, BOM)	370,25	100,0%
Display	110,00	29,7%
Mechanik, Elektromechanik	61,00	16,5%
Kameramodule	35,00	9,5%
Speicher NAND/DRAM	33,45	9,0%
Apple Prozessor	27,50	7,4%
RF-Chipset	18,00	4,9%
True-Depth Sensing Suite	16,70	4,5%
Verstärker RF/PA	16,60	4,5%
Energieversorgung	14,25	3,8%
Verpackung und sonstiges Material	12,00	3,2%
Benutzerschnittstelle Lizenzen (Audio Codec, NFC etc)	10,05	2,7%
WLAN/Bluetooth	7,35	2,0%
Batterie	6,00	1,6%
Sensoren	2,35	0,6%

Tabelle 13.3: Retrograde Preisfeststellung für Apple iPhone X (ohne Kosten der Softwareentwicklung und Distribution)[2]

Funktionsoptimierung

Die Ermittlung der Zielkosten betrifft das Wertgerüst der Erzeugniskomponenten. Die Funktionsoptimierung geht noch einen Schritt weiter und analysiert auch das Mengengerüst der Komponenten. Dafür eignet sich die in den Vereinigten Staaten während der Materialknappheit des Zweiten Weltkriegs entwickelte **Wertanalyse** (Value Analysis). Ihre Grundfrage lautet: Ist eine bestimmte Funktion erwünscht bzw. notwendig (evtl. abschaffen!) oder kann sie billiger bzw. besser erfüllt werden? In einer normierten Vorgangsweise werden die Objekte der Wertanalyse (Produkte und Prozesse) auf versteckte Einsparungs- und Verbesserungspotenziale untersucht.

2 Quelle: IHS Markit, zitiert in Business Insider 2017

Grundschritt 1 Vorbereitende Maßnahmen	– Auswählen eines Wertanalyse-Objekts und Stellen der Aufgabe – Festlegen des quantifizierbaren Ziels – Bilden der Arbeitsgruppe – Planen des Ablaufs
Grundschritt 2 Ermitteln des Ist-Zustands	– Informationen beschaffen – Beschreiben der Funktion – Ermitteln der Funktionskosten
Grundschritt 3 Prüfen des Ist-Zustands	– Prüfen der Funktionserfüllung – Prüfen der Kosten
Grundschritt 4 Ermitteln von Lösungen	– Suchen nach alternativen Lösungen
Grundschritt 5 Prüfen der Lösungen	– Prüfen der sachlichen Durchführbarkeit – Prüfen der Wirtschaftlichkeit
Grundschritt 6 Vorschlag und Verwirklichung einer Lösung	– Auswählen der Lösung(en) – Empfehlen einer Lösung – Verwirklichen der Lösung

Tabelle 13.4: Grundschritte der Wertanalyse nach DIN 69910 bzw. DIN EN 12973:2018 Value Management

Bei Geschäftsmodellen wie jenen der Billigfluggesellschaften hat die Wertanalyse große Bedeutung, weil es gilt, vom Kunden nicht gewünschte oder zu teure Funktionen (Papierbelege, Mahlzeiten, Gepäckhandling, Sitzplatzreservierungen) aus dem Produktangebot zu streichen und die dadurch erreichten Kosteneinsparungen an die Kunden weiterzugeben.

13.2.3 Performance der Versorgungssicherheit

Zur Messung und Überwachung der Versorgungssicherheit (Sachziel der Beschaffung) werden ebenfalls Kennzahlen verwendet. Kennzahlen hängen eng mit Zielvorgaben zusammen, weil sie nicht nur eine Informationsfunktion haben, sondern sich auch zur Operationalisierung von Zielen eignen.

Die bekannteste Kennzahl zur Performance der Versorgungssicherheit ist der Servicegrad. Der **α-Servicegrad** gibt die Wahrscheinlichkeit an, die Bedarfsanforderungen einer Periode zu decken.

Da der α-Servicegrad das Verhältnis der Fehlmengen zur Gesamtmenge nicht berücksichtigt, ist seine Aussagekraft beschränkt. Diesen Mangel korrigiert der **β-Servicegrad**, der die Menge der befriedigten Bedarfsanforderungen zu allen Bedarfsanforderungen in Beziehung setzt. Die beiden folgenden Kennzahlenvarianten des Servicegrads sind in der Praxis weit verbreitet.

Die Anzahl der Bedarfsanforderungen (Menge) kann sowohl je Materialart als auch summarisch ermittelt werden.

$$S\ (\%) = \frac{\text{Menge der befriedigten Bedarfsanforderungen} \times 100}{\text{Menge aller Bedarfsanforderungen}}$$

Die **Servicezeit** misst die Dauer vom Zeitpunkt der Bedarfsanforderung (t_a) bis zum Zeitpunkt der Verfügbarkeit des Materials/der Dienstleistung beim Bedarfsträger (t_v).

$$S_t\ (\text{Servicezeit}) = t_v - t_a$$

Da die Bevorratung von Materialien tendenziell die Versorgungssicherheit (aber auch die Kapitalbindung) erhöht, gibt die **Bevorratungsquote** Auskunft über die jeweilige Risikoneigung.

$$\text{Bevorratungsquote} = \frac{\text{Zahl der bevorrateten Materialarten}}{\text{Zahl der beschafften Materialarten}}$$

Weitere Kennzahlen des Bestandscontrollings sind Gegenstand des *Abschnitts 18.2.2*. Der Informationsgehalt von Kennzahlen steigt, wenn sie zu einem **Kennzahlensystem** verknüpft werden (siehe auch das ROI-Schema im *Abschnitt 3.5*). Die Verbindlichkeit der Kennzahlen steigt, wenn sie – wie häufig bei Service Level Agreements – die Lieferanten zur Erbringung bestimmter Leistungen verpflichten.

Regeln, die das lieferantenseitige Risiko betreffen, wurden bereits im *Abschnitt 12.1* behandelt. Weitere Regeln dienen der korrekten Abwicklung der Beschaffungsprozesse, z.B. das bereits erwähnte Vier-Augen-Prinzip bei der Bestellung

13.2.4 Ganzheitliche Controlling-Ansätze

Für die Messung der Performance der Beschaffungsprozesse (z.B. hinsichtlich der Durchlaufzeiten), der Versorgungswirtschaftlichkeit und der Versorgungssicherheit empfehlen sich systematische Vergleiche im Sinne des **Benchmarkings** mit verwandten Unternehmen bzw. Unternehmensbereichen. Benchmarking soll einerseits der Betriebsblindheit entgegenwirken und andererseits im Wettbewerb mit vergleichbaren Unternehmen zu größeren Leistungen anspornen.

Die **Balanced Scorecard** sieht eine Verknüpfung von Kennzahlen aus unterschiedlichen Perspektiven vor (interne Kunden/Bedarfsträger, Lieferanten, Prozesse, Entwicklungspotenziale und Finanzen). Die folgende Tabelle weist neben den jeweiligen Perspektiven und den Kennzahlen auch die jeweils relevanten Risikoindikatoren aus.

Perspektive	Ziele	Kennzahlen	Risikoindikatoren
Interne Kunden	Gewährleistung der Versorgungssicherheit der Produktion	Lieferbereitschaftsgrad der Beschaffung	Anzahl Fehlmengensituationen
	Hohe Zufriedenheit der internen Kunden	Kundenzufriedenheitsindex	Anteil unbeantworteter Anfragen der internen Kunden
Lieferanten	Reduzierung der Lieferantenvielfalt	Anteil A-Lieferanten	
		Anteil C-Lieferanten	
	Stärkung der Marktmacht	Anzahl potenzieller Lieferanten pro Materialgruppe	
		Anzahl der Substitute pro Materialgruppe	
	Optimierung der Lieferantenbindung	Anzahl strategischer Partnerschaften	Ergebnisse der Lieferantenbewertung
		Anzahl gemeinsamer Entwicklungsprojekte	
Prozesse	Effiziente Beschaffungsprozesse	Prozesskosten eines Beschaffungsvorgangs	Anteil der Einkaufsvorgänge ohne Einschaltung der Beschaffungsspezialisten
		Anteil des elektronisch abgewickelten am gesamten Beschaffungsvolumen	
	Kurze Wiederbeschaffungszeiten	Durchlaufzeit eines Beschaffungsvorgangs	Anteil an Falschbestellungen
Entwicklungspotenziale	Weiterentwicklung der Beschaffungsspezialisten	Schulungstage pro Mitarbeiter	Anzahl Schlüsselmitarbeiter, Fluktuationsrate
		Anzahl umgesetzter Verbesserungsvorschläge	
	Qualität des Beschaffungsinformationssystems	Anzahl Zugriffe auf das Beschaffungsinformationssystem	Anzahl Systemausfälle

Tabelle 13.5: Auszug aus einer Beschaffungs-Balanced-Scorecard[3]

Perspektive	Ziele	Kennzahlen	Risikoindikatoren
Finanzen	Erhöhung des Wertbeitrages der Beschaffung	Erzielte Einsparungen pro Jahr	Realisierte Materialpreisreduktionen im Vergleich zum Marktpreisindex
	Wettbewerbsfähige Materialkosten	Anteil Materialkosten am Umsatz	Entwicklung der Einstandspreise im Vergleich zur Umsatzentwicklung
	Niedrige Lagerbestandskosten	Wert des durchschnittlich im Lager gebundenen Kapitals	Durchschnittliche Lagerreichweite
		Anteil der Lagerbestandskosten an den Gesamtkosten	Bestände ohne Umschlag (Ladenhüter)

Tabelle 13.5: Auszug aus einer Beschaffungs-Balanced-Scorecard[3] (Forts.)

Im Rahmen der Bedarfsermittlung haben wir mit dem **Material-Portfolio** bereits ein Verfahren kennengelernt, das sowohl die Versorgungssicherheit (Einfluss auf die materielle Liquidität) als auch die Versorgungswirtschaftlichkeit (Einfluss auf das Betriebsergebnis) berücksichtigt (vgl. *Abschnitt 8.1.2*).

Z U S A M M E N F A S S U N G

Die Beschaffungspolitik und das Beschaffungscontrolling betreffen alle Prozesse und Institutionen der Beschaffung. Unter Beschaffungspolitik fasst man die Ziele, die Grundsätze und die Programme der Beschaffung zusammen. Das Beschaffungscontrolling hilft, das Erfolgspotenzial der Beschaffung zu sichern und die Prozesse zu steuern. Es operiert vorwiegend mit Kennzahlen.

Z U S A M M E N F A S S U N G

3 Siepermann/Vockeroth, 2009, S. 91

13.3 Übungsfragen

1. Nennen Sie je ein Beispiel für ein Ziel, einen Grundsatz und ein Programm der Beschaffungspolitik.
2. Nennen Sie die Zielgruppen und Handlungsebenen der Beschaffungspolitik.
3. Beschreiben Sie eine selektive Beschaffungspolitik Ihrer Wahl.
4. Welche Instrumente sind geeignet, die Aufmerksamkeit des Beschaffungscontrollings auf kritische Fälle zu konzentrieren?
5. Wie ermittelt man die Materialintensität und welche Konsequenzen ergeben sich bei einem hohen Wert für das Beschaffungscontrolling?
6. Ihr Stammlieferant konnte nur 45 der 80 Lieferungen zum vertraglich vereinbarten Termin erfüllen. Ermitteln Sie den Servicegrad dieses Lieferanten.
7. Vergleichen Sie den Informationsgehalt der Kennziffern Servicegrad und Servicezeit.

EXTRAS ONLINE

Lösungen zu den Übungsfragen und weiterführende Materialien finden Sie auf der Website zum Buch unter *www.pearson-studium.de*.

13.4 Verwendete Literatur

Apple Inc. (2018): Apple Supplier Responsibility Progress Report 2018, Cupertino, CA.

Arnold, U. (1997): Beschaffungsmanagement, 2. Auflage, Stuttgart.

Brenner, W., Wenger, R. (Hrsg., 2007): Elektronische Beschaffung: Stand und Entwicklungstendenzen, Berlin.

Business Insider (2017): The $999 iPhone X is estimated to include less than $400 in parts, 8.11.2017. *https://www.businessinsider.de/iphone-x-teardown-parts-cost-ihs-markit-2017-11*

DIN (2018): DIN EN 12973 Value Management; Deutsche und Englische Fassung 12973:2018, Berlin.

Doig, S. J., Ritter, R. C., Speckhals, K., Woolson, D. (2001): Has outsourcing gone too far, in: The McKinsey Quarterly, Nr. 4, S. 25–37.

Dudenhöffer, F. (2003): Kann Deutschland vom Zulieferer-Wachstum profitieren? Center Automotive Research (CAR) an der FH Gelsenkirchen. In: Automotive Engineering Partners 2/2003, S. 2–6.

Fraunhofer (2016): Vorstudie: Einkauf 4.0 – Digitalisierung des Einkaufs, Dortmund.

Grochla, E. (1990): Grundlagen der Materialwirtschaft. Das materialwirtschaftliche Optimum im Betrieb, 3. Auflage, Wiesbaden.

Grochla, E., Schönbohm, P. (1980): Beschaffung in der Unternehmung. Einführung in eine umfassende Beschaffungslehre, Stuttgart.

Grün, O. (1994): Industrielle Materialwirtschaft, in: Schweitzer, M. (Hrsg.): Industriebetriebslehre, 2. Auflage, München, S. 449–568.

Hahn, D., Kauffmann, L. (2002): Handbuch Industrielles Beschaffungsmanagement. Internationale Konzepte – Innovative Instrumente – Aktuelle Praxisbeispiele, 2. Auflage, Wiesbaden.

Hammann, P., Lohrberg, W. (1986): Beschaffungsmarketing, Stuttgart.

Hartmann, H. (2002): Materialwirtschaft, 8. Auflage, Gernsbach.

Kluck, D. (2008): Materialwirtschaft und Logistik, 3. Auflage, Stuttgart.

Koppelmann, U. (2004): Beschaffungsmarketing, 4. Auflage, Berlin.

Kraljic, P. (1983): Purchasing must become supply management, in: Harvard Business Review, Jg. 61, Nr. 5, S. 109–117.

Large, R. (2013): Strategisches Beschaffungsmanagement: Eine praxisorientierte Einführung. 5. Auflage, Wiesbaden.

Männel, W. (1996): Wahl zwischen Eigenfertigung und Fremdbezug. 2. Auflage, Lauf a.d. Pegnitz.

Oeldorf, G., Olfert, K. (2018): Material-Logistik, 14. Auflage, Ludwigshafen (Rhein).

Oliver Wyman (2016): Sourcing in the Automotive Industry: How Can Suppliers Create More Value? In: Insights on Automotive Supplier Excellence, Ausgabe 2, 2016, S. 2–8.

Robinson, P. J., Faris, C. W., Wind, Y. (1967): Industrial Buying and Creative Marketing, Boston.

Schulte, C. (2016): Logistik. Wege zur Optimierung der Supply Chain, 7. Auflage, München.

Siepermann, Ch., Vockeroth, J. (2009): Empfehlungen zur Gestaltung einer Risiko-Balanced Scorecard für die Beschaffung in: Bogaschewsky, R. et al. (Hrsg.): Supply Management Research – Aktuelle Forschungsergebnisse 2008, Wiesbaden, S. 69–101.

Sydow, J., Möllering, G. (2009): Produktion in Netzwerken. Make, Buy & Cooperate, 2. Auflage, München.

Wagner, S. M., Weber, J. (2007): Beschaffungscontrolling. Den Wertbetrag der Beschaffung messen und optimieren, Weinheim.

Weber, J., Wallenburg, M.C. (2010): Logistik- und Supply Chain Controlling, 6. Auflage, Stuttgart.

Weber, J., Kummer, S. (1994): Logistikmanagement, Stuttgart.

Webster, F. E., Wind, Y. (1972): Organizational Buying Behaviour, Englewood Cliffs, NJ.

Wildemann, H. (2012): Make or Buy & Insourcing, München.

Wirtz, B., Kleineicken, A. (2005): Electronic Procurement – Eine Analyse zum Erfolgsbeitrag der internetbasierten Beschaffung, in: zfo, 74. Jg., Nr. 6, S. 339–347.

Wolters, H. (1999): Systeme – ein Trend in der Beschaffung setzt sich durch, in: Beschaffung Aktuell, Nr. 9, S. 40–45.

TEIL III

Produktion

Werner Jammernegg
Martin Poiger
Stefan Treitl

Teil III bietet einen Überblick über die Produktion als betriebliche Basisfunktion und Spezielle Betriebswirtschaftslehre. Kapitel 14 führt in die Thematik ein und erklärt die grundlegenden Begriffe. In Kapitel 15 werden die verschiedenen Typen der Güter- und Dienstleistungsproduktion vorgestellt. Kapitel 16 beschreibt die verschiedenen Entscheidungsebenen des Produktionsmanagements und behandelt exemplarisch die Bereiche Prozessanalyse, Projektmanagement, Layoutplanung (Fließbandtaktung), Kapazitätsmanagement, Qualitätsmanagement und Produktionsplanung (aggregierte Produktionsplanung, Reihenfolgeplanung, Personaleinsatzplanung).

Sie lernen:

- Grundlegende Begriffe der Produktion zu erklären
- Verschiedene Arten von Produktionsprozessen sowohl für die Güter- als auch für die Dienstleistungsproduktion zu unterscheiden
- Entscheidungsebenen im Produktionsmanagement zu unterscheiden
- Prozesse hinsichtlich Durchlaufzeit und Kapazität zu analysieren
- Im Rahmen der Layoutplanung eine Fließproduktionslinie zu takten
- Variabilität in Prozessen zu berücksichtigen und Wartezeiten zu analysieren
- Grundlegende Konzepte des Qualitätsmanagements zu berücksichtigen
- Einen mittelfristigen Produktionsprogrammplan zu erstellen
- Kurzfristige Reihenfolgepläne sowie einfache Personaleinsatzpläne zu erstellen

Produktion

14

ÜBERBLICK

Dieses Kapitel liefert eine Einführung in die betriebliche Basisfunktion der Produktion. Nach der Erklärung der grundlegenden Begriffe der Produktion folgt ihre Darstellung als Prozess der betrieblichen Leistungserstellung. Anschließend werden die wichtigsten Kennzahlen zur Bewertung von Produktionsprozessen vorgestellt. Abgeschlossen wird *Kapitel 14* mit einer Darstellung der Bedeutung von Güter- bzw. Dienstleistungsproduktion.

14.1 Definitionen

Unternehmen stellen organisatorische Einheiten dar, deren Zweck es ist, Güter und Dienstleistungen zu erstellen und zur Befriedigung der Nachfrage am Markt anzubieten (Sachziel).

Zur Erfüllung dieses Sachziels laufen in einem Unternehmen vielfältige Aktivitäten und Prozesse ab, die im Wesentlichen auf die Entwicklung, die Produktion, das Marketing und die Distribution eben jener Güter und Dienstleistungen gerichtet sind, welche das Unternehmen gegenwärtig am Markt anbietet und in der Zukunft anbieten möchte.

Bei der Durchführung dieser Prozesse verfolgt der Produzent in einer Wettbewerbswirtschaft das Ziel, dem Markt Leistungen zur Verfügung zu stellen, bei denen die Wertschöpfung (= Wertsteigerung) möglichst hoch ausfällt. Diese Wertschöpfung findet Ausdruck im Preis als Wert, den die Nachfrager der angebotenen Leistung aufgrund ihrer Funktionalität und Qualität zumessen und zu zahlen bereit sind.

Die Produktion ist daher ein **Wertsteigerungsprozess**, in dem aus Input-Einheiten mittels Ressourcen und Stammdaten wertgesteigerte Output-Einheiten erzeugt werden. Dieser Wertsteigerungsprozess kann auch als Wertschöpfung durch Transformation bezeichnet werden (siehe ▶ *Abbildung 14.1*).

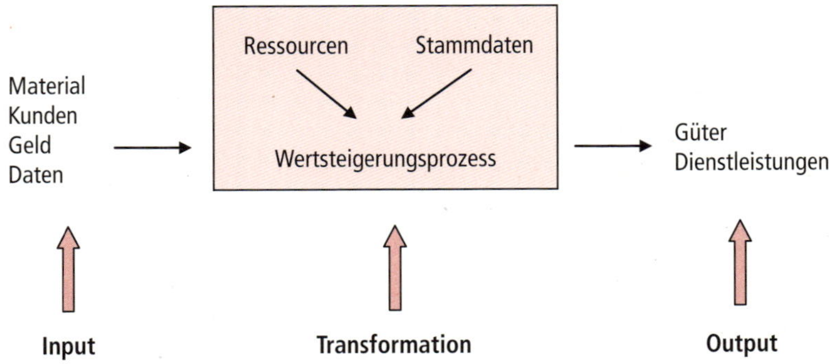

Abbildung 14.1: Produktionsprozess

Zu den angeführten Begriffen im Detail:

- **Input-Einheiten** eines Produktionsprozesses umfassen Material, Kunden, Geld oder Daten.
- **Ressourcen** sind die für den Produktionsprozess benötigten Betriebsmittel (technische Ressourcen) und Mitarbeiter (personelle Ressourcen).

- **Stammdaten** umfassen die Informationen, die für den Produktionsprozess benötigt werden. Dazu zählen Stücklisten oder Rezepturen, Arbeitspläne und Kapazitätsdaten.
  - **Stücklisten** bzw. **Rezepturen** sind mengenmäßige Verzeichnisse der in ein Produkt (Gut, Dienstleistung) eingehenden Materialien (siehe *Abschnitt 8.2*).
  - **Arbeitspläne** von Produkten geben Auskunft darüber, welche Arbeitsgänge zur Herstellung eines bestimmten Produkts notwendig sind. Der Arbeitsplan enthält auch das zeitliche Ausmaß der einzelnen Arbeitsgänge (Stückbearbeitungszeit sowie Rüstzeit) und die Zuteilung der Ressourcen zu den jeweiligen Arbeitsgängen (siehe ▶ *Tabelle 14.1*).

Produkt P 1

Arbeitsgang	Stückbearbeitungszeit	Rüstzeit	Bezeichnung	Ressourcen
A 1	15 min.	2 min.	Bohren	Bohrmaschine XY Facharbeiter 1
A 2	25 min.	10 min.	Montage	Facharbeiter 2 und 3
A 3	20 min.	3 min.	Fräsen	Fräsmaschine ZR Facharbeiter 4

Tabelle 14.1: Arbeitsplan

  - **Kapazitätsdaten** sind Stammdaten über Betriebsmittel (technische Ressourcen) und Mitarbeiter (personelle Ressourcen). Dazu zählen vor allem die Leistungsfähigkeit der Maschinen und die Qualifikation der einzelnen Mitarbeiter.
- **Output-Einheiten** können entweder Güter oder Dienstleistungen sein. Werden Güter produziert, spricht man von Güterproduktion; steht am Ende des Produktionsprozesses eine Dienstleistung, spricht man von Dienstleistungsproduktion.

14.2 Der Produktionsprozess anhand von Beispielen

14.2.1 Erzeugung von Semmeln (Güterproduktion)

Das für den Produktionsprozess benötigte Material (Wasser, Mehl und Germ) stellt den Input dar. Ressourcen sind die benötigten Maschinen (Backofen, Rührmaschine, ...) und die Mitarbeiter. Stammdaten sind die Rezepturen und Arbeitspläne, die darüber Auskunft geben, welche Materialien auf welche Art und Weise zu verwenden sind. Zu den Stammdaten zählen auch die Kapazitätsdaten (Leistungsfähigkeit der Maschinen, Qualifikation der einzelnen Mitarbeiter), die in den Produktionsprozess einfließen. Der Wertsteigerungsprozess (Transformation) umfasst das Zubereiten, Formen und Backen des Teigs. Die fertigen Semmeln stellen den Output dar (siehe ▶ *Abbildung 14.2*).

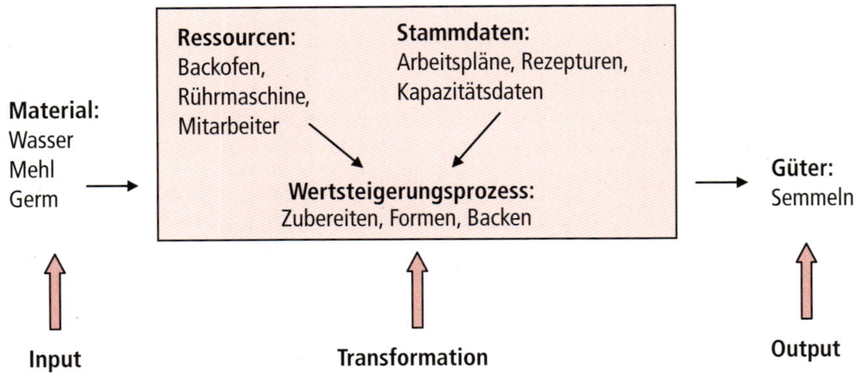

Abbildung 14.2: Produktionsprozess in einer Bäckerei

14.2.2 Friseur (Dienstleistungsproduktion)

Input beim Friseur ist der Kunde (mit ungeschnittenen Haaren). Ressourcen sind die Einrichtung des Friseurgeschäfts, seine Werkzeuge (Schere, Fön, ...) und die Mitarbeiter. Zu den Stammdaten gehören vor allem die Arbeitspläne und Kapazitätsdaten (z.B. Dienstplan), die zur Ausführung der Dienstleistung benötigt werden. Der Wertsteigerungsprozess (Transformation) umfasst das Waschen, Schneiden und Föhnen der Haare des Kunden. Output ist ein Kunde mit fertiger Frisur (siehe ▶ *Abbildung 14.3*).

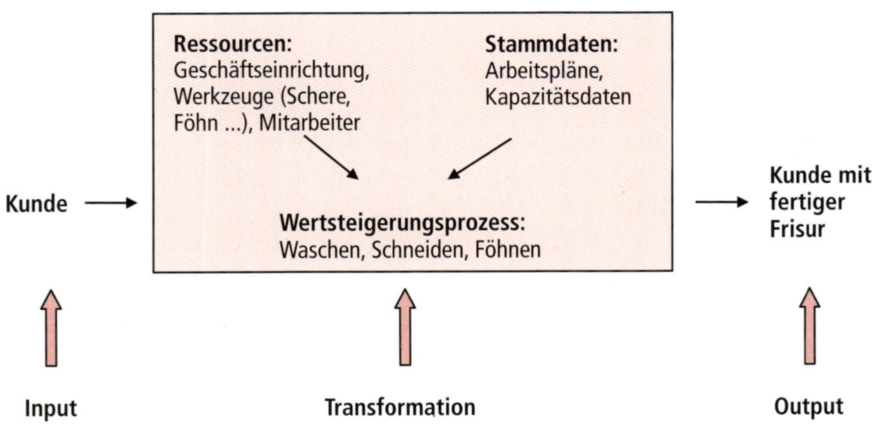

Abbildung 14.3: Produktionsprozess bei einem Friseur

14.2.3 Kreditinstitut (Dienstleistungsproduktion)

Input bei einer Geldveranlagung in einem Kreditinstitut ist die Geldeinlage des Kunden. Die nötigen Ressourcen umfassen vor allem die Mitarbeiter und die Betriebsmittel wie Computer, Telefon etc. Zu den Stammdaten zählen vor allem das Know-how der Mitarbeiter und der Arbeitsplan, der die erforderlichen Arbeitsschritte und die Regelung der Zeichnungsberechtigung enthält. Der Wertsteigerungsprozess (Transformation) umfasst die Wahl einer geeigneten Veranlagungsform und die daraus resultierende Verzinsung des veranlagten Geldes (siehe ▶ *Abbildung 14.4*).

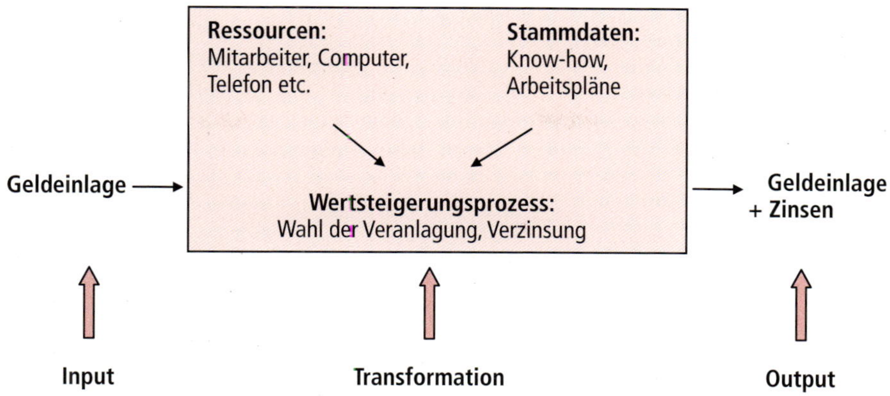

Abbildung 14.4: Produktionsprozess in einem Kreditinstitut

14.2.4 Rechtsberatung (Dienstleistungsproduktion)

Input bei einer Rechtsberatung ist ein bestimmter Sachverhalt mit einer Fragestellung (z.B. eine Mietrechtsangelegenheit), also Daten, die der Kunde einer Rechtsberatung mit sich bringt. Ressourcen sind vor allem die Mitarbeiter und das Büro, in dem die Beratung stattfindet. Zu den Stammdaten zählen vor allem die fachlichen Kenntnisse der Berater und die entsprechende Fachliteratur. Der Wertsteigerungsprozess (Transformation) umfasst den Klärungsprozess und schließlich die Lösung der Rechtsfrage (siehe ▶ *Abbildung 14.5*).

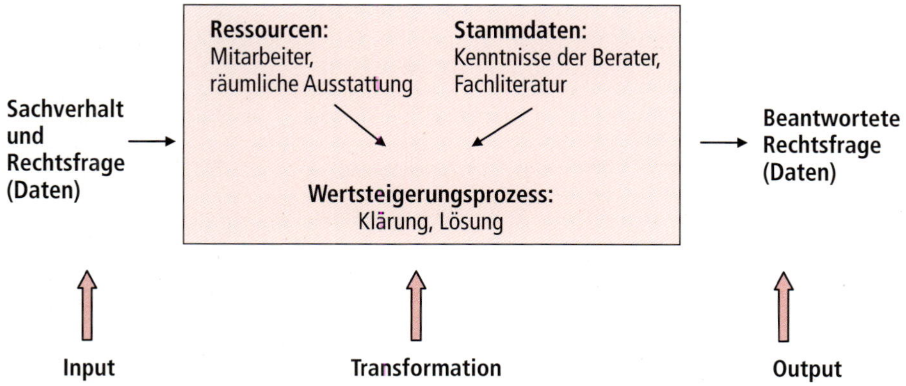

Abbildung 14.5: Produktionsprozess in der Rechtsberatung

14.3 Anforderungen an den Produktionsprozess

Das Streben nach Wertschöpfung ergibt sich aus dem Ziel eines Unternehmens, Güter oder Dienstleistungen zu erzeugen, die entsprechenden Absatz finden. Um Wertschöpfung zu erzielen, müssen folgende allgemeine Anforderungen erfüllt werden:

Zeit

Die Erstellung eines Produkts (Güter, Dienstleistungen) erfordert eine Vielzahl von Schritten, die jeweils entsprechende Zeit benötigen, um ausgeführt zu werden. Je schneller diese Schritte ausgeführt werden, umso höher ist die Wertschöpfung, die mit den verfügbaren Ressourcen und Stammdaten erzielt werden kann.

Flexibilität

Produktionsprozesse sind flexibel, wenn sie sich an veränderte Bedingungen (z.B. Änderungen des Produktprogramms bzw. Sortiments) anpassen können. Zur Beurteilung der Flexibilität eines Produktionssystems werden üblicherweise drei Dimensionen herangezogen: der *Anpassungsumfang*, der aufgrund bestehender Ressourcen und Stammdaten möglich ist, die *wirtschaftlichen Auswirkungen* der beabsichtigten Umstellung und die *Zeit*, innerhalb derer das System angepasst werden kann.

Qualität

Die Qualität als Gesamtheit von Eigenschaften und Merkmalen eines Produkts und die daraus resultierende Kundenzufriedenheit stellen einen entscheidenden Wettbewerbsfaktor dar (siehe *Abschnitt 16.5*).

Wirtschaftlichkeit

Wirtschaftlichkeit betrifft die Kosten der Produktion und umfasst das Maximum- und das Minimumprinzip (siehe *Abschnitt 3.5*).

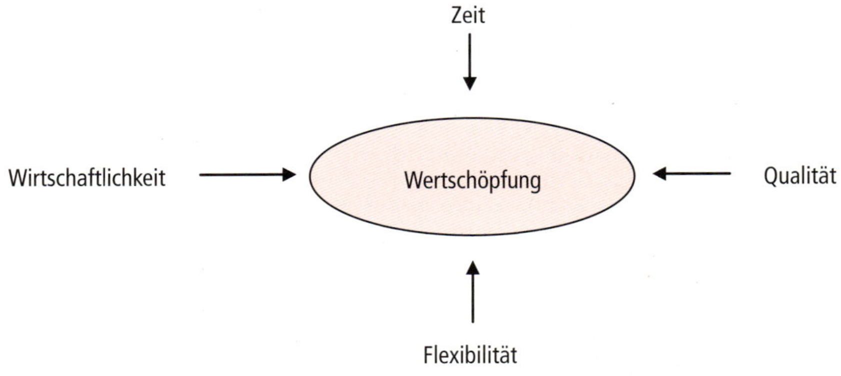

Abbildung 14.6: Anforderungen an den Produktionsprozess

14.4 Prozesskennzahlen

Prozesskennzahlen sind Zahlen oder Zahlenverhältnisse, die dazu dienen, bestimmte Zielsetzungen bzw. Kriterien von Produktionsprozessen sichtbar zu machen und zu analysieren. Drei wichtige Prozesskennzahlen sind die Durchlaufzeit, die Output-Rate und der Bestand eines Prozesses (siehe ▶ *Abbildung 14.7*).

- **Durchlaufzeit** (Abkürzung: *T* wie Time): Als Durchlaufzeit wird jene Zeit (Stunden, Minuten, ...) bezeichnet, die der Input (Material, Kunde, Geld, Daten) benötigt, um einen Prozess zu durchlaufen und diesen als Output (Gut, Dienstleistung) zu verlassen. Die Durchlaufzeit umfasst einerseits Bearbeitungszeiten und andererseits Wartezeiten, die im Prozess entstehen. Im Beispiel *Erzeugung von Semmeln* (siehe *Abschnitt 14.2.1*) ist die Durchlaufzeit jene Zeit (Bearbeitungszeit und Wartezeit), die benötigt wird, um aus Wasser, Mehl und Germ fertige Semmeln zu produzieren.
- **Output-Rate** (Abkürzung: *R* wie Rate): Als Output-Rate wird jene Menge (oder der Wert) an Gütern oder Dienstleistungen bezeichnet, die den Prozess pro Zeiteinheit (Stunden, Minuten, ...) verlassen. Eine andere Bezeichnung für Output-Rate ist Durchsatz. Im Beispiel der Erzeugung von Semmeln ist die Output-Rate jene Menge (oder der Wert) an Semmeln, die pro Stunde oder pro Tag den Backofen verlassen.
- **Bestand** (Abkürzung: *I* wie Inventory): Als Bestand wird jene Menge (oder der Wert) an Einheiten bezeichnet, die sich zu einem bestimmten Zeitpunkt in einem Prozess befinden. Dieser Bestand wird auch als Arbeits- oder Auftragsbestand (engl. „Work in Process – WIP“) bezeichnet. Bestand ist die Menge (oder der Wert) an Semmeln, die zu einem bestimmen Zeitpunkt zubereitet, geformt und gebacken werden.

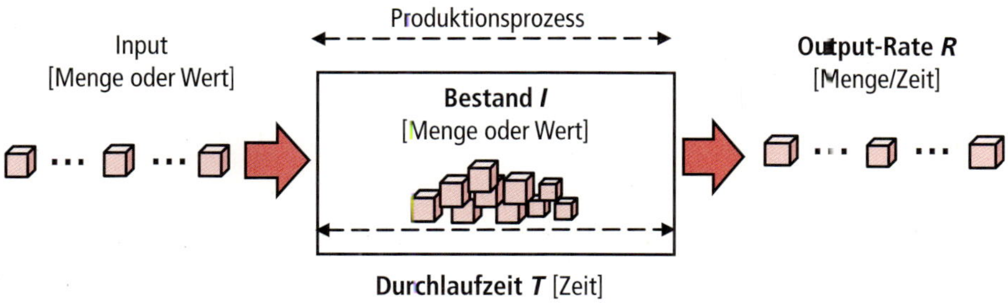

Abbildung 14.7: Prozesskennzahlen

Das Gesetz von Little zeigt den Zusammenhang zwischen Durchlaufzeit, Output-Rate und Bestand.

Definition

Das **Gesetz von Little**:

$$\text{Bestand} = \text{Output-Rate} \times \text{Durchlaufzeit}$$

$$I = R \times T$$

In diesem Zusammenhang ist auch die Umschlagshäufigkeit von Bedeutung. Diese Kennzahl gibt an, wie oft ein Bestand an Material (Menge, Wert) oder Kunden sich während eines betrachteten Zeitraums erneuert.

Umschlagshäufigkeit = Output-Rate / Bestand

$$U = R/I$$

R/I entspricht laut Gesetz von Little $1/T$: $U = \frac{1}{T}$

Beispiel 1 Ein großes Restaurant in Wien produziert im Durchschnitt Wiener Schnitzel aus 3.000 Kilogramm Kalbfleisch pro Woche. Der durchschnittliche Bestand an Kalbfleisch im Restaurant beträgt 1.500 Kilogramm. Wie hoch ist die Durchlaufzeit eines Kilogramms Kalbfleisch?

$$\text{Output-Einheit} = 1 \text{ kg Kalbfleisch}$$

$$\text{Output-Rate } (R) = 3.000 \text{ [kg/Woche]}$$

$$\text{Bestand } (I) = 1.500 \text{ [kg]}$$

Nach dem Gesetz von Little: $T = \frac{I}{R}$

Durchlaufzeit (T) = I/R = 1.500 [kg] / 3.000 [kg/Wochen] = 0,5 [Wochen] = 3,5 [Tage]

Ein Kilogramm Kalbfleisch benötigt durchschnittlich eine halbe Woche, um den Prozess als fertiges Wiener Schnitzel zu verlassen.

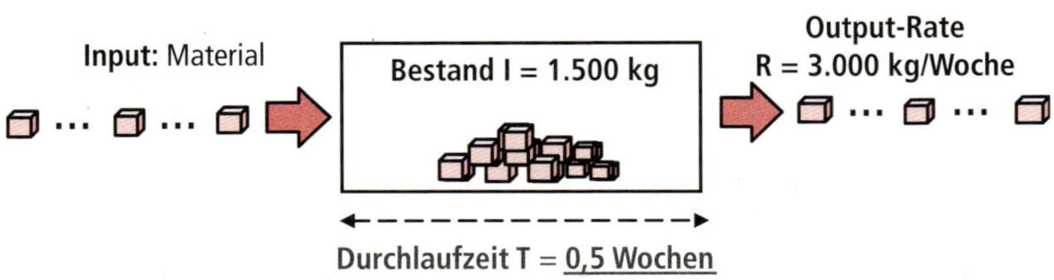

Abbildung 14.8: Prozesskennzahlen im Wiener Restaurant

Umschlagshäufigkeit des Lagers:

$$U = R/I = 1/T = 1 \,/\, 0{,}5 \text{ [Wochen]} = 2 \text{ [1/Woche]}$$

Das heißt, das Lager erneuert sich zweimal pro Woche.

Beispiel 2 Eine große private Zahnklinik behandelt im Durchschnitt 120 Patienten an einem zehnstündigen Ordinationstag. Während des Tages befinden sich durchschnittlich 15 Patienten in der Klinik. Von diesen Patienten warten einige am Aufnahmeschalter, andere im Warteraum auf die Behandlung, einige werden gerade behandelt und andere begleichen ihre Rechnung am Schalter. Wie hoch ist die durchschnittliche Durchlaufzeit eines Kunden?

$$\text{Output-Einheit} = 1 \text{ Patient}$$

$$\text{Output-Rate } (R) = 120 \text{ [Patienten/Arbeitstag] oder } 12 \text{ [Patienten/Stunde]}$$

$$\text{Bestand } (I) = \text{[15 Kunden]}$$

Nach dem Gesetz von Little: $T = \frac{I}{R}$

$$\text{Durchlaufzeit } (T) = I/R = 15 \text{ [Kunden]} / 120 \text{ [Kunden/Arbeitstag]}$$
$$= 0{,}125 \text{ [Arbeitstage]} = 1{,}25 \text{ [Stunden]} = 75 \text{ [Minuten]}$$

Ein Patient hält sich im Durchschnitt 75 Minuten in der Klinik auf.

Umschlagshäufigkeit der Kunden:

$$U = R/I = 1/T = 1 / 0{,}125 \text{ [Tag]} = 8 \text{ [1/Tag]}$$

Das heißt, der Bestand an wartenden Kunden erneuert sich achtmal pro Tag.

Beispiel 3 Ein Produzent von Aluminiumprofilen verarbeitet pro Jahr den Rohstoff Aluminium im Wert von 25 Millionen Euro. Die Kosten der Produktion im Walzwerk belaufen sich auf 15 Millionen Euro pro Jahr. Der durchschnittliche Wert des Bestands beträgt 10 Millionen Euro. Wie hoch ist die Durchlaufzeit eines Euro?

$$\text{Output-Einheit} = 1\ €$$

$$\text{Output-Rate } (R) = 25 \text{ Mio. [€/Jahr] (Rohstoff)} + 15 \text{ Mio. [€/Jahr] (Produktion)}$$

$$= 40 \text{ Mio. [€/Jahr] (zu Herstellkosten)}$$

$$\text{Bestand } (I) = 10 \text{ Mio. [€]}$$

$$\text{Nach dem Gesetz von Little } T = \frac{I}{R}$$

Durchlaufzeit (T) = I/R = 10 Mio. [€] / 40 Mio. [€/Jahr] = 0,25 [Jahre] = 3 [Monate]

Ein Euro ist durchschnittlich drei Monate im Alu-Walzwerk (von der Einlagerung ins Rohmateriallager bis zum Versand an den Kunden) gebunden.

14.5 Bedeutung von Güter- und Dienstleistungsproduktion

Im Jahr 2017 waren in Österreich durchschnittlich 74 Prozent der unselbstständig Beschäftigten (ca. 2,65 Millionen Menschen) im Dienstleistungsbereich tätig. In der Industrie (sekundärer Sektor) waren es rund 901.000, im primären Sektor (Land- und Forstwirtschaft) ca. 23.000 Menschen.

▶ *Abbildung 14.9* zeigt die prozentuale Aufteilung der unselbstständig Beschäftigten zwischen primärem, sekundärem und tertiärem Sektor für das Jahr 2017.

Der primäre Sektor umfasst die Land- und Forstwirtschaft sowie die Fischerei und Fischzucht. Der Bergbau, die Sachgütererzeugung, die Energie- und Wasserversorgung sowie das Bauwesen werden dem sekundären Sektor zugeordnet. Der tertiäre Sektor beinhaltet alle Dienstleistungen wie den Handel, den Tourismus, das Bank- und Versicherungswesen, den Transport, das Bildungswesen, das Gesundheitswesen sowie verschiedene Beratungsleistungen.

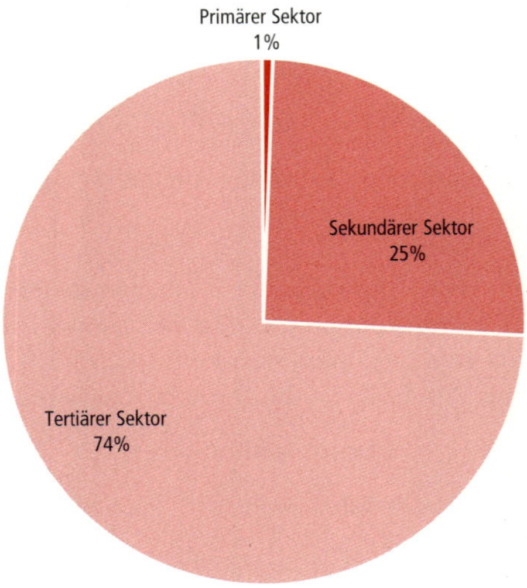

Abbildung 14.9: Verteilung der unselbstständig Beschäftigten im Jahr 2017[1]

▶ *Abbildung 14.10* zeigt die Aufteilung der 2,65 Millionen unselbstständig Beschäftigten im Dienstleistungsbereich auf die verschiedenen Branchen.

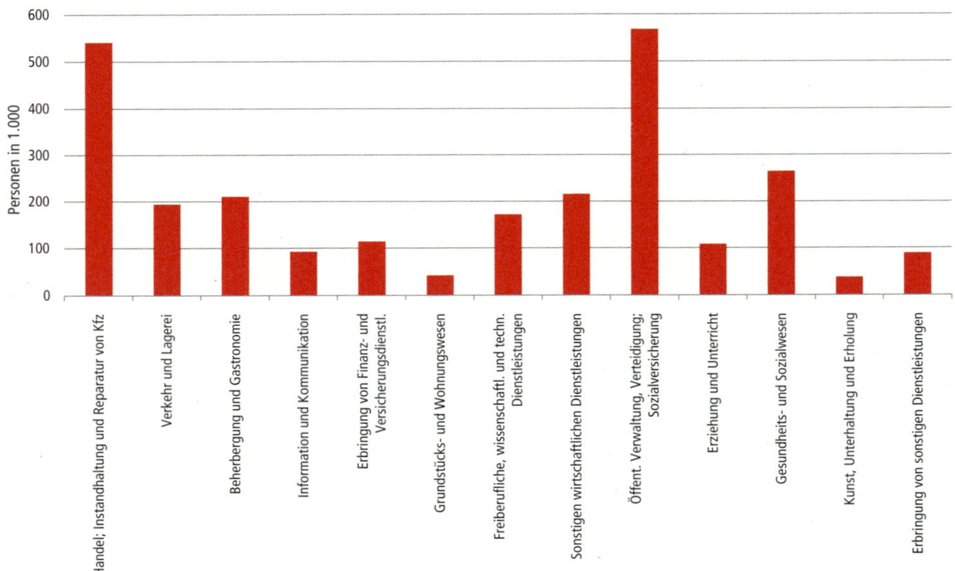

Abbildung 14.10: Unselbstständig Beschäftigte im Dienstleistungsbereich nach Branchen im Jahr 2017[2]

Auch die Analyse der Wertschöpfung zeigt eine Dominanz des Dienstleistungsbereichs in Österreich. Im Jahr 2017 kamen rund 70 Prozent der Bruttowertschöpfung aus

1 Quelle: WKO
2 Quelle: WKO

dem tertiären Sektor. Dem sekundären Sektor konnten 28 Prozent und dem primären nur knapp mehr als 1 Prozent zugeordnet werden.

Die Aufteilung und die zeitliche Entwicklung der drei Sektoren in Österreich (Bruttowertschöpfung zu Herstellungspreisen) zeigt ▶ *Abbildung 14.11*.

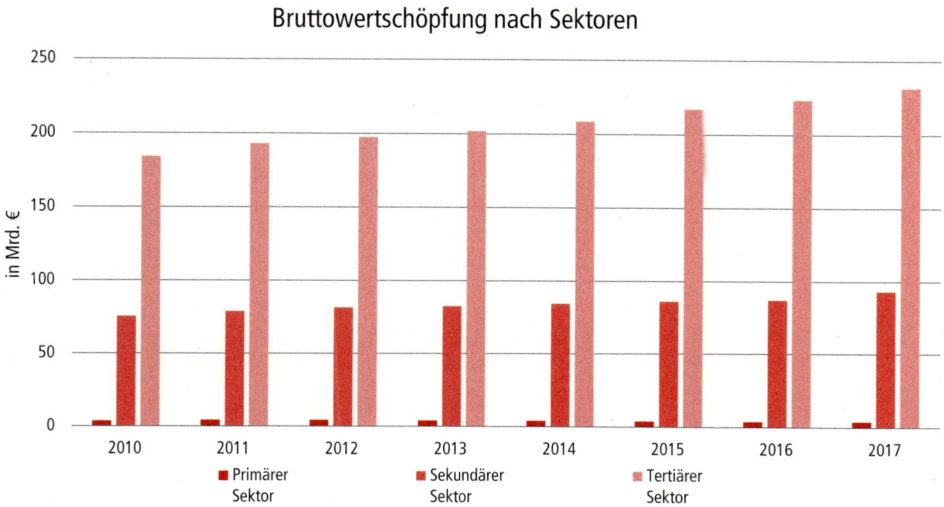

Abbildung 14.11: Bruttowertschöpfung nach Sektoren, 2010–2017[3]

3 Quelle: Statistik Austria

Z U S A M M E N F A S S U N G

Die Produktion ist ein Wertsteigerungsprozess, in dem aus Input mittels Ressourcen und Stammdaten wertgesteigerter Output erzeugt wird. Input eines Produktionsprozesses können Material, Kunden, Geld oder Daten sein.

Ressourcen sind die für den Produktionsprozess benötigten Betriebsmittel und Mitarbeiter. Stammdaten umfassen die Informationen, die für den Ablauf des Produktionsprozesses benötigt werden. Dazu zählen Stücklisten oder Rezepturen, Arbeitspläne und Kapazitätsdaten. Diese allgemeine Definition gilt sowohl für die Güterproduktion als auch für die Dienstleistungsproduktion.

Output-Einheiten können entweder Güter oder Dienstleistungen sein. Werden Güter produziert, spricht man von Güterproduktion, steht am Ende des Produktionsprozesses eine Dienstleistung, spricht man von Dienstleistungsproduktion.

Für die Beurteilung von Produktionsprozessen werden Prozesskennzahlen verwendet. Drei wichtige Prozesskennzahlen sind die Durchlaufzeit, die Output-Rate und der Bestand eines Prozesses.

- Als Durchlaufzeit wird jene Zeit bezeichnet, die der Input benötigt, um einen Prozess zu durchlaufen und diesen als Output zu verlassen.
- Als Output-Rate wird jene Menge an Gütern oder Dienstleistungen bezeichnet, die den Prozess pro Zeiteinheit verlässt.
- Als Bestand wird jene Menge an Einheiten bezeichnet, die sich zu einem bestimmten Zeitpunkt in einem Prozess befindet. Dieser Bestand wird auch als Arbeits- oder Auftragsbestand (engl. Work in Process – WIP) bezeichnet.

Das Gesetz von Little zeigt den Zusammenhang zwischen Durchlaufzeit, Output-Rate und Bestand:

$$\text{Bestand} = \text{Output-Rate} \times \text{Durchlaufzeit}$$

$$I = R \times T$$

Z U S A M M E N F A S S U N G

14.6 Übungsfragen

1. Was verstehen Sie unter einem Produktionsprozess? Erklären Sie den Begriff mit eigenen Worten.
2. Vervollständigen Sie folgende Abbildung, die den Produktionsprozess grafisch darstellen soll:

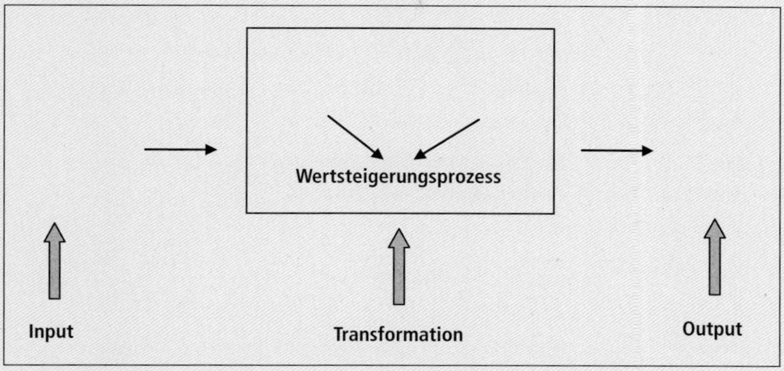

3. Was verstehen Sie unter Stücklisten bzw. Rezepturen?
4. Handelt es sich bei folgender Tabelle um einen Arbeitsplan oder um eine Stückliste? Begründen Sie Ihre Entscheidung.

Produkt P 1				
Arbeitsgang	**Stückbearbeitungszeit**	**Rüstzeit**	**Bezeichnung**	**Ressourcen**
A 1	15 min.	2 min.	Bohren	Bohrmaschine-XY Facharbeiter 1
A 2	25 min.	10 min.	Montage	Facharbeiter 2 und 3
A 3	20 min.	3 min.	Fräsen	Fräsmaschine-ZR Facharbeiter 4

5. Was sind Kapazitätsdaten?
6. Erklären Sie den Produktionsprozess mit den Begriffen „Input", „Output", „Ressourcen", „Stammdaten" und „Wertsteigerungsprozess" anhand eines Beispiels aus der Dienstleistungsproduktion.
7. Erklären Sie den Produktionsprozess mit den Begriffen „Input", „Output", „Ressourcen", „Stammdaten" und „Wertsteigerungsprozess" anhand eines Beispiels aus der Güterproduktion.
8. Welche allgemeinen Anforderungen an den Produktionsprozess müssen erfüllt werden, um Wertschöpfung zu erzielen?

9. In einer Arztpraxis befinden sich im Durchschnitt sechs Patienten. Der Arzt kann durchschnittlich zwölf Patienten pro Stunde behandeln.

   Frage a: Wie lange hält sich ein Patient durchschnittlich in der Praxis auf?

   Frage b: Welches Gesetz kommt hier zur Anwendung? Wie lautet dieses?

10. In einer Ambulanz werden durchschnittlich zehn Patienten pro Stunde behandelt, wobei ein Patient im Durchschnitt 30 Minuten in der Ambulanz verbringen muss.

    Frage a: Wie viele Patienten befinden sich durchschnittlich in der Ambulanz?

    Frage b: Wie kann bei gleichem Output die durchschnittliche Anzahl an Patienten in der Ambulanz reduziert werden?

EXTRAS ONLINE

Lösungen zu den Übungsfragen und weiterführende Materialien finden Sie auf der Website zum Buch unter *www.pearson-studium.de*.

Klassifikation von Produktionsprozessen

15

ÜBERBLICK

Dieses Kapitel liefert einen Überblick über verschiedene Produktionstypen. Dabei wird generell zwischen Güter- und Dienstleistungsproduktion unterschieden. Für beide Bereiche wird eine Klassifikation nach Input, Output und Transformation vorgestellt und mit Beispielen illustriert.

15.1 Güterproduktion

15.1.1 Klassifizierungskriterien

Die Klassifizierung von Produktionstypen der Güterproduktion kann anhand des Inputs, der Transformation (Wertschöpfung) und des Outputs erfolgen. Kommen Klassifizierungskriterien zur Anwendung, welche den Output des Produktionsprozesses betreffen, spricht man von outputbezogenen Produktionstypen; kommen Klassifizierungskriterien zur Anwendung, die den Transformationsprozess betreffen, spricht man von transformationsbezogenen Produktionstypen. Die Kriterien, die den Input und die Ressourcen betreffen, führen zu den input- und ressourcenbezogenen Produktionstypen. Jeder dieser Produktionstypen verfügt über weitere Klassifizierungsmöglichkeiten, welche in ▶ *Abbildung 15.1* dargestellt sind und die Grundlage der folgenden Abschnitte bilden.

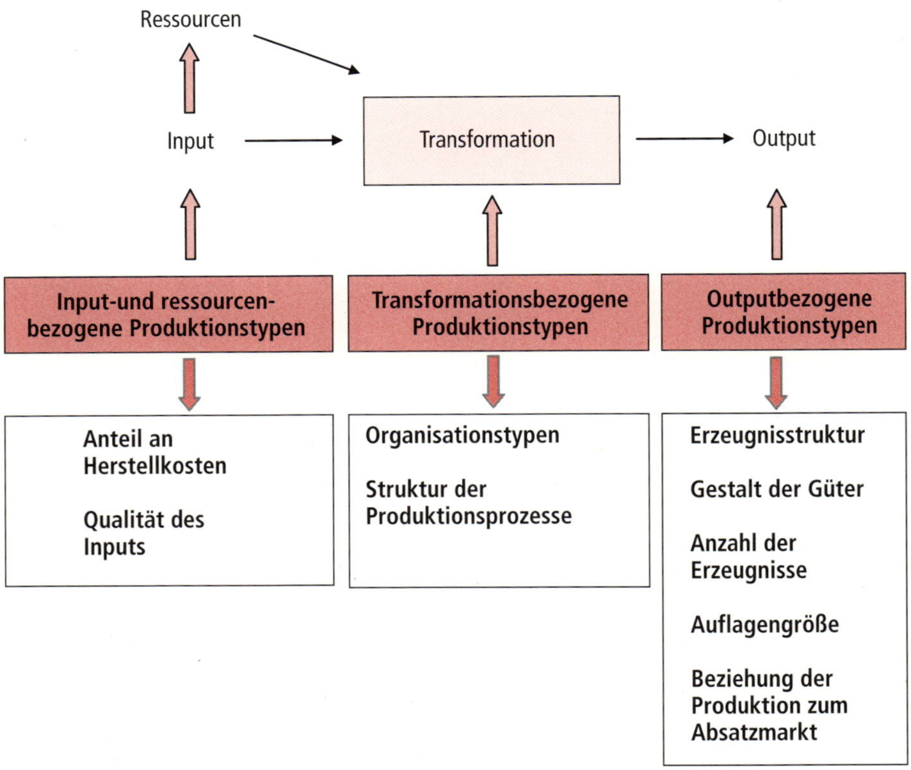

Abbildung 15.1: Klassifizierungskriterien

15.1.2 Outputbezogene Produktionstypen

Outputbezogene Produktionstypen beziehen sich auf die Eigenschaften der Produkte bzw. des Produktionsprogramms und können nach Erzeugnisstruktur, Gestalt der Güter, Anzahl der Erzeugnisse, Auflagengröße und Beziehung der Produktion zum Absatzmarkt unterschieden werden (vgl. ▶ *Abbildung 15.1*).

Erzeugnisstruktur – programmbezogene Vergenztypen

Bei den programmbezogenen Vergenztypen wird auf die Erzeugnisstruktur, die in den Stücklisten dargestellt wird, abgestellt. Die Erzeugnisstruktur umfasst die Gesamtheit der festgelegten Beziehungen zwischen den Einzelteilen (E) eines Produkts (P).

Es werden die folgenden vier Grundformen der Erzeugnisstruktur eines Produkts unterschieden:

- **Lineare Erzeugnisstruktur:** Das Produkt hat maximal *einen* direkten Vorgänger.

Abbildung 15.2: Beispiel: Herstellung von Draht aus Stahl

- **Konvergierende Erzeugnisstruktur:** Diese Erzeugnisstruktur ist dadurch gekennzeichnet, dass in ein Produkt mehrere Einzelteile einfließen.

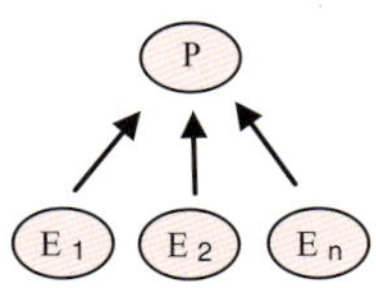

Abbildung 15.3: Beispiel: Herstellung von Telefonen

- **Divergierende Erzeugnisstruktur:** Bei dieser Erzeugnisstruktur hat ein Einzelteil mehrere Nachfolger.

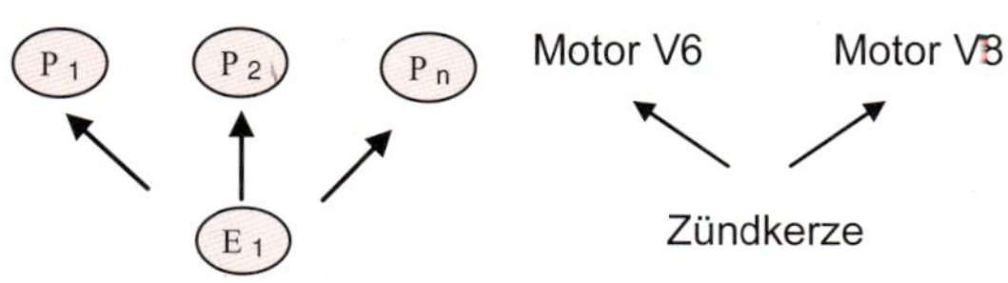

Abbildung 15.4: Beispiel: Kraftfahrzeugindustrie

- **Generelle Erzeugnisstruktur:** Die generelle Erzeugnisstruktur vereint Merkmale aller oder einiger der oben genannten Erzeugnisstrukturen.

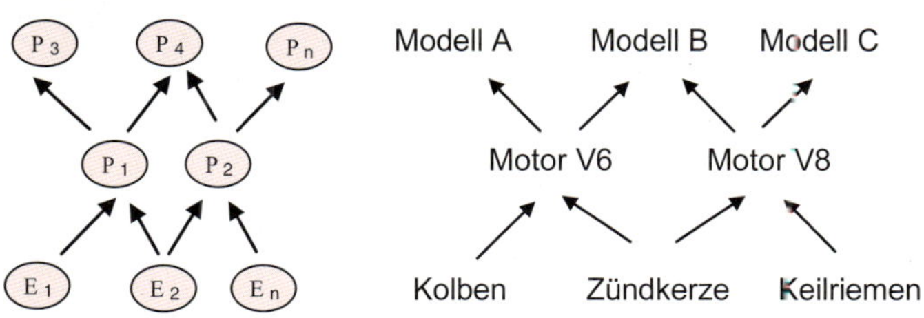

Abbildung 15.5: Beispiel: Kraftfahrzeugindustrie – Motoren, die aus mehreren Einzelteilen bestehen und in verschiedene Fahrzeuge eingebaut werden

Gestalt der Güter

Bei der Gestalt der Güter kann zwischen ungeformten Fließgütern, geformten Fließgütern und Stückgütern unterschieden werden. Bei dieser Klassifizierung wird ausschließlich nach räumlicher Dimension unterschieden, andere Eigenschaften wie Material, Design, Qualität werden nicht berücksichtigt.

- **Ungeformte Fließgüter:** Ungeformte Fließgüter sind weder in Breite, noch in Höhe oder Länge determiniert.

  Beispiele: Bier, Gas

- **Geformte Fließgüter:** Bei geformten Fließgütern sind lediglich die Breite und Höhe, nicht aber die Länge festgelegt.

  Beispiele: Seilproduktion, Stahldraht

- **Stückgüter:** Stückgüter sind durch alle drei Dimensionen (Breite, Länge, Höhe) bestimmt.

  Beispiele: Schrauben, Schuhe

Anzahl der Erzeugnisse

Nach der Anzahl der hergestellten Produktarten unterscheidet man Einprodukt- und Mehrprodukt-Produktion.

- **Einprodukt-Produktion:** Bei der Einprodukt-Produktion produziert ein Unternehmen im Rahmen der verfügbaren Ressourcen ein einziges Produkt als Massenprodukt.
- **Mehrprodukt-Produktion:** Bei der Mehrprodukt-Produktion werden unterschiedliche Erzeugnisse (mehrere Produktarten) produziert.

Abbildung 15.6: Beispiel: Raffinerie – Benzin, Diesel, Kerosin[1]

1 Quelle: Stanlow Oil Refinery cc-by-sa/2.0 – © William Starkey – *geograph.org.uk/p/3667941*

Auflagengröße

Die Auflagengröße bezeichnet die Anzahl der nach Vorbereitung der Produktionsanlage ununterbrochen hergestellten Erzeugniseinheiten. Nach der Auflagengröße lassen sich Massen-, Sorten-, Serien- sowie Einzelproduktion unterscheiden.

- **Massenproduktion:** Massenproduktion ist die zeitlich nicht begrenzte Produktion eines Gutes in großen Mengen. Automatisierung und Mechanisierung können hier am leichtesten verwirklicht werden.

  Beispiele: Glühlampen, Kunststoffflaschen

- **Sortenproduktion:** Die Sortenproduktion ist ein Spezialfall der Massenproduktion. Hier werden mehrere Varianten eines Grundprodukts auf denselben Produktionsanlagen zeitlich hintereinander hergestellt. Die erzeugten Produkte weisen nur geringfügige Unterschiede hinsichtlich ihrer Größe, Gestalt, Qualität oder ihres Formats auf.

  Wegen der unterschiedlichen Erzeugnisse müssen die Produktionsanlagen über eine größere Flexibilität als bei der reinen Massenproduktion verfügen. Bei jedem Sortenwechsel wird der Produktionsprozess unterbrochen und die Produktionsanlage auf die neue Sorte umgerüstet.

  Beispiele: Produktion verschiedener Sorten von Waschpulver bzw. von Bier

- **Serienproduktion:** Bei der Serienproduktion wird eine begrenzte Zahl identischer Erzeugnisse hergestellt (= Serie). Danach werden die Produktionsanlagen für die nächste Serie umgerüstet. Im Vergleich zur Sortenproduktion müssen die Produktionsanlagen noch wesentlich flexibler sein.

  Beispiele: Produktion von Armbanduhren in verschiedenen Serien bzw. von verschiedenen Serien von Autoreifen

- **Einzelproduktion:** Das Produktionsprogramm bei der Einzelproduktion setzt sich aus individuellen Produkten zusammen, die als Einzelstücke produziert werden. Die Produktionsanlagen und Arbeitskräfte müssen hierbei einen hohen Grad an Flexibilität aufweisen.

Abbildung 15.7: Beispiel: Schiffsbau[2]

2 Quelle: *https://pxhere.com/de/photo/535561*

Beziehung der Produktion zum Absatzmarkt

Nach den Beziehungen der Produktion zum Absatzmarkt kann zwischen **Kundenauftragsproduktion**, **Lagerproduktion** und **auftragsbezogener Montage** unterschieden werden. Die Zuordnung ist abhängig von der Beziehung zwischen dem Produktionsprozess und dem Auftragsabwicklungsprozess. Der Auftragsabwicklungsprozess beginnt bei der Erteilung des Auftrags durch den Kunden und endet mit der Übergabe des Produkts an diesen.

- **Kundenauftragsproduktion (Make to Order):** Bei der Kundenauftragsproduktion löst eine Kundenbestellung (Beginn des Auftragsabwicklungsprozesses) den Produktionsprozess aus. Der Produktionsprozess läuft gleichzeitig mit dem Auftragsabwicklungsprozess ab (*Beispiele:* Schiffsbau, Maßmöbel).

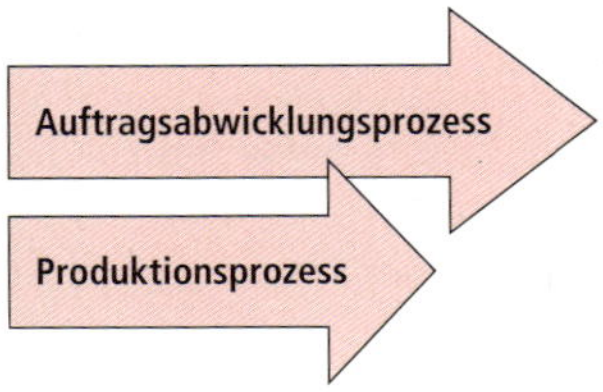

Abbildung 15.8: Make to Order Prozess

- **Lagerproduktion (Make to Stock):** Bei der Lagerproduktion erfolgt die Produktion auf Lager basierend auf einer durch Prognosen geschätzten Marktnachfrage. Kommt es zur Kundenbestellung (Beginn des Auftragsabwicklungsprozesses), ist der Produktionsprozess bereits abgeschlossen. Die Ware liegt fertig im Lager und wird dem Kunden ausgehändigt (*Beispiel:* Unterhaltungselektronik).

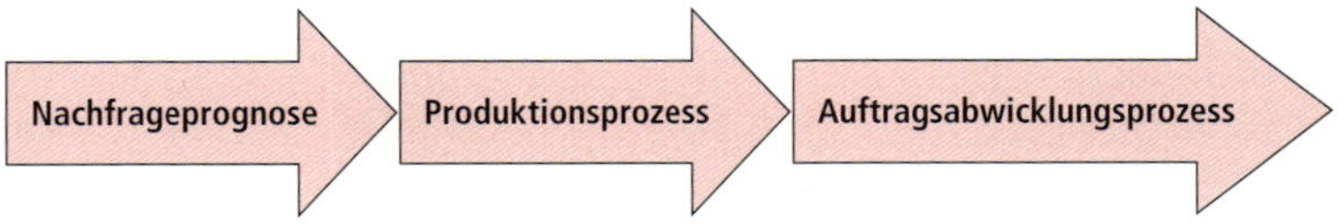

Abbildung 15.9: Make to Stock Prozess

- **Auftragsbezogene Montage (Assemble to Order, Build to Order):** Die auftragsbezogene Montage ist eine Kombination aus Kundenauftrags- und Lagerproduktion. Nach Eingang der Kundenbestellung (Beginn des Auftragsabwicklungsprozesses) wird das Produkt fertiggestellt. Zur Fertigstellung der Leistung werden Einzelteile, die auf Lager vorproduziert werden, verwendet. Durch die Erstellung des Enderzeugnisses aus vorproduzierten Komponenten kann die Lieferzeit unter Umständen beträchtlich verkürzt werden (*Beispiel:* Produktion des Kleinwagens „Smart").

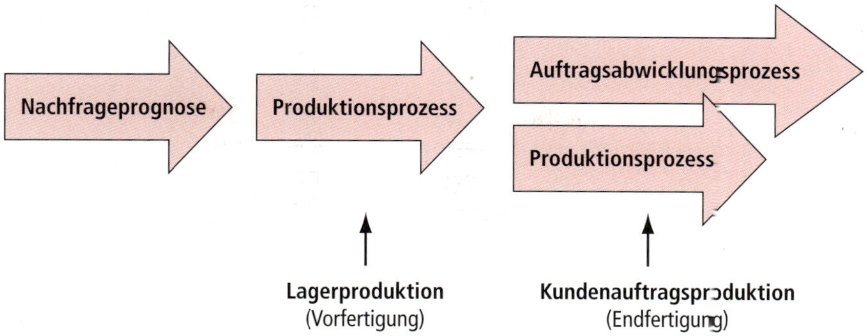

Abbildung 15.10: Assemble to Order Prozess

Anhand von Computern sollen die Produktionsprozesse (inkl. Kundenbestellung) entsprechend den unterschiedlichen Beziehungen der Produktion zum Absatzmarkt genauer dargestellt werden.

Fall 1: Kundenauftragsproduktion (Make to Order) Großrechner Beim Kauf eines Großrechners wird der Rechner kundenspezifisch gefertigt.

Beispiel: Kundenauftragsproduktion einer Großrechneranlage bei IBM

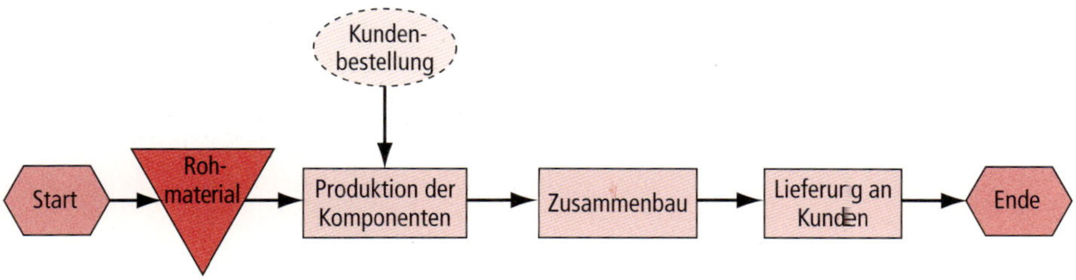

Abbildung 15.11: Kundenauftragsproduktion eines Großrechners

Fall 2: Lagerproduktion (Make to Stock) Kauf eines Standard-PCs Beim Kauf eines Standard-PCs kann der Kunde zwischen den verschiedenen Modellen wählen, wobei die Komponenten der Modelle fix vorgegeben sind.

Beispiel: Kauf eines Standard-PCs bei Hofer, Media Markt usw.

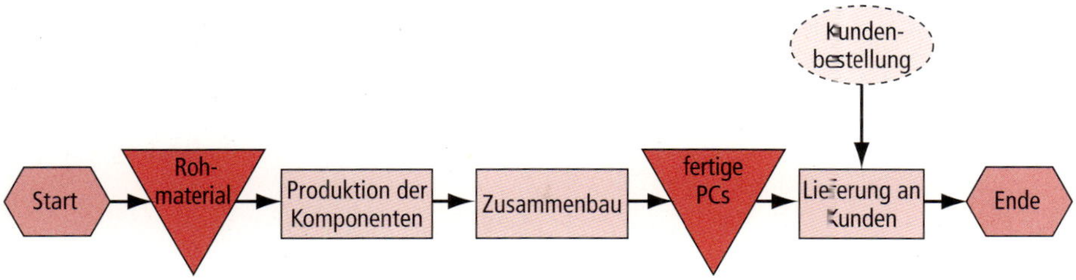

Abbildung 15.12: Lagerproduktion eines Standard-PCs

Fall 3: Auftragsbezogene Montage (Assemble to Order, Build to Order) Konfigurierbarer PC Der Kunde kann sich den Computer aus verschiedenen Komponenten, welche bereits auf Basis von Prognosen vorgefertigt wurden, individuell zusammenstellen lassen.

Beispiel: Bestellung eines PCs bei der Firma Dell

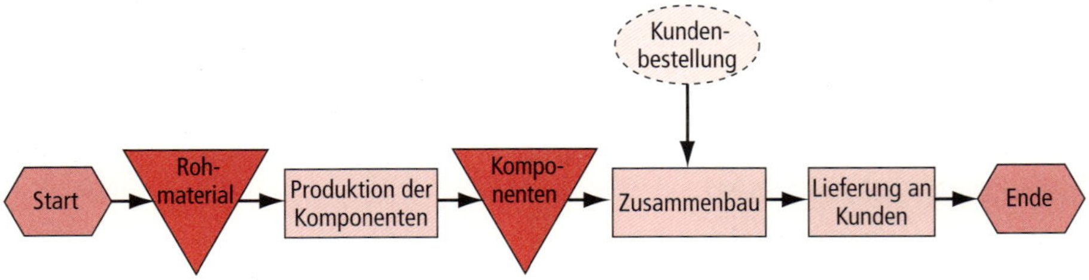

Abbildung 15.13: Auftragsbezogene Montage eines konfigurierbaren PCs

Zum Abschluss der outputbezogenen Produktionstypen zeigt ▶ *Abbildung 15.14* den Zusammenhang zwischen Auflagengröße und der Beziehung der Produktion zum Absatzmarkt. Massenproduktion ist üblicherweise als Lagerproduktion (Make to Stock) und Einzelproduktion als Kundenauftragsproduktion (Make to Order) organisiert. Für die Sorten- und Serienproduktion werden auch Mischformen aus Make to Stock und Make to Order verwendet (Assemble to Order). In einem Betrieb können selbstverständlich mehrere dieser Typen parallel vorkommen. Beispielsweise könnte ein Unternehmen Standardzylinder in großen Mengen in Form der Lagerproduktion produzieren, darüber hinaus aber auch Spezialzylinder erst nach Eingang der Kundenbestellung herstellen (Kundenauftragsproduktion).

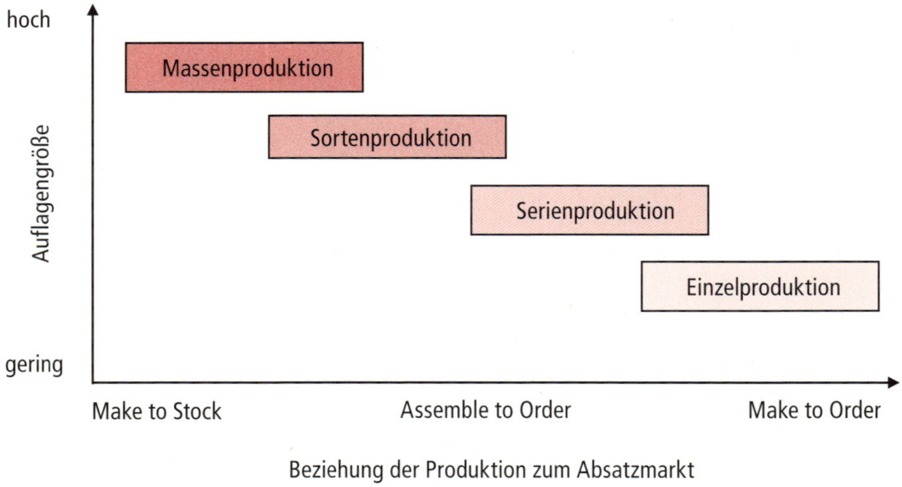

Abbildung 15.14: Zusammenhang zwischen Auflagengröße und der Beziehung der Produktion zum Absatzmarkt

15.1.3 Transformationsbedingte Produktionstypen

Transformationsbezogene Produktionstypen beziehen sich auf die **Organisationstypen** der Produktion und auf die **Struktur der Produktionsprozesse** (vgl. ▶ *Abbildung 15.1*).

Organisationstypen

Als erste Gruppe der transformationsbezogenen Produktionstypen werden jene Typen betrachtet, die durch die **unterschiedliche organisatorische Gestaltung von Arbeitssystemen** gebildet werden können. Man spricht hier von den Organisationstypen der Produktion. Bei der organisatorischen Gestaltung von Arbeitssystemen und den zwischen ihnen erforderlichen Transportbeziehungen kann nach dem **Funktionsprinzip** oder dem **Objektprinzip** vorgegangen werden.

- **Funktionsprinzip:** Funktionsprinzip bedeutet, dass Arbeitssysteme, die gleichartige Funktionen (Operationen, Arbeitsgänge) durchführen können, räumlich in einer Werkstatt zusammengefasst werden. ▶ *Abbildung 15.15* zeigt folgende Arbeitsgänge eines Maschinenbauunternehmens:

  – A steht für Bohren, B für Fräsen, C für Gießen und D für Montieren.

  Diese vier Arbeitsgänge sind räumlich in vier Werkstätten organisiert: die Bohrerei mit drei Arbeitssystemen, die Fräserei mit zwei, die Gießerei mit drei und die Montage mit einem Arbeitssystem. Die Inputs durchlaufen entsprechend der in ihrem Arbeitsplan definierten Reihenfolge die einzelnen Werkstätten, die örtlich getrennt sind.

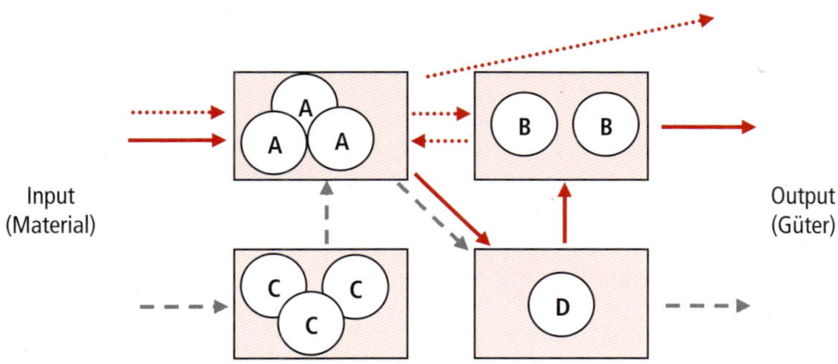

Abbildung 15.15: Funktionsprinzip

  Input 1 (roter durchgehender Pfeil) durchläuft die Werkstätten in folgender Reihenfolge: Bohrerei, Montage und Fräserei (A-D-B), Input 2 (grauer gestrichelter Pfeil) die Werkstätten Gießerei, Bohrerei und Montage (C-A-D).

  Es kann durchaus vorkommen, dass ein Input mehrmals zu derselben Werkstatt transportiert wird, um die gemäß Arbeitsplan erforderlichen Arbeitsgänge zu passieren: Input 3 (roter punktierter Pfeil) durchläuft die Werkstätten Bohrerei, Fräserei, Bohrerei (A-B-A).

- **Objektprinzip:** Objektprinzip bedeutet, dass Inputs einzelne Arbeitssysteme durchlaufen, die entsprechend den Arbeitsplänen räumlich angeordnet sind. ▶ *Abbildung 15.16* zeigt die Materialflüsse und die Maschinenanordnungen gemäß dem Objektprinzip.

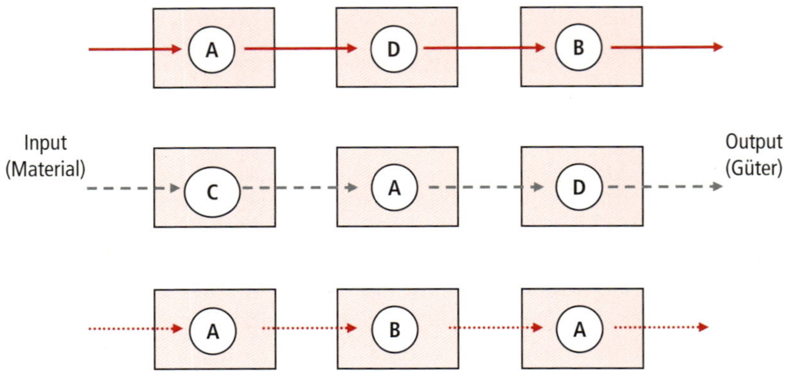

Abbildung 15.16: Objektprinzip

Input 1 (roter, durchgehender Pfeil) durchläuft die folgenden Arbeitssysteme: Bohren, Montieren und Fräsen (A-D-B). Input 2 (grauer, gestrichelter Pfeil) durchläuft die Arbeitssysteme Gießen, Bohren und Montieren (C-A-D). Input 3 (roter, punktierter Pfeil) durchläuft die Arbeitssysteme Bohren, Fräsen, Bohren (A-B-A).

Es kann durchaus vorkommen, dass gemäß dem Arbeitsplan des zu erzeugenden Produkts mehrere Arbeitssysteme, die räumlich voneinander getrennt sind, einen gleichartigen Arbeitsgang durchführen.

▶ *Abbildung 15.17* zeigt einen Überblick über die Organisationstypen der Produktion unter Anwendung des Funktions- und des Objektprinzips.

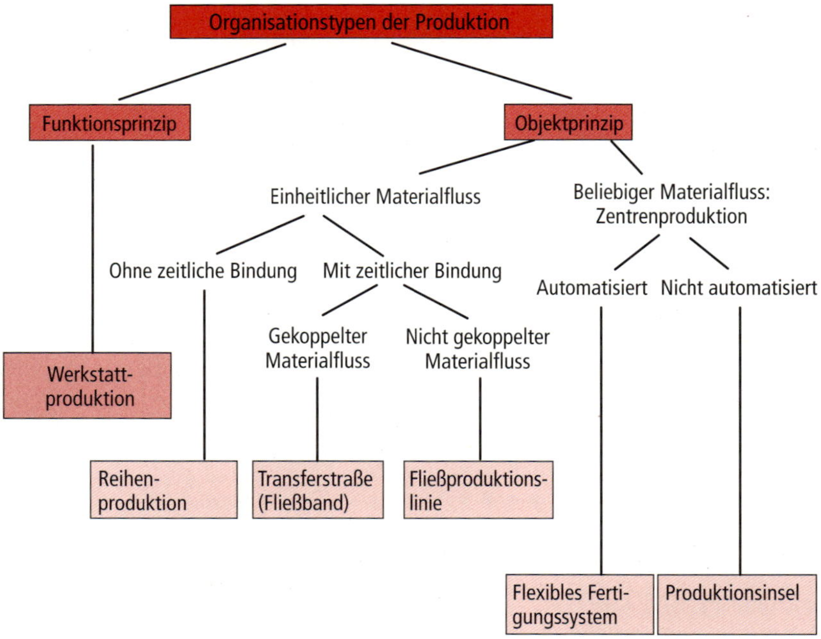

Abbildung 15.17: Organisationstypen der Produktion[3]

3 vgl. Günther/Tempelmeier 2012, S. 13

■ Werkstattproduktion

Die Werkstattproduktion ist der einzige Produktionstyp, der dem Funktionsprinzip entspricht. Die Definition der Werkstattproduktion ist daher identisch mit jener des Funktionsprinzips. Arbeitssysteme, welche gleichartige Tätigkeiten ausführen, werden räumlich zusammengefasst. Werkstattproduktion wird bei **kleinen Losgrößen** angewandt sowie bei einer **hohen Produktvielfalt**, die sich im zeitlichen Ablauf ändern kann.

▶ *Abbildung 15.18* zeigt die schematische Darstellung einer Werkstattfertigung. Werkstücke werden mit Fördereinrichtungen ohne zeitliche Bindung, z.B. Transportwagen, zu den verschiedenen Arbeitssystemen transportiert, wobei jeweils gleichartige Arbeitssysteme in einer Werkstatt zusammengefasst sind.

Beispiel: Möbeltischlerei

In der **Werkstattproduktion** ist es meist nicht möglich, die Arbeits- und Transportvorgänge der einzelnen Aufträge exakt aufeinander abzustimmen. Aufträge müssen daher häufig auf ihre Bearbeitung in einer Werkstatt warten. Solche Wartezeiten bedingen oft unerwünschte Zwischenlagerbestände. Auch kommt es immer wieder zu Leerzeiten innerhalb der Werkstätten, weil der vorhergehende Arbeitsgang in einer anderen Werkstatt noch nicht abgeschlossen ist oder weil noch auf ein Transportmittel gewartet wird. Deshalb erfordert die Werkstattproduktion aufwändige Planungs- und Steuerungsmaßnahmen.

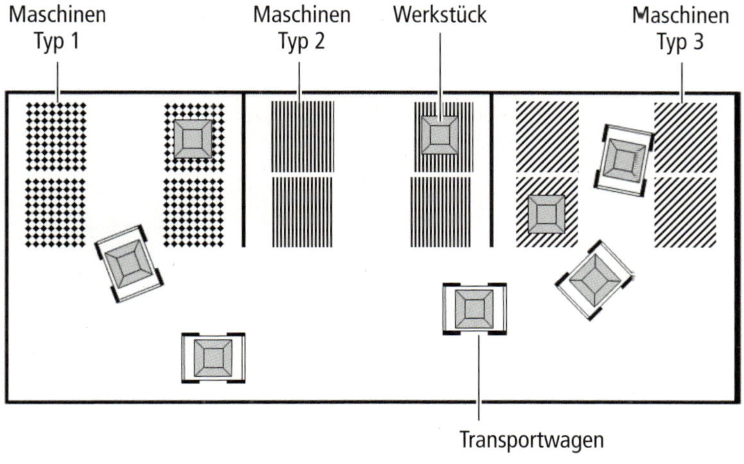

Abbildung 15.18: Werkstattproduktion

■ Reihenproduktion, Transferstraße (Fließband) und Fließproduktionslinie

Die drei Organisationstypen Reihenproduktion, Transferstraße und Fließproduktionslinie, die dem Objektprinzip folgen, weisen einen einheitlichen Materialfluss auf, d.h. alle Produkte durchlaufen die Arbeitssysteme in derselben Reihenfolge. Einzelne Arbeitsgänge können zwar übersprungen werden, Rücksprünge sind nicht möglich (vgl. ▶ *Abbildung 15.17*).

Diese Form der Produktionsorganisation ist nur dann wirtschaftlich vertretbar, wenn ein einheitliches Grundprodukt bzw. eine begrenzte Anzahl von Produktvarianten in großer Menge produziert werden.

Bei der **Reihenproduktion** erfolgt der Arbeitsfortschritt ohne zeitliche Bindung zwischen den Arbeitsgängen.

▶ *Abbildung 15.19* zeigt eine schematische Darstellung einer Reihenproduktion. Werkstücke werden mittels Fördereinrichtung ohne zeitliche Bindung (z.B. Transportwagen) von Arbeitssystem zu Arbeitssystem transportiert. So kann es vorkommen, dass Werkstücke warten, bis sie im nächsten Arbeitssystem weiterverarbeitet werden.

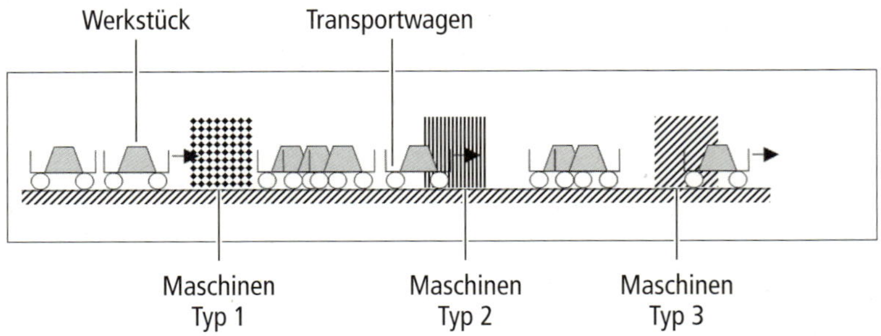

Abbildung 15.19: Reihenproduktion (z.B. Textilindustrie – Produktion von Bekleidung)

Bei einer **Transferstraße (Fließband)** besteht eine zeitliche Bindung zwischen den Arbeitsgängen. Die Werkstücke sind fest mit dem Transportsystem (Fördereinrichtung) verbunden und können nur simultan von Arbeitssystem zu Arbeitssystem transportiert werden (synchroner/gekoppelter Materialfluss). ▶ *Abbildung 15.20* zeigt eine schematische Darstellung einer Transferstraße.

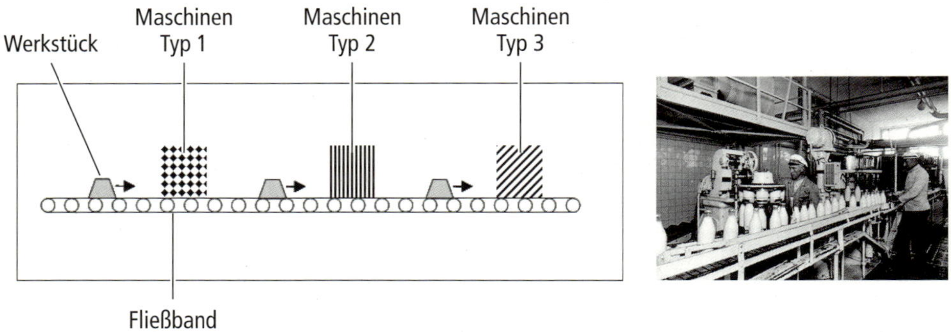

Abbildung 15.20: Transferstraße/Fließband (z.B. Milchabfüllung)[4]

Erfolgt die Verbindung der einzelnen Arbeitsgänge durch selbstständige Fördereinrichtungen, wobei die einzelnen Werkstücke auch unabhängig voneinander bewegt werden können (asynchroner bzw. nicht gekoppelter Materialfluss), spricht man von einer **Fließproduktionslinie.** Wie bei der Transferstraße liegt bei diesem System auch eine zeitliche Bindung vor (im Gegensatz zur Reihenproduktion). ▶ *Abbildung 15.21* zeigt eine schematische Darstellung einer Fließproduktionslinie.

4 Quelle: *https://de.m.wikipedia.org/wiki/Datei:2010.07.21.152950_Abf%C3%BCllanlage_Gerolstein.jpg*

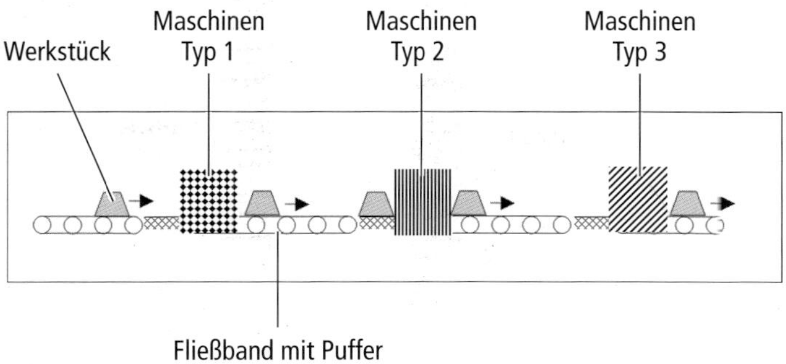

Abbildung 15.21: Fließproduktionslinie (z.B. Produktion von Fernsehern)

Ob eine Transferstraße oder eine Fließproduktionslinie gewählt wird, hängt stark von den Eigenschaften (Masse, Volumen usw.) der zu fertigenden Produkte ab.

■ Flexibles Fertigungssystem und Produktionsinsel

Die zwei Organisationstypen Flexibles Fertigungssystem und Produktionsinsel werden als **Zentrenproduktion** bezeichnet. Bei der Zentrenproduktion sind verschiedene Arbeitssysteme unter Anwendung des Objektprinzips angeordnet. Im Unterschied zur Produktion mit einheitlichem Materialfluss können in der Zentrenproduktion beliebige Materialflüsse vorkommen.

Zentrenproduktion kommt zum Einsatz, wenn für verschiedene Endprodukte ähnliche Einzelteile benötigt werden, die oft nicht nur dieselben Arbeitssysteme belegen, sondern auch nach ähnlichen Arbeitsplänen produziert werden (z.B. Hinterachs- oder Motorenteile).

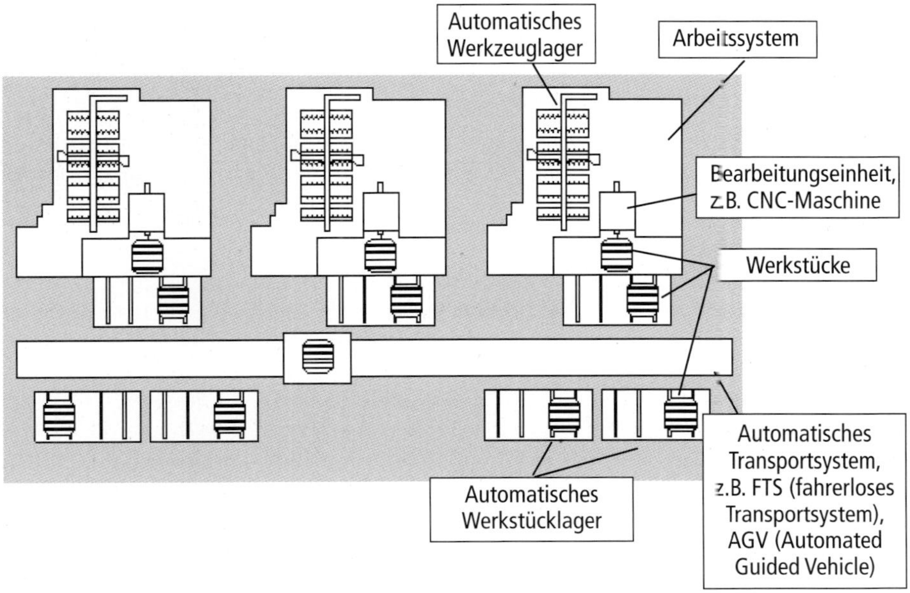

Abbildung 15.22: Flexibles Fertigungssystem (z.B. Motorenfertigung)

Erfolgt die Produktion weitgehend automatisiert, insbesondere wenn auch das eingesetzte Materialfluss-System automatisiert ist, so spricht man von einem **Flexiblen Fertigungssystem (FFS)**. Ein solches System besteht aus numerisch gesteuerten Maschinen, die durch ein automatisiertes Materialfluss-System miteinander verbunden sind. Werkstück- und Werkzeugfluss erfolgen weitgehend automatisch (vgl. ▶ *Abbildung 15.22*).

Wird auf die vollständige Automatisierung verzichtet, so spricht man von einer **Produktionsinsel** (siehe ▶ *Abbildung 15.23*).

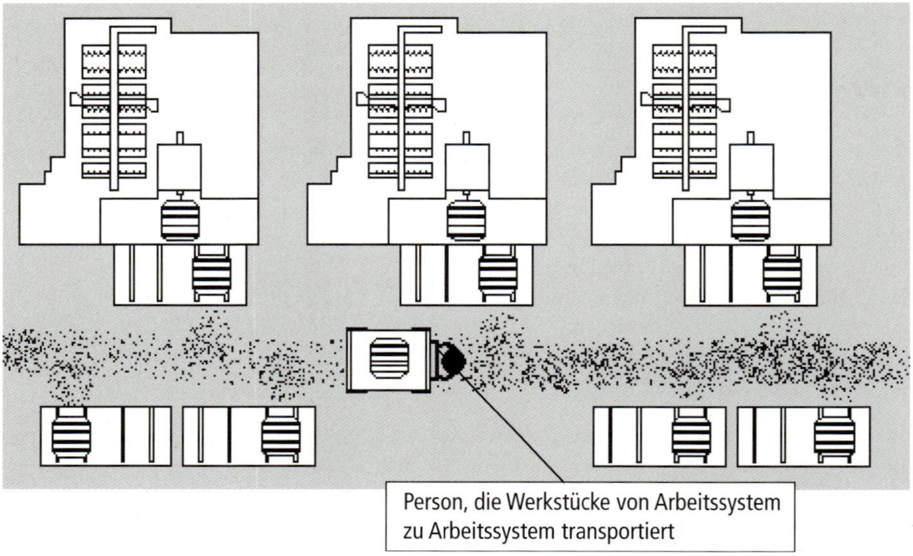

Abbildung 15.23: Produktionsinsel (z.B. Herstellung von Bremssystemen für Nutzfahrzeuge oder auftragsbezogene Montage von PCs)

Struktur der Produktionsprozesse

Als zweite Gruppe der transformationsbezogenen Produktionstypen werden nun die Typen betrachtet, die nach dem Kriterium der Struktur der Produktionsprozesse gebildet werden können.

Kontinuität des Materialflusses: Nach der Kontinuität des Materialflusses kann zwischen kontinuierlicher und diskontinuierlicher Produktion unterschieden werden. Die Zuordnung ist davon abhängig, ob die Objekte während des Produktionsprozesses ununterbrochen oder in zeitlichen Abständen zum nächsten Arbeitssystem weitertransportiert werden.

■ Kontinuierliche Produktion

Kontinuierliche Produktion liegt dann vor, wenn die Objekte ohne Unterbrechungen den Produktionsprozess (von Arbeitssystem zu Arbeitssystem) durchlaufen (kontinuierlicher Materialfluss). Kontinuierliche Produktion kommt sowohl bei Stück- als auch bei Fließgütern vor. Im Zusammenhang mit Fließgütern spricht man auch von natürlicher Fließproduktion, die vor allem in der chemischen Industrie und der Pharmaindustrie anzutreffen ist, wobei die hergestellten Fließgüter durch entsprechende Rohrleitungssysteme zwischen den einzelnen Anlagen kontinuierlich weitergeleitet werden.

Beispiele: Stromerzeugung, Erdölraffinerie

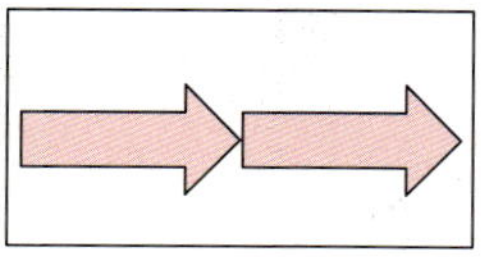

Abbildung 15.24: Kontinuierliche Produktion

Diskontinuierliche Produktion

Diskontinuierliche Produktion ist dann gegeben, wenn die Objekte mit Unterbrechungen von einem zum nächsten Arbeitssystem weitertransportiert werden (diskontinuierlicher Materialfluss).

Beispiel: Herstellung von Maßanzügen

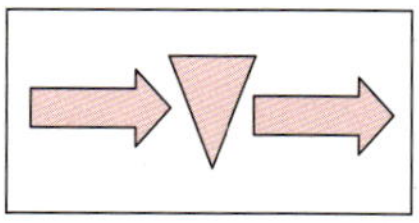

Abbildung 15.25: Diskontinuierliche Produktion

Ein Spezialfall der diskontinuierlichen Produktion ist die **Chargenproduktion**, wobei eine durch das Fassungsvermögen des Produktionsgefäßes (z.B. Hochofen) begrenzte Werkstoffmenge (Charge) als Ganzes dem Arbeitssystem zugeführt und als Ganzes nach Abschluss des Produktionsprozesses wieder entnommen wird.

Formen des Materialflusses – prozessbezogene Vergenztypen: Bei den prozessbezogenen Vergenztypen wird auf den Produktionsprozess, der aus verschiedenen Arbeitsgängen besteht, abgestellt. Auskunft über den Produktionsprozess geben die Arbeitspläne der Erzeugnisse. Man unterscheidet **glatte, konvergierende, divergierende** und **umgruppierende Produktion.**

Die Zuordnung ergibt sich aus der Anzahl der eingesetzten Werkstoffarten und der Anzahl der erzeugten Produktarten.

Glatte Produktion

Bei der glatten Produktion (durchgängiger Materialfluss) wird in einem Produktionsprozess aus jeweils einer eingesetzten Werkstoffart eine einzige Produktart erzeugt.

Beispiel: Produktion von Kunststoffteilen mittels Spritzguss

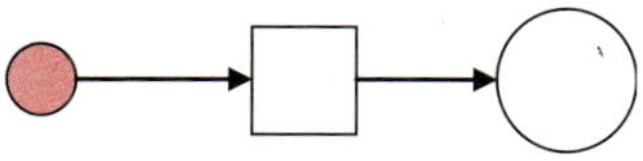

Abbildung 15.26: Glatte Produktion

■ **Konvergierende Produktion**

Bei der konvergierenden Produktion (synthetischer Materialfluss) wird in einem Produktionsprozess eine Produktart aus mehreren Werkstoffarten hergestellt.

Beispiel: Computer-Montage

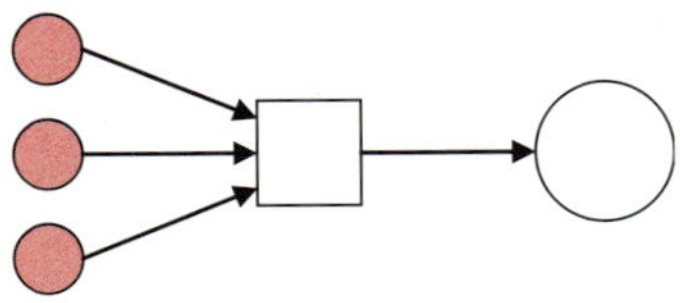

Abbildung 15.27: Konvergierende Produktion

■ **Divergierende Produktion**

Eine divergierende Produktion (analytischer Materialfluss) liegt vor, wenn in einem Produktionsprozess durch **Aufspaltung** aus einer Werkstoffart **mehrere Produktarten** erzeugt werden. Insbesondere in der chemischen Industrie spricht man auch von Kuppelproduktion.

Beispiel: Bei der Verarbeitung von Mineralöl werden Benzin, Heizöl, Schmierstoffe und weitere Produkte erzeugt.

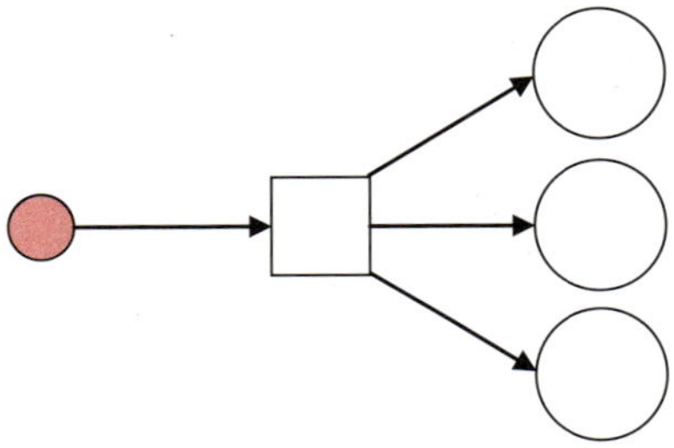

Abbildung 15.28: Divergierende Produktion

■ **Umgruppierende Produktion**

Werden in einem Produktionsprozess mehrere Werkstoffarten eingesetzt, aus denen verschiedene Produktarten entstehen, handelt es sich um eine umgruppierende Produktion (umgruppierender Materialfluss).

Beispiel: Lebensmittelindustrie (z.B. Teigwaren)

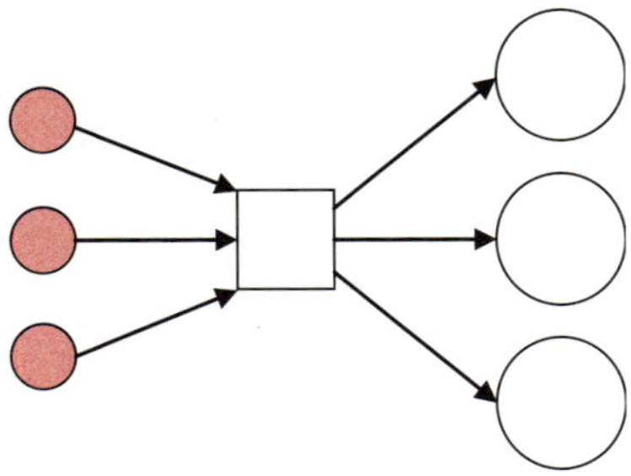

Abbildung 15.29: Umgruppierende Produktion

Ortsbindung der Produkte: Nach der Ortsbindung der Produkte während des Produktionsprozesses kann man zwischen **örtlich gebundener** und **örtlich ungebundener Produktion** unterscheiden.

- **Gebundene Produktion**

Die örtlich gebundene Produktion wird auch als Baustellenproduktion bezeichnet. Der gesamte Produktionsprozess wird an einem fixen Ort („Baustelle“) durchgeführt.

Beispiel: Bau eines Kraftwerks

- **Ungebundene Produktion**

Bei der ungebundenen Produktion muss der Produktionsprozess nicht an einem fixen Ort ablaufen.

Beispiel: Ein Pkw kann in verschiedenen Werken produziert werden.

Anzahl der Arbeitsgänge: Nach der Anzahl der Arbeitsgänge kann man zwischen **einstufiger** und **mehrstufiger Produktion** unterscheiden. Die Zuordnung ist davon abhängig, ob zur Herstellung eines Erzeugnisses ein oder mehrere Arbeitsgänge durchlaufen werden müssen.

- **Einstufige Produktion**

Beispiel: Die Produktion von Kunststoffflaschen erfolgt mittels Spritzgussverfahren mit einer Maschine in einem Arbeitsgang.

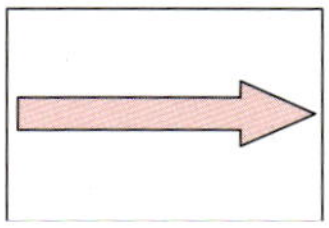

Abbildung 15.30: Einstufige Produktion

- **Mehrstufige Produktion**

Beispiel: Erzeugung von Brot (Zubereiten des Teigs, Formen, Backen)

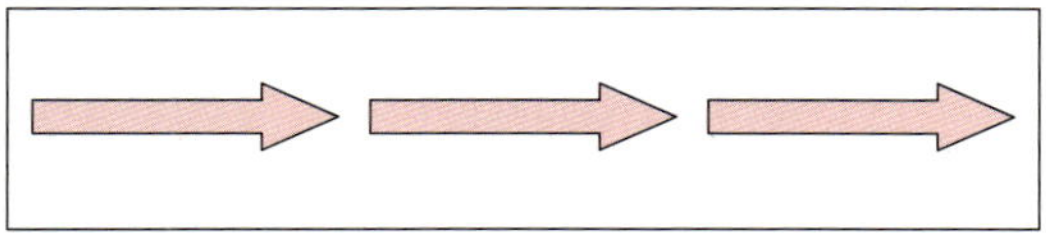

Abbildung 15.31: Mehrstufige Produktion

Veränderbarkeit der Arbeitsgangfolge: Nach der Veränderbarkeit der Arbeitsgangfolge (= Reihenfolge der Arbeitsgänge) kann man zwischen vorgegebener und veränderbarer Produktion unterscheiden. Die Zuordnung ist davon abhängig, ob die Reihenfolge der Arbeitsgänge flexibel gestaltbar oder fix vorgegeben ist.

- **Vorgegebene Produktion**

Bei der vorgegebenen Produktion ist die Reihenfolge der Arbeitsgänge nicht veränderbar.

Beispiel: Die Herstellung von Wein erfolgt immer in einer vorgegebenen Reihenfolge.

- **Veränderbare Produktion**

Bei der veränderbaren Produktion ist die Reihenfolge der Arbeitsgänge veränderbar. In diesem Zusammenhang spricht man auch von Arbeitsplanflexibilität.

Beispiel: Produktion von Pullovern – zwei Varianten: Pullover werden mit gefärbtem Garn gestrickt – Pullover werden mit naturfarbenem Garn gestrickt und anschließend gefärbt.

15.1.4 Input- und ressourcenbezogene Produktionstypen

Input- und ressourcenbezogene Produktionstypen beziehen sich auf das im Produktionsprozess benötigte Material (Roh-, Hilfs- und Betriebsstoffe) sowie auf die nötigen Ressourcen (Betriebsmittel, menschliche Arbeit). Diese können nach dem Anteil an den Herstellkosten und der Qualität des Inputs unterschieden werden (vgl. ▶ *Abbildung 15.1*).

Anteil an Herstellkosten

Nach dem relativen Anteil des Inputs oder der Ressourcen an den gesamten Herstellkosten kann zwischen **materialintensiver** (inputbezogener), **anlagenintensiver** (ressourcenbezogener) und **arbeitsintensiver** (ressourcenbezogener) **Produktion** unterschieden werden.

- **Materialintensive Produktion**
  Beispiel: Schiffsbau
- **Anlagenintensive Produktion**
  Beispiel: Raffinerie
- **Arbeitsintensive Produktion**
  Beispiel: Kunsthandwerk

Qualität des Inputs

Die Qualität des Inputs hat erheblichen Einfluss auf die Qualität des Endprodukts. Nach dem Merkmal der Konstanz der Güterqualität des Werkstoffeinsatzes unterscheidet man zwischen **werkstoffbedingt wiederholbarer Produktion** und **Partieproduktion**. Die Ausprägung dieses Merkmals ist davon abhängig, ob sich die Güterqualität von unterschiedlichen Partien auf die Qualität des Endprodukts auswirkt.

Werkstoffbedingt wiederholbare Produktion: Bei der werkstoffbedingt wiederholbaren Produktion ist die Qualität des Inputs gleichbleibend, da nicht kontrollierbare externe Faktoren (z.B. Wetter) keinen entscheidenden Einfluss haben.

Beispiele: Computer-Chip, Autoreifen

Partieproduktion: Bei der Partieproduktion haben externe Faktoren, die vom Produzenten letztendlich nicht kontrollierbar sind (z.B. Wetter) einen entscheidenden Einfluss auf die Qualität einer Partie (z.B. Trauben eines Jahrgangs). Die schwankende Qualität des Inputs führt somit zu nicht wiederholbarer Produktion.

Beispiele: Naturprodukte wie Obst, Leder, Wein („Jeder Jahrgang ist ein Unikat")

15.1.5 Produkt-Prozess-Matrix

In der Produkt-Prozess-Matrix werden einige der in diesem Kapitel besprochenen Klassifizierungskriterien kombiniert, indem eine idealtypische Einordnung der Organisationstypen der Produktion nach produkt- und prozessbezogenen Kriterien erfolgt.

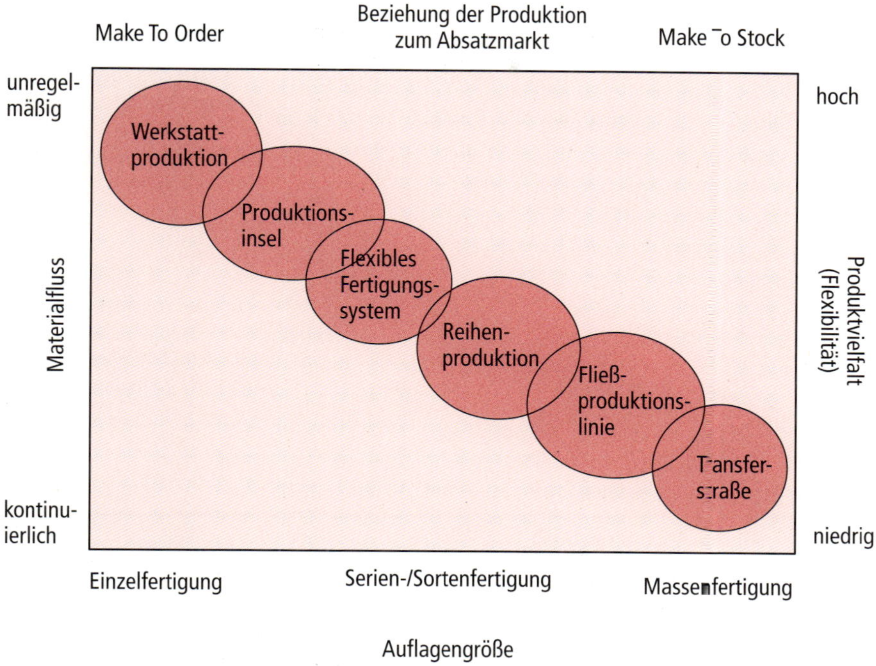

Abbildung 15.32: Produkt-Prozess-Matrix[5]

Auf den horizontalen Achsen sind zum einen die Beziehung der Produktion zum Absatzmarkt und zum anderen die Auftragsgröße aufgetragen. Wie bereits in ▶ *Abbildung 15.14* gezeigt, ist die Einzelfertigung meist als Make-to-Order-Prozess organisiert und die Massenfertigung als Make-to-Stock-Prozess. Auf den vertikalen Achsen sind der Materialfluss und die Produktvielfalt aufgetragen. Aus dem Schaubild ist ersichtlich, dass die Werkstattproduktion üblicherweise einen unregelmäßigen Materialfluss aufweist, für die Herstellung von Produkten mit hoher Variantenvielfalt verwendet wird, meist auf Basis von Kundenbestellung organisiert ist (Make to Order) und eher für die Einzelfertigung bzw. für kleine Auftragsgrößen eingesetzt wird. Im Gegensatz dazu weist die Transferstraße einen kontinuierlichen Materialfluss auf, wird eher für Produkte mit geringer Variantenvielfalt und großen Auftragsgrößen verwendet und ist üblicherweise als Lagerproduktion organisiert (Make to Stock). Dieses Schema soll helfen, für bestimmte Produkt- und Auftragscharakteristika den passenden Produktionstyp zu wählen. Es muss aber auch festgehalten werden, dass dieses Schaubild gewissermaßen eine Vereinfachung darstellt und die Übergänge zwischen den verschiedenen Typen fließend sind. In der Praxis ist auch ein Nebeneinander unterschiedlicher Prozesstypen nicht ungewöhnlich.

5 vgl. Günther/Tempelmeier 2012, S. 59

Abschließend zeigt ▶ *Tabelle 15.1* eine Bewertung der einzelnen Organisationstypen hinsichtlich der Kriterien Zeit, Flexibilität, Qualität und Wirtschaftlichkeit (Kosten/Stück).

Organisationstypen	Zeit	Flexibilität	Qualität	Wirtschaftlichkeit
Werkstattproduktion	☹	☺	😐	☺ bei kleinen Losgrößen und großer Variantenvielfalt
Produktionsinsel	😐	☺	😐	☺ bei kleinen Losgrößen und mittlerer Variantenvielfalt
Flexibles Fertigungssystem	😐	☺	😐	☺ bei kleinen Losgrößen und mittlerer Variantenvielfalt
Reihenproduktion	😐	😐	😐	☺
Fließproduktionslinie	☺	☹	😐	☺ bei großen Losgrößen und geringer Variantenvielfalt
Transferstraße	☺	☹😐	😐	☺ bei großen Losgrößen und geringer Variantenvielfalt
☺ Vorteile gegenüber den anderen Organisationstypen 😐 Weder Vor- noch Nachteile ☹ Nachteile gegenüber den anderen Organisationstypen				

Tabelle 15.1: Vergleich der Organisationstypen

15.2 Klassifikation von Dienstleistungsproduktionsprozessen

▶ *Abbildung 15.33* zeigt die verschiedenen Produktionstypen der Dienstleistungsproduktion.

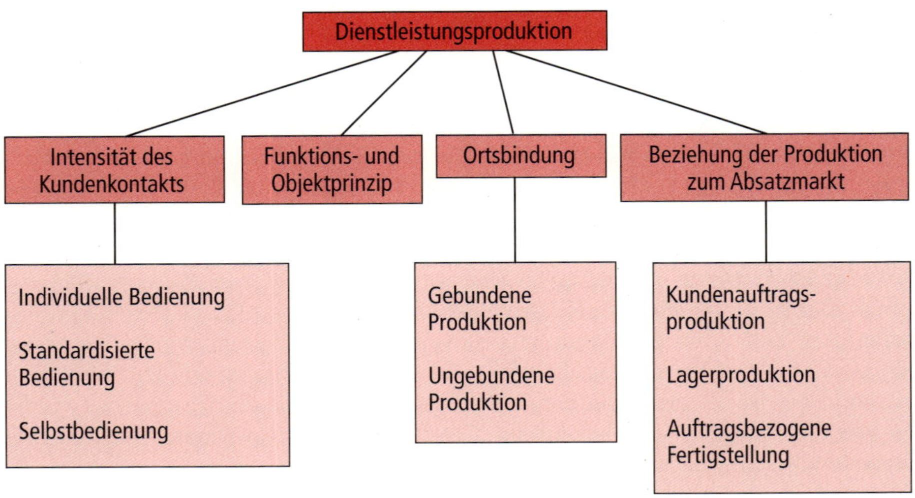

Abbildung 15.33: Produktionstypen der Dienstleistungsproduktion

15.2.1 Intensität des Kundenkontakts

Die Intensität des Kundenkontakts bestimmt in einem hohen Ausmaß die Erstellung von Dienstleistungen, da sie wesentlichen Einfluss auf Produktdesign, Produktionsplanung, Qualitätskontrolle etc. nimmt. „Intensität des Kundenkontakts“ bedeutet in diesem Zusammenhang das zeitliche Ausmaß der physischen Präsenz des Kunden im Prozess der Dienstleistungsproduktion.

Man unterscheidet:

- **Individuelle Bedienung**

  Beispiele: Rechtsanwalt, Steuerberater, Arzt
- **Standardisierte Bedienung**

  Beispiele: Supermarkt, Restaurant
- **Selbstbedienung**

  Beispiele: Kaffeeautomat, Fahrscheinautomat, Tele-Banking, Online-Shopping

15.2.2 Funktions- und Objektprinzip

Analog zur Güterproduktion kann bei der Erbringung von Dienstleistungen zwischen dem **Funktions-** und dem **Objektprinzip** unterschieden werden. Anhand eines Versicherungsbetriebs sollen beide Prinzipien erläutert werden.

Funktionsprinzip

Das Funktionsprinzip bedeutet, dass **gleichartige Arbeitsgänge** (Operationen) **räumlich zusammengefasst** ausgeführt werden. Im Fall eines Versicherungsbetriebs bedeutet dieses Prinzip, dass ein bestimmter Arbeitsgang (z.B. Auftragsannahme, Auftragsabwicklung) von derselben Stelle für alle Versicherungssparten (Lebens-, Kranken-, Unfallversicherung, ...) durchgeführt wird.

▶ *Abbildung 15.34* zeigt vier Arbeitsgänge eines Versicherungsunternehmens:

A steht für Auftragsannahme, B für Verkauf, C für Risikoprüfung, und D für Schadensbearbeitung. Diese Arbeitsgänge sind räumlich in vier Büros organisiert.

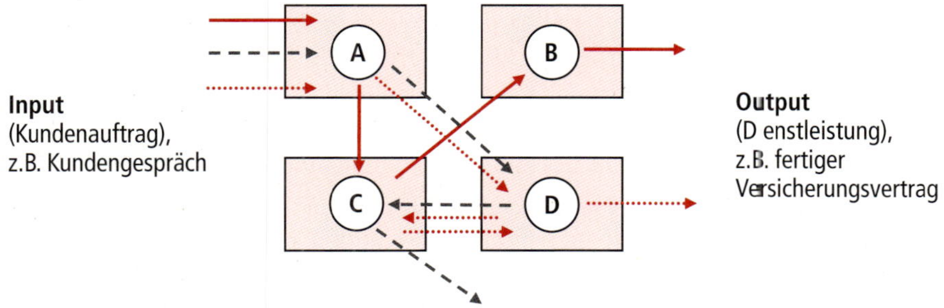

Abbildung 15.34: Das Funktionsprinzip am Beispiel einer Versicherung

Input 1 (roter durchgehender Pfeil) durchläuft folgende Büros: Auftragsannahme, Risikoprüfung und Verkauf (A-C-B). Input 2 (grauer gestrichelter Pfeil) nimmt folgenden Weg durch die Büros: Auftragsannahme, Schadensbearbeitung und Risikoprüfung (A-D-C). Es kann durchaus vorkommen, dass ein Input mehrmals ein Büro durchläuft. Input 3 (roter gepunkteter Pfeil) durchläuft die Büros: Auftragsannahme, Schadensbearbeitung, Risikoprüfung und Schadensbearbeitung (A-D-C-D).

Objektprinzip

Das Objektprinzip bedeutet, dass sämtliche Arbeitsgänge, die zur Transformation eines Inputs nötig sind, organisatorisch in einem Büro zusammengefasst werden.

Im Fall eines Versicherungsbetriebs bedeutet dieses Prinzip, dass alle Arbeitsgänge (Auftragsannahme, Verkauf, Schadensabwicklung, ...) einer Versicherungssparte (Lebens-, Kranken-, Unfallversicherung, ...) von einem Büro durchgeführt werden.

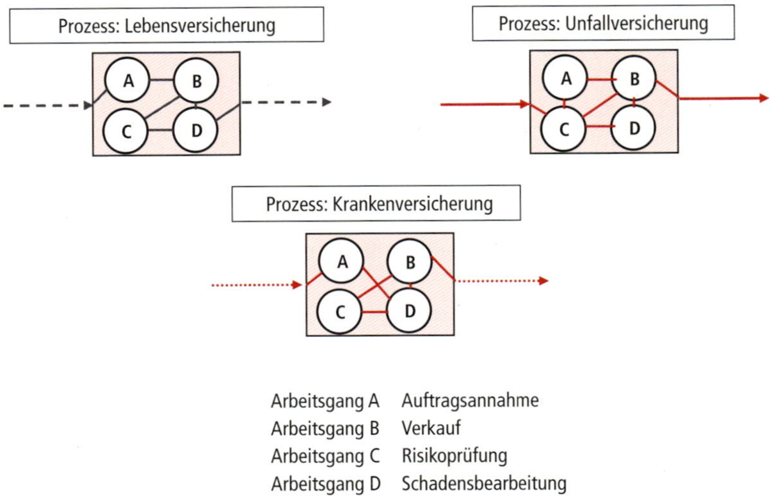

Abbildung 15.35: Das Objektprinzip am Beispiel einer Versicherung

15.2.3 Ortsbindung

Bei der Ortsbindung kann zwischen **gebundener** und **ungebundener Dienstleistungsproduktion** unterschieden werden. Die Zuordnung ist davon abhängig, ob der Produktionsprozess beim Produzenten oder beim Kunden erfolgt.

- **Gebundene Produktion (Facilities-based services):** In diesem Fall muss der Kunde den Ort des Dienstleisters aufsuchen, an dem die Dienstleistung erbracht wird (Praxisbesuch beim Arzt, Friseurbesuch, Aufsuchen einer Kfz-Werkstätte).
- **Ungebundene Produktion (Field-based services):** Hier erfolgt die Erbringung der Dienstleistung im persönlichen Umfeld des Kunden (Hausbesuch durch Rauchfangkehrer, Elektroinstallateur, Arzt, ...).

15.2.4 Beziehung der Produktion zum Absatzmarkt

Während in vielen Dienstleistungsbereichen (z.B. Handel, Transport, Bank- und Versicherungswesen etc.) hauptsächlich die Kundenauftragsproduktion vorherrschend ist, können im Bereich der Gastronomie – analog zur Sachgüterproduktion – auch andere Beziehungen der Leistungserstellung zum Absatzmarkt vorkommen (beispielsweise auftragsbezogene Fertigung und Lagerproduktion, siehe *Abschnitt 15.1*).

Nachfolgend werden am Beispiel der Restaurantkette McDonald's die Produktionsprozesse (inkl. Kundenbestellung) entsprechend den unterschiedlichen Beziehungen der Produktion zum Absatzmarkt dargestellt.

Anmerkung: Die meisten industriellen Prozesse/Branchen haben Anteile von Güter- und Dienstleistungsproduktion. Abhängig vom überwiegenden Teil erfolgt die Zuordnung. Die Gastronomie und damit auch McDonald's wird aufgrund des Servicecharakters der Dienstleistungsproduktion zugeordnet. Die Produktion der Hamburger als solche im Sinne einer „Güterproduktion" ist eher zweitrangig.

- **Kundenauftragsproduktion (Make to Order):** Vor dem Entstehen der Fast-Food-Ketten wurden Hamburger immer als Kundenauftragsproduktion (Make to Order) hergestellt. Der Kunde bestellte „medium" oder „well done", Zutaten etc. Daraufhin grillte der Koch das Fleisch, erwärmte die Brötchen und setzte den Hamburger mit den Zutaten, die er dem Kühlschrank entnahm, zusammen. Anschließend wurde dieser dem Kunden serviert. Der Bestand an Fertig- bzw. Halbfertigzutaten wurde äußerst geringgehalten. Der Produktionsprozess startete nach Eingang der Kundenbestellung.

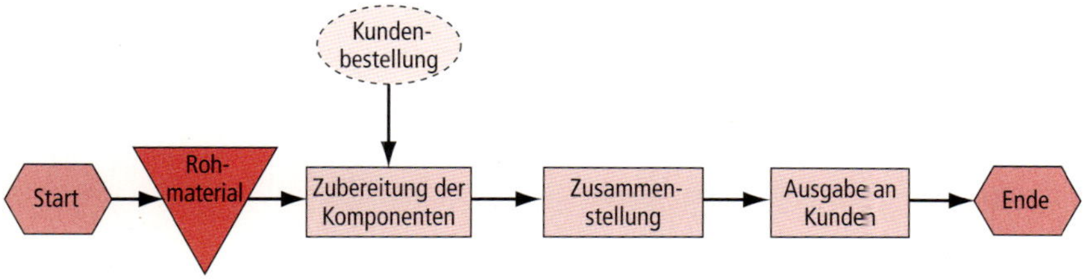

Abbildung 15.36: Kundenauftragsproduktion

- **Lagerproduktion (Make to Stock):** McDonald's produzierte anfänglich Hamburger in geringer Variantenvielfalt. Diese wurden vorgefertigt und bis zum Zeitpunkt der Kundenbestellung gelagert. Der Produktionsprozess erfolgte in diesem Fall vor Eingehen einer Kundenbestellung.

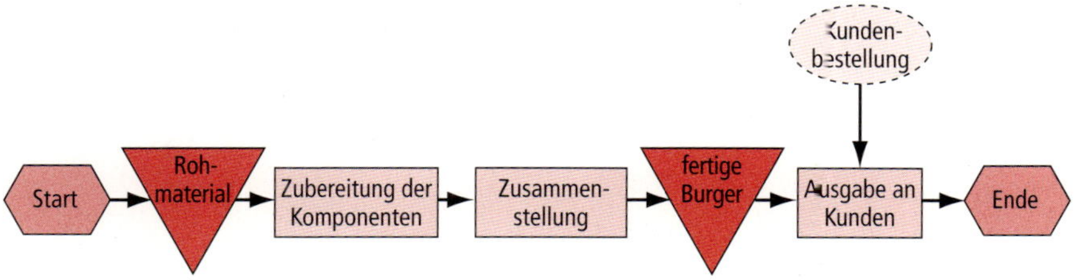

Abbildung 15.37: Lagerproduktion

- **Auftragsbezogene Fertigstellung (Assemble to Order):** McDonald's wechselte später von der Lagerproduktion zur auftragsbezogenen Fertigstellung, indem Fleisch nunmehr vorgebraten und in speziellen Behältern gelagert wird, die die Frische bis zu 30 Minuten bewahren können. Nach der Kundenbestellung wird der Hamburger nur noch fertig gestellt und ausgegeben. Durch die Kombination von neuester Technologie und cleverem Prozessmanagement wird das Produkt frisch und schnell an den Kunden seinem Wunsch entsprechend ausgegeben. Teile des Produktionsprozesses erfolgen vor der Kundenbestellung, andere Teile des Produktionsprozesses werden durch diesen erst ausgelöst.

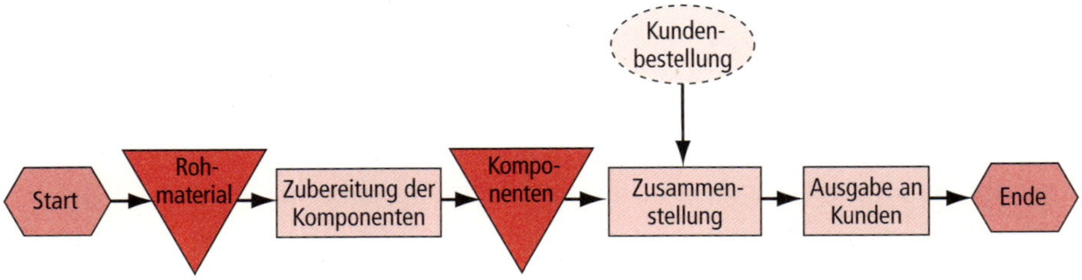

Abbildung 15.38: Auftragsbezogene Fertigstellung

Ein weiteres Beispiel für „Assemble to Order" in der Dienstleistungsproduktion ist die Abwicklung von Versicherungs- oder Kreditanträgen. Dabei kann der Mitarbeiter oder Vertreter mithilfe von Stammdaten die benötigten Formulare schon vor dem Gespräch ausfüllen und der Kunde muss dann die Daten nur noch überprüfen, gegebenenfalls vervollständigen und unterschreiben.

15.2.5 Service-Prozess-Matrix

Die Service-Prozess-Matrix (siehe ▶ *Abbildung 15.39*) zeigt verschiedene Formen der Erbringung von Dienstleistungen nach den Kriterien Flexibilität (Variantenvielfalt) und Kundenkontakt.

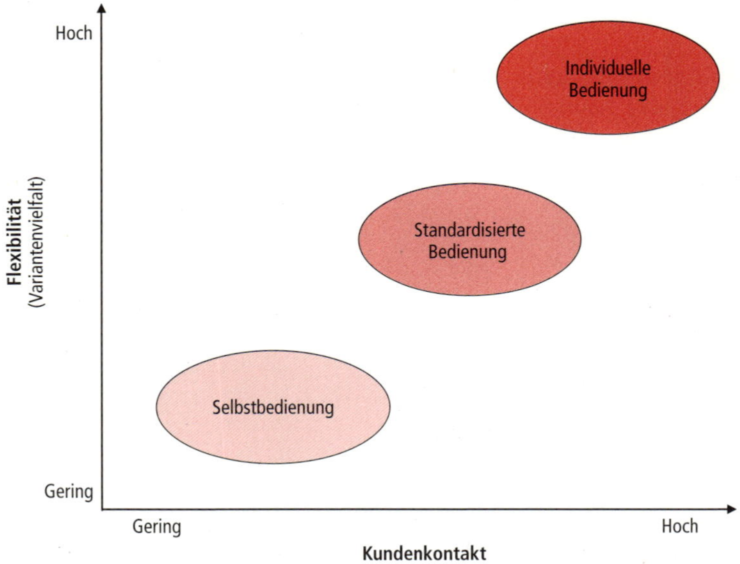

Abbildung 15.39: Service-Prozess-Matrix

ZUSAMMENFASSUNG

Die Produktion ist ein Wertsteigerungsprozess, in dem aus Input mittels Ressourcen und Stammdaten wertgesteigerter Output erzeugt wird.

Bei der Klassifizierung von Produktionsprozessen wird grundsätzlich zwischen Güterproduktion und Dienstleistungsproduktion unterschieden.

Produktionstypen der Güterproduktion können anhand von output-, transformations- sowie input- und ressourcenbezogenen Kriterien klassifiziert werden.

Outputbezogene Kriterien sind die Erzeugnisstruktur, die Gestalt der Güter, die Anzahl der Erzeugnisse, die Auflagengröße und die Beziehung der Produktion zum Absatzmarkt. Dabei wird zwischen Kundenauftragsproduktion (Make to Order), Lagerproduktion (Make to Stock) und auftragsbezogener Fertigstellung (Assemble to Order) unterschieden. Transformationsbezogene Kriterien sind die Organisationstypen sowie die Struktur der Produktionsprozesse. Bei der Klassifizierung nach den Organisationstypen kommen das Funktions- bzw. das Objektprinzip zur Anwendung. Das Funktionsprinzip bedeutet, dass Arbeitssysteme mit gleichartigen Funktionen räumlich in einer Werkstatt zusammengefasst werden (Werkstattproduktion). Objektprinzip bedeutet, dass Arbeitssysteme nach den Arbeitsplänen der zu bearbeitenden Erzeugnisse räumlich angeordnet sind (z.B. Fließband). Input- und ressourcenbezogene Kriterien sind der Anteil an den Herstellkosten sowie die Qualität des Inputs.

Produktionstypen der Dienstleistungsproduktion werden nach der Intensität des Kundenkontakts, nach dem Funktions- und Objektprinzip, nach der Ortsbindung und nach der Beziehung der Produktion zum Absatzmarkt klassifiziert. Bei der Klassifizierung nach der Intensität des Kundenkontakts wird zwischen individueller Bedienung, standardisierter Bedienung und Selbstbedienung unterschieden. Die Klassifizierung nach Funktions- und Objektprinzip erfolgt analog zur Güterproduktion. Nach der Ortsbindung wird zwischen gebundener und ungebundener Produktion differenziert und anhand der Beziehung der Produktion zum Absatzmarkt zwischen Make to Stock, Make to Order und Assemble to Order.

ZUSAMMENFASSUNG

15.3 Übungsfragen

1. Erklären Sie den Begriff „konvergierende Erzeugnisstruktur“ und geben Sie ein Praxisbeispiel dazu an.
2. Um welche Güter handelt es sich? Ordnen Sie die einzelnen Güter nach ihrer Gestalt.

Seilproduktion	Ungeformte Fließgüter
Schrauben	Geformte Fließgüter
Bierproduktion	Stückgüter

3. Geben Sie ein Beispiel für ein Unternehmen, das eine einzige Produktart als Massenprodukt herstellt (Einprodukt-Produktion).
4. Was ist der Unterschied zwischen Sorten- und Serienproduktion? Geben Sie ein Beispiel zu den jeweiligen Auflagengrößen an.
5. Vergleichen Sie Sortenproduktion und Einzelproduktion anhand der Kriterien „Auflagengröße“ und „Flexibilität der Produktionsanlagen“.
6. Erklären Sie den Begriff „auftragsbezogene Montage“ und den Prozess mithilfe der abgebildeten Pfeile und geben Sie ein Beispiel dazu an.

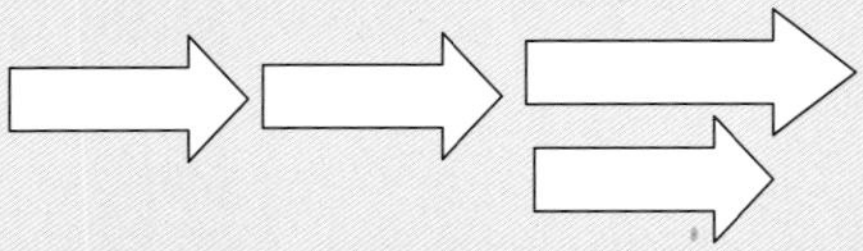

7. Was verstehen Sie unter einer „Werkstattproduktion“?
8. Was sind die Unterschiede zwischen einer Reihenproduktion, einer Transferstraße und einer Fließproduktionslinie?
9. Ordnen Sie die folgenden Industriebeispiele den einzelnen Organisationstypen der Produktion zu.

Textilindustrie	Transferstraße
KFZ-Industrie	Flexibles Fertigungssystem
Motorenfertigung	Reihenproduktion

10. Was verstehen Sie unter Zentrenproduktion? Geben Sie ein Beispiel dazu an.
11. Erklären Sie anhand einer „Glühbirne“ den Begriff „konvergierende Produktion“.
12. Die nicht veränderbare Reihenfolge der Arbeitsgänge bei der Produktion eines Produkts sieht folgendermaßen aus: A – B – C. Um welche Produktion handelt es sich hier? Geben Sie auch das Gegenteil dazu an.

13. Geben Sie ein Beispiel für eine „Partieproduktion“ an und erklären Sie, warum es sich bei diesem Beispiel um eine „Partieproduktion“ handelt.
14. Vervollständigen Sie die folgende Produkt-Prozess-Matrix:

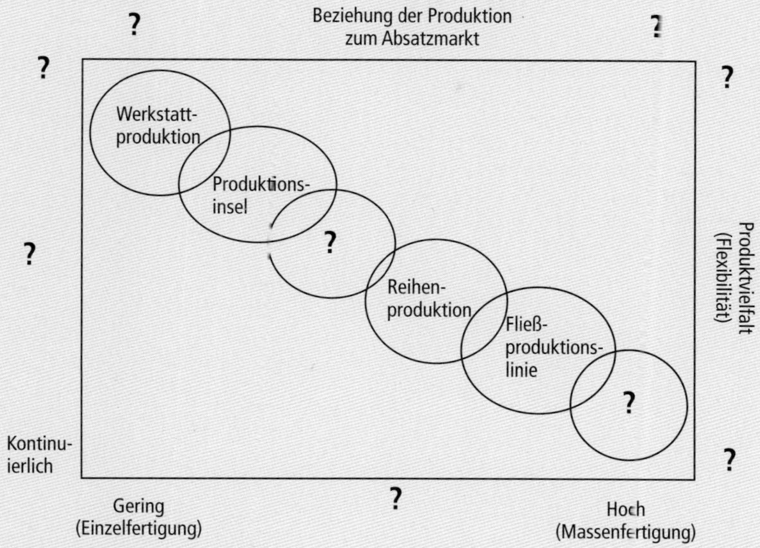

15. Bewerten Sie die einzelnen Organisationstypen mittels der Kriterien Zeit, Flexibilität, Qualität und Wirtschaftlichkeit.

Organisationstypen	**Zeit**	**Flexibilität**	**Qualität**	**Wirtschaftlichkeit**
Werkstattproduktion				
Produktionsinsel				
Flexibles Fertigungssystem				
Reihenproduktion				
Fließproduktionslinie				
Transferstraße				
Verwenden Sie zur Bewertung folgende Symbolik: ☺ Vorteile gegenüber den anderen Organisationstypen 😐 weder Vor- noch Nachteile ☹ Nachteile gegenüber den anderen Organisationstypen				

16. Erklären Sie den Unterschied zwischen Funktions- und Objektprinzip im Dienstleistungsbereich anhand eines Versicherungsbetriebs.
17. Geben Sie drei Beispiele für ungebundene Dienstleistungsproduktion an.

18. Erklären Sie Auftragsbezogene Fertigstellung anhand eines Beispiels.
19. Vervollständigen Sie die folgende Service-Prozess-Matrix. Stellen Sie die verschiedenen Formen der Erbringung von Dienstleistungen nach den Kriterien Flexibilität und Kundenkontakt dar.

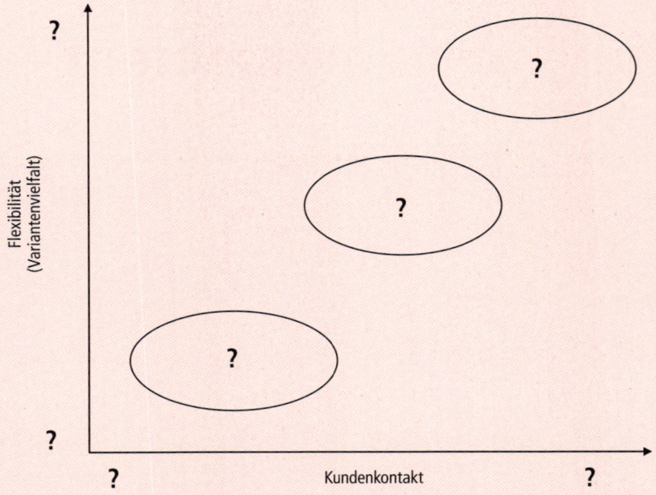

EXTRAS ONLINE

Lösungen zu den Übungsfragen und weiterführende Materialien finden Sie auf der Website zum Buch unter *www.pearson-studium.de*.

Produktionsmanagement

16

ÜBERBLICK

Analog zu den in *Abschnitt 2.3* vorgestellten Management-Ebenen unterscheidet man im Produktionsmanagement die Entscheidungsebenen strategisches Produktionsmanagement, taktisches Produktionsmanagement und operatives Produktionsmanagement (siehe ▶ *Abbildung 16.1*).

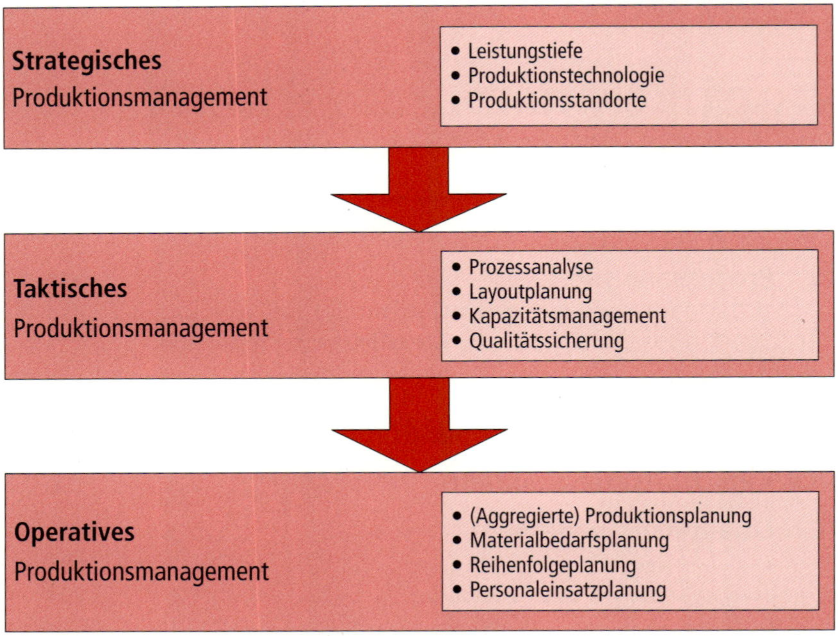

Abbildung 16.1: Entscheidungsebenen des Produktionsmanagements

- **Strategisches Produktionsmanagement**

  Das strategische Produktionsmanagement ist ein wichtiger Teil der strategischen Unternehmensführung und hat die Aufgabe, die langfristigen Rahmenbedingungen für eine effiziente Leistungserstellung zu schaffen. Wichtige Teilbereiche sind die Fixierung der Anteile der Eigenfertigung und des Fremdbezugs (Leistungstiefe – siehe *Kapitel 10*), die Festlegung der Produktionstechnologie (z.B. Produktionsinsel vs. flexibles Fertigungssystem – siehe *Kapitel 15*) und die Auswahl der geeigneten Standorte.

- **Taktisches Produktionsmanagement**

  Im taktischen Produktionsmanagement werden die Ziele der strategischen Ebene schrittweise umgesetzt. Teilbereiche sind die Prozessanalyse, die Layoutplanung (z.B. die Anordnung der Ressourcen, Fließbandtaktung), das Kapazitätsmanagement (Dimensionierung der Kapazitäten) und das Qualitätsmanagement.

- **Operatives Produktionsmanagement**

  Aufgabe des operativen Produktionsmanagements ist die Ausschöpfung der im strategischen und taktischen Produktionsmanagement geschaffenen Leistungspotenziale. Teilbereiche sind beispielsweise die aggregierte Produktionsplanung, die Materialbedarfsplanung (Stücklisten – siehe *Abschnitt 8.2*), die Reihenfolgeplanung und die Personaleinsatzplanung.

In weiterer Folge wird in diesem Kapitel auf die Bereiche „Prozessanalyse" (*Abschnitt 16.1*), „Projektmanagement" (*Abschnitt 16.2*), „Layoutplanung – Fließbandtaktung" (*Abschnitt 16.3*), „Kapazitätsmanagement" (*Abschnitt 16.4*) und „Qualitätsmanagement" (*Abschnitt 16.5*) näher eingegangen. In *Abschnitt 16.6* werden dann abschließend aus dem operativen Produktionsmanagement die Planungsverfahren „Aggregierte Produktionsplanung", „Reihenfolgeplanung" und „Personaleinsatzplanung" besprochen.

16.1 Prozessanalyse

Die Prozessanalyse untersucht den Ablauf von Leistungserstellungsprozessen mit dem Ziel, Schwachstellen aufzudecken und Verbesserungspotenziale zu identifizieren.

Die Prozessanalyse umfasst folgende Aufgaben:

- **Erstellung eines Flussdiagramms:** Darstellung der verschiedenen Aktivitäten und deren Beziehungen.
- **Durchlaufzeitanalyse:** Identifizierung des kritischen Wegs und Berechnung der Mindestdurchlaufzeit, Ermittlung der Wartezeiten sowie Berechnung der Durchlaufzeit-Effizienz.
- **Kapazitätsanalyse:** Berechnung der Kapazitäten und Auslastungen von Ressourcen, Identifizierung von Engpässen sowie Berechnung der Prozesskapazität und -auslastung.

In *Abschnitt 16.1.1* werden die Grundbegriffe der Prozessanalyse anhand eines Beispiels aus der Güterproduktion erklärt. Auf die Besonderheiten der Prozessanalyse in der Dienstleistungsproduktion wird in *Abschnitt 16.1.2* eingegangen.

16.1.1 Prozessanalyse in der Güterproduktion

Die Firma Huber ist Produzent von Holzbilderrahmen. Holz und Glas des Bilderrahmens werden getrennt voneinander bearbeitet und dann zu einem fertigen Bilderrahmen montiert und überprüft. Der Produktionsprozess umfasst Aktivitäten und Wartezeiten (Pufferlager). Das Flussdiagramm in ▶ *Abbildung 16.2* zeigt den Produktionsprozess eines Bilderrahmens.

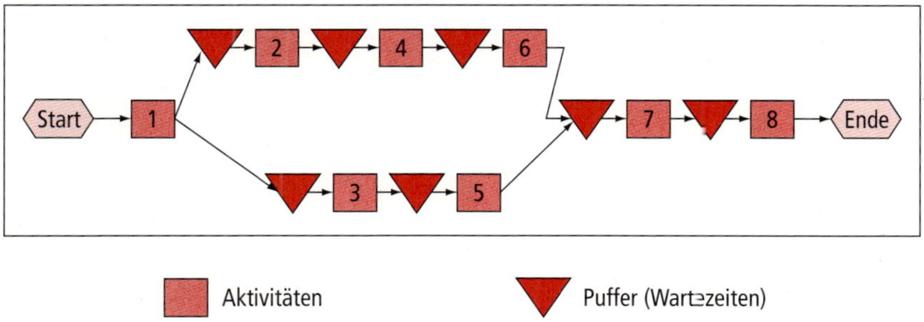

Abbildung 16.2: Flussdiagramm der Bilderrahmenproduktion

Der Produktionsprozess besteht aus den Aktivitäten 1 bis 8 und den dazu nötigen Pufferlagern und umfasst einerseits den Weg des Holzrahmens (Start > 1 > 2 > 4 > 6 > 7 > 8 > Ende) und andererseits den Weg des Glases (Start > 1 > 3 > 5 > 7 > 8 > Ende). In Aktivität 7 werden Holzrahmen und Glas zu einem fertigen Bilderrahmen montiert und abschließend in Aktivität 8 überprüft.

▶ *Tabelle 16.1* zeigt die einzelnen Aktivitäten des Produktionsprozesses:

Nummer	Aktivitäten
1	Vorbereiten des Materials (Holz und Glas)
2	Zuschneiden des Holzes
3	Zuschneiden des Glases
4	Einfräsen der Ausnehmungen für das Glas in das Holz
5	Schleifen der Glaskanten
6	Zusammenkleben des Holzrahmens
7	Einkleben des Glases in den Holzrahmen
8	Qualitätskontrolle

Tabelle 16.1: Aktivitäten des Produktionsprozesses

Die **Stammdaten** des Produktionsprozesses (Arbeitsplan- und Kapazitätsdaten) sind in ▶ *Tabelle 16.2* angeführt.

Arbeitsplan				Kapazitätsdaten
Nr.	Aktivitäten	Bearbeitungszeit [in min]	Ressourcenpool	Maximale Kapazität [Auftragseinheiten/Stunde]
1	Vorbereiten des Materials (Holz, Glas)	3	1 Facharbeiter-VM	20
2	Zuschneiden des Holzes	12	Zuschneidemaschine-ZH 1 Facharbeiter-ZH	5
3	Zuschneiden des Glases	10	Zuschneidemaschine-ZG 1 Facharbeiter-ZG	6
4	Einfräsen der Ausnehmungen für das Glas in das Holz	8	Fräsmaschine-FH 1 Facharbeiter-FH	7,5
5	Schleifen der Glaskanten	6	Schleifmaschine-SG 1 Facharbeiter-SG	10

Tabelle 16.2: Stammdaten des Produktionsprozesses

Arbeitsplan				**Kapazitätsdaten**
6	Zusammenkleben des Holzrahmens	7	1 Facharbeiter-KH	8,57
7	Einkleben des Glases in den Holzrahmen	3	1 Facharbeiter-KG	20
8	Qualitätskontrolle	5	2 Inspektoren	24

Tabelle 16.2: Stammdaten des Produktionsprozesses (Forts.)

- **Arbeitsplan:** Die **Bearbeitungszeit** misst die Zeit für die Ausführung einer Aktivität innerhalb eines Prozesses. In Dienstleistungsprozessen wird die Bearbeitungszeit auch **Servicezeit** genannt. Als **Ressourcenpool** wird die Zusammenfassung von Ressourcen (Mitarbeiter und Maschinen) bezeichnet, die eine Aktivität ausführen.
- **Kapazitätsdaten:** Die **maximale Kapazität** (letzte Spalte in ▶ *Tabelle 16.2*) gibt jenen Output an, der mit einem Ressourcenpool pro Zeiteinheit maximal erreicht werden kann (z.B. Stück/Stunde). Sie ist abhängig von der Bearbeitungszeit und der Anzahl der Ressourcen im Ressourcenpool. Aktivität 8 – Qualitätskontrolle dauert pro Rahmen durchschnittlich 5 Minuten. Somit können pro Stunde maximal 12 Stück kontrolliert werden (60 Minuten/5 Minuten). Da der Ressourcenpool jedoch 2 Inspektoren umfasst, können 24 Stück pro Stunde erledigt werden.

In den einzelnen Pufferlagern befinden sich durchschnittlich acht Holzrahmen und sieben Gläser. Der durchschnittliche Output des Produktionsprozesses wurde mit 4,5 Bilderrahmen pro Stunde gemessen.

Mithilfe dieser Informationen kann jetzt die Prozessanalyse durchgeführt werden, wobei zwischen Durchlaufzeitanalyse und Kapazitätsanalyse unterschieden wird. Bei der *Durchlaufzeitanalyse* geht es darum festzustellen, wie lange Auftragseinheiten benötigen, um den Prozess zu durchlaufen. Im Gegensatz dazu wird bei der *Kapazitätsanalyse* ermittelt, wie viele Stück ein Prozess in einer bestimmten Zeit (pro Tag, pro Woche, ...) fertigstellen kann.

Durchlaufzeitanalyse

Die Durchlaufzeitanalyse umfasst die Berechnung der Mindestdurchlaufzeit, basierend auf der Identifizierung des kritischen Wegs sowie die Berechnung der Durchlaufzeit-Effizienz.

- **Mindestdurchlaufzeit (T_M):** Die Mindestdurchlaufzeit eines Prozesses umfasst jene Durchlaufzeit, die mindestens nötig ist, um eine Auftragseinheit in ein Produkt zu transformieren. Diese beinhaltet ausschließlich die wertschöpfenden Zeiten (Bearbeitungszeiten) des Prozesses und ignoriert die zeitlichen Puffer (Wartezeiten).

  In ▶ *Tabelle 16.3* sind die Bearbeitungszeiten mit den Aktivitätsnummern in Klammern angegeben:

	Bearbeitungszeiten der einzelnen Aktivitäten						Summe
Holz	3 min (1)	12 min (2)	8 min (4)	7 min (6)	3 min (7)	5 min (8)	38 min
Glas	3 min (1)	10 min (3)	6 min (5)	3 min (7)	5 min (8)	–	27 min

Tabelle 16.3: Bearbeitungszeiten

In unserem Beispiel beträgt die Summe der Bearbeitungszeiten für den Durchlauf von Holz 38 Minuten; für den Durchlauf von Glas 27 Minuten. Um einen kompletten Rahmen in kürzest möglicher Zeit fertigzustellen, werden daher mindestens 38 Minuten benötigt. Somit beträgt die Mindestdurchlaufzeit T_M des Gesamtprozesses 38 Minuten.

- **Der „kritische Weg“:** Der Weg der Aktivitäten, der die Mindestdurchlaufzeit des Produktionsprozesses bestimmt, wird als **kritischer Weg** bezeichnet. Der kritische Weg ist somit der Weg mit der längsten Gesamtbearbeitungszeit ohne Berücksichtigung von Wartezeiten. In unserem Fall ist der kritische Weg der Pfad des Holzes und besteht aus den Aktivitäten 1, 2, 4, 6, 7, 8. Die Aktivitäten auf dem kritischen Weg werden auch als **kritische Aktivitäten** bezeichnet.

  In ▶ *Abbildung 16.3* sind der kritische Weg bzw. die kritischen Aktivitäten rot dargestellt.

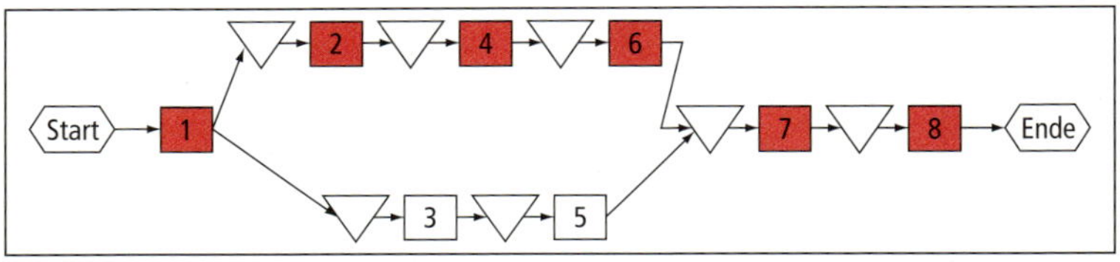

Abbildung 16.3: Flussdiagramm – kritischer Weg – Firma Huber

- **Durchlaufzeit (*T*):** Die Durchlaufzeit *T* eines Prozesses setzt sich zusammen aus den Bearbeitungszeiten, in denen wertschöpfende Aktivitäten ausgeführt werden (Mindestdurchlaufzeit), und aus Zeiten, in denen die jeweilige Auftragseinheit wartet (Wartezeit) (siehe ▶ *Abbildung 16.4*).

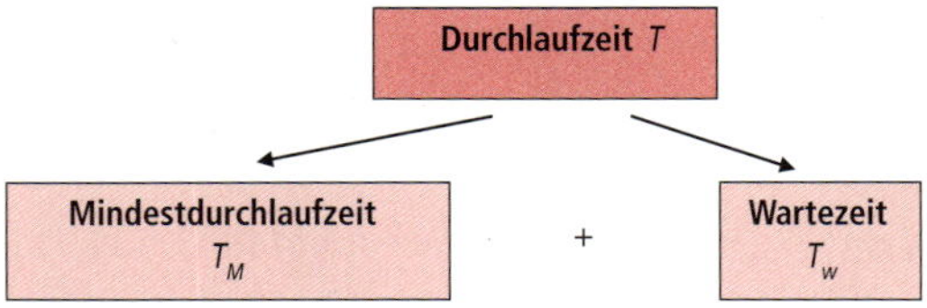

Abbildung 16.4: Elemente der Durchlaufzeit

Der durchschnittliche Bestand in den Pufferlagern (*I*), die durchschnittliche Output-Rate (*R*) und die bereits berechnete Mindestdurchlaufzeit (T_M) sind bekannt.

Mithilfe des Gesetzes von Little ($I = R \times T$ – siehe *Abschnitt 14.4*) kann mit diesen Daten die Durchlaufzeit berechnet werden. Durch Umformung des Gesetzes von Little erhält man:

$$T = \frac{I}{R} \qquad \text{Durchlaufzeit} = \frac{\text{Bestand}}{\text{Output-Rate}}$$

Je nachdem, welche Bestände herangezogen werden, können verschiedene Durchlaufzeiten berechnet werden. In unserem Beispiel sind die Bestände in den Pufferlagern angegeben. Setzt man den Pufferlager-Bestand ein, erhält man die Durchlaufzeit für die Zwischenlager, also die Wartezeit.

Für das Beispiel gilt:

durchschnittliche Output-Rate (R): 4,5 Bilderrahmen pro Stunde

durchschnittlicher Bestand an Holzrahmen in den Puffern (I): 8 Stück

durchschnittlicher Bestand an Gläsern in den Puffern (I): 7 Stück

Daraus folgt nach dem Gesetz von Little:

Wartezeit eines Holzrahmens = Bestand / Output-Rate
= 8 Stk. / 4,5 Stk./Std. = 1,78 Std. = 106,7 Min.

Wartezeit eines Glases = Bestand / Output-Rate
= 7 Stk. / 4,5 Stk./Std. = 1,55 Std. = 93,3 Min.

Durchlaufzeit eines Holzrahmens = Mindestdurchlaufzeit + Wartezeit
= 38 Min. + 106,7 Min. = 144,7 Min.

Durchlaufzeit eines Glases = Mindestdurchlaufzeit + Wartezeit
= 27 Min. + 93,3 Min. = 120,3 Min.

Die Durchlaufzeit eines Bilderrahmens ist das Maximum der Durchlaufzeiten von Holzrahmen und Glas und beträgt hier somit 144,7 Minuten.

Hinweis: Alternativ zur Berechnung über das Gesetz von Little könnte die Gesamtdurchlaufzeit auch beobachtet und gemessen werden. Die Wartezeit ergibt sich dann aus der Differenz der beobachteten Durchlaufzeit minus der Mindestdurchlaufzeit. Diese Art der Berechnung wird vor allem auch in der Dienstleistungsproduktion angewendet (siehe *Abschnitt 16.1.2*).

- **Durchlaufzeit-Effizienz (DLZ-Effizienz):** Die **Durchlaufzeit-Effizienz** ist ein Indikator für den Anteil der Mindestdurchlaufzeit an der Durchlaufzeit eines Prozesses. Unternehmen streben eine hohe Durchlaufzeit-Effizienz an, um durch geringe Wartezeiten einerseits Kosten zu sparen und andererseits durch eine rasche Erbringung der Leistung den Kunden zufriedenzustellen.

$$\text{DLZ-Effizienz} = \frac{\text{Mindestdurchlaufzeit}}{\text{Durchlaufzeit}}$$

$$\text{DLZ-Effizienz} = \frac{38}{144{,}7} = 26{,}3\%$$

Die Bearbeitungszeit beträgt rund ein Viertel der Gesamtdurchlaufzeit des Produktionsprozesses, die Wartezeit somit fast drei Viertel (73,7%).

Kapazitätsanalyse

- **Maximale Kapazität, Engpass:** Die maximal mögliche Output-Rate eines Ressourcenpools wird als **maximale Kapazität** bezeichnet (siehe Kapazitätsdaten in ▶ *Tabelle 16.2*). Die **maximale Kapazität des Prozesses (maximale Prozesskapazität)** ergibt sich aus dem Ressourcenpool mit der geringsten Kapazität. In einem Prozess kann nicht mehr produziert werden, als es für den Ressourcenpool mit der geringsten Kapazität möglich ist. Dieser Ressourcenpool wird auch als **Engpass** bezeichnet.

  In diesem Beispiel liegt der Engpass beim Ressourcenpool der Aktivität 2 (Zuschneiden des Holzes – Zuschneidemaschine-ZH und Facharbeiter-ZH). Aufgrund dieses Engpasses können maximal fünf Bilderrahmen pro Stunde produziert werden (siehe ▶ *Tabelle 16.4*).

Ressourcenpool	Maximale Kapazität [Auftragseinheiten/Stunde]	Auslastung [in %]
1 Facharbeiter-VM	20	4,5 / 20 × 100 = 22,5%
Zuschneidemaschine-ZH	5	4,5 / 5 × 100 = 90%
Zuschneidemaschine-ZG 1 Facharbeiter-ZG	6	4,5 / 6 × 100 = 75%
Fräsmaschine-FH 1 Facharbeiter-FH	7,5	4,5 / 7,5 × 100 = 60%
Schleifmaschine-SG 1 Facharbeiter-SG	10	4,5 / 10 × 100 = 45%
1 Facharbeiter-KH	8,57	4,5 / 8,75 × 100 = 52,5%
1 Facharbeiter-KG	20	4,5 / 20 × 100 = 22,5%
2 Inspektoren	24	4,5 / 24 × 100 = 18,75%

Tabelle 16.4: Maximale Kapazität – Auslastung

- **Auslastung:** Die **Auslastung** eines Ressourcenpools ergibt sich aus dem Quotienten des aktuellen Outputs eines Prozesses und der maximalen Kapazität des jeweiligen Ressourcenpools.

$$\text{Auslastung}[\%] = \frac{\text{Output-Rate [Einheiten/Std.]} \times 100\%}{\text{Maximale Kapazität}[\text{Einheiten/Std.}]}$$

  Die **Auslastung** ist die Relation zwischen der Menge, die tatsächlich produziert wird (Output-Rate), und der Menge, die produziert werden könnte (maximale Kapazität). Sie gibt somit an, in welchem Ausmaß die vorhandene Kapazität genutzt wird.

  Einen sinnvollen Grad der Auslastung von Ressourcen zu finden, ist für ein Unternehmen deshalb wichtig, da davon einerseits Kosten und andererseits Möglichkeiten, auf Produktionsschwankungen reagieren zu können, abhängig sind (Wirtschaftlichkeit versus Flexibilität – siehe *Abschnitt 16.3*).

In unserem Beispiel ist die Output-Rate des Prozesses durch die Nachfrage nach dem Produkt bestimmt und beträgt 4,5 Bilderrahmen pro Stunde.

Die **Auslastung des Gesamtprozesses** entspricht der Auslastung des Engpasses. Da der Engpass beim Ressourcenpool der Aktivität 2 liegt, beträgt derzeit die Auslastung des Gesamtprozesses 90% (siehe ▶ *Tabelle 16.4*).

16.1.2 Prozessanalyse in der Dienstleistungsproduktion

Die Prozessanalyse in der Dienstleistungsproduktion soll durch folgendes Beispiel veranschaulicht werden.

Vom Geschäftsführer einer Autowerkstatt wird ein Prozessverbesserungsteam zusammengestellt, um den Serviceprozess in der Reparaturwerkstätte zu analysieren und zu verbessern. Die Prozessverbesserung soll den Kundenservice (Durchlaufzeit) und die Kosteneffizienz (Kapazität/Auslastung) des zu untersuchenden Betriebs steigern.

Zu Beginn der Arbeit des Teams wird der Ablauf des Reparaturprozesses in der Autowerkstätte erhoben und in einzelne Aktivitäten gegliedert. In einem **Flussdiagramm** wird die Reihenfolge der Aktivitäten des Reparaturprozesses dargestellt (siehe ▶ *Abbildung 16.5*).

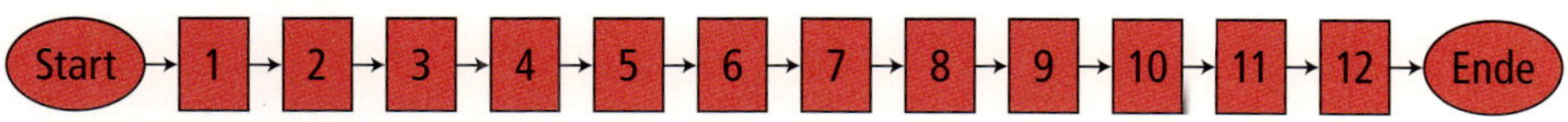

Abbildung 16.5: Flussdiagramm – Reparaturprozess

Anschließend werden für 100 Reparaturaufträge die jeweiligen Zeitbedarfe gemessen, die notwendig sind, um die einzelnen Aktivitäten auszuführen. Der vom Prozessverbesserungsteam erstellte **Arbeitsplan** (siehe ▶ *Tabelle 16.5*) umfasst eine Kurzbeschreibung der verschiedenen Aktivitäten, deren Reihenfolge sowie die Bearbeitungszeiten für die Ausführung dieser Aktivität. Neben der Messung der Einzelaktivitäten werden auch die Zu- und Abgangszeiten der Autos gemessen. Die durchschnittliche Zeitspanne zwischen diesen Zeitpunkten ergibt die durchschnittliche Aufenthaltsdauer eines Autos im Reparaturprozess, also die Durchlaufzeit. Im vorliegenden Fall ergibt sich aus den Messungen eine Durchlaufzeit von 350 Minuten.

Nummer	Aktivität	Bearbeitungszeit (in min)
Start	Kunde bringt Auto in Werkstatt (Kundenparkplatz)	–
1	Kunde geht vom Kundenparkplatz zum Büro (Auftragsannahme)	2
2	Auftrag zur Reparatur wird vom Mitarbeiter entgegengenommen	11
3	Büromitarbeiter gibt Auftrag in das EDV-System ein	5
4	Büromitarbeiter bringt Reparaturauftrag zum Mechaniker	2
5	Reparaturarbeiten werden vom Mechaniker durchgeführt	100

Tabelle 16.5: Arbeitsplan – Reparaturprozess

Nummer	Aktivität	Bearbeitungs-zeit (in min)
6	Testfahrt wird unternommen	12
7	Auto wird gereinigt	10
8	Durchgeführte Reparaturarbeiten werden vom Mechaniker schriftlich aufgezeichnet	6
9	Mechaniker bringt Aufzeichnungen ins Büro	2
10	Rechnung wird auf Basis der Aufzeichnungen ausgestellt	12
11	Rechnung wird ausgedruckt	2
12	Kunde bezahlt Rechnung	3
Abschluss	Kunde verlässt das Büro und mit dem Auto die Reparaturwerkstatt	–

Tabelle 16.5: Arbeitsplan – Reparaturprozess (Forts.)

Aus den vorliegenden Daten können die Kennzahlen der Durchlaufzeitanalyse und der Kapazitätsanalyse berechnet werden.

Bei diesem Prozess gibt es nur einen Weg durch die Aktivitäten. Daraus folgt, dass sämtliche Aktivitäten am kritischen Weg liegen. Die Mindestdurchlaufzeit beträgt somit 167 Minuten. Da die Durchlaufzeit die Summe aus Mindestdurchlaufzeit und Wartezeit ist, kann die Wartezeit wie folgt berechnet werden:

$$\begin{aligned}\text{Wartezeit} &= \text{Durchlaufzeit} - \text{Mindestdurchlaufzeit}\\ &= 350 \text{ Minuten} - 167 \text{ Minuten} = 183 \text{ Minuten}\end{aligned}$$

Durchlaufzeit-Effizienz:

$$\text{DLZ-Effizienz} = \frac{167 \text{ Min.}}{350 \text{ Min.}} = 47{,}7\,\%$$

Die Durchlaufzeit-Effizienz als Indikator für den Anteil der Bearbeitungszeit an der Gesamtdurchlaufzeit des Produktionsprozesses beträgt 47,7%. Der Anteil der Wartezeit ist somit 52,3%.

Aus den vorliegenden Daten können auch die Kapazitäten der Ressourcen berechnet werden (Kapazitätsanalyse – siehe ▶ *Tabelle 16.6*).

In ▶ *Tabelle 16.6* ist ersichtlich, dass Aktivität 5 die längste Bearbeitungszeit aufweist. Bei einer Bearbeitungszeit von 100 Minuten kann ein Mechaniker 0,6 Autos pro Stunde bearbeiten. Im vorliegenden Fall stehen 3 Mechaniker zur Verfügung. Die Kapazität des Ressourcenpools von Aktivität 5 beträgt somit 1,8 Autos pro Stunde. Aus dem Vergleich mit den Kapazitäten der weiteren Ressourcen folgt, dass Aktivität 5 den Engpass darstellt. Der Reparaturprozess schafft also maximal 1,8 Autos pro Stunde oder 18 Autos pro Tag, wenn von einem 10-Stunden-Tag ausgegangen wird.

Nr.	Aktivität	Bearbeitungszeit (min)	Anzahl Mitarbeiter	Kapazität in Autos pro Stunde
Start	Kunde bringt Auto in Werkstatt (Kundenparkplatz)	–	–	–
1	Kunde geht vom Kundenparkplatz zum Büro (Auftragsannahme)	2	1	60/2=30
2	Auftrag zur Reparatur wird vom Mitarbeiter entgegengenommen	11	1	60/11 = 5,45
3	Büromitarbeiter bringt Reparaturauftrag zum Mechaniker	2	1	60/2 = 30
4	Büromitarbeiter gibt Auftrag in das EDV-System ein	5	1	60/5 = 12
5	Reparaturarbeiten werden vom Mechaniker durchgeführt	100	3	(60/100) × 3 = 1,8
6	Testfahrt wird unternommen	12	1	60/12 = 5
7	Auto wird gereinigt	10	1	60/10 = 6
8	Durchgeführte Reparaturarbeiten werden vom Mechaniker schriftlich aufgezeichnet	6	1	60/6 = 10
9	Mechaniker bringt Aufzeichnungen ins Büro	2	1	60/2 = 30
10	Rechnung wird auf Basis der Aufzeichnungen ausgestellt	12	1	60/12 = 5
11	Rechnung wird ausgedruckt	2	1	60/2 = 30
12	Kunde bezahlt Rechnung	3	1	60/3 = 20
Abschluss	Kunde verlässt das Büro und mit dem Auto die Reparaturwerkstatt	–	–	–

Tabelle 16.6: Arbeitsplan – Reparaturprozess mit Kapazitätsdaten

Wenn die Geschäftsführung eine Erhöhung der Kapazität erzielen möchte, kann einerseits versucht werden, die Bearbeitungszeit von Aktivität 5 zu verkürzen (z.B. durch verbesserte Arbeitsplatzgestaltung, besseres Werkzeug usw.). Andererseits kann auch die Anzahl der Mitarbeiter im Ressourcenpool bei Aktivität 5 erhöht werden. Die Erhöhung der Anzahl der Mechaniker von 3 auf 4 würde die Kapazität von 1,8 Autos pro Stunde auf 2,4 Autos heben (= 24 Autos pro Tag).

16.2 Projektmanagement

Ein Geschäftsprozess ist eine wertsteigernde Input-Output-Transformation, wobei die strategischen Prozessziele Kosten, Zeit, Qualität und Flexibilität zu beachten sind. Üblicherweise werden z.B. Beschaffungs-, Produktions- und Logistikprozesse (regelmäßig) wiederholt ausgeführt. Daneben gibt es aber auch Prozesse, die nur einmal (Bau eines Flughafens) oder in unregelmäßigen Zeitabständen in mitunter geringfügig modifizierter Form (Fertighaus-Bau, Neuproduktentwicklung) durchgeführt werden. Man spricht in diesem Fall von einem **Projekt**, das durch den prinzipiellen Arbeitsablauf mit geplantem Start- und Endtermin definiert ist.

Unter Beachtung von Qualitätsstandards von Material und Ressourcen und von Flexibilität im Projektablauf sind meist die Projektdauer und damit verbunden die Projektkosten zentrale Ziele. Die Projektdauer entspricht in einem repetitiven Prozess der Mindestdurchlaufzeit, die durch den kritischen Weg bestimmt ist; die erforderlichen Informationen und Daten sind im Arbeitsplan festgelegt (vgl. Prozessanalyse, *Abschnitt 16.1*). Ähnlich zum Arbeitsplan enthält ein Projektplan die durchzuführenden Aktivitäten, deren Zeitdauer und Kosten sowie die technische Reihenfolge.

Die Ermittlung der Projektdauer und des kritischen Wegs wird nun anhand eines Beispiels stilisiert. Ein großes Bauunternehmen plant, eine U-Bahn-Station zu sanieren. In der folgenden ▶ *Tabelle 16.7* ist der Arbeitsplan des Projekts samt einer Beschreibung der einzelnen Aktivitäten und deren Dauer ersichtlich.

Ausgehend von den geplanten Aktivitäten eines Projekts soll nun ein Projektplan entwickelt werden, der u.a. die Projektlaufzeit festlegt. Man spricht auch von der Mindestdurchlaufzeit eines Projekts.

Aktivität	Beschreibung	Dauer (Tage)	Unmittelbarer Vorgänger
A	Personaleinsatzplanung	2	–
B	Beschaffung des Materials	15	–
C	Abreißen der alten Oberfläche	7	A, B
D	Sanierung der Stationsbasis	25	C
E	Erneuerung der Säulenverkleidung	12	C
F	Gießen und Setzen des neuen Betons	14	D,E
G	Installierung der neuen Bodendecke, Markierungen	8	F

Tabelle 16.7: Aktivitäten eines Projekts

Ein einfacher, jedoch sehr fehleranfälliger Ansatz zur Berechnung der Mindestdurchlaufzeit wäre es, die Dauer aller Aktivitäten zusammenzuzählen, da mitunter einige Aktivitäten parallel ausgeführt werden können. Ein weiterer, meistens nicht zielführender Ansatz wäre es, zu behaupten, das Projekt dauert so lange wie die längste Aktivitätszeit, denn einige Aktivitäten können erst nach Abschluss anderer Aktivitäten beginnen. Diese Tatsache ist in ▶ *Tabelle 16.7* in der letzter Spalte ersichtlich. Diese zeigt, dass einzelne Aktivitäten jedenfalls vor anderen Aktivitäten abgeschlossen sein müssen. So kann beispielsweise Aktivität C erst dann begonnen werden, wenn sowohl Aktivität A als auch Aktivität B abgeschlossen sind.

Die Darstellung der unmittelbaren Vorgänger in einem Arbeitsplan ist ein sehr präziser Weg, die Beziehungen zwischen Aktivitäten zu dokumentieren. Es kann jedoch manchmal schwierig sein, alle Zusammenhänge auf einen Blick zu erkennen. Um die Visualisierung der Beziehungen zwischen Aktivitäten zu vereinfachen, wird oft ein gerichteter Graph verwendet. Bei einem solchen **Vorgangsknotennetzplan** werden die Aktivitäten durch den Aktivitätsnamen sowie die erwartete Aktivitätszeit dargestellt. Ein Pfeil zeigt von einer Vorgänger-Aktivität zu einer Nachfolge-Aktivität (siehe ▶ *Abbildung 16.6*).

Der erste Knoten im Netzplan ist derjenige, der keine Vorgänger-Aktivitäten besitzt. Dies können auch mehrere sein. In diesem Beispiel ist ersichtlich, dass Aktivitäten A und B sofort begonnen werden können. Aktivität C baut auf den physischen Arbeitsergebnissen oder Informationen der vorherigen Aktivitäten auf und kann daher erst begonnen werden, wenn sowohl Aktivität A als auch Aktivität B abgeschlossen sind. Diese grafische Darstellung von Aktivitäten und Abhängigkeiten findet u.a. auch in der Layoutplanung Anwendung (*Abschnitt 16.3*).

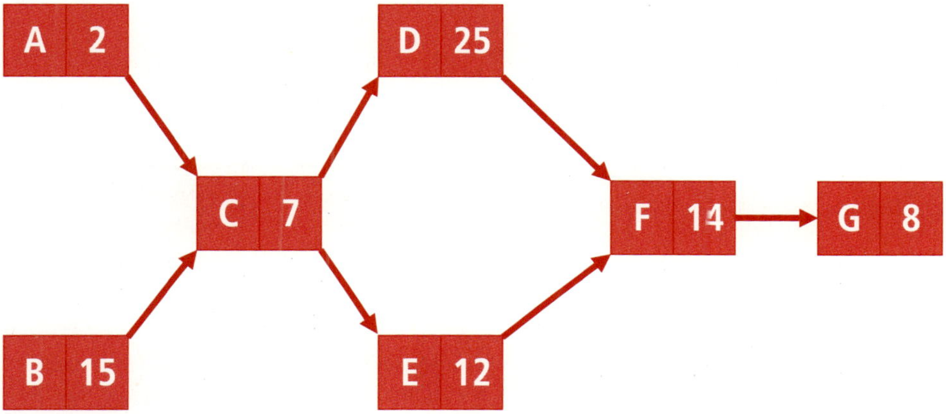

Abbildung 16.6: Netzplan

Die Mindestdurchlaufzeit eines Projekts (und damit die Projektdauer) ist jene, die mindestens notwendig ist, um alle Aktivitäten eines Projekts durchzuführen. ▶ *Tabelle 16.8* zeigt die Gesamtbearbeitungszeiten aller Wege in diesem Beispiel. Der kritische Weg in diesem Beispiel besteht aus den Aktivitäten B → C → D → F → G. Dies führt zu einer Gesamtbearbeitungszeit von 69 Tagen. Die Aktivitäten auf dem kritischen Weg werden auch als kritische Aktivitäten bezeichnet.

Weg	Aktivitätszeiten	Gesamtbearbeitungszeit
A → C → D → F → G	2 + 7 + 25 + 14 + 8	56 Tage
A → C → E → F → G	2 + 7 + 12 + 14 + 8	43 Tage
B → C → D → F → G	15 + 7 + 25 + 14 + 8	69 Tage
B → C → E → F → G	15 + 7 + 12 + 14 + 8	56 Tage

Tabelle 16.8: Wege durch den Netzplan

Jeden Weg durch einen Netzplan zu bestimmen, kann mit steigender Anzahl an Aktivitäten sowie Vorrangsbeziehungen sehr mühsam werden. Um diesen Vorgang zu unterstützen, werden für alle Aktivitäten die frühesten Anfangszeitpunkte (FAZ), frühesten Endzeitpunkte (FEZ) sowie die spätesten Anfangszeitpunkte (SAZ) und spätesten Endzeitpunkte (SEZ) bestimmt und im Netzplan abgebildet (siehe ▶ *Abbildung 16.7*).

Abbildung 16.7: Darstellung eines Knotens im Netzplan

Eine Aktivität ohne Vorgänger hat einen FAZ von 0. Addiert man dazu die Aktivitätszeit, so erhält man den FEZ. Da eine Nachfolge-Aktivität nicht vor der frühesten Fertigstellung des Vorgängers beginnen kann, ist der FAZ einer Nachfolge-Aktivität gleich dem FEZ einer Vorgänger-Aktivität. Hat eine Aktivität mehrere Vorgänger, so definiert der größte FEZ der Vorgänger-Aktivitäten den frühesten Beginn der nachfolgenden Aktivität. Nur dann ist sichergestellt, dass alle vorhergehenden Aktivitäten auch tatsächlich abgeschlossen sind.

Die frühesten Anfangszeiten für die Aktivitäten A und B liegen jeweils beim Zeitpunkt 0. Da Aktivität B voraussichtlich 15 Tage und damit deutlich länger als Aktivität A dauern wird, kann Aktivität C frühestens 15 Tage nach dem Projektbeginn begonnen werden (FAZ = 15). Dieser Vorgang wird für alle Aktivitäten des Projekts wiederholt. Die FEZ der letzten Aktivität entspricht dem frühesten Endzeitpunkt des gesamten Projekts und daher auch der Dauer des kritischen Wegs.

Dauern Aktivitäten, die auf dem kritischen Weg liegen, unerwartet länger als geplant, dann verspätet sich der Endzeitpunkt des gesamten Projekts. Aktivitäten außerhalb des kritischen Wegs weisen jedoch mitunter Pufferzeiten auf, die über die Berechnung des spätesten Anfangszeitpunkts (SAZ) und des spätesten Endzeitpunkts (SEZ) ermittelt werden können. Dies erfolgt üblicherweise retrograd, also von hinten nach vorne.

Für die letzte Aktivität eines Projekts gilt, dass frühester und spätester Anfangs- bzw. Endzeitpunkt jeweils identisch sind. Dies gilt auch für alle anderen Aktivitäten am kritischen Weg, da wie gesagt am kritischen Weg keine Pufferzeiten möglich sind. In ▶ *Abbildung 16.8* ist ersichtlich, dass für die Aktivitäten G und F gilt: SAZ = FAZ und SEZ = FEZ. Aktivität E liegt nicht am kritischen Weg. Um den Projektverlauf nicht zu verzögern, muss diese Aktivität spätestens nach 47 Tagen abgeschlossen sein, da dann Aktivität F beginnen muss. Daher ist der SEZ für Aktivität E 47. Ausgehend von der erwarteten Aktivitätszeit von 12 Tagen ergibt sich für Aktivität E daher ein SAZ von 35. Das bedeutet, dass Aktivität E theoretisch 13 Tage später als geplant begonnen werden kann (SAZ − FAZ = 35 − 22 = 13), ohne dass sich das Ende des Projekts verzögert.

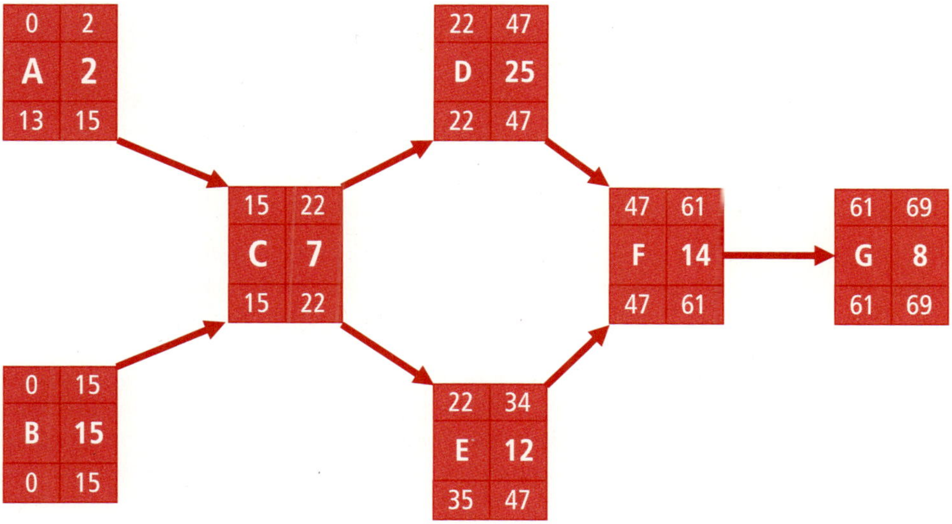

Abbildung 16.8: Fertiger Netzplan

Eine weitere Möglichkeit der Darstellung ist das Gantt-Diagramm (▶ *Abbildung 16.9*). Es zeigt, welche Aktivitäten zu welchem Zeitpunkt bearbeitet werden, basierend auf den frühesten Anfangs- bzw. Endzeitpunkten. Es ist wahrscheinlich die häufigste Form der Visualisierung der Zeitachse eines Projekts. Anders als der Netzplan zeigt das Gantt-Diagramm jedoch nicht die Beziehungen zwischen den Aktivitäten. Durch die vorherige Berechnung von FAZ und FEZ wird aber sichergestellt, dass eine Aktivität erst beginnt, wenn alle dafür notwendigen Vorgänger-Aktivitäten abgeschlossen sind.

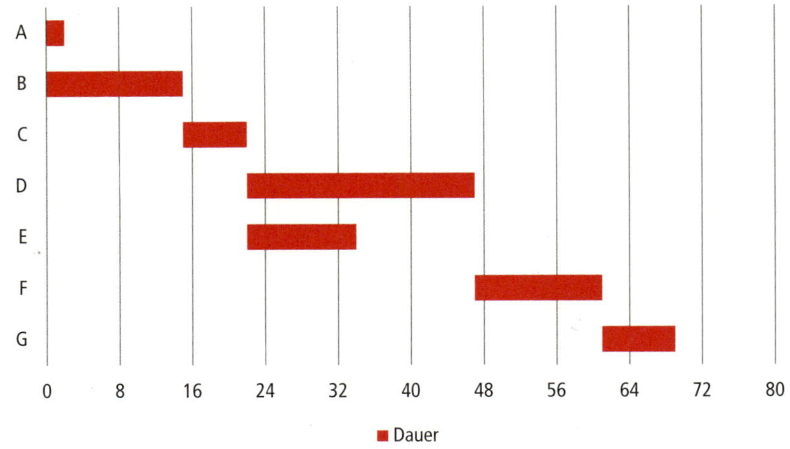

Abbildung 16.9: Gantt-Diagramm

16.3 Layoutplanung – Fließbandtaktung

In diesem Abschnitt soll gezeigt werden, wie ein Produktionsprozess gestaltet werden kann. Zunächst ist ein geeigneter Organisationstyp für die Produktion festzulegen. Dazu kann die Produkt-Prozess-Matrix herangezogen werden, die Produkt- und Produktionsprozesscharakteristika den Organisationstypen idealtypisch zuordnet (siehe *Abschnitt 15.1.5*, *Abbildung 15.32*). So sollte für Standardprodukte (geringe Produktvielfalt, große Auflagengröße, Lagerproduktion) die Produktion durch einen kontinuierlichen und konvergierenden Materialfluss gekennzeichnet sein. Weisen die Produkte einen einheitlichen Materialfluss mit zeitlicher Bindung auf, so sind das Fließband (Transferstraße) oder die Fließproduktionslinie geeignete Organisationstypen der Produktion, die vor allem in der Montage von Teilen, Komponenten und Fertigprodukten sowie in der Verpackung von Bedeutung sind.

In der Folge soll gezeigt werden, wie ein Fließband oder eine Fließproduktionslinie gestaltet werden kann, wenn ein Produkt zusammenzubauen oder zu verpacken ist. Dazu muss der Arbeitsplan des Produkts bekannt sein, in dem die erforderlichen Arbeitsgänge mit den Bearbeitungszeiten und die Reihenfolge ihrer Ausführung definiert sind. In ▶ *Tabelle 16.9* und ▶ *Abbildung 16.10* ist der Arbeitsplan für ein Produkt angegeben. Beispielsweise darf Arbeitsgang D erst ausgeführt werden, wenn sowohl Arbeitsgang B als auch Arbeitsgang C beendet worden sind.

Arbeitsgang	A	B	C	D	E	F	G	H	I	J	K	L	Gesamtbearbeitungszeit
Bearbeitungszeit (in Sek.)	130	100	120	70	60	10	105	230	80	90	70	95	1.160

Tabelle 16.9: Arbeitsplan – Arbeitsgänge und Bearbeitungszeiten

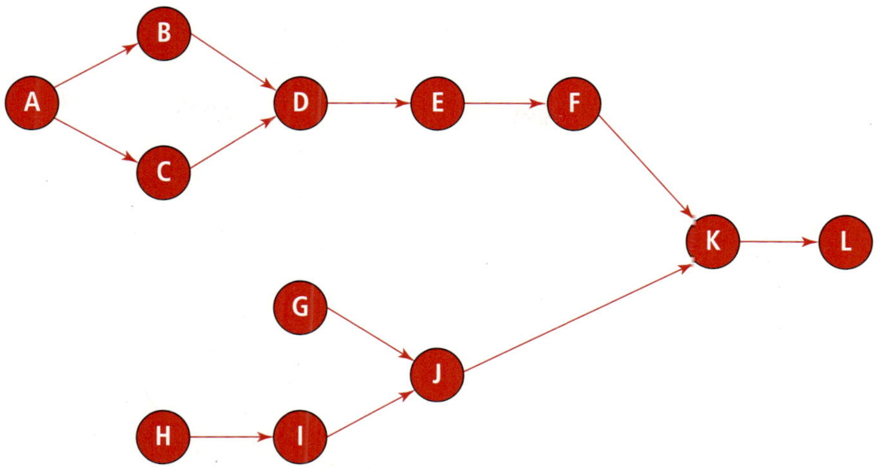

Abbildung 16.10: Arbeitsplan – Reihenfolge der Arbeitsgänge

Die Arbeitsgänge sind unter Beachtung ihrer Reihenfolge zu **Arbeitsstationen** zusammenzufassen, sodass eine gegebene Anzahl an Einheiten des Produkts pro Zeitperiode, der Periodenbedarf, zusammengebaut oder verpackt werden kann. Der zeitliche Abstand der Fertigstellung von zwei Einheiten des Produkts ist die **Taktzeit**. Man sagt auch, die fertiggestellten Einheiten laufen in einem bestimmten Takt vom (Fließ-) Band.

Um den Periodenbedarf produzieren zu können, darf eine bestimmte Taktzeit nicht überschritten werden:

$$\text{Maximale Taktzeit} = \frac{\text{Zeitperiode}}{\text{Periodenbedarf}}$$

Sind von dem Produkt im Beispiel täglich 119 Einheiten herzustellen, dann ist die maximale Taktzeit bei einer Arbeitszeit von acht Stunden pro Tag:

$$\text{Maximale Taktzeit} = \frac{8\ \text{Stunden} \times 3.600\ \text{Sekunden}}{119\ \text{Einheiten}} = 242\ \text{Sekunden}$$

Je höher der Periodenbedarf ist, desto geringer ist die maximale Taktzeit. Die Taktzeit darf aber nicht kleiner als die größte Bearbeitungszeit eines Arbeitsgangs sein:

$$\text{Minimale Taktzeit} = \text{Maximale Bearbeitungszeit eines Arbeitsgangs.}$$

Im Beispiel weist Arbeitsgang H mit 230 Sekunden die größte Bearbeitungszeit auf, d.h.

$$\text{Minimale Taktzeit} = 230\ \text{Sekunden.}$$

Im Rahmen der Fließbandtaktung oder Fließbandabstimmung (engl. „line balancing") sind die Arbeitsgänge unter Beachtung ihrer Reihenfolge den Arbeitsstationen so zuzuordnen, dass die Taktzeit nicht überschritten wird und die Stationsbearbeitungszeiten gleichmäßig groß sind, d.h. dass die Auslastungen der Stationen (Stationsbearbeitungszeit/Taktzeit) in etwa gleich hoch sind.

Mögliche Zielsetzungen zur Taktung eines Fließbands sind, bei gegebener Taktzeit die Zahl der Arbeitsstationen zu minimieren oder bei gegebener Stationszahl die Taktzeit zu minimieren. Die Mindestanzahl an Arbeitsstationen ist durch die Gesamtbearbeitungszeit bestimmt:

$$\text{Mindestanzahl an Stationen} = \frac{\text{Gesamtbearbeitungszeit}}{\text{Taktzeit}}$$

Im Beispiel ist bei einer Taktzeit von 242 Sekunden die erforderliche Anzahl an Arbeitsstationen mindestens 5 (1.160/242 = 4,8; ergibt die Division keine ganze Zahl, so ist auf die nächste ganze Zahl aufzurunden).

Die Taktung eines Fließbands wird oft mit einfachen Entscheidungsregeln durchgeführt, die in der Regel gute Ergebnisse liefern, aber bei gegebener Taktzeit nicht unbedingt zu einem Layout mit der minimal möglichen Zahl an Arbeitsstationen führen. Deswegen ist es zweckmäßig, die Fließbandtaktung mit verschiedenen Entscheidungsregeln durchzuführen und dann das geeignetste Layout auszuwählen.

Eine Entscheidungsregel ordnet die Arbeitsgänge einer Station nach der Zahl seiner nachfolgenden Arbeitsgänge zu, da Arbeitsgänge mit vielen Nachfolgern möglichst früh einer Arbeitsstation zugeordnet werden sollen. Im Beispiel haben die Arbeitsgänge B und C jeweils fünf Nachfolger (D, E, F, K, L). Bei gleicher Anzahl an Nachfolgern kann der Arbeitsgang mit der längeren Bearbeitungszeit der Station zugeordnet werden, vorausgesetzt, dass dadurch die Stationsbearbeitungszeit nicht die Taktzeit überschreitet.

Vor Anwendung der Entscheidungsregeln (Anzahl der Nachfolger, Bearbeitungszeit) ist festzustellen, ob ein Arbeitsgang einer Station zugeordnet werden kann. Ein Arbeitsgang ist einplanbar, wenn

- alle vorhergehenden Arbeitsgänge bereits zu den Stationen zugeordnet sind und
- durch die Zuordnung des Arbeitsgangs zur Station die Stationsbearbeitungszeit die Taktzeit nicht übersteigt.

Für das Beispiel wird das Fließband für die Taktzeit von 242 Sekunden mit den obigen Entscheidungsregeln getaktet, d.h. die einplanbaren Arbeitsgänge werden sukzessive den Stationen zugeordnet. Die Restzeit ist die Differenz von Taktzeit und Stationsbearbeitungszeit (= Summe der Bearbeitungszeiten der bereits zugeordneten Arbeitsgänge).

Bei Station 4 wird zunächst Arbeitsgang G zugeordnet. Die einplanbaren Arbeitsgänge E, G und I haben jeweils drei Nachfolger, aber G hat die längste Bearbeitungszeit. In Station 5 wird nach Arbeitsgang E der Arbeitsgang J zugeordnet, da er gegenüber F die längere Bearbeitungszeit hat (beide Arbeitsgänge haben zwei Nachfolger). In allen anderen Fällen erfolgt die Zuordnung zur Station aufgrund der größten Nachfolgerzahl. Die vollständige Zuordnung sämtlicher Aktivitäten zu den Stationen ist in ▶ *Tabelle 16.10* sowie in ▶ *Abbildung 16.11* dargestellt.

Station	Einplanbare Arbeitsgänge	Zugeordneter Arbeitsgang	Stationsbearbeitungszeit	Restzeit
1	A,G,H	A	130	112
	B,G	B	230	12
2	C,G,H	C	120	122
	D,G	D	190	52
3	E,G,H	H	230	12
4	E,G,I	G	105	137
	E,I	I	185	57
5	E,J	E	60	182
	F,J	J	150	92
	F	F	160	82
	K	K	230	12
6	L	L	95	147

Tabelle 16.10: Fließbandtaktung (Entscheidungsregel: Anzahl der Nachfolger)

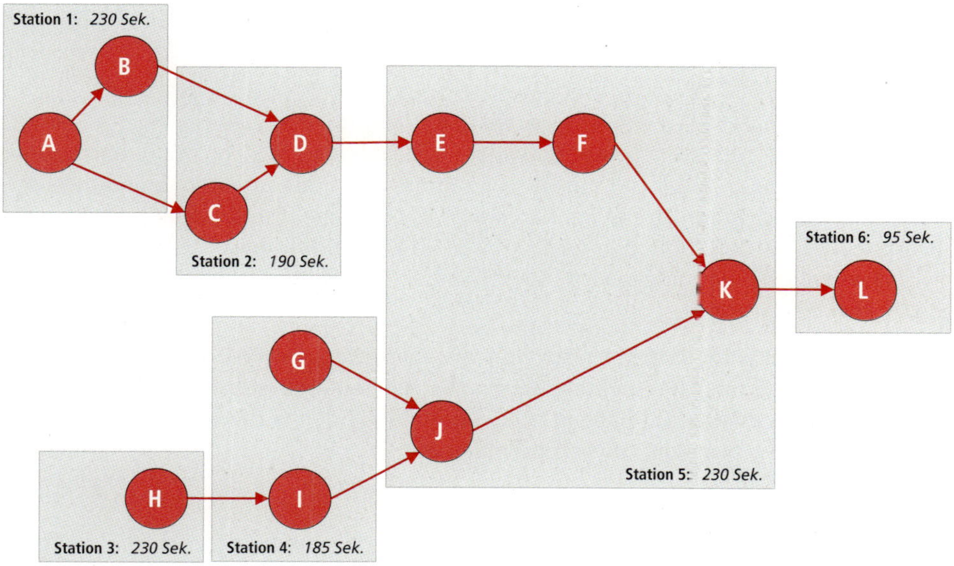

Abbildung 16.11: Getaktetes Fließband (Entscheidungsregel: Anzahl der Nachfolger)

Das Ergebnis zeigt, dass mittels des heuristischen Verfahrens der Zuordnung nach der Anzahl der Nachfolger sechs Stationen benötigt werden. Da ein Produkt bis zur Fertigstellung den gesamten Prozess durchlaufen muss, ist seine Durchlaufzeit durch die Anzahl der Stationen und die Taktzeit bestimmt:

$$\text{Durchlaufzeit} = \text{Anzahl der Stationen} \times \text{Taktzeit} = 6 \times 242 = 1.452 \text{ Sekunden}$$

Die **Taktzeit** bezeichnet also die Zeit, die ein Produkt in einer Station verbringt (die Weitergabe zur nächsten Station erfolgt erst bei Ablauf der Taktzeit, allfällige unproduktive Restzeiten müssen abgewartet werden). Die **Durchlaufzeit** ist die Zeit, die das Produkt für das Durchlaufen des gesamten Produktionsprozesses benötigt.

Die Effizienz des Produktionsprozesses kann damit durch die Durchlaufzeit-Effizienz (siehe *Abschnitt 16.1.1*) ausgedrückt werden:

$$\text{DLZ-Effizienz} = \frac{\text{Gesamtbearbeitungszeit}}{\text{Durchlaufzeit}} = \frac{1.160}{1.452} = 79{,}89\%$$

Die Effizienz zeigt, dass nur 79,89% der Zeit, die ein Produkt im System verbringt, für die Produktion genutzt wird. Der Rest sind die Leerzeiten, die dadurch entstehen, dass die Produkte warten müssen, bis die Taktzeit erreicht wird und sie in der nächsten Station weiterbearbeitet werden können.

Aus ▶ *Tabelle 16.10* ist ersichtlich, dass keine Station zu 100% ausgelastet ist, d.h. in jeder Station gibt es eine positive Restzeit. Das bedeutet, dass die Taktzeit um bis zu 12 Sekunden (entspricht der minimalen Restzeit) verkürzt werden kann, ohne dass sich das Layout des Produktionsprozesses ändert. Bei einer Taktzeit von 230 Sekunden – das ist auch die minimal mögliche Taktzeit – könnten somit täglich 125 Einheiten (8 × 3.600 / 230) hergestellt werden, das sind 6 Einheiten mehr als in der Ausgangssituation. Das Layout in ▶ *Abbildung 16.11* erlaubt eine gewisse Mengenflexibilität, da damit Periodenbedarfe zwischen 119 und 125 Einheiten des Produkts hergestellt werden können.

Da die Zuordnung der Arbeitsgänge zu Stationen nach der Anzahl der Nachfolger nur eine mögliche Entscheidungsregel darstellt, stellt sich die Frage, ob mit einer anderen Entscheidungsregel ein Layout mit dem Minimum von fünf Stationen erreicht werden kann. Eine Möglichkeit ist, die einplanbaren Arbeitsgänge primär nach der Länge der Bearbeitungszeit den Stationen zuzuordnen. Falls mehrere dieser Arbeitsgänge dieselbe Bearbeitungszeit haben, kann als sekundäre Entscheidungsregel die Nachfolgerzahl verwendet werden

Mit dieser Entscheidungsregel wird nun die Zuordnung am Beispiel aus ▶ *Tabelle 16.9* und ▶ *Abbildung 16.10* durchgeführt. Die Taktzeit (242 Sekunden) und die Mindestanzahl an Stationen (5) bleiben in diesem Fall gleich, da der Periodenbedarf und die Gesamtbearbeitungszeit unverändert bleiben.

Das Ergebnis der Fließbandtaktung anhand dieser Entscheidungsregel ist in ▶ *Tabelle 16.11* und in ▶ *Abbildung 16.12* dargestellt.

Station	Einplanbare Arbeitsgänge	Zugeordneter Arbeitsgang	Stations-bearbeitungszeit	Restzeit
1	A,G,H	H	230	12
2	A,G,I	A	130	112
	B,G,I	G	235	7
3	B,C,I	C	120	122
	B,I	B	220	22
4	D,I	I	80	162
	D,J	J	170	72
	D	D	240	2
5	E	E	60	182
	F	F	70	172
	K	K	140	102
	L	L	235	7

Tabelle 16.11: Fließbandtaktung (Entscheidungsregel: Bearbeitungszeit)

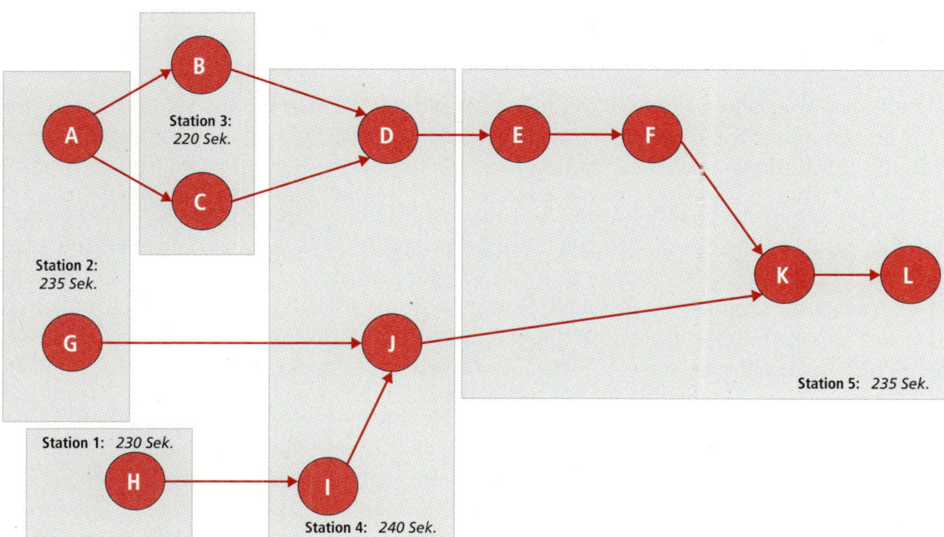

Abbildung 16.12: Getaktetes Fließband (Entscheidungsregel: Bearbeitungszeit)

Im Vergleich zur Zuordnung nach der Anzahl der Nachfolger ist bei der Taktung nach der längsten Bearbeitungszeit ein Layout mit 5 Stationen möglich; dies entspricht der theoretischen Mindestanzahl an Stationen. Damit ist auch die Durchlaufzeit eines Produkts durch den Produktionsprozess gesunken und beträgt jetzt 5 × 242 = 1.210 Sekunden. Bei dieser Zuordnung hat sich damit auch die Effizienz wesentlich verbessert:

$$\text{DLZ-Effizienz} = \frac{1.160}{1.210} = 95{,}87\,\%$$

Die höhere Effizienz zeigt, dass die verfügbare Kapazität besser genutzt wird und somit weniger Ressourcen für die Produktion derselben Menge gebraucht werden. Für die Zielsetzung Minimierung der Stationszahl wird in diesem Beispiel also mit der Entscheidungsregel **„längste Bearbeitungszeit“** ein besseres Ergebnis (5 Stationen) erzielt als mit der Entscheidungsregel **„Anzahl der Nachfolger“**. Entscheidungsregeln sind heuristische Verfahren und keine Optimierungsverfahren. Je nach Arbeitsplan und Periodenbedarf des Produkts führen sie zu besseren oder schlechteren Ergebnissen, also beispielsweise zu einem Layout mit weniger oder mehr Stationen. Wie bereits vorher erwähnt, ist es daher zweckmäßig, die Fließbandtaktung mit verschiedenen Entscheidungsregeln durchzuführen und dann das geeignetste Layout auszuwählen.

Abschließend sollen noch die Auswirkungen einer Änderung des Periodenbedarfs auf das Layout analysiert werden. Wir haben bereits festgestellt, dass bei Taktung mit der Entscheidungsregel „Anzahl der Nachfolger“ mit dem aus 6 Stationen bestehenden Layout (siehe ▶ *Abbildung 16.11*) der maximal mögliche Periodenbedarf von 125 Einheiten des Produkts hergestellt werden kann, da dabei das Fließband mit der minimalen Taktzeit von 230 Sekunden betrieben wird.

Im mittels Entscheidungsregel „längste Bearbeitungszeit“ erstellten Layout mit 5 Stationen (siehe ▶ *Abbildung 16.12*) ist die minimale Restzeit einer Station 2 Sekunden (Station 4, siehe ▶ *Tabelle 16.11*). Die daraus resultierende Taktzeit ist daher 240 Sekunden. Damit kann mit dieser Konfiguration des Fließbands ein maximaler Periodenbedarf von 8 × 3.600 / 240 = 120 Einheiten des Produkts hergestellt werden. Dies ist nur um eine Einheit mehr als der ursprüngliche Periodenbedarf von 119 Einheiten. Wie bereits festgestellt, können beim Layout mit 6 Stationen bis zu 125 Einheiten pro Tag produziert werden. Dieses Layout erlaubt also eine höhere Mengenflexibilität – 119 bis 125 Einheiten – als das 5-Stationen-Layout (119 oder 120 Einheiten pro Tag).

Im Folgenden soll ein alternatives Layout zur Fließbandtaktung vorgestellt werden, das im Rahmen von Lean Management (siehe *Abschnitt 4.5*) entstanden ist und eine höhere Flexibilität ermöglicht, um z.B. besser auf schwankende Periodenbedarfe reagieren zu können. Bei der Herstellung mehrerer Produkte mit unterschiedlichen Bearbeitungszeiten auf einer Fließproduktionslinie kann die Produktivität durch flexibel qualifiziertes und damit einsetzbares Personal gesteigert werden.

Beim klassischen Layout der Fließproduktion sind die Maschinen typisch in einer geraden Linie angeordnet (siehe ▶ *Abbildung 16.13*, entspricht auch dem Layout von ▶ *Abbildung 16.11*). Problematisch ist dabei die große Entfernung von der ersten zur letzten Station und die Abschottung der Mitarbeiter voneinander, die nur mit ihrem direkten Nachbarn Kontakt haben. Wird in der letzten Station ein Qualitätsmangel festgestellt, dauert es relativ lange, bis die Information an der ersten Station ankommt und der Fehler behoben werden kann. Wenn durch geringeren Periodenbedarf die maximale Taktzeit erhöht werden kann und damit zusätzliche Arbeitsgänge den Stationen zugeordnet werden können, müssen die Mitarbeiter noch längere Wege bei der Bearbeitung zurücklegen.

Abbildung 16.13: Klassisches gerades Layout einer Fließproduktionslinie

Durch die Anordnung der Stationen in U-Form werden die Wege zwischen den Arbeitsstationen kürzer (siehe ▶ *Abbildung 16.14*) und für die Mitarbeiter ist es leichter möglich, Arbeitsgänge von benachbarten Stationen zu übernehmen. Eine notwendige Voraussetzung dafür ist flexibel qualifiziertes Personal (Job Enlargement). Es ist jedoch zu beachten, dass breiter ausgebildete Personen in aller Regel auch teurer sind. Mit dem in ▶ *Abbildung 16.14* dargestellten U-förmigen Layout kann der Periodenbedarf von 119 mit der Taktzeit von 242 Sekunden produziert werden.

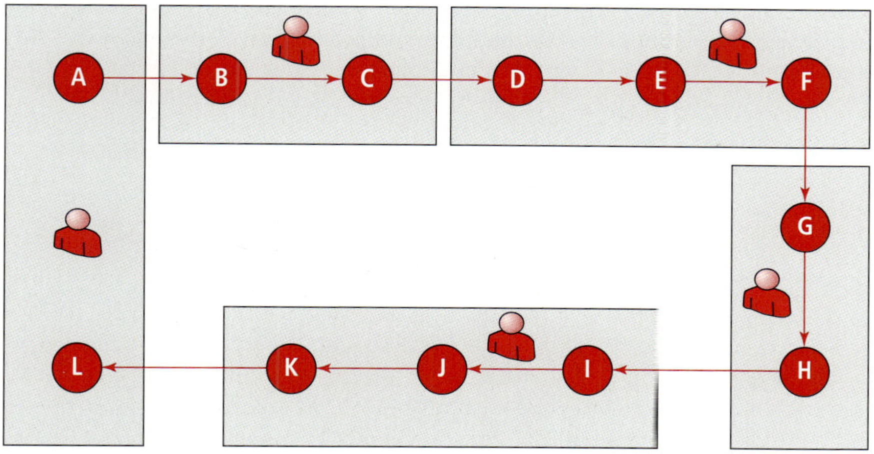

Abbildung 16.14: U-förmige Fließproduktionslinie

Weitere Vorteile eines U-förmigen Layouts sind:

- Das Ein- und Ausschleusen der Werkstücke liegt eng zusammen, sodass der Ein- und Austritt von demselben Mitarbeiter verfolgt und der Werkstückumlauf leichter zu kontrollieren ist. Zwischenlagerbestände sind direkt sichtbar. Dadurch kann das Just-in-Time-Prinzip wirkungsvoll umgesetzt werden.
- Beitrag zur Qualitätskontrolle und zur Optimierung des Produktionsprozesses: Während bei der geraden Anordnung eine stark arbeitsteilige Massenproduktion mit spezialisierten Arbeitskräften vorherrscht, entstehen durch die U-förmige Anordnung kleinere Arbeitsbereiche, die der einzelne Mitarbeiter überschauen kann. Dadurch wird die Person in die Lage versetzt, eine sowohl vorausschauende als auch korrigierende Verantwortung zu übernehmen (Job Enrichment). Dadurch wird in aller Regel auch die Arbeitszufriedenheit steigen, was wiederum positive Auswirkungen auf die Produkt- und Prozessqualität hat.
- Steigerung der Mitarbeitereffizienz: Es besteht Sichtkontakt, womit auch die Kommunikation erleichtert wird. Die Mitarbeiter können einander unterstützen und ausgleichen. Positive Erfahrungen fördern den Arbeitswillen und wiederum die Verantwortungsbereitschaft.

Werden nun mehrere solche U-förmige Produktionslinien aneinandergereiht (S-förmiges Layout), so wird ein weiterer Vorteil sichtbar: Ein Mitarbeiter kann zugleich auf mehreren Produktionslinien eingesetzt werden. Durch die kurzen Wege und die Überschaubarkeit kann die Zahl der Mitarbeiter an den geforderten Periodenbedarf angepasst werden. Auch in diesem Fall ist Mehrfachqualifikation der Mitarbeiter eine notwendige Voraussetzung für das Funktionieren dieses S-förmigen Layouts.

In ▶ *Abbildung 16.15* sind zwei U-förmige Fließproduktionslinien dargestellt. Auf Linie 1 wird Produktgruppe 1, auf Linie 2 Produktgruppe 2 produziert. Bei normalen Periodenbedarfen sind auf Linie 1 drei Arbeitsstationen und damit drei Mitarbeiter notwendig, auf Linie 2 zwei Arbeitsstationen und zwei Mitarbeiter. Insgesamt sind in den fünf Stationen fünf Mitarbeiter tätig (siehe ▶ *Abbildung 16.15* – Layout für normalen Bedarf von Produkt 2). Bei geringerem Periodenbedarf von der auf Linie 2 produzierten Produktgruppe 2 kann bei entsprechender Mitarbeiterqualifikation ein Mitarbeiter sowohl auf Linie 1 als auch auf Linie 2 eingesetzt werden. Das S-förmige Layout der beiden Linien ermöglicht nun die Produktion der erforderlichen Periodenbedarfe auf insgesamt vier teilweise linienübergreifenden Stationen, wofür vier Mitarbeiter notwendig sind (siehe ▶ *Abbildung 16.15* – Layout für geringen Bedarf von Produkt 2).

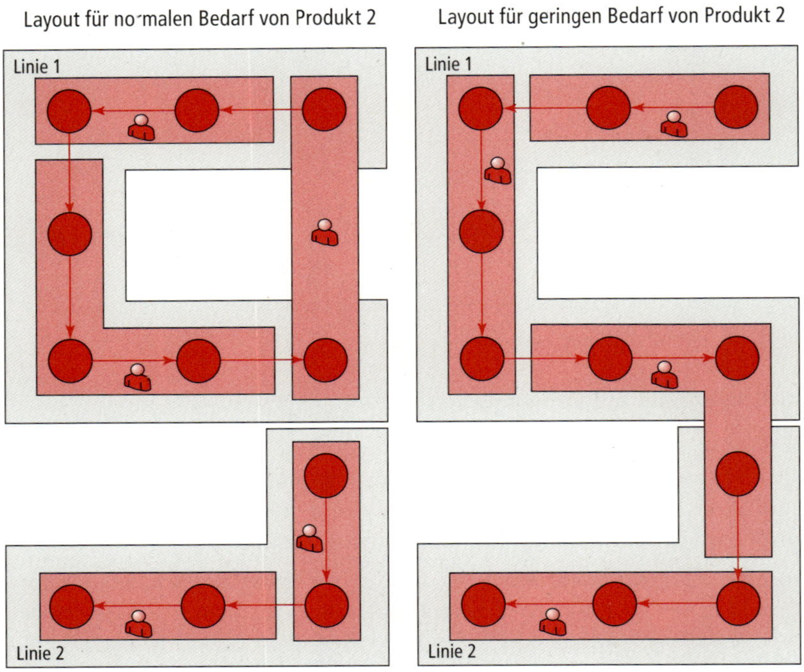

Abbildung 16.15: S-förmige Fließproduktionslinie

Aktuelle Entwicklungen in der Fließbandproduktion fokussieren auf die ökonomische und ökologische Nachhaltigkeit der Produktionsprozesse. Einer der Hauptproponenten von Lean Management, Toyota, hat im Vergleich zur japanischen Konkurrenz mehr Produktionskapazitäten im eigenen Land. Ein erheblicher Teil der in Japan hergestellten Autos muss exportiert werden. Zur Aufrechterhaltung und Verbesserung der Wettbewerbsfähigkeit hat Toyota die Größe und die Betriebskosten der Montagefabriken reduziert (vgl. Lariviere, 2011).

Anstatt die Autokarosserien wie bisher in Fließbandrichtung anzuordnen, werden diese quer zur Fließrichtung am Band platziert (siehe ▶ *Abbildung 16.16*). Durch diese Maßnahme konnte die Länge des Fließbands um 35% reduziert werden. Neben geringeren Investitionskosten konnte gleichzeitig die Produktivität erhöht werden, im Wesentlichen durch verkürzte Wege der Mitarbeiter von Auto zu Auto. Wie beim U-förmigen Layout konnte damit gegenüber dem traditionellen Layout die Grundfläche der Montagehalle verkleinert werden.

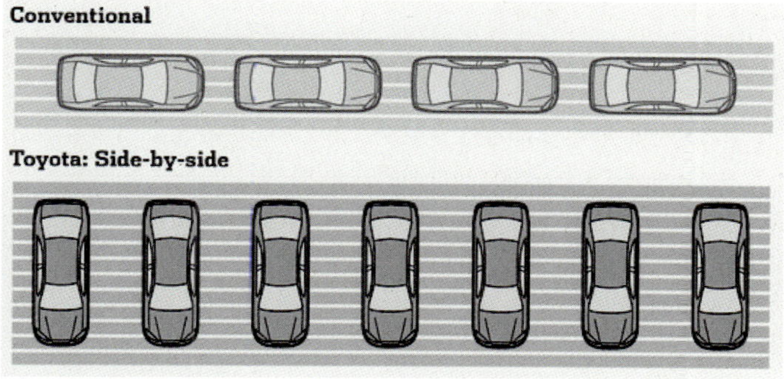

Abbildung 16.16: Anordnung der Karosserien in Fließrichtung bzw. quer zur Fließrichtung[1]

Außerdem wurden Hängeförderer durch Flurförderer mit Hebebühnen ersetzt, welche um 50% günstiger sind (siehe ▶ *Abbildung 16.17*). Dadurch konnte die Höhe der Montagehalle reduziert werden.

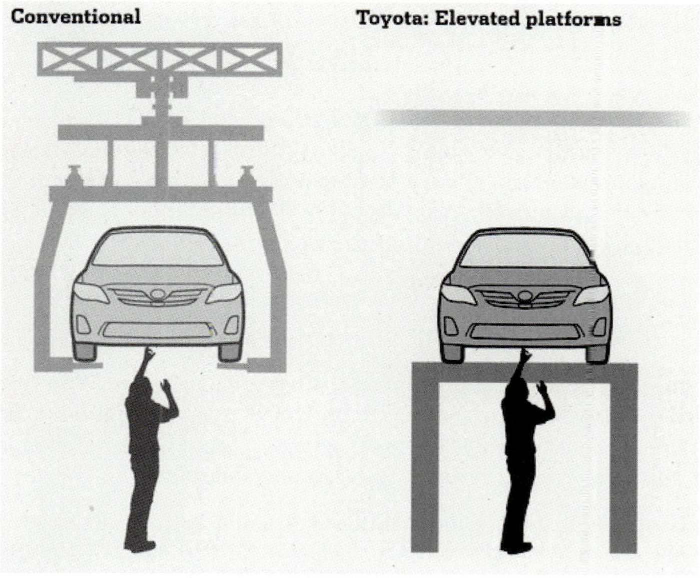

Abbildung 16.17: Hängeförderer vs. Flurförderer mit Hebebühne[2]

1 Quelle: Lariviere, 2011
2 Quelle: Lariviere, 2011

Mit den beiden geschilderten Maßnahmen konnte das Volumen (Grundfläche × Höhe) der Montagehalle wesentlich verkleinert werden. Dies hat auch einen geringeren Energiebedarf zur Klimatisierung der Halle zur Folge, was eine Senkung der Energiekosten um 40% bewirkte. Die mit dem geringeren Energiebedarf erreichte Reduktion der direkten und indirekten (zu Energieerzeugung) CO_2-Emissionen bewirkt somit nicht nur eine Verbesserung der ökonomischen Nachhaltigkeit des Produktionsprozesses, sondern trägt auch zu einer Verbesserung seiner ökologischen Nachhaltigkeit bei.

16.4 Kapazitätsmanagement

Ein wichtiger Teil des taktischen Produktionsmanagements (siehe ▶ *Abbildung 16.1*) ist das Kapazitätsmanagement, bei dem die Analyse von Wartezeiten unter Berücksichtigung von Variabilität im Zentrum steht. Dabei wird entweder eine einzelne Stufe eines Prozesses (Engpass) näher analysiert (siehe ▶ *Abbildung 16.18*) oder einstufige Prozesse, die nur aus einer Aktivität samt zugehörigem Warteraum (Puffer) bestehen (z.B. Ticketschalter o.Ä.).

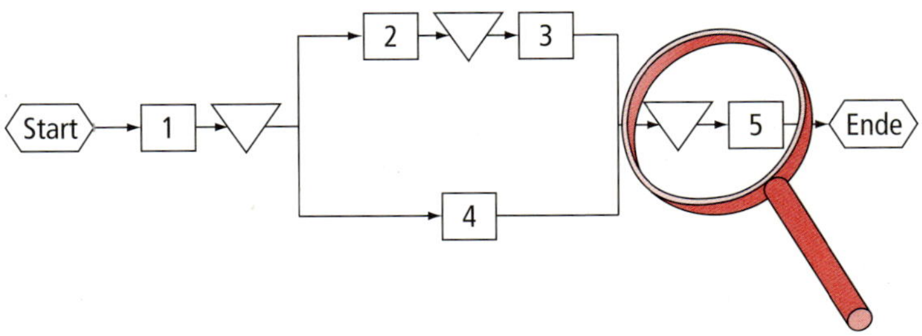

Abbildung 16.18: Fokussierung auf eine Stufe eines Produktionsprozesses

Ausgangspunkt für das Kapazitätsmanagement sind die im Rahmen der Prozessanalyse vorgestellten Begriffe „Maximale Kapazität“ und „Auslastung“ (siehe *Abschnitt 16.1.1*). Unter maximaler Kapazität versteht man den maximalen Output, den ein Ressourcenpool erreichen kann. Die Auslastung des Ressourcenpools ist der Quotient aus tatsächlichem Output (Output-Rate) und maximaler Kapazität.

$$\text{Auslastung} = \frac{\text{Output-Rate [Stk./Std.]}}{\text{Maximale Kapazität [Stk./Std.]}}$$

Diese Betrachtungsweise beschränkt sich auf die Berücksichtigung von Durchschnittswerten und lässt Schwankungen außer Acht. Um Schwankungen berücksichtigen zu können, verwendet man im Kapazitätsmanagement zusätzlich zu den Durchschnittswerten auch Streuungsmaße (Varianz, Standardabweichung).

Zur Veranschaulichung und weiteren Erklärung soll folgendes Beispiel dienen: Am indischen Konsulat in Wien gibt es *einen* Schalter für die Ausstellung von Touristenvisa. In einer Arbeitszeitstudie wurde mittels Zeitmessung festgestellt, dass die Visumausstellungen unterschiedlich lange dauern. Gründe dafür sind beispielsweise Unterschiede zwischen den Mitarbeitern, die abwechselnd am Schalter arbeiten, sowie das unterschiedliche Ausmaß der Vorbereitung und die Herkunft der Antragsteller (Kunden). Aus allen Messwerten wurde die **mittlere Servicezeit** T_s (arithmetischer Mittelwert) mit 6 Minuten und ihre **Standardabweichung** ebenfalls mit 6 Minuten berechnet. Der Begriff „Servicezeit“ ist der im Dienstleistungsbereich gebräuchliche Begriff, der der Bearbeitungszeit in der Güterproduktion entspricht.

Der Kehrwert der durchschnittlichen Servicezeit ist die **mittlere Servicerate** R_s. Die Servicerate sagt aus, wie viele Aufträge durchschnittlich pro Zeiteinheit bearbeitet werden können.

$$R_s = \frac{1}{T_s} = \frac{1}{6 \text{ Min.}} = 0{,}167 \text{ Personen/Min.} \times 60 = 10 \text{ Personen/Std.}$$

Die Servicerate entspricht der Kapazität.

Die Output-Rate gibt die Nachfrage für ein Produkt oder eine Dienstleistung pro Zeiteinheit an, welche in der Realität nicht konstant ist. Zum Visumschalter am Konsulat kommt nicht exakt alle 6 Minuten ein neuer Antragsteller. Manchmal kommen mehrere Personen gleichzeitig zum Schalter, manchmal vergeht eine Stunde bis zum Eintreffen des nächsten Antragsstellers. Die **mittlere Ankunftsrate** R_a sagt aus, wie viele Personen durchschnittlich pro Stunde (Zeiteinheit) zum Schalter kommen. Die oben zitierte Studie hat neben der Messung der Servicezeiten auch die tatsächlichen Ankünfte erfasst. Die aus diesen Daten berechnete mittlere Ankunftsrate R_a beträgt 9 Personen pro Stunde.

$$R_a = 9 \text{ Personen/Std.}$$

Mithilfe der durchschnittlichen Servicerate und der durchschnittlichen Ankunftsrate kann die **durchschnittliche Auslastung** ρ berechnet werden:

$$\rho = \frac{R_a}{R_s} = R_a \times T_s$$

Die durchschnittliche Auslastung des Schalters im Konsulat beträgt:

$$\rho = \frac{9}{10} = 0{,}9 = 90\%$$

Die entscheidende Frage lautet nun: Wie lange dauert es durchschnittlich, bis eine Person das Konsulat mit einem fertigen Visum verlassen kann?

Grundsätzlich setzt sich die gesamte Aufenthaltszeit im Konsulat (**mittlere Durchlaufzeit** T) aus der mittleren Wartezeit T_w und der mittleren Servicezeit T_s zusammen.

$$T = T_w + T_s$$

Da die durchschnittliche Servicezeit T_s bereits bekannt ist, fehlt für die Ermittlung der **durchschnittlichen Durchlaufzeit** T noch die durchschnittliche Wartezeit T_w.

Die **mittlere Wartezeit** T_w kann wie folgt bestimmt werden:

$$T_w = T_s \times \frac{\rho}{1-\rho} \times \frac{c_a^2 + c_s^2}{2}$$

Die mittlere Wartezeit T_w ist abhängig von der mittleren Servicezeit T_s, von der mittleren Auslastung ρ und von den Variationskoeffizienten c_a der Ankunftsrate und c_s der Servicezeit.

Der Variationskoeffizient c ist der Quotient aus Standardabweichung und Mittelwert und somit eine Maßzahl, die die **Variabilität** (Ausmaß der Schwankung) einer Kennzahl beschreibt. Es können drei Bereiche unterschieden werden:

Geringe Schwankung	$0 \leq c < 3/4$
Mittlere Schwankung	$3/4 \leq c \leq 4/3$
Starke Schwankung	$c > 4/3$

Tabelle 16.12: Ausmaß der Schwankung

In unserem Beispiel wurde aus den Daten der Arbeitszeitstudie zusätzlich zur mittleren Ankunfts- und Servicerate auch die jeweilige Standardabweichung ermittelt. Der Variationskoeffizient der Servicezeit ist daher: $c_s = 6/6 = 1$. Ebenso wurde für c_a der Wert 1 errechnet, was einer mittleren Schwankung entspricht.

Die mittlere Wartezeit T_w ist daher:

$$T_w = T_s \times \frac{\rho}{1-\rho} \times \frac{c_a^2 + c_s^2}{2} = 6 \times \frac{0,9}{1-0,9} \times \frac{1^2+1^2}{2} = 6 \times 9 \times 1 = 54 \text{ Min.}$$

Ein Antragsteller wartet durchschnittlich 54 Minuten, bis er am Schalter an die Reihe kommt. Da anschließend die Bedienung am Schalter 6 Minuten dauert, hält sich ein Antragsteller insgesamt durchschnittlich 60 Minuten im Konsulat auf.

$$T = T_w + T_s = 54 + 6 = 60 \text{ Min.} = 1 \text{ Std.}$$

Mit dem Gesetz von Little kann der Bestand I an Personen im Prozess (Auftragsbestand, WIP) berechnet werden (siehe *Abschnitt 14.4*):

$$I = R_a \times T = 9 \text{ Personen/Std.} \times \frac{60}{60} \text{Std.} = 9 \text{ Personen}$$

Durchschnittlich halten sich neun Personen in der Visumabteilung des Konsulats auf.

Wenn man beim Gesetz von Little anstelle der mittleren Durchlaufzeit T die mittlere Wartezeit T_w verwendet, kann man die Anzahl der wartenden Personen I_w berechnen.

$$I_w = R_a \times T_w = 9 \text{ Personen/Std.} \times \frac{54}{60} \text{Std.} = 8,1 \text{ Personen}$$

Durchschnittlich warten also 8,1 Personen in der Warteschlange. Die Differenz zwischen den wartenden Personen und den Personen insgesamt im System ist die Auslastung (9 – 8,1 = 0,9).

Grundsätzlich wird das Konsulat bestrebt sein, die Wartezeit zu minimieren. Die verschiedenen Möglichkeiten dafür lassen sich einfach identifizieren, wenn man die Faktoren der Wartezeit betrachtet.

$$T_w = \underbrace{T_s}_{\text{Kapazitätsfaktor}} \times \underbrace{\frac{\rho}{1-\rho}}_{\text{Auslastungsfaktor}} \times \underbrace{\frac{c_a^2 + c_s^2}{2}}_{\text{Variabilitätsfaktor}}$$

Folgende Möglichkeiten ergeben sich, um die Wartezeit zu verringern:

- **Servicezeit verringern**

  Die erste Möglichkeit, die Wartezeit zu verkürzen, ist die Reduzierung der **Servicezeit** T_s (geht als direkter Faktor in die Wartezeit ein). In unserem Beispiel könnte man versuchen, die durchschnittliche Servicezeit durch Schulung der Mitarbeiter oder durch Verbesserung der Formulare zu verringern.

- **Mittlere Auslastung verringern**

  Der Auslastungsfaktor steigt mit der **mittleren Auslastung**, d.h. je höher die mittlere Auslastung ist, desto länger ist die Wartezeit. Daraus ergibt sich ein Zielkonflikt. Zum einen ist das Management bestrebt, die Kapazitäten gut auszulasten, also wenig Stillstand zuzulassen. Zum anderen muss aber zur Befriedigung der schwankenden Nachfrage eine **Sicherheitskapazität** gehalten werden. Die Sicherheitskapazität ist die Differenz aus mittlerer Servicerate R_s und mittlerer Ankunftsrate R_a oder $1 - \rho$. In der Ausgangssituation beträgt die Sicherheitskapazität 1 Person/Stunde (10 – 9) oder 10% (1 – 0,9 × 100%).

  Nehmen wir für unser Beispiel an, dass durch die Einführung eines einfacheren Formulars die durchschnittliche Servicezeit am Schalter und deren Standardabweichung von 6 auf 5 Minuten sinkt. Was bedeutet das für die Wartezeit?

  Eine mittlere Servicezeit von 5 Minuten ergibt eine mittlere Servicerate von 12 Personen pro Stunde. Durch diese Verbesserung können also durchschnittlich 12 Antragsteller pro Stunde abgefertigt werden. Die Ankunftsrate bleibt unverändert.

  Die **mittlere Auslastung** ρ ist dann:

$$\rho = R_a \times T_s = 9 \times \frac{5}{60} = 0{,}75$$

  Die Sicherheitskapazität beträgt somit 25% (1 – 0,75 × 100%). Die mittlere Wartezeit T_W ist dann:

$$T_w = 5 \times \frac{0{,}75}{1-0{,}75} \times \frac{1^2 + 1^2}{2} = 5 \times 3 \times 1 = 15 \text{ Min.}$$

  Die Verkürzung der mittleren Servicezeit und die damit verbundene Senkung der Auslastung führen zu einer Absenkung der durchschnittlichen Wartezeit von 54 auf 15 Minuten.

- **Variabilität reduzieren**

  Eine weitere Möglichkeit zur Senkung der Wartezeit ist die Verringerung der Variabilität, also die Verminderung von Schwankungen der Service- und/oder

Ankunftsrate. Der Variabilitätsfaktor zeigt, dass mit steigenden Variationskoeffizienten die Wartezeit steigt.

Nehmen wir für dieses Beispiel an, dass zusätzlich zu den oben angeführten Verbesserungen auch beide Variationskoeffizienten auf 0,7 reduziert werden können (z.B. durch computergestützte Datenerfassung). Wie wirkt sich diese Veränderung auf die Wartezeit aus?

$$T_w = 5 \times \frac{0{,}75}{1-0{,}75} \times \frac{0{,}7^2 + 0{,}7^2}{2} = 5 \times 3 \times 0{,}49 = 7{,}35 \text{ Min.}$$

Als Folge dieser Verringerung der Variabilität sinkt die Wartezeit von 15 auf 7,35 Minuten.

Maßnahmen zur Reduzierung der Variabilität der Servicezeit:

Prozess-Standardisierung, Automatisierung, Verringerung der Produktvarianten, Mitarbeitertraining usw.

Maßnahmen zur Reduzierung der Variabilität der Ankunftsrate:

Verbesserte Prognose, Terminvereinbarung, Rahmenvertrag, differenzierte Preisgestaltung (z.B. Kinomontag). Diese Maßnahmen zählen zum **Demand-Management**.

▶ *Abbildung 16.19* zeigt grafisch den Zusammenhang zwischen mittlerer Durchlaufzeit und mittlerer Auslastung in Abhängigkeit der Variabilität. Die Durchlaufzeit besteht aus der Servicezeit und der Wartezeit. Man sieht, dass die mittlere Servicezeit bei steigender Auslastung konstant bleibt, während die mittlere Wartezeit mit steigender Auslastung exponentiell steigt. Die mittlere Wartezeit kann also durch Senkung der Auslastung reduziert werden. Weiters ist ersichtlich, dass der Prozess mit niedriger Variabilität bei 85% Auslastung die gleiche Wartezeit erzielt, wie der Prozess mit hoher Variabilität bei 70%. Daraus folgt, dass bei unregelmäßigen Auftragsankünften und unregelmäßigen Service-(Bearbeitungs-)zeiten die Auslastung nicht maximiert werden darf, weil es sonst zu enormen Anstiegen der Wartezeit kommt.

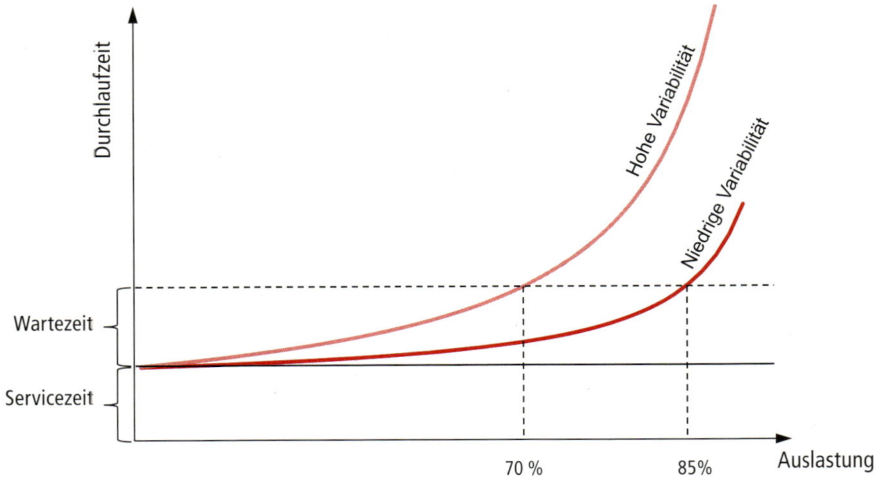

Abbildung 16.19: Zusammenhang zwischen mittlerer Auslastung und mittlerer Durchlaufzeit

16.5 Qualitätsmanagement

16.5.1 Allgemeines

In *Abschnitt 4.3* wurde Qualität als eines der vier Hauptkriterien der Effizienz von Geschäftsprozessen vorgestellt. Qualität spielt bei der Produktion von Sachgütern und Dienstleistungen eine wesentliche Rolle.

> **Definition**
>
> Unter **Qualität** versteht man die Gesamtheit von Eigenschaften und Merkmalen eines Produkts oder eines Prozesses, bezogen auf deren Eignung zur Erfüllung vorgegebener Erfordernisse, und zwar aus der Sicht der Kunden und im Vergleich zur Qualität der Mitbewerber.

Das heißt, Qualität betrifft sowohl den Output (Produktqualität/Dienstleistungsqualität) als auch die innerbetrieblichen Abläufe (Prozessqualität) eines Unternehmens. Ihr Standard muss im Hinblick auf die Kundenanforderungen und die Konkurrenz von jedem Unternehmen selbst festgelegt werden.

Um der umfassenden Bedeutung von Qualität gerecht zu werden, sind Qualitätsmanagementsysteme konzipiert worden. Darunter versteht man Modelle zur Unternehmensführung, die sich nicht auf die Festlegung und Messung von Produktqualität beschränken, sondern alle Leistungserstellungssysteme und -prozesse einer Organisation erfassen. Das bekannteste Beispiel ist Total Quality Management (TQM).

Total Quality Management

Die Grundprinzipien von Total Quality Management (TQM) sind:

- **Prozessorientierte Organisation**

  Um den Kundenanforderungen bestmöglich gerecht zu werden, wird die Leistungserstellung in Form von kundenorientierten Prozessen gestaltet (siehe *Abschnitt 4.1*).

- **Integrierte Qualitätskontrolle**

  Die Mitarbeiter sind nicht nur für die Aufgabendurchführung verantwortlich, sondern auch für die Ergebniskontrolle. Durch abwechslungsreichere Tätigkeiten (Job Enlargement) und höhere Verantwortung (Job Enrichment) kann die Mitarbeitermotivation gesteigert werden, was Fehlerraten senken kann.

- **Präventives Qualitätsmanagement**

  Im Zentrum steht die aktive Gestaltung von Qualität bei der Entwicklung von Produkten und Prozessen, und nicht die Reaktion auf fehlerhafte Produkte im Rahmen der Qualitätskontrolle.

- **Prinzip des internen Kunden**

  Jeder Mitarbeiter betrachtet die nachfolgende Aktivität im Leistungserstellungsprozess wie einen „wirklichen" Kunden.

Die Anwendung der TQM-Prinzipien wird durch die Vergabe von nationalen und internationalen Qualitätspreisen gefördert. Die bekanntesten Preise sind der **Malcolm Baldridge National Quality Award (USA)** und der **EFQM Excellence Award** der European Foundation for Quality Management. Deren Grundlage sind Modelle zur Unternehmensführung, die auf den TQM-Prinzipien beruhen. Das EFQM-Modell (siehe ▶ *Abbildung 16.20*) unterscheidet die beiden Hauptgruppen **Befähiger** und **Ergebnisse**, welche aus korrespondierenden Teilkriterien bestehen. Es wird deutlich, dass Qualität nicht die Aufgabe einer einzelnen Abteilung ist, sondern die ganze Organisation betrifft. Die **Befähiger** sollen gewährleisten, dass die Leistungserstellungsprozesse den Kunden- und Marktanforderungen entsprechen. In der Hauptgruppe **Ergebnisse** werden mehrere Teilkriterien bewertet, die mittelbaren und unmittelbaren Einfluss auf den Unternehmenserfolg haben. Das Ergebniskriterium „Kunden" weist im EFQM-Modell die höchste Gewichtung auf, weil die Kundenzufriedenheit als wesentliche Voraussetzung für den langfristigen Unternehmenserfolg gilt. Die mitarbeiterbezogenen Ergebnisse, also die Motivation und die Zufriedenheit der Mitarbeiter, sollen durch Schulung und Qualifizierung der Mitarbeiter (Befähiger) verbessert werden. Die Schlüsselergebnisse umfassen sowohl finanzielle Kennzahlen (z.B. Umsatzrentabilität) als auch nicht-finanzielle Kennzahlen (z.B. Servicegrad).

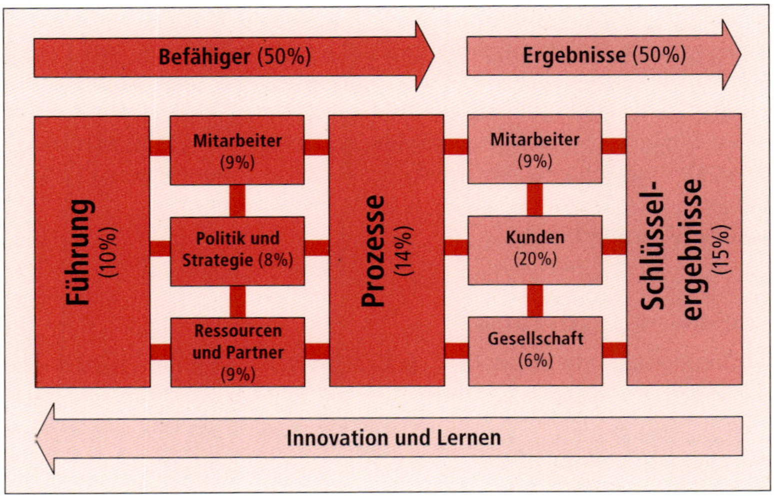

Abbildung 16.20: EFQM-Modell

Empirische Studien belegen, dass Unternehmen, die qualitätsorientierte Managementsysteme einsetzen, im internationalen Wettbewerb sehr erfolgreich sind. Eine Studie in den USA hat ergeben, dass Preisträger vergleichbare Mitbewerber in der Branche klar übertreffen (vgl. Singhal et al., 2000).

▶ *Abbildung 16.21* zeigt den Vergleich der durchschnittlichen prozentualen Änderung der Leistungen der Preisträger und der Vergleichsunternehmen für den Zeitraum von vier Jahren nach Erhalt des Preises. Zum Beispiel haben die Preisträger-Unternehmen ihr Betriebsergebnis (Gewinn) in diesen vier Jahren um 91% steigern können, wohingegen die Vergleichsunternehmen nur eine Steigerung von 43% aufweisen. Etwas vereinfachend kann man sagen, dass der gesteigerte Unternehmenserfolg zum einen aus höheren Umsätzen resultiert, die aufgrund der verbesserten Qualität erzielt werden können, und zum anderen aus geringeren Kosten, z.B. durch Reduzierung von Nacharbeit (reparierbare Produkte) und geringerem Materialbedarf aufgrund des geringeren Ausschusses (nicht reparierbare Produkte). Des Weiteren kann höhere Kundenzufriedenheit zu stärkerer Kundenbindung und somit auch langfristig zu höheren Umsätzen führen.

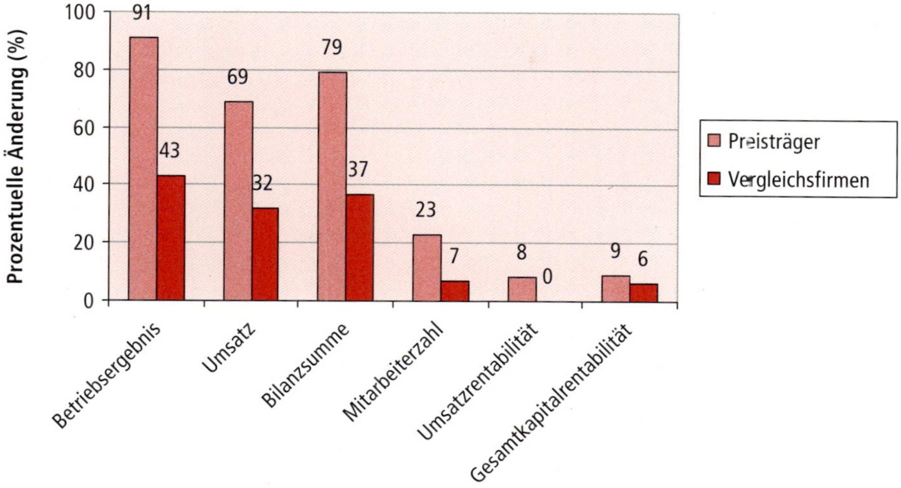

Abbildung 16.21: Vergleich der Preisträger mit den Vergleichsunternehmen[3]

Ein wesentlicher Bestandteil von Qualitätsmanagementsystemen ist das ständige (kontinuierliche) Streben nach Verbesserung der Produkte und Prozesse. Im EFQM-Modell wird dieses Prinzip durch die Rückkoppelung „Innovation und Lernen" verwirklicht (siehe ▶ *Abbildung 16.20*). Der gängige japanische Begriff dafür ist „Kaizen" (siehe *Abschnitt 4.4*). Kaizen verwendet einen Kreislauf, der folgende Managementaufgaben umfasst: Planung – Durchführung – Kontrolle – Verbesserung (siehe ▶ *Abbildung 16.22*). Eine weitere gängige Bezeichnung für diesen Ablauf ist „PDCA-Zyklus" (Plan-Do-Check-Act). Diese Vorgehensweise ist das Gegenstück zu Business Process Reengineering (BPR), bei dem es durch radikale Veränderungen zu einer Prozessverbesserung kommen soll (siehe *Abschnitt 4.4*).

In der **Planungsphase** wird ein zu verbesserndes Produkt oder ein zu verbessernder Prozess festgelegt. Dann erfolgen eine Analyse des Ist-Zustands sowie die Identifizierung von Problemen und deren möglichen Ursachen. In der sogenannten **Durchführungsphase** werden mögliche Lösungen geplant und bewertet. Basierend auf der Bewertung werden eine oder mehrere Lösungen ausgewählt und umgesetzt. In der **Kontrollphase** werden die Auswirkungen der Maßnahmen anhand relevanter Kennzahlen gemessen. Maßnahmen, welche sich während der Kontrollphase als besonders wirkungsvoll erweisen, werden dann in der **Verbesserungsphase** permanent in den Standardprozess übernommen.

3 vgl. Singhal et al., 2000

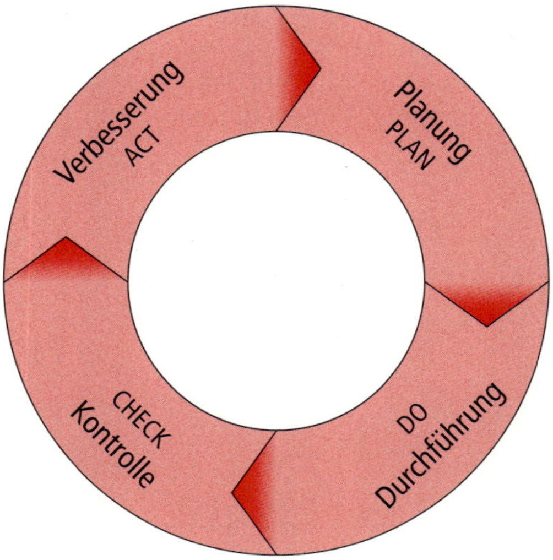

Abbildung 16.22: Phasenschema der kontinuierlichen Verbesserung

16.5.2 Konzepte und Methoden

Im Qualitätsmanagement werden eine Reihe von Methoden, Konzepten und Werkzeugen verwendet, welche anhand ihres Einsatzes in den verschiedenen Phasen des Qualitätsverbesserungszyklus oder des Produktlebenszyklus klassifiziert werden können. Im Folgenden werden die wichtigsten unter ihnen vorgestellt.

Qualitätsplanung und -design

Qualität spielt nicht nur für die laufende Prozessverbesserung eine wichtige Rolle, sondern auch in der Phase der Produktentwicklung. Ein in dieser Hinsicht oft verwendetes Verfahren ist **Quality Function Deployment (QFD)**. Im Rahmen von QFD werden Teams aus Mitarbeitern der Marketing-, Produktions-, Einkaufs- und Entwicklungsabteilung gebildet. Diese Teams leiten aus den Kundenwünschen in einem vierstufigen Verfahren (1) konkrete Produkteigenschaften, (2) die Eigenschaften der Komponenten, (3) die Prozesseigenschaften sowie (4) die Produktions- und Prozessplanung ab (siehe ▶ *Abbildung 16.23*).

Die erste Stufe von QFD wird auch „House of Quality" genannt. Dabei werden den Kundenanforderungen Produkteigenschaften gegenübergestellt. Ziele dieser Stufe sind die Bewertung und Priorisierung der verschiedenen technischen Produktcharakteristika hinsichtlich ihrer Wichtigkeit für die Erfüllung der Kundenanforderungen. Dadurch soll vermieden werden, dass Produkteigenschaften realisiert werden, die Kosten verursachen, aber dem Kunden nicht wichtig sind bzw. nicht gefordert werden. In der zweiten Stufe werden aus den Produkteigenschaften die Eigenschaften der Komponenten entwickelt. Aus den Komponenteneigenschaften werden anschließend die erforderlichen Ressourcen und Prozessparameter abgeleitet (Stufe 3), welche abschließend die Basis für die Produktionsplanung bilden (Stufe 4).

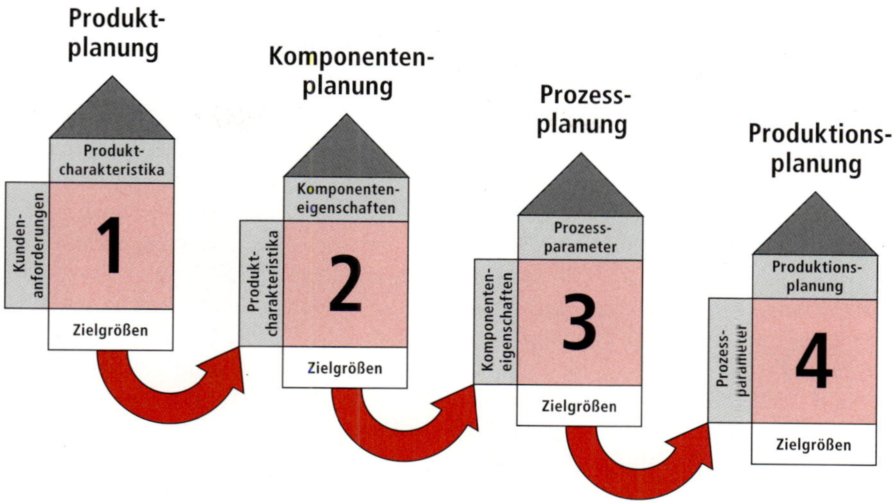

Abbildung 16.23: Vierstufiger Ablauf von QFD

Insgesamt soll durch diese Vorgehensweise sichergestellt werden, dass sich sowohl die Produkteigenschaften als auch die Prozesse an den relevanten Kundenanforderungen orientieren. Eine sorgfältige Planung ist auch aus Kostensicht vorteilhaft. Es fallen zwar in der Planungsphase höhere Kosten an, die Wahrscheinlichkeit teurer Reparaturen (z.B. Rückholaktion von Automobilen) ist aber dadurch weit geringer. In diesem Zusammenhang ist auch der Begriff „Robustes Design" zu erwähnen. Darunter versteht man den Versuch, ein Produkt so zu gestalten, dass es möglichst nicht für externe Störgrößen (z.B. extreme Wetterbedingungen) anfällig ist.

Ein für das Qualitätsmanagement wichtiges Ergebnis der Qualitätsplanung bzw. des Qualitätsdesigns ist die Generierung von Sollwerten. Das sind jene Werte, die bestimmte Kenngrößen des Produkts oder des Prozesses annehmen sollen. Solange die Abweichung vom Sollwert (= Zielwert) innerhalb einer festgelegten Toleranz (= Fertigungstoleranz) ist, ist das Produkt hinsichtlich dieses Qualitätsmerkmals in Ordnung. Beispielsweise ergibt das Qualitätsdesign für eine Stahlwelle, dass deren Durchmesser 25 mm betragen soll (Zielwert). Weiters wird die zulässige Abweichung mit ±0,2 mm festgelegt, d.h. die Welle muss einen Durchmesser von mindestens 24,8 mm haben und darf einen Durchmesser von 25,2 mm nicht überschreiten. Diese Vorgaben werden auch Toleranzgrenzen oder Spezifikationsgrenzen genannt. 24,8 mm ist die untere Spezifikationsgrenze (USG) und 25,2 mm die obere Spezifikationsgrenze (OSG). Die Differenz zwischen OSG und USG ist die Fertigungstoleranz. Teile mit einem Durchmesser außerhalb der Spezifikationsgrenzen werden als fehlerhaft klassifiziert.

Qualitätskontrolle

Bei der Qualitätskontrolle unterscheidet man zwischen Annahme-/Abnahmekontrolle beim Wareneingang bzw. bei der Endprüfung und der Prozesskontrolle im Rahmen der Fertigungsüberwachung.

Bei der **Annahme-/Abnahmekontrolle** steht der Prüfplan im Mittelpunkt, welcher den Stichprobenumfang und die Entscheidungsregel über die Annahme bzw. Ablehnung von gelieferten oder produzierten Teilen festlegt. Ziel ist es, von der Stichprobe auf die Qualität der gesamten Lieferung oder der gesamten Produktionsmenge schließen zu können, um eine vollständige Überprüfung zu vermeiden, weil diese sehr aufwendig ist.

Bei der **Prozesskontrolle** geht es um die laufende Überwachung des Fertigungsprozesses mit dem Ziel, Veränderungen im Prozess festzustellen, noch bevor fehlerhafte Teile produziert werden. Für die Identifikation von Veränderungen des Prozesses ist die Unterscheidung zwischen gewöhnlichen, zufälligen Schwankungen und ungewöhnlichen, zuordenbaren Schwankungen wichtig. Gewöhnliche, zufällige Schwankungen sind Abweichungen, die durch nicht beeinflussbare externe Störungen entstehen (z.B. Schwankungen beim Vormaterial). Diese Schwankungen sind eher unauffällig und können kurzfristig nicht beeinflusst werden. Zuordenbaren Schwankungen kann eine bestimmte Ursache zugeordnet werden. Bei Vorliegen einer Abweichung, die über das übliche Maß hinausgeht, kann davon ausgegangen werden, dass eine zuordenbare Ursache für die Abweichung vorliegt, welche umgehend beseitigt werden kann und sollte.

Mithilfe der **Qualitätsregelkarten** kann für einen laufenden Prozess unterschieden werden, ob die vorliegende Streuung noch als gewöhnlich zu beurteilen ist oder ob eine zuordenbare Ursache vorliegt. Dafür werden dem Fertigungsprozess in regelmäßigen Abständen Stichproben entnommen. Aus den Messdaten werden verschiedene Kenngrößen (Mittelwert, Varianz, Anteilswert usw.) berechnet. Solange die Werte der Stichproben innerhalb der sogenannten Kontrollgrenzen liegen, wird der Prozess als „unter Kontrolle“ bezeichnet. Liegt eine Kenngröße außerhalb der Kontrollgrenzen, wird angenommen, dass sich der Prozess aufgrund einer zuordenbaren, nicht zufälligen Ursache verändert hat. Dann ist der Prozess nicht mehr „unter Kontrolle“ und es müssen sofort geeignete Maßnahmen ergriffen werden. Die Kontrollgrenzen werden aus den vorliegenden Daten des Prozesses berechnet (Prozessmittelwert und Standardabweichung).

Zur Veranschaulichung greifen wir das Beispiel der Stahlwelle wieder auf. Wir nehmen an, dass die Stahlwellen auf einer computergesteuerten Drehmaschine produziert werden. Zur laufenden Kontrolle des Prozesses werden stündlich fünf Stahlwellen entnommen und exakt vermessen. Die Messungen der vergangenen Tage haben ergeben, dass die Maschine Stahlwellen mit einem Durchmesser von durchschnittlich 25,05 mm produziert (Mittelwert der Stichprobenmittelwerte). Dieser Wert wird als **Prozessmittelwert** bezeichnet. Dieser Wert ist vom Sollwert (Zielwert) zu unterscheiden, der in diesem Beispiel vom Qualitätsdesign mit 25,00 mm festgelegt wurde. Weiters kann aus den vergangenen Messwerten die Standardabweichung des Durchmessers berechnet werden. In diesem Beispiel beträgt die Prozessstandardabweichung 0,06 mm. Aus diesen Werten lässt sich nun die **Mittelwertkarte** entwerfen. Bestandteile der Mittelwertkarte sind der Prozessmittelwert und die obere und untere Kontrollgrenze, welche wie folgt berechnet werden:

$$\text{Obere Kontrollgrenze OKG} = \bar{\bar{x}} + \frac{3\sigma}{\sqrt{n}}$$

$$\text{Untere Kontrollgrenze UKG} = \bar{\bar{x}} - \frac{3\sigma}{\sqrt{n}}$$

$\bar{\bar{x}}$...Prozessmittelwert
n...Stichprobengröße
σ...Standardabweichung

Im vorliegenden Beispiel ergibt das folgende Werte:

$$\text{OKG} = \bar{\bar{x}} + \frac{3\sigma}{\sqrt{n}} = 25{,}05 + \frac{3 \times 0{,}06}{\sqrt{5}} = 25{,}13 \text{ mm}$$

$$\text{UKG} = \bar{\bar{x}} - \frac{3\sigma}{\sqrt{n}} = 25{,}05 - \frac{3 \times 0{,}06}{\sqrt{5}} = 24{,}97 \text{ mm}$$

▶ *Abbildung 16.24* zeigt diese Regelkarte mit dem Prozessmittelwert und den Kontrollgrenzen.

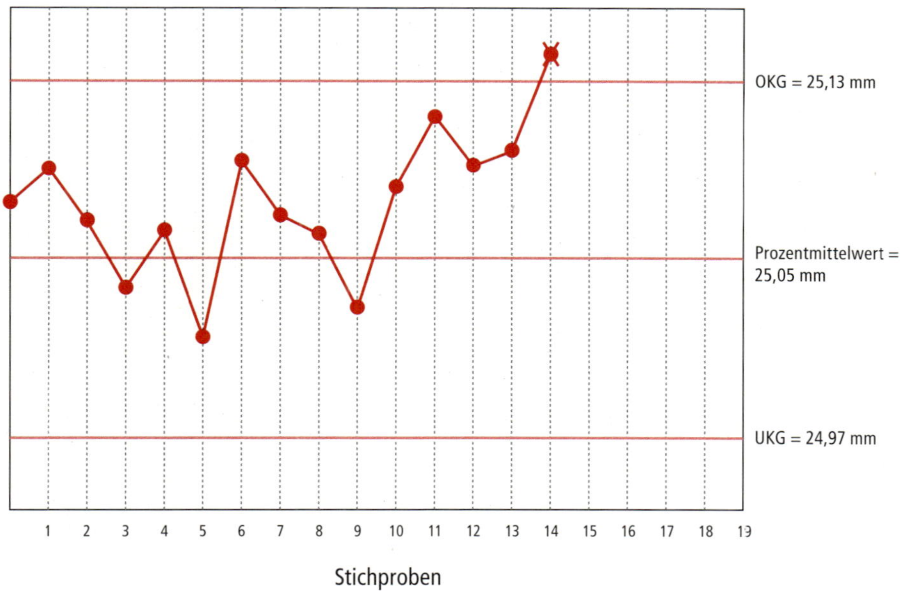

Abbildung 16.24: Mittelwertkarte der Stahlwelle

In der in ▶ *Abbildung 16.24* dargestellten Regelkarte wird der mittlere Durchmesser jeder Stichprobenentnahme eingetragen. Von Stichprobe Nr. 1 bis Stichprobe Nr. 13 ist der Mittelwert der Stichprobe immer innerhalb der Kontrollgrenzen (= gewöhnliche Variation). Bei Stichprobe 14 beträgt dann der Mittelwert 25,15 mm und liegt somit über der Kontrollgrenze. In diesem Fall muss der Prozess sofort unterbrochen werden, um die Ursache für die starke Abweichung zu suchen und zu beseitigen.

Um die Aussagekraft zu erhöhen, sollten zusätzlich zur Mittelwertkarte auch Qualitätsregelkarten für andere Kenngrößen (Spannweite, Varianz) verwendet werden. Für qualitative Qualitätsmerkmale wird die Anteilswertkarte eingesetzt.

Abschließend muss festgehalten werden, dass Qualitätsregelkarten nur Aussagen darüber erlauben, ob ein Prozess unter Kontrolle ist oder nicht. Es geht hier nicht um die Frage, ob der Prozess-Output der Spezifikation entspricht. Diese Fragestellung wird im folgenden Abschnitt *Qualitätsverbesserung* behandelt.

Qualitätsverbesserung

Das Ziel ist, einen „unter Kontrolle" befindlichen Fertigungsprozess durch die Reduktion der Fehlerquote kontinuierlich zu verbessern. Das wird durch die Erhöhung der Prozessfähigkeit erreicht. Die Prozessfähigkeit sagt aus, wie gut ein Prozess in der Lage ist, Teile zu produzieren, die den vorgegebenen Spezifikationen entsprechen. Spezifikationsgrenzen, oft auch Toleranzgrenzen genannt, werden vom Kunden oder der internen Planung (Qualitätsdesign) vorgegeben.

Die grundlegende Idee der Prozessfähigkeit ist, eine möglichst geringe Variabilität im Prozess zu erreichen. Deshalb wird als Ziel definiert, dass die Prozessstandardabweichung betragsmäßig mindestens sechsmal in die Toleranz eines bestimmten Qualitätsmerkmals passt. Gemessen wird die Prozessfähigkeit mit dem Prozessfähigkeitsindex c_p:

$$c_p = \frac{\text{OSG} - \text{USG}}{6\sigma}$$

Wenn der c_p-Wert größer als eins ist, wird der Prozess als fähig bezeichnet, weil dann die Toleranz größer ist als die sechsfache Prozessstandardabweichung. Der c_p-Wert kann allerdings nur verwendet werden, wenn der Prozessmittelwert dem Sollwert entspricht. In unserem Beispiel beträgt der Prozessmittelwert 25,05 mm und weicht somit vom Sollwert (25,0 mm) ab. In so einem Fall wird die Prozessfähigkeit mithilfe des Prozessfähigkeitsindex c_{pk} gemessen:

$$c_{pk} = \frac{\text{Min.}\left\{\text{OSG} - \bar{\bar{x}}; \bar{\bar{x}} - \text{USG}\right\}}{3\sigma}$$

Der c_{pk}-Wert misst, ob die dreifache Standardabweichung in die Distanz zwischen Prozessmittelwert und Spezifikationsgrenze passt. Relevant ist jene Spezifikationsgrenze mit der kleineren Distanz. Ist der c_{pk}-Wert größer als eins, wird der Prozess als fähig bezeichnet.

In unserem Beispiel lautet die Vorgabe für den Durchmesser der Stahlwelle: 25 ± 0,2 mm. Wie bereits im Abschnitt *Qualitätskontrolle* festgestellt, beträgt der Prozessmittelwert 25,05 mm und die Prozessstandardabweichung 0,06 mm.

$$c_{pk} = \frac{\text{Min.}\left\{25{,}2 - 25{,}05; 25{,}05 - 24{,}8\right\}}{3 \times 0{,}06} = \frac{0{,}15}{0{,}18} = 0{,}833$$

In diesem Beispiel ist der Prozessmittelwert größer als der Sollwert, deshalb ist die obere Spezifikationsgrenze die relevante Grenze. Der c_{pk}-Wert von 0,833 bedeutet, dass der Prozess derzeit nicht fähig ist.

Aus der Berechnung des c_{pk}-Werts folgt, dass es zwei Möglichkeiten gibt, um die Prozessfähigkeit zu verbessern. Erstens sollte der Prozessmittelwert möglichst nahe am Sollwert liegen. In unserem Beispiel sollte der Prozessmittelwert nicht 25,05 mm, sondern 25,00 mm betragen.

Das hätte folgende Auswirkung auf den c_{pk}-Wert:

$$c_{pk} = \frac{\text{Min.}\{25,2-25; 25-24,8\}}{3 \times 0,06} = \frac{0,2}{0,18} = 1,11$$

Wenn also der Prozessmittelwert beispielsweise durch eine bessere Maschineneinstellung an den Sollwert angenähert werden könnte, würde der c_{pk}-Wert auf 1,11 steigen, und der Prozess wäre fähig. Wenn der Prozessmittelwert dem Sollwert entspricht kann auch der c_p-Wert verwendet werden (führt hier zum gleichen Ergebnis).

Die zweite Möglichkeit, die Prozessfähigkeit zu verbessern, ist die Reduktion der Prozessstandardabweichung. Wenn in unserem Beispiel der Prozessmittelwert unverändert bleibt, jedoch durch die Verwendung eines hochwertigeren Werkzeugs die Standardabweichung auf 0,03 gesenkt werden könnte, hätte dies folgende Auswirkung auf den c_{pk}-Wert:

$$c_{pk} = \frac{\text{Min.}\{25,2-25,05; 25,05-24,8\}}{3 \times 0,03} = \frac{0,15}{0,09} = 1,67$$

Auch durch diese Maßnahme kann in unserem Beispiel der c_{pk}-Wert auf einen Wert größer als 1 erhöht werden, und der Prozess wäre somit ebenfalls fähig.

Wenn beide Kenngrößen die verbesserten Werte erreichen, ergibt das insgesamt für den c_{pk}-Wert einen noch besseren Wert:

$$c_{pk} = \frac{\text{Min.}\{25,2-25; 25-24,8\}}{3 \times 0,03} = \frac{0,2}{0,09} = 2,22$$

▶ *Abbildung 16.25* zeigt grafisch die beiden Schritte zur Verbesserung der Prozessfähigkeit. Zuerst wird der Prozessmittelwert an den Sollwert angenähert (Verbesserung der Prozesslage) und anschließend wird die Streuung des Prozesses reduziert (Reduktion der Standardabweichung).

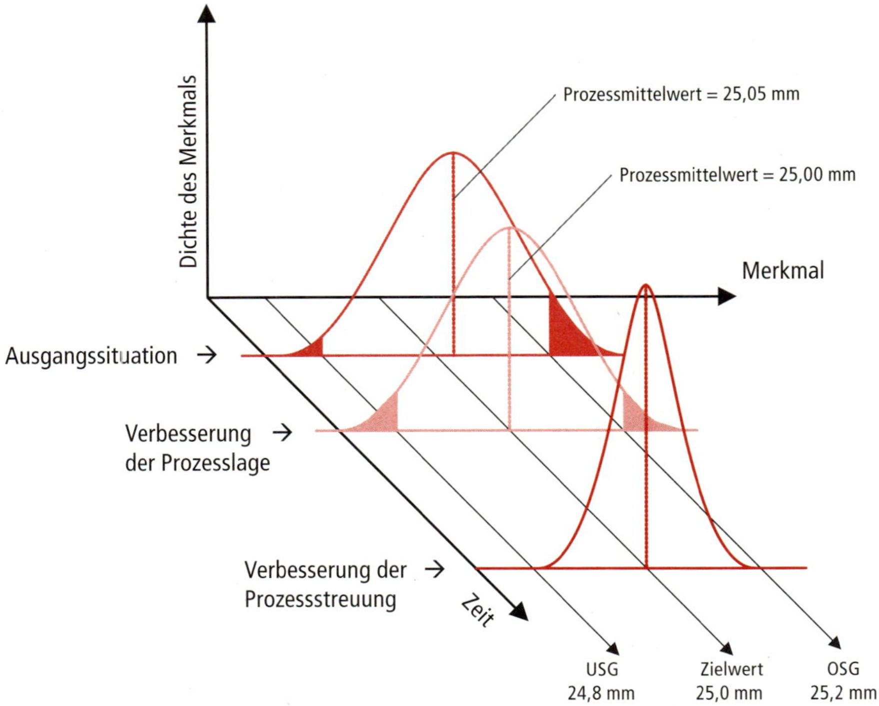

Abbildung 16.25: Schritte zur Prozessfähigkeit

Generell kann festgehalten werden, dass das Konzept der Prozessfähigkeit darauf abzielt, möglichst viele Teile zu produzieren, die innerhalb der Spezifikationsgrenzen liegen. Im übertragenen Sinne wird also beim Prozessfähigkeitsindex die „Stimme des Prozesses" (Nenner) mit der „Stimme des Kunden" (Zähler) verglichen. Ein c_{pk}-Wert von 1 bedeutet, dass von einer Million Teilen maximal 2.700 außerhalb der Spezifikationsgrenzen liegen.

Nachdem die Kennzahlen für das Controlling der Qualitätsverbesserungsmaßnahmen definiert wurden, soll nun die Identifikation von Fehlerursachen behandelt werden.

Das **Pareto-Diagramm** stellt die Fehler, aufgrund derer ein Teil als Ausschuss deklariert wird, nach deren Bedeutung (Häufigkeit) in einer einfachen Rangordnung dar. Dabei wird in den meisten Fällen deutlich, dass wenige Fehler für den Großteil der Ausschussteile verantwortlich sind. Zur Verdeutlichung kehren wir wieder zu unserer Stahlwelle zurück. In der Qualitätsabteilung werden alle Ausschussteile gesammelt und hinsichtlich der Fehler analysiert. Anschließend werden die prozentuellen Anteile der jeweiligen Fehler an der Gesamtfehleranzahl berechnet, aufsteigend geordnet und in einem Balkendiagramm dargestellt. ▶ *Abbildung 16.26* zeigt, dass über 50% der fehlerhaften Stahlwellen aufgrund eines fehlerhaften Durchmessers aussortiert wurden. Der zweithäufigste Fehler ist eine mangelhafte Oberflächenqualität.

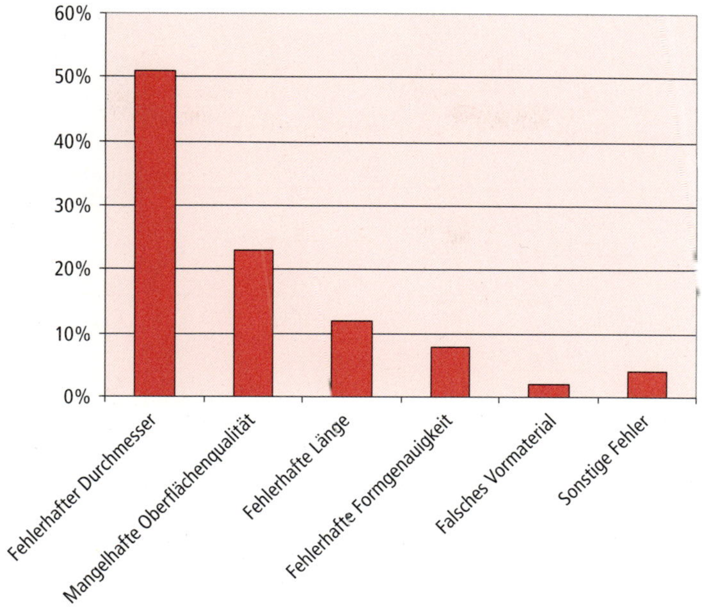

Abbildung 16.26: Pareto-Diagramm

Um die Anzahl der fehlerhaften Stahlwellen zu reduzieren, sollten besonders die beiden ersten Fehler analysiert und behoben werden. Dafür müssen die Ursachen für das Auftreten dieser Fehler gefunden werden. Eine Möglichkeit dafür ist das sogenannte Ursache-Wirkungsdiagramm *(Ishikawa-Diagramm)*. Im Rahmen der Erstellung von Ursache-Wirkungsdiagrammen wird in Teams versucht, Fehlerursachen zu identifizieren und diese übersichtlich darzustellen. Aufgrund ihrer Gestalt werden diese Diagramme auch Fischgräten-Diagramme genannt. Ziel ist es, für einen bestimmten Fehler alle möglichen Ursachen zu finden. Üblicherweise werden die Ursachen in vier Hauptgruppen eingeteilt, nämlich in Material, Maschine, Methode und Mensch. ▶ *Abbildung 16.27* zeigt schematisch ein Ursache-Wirkungsdiagramm für den Fehler „Maßabweichung des Stahlwellendurchmessers". In den vier Hauptgruppen werden dann primäre Ursachen (direkter Pfeil auf die Hauptgruppe) und sekundäre Ursachen (Pfeile auf die primären Ursachen) dargestellt.

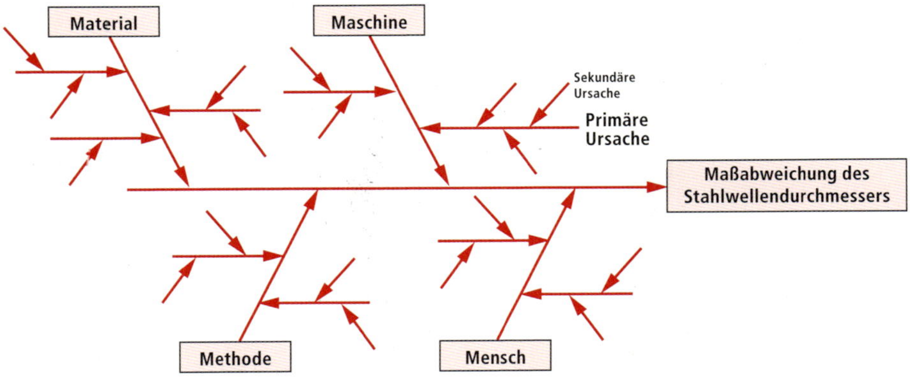

Abbildung 16.27: Ursache-Wirkungsdiagramm

Eine Ursache für die abweichenden Durchmesser könnte zum Beispiel eine fehlerhafte Maschineneinstellung sein, die möglicherweise auf schlecht geschultes Personal zurückzuführen ist. Eine weitere Ursache könnte die Verwendung von defekten Werkzeugen sein.

Six Sigma

Das Konzept Prozessfähigkeit ist das zentrale Element eines weiteren, sehr bekannten Qualitätsmanagementsystems, nämlich von **Six Sigma** (siehe Prozessfähigkeit – c_p-Wert).

Six Sigma stellt eine Weiterentwicklung von TQM dar. Six Sigma wurde von Motorola zur Qualitätsverbesserung und Kostenreduktion entwickelt. Zu Berühmtheit gelangte das Konzept durch die sehr erfolgreiche Einführung bei General Electric in den 90er-Jahren. Im Zentrum von Six Sigma stehen Projekte zur Verbesserung der Produkt- und Prozessqualität, die ähnlich dem KAIZEN-Zyklus ablaufen.

Die Grundprinzipien (Erfolgsfaktoren) von Six Sigma sind:

- **Orientierung am Kunden**

  Veränderungen des Produkts oder des Prozesses sollen die Kundenzufriedenheit erhöhen und sich daher an den Kundenerwartungen (externe und interne Kunden) orientieren.

- **Steuerung durch Führungskräfte**

  Der Erfolg von Verbesserungsprojekten hängt sehr stark vom Engagement der Unternehmensleitung ab.

- **Entscheidung aufgrund von Zahlen, Daten und Fakten**

  In Six-Sigma-Projekten wird großer Wert auf die Datenanalyse gelegt. Um immer eine verlässliche Entscheidungsgrundlage zu haben, werden laufend Prozessdaten gesammelt, dokumentiert und ausgewertet.

- **Anwendung bewährter Methoden**

  Six Sigma verwendet bekannte und bewährte Methoden (z.B. Pareto-Analyse), vernetzt diese und fokussiert sie im Zuge eines Verbesserungsprojekts auf eine Aufgabenstellung.

- **Ausbildung in Methoden, qualifizierte Mitarbeiter**

  Die Mitarbeiter bzw. die Teammitglieder sollten über eine entsprechende Qualifikation in den vorher beschriebenen Methoden verfügen.

- **Rasche und nachvollziehbare Erfolge**

  Gut organisierte Six Sigma-Projekte können relativ schnell zu ersten Erfolgen führen. Diese müssen dann bewertet und den Projektkosten gegenübergestellt werden.

- **Geplanter Ressourceneinsatz**

  Für den Erfolg von Six Sigma-Projekten ist es enorm wichtig, dass die notwendigen Ressourcen geplant und dann auch tatsächlich zur Verfügung gestellt werden. Beispielsweise müssen Teammitglieder ausreichend Zeit für die Arbeit in Six-Sigma-Projekten bekommen.

- **Klare, strukturierte Projektauswahl und konsequentes Projektmanagement**

  Damit Verbesserungsprojekte nicht im Sand verlaufen, sondern in der vorgesehenen Zeit abgeschlossen werden, ist ein konsequentes Projektmanagement notwendig.

Zusammenfassend ist festzustellen, dass auch bei Six Sigma die Grundprinzipien von TQM verwirklicht sind: Qualität ist nicht Aufgabe einer Abteilung, sondern betrifft alle Bereiche eines Unternehmens. Der Hebel für bessere Produkt- und Prozessqualität wird nicht primär durch Qualitätskontrolle erreicht, sondern liegt in der Produkt- und Prozessentwicklung (präventives Qualitätsmanagement).

16.6 Produktionsplanung

Unter dem Begriff Produktionsplanung versteht man den Entscheidungsprozess über die innerhalb eines Planungshorizonts herzustellenden Produkte und die damit einhergehenden, zahlreichen Planungsaufgaben. Das Ziel ist es, die Kundennachfrage mit den vorhandenen Ressourcen zu befriedigen und dabei die Leistungspotenziale der Produktionsprozesse optimal auszuschöpfen. Die wichtigsten Kernpunkte der Produktionsplanung sind die **Aggregierte Planung** (oft auch als Master Planning bezeichnet) und die zeitlich nachfolgende kurzfristige **Hauptproduktionsprogrammplanung** (auch Master Production Scheduling genannt).

Bei der Aggregierten Planung erfolgt die Planung auf der Ebene von **Produktgruppen** und nicht auf der Ebene einzelner Endprodukte. Als Ergebnis einer Aggregierten Produktionsplanung erhält man das Produktionsprogramm. Dieses bestimmt die Art und Menge der innerhalb eines mittelfristigen Planungshorizonts zu produzierenden Erzeugnisse auf Basis eines Absatzplans (Prognose). Daraus lässt sich ableiten, wie viel der verfügbaren Produktions- bzw. Personalkapazitäten im Planungszeitraum benötigt werden bzw. wie viel Lagerkapazitäten bereitgestellt werden müssen. Die Aggregierte Planung wird in *Abschnitt 16.6.1* genauer betrachtet.

An die Aggregierte Planung schließt die Hauptproduktionsprogrammplanung an. Hier erfolgt eine detaillierte Produktionsplanung auf Endprodukt-Ebene. Dies beinhaltet u.a. Entscheidungen über die Produktionsreihenfolge (Scheduling, *Abschnitt 16.6.2*) und die Materialbedarfsplanung (siehe *Kapitel 8*).

16.6.1 Aggregierte Produktionsplanung

Das Ziel der aggregierten Produktionsplanung ist die Erstellung eines Produktionsprogramms für einen Zeitrahmen von 3–18 Monaten auf Basis einer Absatzprognose (aggregierte Prognose). Die Planung erfolgt nicht auf der Ebene einzelner Endprodukte, stattdessen werden Produkte/Materialien mit ähnlichen Eigenschaften (Produktionskosten, Lagerhaltungskosten, Nachfrage, ...) zu **Produktgruppen** zusammengefasst (aggregiert). Aufgrund des relativ langen Planungszeitraums wäre die Absatzprognose für jedes einzelne Endprodukt (SKU = Stock Keeping Unit) zu ungenau. Durch die Aggregation zu Produktgruppen wird eine Verbesserung der Prognosegenauigkeit erzielt, da sich Nachfrageschwankungen der einzelnen Endprodukte ausgleichen können. Ein Unternehmen, das Getränkeflaschen unterschiedlicher Marken abfüllt, kann diese beispielsweise zu einer gemeinsamen Produktfamilie *„abgefüllte Flaschen"* zusammenfassen. Hier in diesem Beispiel kann ein Hersteller von Bekleidung beispielsweise Hosen unterschiedlicher Farbe zur aggregierten Produktgruppe *„Hose"* zusammenfassen.

Die Absatzprognose wird von der Marketing- oder Vertriebsabteilung erstellt und enthält die prognostizierten Verkaufszahlen für z.B. die nächsten drei Quartale.

Produktgruppe	1. Quartal	2. Quartal	3. Quartal
Hose	500	800	500

Tabelle 16.13: Absatzprognose für Produktgruppen

Für die Erstellung eines Produktionsplans stehen zwei Basisstrategien zur Verfügung:

- **Absatzsynchrone Produktion (Chase Strategy)**

  Absatzsynchrone Produktion bedeutet, dass in jedem Quartal in etwa so viel produziert wird, wie laut Absatzplan verkauft wird. So wird in Monaten mit geringer prognostizierter Nachfrage auch nur wenig produziert, wohingegen in Zeiten hoher Nachfrage die Produktion entsprechend angepasst wird. ▶ *Abbildung 16.28* zeigt am Beispiel der Hosen die prognostizierten sowie die produzierten Mengen.

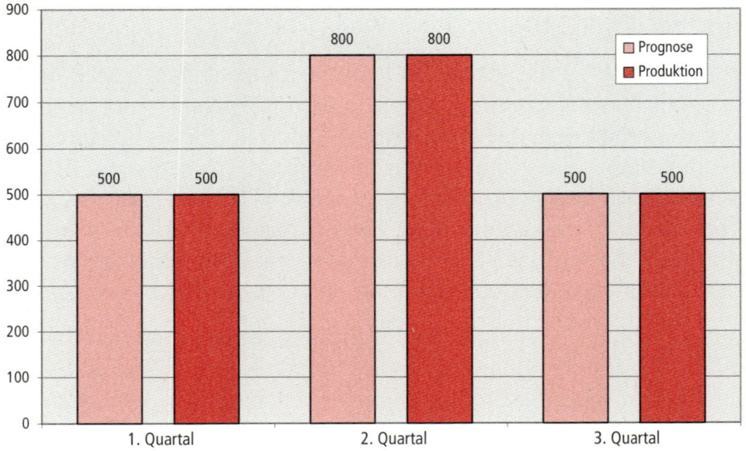

Abbildung 16.28: Absatzsynchrone Produktion

Im ersten Quartal werden 500 Stück produziert. Um die 800 Stück im zweiten Quartal produzieren zu können, sind Anpassungen der Produktionskapazitäten notwendig. Diese zusätzlichen Kapazitäten werden im dritten Quartal aber nicht mehr benötigt und müssen daher wieder abgebaut werden. Ein Ausbau der Kapazitäten kann u.a. durch zeitliche Flexibilität der Arbeitskräfte oder den Einsatz von Saisonarbeitern erfolgen. Eine weitere Möglichkeit, Kapazitätsengpässe auszugleichen, ist die teilweise Fremdfertigung durch Zulieferer (Lohnfertiger). Wenn also laut Absatzplan mehr Stück verkauft als produziert werden können, wird die restliche Menge von einem Zulieferer zugekauft (Kapazitäts-Outsourcing – siehe *Kapitel 10*).

Ein Vorteil der absatzsynchronen Fertigung ist, dass keine oder nur niedrige Lagerbestände notwendig sind. Dem steht aber der Nachteil gegenüber, dass die Kapazität der Ressourcen ständig angepasst werden muss. Im Zeitraum von einigen Monaten oder Quartalen ist diese Anpassung primär beim Personal möglich. Deswegen wird die aggregierte Planung oft auch als Beschäftigungsglättung bezeichnet.

- **Emanzipierte Produktion (Level Strategy)**

Bei der emanzipierten Produktion wird in jedem Quartal gleich viel produziert und auch der Personalstand bleibt konstant. Die Schwankungen werden durch ein Lager ausgeglichen. ▶ *Abbildung 16.29* zeigt die prognostizierten Absatzmengen und die Produktionsmenge für die drei Quartale.

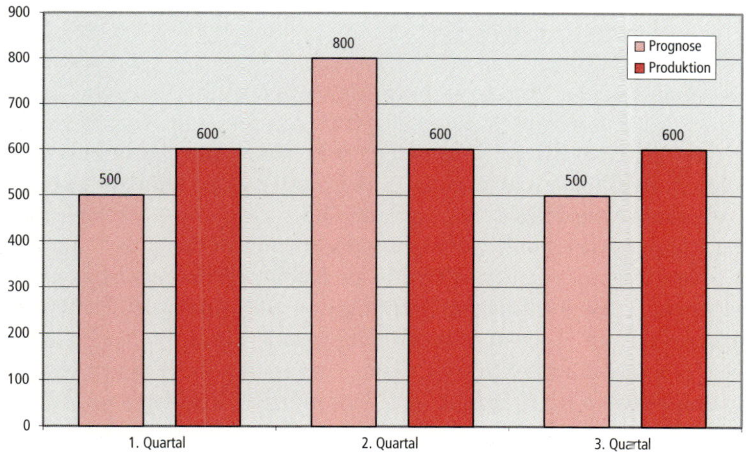

Abbildung 16.29: Emanzipierte Produktion

In allen drei Quartalen werden 600 Hosen (1.800/3) produziert. Da im ersten Quartal laut Plan nur 500 verkauft werden können, werden die überzähligen 100 Stück für das nächste Quartal auf Lager gelegt. Es entstehen Lagerkosten. Im zweiten Quartal stehen dann diese 100 gelagerten Hosen zusätzlich zu den 600 produzierten zur Verfügung. Dies sind insgesamt 700 Stück und damit um 100 weniger, als vom Absatzplan gefordert (800). Für diese 100 Stück sind Fehlmengenkosten anzusetzen (z.B. Vertragsstrafe für verspätete Lieferung, siehe *Abschnitt 11.3*). Im dritten Quartal werden diese 100 Stück zusätzlich zu den laut Absatzplan geforderten 500 Stück produziert. Somit ist der Lagerstand am Ende des dritten Quartals null.

In der Unternehmenspraxis sind diese Basisstrategien eher selten anzutreffen. Meistens kommen Mischformen zur Anwendung. Ein Beispiel für eine Mischform ist, den Personalstand auf einem niedrigeren Niveau konstant zu halten (z.B. für 500 Stück pro Quartal). Die verbleibende Nachfragemenge (300 Stück im zweiten Quartal) kann im Rahmen von Überstunden produziert werden (variable Arbeitszeit). Grundsätzlich hängt die Auswahl der geeigneten Produktionsstrategie von der Kostenstruktur ab. Wichtige Kostengrößen sind die Personalkosten für die Normalarbeitszeit und die Überstunden sowie Lager- und Fehlmengenkosten.

Traditionell erfolgte die Planung von Absatz und Produktion sequenziell, sodass die geplanten Absatzzahlen (= Prognose) als Input für die Produktionsplanung dienten. Dieser einseitige Informationsfluss kann jedoch zu möglichen Problemen führen, wenn unterschiedliche Ziele verfolgt werden. So zielt der Absatz (Marketing) darauf ab, die Verkaufszahlen zu maximieren, wohingegen ein Ziel der Produktion eine gleichmäßige Auslastung der Ressourcen und eine damit einhergehende Minimierung der Kosten sein könnte. Aus diesem Grund ist die Abstimmung der Prozesse der (aggregierten) Produktionsplanung und des Absatzes essenziell für die Erstellung eines **balancierten** Produktionsprogramms. Man spricht in diesem Zusammenhang oft von **Sales & Operations Planning** und meint damit die Verbesserung der Koordination durch einen intensiven, wechselseitigen Informationsaustausch zwischen ***Absatzorientierten Funktionsbereichen*** (Marketing, Vertrieb, ...) und ***Produktionsorientierten Funktionsbereichen*** (Beschaffung, Produktion, ...) eines Unternehmens in regelmäßigen (beispielsweise monatlichen) Planungsmeetings.

So kann beispielsweise durch gezielte Maßnahmen des Vertriebs die Nachfrage über den Planungshorizont hinweg geglättet werden, um Nachfragespitzen (wie hier im zweiten Quartal) zu vermeiden. Dies kann unter anderem durch unterschiedliche Preisstrategien (z.B. günstigere Flugtickets zu Randzeiten) oder gezielte Werbemaßnahmen geschehen, um Teile der Nachfrage von nachfragestarken Perioden in nachfrageschwache Perioden zu verschieben. In der Praxis wird dieser Prozess der Steuerung der Nachfrage häufig als **Nachfragemanagement** bezeichnet. In Kooperation und wechselseitiger Abstimmung der einzelnen Funktionsbereiche können hier mitunter Verbesserungen erzielt werden und die Nachteile der einzelnen Basisstrategien (Chase Strategy: teure Anpassung der Kapazitäten bzw. Level Strategy: hohe Kosten für Lagerung bzw. Fehlmengen) abgefedert werden.

So könnte es beispielsweise möglich sein, einen Teil der hohen Nachfrage des zweiten Quartals auf das erste und dritte Quartal aufzuteilen. Sollte es gelingen, durch gezielte Preisreduktionen (Marketing) in den ursprünglich nachfrageschwachen Quartalen beispielsweise 15% der prognostizierten Nachfrage des zweiten Quartals zu verschieben, so könnte die prognostizierte Nachfrage in den einzelnen Quartalen auf 560 Stück (Q1), 680 Stück (Q2) und wieder 560 Stück (Q3) angepasst werden. Durch diesen geglätteten Absatzplan können nun Vorteile in den beiden Basisstrategien erzielt werden. So muss beispielsweise bei einer absatzsynchronen Produktion (▶ *Abbildung 16.30*) die Kapazität im zweiten Quartal nur um 120 Stück erhöht werden, was mitunter durch Überstunden unternehmensintern erreicht werden kann und somit billiger ist, als Kapazitäten zuzukaufen (z.B. durch Zulieferer).

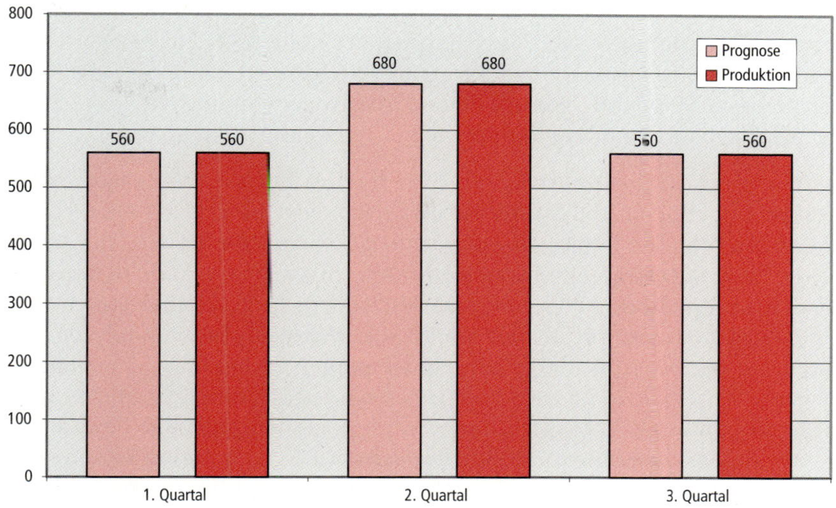

Abbildung 16.30: Angepasste absatzsynchrone Produktion

Im Vergleich dazu werden bei der emanzipierten Produktion weiterhin in jedem Quartal 600 Stück produziert. Durch die veränderte Absatzprognose kann aber das Lager dennoch niedrig gehalten werden, sodass nach dem ersten Quartal 40 Stück (anstatt 100 Stück) gelagert werden. Gleichzeitig sind die Fehlmengen im zweiten Quartal mit 40 Stück deutlich gesunken (siehe ▶ *Abbildung 16.31*).

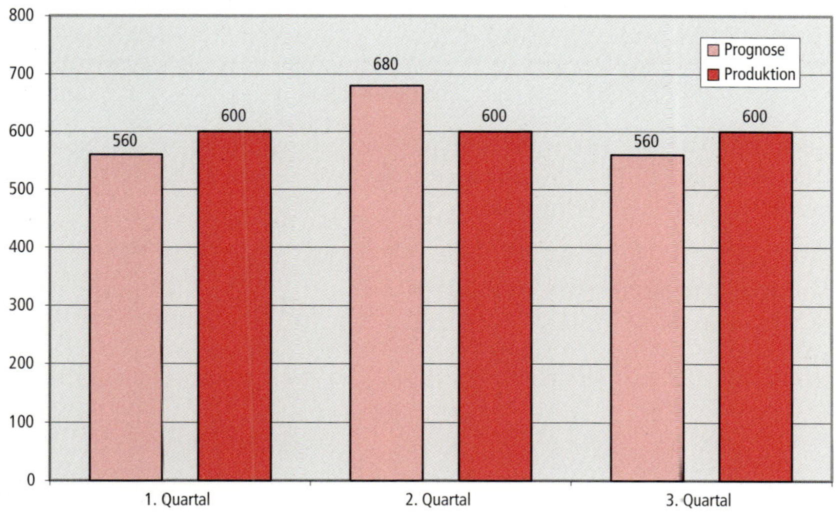

Abbildung 16.31: Angepasste emanzipierte Produktion

16.6.2 Reihenfolgeplanung

Nachdem in *Abschnitt 16.6.1* mit der aggregierten Produktionsplanung ein Planungsverfahren mit mittelfristigem Planungshorizont (ein bis zwei Jahre) dargestellt worden ist, folgt an dieser Stelle die Diskussion von kurzfristiger Planung am Beispiel der Reihenfolgeplanung von Produktionsaufträgen bei Werkstattfertigung.

Werkstattfertigung ist gekennzeichnet durch die räumliche Zusammenfassung gleichartiger Funktionen und wird aufgrund der hohen Flexibilität eher für geringe Auftragsgrößen und Sonderfertigungen eingesetzt (siehe *Abschnitt 15.1.3*). Meist liegen für die Werkstattfertigung unterschiedlichste Aufträge vor, welche aufgrund der Komplexität und Auftragsgröße unterschiedlich lange Produktionszeiten aufweisen. Bei dieser Organisationsform ist eine wichtige kurzfristige Planungsaufgabe, alle zur Produktion freigegebenen Aufträge in einer sinnvollen Reihenfolge abzuarbeiten. Die nachfolgende ▶ *Tabelle 16.14* zeigt zur weiteren Veranschaulichung die zum aktuellen Zeitpunkt (Zeitpunkt 0) freigegebenen Aufträge mit den geplanten Produktionszeiten und den Fälligkeitsterminen. Beispielsweise wird Auftrag A zum Zeitpunkt 0 freigegeben, die Produktionszeit beträgt 9 Tage und der Liefertermin ist Tag 16.

Auftrag	Produktionszeit	Fälligkeitstermin
A	9	16
B	5	10
C	3	9
D	6	20
E	4	27

Tabelle 16.14: Ausständige Aufträge

Würde man die Aufträge in der Reihenfolge der Auftragsnummern abarbeiten (First-Come-First-Serve-Regel, FCFS) ergäben sich die in ▶ *Tabelle 16.15* dargestellten Fertigstellungszeitpunkte und Verspätungen.

Nr.	Auftrag	Produktionszeit	Fälligkeitstermin	Durchlaufzeit	Verspätung in Tagen
1	A	9	16	0 + 9 = 9	0
2	B	5	10	9 + 5 = 14	4
3	C	3	9	14 + 3 = 17	8
4	D	6	20	17 + 6 = 23	3
5	E	4	27	23 + 4 = 27	0
Summe		27		90	15
Mittelwert		5,4		18	3

Tabelle 16.15: Übersicht Reihenfolge bei Anwendung der FCFS-Regel

Aus ▶ *Tabelle 16.15* wird ersichtlich, dass bei Abarbeitung der Aufträge in dieser Reihenfolge drei der fünf Aufträge verspätet fertig werden. Insgesamt ergibt sich eine Gesamtverspätung von 15 Tagen. Die durchschnittliche Durchlaufzeit beträgt 18 Tage.

Ziel der Reihenfolgeplanung ist es, jene Reihenfolge zu finden, bei der möglichst wenige Aufträge zu spät fertig werden bzw. bei der die Gesamtverspätung möglichst gering ist. Dazu können unterschiedliche Prioritätsregeln verwendet werden, die je nach Struktur der Aufträge zu unterschiedlichen Ergebnissen führen. In weiterer Folge werden anhand der obenstehenden Aufträge die folgenden Prioritätsregeln dargestellt und verglichen:

- **Kürzeste-Produktionszeit-Regel** (Shortest Processing Time – SPT): Es wird der Auftrag mit der kürzesten Produktionszeit zuerst produziert.
- **Frühester-Fälligkeitstermin-Regel** (Earliest Due Date – EDD) Aufträge mit dem frühesten Fälligkeitstermin werden zuerst produziert.
- **Schlupfzeit-Regel:** Die Aufträge werden umso eher bearbeitet, je kleiner ihre Schlupfzeit (SZ), d.h., die Differenz zwischen Fälligkeitstermin und Produktionszeit, ist.

Bei Anwendung der **SPT-Regel** wird zunächst der Auftrag produziert, der die geringste Bearbeitungszeit aufweist. Zuletzt wird der Auftrag hergestellt, der die größte Bearbeitungszeit hat. ▶ *Tabelle 16.16* zeigt, dass die Aufträge bei Anwendung der SPT-Regel aufsteigend nach Produktionszeit sortiert sind und dass insgesamt zwei der fünf Aufträge zu spät fertig werden (B und A). Die Gesamtverspätung beträgt 13 Tage, die durchschnittliche Durchlaufzeit beträgt 13,4 Tage.

Nr.	Auftrag	Produktionszeit in Tagen	Fälligkeitstermin	Durchlaufzeit	Verspätung in Tagen
1	C	3	9	0 + 3 = 3	0
2	E	4	27	3 + 4 = 7	0
3	B	5	10	7 + 5 = 12	2
4	D	6	20	12 + 6 = 18	0
5	A	9	16	18 + 9 = 27	11
Summe		27		67	13
Mittelwert		5,4		13,4	2,6

Tabelle 16.16: Übersicht Reihenfolge bei Anwendung der SPT-Regel

Bei Anwendung der **EDD-Regel** werden die Aufträge nach Fälligkeitstermin aufsteigend sortiert. In ▶ *Tabelle 16.17* ist ersichtlich, dass bei Anwendung dieser Prioritätsregel zwei Aufträge zu spät fertig werden (A und D), dass es zu einer Gesamtverspätung von 7 Tagen kommt und dass die durchschnittliche Durchlaufzeit 15,6 Tage beträgt.

Nr.	Auftrag	Produktionszeit in Tagen	Fälligkeitstermin	Durchlauf-zeit	Verspätung in Tagen
1	C	3	9	0 = 3 = 3	0
2	B	5	10	3 = 5 = 8	0
3	A	9	16	8 = 9 = 17	1
4	D	6	20	17 = 6 = 23	3
5	E	4	27	23 = 4 = 27	0
Summe		27		78	4
Mittelwert		5,4		15,6	0,8

Tabelle 16.17: Übersicht Reihenfolge bei Anwendung der EDD-Regel

Bei Anwendung der **Schlupfzeit-Regel** werden die Aufträge nach der Differenz zwischen Fälligkeitstermin und Produktionszeit aufsteigend sortiert. In ▶ *Tabelle 16.18* ist ersichtlich, dass bei Anwendung dieser Prioritätsregel ebenfalls zwei Aufträge (A und D) zu spät fertig werden, dass es zu einer Gesamtverspätung von 4 Tagen kommt und dass die durchschnittliche Durchlaufzeit 16 Tage beträgt.

Nr.	Auftrag	Produk-tionszeit in Tagen	Fälligkeits-termin	Schlupfzeit in Tagen	Durchlauf-zeit	Verspätung in Tagen
1	B	5	10	10 − 5 = 5	0 = 5 = 5	0
2	C	3	9	9 − 3 = 6	5 = 3 = 8	0
3	A	9	16	16 − 9 = 7	8 = 9 = 17	1
4	D	6	20	20 − 6 = 14	17 = 6 = 23	3
5	E	4	27	27 − 4 = 23	23 = 4 = 27	0
Summe		27			80	4
Mittelwert		5,4			16	0,8

Tabelle 16.18: Übersicht Reihenfolge bei Anwendung der Schlupfzeit-Regel

Generell ist festzuhalten, dass es keine allgemein gültige beste Prioritätsregel gibt. Welche der Regeln zum besten Ergebnis führt hängt einerseits von der Struktur der Aufträge ab und andererseits von der jeweiligen Zielsetzung. Vergleicht man beispielsweise die dargestellten Prioritätsregeln anhand der Anzahl der verspäteten Aufträge, der Gesamtverspätung und der durchschnittlichen Durchlaufzeit (siehe ▶ *Tabelle 16.19*) sieht man, dass die verschiedenen Regeln in Bezug auf die Kennzahlen unterschiedlich gut abschneiden.

	Anz. verspätete Aufträge	Gesamte Verspätung in Tagen	Mittlere Verspätung in Tagen	Mittlere Durchlaufzeit in Tagen
FCFS	3	15	3,2	18
SPT	2	13	2,6	13,4
EDD	2	4	0,8	15,6
Schlupfzeit	2	4	0,8	16

Tabelle 16.19: Vergleich Prioritätsregeln

In Bezug auf die Gesamtverspätung in Tagen zeigt sich, dass für diese Auftragsstruktur die EDD-Regel und die Schlupfzeitregel mit je vier Tagen zum besten Ergebnis führen. Ein weiterer wichtiger Indikator für den Erfolg von Prioritätsregeln ist auch die Durchlaufzeit. Prinzipiell sollten immer möglichst wenig offene Aufträge im System sein. Aus dem Gesetz von Little folgt (siehe *Abschnitt 14.4*), dass der Auftragsbestand dann gering ist, wenn die mittlere Durchlaufzeit der Aufträge gering ist. Wenn man für die Aufträge im obenstehenden Beispiel die Prioritätsregeln anhand der mittleren Durchlaufzeit vergleicht, zeigt sich, dass hier die SPT-Regel zum besten Ergebnis führt. Das Phänomen, dass bei der Reihenfolgeplanung die verschiedenen Zielsetzungen in unterschiedlichem Ausmaß erreicht werden und teilweise sogar Zielkonflikte vorliegen, wird als **Dilemma der Ablaufplanung** bezeichnet.

16.6.3 Personaleinsatzplanung

Ein weiteres wichtiges Gebiet des operativen Produktionsmanagements ist die Personaleinsatzplanung, deren Ziel der optimale Einsatz der Mitarbeiter ist. Diese eher kurzfristige Planungsaufgabe ist vor allem im Dienstleistungsbereich wichtig, wie z.B. im Einzelhandel, bei Banken oder bei öffentlichen Einrichtungen wie Krankenhäusern und Polizeistationen.

Eine wichtige Rolle bei der Personaleinsatzplanung spielt der Zielkonflikt zwischen gutem Kundenservice und einer hohen Auslastung des Personals (= geringe Mitarbeiterzahl). Im Dienstleistungsbereich ist ein wesentlicher Teil des Kundenservices eine möglichst kurze Wartezeit, die dann erreicht wird, wenn eine ausreichend hohe Kapazität (= Anzahl Mitarbeiter) vorhanden ist (siehe Kapazitätsmanagement, *Abschnitt 16.4*). Andererseits erhöhen sich bei steigender Anzahl der Mitarbeiter auch die Kosten.

Die Personaleinsatzplanung soll daher die Anzahl der Mitarbeiter so festlegen, dass der Kundenservice ausreichend sichergestellt ist. Meist bedeutet das die Anpassung der genauen Mitarbeiterzahl in Abstimmung mit der im Tages- oder Wochenverlauf schwankenden Kundenachfrage. Beispielsweise wird im Einzelhandel an einem Samstag aufgrund des höheren Kundenaufkommens ein höherer Personalbedarf bestehen als an einem Tag unter der Woche.

Ein einfach lösbares Planungsproblem wäre beispielsweise die Erstellung von Wocheneinsatzplänen mit einer festgelegten Anzahl von aufeinanderfolgenden freien Tagen.

Dieses Planungsproblem ist anwendbar, wenn der Personalaufwand jede Woche konstant ist, das Verhältnis von Arbeitstagen und arbeitsfreien Tagen bei allen Mitarbeitern gleich sein soll und die freien Tage hintereinander sein sollen, damit sich die Arbeiter besser erholen können.

Nachfolgend wird eine einfache Vorgehensweise vorgestellt, welche das oben beschriebene Problem lösen kann. Es wird hier davon ausgegangen, dass es zwei freie Tage am Stück für jeden Mitarbeiter geben soll. Folgende Schritte sind auszuführen:

1. Die Mitarbeiteranforderungen werden für jeden Tag in einer Tabelle erfasst. Für *Mitarbeiter 1* wird die Zeile mit den benötigten Mitarbeitern einfach kopiert (siehe ▶ *Tabelle 16.20*).

	Montag	Dienstag	Mittwoch	Donnerstag	Freitag	Samstag	Sonntag
Personalbedarf	4	4	3	2	4	3	1
Mitarbeiter 1	4	4	3	2	4	3	1

Tabelle 16.20: Personalbedarf und Mitarbeiter 1

2. Für *Mitarbeiter 1* werden dann die freien Tage festgelegt, indem man jene zwei aufeinanderfolgenden Tage sucht, die gemeinsam den geringsten Personalbedarf haben. Sollte es mehrere Kombinationen geben, welche markiert werden könnten, darf eine beliebige ausgewählt werden.

	Montag	Dienstag	Mittwoch	Donnerstag	Freitag	Samstag	Sonntag
Personalbedarf	4	4	3	2	4	3	1
Mitarbeiter 1	4	4	3	2	4	3	1

Tabelle 16.21: Freie Tage Mitarbeiter 1

Für *Mitarbeiter 1* ergibt sich die geringste Summe am Samstag und Sonntag, daher werden diese beiden Tage als freie Tage festgelegt (siehe ▶ *Tabelle 16.21*).

3. Es wird für den nächsten Mitarbeiter eine neue Zeile in der Tabelle angelegt. Für jeden Tag, welcher der vorherige Mitarbeiter arbeitet, wird der Wert um 1 verringert. Der Personalbedarf an den freien Tagen (markiert) bleibt natürlich gleich. Ist ein Tag bereits voll besetzt, also der Bedarf gleich 0, bleibt dieser bei 0 stehen.

	Montag	Diens-tag	Mitt-woch	Don-nerstag	Freitag	Samstag	Sonntag
Personal-bedarf	4	4	3	2	4	3	1
Mitarbeiter 1	4	4	3	2	4	3	1
Mitarbeiter 2	3	3	2	1	3	3	1

Tabelle 16.22: Personalbedarf Mitarbeiter 2

Für die Zeile von *Mitarbeiter 2* wird somit der Personalbedarf für die Tage Montag bis Freitag um 1 reduziert. Da *Mitarbeiter 1* am Samstag und Sonntag frei hat, bleibt der Personalbedarf an diesen beiden Tagen unverändert (siehe ▶ *Tabelle 16.22*).

4. Es werden die Schritte 2 und 3 solange wiederholt, bis alle Tage vollständig ausgefüllt sind. Es kann vorkommen, dass Mitarbeiter mehr als zwei Tage frei haben. Dies wird vor allem für die später eingesetzten Mitarbeiter der Fall sein.

	Montag	Diens-tag	Mitt-woch	Don-nerstag	Freitag	Samstag	Sonntag
Personal-bedarf	4	4	3	2	4	3	1
Mitarbeiter 1	4	4	3	2	4	3	1
Mitarbeiter 2	3	3	2	1	3	3	1
Mitarbeiter 3	2	2	2	1	2	2	0
Mitarbeiter 4	1	1	1	0	1	2	0
Mitarbeiter 5	0	0	1	0	0	1	0

Tabelle 16.23: Abgeschlossene Personaleinsatzplanung

In ▶ *Tabelle 16.23* ist die abgeschlossene Personaleinsatzplanung ersichtlich. Bei *Mitarbeiter 2* ist die geringste Summe des Personalbedarfs an den Tagen Mittwoch und Donnerstag, weshalb diese beiden Tage als freie Tage festgelegt werden. Für *Mitarbeiter 3* ergeben sich die freien Tage am Samstag und Sonntag. Für *Mitarbeiter 4* könnten entweder Mittwoch und Donnerstag oder Donnerstag und Freitag als freie Tage festgelegt werden. Im vorliegenden Fall wurde Mittwoch und Donnerstag ausgewählt (siehe Markierung in ▶ *Tabelle 16.23*). Zusätzlich zu den beiden aufeinanderfolgenden freien Tagen hat Mitarbeiter 4 auch noch am Sonntag frei. Für Mitarbeiter 5 folgen dann lediglich zwei Arbeitstage (Mittwoch und Samstag).

In der Unternehmenspraxis sind solche Personaleinsatzpläne meist sehr viel komplizierter, weil zahlreiche Restriktionen (Arbeitszeiten, Mitarbeitertypen usw.) berücksichtigt werden müssen. Softwarelösungen für die Personaleinsatzplanung greifen auf Optimierungsmethoden wie die lineare Programmierung oder auf Heuristiken zurück.

ZUSAMMENFASSUNG

Im Produktionsmanagement wird zwischen strategischem, taktischem und operativem Produktionsmanagement unterschieden. Das strategische Produktionsmanagement hat die Aufgabe, die langfristigen Rahmenbedingungen für eine erfolgreiche industrielle Produktion zu schaffen. Im taktischen Produktionsmanagement werden die Ziele der strategischen Ebene schrittweise umgesetzt (mittelfristige Planung). Aufgabe des operativen Produktionsmanagements ist die kurzfristige Ausschöpfung der im strategischen und taktischen Produktionsmanagement geschaffenen Leistungspotenziale.

Wichtiger Teil des taktischen Produktionsmanagements ist die Prozessanalyse, die den Leistungserstellungsprozess hinsichtlich Durchlaufzeit und Kapazität untersucht. Ziel ist es, Schwachstellen aufzudecken und Verbesserungspotenziale zu identifizieren.

Prozesse, die nur einmal oder in unregelmäßigen Zeitabständen in mitunter geringfügig modifizierter Form durchgeführt werden, bezeichnet man als Projekt. Die Mindestdurchlaufzeit eines Projekts wird durch den kritischen Weg definiert. Projektaktivitäten werden meist in Form eines Netzplans oder eines Gantt-Diagramms dargestellt.

Bei der Layoutplanung wird gezeigt, wie ein Fließband oder eine Fließproduktionslinie gestaltet werden kann. Dafür werden die Arbeitsgänge unter Beachtung ihrer Reihenfolge zu Arbeitsstationen zusammengefasst, sodass eine gegebene Anzahl an Einheiten des Produkts pro Zeitperiode zusammengebaut oder verpackt werden kann. Der zeitliche Abstand der Fertigstellung von zwei Einheiten des Produkts ist die Taktzeit.

Ebenfalls dem taktischen Produktionsmanagement zugeordnet wird das Kapazitätsmanagement, welches sich mit der Dimensionierung von Kapazitäten beschäftigt. In Erweiterung zur Prozessanalyse werden hier auch Unsicherheiten und Schwankungen explizit berücksichtigt. Ziel des Kapazitätsmanagements ist es, einen Ausgleich zwischen einer wirtschaftlichen durchschnittlichen Auslastung und einer vertretbaren durchschnittlichen Wartezeit zu erreichen.

Der dritte wichtige Bereich des taktischen Produktionsmanagements ist das Qualitätsmanagement, also die Berücksichtigung von Qualität als wichtiges Effizienzkriterium von Geschäftsprozessen. Diese erfolgt üblicherweise im Rahmen von Qualitätsmanagementsystemen, die versuchen, Qualität in der gesamten Organisation zu verankern und somit über die herkömmliche Qualitätskontrolle weit hinausgehen. Das bekannteste Qualitätsmanagementsystem ist Total Quality Management. Im Rahmen des Qualitätsmanagements stehen eine Reihe von Methoden und Werkzeugen zur Verfügung. Die wichtigsten Beispiele hierfür sind Quality Function Deployment, Qualitätsregelkarten, Prozessfähigkeit, Pareto-Analyse und Ishikawa-Diagramme.

Im Teilbereich des operativen Produktionsmanagements werden verschiedene Möglichkeiten der Produktionsplanung diskutiert. Bei der aggregierten Produktionsplanung werden mittelfristige (ein bis zwei Jahre) Pläne für Produktgruppen erstellt. Dabei wird zwischen zwei Basis-Strategien unterschieden: Bei der absatzsynchronen Produktion (Chase Strategy) wird in jeder Periode genau so viel produziert, wie prognostiziert worden ist, wobei der Personalstand an Nachfrageschwankungen sofort angepasst wird. Bei der emanzipierten Produktion (Level Strategy) wird in allen Perioden die gleiche Menge produziert. Nachfrageschwankungen werden über ein Lager ausgeglichen. In der Unternehmenspraxis kommen meist Mischformen der beiden Basis-Strategien zur Anwendung. Durch geschicktes Nachfragemanagement können Nachfragespitzen geglättet werden, sodass die Nachteile der einzelnen Basisstrategien abgeschwächt werden können.

Als Beispiel für die kurzfristige Produktionsplanung wird die Reihenfolgeplanung von Produktionsaufträgen erläutert. Dabei stehen die verschiedenen Prioritätsregeln im Zentrum, anhand derer die Reihenfolge der für die Produktion freigegebenen Aufträge festgelegt wird. Diese Regeln führen zu Zielkonflikten, die unter dem Dilemma der Ablaufplanung zusammengefasst werden.

Abschließend werden in diesem Kapitel einfache Verfahren für die Personaleinsatzplanung als Beispiel für die kurzfristige Planung in der Dienstleistungsproduktion präsentiert.

Z U S A M M E N F A S S U N G

16.7 Übungsfragen

1. Nennen und erklären Sie die drei Entscheidungsebenen des Produktionsmanagements.
2. Was verstehen Sie unter den Begriffen „Durchlaufzeit“, „Mindestdurchlaufzeit“, „kritischer Weg“?
3. Wie wird die Durchlaufzeit-Effizienz berechnet? Worüber gibt sie Auskunft?
4. Was versteht man unter Engpass und Auslastung?
5. Zu den Kapazitätsdaten eines Prozesses zählen die maximalen Kapazitäten der einzelnen Ressourcenpools. Der Output des Prozesses beträgt derzeit 75 Einheiten pro Schicht.

Ressourcenpool	Maximale Kapazität (Auftrag/Schicht)
Maschine A	250
Facharbeiter	170
Hilfsarbeiter	90

   a. Wo liegt der Engpass dieses Prozesses?
   b. Berechnen Sie die Auslastung der einzelnen Ressourcenpools.
   c. Bestimmen Sie die Auslastung des Gesamtprozesses.
6. Was unterscheidet ein Projekt von einem regulären Geschäftsprozess?
7. Erklären Sie folgende, für die Fließbandtaktung verwendbare Entscheidungsregeln:
   a. „längste Bearbeitungszeit“
   b. „Anzahl der Nachfolger“
8. Was versteht man unter „line balancing“?
9. Die Prüfungsabteilung der Wirtschaftsuniversität Wien betreibt einen Schalter für die Anmeldung zu Fachprüfungen. Der Anmeldevorgang dauert durchschnittlich vier Minuten ($c_s = 1$). Während der Öffnungszeiten kommen durchschnittlich zwölf Studenten/Stunde ($c_a = 1$), um sich für eine Fachprüfung anzumelden.
   a. Wie lange muss ein Student durchschnittlich warten, bis er an die Reihe kommt?
   b. Wie lange hält er sich insgesamt in der Prüfungsabteilung auf, wenn er sich zu einer Fachprüfung anmelden will?
10. Welche Möglichkeiten gibt es, die durchschnittliche Wartezeit zu verkürzen?
11. Nennen Sie die Grundprinzipien von TQM.
12. Was versteht man unter Prozessfähigkeit?
13. Welche Basis-Strategien gibt es zur Erstellung eines aggregierten Produktionsplans?

14. Wie wird bei der Reihenfolgeplanung anhand der SPT-Regel vorgegangen?
15. Was versteht man unter dem „Dilemma der Ablaufplanung“?
16. Welcher Zielkonflikt besteht in der Personaleinsatzplanung?

Lösungen zu den Übungsfragen und weiterführende Materialien finden Sie auf der Website zum Buch unter *www.pearson-studium.de*.

EXTRAS ONLINE

16.8 Verwendete Literatur

Anupindi, R., Chopra, S., Deshmukh, S. D., Van Mieghem, J. A., Zemel, E. (2012): Managing Business Process Flows, 3. Auflage, Upper Saddle River, NJ.

Chase, R. B., Jacobs, F. R., Lummus, R. R. (2011): Operations and Supply Chain Management, 13. Auflage, New York.

Günther, H.-O., Tempelmeier, H. (2012): Produktion und Logistik, 9. Auflage, Berlin u.a.

Lariviere, M. (2011): Toyota rethinks the assembly line operationsroom.wordpress.com, 02.12.2011.

Simchi-Levi, D. (2010): Operations Rules, MIT Press.

Singhal, V., Hendricks, K., Schnauber, H. (2000): Mit Geduld zum Erfolg, in: Qualität und Zuverlässigkeit, Jg. 45, Nr. 12, S. 1537–1540.

Stadtler, H., Kilger, C., Meyr, H. (2015): Supply Chain Management and Advanced Planning, 5. Auflage, Heidelberg.

Wappis, J., Jung, B. (2008): Taschenbuch Null-Fehler-Management. Umsetzung von Six Sigma, 2. Auflage, München.

TEIL IV

Logistik

Sebastian Kummer
Wolfram Groschopf

„Logistik ist, Ordnung in das Chaos zu bringen, ohne die Kreativität zu zerstören."
Volker Schlöndorff, deutscher Filmemacher

Die Bedeutung der Logistik für die Unternehmen ist in den vergangenen Jahren stark gestiegen. Wesentliche Gründe hierfür sind:

- Der Wunsch vieler Unternehmen, sich von Wettbewerbern durch steigende Typen- und Variantenvielfalt zu differenzieren. Die zunehmende Typen- und Variantenvielfalt führt zu einer Vermehrung verschiedener Roh-, Hilfs- und Betriebsstoffe sowie Halbfertigprodukte.
- Der Trend zur Verringerung der Fertigungstiefe und der damit verbundene höhere Anteil an zugekauften Teilen.
- Die gestiegenen Kundenanforderungen hinsichtlich Produktvielfalt und Lieferservice.
- Der hohe Anteil der Logistikkosten an den Gesamtkosten.
- Die Globalisierung der Wertschöpfungsnetzwerke und die weltweiten Absatzmärkte.
- Steigende Energie- und Ressourcenkosten sowie die Notwendigkeit zur Steigerung der Nachhaltigkeit.

Mit diesen Entwicklungen steigt die Komplexität der logistischen Prozesse und es wird schwieriger, diese effizient und zugleich nachhaltig zu gestalten. Das gilt nicht nur für Unternehmen mit komplexen Material- und Warenflüssen. Selbst in Branchen mit einfacheren Logistikstrukturen (z.B. Nahrungs- und Genussmittelbranche) können die Material- und Warenflüsse und die dazugehörigen Informationsflüsse mit den klassischen Ansätzen nicht mehr effektiv und effizient bewältigt werden. Der Trend zur Digitalisierung von Geschäftsprozessen und Wertschöpfungsketten bedeutet einen Innovationsschub und treibt den Wandel bestehender Geschäftsmodelle voran. Unübersehbar ist daher der Bedarf an innovativen, nachhaltigen Logistiklösungen.

Die aktuellen Herausforderungen bergen jedoch nicht nur die Gefahr der Ineffizienz; sie bieten den Unternehmen auch Chancen, sich über innovative Logistikkonzepte zu differenzieren und dabei ihre Umwelt- und Sozialperformance zu verbessern. Dies zeigt sich auch daran, dass immer häufiger – vor allem in der Diskussion um konsequente Kundenorientierung – die Frage nach Wettbewerbsvorteilen durch die Logistik gestellt wird.

Auch für die Transportunternehmen nimmt die Logistik einen wichtigeren Stellenwert ein. Mit dem reinen Gütertransport von A nach B lassen sich nur noch geringe Margen erwirtschaften. Das Angebot von Logistikdienstleistungen ist dagegen ein Wachstumsmarkt, der höhere Gewinnmargen verspricht.

Aus diesen Gründen nimmt die Logistik als Thema in Theorie und Praxis einen immer breiteren Raum ein. So haben beispielsweise große Industrie- und Handelsunternehmen ihre Wettbewerbsfähigkeit durch die Einführung neuer Logistikkonzepte gesteigert. In zahlreichen Veröffentlichungen sowie auf Kongressen wird über die Implementierung erfolgreicher Logistiklösungen berichtet.

Der Teil *Logistik* gibt Ihnen eine Einführung in die betriebswirtschaftliche Logistik. Für deren Verständnis wichtige technische Aspekte werden in den Grundzügen dargestellt. Ausgangspunkte des Teils „Logistik“ sind die Entwicklung und Institutionen in der Logistik sowie ihre unterschiedlichen Sichtweisen im Kontext mit nachhaltiger Logistik. Anschließend erhalten Sie einen Überblick über logistische Funktionen und Teilbereiche der Logistik. Dabei stellen wir Ihnen aktuelle Entwicklungen im Zuge der Digitalisierung und Gestaltungsansätze von Logistik 4.0 vor. Die Darstellung der Logistik als Flussorientierung sowie des Supply Chain Management geben einen Einblick in die aktuelle Logistikdiskussion in Wissenschaft und Praxis.

Sie lernen:

- **Die Entwicklung und Bedeutung der Logistik zu erkennen**
- **Den Begriff „Logistik“ unterschiedlich zu definieren**
- **Nachhaltige Logistik zu erfassen**
- **Grundmodelle des Operations Research anzuwenden**
- **Unterschiedliche Lagerarten und deren Aufgaben zu beschreiben**
- **Prozesse des Transports zu differenzieren**
- **Logistische Unterstützungsprozesse zu beschreiben**
- **Die Prozesse der Auftragsabwicklung zu verstehen**
- **Arten von Informationsflüssen zu definieren**
- **Innovationspotenziale von Logistik 4.0 zu erfassen**
- **Logistik als Querschnittsfunktion zu verstehen**
- **Die Flussorientierung der Logistik zu erkennen**
- **Das Supply Chain Management in seinen Grundzügen zu erklären**

Grundlagen der Logistik

17

ÜBERBLICK

17.1 Entwicklung der Logistik

17.1.1 Ausgangslage

Der Begriff „Logistik“ (englisch: „Logistics“ oder „Business Logistics“; französisch: „logistique d'entreprise“) hat zwei sprachliche Wurzeln. Aus dem griechischen „lego“ (denken, denkbar) leiten sich „logizomai“ (berechnen; überlegen) und „logos“ (Vernunft) ab. Auch das lateinische Wort „logica“ (Vernunft) reiht sich in diesen Wortstamm ein. Als zweite Wurzel gilt das französische „logement“ (Unterbringung), das von dem lateinischen Wort für Miete abstammt; damit verwandt ist im deutschen Sprachraum das Wort „logieren“.

Auch wenn sich zwischen dem Begriff Logistikmanagement und den alten Wortstämmen leicht Assoziationen bilden lassen – so sind beispielsweise vernünftiges Denken und das Berechnen Bestandteile eines jeden Managements –, wird doch die betriebswirtschaftliche Logistik hauptsächlich durch ihre **Ursprünge im militärischen Bereich** geprägt. Die älteste überlieferte Definition der Logistik ist im Werk *Summarische Auseinandersetzung der Kriegskunst* des byzantinischen Kaisers Leontos VI (886 bis 911 n. Chr.) zu finden. Für Leontos ist die Logistik die umfassende Unterstützung des Heeres und nach der Taktik und der Strategie die dritte Kriegskunst.

Der Schweizer Baron Antoine-Henri de Jomini, der als General den Franzosen diente und später für Zar Alexander unter anderem die Militärakademie Petersburg gründete, gibt der **Militärlogistik** richtungsweisende Impulse. Jomini entwickelt in seinem 1837 veröffentlichten Werk *Abriss der Kriegskunst* ein achtzehn Punkte umfassendes Verzeichnis. Alle wesentlichen Aufgaben, die zur Unterstützung der Streitkräfte dienen (z.B. Standortbestimmung von Lagern, Truppentransporte, Quartierung sowie Versorgung der Truppen), gehören demnach in den Verantwortungsbereich der Logistik. Seitdem nimmt die Logistik vor allem auch in den US-amerikanischen Streitkräften eine immer stärkere Rolle ein. So wurden im Zweiten Weltkrieg Projektteams gebildet, die sich mit logistischen Fragestellungen befassten. Von diesen wurden insbesondere wichtige Ansätze für das **Operations Research** (deutsch: Unternehmensrechnung, früher: Unternehmensforschung) entwickelt. Die Bedeutung der Information für die Militärlogistik wurde vor allem durch die logistischen Leistungen im Golfkrieg oder auch im Kosovo-Konflikt deutlich.

Nach dem Ende des Zweiten Weltkriegs wurden – zunächst in den USA – die im Militärbereich gewonnenen Logistikerkenntnisse auf den Bereich der Wirtschaft übertragen. In den 1950er-Jahren konzentrierte sich das Interesse aus zwei Gründen auf die **Versorgungsfunktion**: Zum einen nahm die erfolgswirtschaftliche Bedeutung der Versorgungsfunktion wegen der stark steigenden räumlichen Ausdehnung der Märkte zu, zum anderen ermöglichte das Wachstum der Unternehmen Spezialisierungsvorteile innerhalb der Versorgungskette.

In den 1970er-Jahren setzte sich diese Entwicklung in Europa fort. Die Entwicklung der Logistik als eine wissenschaftliche Disziplin beeinflusste Oskar Morgenstern entscheidend. Sein 1955 in der Zeitschrift *Naval Research Logistics Quarterly* veröffentlichter Beitrag ist der erste fundierte Beitrag zur Formulierung einer Theorie der Logistik.

17.1.2 Entwicklung des Logistikmanagements

Die Wurzeln der Logistik in Europa liegen zeitlich gesehen in den 70er-Jahren. Der Schwerpunkt der Logistikentwicklung wurde in dieser Zeit durch Ingenieure getragen, die dabei primär die **Materialflusstechnik-Entwicklung** (z.B. Hochregallagertechnik, fahrerlose Transportsysteme, Kommissioniertechnik usw.) vorantrieben, betriebswirtschaftliche Fragen dagegen – von Ausnahmen abgesehen – nur sekundär berührten. Seit Ende der 70er-Jahre rücken verstärkt betriebswirtschaftliche und ablauforganisatorische Aspekte in den Vordergrund. Beispiele für Schlagwörter, die in dieser Zeit entstanden, sind die bestandslose oder zumindest bestandsarme Produktion, Losgröße Eins, Kanban (Auftragsproduktion) und Just-in-Time-Produktion (fertigungssynchrone Beschaffung).

Vorreiterfunktion bei der Umsetzung von Logistikkonzepten in der Industrie hatten die **Automobilunternehmen**. In ihrem Sog folgten die Automobilzulieferer nach. Andere Branchen – so etwa die chemische Industrie – begannen erst später, sich intensiv mit der Logistik zu beschäftigen. Dies gilt auch für den Mittelstand, der sich erst in den vergangenen Jahren stärker der Logistik öffnete.

Unternehmensintern erfolgt der Anstoß zur Gestaltung der Logistik häufig entweder von Seiten der Beschaffung (Beschaffungslogistik) oder der Distribution (Distributionslogistik). Für den ersteren Fall ist die Automobilindustrie typisch. Die Begründung liegt im Fertigungstyp (synthetische Fertigung), die als wesentliches Steuerungsproblem die Beherrschung der hohen Teilevielfalt aufweist – die Zahl „lebender" Teile reicht in einigen Unternehmen an eine sechsstellige Zahl heran. Distribution als Ausgangspunkt der Logistikentwicklung findet sich in vielen konsumgüternahen Unternehmen wie zum Beispiel in der Nahrungs- und Genussmittelbranche.

In dem Maße, in dem „logistische Denkweisen" die unternehmerische Praxis durchdringen, haben sich auch die Schwerpunkte, mit denen sich Logistiker beschäftigen, verändert. ▶ *Abbildung 17.1* zeigt die Grundtendenzen, wie die Logistik im Zeitablauf betrachtet wurde.

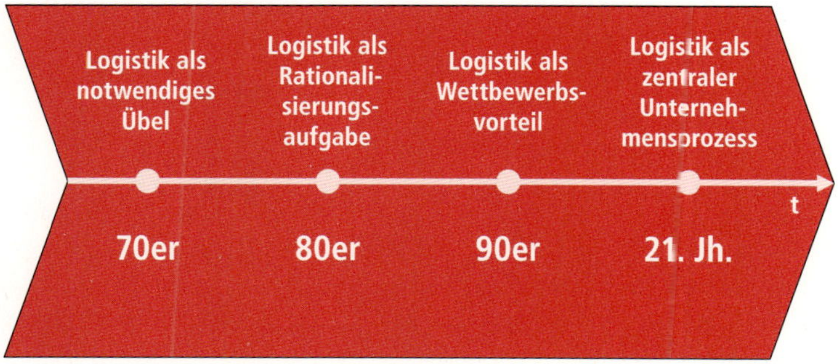

Abbildung 17.1: Schwerpunkte der Logistikentwicklung im Zeitablauf

In Europa wurde die Logistik in den 1970er-Jahren noch von den meisten Unternehmen als notwendiges Übel angesehen – die Waren mussten ja irgendwie zum Kunden transportiert werden. Den entsprechenden Bereichen – Versand, Lagerung, Fuhrpark – wurde kaum Beachtung geschenkt; entsprechend niedrig war die Stellung in der betrieblichen Hierarchie. Vielfach wurden sie häufig als „Abschiebebahnhof" für nicht mehr leistungsfähige Mitarbeiter und Manager aus anderen Bereichen betrachtet. Das niedrige Qualifikationsniveau, das sich zum Teil auch heute noch in diesen Bereichen findet, ist eine Konsequenz dieser Auffassung.

Mit zunehmendem Rationalisierungsdruck rückten in den 1980er-Jahren die logistischen Bereiche in den Blickpunkt. Die Unternehmen entdeckten, dass hier riesige Rationalisierungspotenziale schlummerten. Logistik war in vielen Unternehmen das „Paradies der Ineffizienz". Rationalisierungsgewinne waren leicht zu erreichen. Bestandssenkungsprogramme und die Errichtung automatisierter Lagerhäuser sind Beispiele für Rationalisierungsmaßnahmen.

Mit steigenden Kundenanforderungen und der Suche nach Differenzierungsmöglichkeiten gegenüber den Wettbewerbern rückte in den 1990er-Jahren die Erzielung von Wettbewerbsvorteilen durch die Logistik in den Vordergrund. Im Gegensatz zu Produktinnovationen, welche Wettbewerber durch Nachbau oder Umgehungsentwicklungen relativ leicht kopieren können, sind innovative Logistikprozesse durch Wettbewerber schwer zu imitieren. Das liegt daran, dass sie für Konkurrenten nur bedingt sichtbar und in jedem Unternehmen unterschiedlich ausgestaltet sind. Außerdem sind Logistik-Innovationen häufig stark mit der Unternehmenskultur und mit implizitem Wissen der Mitarbeiter verknüpft. Diese lassen sich schlechter kopieren.

In jüngster Zeit zeigt sich immer mehr, dass die Logistik einer der **zentralen Unternehmensprozesse** ist. Allerdings wird dabei in der Praxis zunehmend das umfassendere Konzept des Supply Chain Managements verwendet. ▶ *Abbildung 17.2* stellt das Unternehmen durch die drei Hauptprozesse Innovation, Kundeninteraktion (Customer Relationship Management, vgl. *Abschnitt 5.1*) und Logistik bzw. Supply Chain Management (SCM, vgl. *Kapitel 5*) dar.

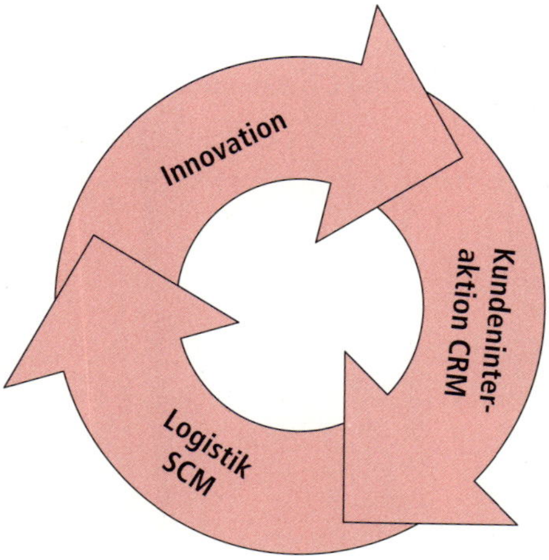

Abbildung 17.2: Zentrale Unternehmensprozesse

In vielen Industrien rückt die eigentliche Produktion von Gütern immer mehr in den Hintergrund. Sie wird häufig zu einem großen Teil durch Zulieferer bestimmt oder wie z.B. in der Elektroindustrie als Ergebnis einer Make-or-Buy-Entscheidung fremd vergeben (vgl. *Kapitel 10*). Apple, das wohl die meisten Konsumenten mit der Produktion von Mobiltelefonen in Verbindung bringen, lässt seine Produkte bei Spezialunternehmen herstellen und konzentriert sich auf die Entwicklung und den Vertrieb der Produkte. Die Fertigungstiefe, also der Anteil der eigenen Wertschöpfung, liegt bei Flugzeugherstellern bei ca. 10%. In der Automobilindustrie ist dieser Anteil in der Regel unter 30% gesunken. In anderen Branchen ist die Fertigungstiefe jedoch (noch) höher. Gerade bei Unternehmen, bei denen die eigene Fertigungstiefe gering ist, ist ein modernes Logistikmanagement/Supply Chain Management von zentraler Bedeutung.

17.1.3 Logistikkosten

Die große Bedeutung der Logistik beruht auch darauf, dass die Logistikkosten einen wichtigen Kostenfaktor darstellen. ▶ *Abbildung 17.3* zeigt die Ergebnisse einer der vielen Untersuchungen, die zu dieser Thematik durchgeführt wurden. Sie zeigt, dass die Logistikkosten nach Branchen stark schwanken. Allerdings sind Studien zu Logistikkosten nur eingeschränkt vergleichbar, da jeweils unterschiedliche Abgrenzungen derselben vorgenommen werden. So ist es beispielsweise umstritten, Kosten der Disposition oder eines PPS-Systems (= Produktionsplanungs- und -steuerungssystem) zu den Logistikkosten zu zählen; dagegen ist die Lage bei Transport- oder Lagerkosten eindeutig. Die verschiedenartige Zuordnung logistischer Kosten führt daher zu unterschiedlichen Ergebnissen. Im Rahmen von Untersuchungen wurde herausgefunden, dass Logistikkosten in der Nahrungsmittelindustrie oder im Bauwesen bis zu 20% der Gesamtkosten ausmachen können. Die Logistik-Investitionen liegen im Schnitt bei 11% der Gesamtinvestitionen (vgl. ▶ *Abbildung 17.3*).

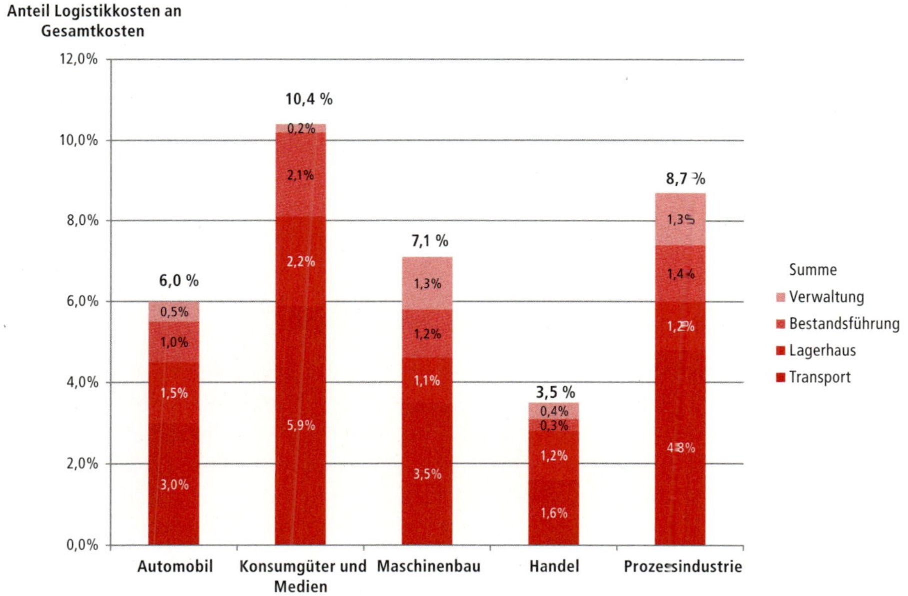

Abbildung 17.3: Zusammensetzung der Logistikkosten nach Branchenzugehörigkeit[1]

1 Kille, C. (2012), S. 96

Einige Studien über die Entwicklung der Logistikkosten zeigen, dass zumindest die Transportkosten aufgrund der Deregulierung der Transportmärkte, den Produktivitätssteigerungen bei den Transportmitteln durch verstärkten Einsatz von Containern sowie der allgemeinen Professionalitätssteigerung im Bereich des Logistikmanagements in den vergangenen Jahren gesunken sind. Dies gilt, wie ▶ *Abbildung 17.4* zeigt, insbesondere für große Marktentfernungen. Diese Entwicklung hat positive Folgen für die Integration der Märkte in einer globalisierten Welt, da der Austausch von Gütern so kostengünstiger gestaltet werden kann. Aufgrund der zu erwartenden steigenden Treibstoffpreise, der zunehmenden Bemautung von Verkehrsinfrastrukturen und der nur noch in geringem Maße zu erwartenden Produktivitätssteigerungen muss jedoch befürchtet werden, dass die Logistikkosten in Zukunft eher ansteigen werden.

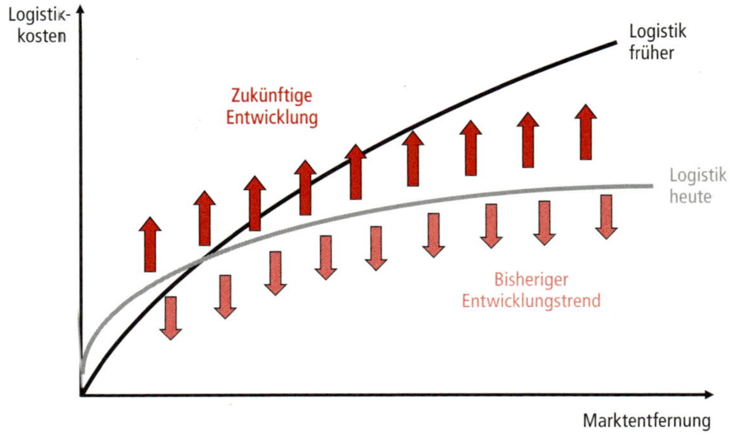

Abbildung 17.4: Tendenzieller Verlauf der Logistikkosten (einschließlich Transport- und Telekommunikationskosten) je Gütereinheit[2]

17.2 Institutionen in der Logistik

17.2.1 Institutionelle Abgrenzung der Logistik

Die institutionelle Abgrenzung der Logistik wird in der folgenden ▶ *Abbildung 17.5* vorgenommen. Bei Logistiksystemen lassen sich die drei Teilbereiche Mikro-, Makro- und Metalogistik unterscheiden. Systeme der **Makrologistik** betreffen gesamtwirtschaftliche Zusammenhänge (z.B. das Güterverkehrssystem einer Volkswirtschaft). **Mikrologistische Systeme** dagegen beschäftigen sich mit einzelwirtschaftlichen Sachverhalten (z.B. dem Fuhrpark eines Unternehmens) und betreffen somit nur eine einzelne Organisation. **Metalogistische Systeme** sind im Gegensatz dazu interorganisationale Systeme, die über die rechtlichen Grenzen einer einzelnen Organisation hinausgehen und die Kooperation mehrerer Organisationen (Institutionen) im Güterfluss beinhalten.[3]

2 Eigene Darstellung in Anlehnung an Pfohl, H.-C. (2004), S. 67
3 Vgl. Pfohl, H.-C. (2004), S. 14 ff.

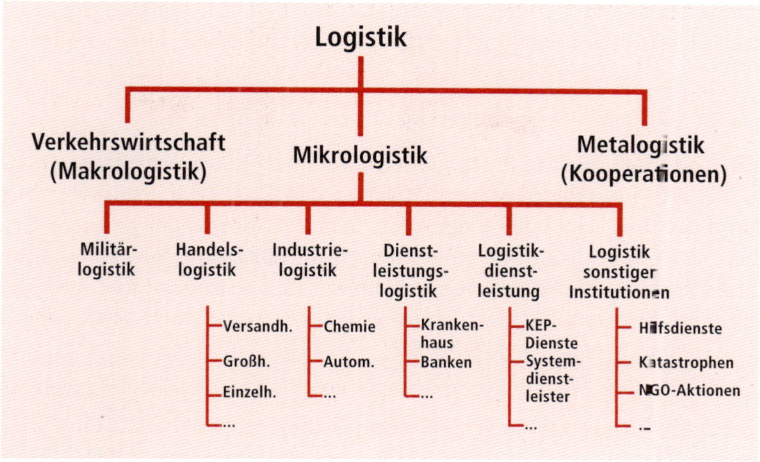

Abbildung 17.5: Institutionelle Abgrenzung der Logistik

17.2.2 Logistikdienstleister

Grundlegende Aufgaben der Logistik in Form der Gestaltung und Abwicklung von Material-, Güter- und Informationsflüssen in und zwischen Unternehmen haben Sie bereits in den *Abschnitt 1.5* und *Kapitel 2* sowie ein Beispiel für einen Logistikdienstleister in *Abschnitt 6.2* kennengelernt. Die eben vorgestellte institutionelle Abgrenzung der Logistik zeigt das breite Handlungsspektrum im Rahmen mikrologistischer Systeme.

Logistikleistungen werden von Industrie-, Handels- und sonstigen Dienstleistungsunternehmen entweder selbst erbracht oder von Logistikdienstleistern zugekauft. Vor allem weil sich Industrie- und zum Teil auch Handelsunternehmen auf ihre Kernkompetenz konzentrieren wollen, lagern sie als Ergebnis einer Make-or-Buy-Entscheidung (vgl. *Kapitel 10*) häufig Logistikleistungen an Logistikdienstleister aus (Logistik-Outsourcing).

> **Definition**
>
> **Logistikdienstleister (LDL)** sind Unternehmen, die logistische Dienstleistungen für Dritte vermitteln und/oder selbst erbringen. In Erweiterung dieser Kernleistungen haben Logistikdienstleister schon immer eine Vielzahl von Nebenleistungen wie Finanzierung und Versicherungen angeboten. In letzter Zeit werden von Logistikdienstleistern auch zunehmend produktionsnahe Leistungen angeboten (z.B. Endmontage).

Das Spektrum von Logistikleistungen ist sehr vielfältig, daher gibt es eine Vielzahl unterschiedlicher Logistikdienstleister. Außerdem bieten die einzelnen Logistikdienstleister unterschiedliche Leistungsbündel an. Insofern ist eine einheitliche Klassifikation im Grunde nicht möglich. In Praxis und Forschung wird eine Vielzahl abweichender Typologien verwendet. Im Folgenden wird eine Beschreibung der

Typologisierungsmöglichkeiten nach angebotenen Logistikleistungen sowie nach behandelten Objekten gegeben und auf die praktische Verwendung verwiesen.

Eine Möglichkeit zur Klassifikation besteht darin, die Unternehmen nach den von Ihnen **angebotenen Logistikleistungen** zu unterscheiden:

- **Transportunternehmen** (auch Güterverkehrsunternehmen) erbringen Transportleistungen mit eigenen Fahrzeugen im Kundenauftrag. Innerhalb dieser Gruppe können wir in der Regel noch nach den einzelnen Verkehrsträgern unterscheiden, die zur Leistungserstellung eingesetzt werden. Derart spezialisierte Transportunternehmen sind: Straßengüterverkehrsunternehmen, Eisenbahnunternehmen, Luftfrachtunternehmen, Binnenschifffahrts- und Seefrachtunternehmen (Reedereien).
- **Lagerunternehmen** bieten Lagerleistungen an. Dabei werden meist auch Unterstützungsleistungen wie z.B. das Kommissionieren oder Umschlagsleistungen angeboten.
- Auf **Unterstützungsprozesse** spezialisierte Unternehmen bieten einzelne Leistungen an, die den Material- und Güterfluss unterstützen, z.B. Umschlagsunternehmen, Kommissionierungs- und Verpackungsunternehmen.
- **Logistikinfrastrukturunternehmen** bieten stationäre (ortsfeste) Infrastruktur für die Erbringung von Logistikleistungen an. Dabei lassen sich im Wesentlichen Infrastrukturen in Form von Verkehrswegen zur Erbringung von Transportleistungen (z.B. Autobahnen) und Logistikknoten (z.B. Flughäfen, See- und Binnenhäfen oder Güterverkehrszentren) unterscheiden.
- **Speditionen** (ohne Selbsteintritt) vermitteln und organisieren Transporte und sonstige Logistikleistung. Sie suchen für Verlader (Industrie-, Handels- und Dienstleistungsunternehmen oder Haushalte) und Transport- und Logistikunternehmen und schließen die entsprechenden Verträge ab. Setzt eine Spedition dabei eigene Betriebsmittel, z.B. Lkw oder Lagerhäuser ein, so wird sie als Spedition im Selbsteintritt bezeichnet.
- **IT-Dienstleister** in der Logistik bieten Software zur Steuerung und Optimierung von Logistiksystemen, bieten internetbasierte Plattformen an (z.B. Transportplattformen) und übernehmen verstärkt auch Koordinationsfunktionen in Logistikketten und Supply Chains.
- **Logistikberatungsunternehmen** bieten sowohl Logistikdienstleistern als auch Industrie- und Handelsunternehmen Beratungsleistungen zur Gestaltung und Optimierung von Logistiknetzwerken und logistischen Prozessen an.

Eine weitere Möglichkeit zur Klassifikation ist nach den **Objekten** der Logistik:

- **Massengüter** (Bulk) sind nicht abgepackte feste, flüssige oder gasförmige Stoffe in Form von Schüttgut (z.B. Getreide, Erze), Flüssiggut (z.B. Chemikalien, Milch) oder gasförmige Güter (z.B. Erdgas). Aufgrund der stark abweichenden Eigenschaften der Stoffe sind in der Regel spezielle Kenntnisse und Betriebsmittel für den Umgang erforderlich, wodurch spezialisierte Logistikdienstleister entstehen.
- **Stückgüter** sind feste Güter, die als Einzelstücke transportiert und/oder gelagert werden (z.B. Maschinenteile). Speditionen, die sich mit Stückgut beschäftigen, werden als Stückgutspedition bezeichnet. Gleiche oder verschiedene Stückgüter werden häufig für den Transport mittels standardisierter Transporthilfsmittel (z.B. Paletten, Container) zu Sendungen zusammengefasst. Diese Bündelung wird von Speditionen mithilfe von Netzwerken in Form von Sammelladungsverkehren angeboten.

- **Pakete** sind kleine, leichte Stückgüter, die von Paketdiensten in standardisierten Netzwerken transportiert werden. Eilige Sendungen werden über Expressdienste in der Regel mit garantierten Lieferzeiten versendet. Wichtige und häufig auch sehr eilige Sendungen werden von Personen (Kuriere) begleitet (Kuriersendungen). Diese drei Logistikdienstleistungen werden unter dem Marktsegment Kurier-, Express- und Paketdienste (KEP) zusammengefasst.
- **Briefe** wurden in der Vergangenheit in der Regel von nationalen Postgesellschaften transportiert, in vielen Ländern ist aber der Briefmarkt liberalisiert worden und es haben sich eigene private Anbieter entwickelt.
- **Großraum- und Schwergüter** sind große und/oder schwere Objekte, die spezielle Anforderungen an die Planung der Logistik und besondere Produktionsmittel, z.B. Spezialfahrzeuge haben. Daher gibt es Logistikdienstleister, die sich auf die Erbringung von Logistikleistungen für diese Güter spezialisiert haben.
- **Gefahrgüter** sind Massen- oder Stückgüter, von denen eine Gefährdung für die Allgemeinheit ausgehen kann. Auch aufgrund strenger gesetzlicher Vorschriften benötigen derartige Güter spezielles Know-how, Genehmigungen und Betriebsmittel.

Vor allem auch in Zusammenhang mit der strategischen Ausrichtung von Logistikdienstleistungsunternehmen hat sich eine Unterscheidung nach dem **Leistungserstellungsumfang** und der Unterscheidung nach dem Eigentum der dafür eingesetzten Betriebsmittel herausgebildet. Diese wird oft etwas verwirrend mit der Frage verknüpft, ob das Logistikunternehmen die Betriebsmittel für die Erstellung der Logistikleistung ganz oder teilweise besitzt (asset based) oder sich anderer Dienstleister für die Durchführung bedient und nur die Planung, Koordination und Kontrolle selbst durchführt (non asset bassed). Folgende ▶ *Abbildung 17.6* zeigt unterschiedliche Typen von LDL gemäß ihrem Leistungsumfang.

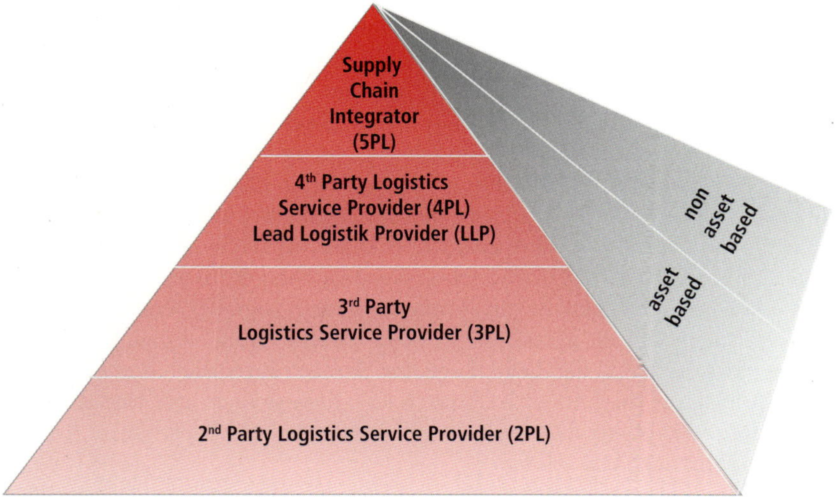

Abbildung 17.6: Typen von Logistikdienstleistern nach dem Leistungsumfang

Logistikdienstleister gibt es schon seit dem Altertum. Erbringt ein Unternehmen Logistikleistungen nicht selbst, sondern bedient sich eines Logistikdienstleisters, so wird dieser in der angelsächsischen Literatur als **Second Party Logistics Service Provider (2PL)** bezeichnet. Häufig erbringen diese Unternehmen die Logistikleistung mit eigenen Betriebsmitteln, z.B. Straßengüterverkehrsunternehmen, Reedereien, Lager- und Umschlagsunternehmen oder die Spedition im Selbsteintritt (asset based). Logistikunternehmen, die die Leistung nicht mit eigenen Betriebsmitteln erbringen, sondern Subunternehmer einsetzen oder wie die klassische Spedition (ohne Selbsteintritt) nur die Transportleistung vermitteln werden als non asset based bezeichnet.

Speditionen, aber auch andere Transport- und Logistikunternehmen, haben mit der Zeit immer mehr Logistikdienstleistungen von ihren Auftraggebern übernommen und sich zu Systemdienstleistern entwickelt. In dieser Funktion übernehmen sie ganze Teilbereiche der Logistik, z.B. die Distributionslogistik oder die Beschaffungslogistik. Der Leistungsumfang ist dabei sehr vielfältig und kann neben den operativen Logistikaufgaben auch Planungs-, Steuerungs- und Kontrollaufgaben sowie mit der Logistik zusammenhängende Informations- und Finanzdienstleistungen umfassen. Außerdem werden sogenannte Mehrwertleistungen (Value Added Services) wie z.B. die Endmontage angeboten (vgl. *Kapitel 6.2*). Dabei setzen die Logistikdienstleister häufig auch Subunternehmer ein. Diese Systemdienstleister werden **Third Party Logistics Service Provider (3PL)** genannt. Als der Begriff geprägt wurde, erbrachten die Logistikdienstleister zumindest Teile der Leistung mit eigenen Betriebsmitteln (asset based). 3PL ohne eigene Assets sind zwar denkbar aber untypisch. Für derart komplexe Leistungen ist eine langfristige, partnerschaftliche Zusammenarbeit erforderlich. Im deutschsprachigen Raum wird deswegen hierfür auch der Begriff der **Kontraktlogistik** verwendet.

In den 1990er-Jahren gab es eine große Outsourcing-Euphorie und Industrie- und Handelsunternehmen überlegten nicht nur einzelne Bereiche outzusourcen, sondern die Koordination der (externen) Logistikprozesse und die Koordination der Supply Chain einem Systemintegrator als **Fourth Party Logistics Service Provider (4PL)** zu überlassen. Dieser sollte zwischen Kunden, ggf. Lieferanten und dem Unternehmen stehen und die Aktivitäten der eingesetzten Logistikdienstleister koordinieren. Ein Schwerpunkt hierbei war der Einsatz moderner Software. Beratungsunternehmen wie z.B. 4flow entdeckten dies als Geschäftsfeld und versuchen für Industrie- und Handelsunternehmen optimale Gesamtlösungen zu entwickeln, zu koordinieren und für die operativen Logistikprozesse die Verantwortung zu übernehmen. Diese 4PL verfügen natürlich über eigene Mitarbeiter, Computer und Software, aber nicht über die klassischen Logistikanlagegüter wie Fuhrpark und Lager, weshalb 4PL auch als non asset based bezeichnet werden. Die Logistikdienstleister sehen darin eine Gefährdung ihres Geschäfts. Außerdem ist es nicht ganz einfach, so viele Logistikdienstleister mit unterschiedlichen Interessen zu koordinieren. Aus diesem Grund entwickelten Logistikdienstleister das Konzept der **Lead Logistics Service Provider** oder **Lead Logistics Partner** (LLP). Dieser zeichnet sich dadurch aus, dass er nicht nur Koordinationsaufgaben übernimmt, sondern dabei auch eigene Anlagen, z.B. Lagerhäuser, Umschlagsanlagen oder Fahrzeuge verwendet.

Mit zunehmender Bedeutung des Supply Chain Management, der Koordinationsnotwendigkeit der Wertschöpfungsaktivitäten über die gesamte Supply Chain haben sich Supply-Chain-Integratoren herausgebildet, die dies für fokale Unternehmen übernehmen. In Anlehnung an die Typologie können diese als **Fifth Party Logistics Service Provider (5PL)** bezeichnet werden. Allerdings ist der Begriff des 5PL in der Praxis nur wenig verbreitet und auch in der Theorie wird er nicht von allen Autoren verwendet, da die Abgrenzung zwischen 5PL und 4PL unscharf ist.

Aus dem vorliegenden Abschnitt wird deutlich, dass die Übergänge zwischen den unterschiedlichen Typen von Logistikdienstleistern fließend sind. Auch bieten viele Logistikdienstleister unterschiedliche Logistikleistungen an. Das Spektrum ist jedoch so vielfältig, dass es keinen Logistikdienstleister gibt, der auch nur annähernd alle Transport-, Logistik- und Supply-Chain-Dienstleistungen anbieten kann. Selbst national sind die Märkte sehr zersplittert und einzelne Anbieter haben im Vergleich zu anderen Branchen nur geringe Marktanteile.

17.3 Sichtweisen der Logistik

Nicht nur in der Theorie, sondern auch in der Unternehmenspraxis liegen eine Vielzahl unterschiedlicher Verwendungen des Begriffs der Logistik vor. Nachdem zunächst die Entwicklung aufgezeigt wurde, sollen im Folgenden der aktuelle Diskussionsstand und die in ▶ *Abbildung 17.7* gezeigten unterschiedlichen Sichtweisen dargestellt werden.

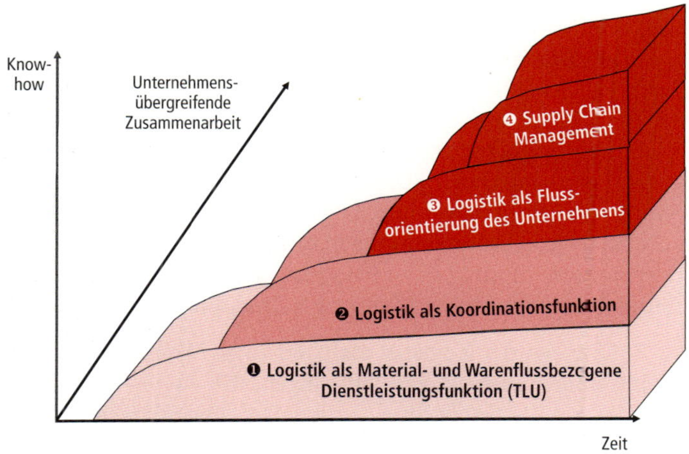

Abbildung 17.7: Sichtweisen der Logistik

17.3.1 Logistik als material- und warenflussbezogene Dienstleistungsfunktion (Funktionale Sichtweise)

Logistik wird von vielen Autoren als eine unternehmerische Funktion bezeichnet, in deren Aufgabenbereich alle **Transport-, Lager-** und **Umschlagsvorgänge** in und zwischen Unternehmen fallen. Betrachtungsobjekt dieser Sichtweise ist das Management von Logistikleistungen. Üblicherweise erfolgt eine Konzentration auf die drei genannten Leistungen Transport, Lagerung und Umschlag. Darüber hinaus können auch noch weitere logistische Dienstleistungen wie **Verpacken, Kommissionieren, Etikettieren** oder **Palettieren**, deren Management ebenfalls von Bedeutung ist, betrachtet werden.

Ein Beispiel für diese Sichtweise ist die Logistikdefinition von Bäck:

Definition

Logistische Prozesse beschäftigen sich mit Vorgängen des Transports, der Speicherung und der Handhabung von Stoffen (Gütern), Lebewesen, Informationen und Energien. In logistischen Prozessen werden „Objekte" von einem Anfangs- in einen Endzustand transformiert, wobei mindestens eine der Systemgrößen Zeit, Ort, Menge, Sorte sich ändert, ohne dass die Objekte eine unerwünschte Änderung ihrer Eigenschaften erfahren. Die Logistik umfasst damit alle Tätigkeiten, in denen solche logistischen Prozesse untersucht, geplant, realisiert, betrieben und optimiert werden.

Die weite Definition von Bäck umfasst als Objekte der Logistik auch Lebewesen, Informationen und Energien. In einem engeren Sinn wird unter Logistik nur auf die Material- und Güterflüsse sowie auf die dazugehörigen Informationsflüsse fokussiert. Materialflüsse sind z.B. der Transport der Rohmaterialien, die ein Unternehmen bezieht, um Produkte zu fertigen. Güterflüsse sind vor allem die Bewegungen der Güter, die vom Unternehmen zum Kunden führen. Aber auch innerhalb der Unternehmen gibt es eine Vielzahl von Material- und Güterflüssen. Obwohl es sich bei der Lagerung eigentlich um einen Stillstand handelt (es findet ja keine Bewegung statt), fassen wir auch die Lagerung als Materialfluss auf (gewissermaßen wie eine Staustufe in einem Fluss). Logistik beschäftigt sich nicht mit allen Informationsflüssen, vielmehr werden nur die Informationsflüsse betrachtet, die mit dem Management der Güter- und Materialflüsse in Zusammenhang stehen. Dies können etwa Kundenaufträge sein, die dazu führen, dass Waren transportiert werden, oder aber auch Lieferabrufe, die eine Warenlieferung im Rahmen von Vereinbarungen mit den Lieferanten auslösen werden. Immer wichtiger werden Informationen über den Aufenthaltsort und den zurückgelegten Weg von Materialien und Waren (Tracking & Tracing).

Eine derartige Sichtweise der Logistik zielt auf eine ökonomische und technische Beschäftigung mit einer Kategorie von Leistungen, die zuvor – zumindest unternehmensintern – als für die Wertschöpfung weniger bedeutsam erachtet und folglich vernachlässigt wurden.

Logistik bedeutet in diesem Sinne eine neue **Funktionsspezialisierung**, die mit entsprechenden Effizienzvorteilen verbunden ist. Diese Effizienzvorteile begründen sich in einer besseren Abwicklung von Einzelaktivitäten (z.B. einer rationelleren Gestaltung von Lagerprozessen), in Economies of Scale (Größenvorteile) durch eine Bündelung von Einzelaktivitäten derselben Art (z.B. durch die gemeinsame Disposition der Eingangs- und Ausgangsverkehre) und in Abstimmungseffekten zwischen unterschiedlichen Transport-, Lager- und Handling-Prozessen, wenn beispielsweise durch eine Übereinstimmung von Lager- und Transporthilfsmitteln (z.B. Paletten, Behälter) Handling-Vorgänge vermieden werden.

17.3.2 Logistik als Koordinationsfunktion

Die folgende, zweite Phase der Logistikentwicklung kann als Weiterentwicklung der Funktionsspezialisierung betrachtet werden. Nach der vollzogenen Rationalisierung in den einzelnen betrieblichen Funktionsbereichen sind weitere Spezialisierungsgewinne nur durch die Beeinflussung von Struktur und die Höhe des Bedarfs an material- und güterflussbezogenen Dienstleistungen möglich. Dadurch erweitert sich der Fokus der Betrachtung von der Effizienz einzelner betrieblicher Funktionen auf die Effektivität unternehmensbereichsübergreifender (interner) und unternehmensübergreifender Prozessketten.[4]

Ein in der Praxis wichtiges Beispiel hierfür ist die Just-in-Time-(JIT-)Produktion als Verbindung zwischen den beiden Funktionen Beschaffung und Produktion. Ressourcen werden (erst) dann bereitgestellt, wenn sie tatsächlich benötigt werden. Ein derartiges Bereitstellungskonzept reduziert Lagerbestände im Extremfall auf null. Dies führt zur Verringerung von Kapitalbindungs- und sonstigen Lagerkosten und vermeidet Überalterungsbestände. Zwar war das Prinzip als produktionssynchrone Beschaffung auch schon vorher bekannt; eine isolierte Betrachtung des Beschaffungsbereiches bei der Bewertung von Just-in-Time-Lösungen zeigt aber nur eine begrenzte Vorteilhaftigkeit gegenüber einer normalen Beschaffung in größeren Losen. Erst die gemeinsame Gestaltung von Produktions- und Bereitstellungsprozessen lässt Just-in-Time-Produktion wirtschaftlich werden.

Der Koordinationsgedanke macht schließlich nicht an den Unternehmensgrenzen halt. Problemstellungen wie Nutzen einer quellen- und senkenbezogenen Abstimmung sind grundsätzlich unabhängig von der Zugehörigkeit zu einem oder mehreren Unternehmen.

Eine bildliche Definition für die Logistik als Koordinationsfunktion gibt Haldimann:

Definition

Logistik ist das Schaffen von Rendezvous!

Ein Rendezvous ist nach traditionellem Verständnis ein Aufeinandertreffen von zwei Menschen. In der Tat ist dies auch bei der Logistik häufig der Fall oder – etwas abstrakter ausgedrückt – wird ein Kundenbedürfnis über einen Lieferanten durch die Lieferung von Waren befriedigt. Die beiden müssen hierzu „zusammenkommen".

4 Vgl. Weber, J., Kummer, S. (1998), S. 14

Eine ausführlichere Definition der Logistik als Koordinationsfunktion geben Weber/Kummer:

> **Definition**
>
> **Logistik** ist das Management von Prozessen und Potenzialen zur koordinierten Realisierung unternehmensweiter und unternehmensübergreifender Materialflüsse und der dazugehörigen Informationsflüsse (Prozessmanagement der Wertschöpfungskette). Die materialflussbezogene Koordination beinhaltet insbesondere die horizontale Koordination zwischen Lieferanten (Vorlieferanten), Unternehmensbereichen und Kunden (bis zum Endabnehmer) sowie die vertikale Koordination zwischen Planungs-, Steuerungs-, Durchführungs- und Kontrollebenen (von der strategischen bis zur operativen Ebene).

Aus beiden Definitionen wird deutlich: Logistik ist mehr als nur Transportieren und Lagern, auch wenn dies wichtige Aktivitäten sind. Besonders deutlich wird dies durch die Beschreibung der Ziele der Logistik in der **„7 R"-Definition**, die besagt, dass die Logistik die Verfügbarkeit

- der richtigen Materialien und Waren
- zur richtigen Zeit
- am richtigen Ort
- in der richtigen Menge
- in der richtigen Qualität
- für den richtigen Kunden

sichert.

Als Ökonom sollte man selbstverständlich noch hinzufügen, dass dies auch

- zu den richtigen Kosten

erfolgen sollte!

Unter dem Aspekt der Nachhaltigkeit könnte man die 7 R zu 9 R ausbauen und

- zu den richtigen Umweltwirkungen
- unter den richtigen Sozialbedingungen

ergänzen.

17.3.3 Logistik als flussorientierte Führung des Unternehmens

Die folgende Phase der Logistikentwicklung kann als Weiterentwicklung der Logistik als Koordinationsfunktion betrachtet werden. Die vorhergegangenen Sichtweisen werden dabei nicht ersetzt, sondern in das erweiterte Blickfeld integriert. Nach der vollzogenen Rationalisierung in den einzelnen betrieblichen Funktionsbereichen und dem Erreichen weiterer Spezialisierungsgewinne durch die Beeinflussung von Struktur und Höhe des Bedarfs an material- und güterflussbezogenen Dienstleistungen treten nun Führungs- und Führungsgestaltungsfunktionen in den Vordergrund der logistischen Betrachtung.

Die Logistik als flussorientierte Führung geht dabei einher mit der Veränderung zweier wichtiger Kontextfaktoren: Die **Wettbewerbsintensität** auf den Märkten ist in den letzten Jahren stetig angestiegen. Wegen der Vielzahl von Anbietern auf zahlreichen Märkten müssen sich Unternehmen einerseits durch ihre Produkte bzw. Dienstleistungen von anderen Anbietern differenzieren. Andererseits ist es erforderlich, konsequent auf die Strategie der **Kostensenkung** zu setzen. Beide Strategien zu vereinbaren ist mit traditionellen, auf Funktionsspezialisierung basierenden Geschäftssystemen nicht mehr zu bewältigen.

Die hohe Dynamik des Wettbewerbsumfelds macht es notwendig, konsequent auf **komplexitätsreduzierende Maßnahmen** zu setzen. Ein Beispiel dafür ist die Fertigungssegmentierung. Hier wird die Produktion auf kleine, selbstständig agierende Einheiten aufgeteilt, die sich selbst organisieren. Entscheidungen über Produktionspläne werden dezentral in den einzelnen Fertigungssegmenten getroffen.

Die zweite wichtige Kontextänderung betrifft das Vorhandensein des **material- und warenflussbezogenen Know-hows** in allen Unternehmensbereichen. Die Spezialisierung der Logistik als material- und warenflussbezogene Dienstleistungsfunktion sowie die Übernahme von Koordinationsfunktionen haben zu einer Bedeutungserhöhung und einer besseren Sichtbarkeit der Logistik geführt. Logistische Aspekte gehören nun zu den standardmäßigen Rahmendaten einer Produktgestaltung ebenso wie zu einer Produktionstiefenbestimmung; Lieferservicegrade sind als wettbewerbskritisch ebenso erkannt wie eine unternehmensübergreifende Gestaltung des Logistiksystems.

Das gestiegene material- und warenflussbezogene Know-how ermöglicht es, die den ersten beiden Phasen der Logistik zugrunde liegende Spezialisierung wieder zurückzuführen. Der in der Betriebswirtschaftslehre stark diskutierte **Fokussierungswandel des Denkens in Strukturen zu einem Denken in Prozessen** macht diese Respezialisierung geradezu unumgänglich. Zwei Argumente verdeutlichen dies:

- Im Rahmen von Lean-Management-Konzepten (vgl. *Abschnitt 4.5*) werden bevorzugt Arbeitsgruppen in Produktion und Logistik eingerichtet. Die Mitarbeiter der Gruppe erbringen material- und warenflussbezogene Dienstleistungen ebenso wie Instandhaltungs- und Fertigungsleistungen. Es erfolgt nun statt einer abteilungsorientierten Spezialisierung eine Fokussierung auf den Fluss der Waren.
- Die Prozessorganisation ist im Gegensatz zur klassischen Funktionsspezialisierung ein Organisationskonzept, mit welchem Geschäftsprozesse (z.B. Beschaffung von Gütern für Produktion) geplant, gesteuert und kontrolliert werden sollen. Notwendige flussbezogene Koordinationsleistungen (z.B. Abstimmung zwischen Einkaufsabteilung, Transportabteilung und Disposition) entfallen bzw. reduzieren sich bei einer Prozessorganisation.

Es wird deutlich, dass es sich bei der Logistik aus dieser Sicht primär um eine Führungsfunktion handelt. Es geht nicht mehr um das Management einer logistischen Dienstleistung, sondern darum, wie das Führungssystem ausgestaltet werden soll, um auf der Ausführungsebene reibungslose Flüsse der Materialien und Waren sicherzustellen. Das zentrale Ziel der flussorientierten Gestaltung des Unternehmens liegt in der Erhöhung der Reaktionsfähigkeit sowie der Reaktionsgeschwindigkeit auf veränderte Umweltbedingungen.

Die Logistik wandelt sich somit von einer Dienstleistungs- zu einer **Führungsfunktion**: Das Ziel der Logistik besteht somit darin, das **Unternehmen als Ganzes flussorientiert auszugestalten**.

Dadurch erweitert sich der Fokus von der Effektivität unternehmensbereichs- und unternehmensübergreifender Prozessketten auf die flussorientierte Gestaltung der Unternehmensführung. Führungsstrukturen und -abläufe im Unternehmen werden nicht mehr ausschließlich als gegeben angesehen, sondern können umgestaltet werden.

Eine Definition der Logistik als flussorientierte Führung des Unternehmens geben Weber/Kummer:

Definition

Das Ziel der **Logistik** besteht darin, das Leistungssystem des Unternehmens flussorientiert zu gestalten. Um dieses Ziel zu erreichen, nimmt die Logistik eine Koordinationsfunktion im Führungssystem wahr. Sie umfasst die Strukturgestaltung aller Führungsteilsysteme, die zwischen diesen bestehende Abstimmung sowie die führungssysteminterne Koordination.

17.3.4 Supply Chain Management

Wie bereits im *Kapitel 5* dargestellt, bedeutet der englische Begriff „Supply Chain" zwar wörtlich übersetzt „Lieferkette", da es beim Supply Chain Management jedoch nicht nur um die Lieferprozesse geht, ist die Übersetzung als „Wertschöpfungskette" (ggf. Wertkette, engl. „value chain") besser geeignet.

Der umfassendste Begriff ist der des „Wertschöpfungsnetzwerkes" (engl. „supply network"), der sich durch Betrachtung aller teilnehmenden Unternehmen auf den einzelnen Stufen der Wertschöpfungskette ergibt.

Ziel des SCM ist es, durch Koordination und Integration von Lieferanten, Produzenten und Handel den Bedarf des Kunden effizient zu befriedigen. Damit wird neben der Optimierung unternehmensinterner Abläufe auch die Abstimmung der unternehmensübergreifenden Zusammenarbeit entlang der gesamten Wertschöpfungskette betrachtet, da die unternehmensinternen Prozesse nur noch verhältnismäßig geringe Effizienzsteigerungspotenziale bieten. Fest steht jedenfalls, dass viele Unternehmen nicht nur Lippenbekenntnisse der unternehmensübergreifenden Zusammenarbeit ablegen, sondern unter dem Schlagwort Supply Chain Management systematisch nach Verbesserungen in der gesamten Wertschöpfungskette suchen. Grundlage dieser Zusammenarbeit sind **Kooperationen** zwischen Unternehmen (vgl. *Abschnitt 20.1*).

Die Wege, die Unternehmen dabei gehen, sind vielfältig: Neben Anstrengungen zu einer besseren Koordination des Güter- und Informationsflusses zwischen den einzelnen, in einer Wertschöpfungskette verbundenen Unternehmen wird durch unternehmensübergreifende Verlagerung von Teilprozessen entlang der **Wertschöpfungskette** nach Synergien gesucht. Auffällig ist, dass hierbei zum einen das strategische Management, zum anderen – unter dem Schlagwort Supply Chain Management Software – neue Softwarelösungen im Vordergrund stehen. Vieles befindet sich dabei noch im Entwicklungsstadium.

Das Supply Chain Management hat sich aufbauend auf der Idee der logistischen Kette zunächst in Nordamerika entwickelt und setzt sich auch in Europa immer stärker durch. Supply Chain Management schließt – im Gegensatz zur Logistik – auch die Prozesse der **Produktentwicklung** sowie des **Customer Relationship Management (CRM)** mit ein.

17.4 Nachhaltige Logistik

17.4.1 Definition und Charakterisierung

Nachhaltige Logistik (engl. „Sustainable Logistics") ist nicht nur ein spannendes und wachsendes Forschungsfeld, sondern eine dringende Notwendigkeit für die Unternehmenspraxis. Logistikleistungen werden von Industrie-, Handels- und Dienstleistungsunternehmen selbst erbracht oder von Logistikunternehmen zugekauft. Insofern betrifft nachhaltige Logistik sehr unterschiedliche Aspekte der betrieblichen Leistungserstellung. Aus dem breiten Handlungsspektrum der Logistik ergibt sich in Anlehnung an die Definition des nachhaltigen Wirtschaftens (vgl. *Abschnitt 1.3*) eine breit gefasste Definition nachhaltiger Logistik:

Definition

Nachhaltige Logistik gestaltet, plant und betreibt Logistiksysteme und erbringt Logistikleistungen in und zwischen Unternehmen entlang der Supply Chain unter gemeinsamer Berücksichtigung ökonomischer, ökologischer und sozialer Ziele, um die Möglichkeit künftiger Generationen, ihre Bedürfnisse zu befriedigen, nicht zu gefährden.

Die **ökonomische Nachhaltigkeit** der Logistik betrifft langfristig erfolgversprechende Geschäftsmodelle, die Liquidität und wirtschaftliches Überleben des Unternehmens sichern. Die hohe Anzahl an technologischen Innovationen (z.B. alternative Antriebssysteme, autonomes Fahren, 3D-Druck) sowie zunehmende Veränderungen durch die Digitalisierung (z.B. unternehmensübergreifende Transportplattformen) bieten Chancen für die Erschließung neuer Geschäftsfelder sowie die Differenzierung durch Logistik, jedoch auch Herausforderungen.

Wie bei einer Vielzahl anderer Unternehmensprozesse entstehen auch bei logistischen Prozessen neben den erwünschten Effekten auch unerwünschte **soziale sowie umweltrelevante negative Effekte** (z.B. Luftverschmutzung durch Gütertransport). Trägt die entstehenden Folgen nicht das verursachende Unternehmen, sondern die Allgemeinheit, so spricht man von negativen externen Effekten. Wesentliche Kategorien negativer externer Effekte der Logistik zeigt die folgende ▶ *Tabelle 17.1*.

Kategorien	Wesentliche Wirkungsbereiche	Beispiele Logistik
lokale Schäden durch Luftschadstoffe	■ Verminderte Lebenserwartung ■ Senkung Ernteerträge ■ Schäden an Gebäuden	■ Stickstoffoxide aus Verbrennungsmotoren, Heizung, Kühlung ■ Feinstaub durch Reifen- und Bremsabrieb
globale Schäden durch Treibhausgase	■ Temperaturveränderung ■ Anstieg des Meeresspiegels	■ Verbrauch fossiler Energieträger (z.B. Diesel, Heizung und Kühlung im Lager)
Natur-, Landschafts- und Flächenverbrauch	■ Verschmutzung von Böden und Gewässern ■ Beeinträchtigung von Ökosystemen ■ Bodenversiegelung und Treneffekte ■ geringere Lebensqualität ■ steigende Kosten für Produktion, Wohnraum, Lebensmittel	■ Flächenverbrauch der Verkehrswege, -knoten und Logistikzentren ■ Flächenverbrauch in der Stadt durch Auslieferungsverkehre
Lärm	■ Herzinfarkte ■ Belästigung von Mensch und Tieren	■ Gütertransport ■ Umschlagsprozesse
Unfallfolgekosten	■ Tote ■ schwer und leicht Verletzte	■ Gütertransport
Vor- und nachgelagerte Prozesse	Produktion und Entsorgung von: ■ Materialien und Betriebsmitteln ■ Infrastruktur ■ Treibstoffen	■ alle Bereiche
Stau	■ Umweltbelastung Dritter ■ Zeit- und Betriebskosten Dritter	■ Gütertransport

Tabelle 17.1: Wesentliche Kategorien negativer externer Effekte der Logistik

Eine Bewertung dieser Effekte in Geldeinheiten ergibt die resultierenden **externen Kosten**, z.B. Kosten im Gesundheitssystem durch Wirkungen von Luftschadstoffen oder Kosten der Anpassung an den Klimawandel. Während hinsichtlich der Kategorien Einigkeit besteht, so sind die Ermittlung der Höhe externer Effekte und die Bewertung in Form externer Kosten von vielen Unsicherheiten geprägt. So kann eine Vielzahl unterschiedlicher Kostensätze zur Ermittlung der externen Kosten herangezogen werden. Beispielsweise wird in unterschiedlichen Studien die Emission einer Tonne Treibhausgase (CO_2e) mit Werten zwischen 4 und knapp 300 Euro bewertet.

Eine trennscharfe Abgrenzung zwischen umweltbezogenen und sozialen Folgen ist kaum möglich, da negative Umweltfolgen auch Auswirkungen auf einzelne Menschen, Regionen und gesamthaft auf die Gesellschaft haben können. Daher ist es wichtig, dass Unternehmen die Auswirkungen ihrer Aktivitäten entlang des gesamten Produktlebenszyklus mit strukturierten Methoden ermitteln, z.B. Umweltwirkungen in

Form von Ökobilanzen. Davon ausgehend können Unternehmen für die Logistik und andere Unternehmensbereiche messbare Umwelt- und Sozialziele in Form von Kennzahlen definieren und die konsequente Verfolgung der Ziele z.B. durch Einsatz eines Umweltmanagement-Systems sicherstellen (vgl. *Abschnitt 6.2.10*). Die Komplexität der Sachlage erfordert eine intensive Zusammenarbeit von Politik, Unternehmen und Gesellschaft:

Die **Politik** ist gefordert, klare Rahmenbedingungen für die Logistik zu setzen (z.B. durch Umweltabgaben und Anreize zur Beschäftigung älterer Arbeitnehmer) und somit Maßnahmen zur Steigerung von Nachhaltigkeit in der Logistik zu fördern sowie bestehende Wettbewerbsverzerrungen (insbesondere im Straßengüterverkehr) zu reduzieren.

Industrie-, Handels- und Dienstleistungsunternehmen sind gefordert, mit der Nachhaltigkeitsstrategie des Gesamtunternehmens sowie der Supply-Chain-Strategie kompatible Bereichs- und Funktionalstrategien für die Querschnittsfunktion Logistik zu entwickeln, Investitionen in Nachhaltigkeit zu tätigen sowie Nachhaltigkeitsaspekte beim Einkauf von Logistikleistungen zu berücksichtigen. Für **Logistikunternehmen** besteht die Herausforderung darin, nachhaltige Logistik direkt in der Gesamtstrategie zu verankern und nachhaltige Logistikprodukte zu entwickeln Dabei gibt es im Gegensatz zu anderen Branchen noch keine gemeinsame Stoßrichtung aller Marktteilnehmer. Die Vorgehensweisen und Mittel zur Zielerreichung sind dabei sehr unterschiedlich und oftmals abhängig von Unternehmensgröße, spezifischem Wissen und unternehmensindividuellen Zielen.

Die **Gesellschaft** sollte die Reduktion von negativen Umweltwirkungen und sozial unverträglichen Praktiken in der Logistik bei politischen Entscheidungsträgern einfordern, beim eigenen Konsum- und Bestellverhalten Nachhaltigkeitsaspekte berücksichtigen und die eigene Zahlungsbereitschaft für nachhaltige Logistik ebenso wie die verladende Wirtschaft ausweiten (z.B. klimaneutral zugestellte Sendungen).

In den folgenden Abschnitten werden in Anlehnung an ▶ *Abbildung 17.2* wesentliche Treiber und Handlungsfelder als Schnittmengen zwischen den einzelnen Säulen der Nachhaltigkeit als grüne sowie sozial nachhaltige Logistik vorgestellt.

17.4.2 Grüne Logistik

Grüne Logistik (engl. „Green Logistics") behandelt die integrative Betrachtung der ökomischen und ökologischen Säulen der Nachhaltigkeit und in diesem Sinne die Überlebensfähigkeit eines Unternehmens in einer intakten Umwelt. Grüne Logistik verbindet umweltbezogene und betriebswirtschaftliche Fragestellungen im Unternehmen und erweitert das klassische Zielsystem der Logistik um Umwelt- und Ressourcenkosten (inklusive Opportunitätskosten). Haupttreiber für grüne Logistik sind dabei gesetzliche Regelungen, Anforderungen der Kunden sowie die verstärkte Integration der Logistik in die Unternehmens- und Nachhaltigkeitsstrategie.

Umweltaspekte wurden in der Logistik bei Systemgestaltung, Anschaffung von Betriebsmitteln oder beim Einkauf von Logistikleistungen vor allem dann berücksichtigt, wenn keine Preis- und Qualitätsnachteile entstanden. Durch intensive Beschäftigung mit der Thematik haben sich jedoch immer mehr ökonomische Vorteile durch umweltschonende Konzepte, Technologien und Praktiken herausgebildet, die den vermeintlichen Zielkonflikt zwischen Kosten und Umweltschonung zunehmend auflösen.

Wesentliche **Ziele der grünen Logistik** sind die Steigerung der Ressourcen- und Energieeffizienz, der verstärkte Einsatz erneuerbarer Energieträger sowie die umweltorientierte Gestaltung von Supply Chains und Logistiknetzwerken.

Die Steigerung der Ressourceneffizienz zielt auf Effizienzsteigerungen beim Einsatz von Betriebsmitteln (z.B. Lkw, Lagerhaus) sowie beim Verbrauch natürlicher Ressourcen in der Logistik ab. Ein wesentlicher Aspekt ist dabei die Steigerung der Energieeffizienz, da durch den Verbrauch des Betriebsstoffs Energie in der Logistik Energiekosten entstehen, die eine wesentliche Kostenkomponente darstellen (ca. 30% der Betriebskosten im Straßengüterverkehr) und insbesondere bei konventionellen Antrieben durch Emission von Luftschadstoffen und Treibhausgasen (CO_2e) hohe externe Kosten verursachen. Eine Reduktion des Verbrauchs führt bei gleicher Leistung zu einer Steigerung der Energieeffizienz und geringeren Betriebskosten. Der Einsatz erneuerbarer Energieträger (z.B. Strom aus Solarenergie) zielt darauf ab, den Verbrauch fossiler Energieträger wie Erdöl im Transport oder Strom aus Kohlekraftwerken beim Betrieb von Logistikzentren und entstehende Umweltfolgen in der Logistik zu reduzieren.

Bei strukturierter Betrachtung ergeben sich unterschiedliche **Handlungsebenen grüner Logistik**, die in das soziale Netzwerk aus Lieferanten, Mitarbeitern, Kunden und externen Dienstleistern eingebettet sind und sich gegenseitig beeinflussen. Einen Überblick der Handlungsebenen gibt die folgende ▶ *Tabelle 17.2*.

Nr.	Ebene	Handlungsfelder	Beispiele für Handlungsfelder
1	Markt, Produkt und Kunde	strategische Ebene zur Definition von Zielen und Rahmenbedingungen für grüne Logistik	Produkt- und Verpackungsdesign (Design for Logistics)
2	Strukturen und Planung	Netzwerkdesign, Planung von Kapazitäten und Beständen	Gestaltung von Supply Chains und Logistikketten (z.B. Zentrallagerstrategie)
3	Prozesse, Steuerung und Messung	Einsatzoptimierung und Messung der Logistikperformance	Tourenplanung, Treibhausgaskalkulation
4	Technologien und Ressourcen	Technologieauswahl (v.a. Antriebssysteme, Energieträger), Flottenmanagement, Qualifizierung von Mitarbeitern	Anschaffung von e-Fahrzeugen, Schulungsmaßnahmen (z.B. Spritspartrainings)

Tabelle 17.2: Handlungsebenen für grüne Logistik[5]

Auf der strategischen Ebene 1 erfolgt die Definition von markt-, produkt- und kundenbezogenen Rahmenbedingungen und Zielen für grüne Logistik. So beeinflussen z.B. Produkt- und Verpackungsdesign die Umweltwirkungen entlang des gesamten Produkt-

5 Eigene Darstellung in Anlehnung an Straube, F., Pfohl, H.-C. (2008), S. 72

lebenszyklus. Aus Sicht der Logistik sind Produkte sinnvoll, die recyclingfähig sind, sich also gut in ihre Bestandteile zerlegen lassen, sowie Verpackungen, die kompakt und gut stapelbar sind, um Logistikleistungen effizient und somit ressourcenschonend erbringen zu können (Design for Logistics). Alle Entscheidungen auf dieser Ebene beeinflussen die darunterliegenden Ebenen. Die Gestaltung von Strukturen und Planungsaspekten auf Ebene 2 bestimmt den nötigen Transport- und Lagerbedarf entlang der gesamten Supply Chain (z.B. Transportdistanzen, Größe und Anzahl von Logistikzentren) für kundenorientierte Logistikprozesse und für die Entsorgungslogistik. Ebene 3 behandelt die konkrete Ausgestaltung einzelner Prozesse sowie Maßnahmen zur Steuerung und Messung der ökonomischen und ökologischen Logistikperformance. Auf der Ebene 4, Technologien und Ressourcen, erfolgt das Flottenmanagement, wobei insbesondere die Technologieauswahl (v.a. Antriebssysteme, Energieträger) sowie Qualifizierung von Mitarbeitern wesentliche Ansatzpunkte bilden. Die folgende ▶ *Abbildung 17.8* zeigt das Zusammenspiel von Maßnahmen auf den Ebenen 3 und 4 zur Minimierung der Umweltwirkungen auf Fahrzeugebene (z.B. für einen Lkw):

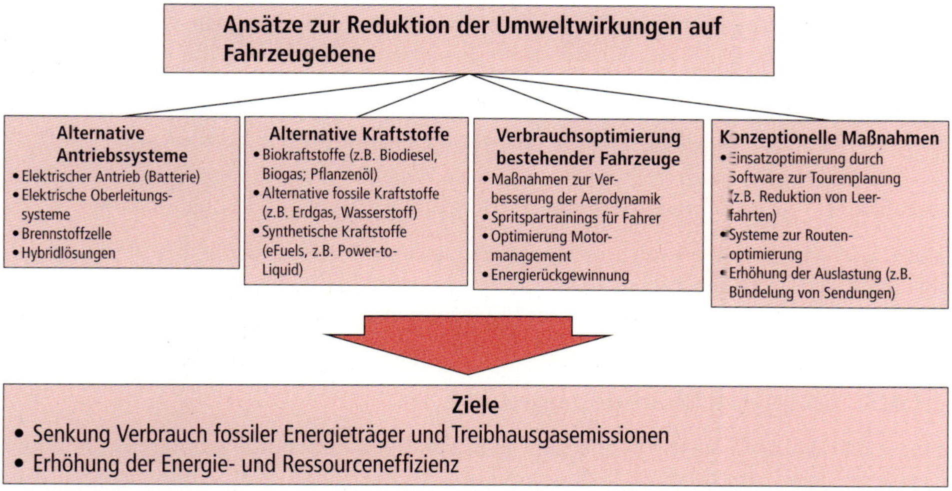

Abbildung 17.8: Technische und konzeptionelle Ansätze zur Reduktion der Umweltwirkungen auf Fahrzeugebene

Für grüne Logistik sind jedenfalls neue Konzepte und technologischer Fortschritt erforderlich. **Kritische Erfolgsfaktoren** sind Kosten, erzielbare Reichweiten und die Verfügbarkeit von Lade- bzw. Tankinfrastruktur. Im Straßengüterverkehr wird vor allem im stark belasteten urbanen Raum der Einsatz neuer Logistikstrukturen mit kleinen, dezentralen Lagerflächen (Microhubs) und elektrisch betriebenen Fahrzeugen intensiv erprobt, da die Batteriekapazitäten derzeit noch nur geringere Reichweiten ermöglichen. Beispiele, die bereits jetzt positive ökonomische und ökologische Wirkungen grüner Logistik zeigen, sind:

- Nachdem die Deutsche Post DHL kein passendes e-Fahrzeug für den Verteilverkehr bei etablierten Anbietern finden konnte, hat sie sich an dem Start-Up StreetScooter der RWTH Aachen beteiligt und baut somit selbst Zustellfahrzeuge für die Eigennutzung sowie den Verkauf am Markt. Derzeit sind bei DHL rund 5.000 Fahrzeuge im Einsatz, wodurch sich eine CO_2-Reduktion in Höhe von 16.000 Tonnen pro Jahr sowie massive Kosteneinsparungen beim Service in Höhe von 60–80% ergeben. Aktuell wird die Absaugung von Reifen- und Bremsabrieb getestet.

- Die Österreichische Post setzt insbesondere bei der Briefzustellung stark auf einspurige Elektromobilität mittels e-Scootern der österreichischen Firma Rock'n'Rolla. Gegenüber mehrspurigen Fahrzeugen ergeben sich dabei große Vorteile hinsichtlich Energieverbrauch und Einsatzeffizienz durch geringeres Gesamtgewicht, z.B. bei Parkplatzsuche und Parkflächenbedarf.

Für den Einsatz schwerer Lkw, insbesondere auf langen Distanzen, sind die zurzeit verfügbaren Batterien nicht geeignet. Deswegen versuchen die Lkw-Hersteller andere Wege zu gehen. Beispiel hierfür sind die Versuche, Oberleitungssysteme einzusetzen, um höhere Transportdistanzen zu erreichen und auf schwere und in der Produktion energieintensive Akkus zu verzichten, sowie der Einsatz von wasserstoffbetriebenen Lkw.

In der Schifffahrt setzen Unternehmen auf das Konzept des Slow Steaming, also einer Reduktion der Reisegeschwindigkeit, die den Treibstoffverbrauch reduziert. Darüber hinaus können alternative Kraftstoffe wie Erdgas dazu beitragen, die Umweltwirkungen der Güterschifffahrt zu reduzieren. Im Eisenbahnbereich wird die Elektrifizierung des Schienennetzes vorangetrieben und zunehmend Strom aus erneuerbaren Energien eingesetzt. Wesentliche künftige Fragestellungen sind in Zusammenhang mit grüner Logistik: Stellt Elektromobilität eine langfristige Lösung oder eine Brückentechnologie bis zur Marktreife anderer Innovationen dar? Welche Auswirkungen werden autonomes Fahren und zunehmende Digitalisierung auf Transport und Logistik haben?

Konzepte, Maßnahmen und Instrumente der grünen Logistik werden in den nachfolgenden Kapiteln in Zusammenhang mit den unterschiedlichen Logistikprozessen und -teilbereichen sowie im Supply Chain Management erläutert.

17.4.3 Sozial nachhaltige Logistik

Sozial nachhaltige Logistik behandelt die integrative Betrachtung der ökomischen und sozialen Säulen der Nachhaltigkeit und in diesem Sinne die Sozialverträglichkeit unternehmerischen Handelns in der Logistik. Die soziale Dimension der Nachhaltigkeit wird insbesondere in der Logistik noch wenig betrachtet, obwohl auch in diesem Bereich, analog zur grünen Logistik, große Potenziale für Unternehmen, Mitarbeitende und die Gesellschaft liegen.

Ziele sozial nachhaltiger Logistik liegen in Abstimmung mit den Social Development Goals der Vereinten Nationen in der Reduktion von Armut, der Sicherstellung menschenwürdiger Arbeitsbedingungen, der Reduktion bestehender Ungleichheiten sowie der Geschlechtergleichheit. Die aktuelle Diskussion um flexible Beschäftigungsmodelle, problematische Arbeitsbedingungen und geringe Entlohnung in Transport und Logistik rückt nicht nur die überwiegende Mehrheit redlicher Logistiker in ein schlechtes Licht, sondern verstärkt grundsätzlich die Wahrnehmung sozialer Themen. Treiber sind in diesem Zusammenhang die Verschärfung gesetzlicher Regelungen wie z.B. das deutsche Mindestlohngesetz und das österreichische Lohn- und Sozialdumping-Bekämpfungsgesetz, die beide gleichen Lohn für gleiche Arbeit am gleichen Ort sicherstellen sollen.

Logistiknetzwerke sind immer auch soziale Netzwerke, woraus sich ein breites Spektrum an unternehmensinternen sowie -externen Handlungsfeldern ergibt. Eine umfassende und allgemeingültige Systematisierung und Darstellung von Handlungsfeldern für soziale Nachhaltigkeit in der Logistik existiert nicht. Es lassen sich jedoch wesentliche Aspekte aus der Stakeholder-spezifischen Betrachtung in Richtung Mitarbeiter, Lieferanten und Kunden ableiten.

Unternehmensexterne Handlungsfelder betreffen im Rahmen der Geschäftstätigkeit vor allem Lieferanten und Kunden. In der Logistik werden oftmals Leistungen durch Subunternehmer erbracht, die abweichende Sozialstandards im eigenen Unternehmen anwenden (z.B. hinsichtlich Arbeitszeitregelungen und Entlohnung). Die Herausforderung besteht dabei darin, die Einhaltung eigener Sozial- und Umweltstandards auch unternehmensübergreifend bei Lieferanten und Subunternehmern sicherzustellen und an nachgelagerte Stufen in der Supply Chain zu kommunizieren. Wesentliche lieferantenbezogene Ansätze dazu liefert das Lieferantenmanagement (vgl. *Kapitel 12*). Einen Überblick über kunden- und lieferantenbezogene Handlungsfelder gibt die folgende ▶ *Tabelle 17.3*.

Lieferanten	**Kunden**
Abstimmung und Einhaltung sozialer Standards (z.B. Anforderungskataloge, Zertifizierungen)	Gestaltung von Produkten, Betriebsmitteln und Prozessen zur Sicherstellung von Gesundheit und Sicherheit von Kunden
Zahlungsmoral	Schutz von Kundendaten/Privatsphäre
langfristige Lieferantenentwicklung	Reklamationsmanagement
Verantwortungsvolle Geschäftspraktiken (z.B. Vertragstreue)	
Datensicherheit und Informationstransparenz	

Tabelle 17.3: Unternehmensübergreifende Handlungsfelder sozial nachhaltiger Logistik

Unternehmensintern sind mitarbeiterorientierte Maßnahmen wesentliche Bausteine sozialer Nachhaltigkeit in der Logistik. Ein Ansatz ist dabei die Reduktion von subjektiv wahrgenommenem Stress im Arbeitsumfeld. So fühlen sich einer aktuellen Studie zufolge 42 Prozent der Mitarbeitenden im österreichischen Transportwesen sehr stark oder stark durch Stress im Arbeitsalltag belastet und 23 Prozent sehr stark oder stark Burnout-gefährdet. Dabei sind keine wesentlichen Unterschiede zwischen Angestellten, Arbeitern und Führungskräften zu beobachten. Stressfaktoren sind dabei: Termin- und Leistungsdruck, lange Arbeitszeiten sowie verbesserungsfähiges Betriebsklima. Höher ist subjektiv wahrgenommener beruflicher Stress nur bei Angestellten im Handel und Lehrern.[6] Die folgende ▶ *Abbildung 17.9* zeigt wesentliche mitarbeiterbezogene Handlungsfelder zur Steigerung der sozialen Nachhaltigkeit im Unternehmen.

6 Vgl. Allianz/Market (2016), S. 95 ff.

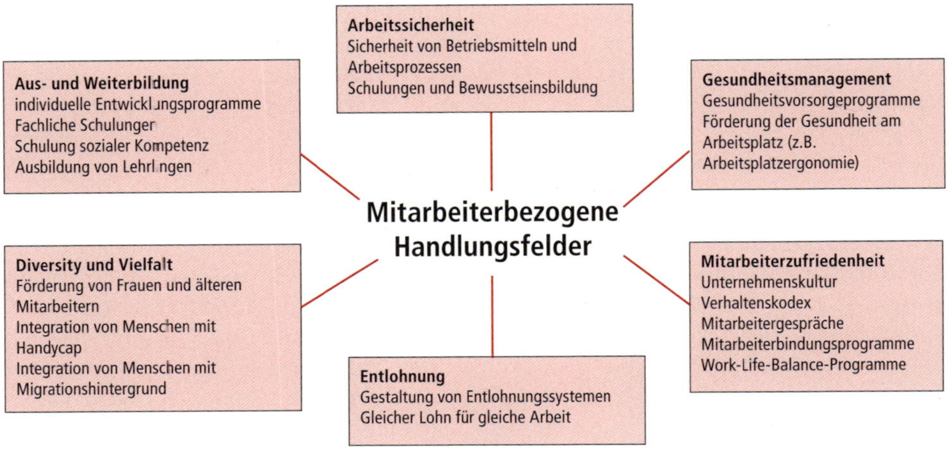

Abbildung 17.9: Mitarbeiterbezogene Handlungsfelder sozial nachhaltiger Logistik[7]

Der Arbeitssicherheit und dem Gesundheitsmanagement kommen in der Logistik aufgrund des Arbeitsumfelds und der im Branchenvergleich hohen Arbeitsunfallhäufigkeit besondere Bedeutung zu. Dabei sind über die gesetzlichen Verpflichtungen hinaus bewusstseinsbildende Maßnahmen sowie technische Einrichtungen zur Senkung der Unfallhäufigkeit sowie der Verbesserung der Arbeitsplatzergonomie für Mitarbeiter in Lager und Transport sinnvoll. In der Transportwirtschaft werden derzeit verstärkt Totwinkel-Assistenten bei Lkw nachgerüstet und ergonomisch optimierte Fahrersitze und Bedienelemente entwickelt. Im Lager werden Kommissionierplätze optimiert und in naher Zukunft werden Exoskelette die Manipulation schwerer Lasten erleichtern.

Die Basis für wertschätzenden Umgang im Unternehmen bilden direkte Maßnahmen im Bereich der Mitarbeiterzufriedenheit, die als Unternehmenskultur definiert und auch von der Unternehmensführung vorgelebt werden sollten. Bildungs- und Entwicklungsprogramme (z.B. von der Fach- zur Führungskraft) sowie gelebte Vielfalt und faire Entlohnungssysteme im Unternehmen wirken sich zusätzlich positiv aus.

Klar erscheint, dass mitarbeiterbezogene Maßnahmen direkt positive Auswirkungen auf bestehende Mitarbeiter haben. So sind in der Regel gesunde, zufriedene Mitarbeiter produktiver und verbleiben länger im Unternehmen. Das führt zu Kosteneinsparungen für das Unternehmen durch bessere Servicequalität und geringere Krankenstände, reduziert die Mitarbeiterfluktuation und sichert somit den langfristigen Verbleib von Know-how im Unternehmen. Die Schaffung eines attraktiven Arbeitsumfelds führt darüber hinaus auch zu positiven Effekten in der Wahrnehmung bei potenziellen Mitarbeitern (Employer Branding).

7 eigene Darstellung in Anlehnung an: Groschopf, W., Posset, M. (2018)

17.5 Quantitative Logistik: Operations-Research-Modelle

Für die Lösung von Logistikproblemen bzw. für die Entscheidungsvorbereitung sind eine Vielzahl von mathematischen Modellen entwickelt worden. Die systematische Anwendung mathematischer Verfahren auf Entscheidungsprobleme wird Unternehmensforschung (Operations Research) genannt. Charakteristika von OR-Modellen sind:

- Sie dienen der Entscheidungsvorbereitung.
- Es wird systematisch nach einer optimalen Lösung gesucht.
- Es werden mathematische Modelle verwendet.

Die Betriebswirtschaftslehre hat sich schon früh mit der Frage der Bestimmung der optimalen Bestellmenge und damit auch mit Modellen zur Bestimmung des optimalen Lagerbestands beschäftigt (Harris-Wilson-Modell, 1915). Dementsprechend sind ausgehend von dem klassischen Modell zur Bestimmung der optimalen Bestellmenge (Losgröße) eine Vielzahl von Modellen entwickelt worden.

Im *Abschnitt 11.3* wurde schon ein einfaches Modell zur Ermittlung der optimalen Bestellmenge vorgestellt. Mit der Festlegung der optimalen Bestellmenge q_{opt} wird im Modell bei sicheren Erwartungen gleichzeitig der durchschnittliche Lagerbestand $q_{opt}/2$ bestimmt. Im *Abschnitt 18.2* wird mit dem Newsboy-Modell eine einfache Erweiterung dieses Modells für unsichere Nachfrage vorgestellt.

Schon 1939 (vor der Entwicklung der linearen Planungsrechnung) wurden Transportmodelle untersucht und seitdem hat die Optimierung von inner- und außerbetrieblichen Transporten zur Entwicklung von zahlreichen Transportplanungsmodellen und entsprechenden Lösungsverfahren geführt.

Um die Alternativen im Hinblick auf ihre Eignung zur Problemlösung vergleichbar zu machen, wird zunächst ein übergeordnetes Ziel gesetzt. Bei der Verwendung von mathematischen Modellen ist vor allem zu beachten, dass das zu lösende Realproblem in ein mathematisches Problem (Formalproblem) überführt werden muss. Bei dieser Überführung sollten beide möglichst übereinstimmen und zumindest eine Strukturgleichheit (Isomorphie) besitzen.

Die wichtigsten Verfahren zur Lösung von OR-Problemen sind:

1. **Statische Programmierung:** Alle Daten und Zusammenhänge bleiben während des untersuchten Zeitraums konstant. Nach Art der Gleichungen wird unterschieden in:
   - Lineare Programmierung: Rechenverfahren zur Lösung von Modellen mit linearen Gleichungen
   - Nichtlineare Programmierung: Rechenverfahren zur Lösung von Modellen mit nichtlinearen Gleichungen
   - Ganzzahlige und gemischt-ganzzahlige Programmierung: Verfahren, bei denen eine, mehrere oder alle Variablen ganzzahlige Werte annehmen müssen.
2. **Dynamische Programmierung:** Lässt sich ein Problem in mehrere Stufen aufteilen und hängt der Zustand der nachfolgenden Stufe von der vorhergehenden Stufe ab, so handelt es sich um ein dynamisches Problem.

3. **Entscheidungsbaumverfahren:** Alle möglichen Lösungen werden in einem Entscheidungsbaum dargestellt. Neben der Berechnung aller Lösungsmöglichkeiten (vollständige Enumeration) werden vor allem Verfahren eingesetzt, mit deren Hilfe bestimmte Gruppen von Lösungen (z.B. Äste auf dem Entscheidungsbaum) ausscheiden und somit nicht berechnet werden müssen. Verfahren sind hier die begrenzte Enumeration und das Branch-and-Bound-Verfahren.

4. **Netzplantechnik:** Netzpläne bilden bestimmte Ereignisse und deren Abhängigkeiten ab.

5. **Warteschlangenmodelle** beschäftigen sich mit der Situation, in der abzufertigende Einheiten auf ihre Abfertigung oder Bedienung warten müssen.

6. **Spieltheoretische Modelle** lösen vor allem Konkurrenzprobleme. Sie berücksichtigen dabei die Interdependenz von Entscheidungen der Spieler.

7. **Simulationen** bilden die Wirklichkeit ab und versuchen, durch mehrmalige Wiederholung von Vorgängen Erkenntnisse über die Struktur und auch das Verhalten der Realität zu gewinnen.

8. **Heuristische Verfahren** geben Vorgehensregeln, die zur Lösung eines bestimmten Problems hinsichtlich eines angestrebten Ziels erfolgversprechend erscheinen.

ZUSAMMENFASSUNG

Die Logistik stammt aus dem militärischen Bereich und wurde nach dem Zweiten Weltkrieg zuerst in den USA, später auch in Europa auf Unternehmen übertragen. Obwohl noch in den 1970er-Jahren vielfach als notwendiges Übel angesehen, hat sich die Logistik inzwischen zu einem zentralen Unternehmensprozess entwickelt. Nachdem in den vergangenen Jahrzehnten die Logistikkosten gesenkt werden konnten, werden für die Zukunft steigende Logistikkosten erwartet.

Logistikdienstleister erbringen Logistikleistungen im Kundenauftrag. Eine Klassifikation einzelner Dienstleister kann nach den angebotenen Leistungen, den Objekten oder gemäß der Existenz eigener Assets erfolgen.

Die Betrachtung der Logistik kann aus unterschiedlichen Sichtweisen erfolgen. Dabei sind die funktionale Betrachtung der Logistik als material- und warenflussbezogene Dienstleitungsfunktion, Logistik als Koordinationsfunktion, Logistik als Flussorientierung und Logistik als integraler Hauptbestandteil des Supply Chain Managements zu unterscheiden.

Nachhaltige Logistik gestaltet, plant und betreibt Logistiksysteme und erbringt Logistikleistungen in und zwischen Unternehmen entlang der Supply Chain unter gemeinsamer Berücksichtigung ökonomischer, ökologischer und sozialer Ziele. Die gemeinsame Betrachtung von ökonomischen und ökologischen Aspekten erfolgt im Rahmen der grünen Logistik. Sozial nachhaltige Logistik dient zur Verbesserung des Arbeitsumfelds in der Logistik und der Zusammenarbeit mit Kunden und Lieferanten.

Die Verfahren des Operations Research (OR) können zur Unterstützung unterschiedlicher Entscheidungsprobleme eingesetzt werden. Schwerpunkt im Bereich der Logistik sind Modelle zur Bestimmung der optimalen Bestellmenge, des optimalen Lagerbestands sowie zur Transportoptimierung.

ZUSAMMENFASSUNG

17.6 Übungsfragen

1. Stellen Sie kurz die geschichtliche Entwicklung der Logistik dar.
2. Welche Bedeutung hat die Logistik heute?
3. Welche drei zentralen Unternehmensprozesse gibt es im Unternehmen?
4. Wie haben sich die Logistikkosten in Bezug auf die Marktentfernung verändert?
5. Welche Ansätze zur Klassifikation von Logistikdienstleistern gibt es?
6. Stellen Sie die unterschiedlichen Sichtweisen der Logistik gegenüber und gehen Sie auf Gemeinsamkeiten und Unterschiede ein.
7. Geben Sie einen Überblick über die unterschiedlichen Handlungsebenen grüner Logistik.

EXTRAS ONLINE

Lösungen zu den Übungsfragen und weiterführende Materialien finden Sie auf der Website zum Buch unter *www.pearson-studium.de.*

Logistik als funktionale Spezialisierung

Transport-, Lager- und **Umschlagsvorgänge** sind wesentliche Kernaufgaben der Logistik. Diese werden durch logistische Unterstützungsprozesse wie **Verpacken, Kommissionieren, Etikettieren** oder **Palettieren ergänzt.** Aufgrund der zunehmenden Digitalisierung spielen Informationsflüsse und -systeme eine bedeutende Rolle in der Logistik.

18.1 Lagerung/Lagerhaltung

Im Deutschen werden die Begriffe Lagerung bzw. Lagerhaltung synonym verwendet. Die Aufgaben der Lagerung werden im Folgenden näher beschrieben. Zusätzlich wird die Bedeutung von Lagern/Lagerhäusern gezeigt und verschiedene Lagertypen werden erläutert.

18.1.1 Begriff und Prozesse der Lagerhaltung

> **Definition**
>
> Unter **Lagerung** wird die gewollte, d.h. zielgerichtete, oder ungewollte Überbrückung der Zeitdisparitäten von Objektfaktoren verstanden.

Von Produktionsvorgängen unterscheidet sich die Lagerung dadurch, dass die Eigenschaften der Objektfaktoren im Lagerungsprozess keinen oder allenfalls unwesentlichen Veränderungen unterliegen dürfen. Eine Reifelagerung (z.B. Aushärten von Klebeverbindungen) wäre in diesem Sinn kein Lagerungs- sondern ein Produktionsvorgang.

Der reinen Zeitüberbrückung (Lagerung im engeren Sinn) sind eine Reihe von Aktivitäten vor- und nachgelagert, die sich grob in fünf Gruppen unterteilen lassen:

- **Lagervorbereitung:** Hierzu zählen eventuell erforderliches Konservieren und/oder Verpacken, Palettieren und Kennzeichnen.
- **Einlagerung:** Hierunter fallen die Aktivitäten Beladen der Transporteinrichtung (Stapler, Regalförderzeug usw.), Transport zum Lagerplatz und dortiges Einstellen.
- **Lagerung:** Neben dem reinen Überbrücken der Lagerzeit fallen hier Tätigkeiten an wie Pflegen der Lagergüter, Lagerbestandskontrollen oder zwischenzeitliches Umlagern.
- **Auslagerung:** Zur Einlagerung spiegelbildliche Funktionen.
- **Lagernachbereitung:** Hierunter fallen u.a. eventuell erforderliche Ent-, Um- oder Verpackungsvorgänge, Palettieren, Kennzeichen, Lagerbestandsführung sowie die Reinigung (z.B. Entstaubung) der Lagergüter und/oder der freigewordenen Lagerplätze.

Derartige Funktionen werden entweder in spezifisch dafür eingerichteten Lagergebäuden („Lagerhäusern“) oder aber auf in unterschiedlicher Form abgegrenzten Lagerflächen erbracht. In diesen wird häufig nicht nur die Lagerung durchgeführt, sondern auch viele Unterstützungsfunktionen der Logistik (z.B. Kommissionierung, Verpackung etc., vgl. *Abschnitt 18.4*).

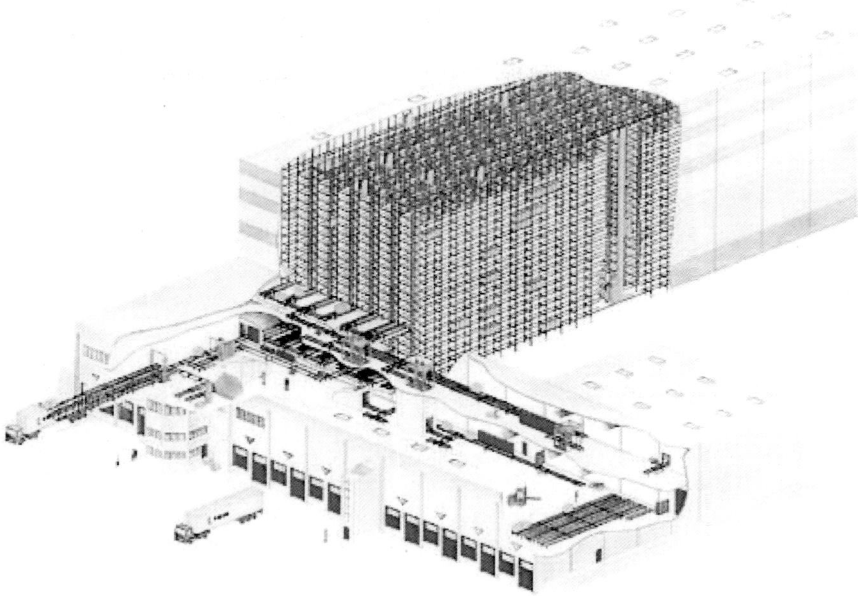

Abbildung 18.1: Distributionszentrum für Fiege Logistik GmbH & Co. in Hüningen, Frankreich[1]

In einem Industriebetrieb gibt es im Wesentlichen **drei Lagerstufen:**

- Die erste Stufe bilden **(Roh-)Materiallager**. Neben dem Wareneingangslager gehören Rohstofflager, Hilfsstofflager, Betriebsstofflager und Lager für Zukaufteile dazu. Ihre Aufgabe ist es, die Fertigung mit den benötigten Materialien und Teilen zu versorgen.
- In **Produktionslagern** werden alle für die Produktion benötigten Materialien und Teile zwischengelagert. Die Zwischenlagerung sollte nur kurz erfolgen.
- Im **Absatzbereich** befinden sich die Lager für Fertigwaren, Ersatzteile (die verkauft werden sollen) und Handelswaren. Im Versandbereich können Zwischenlager, Versand- oder Kommissionierlager unterschieden werden.

Aus **betriebswirtschaftlicher Sicht** ist die Unterteilung in Eigen-, Fremd- und Konsignationslager wichtig:

Von **Eigenlager** wird gesprochen, wenn das Unternehmen die Lagerung selbst organisiert (eigene Räume und Mitarbeiter). Der Vorteil eines Eigenlagers ist, dass die Lagerhaltung meist gut in die betrieblichen Informations- und Transportsysteme integriert werden kann. Ein direkter Kontakt zu den Marktpartnern, insbesondere auf der Kundenseite, bleibt erhalten. Nachteilig sind die hohen Fixkosten, die mangelnde Flexibilität, fehlendes Logistik-Know-how und häufig die vergleichsweise hohen Löhne aufgrund gesetzlicher Kollektivverträge.

1 Quelle: *http://www.ssi-schaefer-peem.com*

Bei der **Fremdlagerung** wird die Lagerung durch einen Logistikdienstleister oder durch ein anderes Unternehmen durchgeführt. Die Übernahme der Tätigkeiten kann sich dabei auf ein kleines Aufgabengebiet beschränken oder reicht – wie es heute bei neueren Konzepten häufig praktiziert wird – bis hin zu Endmontageaufgaben, welche im Lager durchgeführt werden. Vorteile der Fremdlagerung sind die hohe Flexibilität, eine zumindest teilweise mögliche Variabilisierung von Fixkosten oder die Nutzung des Spezial-Know-hows des Dienstleisters. Oft gehört die Lagerung nicht zu den Kernkompetenzen des Unternehmens. In diesem Fall kann sich das Unternehmen von einer Randtätigkeit, die nicht zu seinem Kerngeschäft gehört, trennen.

Konsignationslager sind Lager des Lieferanten oder eines von ihm beauftragten Logistikdienstleisters beim Kunden. Zumeist ist damit die Übernahme der Bestandshaltung gemeint, jedoch kann auch die Übernahme der gesamten Lagerhaltungsaktivitäten Gegenstand der Zusammenarbeit sein. Je nach Vertragsgestaltung variieren die Vorteile. Die wichtigsten Vorteile für den Lieferanten sind: die Möglichkeit der Konsolidierung von Lieferungen und die damit einhergehende Einsparung von Frachtkosten sowie eine starke Kundenbindung. Die Vorteile für den Kunden sind in der ständigen Verfügbarkeit von Material und Teilen, in einer Reduzierung der Kapitalbindung (der Eigentumsübergang und die Zahlung entstehen erst bei der Entnahme, also wenn ein konkreter Bedarf besteht), in einer Arbeitsersparnis im Einkauf und bei der Beschaffungslogistik (Einsparung von Disponenten) zu sehen.

18.1.2 Lagerhaltungsfunktionen

Die Lagerhaltung lässt sich durch eine **Input-Throughput-Output-Beziehung** beschreiben. Als Input gehen hier die im Folgenden zu beschreibenden Produktionsfaktoren (z.B. Lagertechnik) sowie Objektfaktoren (Lagergüter) ein. Neben den Ein- und Auslagerungsprozessen ist die Höhe des Bestands das wichtigste Kennzeichen der Lagerhaltung.

Im Sinne einer Flussorientierung ist es grundsätzlich das Ziel der Logistik, keine oder eine möglichst geringe Lagerhaltung vorzusehen. Dieses Ziel lässt sich aber nicht für alle Objekte in allen Bereichen der Prozesskette verwirklichen. So gibt es Material- und Warenflüsse, die nicht steuerbar, quasi unvermeidlich festgelegt sind oder aber aufgrund entsprechender wirtschaftlicher Überlegungen bewusst in Kauf genommen oder herbeigeführt werden. ▶ *Abbildung 18.2* beschreibt die unterschiedlichen Funktionen der Lagerhaltung.

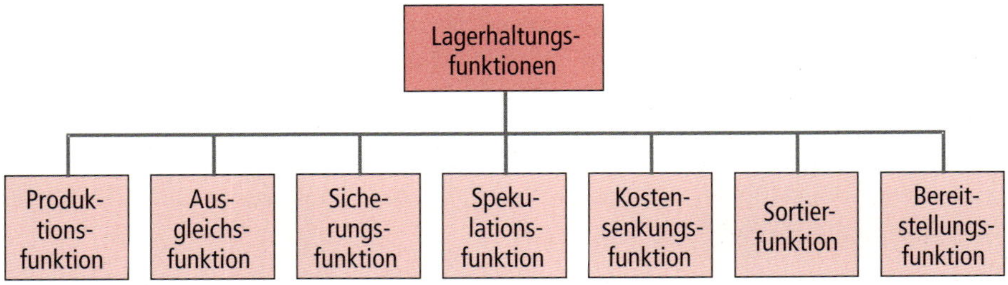

Abbildung 18.2: Gliederung von Lagerhaltungsfunktionen

Es existieren Lagerprozesse, die der Zeitüberbrückung als einen Abschnitt des Produktionsprozesses dienen (z.B. Abkühlung, Trocknung, Alterung, Gärung, Reifung). Wir sprechen hier von der **Produktionsfunktion** der Lagerhaltung.

Permanent auftretende Dissonanzen zwischen Input- und Output-Strömen, die von den Unternehmen nicht beeinflusst werden können, können durch Lager harmonisiert werden. Diese **Ausgleichsfunktion** kann z.B. im Beschaffungsbereich Einsatzstoffe, die von einer Erntezeit abhängen und nur zu diesem Zeitpunkt verfügbar sind, durch Lagerung über das ganze Jahr verfügbar machen. Auch in der Produktion trifft man auf nicht steuerbare, permanent auftretende Dissonanzen, die durch eine Lagerhaltung ausgeglichen werden müssen. So gibt es bestimmte Chargenproduktionen, bei denen es aus technologischen Gründen notwendig ist, nur eine bestimmte Mindestmenge zu fertigen. Diese Chargenmindestmenge stimmt häufig nicht mit der benötigten Menge überein.

Unsicherheitsbedingt auftretende Dissonanzen, die vorgegeben und grundsätzlich nicht steuerbar (etwa Anlagenausfälle trotz sachgemäßer Instandhaltung) sowie aus wirtschaftlichen Gründen bewusst ins Kalkül gezogen worden sind (z.B. Wahrscheinlichkeit von Lieferverspätungen bei Global Sourcing), können durch die **Sicherungsfunktion** der Lagerhaltung ausgeglichen werden.

Die Lagerhaltung erfüllt eine **Spekulationsfunktion**, wenn durch Bestände oder Fehlbestände (Short-Positionen) vom Unternehmen vermutete zukünftige Veränderungen auf den Märkten ausgenutzt werden sollen. Erwartet ein Unternehmen z.B. Steigerungen in den Rohstoffpreisen, so kann es sich durch einen höheren Bestand vor Preissteigerungen in der Zukunft absichern.

Wenn die Beschaffung einer größeren Menge wirtschaftlich sinnvoll ist, weil diese aufgrund niedrigerer Transportkosten und/oder Mengenrabatte zu geringeren Kosten führt, so kann von der **Kostensenkungsfunktion** des Lagers gesprochen werden.

Lager können auch eine **Sortierfunktion** übernehmen. So wird die Lackierung der Rohkarossen im Fahrzeugbau möglichst in Pulks (Losen) gleicher Farben und von hellen Farben zu dunkleren Farben durchgeführt. Vor der Lackiererei befindet sich dementsprechend ein Lager, in dem die unterschiedlichen Rohkarossen gesammelt und anschließend in Pulks gleicher Farben lackiert werden.

Die **Bereitstellungsfunktion** erfüllt die Lagerhaltung dann, wenn Lagerplätze als Orte dienen, an denen die Güter zur Abholung vom Empfänger bereitgestellt werden. Dies kann ein Regal in einem Supermarkt sein oder ein Kleinteilelager in einer Produktion, aus dem die Arbeiter Schrauben entnehmen, um sie bei der Montage von Produkten zu verwenden.

18.1.3 Lagerbewirtschaftungsstrategien

Lagerbewirtschaftungsstrategien betreffen die Lagerplatzauswahl und -vergabe sowie die Ein- und Auslagerungsstrategien. Sie bestimmen die Kapazitätsauslastung, die Wegstrecke der Lagerfahrzeuge bzw. Lagermitarbeiter, das Alter bzw. die Vermeidung einer Überalterung der gelagerten Güter und die Zugriffssicherheit bei technischen Defekten. Bei der Beurteilung der im Folgenden vorgestellten Lagerbewirtschaftungsstrategien ist zu beachten, dass – vor allem bei einem breiten Spektrum von zu lagernden Gütern – auch Mischstrategien optimal sein können.

Bei der Lagerplatzvergabe gibt es grundsätzlich drei Strategien. Die traditionelle Form der Lagerhaltung ist die **Festplatzlagerung**: Jedem Artikel wird ein fester Lagerplatz zugewiesen. Vorteile sind die Zugriffssicherheit, auch dann, wenn die Vollplatzdatei verloren geht und/oder der Bestandsrechner ausfällt. Nachteile liegen vor allem in der schlechten Raumausnutzung.

Bei der Strategie der **freien Lagerplatzvergabe innerhalb fester Bereiche** gibt es die Teilstrategien Zonung und Querverteilung. Bei der **Zonung** werden Artikelgruppen nach ihrer Umschlagshäufigkeit (Schnelldreher, Langsamdreher) gebildet. Die Schnelldreher werden in der Nähe, die Langsamdreher fern von den Ein- und Auslagerungspunkten gelagert. Vorteile dieser Strategie sind die Verkürzung von Ein- und Auslagerungswegen und -zeiten. Bei der **Querverteilung** werden mehrere Lade-Einheiten (z.B. Paletten) eines Artikels über mehrere Lagergänge verteilt. Fällt das für den einen Gang benötigte Fördermittel aus, so kann eine Auslagerung des Artikels trotzdem vorgenommen werden, weil es dann auf die Lade-Einheit in dem anderen Gang zugreift.

Die vollständig freie oder **chaotische Lagerung** hat nichts damit zu tun, dass es an einer Lagerorganisation mangelt – ganz im Gegenteil muss hier eine genaue Verfolgung der eingelagerten Artikel und der Lagerorte erfolgen, denn die Lagerung erfolgt auf beliebigen, freien Lagerplätzen. Der Vorteil liegt in der erhöhten Ausnutzung der Lagerkapazität. Im Fall eines Rechnerausfalls oder eines Verlusts der Bestandsdatei ist der Zugriff auf die Artikel nur mit erheblichem Suchaufwand möglich.

Bei den **Ein- und Auslagerungsstrategien** gibt es vier wichtige Strategien: Fifo, Lifo, Mengenanpassung und wegeoptimierte Ein- und Auslagerung:

- Bei Anwendung der Strategie **First-in-First-out (Fifo)** wird jene Lade-Einheit eines Artikels zuerst ausgelagert, die auch zuerst eingelagert wurde – also schon am längsten im Lager war. Hierdurch wird eine Veralterung einzelner Bestände vermieden. Nachteile sind eventuell nicht mögliche Wege-Optimierungen und notwendige Umlagerung bei bestimmten Lagertechniken (z.B. Blocklagerung).
- Das **Last-in-First-out (Lifo)-Prinzip** besagt genau das Umgekehrte. Die zuletzt eingelagerte Lade-Einheit eines Artikels wird zuerst ausgelagert. Diese Strategie ermöglicht den Einsatz bestimmter Lagertechniken, z.B. Einschubregale oder Blocklagerung, ohne dass Umlagerungen notwendig sind.
- Mithilfe der Strategie der **Mengenanpassung** werden entsprechend der Auftragsmenge bestimmte volle oder angebrochene Lade-Einheiten auch unter Verletzung des Fifo so gewählt, dass eine hohe Raumnutzung im Kommissionierbereich erreicht wird und Rücklagerungen vermieden werden.
- Die **wegeoptimierte Ein- und Auslagerung** versucht immer, die Lade-Einheit eines Artikels auszulagern, bei der die Wegstrecke und/oder die Zeit optimiert werden können. Bei der Ein- und Auslagerung sind insbesondere solche Strategien wirtschaftlich, die sogenannte Doppelspiele ermöglichen, das heißt, bei denen vom selben Flurförderzeug oder Lagermitarbeiter im Anschluss an eine Einlagerung eine Auslagerung vorgenommen wird. Der Lagerplatz der Auslagerung sollte in möglichst geringer Entfernung zum Lagerplatz der eingelagerten Lade-Einheit sein, um Leerfahrten zu minimieren.

18.1.4 Materialflusstechnische Formen der Lagerung

Die Materialflusstechnik hat in den letzten Jahren und Jahrzehnten erhebliche Fortschritte erreicht. Heute stehen zur prozessualen Abwicklung der Lagerungsfunktion sehr unterschiedliche technische Varianten und Möglichkeiten zur Verfügung.

Die Lagerhausbauweise bestimmt sehr stark die Leistungsfähigkeit eines Lagers. Lager bis zu einer Höhe von 7 m bezeichnet man als Flachlager, bei einer Höhe bis zu 12 m spricht man von hohen Flachlagern. Bei Lagerhallen über 12 m Höhe liegen Hochlager vor, die zumeist als Hochregallager ausgebaut sind.

Mittlerweile sehr häufig anzutreffen sind **automatische Hochregallager**, die bis zu 50 m Höhe erreichen können und in denen die Lagerbewegungen ohne menschliches Zutun per Lagerrechner gesteuert ablaufen. Nach anfänglichen Problemen – so bestand eine neuralgische Stelle z.B. in der zumeist per Strichcode erfolgenden automatischen Erkennung des einzulagernden Gutes – haben diese „Lagermaschinen" einen hohen Zuverlässigkeitsgrad erreicht. Sie bieten neben automatisierungsbedingten Kostenvorteilen auch den Nutzen ständiger Transparenz über Bestand und Prozesse im Lager.

Neben der Bauform sind die eingesetzten Lagermittel zu erwähnen, die den Charakter eines Lagers wesentlich mitbestimmen. In Lagern ohne Regale findet Bodenlagerung statt, in Lagern mit Regalen eine Regallagerung. Beide Formen können als Blocklager (die Lade-Einheiten werden zu einem Block zusammengestellt) oder als Zeilenlager (zeilenweise Lagerung mit Zwischenräumen für Bedienwege) konfiguriert werden. Die beiden lagerhilfsmittellosen Lagerungsformen, die **Boden-** und die **Blocklagerung**, werden in Lagerhäusern vor allem für schwere Güter angewandt. Für sich kurzfristig umschlagende Zwischenlager (z.B. Bereitstellungslager vor Produktionslinien oder Speditionslager) sind sie die typische Lagerungsform.

Letztlich ist noch die Unterscheidung in statische und dynamische Lagerung zu unterscheiden: Bodenlager sind grundsätzlich statische Lager, weil die Lade-Einheiten in der Zeit zwischen Ein- und Auslagerung an einem festen Platz verweilen. In Regallagern können die Lagermittel (Regale) unter Umständen bewegt werden (z.B. Durchschiebelager), was man als dynamische Lagerung bezeichnet.

Die **Lagerhausorganisation** beschäftigt sich mit der Überwachung und Verwaltung der Abläufe im Lagerhaus. Des Weiteren ist die Art der Lagerplatzvergabe Teil der Lagerorganisation.

Innerhalb der Lagerhäuser dominieren heute Regallagerkonzepte. Sie sehen – dreidimensional gestaltet – feste Lagerplätze vor, die je nach Höhe der Regalanlage entweder durch spezielle Stapler oder durch Regalförderzeuge be- und entladen werden.

Innerhalb der **Lagerhilfsmittel** hat sich in den letzten Jahren ein deutlicher Trend zur Standardisierung ergeben. Soweit möglich, setzt man genormte Hilfsmittel ein. Sie ermöglichen nicht nur, bei den Lagersystemen auf Standardlösungen zurückzugreifen (z.B. Regallager mit „normalen" Abmessungen der Stellplätze), sondern tragen auch zur Verminderung von Umschlagsprozessen bei: Auf Paletten transportierte Materialien können ohne weitere Manipulationen direkt eingelagert werden. Derartige Normierungen haben nicht nur zu Rationalisierungen innerhalb der Materialflusskette geführt, sondern auch Einfluss auf die Produktgestaltung genommen.

Die Auswahl der Materialflusstechnik im Lager hängt von vielen Faktoren ab und muss auf den Einzelfall bezogen geprüft werden. Sie hängt im Wesentlichen von der Eigenschaft der zu lagernden Güter, der Anzahl der Artikel, der Menge pro Artikel, der Gewichte und Abmessungen der einzulagernden Artikel, der Zahl der Ein- und Auslagervorgänge und natürlich von den Kosten für die Lagertechnik ab.

Hohe Kosten für die automatisierte Lagertechnik, gepaart mit den Bestandssenkungsprogrammen, die mit der Einführung von Logistikkonzepten gefahren werden, haben dazu geführt, dass die Euphorie bezüglich Hochregallager nachgelassen hat.

Die Anforderungen an die Lagerung steigen ständig. In den vergangenen Jahren sind hier folgende Entwicklungen zu sehen:

- Produktivitätssteigerung durch neue Techniken, insbesondere durch Automatisierung, z.B. durch Fahrerlose Transportsysteme (FTS), durch automatisierte Regalbediengeräte oder automatisierte Kommissionierung sowie durch Beschleunigung der Prozesse durch verbesserte Identifizierung (siehe *Abschnitt 18.6*).
- Zwar ist die Lagersicherheit im Sinne des Schutzes vor Unfällen (engl. „safety“) schon seit langem eine wichtige Aufgabe des Lagermanagements. Seit dem 11. September 2001 spielen verschärfte Sicherheitsmaßnahmen zum Schutz vor ungewünschten Eingriffen (engl. „security“) insbesondere bei Gütern, die mit Luftfracht transportiert werden eine größere Rolle. Viele Unternehmen haben in den vergangenen Jahren auch im Bereich der Lager in Maßnahmen zum Schutz vor Diebstahl investiert. Besonders wichtig ist dies bei hochwertigen und/oder leicht verwertbaren Gütern (z.B. Elektro- und Pharmaindustrie oder Tabakwaren).
- Verstärkter Fokus auf Energieeffizienz und Umweltschutz. Der Lagerbereich wurde lange vom Umweltmanagement vernachlässigt. Aus Kostengründen wird immer noch häufig in alten, schlecht isolierten und schlecht (natürlich) beleuchteten sowie mit veralteten Leuchtmitteln ausgestatteten Hallen gelagert. Aber auch Lagerneubauten waren oft einfache, kostengünstige Hallen ohne Umweltschutzmaßnahmen. Nachdem im Transportbereich eine Vielzahl von Umweltschutzmaßnahmen getroffen wurden, entdecken nun die ersten Unternehmen den Bereich der Lager. Nahezu alle großen Logistikdienstleister haben Konzepte für umweltfreundliche Lagerhäuser, die auf bessere Wärmeisolierung, Nutzung natürlicher Lichtquellen, Energiesparlampen, den Einsatz erneuerbarer Ressourcen, die Installation von Wind- und Solarenergieanlagen sowie von Regenwassernutzung setzen, entwickelt. Ein Beispiel für ein derartiges grünes Logistikprojekt ist das Unternehmen Schachinger Logistik, das an seinem Firmensitz in Linz-Hörsching ein 12.000 m^2 großes Hochregal-Lager für 20.000 Paletten aus Holz auf Passivhaus-Standard errichtet hat. Der Beleuchtungsbedarf wird durch Lichtkuppeln minimiert, Strom wird durch eine eigene Solaranlage generiert, die Wärme- und Kälteversorgung erfolgt durch Geothermie. Die höheren Errichtungskosten rechnen sich durch geringe Betriebskosten binnen acht Jahren, Raumklima sowie Tageslicht erhöhen die Arbeitsplatzqualität der Mitarbeiter. Das Projekt wurde u.a. mit dem österreichischen Staatspreis für Architektur und Nachhaltigkeit ausgezeichnet.

ZUSAMMENFASSUNG

Die Lagerung, also die Überbrückung der Zeitdisparitäten von Objektfaktoren, stellt eine sehr wichtige Dienstleistung in der Logistik dar. Lager können in Eigen-, Fremd- und Konsignationslager sowie nach der gelagerten Materialart in Roh-, Hilfs- und Betriebsstofflager, Lager für Materialen, Fertigwaren, Ersatzteile und Handelswaren unterschieden werden. Es gibt eine Vielzahl verschiedener Funktionen, für die Lager herangezogen werden. In diesem Zusammenhang ist es auch wichtig, die jeweils passende Lagerbewirtschaftungsstrategie auszuwählen und umzusetzen. Neue Herausforderungen sind Maßnahmen zur Produktivitätssteigerung, Lagersicherheit (safety and security) sowie die Schaffung umweltfreundlicher Lagerhäuser.

ZUSAMMENFASSUNG

18.1.5 Übungsfragen

1. Wie ist Lagerung definiert?
2. Welche drei Lagerstufen werden entlang des Materialflusses unterschieden?
3. Nennen und beschreiben Sie die Funktionen der Lagerhaltung.
4. Beschreiben und bewerten Sie die Strategien der Lagerbewirtschaftung.
5. Mit welchen Maßnahmen können Lagerhäuser umweltfreundlicher gestaltet werden?

Lösungen zu den Übungsfragen und weiterführende Materialien finden Sie auf der Website zum Buch unter *www.pearson-studium.de*.

EXTRAS ONLINE

18.2 Bestandsmanagement

Die steigende Dynamik auf internationalisierten Märkten und kürzere Produktlebenszyklen (z.B. Mobiltelefone, Elektronikbauteile) bedeuten kürzere Reaktionszeiten für unternehmerische Entscheidungen. Daraus resultiert eine veränderte Sichtweise von Beständen im Unternehmen: Während vor einigen Jahren noch hohe Lagerbestände für die sichere Zukunft eines Unternehmens standen, wird heute aufgrund des gestiegenen Kostendrucks die Reduktion der Vorräte an Rohstoffen, Halbfertigfabrikaten und Fertigerzeugnissen („Verschlankung der Bestände“) als eine Erfolg versprechende Maßnahme zur Reduktion von Kosten und Kapitalbindung angesehen.[2]

Die Hauptaufgabe des Bestandsmanagement ist es, Bedarfsträger mit den benötigten Materialien, Zwischenprodukten oder Fertigprodukten zu versorgen. Das Bestandsma-

2 Vgl. Stölzle, W. et al. (2004), S. 21

nagement trifft dazu Entscheidungen über die Bestandshöhe. Diese Entscheidungen können:

- vom Logistikbereich für unterschiedliche Abteilungen im Unternehmen (z.B. Beschaffung, Produktion, Vertrieb, Entsorgung) getroffen werden,
- vom Logistikbereich in Abstimmung mit diesen Bereichen getroffen werden oder
- sie werden von den anderen Bereichen selbst getroffen und müssen vom Logistikbereich umgesetzt werden.

Daher kann das Bestandsmanagement nicht nur als funktionale Spezialisierung, sondern den Entwicklungsstufen der Logistik folgend auch als betriebliche Querschnittsfunktion (Koordinationsfunktion) betrachtet werden (vgl. *Kapitel 19*). Auf diese Weise können sämtliche Unternehmensbereiche, in denen Bestände eine Rolle spielen, integriert betrachtet werden. Im Folgenden werden die Grundlagen des Bestandsmanagements als funktionale Spezialisierung, die Auswirkungen von Beständen auf den Unternehmenserfolg und die Grundzüge des Bestandscontrollings vorgestellt.

Definition

Bestandsmanagement beschäftigt sich mit der Betrachtung aller im Unternehmen vorhandenen Lagerbestände mit dem Ziel, einen für das Unternehmen optimalen Trade-off zwischen den Zielen Senkung der Kapitalbindung, um eine größere Kapitalumschlagshäufigkeit im Unternehmen zu erzielen, einerseits und einer Steigerung des Lieferservices andererseits. Bestände können in Form von Rohstoffen, Hilfsstoffen, Betriebsstoffen, unfertigen oder fertigen Erzeugnissen entlang der gesamten logistischen Kette auftreten.

Bei der Sicherstellung der Versorgung der Bedarfsträger treten zwei konkurrierende Ziele auf: Zum einen soll die Versorgung sichergestellt werden, um Fehlmengen und die damit verbundenen Fehlmengenkosten zu vermeiden. Zum anderen sollen durch effizientes Bestandsmanagement die Bestandskosten auf ein Minimum reduziert werden. Können alle Auswirkungen des Bestandsmanagements in Kostengrößen abgebildet werden (auch Kosten, die in anderen Bereichen, z.B. der Produktion, der Beschaffung oder im Marketing/Vertrieb, entstehen), so ist die Aufgabe des Beschaffungsmanagements die Minimierung dieser Kosten. In der Unternehmenspraxis ist es jedoch häufig nicht oder nur schwer möglich, die Auswirkungen des Bestandsmanagements auf alle Kosten zu bestimmen. So tun sich viele Unternehmen bei der Ermittlung der Fehlmengenkosten schwer. Anstelle einer Optimierung wird dann z.B. pragmatisch ein Lieferservicegrad festgelegt. Unter der Prämisse der Erfüllung dieses Lieferservicegrads werden dann die Bestandskosten minimiert. Dies lässt sich durch folgenden Leitsatz des Bestandsmanagement ausdrücken:

Die notwendige Versorgungssicherheit mit dafür notwendigen Beständen schaffen!

Bestände im Unternehmen können als Puffer betrachtet werden, die zeitliche, räumliche und mengenmäßige Differenzen zwischen Input- und Output-Strömen an Materialien und Gütern bei der betrieblichen Leistungserstellung ausgleichen.

Neben den in *Kapitel 8* und *11* beschriebenen Bestandsarten zur Deckung der Bedarfe können Bestände auch zu Spekulationszwecken gehalten werden. Der **Spekulations-**

bestand wird zur Glättung schwankender Marktpreise am Beschaffungsmarkt eingesetzt (z.B. saisonale Güter).

Aufbauend auf der oben genannten Abgrenzung von Beständen kann im Rahmen der ABC-Analyse eine weitere Unterteilung der Bestände in A-, B- und C-Bestände vorgenommen werden (vgl. *Abschnitt 8.1.1*).

18.2.1 Erfolgswirksamkeit von Beständen

Bestandskosten können heute bis zu 11% des Gesamtkostenvolumens betragen[3] und binden somit wertvolles Kapital des Unternehmens. Dieses Kapital ist in den gelagerten Produkten gebunden und steht somit nicht mehr für andere wichtige Aktivitäten zur Verfügung. Jedoch muss Kapital effizient eingesetzt werden, damit ein Unternehmen am Markt konkurrenzfähig sein kann. Die geringere Kapitalbindung durch niedrigere Bestände beeinflusst vor allem das Rentabilitätsziel des Unternehmens (ROI, vgl. *Abschnitt 3.5*).

Lagerbestände beeinflussen zusammen mit Forderungen und anderen Vermögensgegenständen das Umlaufvermögen eines Unternehmens und somit über den Kapitalumschlag auch den ROI. Die Auswirkung sinkender Bestände auf das gesamte ROI-System ist in der ▶ *Abbildung 18.3* dargestellt. Wichtige Maßnahmen zur Senkung von Beständen sind die Standardisierung von Teilen und Komponenten (z.B. Automobilindustrie) oder der Einsatz von Verfahren zur Ermittlung der optimalen Bestellhäufigkeit und der optimalen Bestellmenge (vgl. *Abschnitt 11.3*).

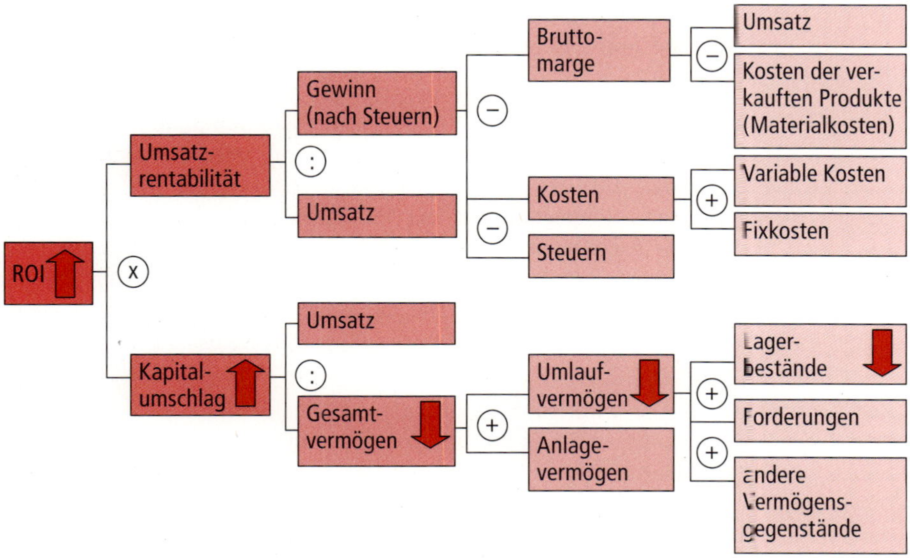

Abbildung 18.3: Auswirkung sinkender Bestände auf den ROI

Bestände verursachen im Wesentlichen folgende Kosten:[4]

3 Vgl. Pfohl, H.-C. (2004), S. 50, vgl. Stölzle, W. et al. (2004), S. 12

4 Vgl. Weber, J., Kummer, S. (1998), S. 55 oder Stölzle, W. et al. (2004), S. 22 f.

- Kalkulatorische Kosten für das gebundene Kapital (Zinskosten)
- Kosten der Ein-, Um- und Auslagerungsvorgänge
- Kosten der Lagerung (Lagerhaus, Lagerhilfsmittel)
- Kosten der Verwaltung des Lagers und der Bestände
- Kosten der Disposition der Bestände
- Steuern und Versicherungskosten
- Lagerrisikokosten für Diebstahl, Beschädigung oder Wertverlust gelagerter Güter (z.B. wird der Wertverlust von Elektronikbauteilen auf etwa 2% pro Woche geschätzt)

Im Gegensatz zu den oben angeführten Kostengrößen, die durch zu hohe Bestände entstehen, können dem Unternehmen auch durch zu geringe Bestände Kosten entstehen. Diese **Fehlmengenkosten** (siehe *Abschnitt 11.3*) können überall dort entstehen, wo zeitliche Unterschiede zwischen Input- und Output-Strömen nicht durch Bestände ausgeglichen werden können. Daraus resultiert die Gefahr, dass der Produktionsprozess wegen Materialmangel unterbrochen werden muss oder die Nachfrage nach fertigen Produkten am Absatzmarkt nicht mehr befriedigt werden kann.

18.2.2 Bestandscontrolling

Der erwartete Bedarf an Rohstoffen, Halbfertigprodukten und Gütern im Unternehmen basiert auf der Bedarfsplanung. Der Bedarf wird im Normalfall mit Sicherheitsbeständen in den Lagern gegen das Auftreten von Fehlmengen abgesichert. Da diese Maßnahmen nicht garantieren können, dass der prognostizierte Bedarf mit dem tatsächlichen Bedarf übereinstimmt, ist ein Bestandscontrolling zur Kontrolle, Bewertung und Anpassung der Bestände nötig. Dazu gibt es in den meisten Unternehmen eine vierstufige Vorgangsweise:[5]

- **Bestandsführung:** Die Erfassung der Ist-Daten ist eine Dokumentationsaufgabe, die Zu- und Abgänge aufzeichnet. Dabei werden drei Bestandsarten unterschieden: Der tatsächliche Lagerbestand ist der physisch vorhandene Bestand an Materialien und Gütern im Lager; der Buchbestand ist der durch Fortschreibung von Zu- und Abgängen errechnete Lagerbestand; der Buchbestand kann vom tatsächlichen Lagerbestand abweichen. Zur Abgleichung zwischen Lagerbestand und Buchbestand werden Inventuren durchgeführt. Der dabei ermittelte Bestand heißt Inventurbestand und entspricht dem physisch vorhandenen Bestand zum Zeitpunkt der Inventur.
- **Bestandsrechnung:** Der Soll-Ist-Vergleich dient der eigentlichen Kontrolle von Beständen im Unternehmen. Dazu wird der mengenmäßige Verbrauch von Materialien und Gütern nach unterschiedlichen Kriterien bewertet. Kriterien für die Bewertung der Materialien oder Güter können deren Anschaffungspreise (Einstandspreise), Wiederbeschaffungspreise oder feste Verrechnungspreise sein. Eine weitere Aufgabe der Bestandsrechnung besteht in der Gegenüberstellung von Soll-Werten aus der Bestandsplanung und Ist-Werten aus der Bestandsführung, um die Bestandsentwicklung so früh wie möglich überprüfen zu können.

5 Vgl. Stölzle, W. et al. (2004), S. 104 ff.

- **Bestandsanalyse:** Die Abweichungsanalyse dient der Untersuchung von Ursachen unerwarteter Bestandsabweichungen und zur Überprüfung des Lagersortiments. Dabei wird festgestellt, ob das gelagerte Sortiment umfangreicher ist als nötig und ob Lagerhüter (= Produkte und Materialien, die selten nachgefragt werden) vorhanden sind. Lagerhüter sind in doppelter Hinsicht problematisch, da sie nicht nur Kapital binden, sondern auch Lagerraum belegen.
- **Bestandsanpassungsmaßnahmen:** Sie dienen dazu, den optimalen Lagerbestand zu erreichen. In der Regel sind dies Maßnahmen zur Bestandssenkung. In Ausnahmefällen, z.B. Engpass-Situationen, können dies aber auch Maßnahmen zur Bestandserhöhung sein (z.B. Einschaltung neuer Lieferanten, um die Bestände zu erhöhen).

Im Rahmen des Bestandscontrollings werden Kennzahlen (vgl. *Abschnitt 3.5*) zur Erfassung der relevanten Tatbestände eingesetzt. Diese Kennzahlen dienen auch als Entscheidungsgrundlage für Anpassungsmaßnahmen der Bestände. Auf Basis der Ergebnisse der Bestandsanalyse und der errechneten Kennzahlen können Anpassungsmaßnahmen zur Bestandsoptimierung erarbeitet und umgesetzt werden.

Die **Lagerreichweite** gibt Aufschluss über die interne Versorgungssicherheit durch Bestände im Unternehmen. Die Lagerreichweite wird normalerweise in Tagen, Wochen oder Monaten (= Periode) angegeben. Veränderungen der Lagerreichweite beeinflussen die Lieferbereitschaft und können zu Fehlmengenkosten oder erhöhten Lagerhaltungskosten führen. Die Lagerreichweite kann rückwirkend (obere Formel) oder vorausschauend im Rahmen der Planung (untere Formel) errechnet werden.

$$\text{Lagerreichweite} = \frac{\text{Aktueller Lagerbestand am Stichtag}}{\text{Durchschnittlicher Bedarf pro Periode}}$$

$$\text{geplante Lagerreichweite} = \frac{\text{Lagerbestand + offene Bestellungen}}{\text{geplanter Bedarf pro Periode}}$$

Die **Vorratsintensität** wirkt sich über das Umlaufvermögen auf die Kapitalrentabilität des Unternehmens (ROI) aus. Hohe Sicherheitsbestände, eine große Sortimentsbreite oder ein schlecht abgestimmter Materialfluss im Unternehmen bedeuten einen hohen Anteil der Vorräte am Umsatz und beeinflussen den Unternehmenserfolg negativ.

$$\text{Vorratsintensität} = \frac{\text{Vorräte (Lagerbestandswert)}}{\text{Umsatz}}$$

Die **Bestandsstruktur** gibt Aufschluss über die Zusammensetzung des Lagerbestands. Dabei wird der Anteil eines bestimmten Materials oder einer Materialgruppe (Material X) am Gesamtbestand im Lager gemessen (z.B. Anteil der A-, B- oder C-Güter am Gesamtlagerbestand).

$$\text{Bestandsstruktur} = \frac{\text{Lagerbestandswert Material X}}{\text{Gesamtlagerbestand}}$$

Der **durchschnittliche Lagerbestand** ist Ausgangspunkt für die Berechnung der durchschnittlichen Kapitalbindung im Lager. Ein hoher durchschnittlicher Lagerbestand wirkt sich direkt auf die Lagerhaltungskosten und somit auch auf die Kapitalbindungskosten im Unternehmen aus.

$$\text{Durchschnittlicher Lagerbestand} = \frac{\text{Summe der Periodenbestände}}{\text{Periodenanzahl}}$$

Die **durchschnittliche Lagerdauer** bezeichnet die durchschnittliche Verweildauer von Materialien und gibt Aufschluss über die Situation und Entwicklung der Kapitalbindung im Lager. Diese Kennzahl kann für das gesamte Lager errechnet werden oder für einzelne Bestandssegmente (z.B. A-Güter).

$$\text{Durchschn. Lagerdauer} = \frac{\text{Durchschn. Lagerbestand} \times 360 \text{ (oder 240) Tage}}{\text{Jahresverbrauch}}$$

Die **Umschlagshäufigkeit im Lager** (Lager-Umschlags-Koeffizient) zeigt an, wie oft sich das gelagerte Material/Gut in einer Periode austauscht (umschlägt). Diese Kennzahl kann für das gesamte Lager errechnet werden oder für einzelne Bestandssegmente (z.B. A-Güter). Auf Basis dieser Informationen können Lagerhüter identifiziert und Anpassungsmaßnahmen vorgenommen werden.

$$\text{Umschlagshäufigkeit im Lager} = \frac{\text{Lagerabgänge pro Periode}}{\text{Durchschnittlicher Lagerbestand}}$$

Die Kennzahlen des Bestandsmanagements geben Aufschluss über Umfang und Struktur der Bestände im Unternehmen. Sie dienen als Frühwarnsystem, da sie Auskunft über die Bestandssituation und -entwicklung im Unternehmen geben. Besondere Bedeutung kommt den oben besprochenen Kennzahlen auch insofern zu, als sie eine wichtige Entscheidungshilfe für Maßnahmen zur Anpassung der Bestände bilden. In der folgenden Tabelle werden wichtige Maßnahmen zur Bestandsreduktion vorgestellt:

Maßnahme	Erklärung
Beseitigung von Lagerhütern	Die Beseitigung von Lagerhütern kann durch eine Reichweitenanalyse oder durch eine Altersstrukturanalyse erfolgen. Bei der **Reichweitenanalyse** wird der durchschnittliche Bestand eines bestimmten Produkts auf den durchschnittlichen Verbrauch pro Periode bezogen. Wie bei einer ABC-Klassifikation wird dann für jede Kategorie von Produkten eine optimale Lagerreichweite festgelegt. Für die **Altersstrukturanalyse** werden Bestände nach Bewegungskennziffern (Bewegungshäufigkeit eines Produkts pro Periode) eingeteilt. So wird festgestellt, welche Güter in den vergangenen Perioden oft, selten oder gar nicht nachgefragt wurden. Auf Basis dieser Information kann eine mengenmäßige Anpassung der Bestände erfolgen.
Verbesserung der Bedarfsprognosen	Prognosefehler müssen über Sicherheitsbestände im Lager abgedeckt werden, damit keine Fehlmengen auftreten. Eine Verbesserung der Prognosegenauigkeit hat vor allem bei hochwertigen Gütern (A-Güter) große Auswirkungen, da eine Bestandsreduktion von A-Gütern die Kapitalbindung im Lager besonders stark senkt und so positiv auf den Unternehmenserfolg wirkt (vgl. *Abschnitt 18.2.1*).

Tabelle 18.1: Maßnahmen zur Bestandsreduktion

Maßnahme	Erklärung
Reduktion von Lagerstufen	Eine hohe Anzahl von Lagerstufen begünstigt, dass auf mehreren Stufen Bestände angelegt werden. Bestände sollten aber entlang der gesamten logistischen Kette nur dort aufgebaut werden, wo sie unbedingt nötig sind. Dazu kann eine Reduktion der Lagerstufen entscheidend beitragen.
Reduktion der Teile- und Variantenvielfalt	Die starke Vermehrung unterschiedlicher Teile, die im Produktionsprozess zum Einsatz kommen, kann durch Standardisierung abgebremst werden. So können nach Überprüfung des Gütersortiments durch eine Reduktion der Varianten- und Teilevielfalt Bestände im Lager abgebaut werden.
Senkung der Fertigungstiefe	Die Fremdvergabe von Teilen oder der kompletten Fertigung von Produkten oder Komponenten mit geringer strategischer Bedeutung für das eigene Unternehmen führt zur Senkung von Beständen (vgl. Make-or-Buy-Entscheidung, *Kapitel 10*). Gegebenenfalls kann dies jedoch die Bestände in der gesamten Supply Chain erhöhen.

Tabelle 18.1: Maßnahmen zur Bestandsreduktion (Forts.)

18.2.3 Bestandsoptimierungsmodelle: Erweiterung des Modells bei sicheren Erwartungen

Als Zielgröße verwenden **Bestandsoptimierungsmodelle** in der Regel die Kosten der Lagerhaltung. Andere erfolgswirtschaftliche Bestimmungsgrößen insbesondere die Erlöswirkungen von Lagerbeständen (z.B. reduzierte Erlöse, weil ein Kundenauftrag, aufgrund fehlender Lagerbestände nicht erfüllt werden konnte), können durch die Berechnung von Fehlmengenkosten abgebildet werden.

Neben den Kosten gehen in Lagerhaltungsmodelle vor allem Informationen über Lagerzu- und -abgänge ein. Einfache Modelle arbeiten mit sicheren Erwartungen. Komplexere Modelle berücksichtigen unsichere Erwartungen. Zur Prognose der zu erwartenden Lagerzu- und -abgangshöhe sowie zur Bestimmung der Wahrscheinlichkeiten unterschiedlicher Nachfragemengen können Beobachtungswerte aus der Vergangenheit oder planungsdeterminierte Prognosen (z.B. Verwendung von Angaben über die Lebensdauer ausfallkritischer Teile von Anlagen) verwendet werden.

Das im *Abschnitt 11.3* vorgestellte Modell zur Ermittlung der optimalen Bestellmenge ist ein Modell, das mit sicheren Erwartungen über die Lagerzugänge (Lieferungen) und Lagerabgänge (Nachfrage) arbeitet. Dieses Grundmodell der Lagerhaltung kann durch das Aufheben und Variieren der Annahmen erweitert werden, z.B. durch endlich große Lagerzugangszeiten, die Einführung von beschränkten Lagerkapazitäten oder durch die Gewährung von mengenabhängigen Rabatten. Für die Unternehmenspraxis ist vor allem die Zulassung von unsicheren Erwartungen über Lagerzu- und Lagerabgänge besonders relevant. Das Bestellmengenmodell kann auch als Modell der optimalen Losgröße im Bereich der Produktion oder im Bereich der Distribution eingesetzt werden.

Die Lagerhaltungskosten *(l)* werden, einem modernen Logistikverständnis entsprechend, nicht als prozentualer Zuschlagssatz auf den Einkaufspreis berechnet. Die Prozesskosten der Lagerhaltung *(c_p)* sollten vielmehr als Kosten pro Stück, die Kapitalbindungskosten durch Multiplikation des Zinssatzes *(i)* mit dem Einkaufspreis bzw. den Kosten der Total cost of ownership der Materialen *(Ep)* berechnet werden.

Der Lager und Zinskostensatz pro Stück l kann also wie folgt berechnet werden:

$$l = c_p + Ep \times i$$

18.2.4 Bestandsoptimierungsmodelle: Das Newsboy-Modell

Schwankungen in der Nachfrage (Lagerabgänge) und in den Lagerzugängen (z.B. durch mangelnde Termin-, Mengen- und Qualitätstreue der Lieferanten oder der eigenen Produktion) führen dazu, dass die Nachfrage nicht in jeder Periode befriedigt werden kann. Zur Optimierung der Lagerhaltung müssen diese unsicheren Erwartungen in das Lagerhaltungsmodell einfließen.

Das einfachste Modell der Berücksichtigung unsicherer Nachfrageerwartungen ist das sogenannte Newsboy-Modell, das deswegen so heißt, weil es das Verhalten eines Zeitschriftenverkäufers modelliert. Der Zeitschriftenjunge muss eine bestimmte Menge für einen Tag bestellen (q), die zum Beginn der Periode bereitsteht. Die Zeitschriften können nur an dem Tag verkauft werden. Ist die Nachfrage *Ji* größer als die bestellte Menge q, so gehen ihm während des Tages die Zeitschriften aus und es entsteht eine Fehlmengensituation, die Fehlmengenkosten (c_u) verursacht. Ist die Nachfrage (*Ji*) geringer als die Bestellmenge (q), hat er am Ende des Tages Zeitschriften zu viel und es entstehen Überbestandskosten (c_o). Ein Beispiel soll dies verdeutlichen.

Der Newsboy kauft eine Zeitschrift für 10,– ein und verkauft diese für 15,–. Wenn er die Zeitschrift nicht verkaufen kann, kann er diese an den Verlag für 9,– zurückgeben. Seine Fehlmengenkosten (c_u) können als entgangener Deckungsbeitrag interpretiert werden:

$$c_u = \text{Verkaufspreis } (Vp) - \text{Einkaufspreis } (Ep) = 15,\!- \; - \; 10,\!- = 5,\!-$$

Die Überbestandskosten betragen:

$$c_o = \text{Einkaufspreis } (Ep) - \text{Rücknahmepreis } (Rp) = 10,\!- \; - \; 9,\!- = 1,\!-$$

Um die optimale Bestellmenge zu ermitteln, beobachtet der Newsboy die Nachfrage:

Nachfragemenge *(Ji)*	Häufigkeit *(Hi)*	Wahrscheinlichkeit *(Pi)*	Kumulierte Wahrscheinlichkeit
5	1	0,025	0,025
6	2	0,050	0,075
7	5	0,125	0,200
8	7	0,175	0,375
9	10	0,250	0,625

Tabelle 18.2: Beispie für die Nachfrage eines Newsboy

Nachfragemenge *(Ji)*	Häufigkeit *(Hi)*	Wahrscheinlichkeit *(Pi)*	Kumulierte Wahrscheinlichkeit
10	7	0,175	0,800
11	5	0,125	0,925
12	2	0,050	0,975
13	1	0,025	1,000
Anzahl der Beobachtungen *(n)*	40		

Tabelle 18.2: Beispiel für die Nachfrage eines Newsboy (Forts.)

Um die Kosten der Fehlmengen und des Überbestands zu ermitteln, errechnet der Newsboy die Wahrscheinlichkeit (*Pi*), mit der die unterschiedlichen Nachfragemengen eintreten.

Fehlmengen treten auf, wenn die Nachfrage (*Ji*) größer ist als die Bestellmenge (q). Im Sinne einer Marginalbetrachtung können die erwarteten Fehlmengenkosten (pro Stück) für eine bestimmte Bestellmenge nun anhand der Wahrscheinlichkeit (W), mit der die Fehlmengen auftreten, errechnet werden als:

$$c_u \times W(\text{Nachfrage} > q) = c_u \times [1 - W(\text{Nachfrage} \leq q)]$$

Die Verteilungsfunktion $F(q)$ entspricht der Wahrscheinlichkeit dafür, dass die Nachfrage kleiner gleich der Bestellung ist.

$$F(q) = W(Ji \leq q)$$

Wenn wir die Verteilungsfunktion $[F(q)]$ kennen, so können wir allgemein berechnen:

$$c_u \times [1 - F(q)]$$

Im konkreten Fall können wir z.B. die erwarteten Kosten der Fehlmengen pro Stück errechnen, wenn die Bestellmenge 7 Zeitschriften beträgt:

$$5{,}- \times [1 - F(7)] = 5{,}- \times [1 - 0{,}2] = 4{,}-$$

Eine ähnliche Betrachtung können wir für die erwarteten Kosten der Überbestände (pro Stück) machen. Überbestandskosten treten auf, wenn die Nachfrage (*Ji*) geringer ist als die Bestellmenge (q). Mithilfe der Überbestandskosten und der Wahrscheinlichkeit können wir die Überbestandskosten berechnen als:

$$c_o \times W(\text{Nachfrage} \leq q) = c_o \times F(q)$$

Bei einer Nachfrage von 7 betragen die Überbestandskosten pro Stück:

$$1{,}- \times F(7) = 1{,}- \times 0{,}2 = 0{,}2$$

▶ *Abbildung 18.4* zeigt die Entwicklung der erwarteten Fehlmengen- und Überbestandskosten pro Stück in Abhängigkeit von der Bestellmenge.

Will der „Newsboy" seinen Gewinn maximieren, so kann die Bedingung für die optimale Bestellmenge q wie folgt berechnet werden:

$$c_u \times [1 - F(q)] = c_o \times F(q)$$

Durch Umformung erhält man die Formel für die Berechnung der optimalen Bestellmenge im Newsboy-Modell:

$$F(q) = \frac{c_u}{c_u + c_o}$$

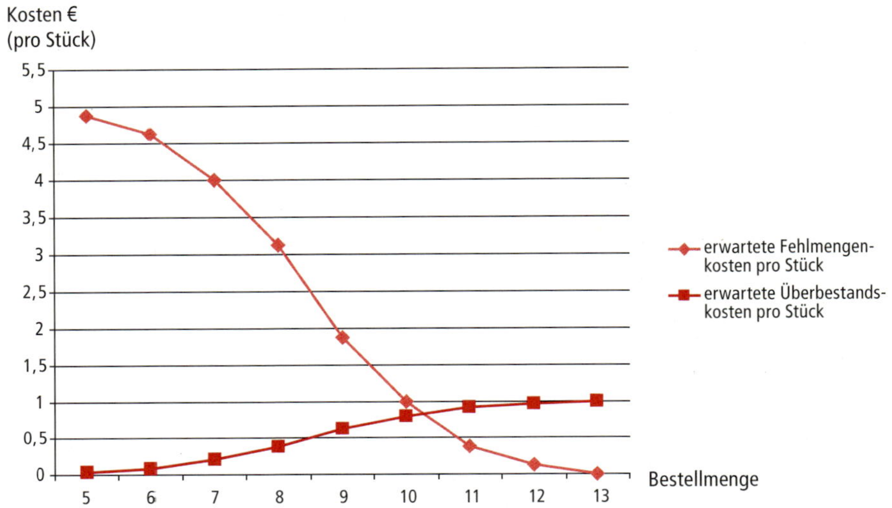

Abbildung 18.4: Erwartete Fehlmengen- und Überbestandskosten

Diese Formel gilt für eine stetige Nachfrageverteilung (z.B. Normalverteilung). Für diskrete und stetige Nachfrage *Ji* lautet die Bedingung:

Die optimale Bestellmenge q ist die kleinste Nachfrage, für die gilt:

$$c_o \times F(q) \geq c_u \times [1 - F(q)]$$

oder

$$F(q) \geq \frac{c_u}{c_u + c_o}$$

Die Bedingung besagt, dass die optimale Bestellmenge jene Nachfrage ist, bei der die erwarteten Fehlmengenkosten das erste Mal kleiner (oder gleich) als die erwarteten Überbestandskosten sind. Für das Beispiel bedeutet das, dass $q = 11$ ist, da

$$F(11) = 0{,}925 \geq 0{,}833 = \frac{c_u}{c_u + c_o}.$$

18.2.5 Bestimmung von Sicherheitsbestand und Lieferbereitschaft

Wenn ein Unternehmen bei der Lagerhaltung auf Schwankungen reagieren will, so ist die Reaktionsgeschwindigkeit abhängig von der Wiederbeschaffungszeit der Lagerobjekte. Will das Unternehmen permanent lieferfähig sein, so muss es einen Sicherheitsbestand (*SB*) realisieren, der das Maximum der innerhalb der Wiederbeschaffungszeit (t_w) auftretenden Nachfrageschwankungen ausgleichen kann ($J_{max} \times t_w$), allerdings wird für die erwartete Nachfrage während der Wiederbeschaffungszeit die prognostizierte Nachfrage als Bestand gehalten ($J_{pro} \times t_w$). Deswegen muss dieser Bestand bei der Berechnung abgezogen werden. Eine Lieferfähigkeit von 100% gewährleistender Sicherheitsbestand lässt sich als eine Funktion der Wiederbeschaffungszeit [t_w] darstellen:

$$SB = J_{max} \times t_w - J_{pro} \times t_w = t_w \, (J_{max} - J_{pro})$$

J_{max} = maximale Nachfrage je Zeiteinheit

J_{pro}= prognostizierte Nachfrage je Zeiteinheit

Abgesehen von der Problematik, dass auch J_{max} a priori nicht bekannt ist und dass eine 100%-ige Lieferfähigkeit keineswegs optimal sein muss, wird deutlich: Je kürzer die Wiederbeschaffungszeit ist, desto geringer kann der Sicherheitsbestand sein. Dies gilt auch, wenn das Unternehmen keine hundertprozentige Lieferfähigkeit anstrebt.

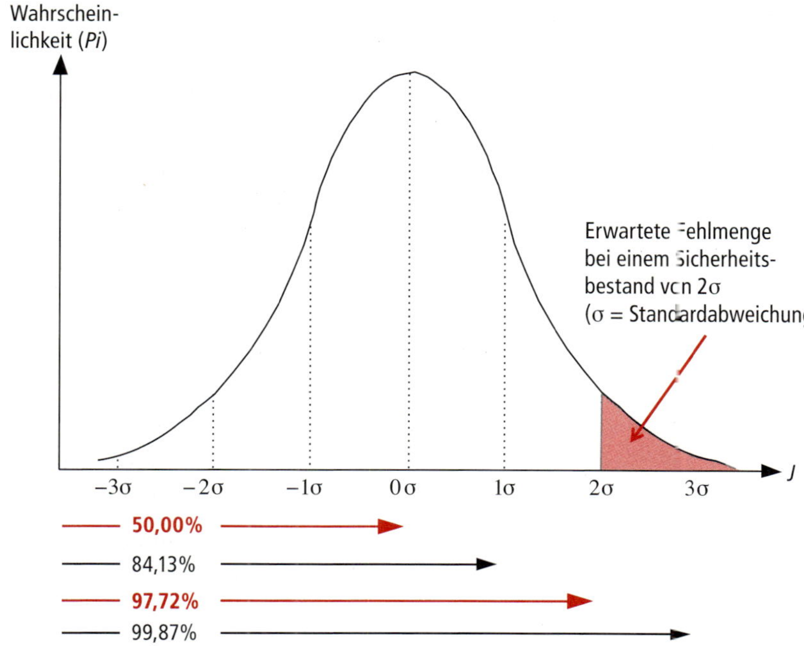

Abbildung 18.5: Ermittlung der statistischen Lieferfähigkeit mithilfe der Dichtefunktion Normalverteilung

Der Zusammenhang zwischen Lieferfähigkeit und Sicherheitsbestand lässt sich untersuchen, indem man Annahmen über die Verteilung der Nachfrage macht. Von vielen Autoren wird eine Normalverteilung angenommen. Mit dieser Annahme kann ein Zusammenhang zwischen dem Sicherheitsbestand, der Standardabweichung und der

Lieferfähigkeit errechnet werden. Der Zusammenhang wird anhand der Dichtefunktion der Normalverteilung, wegen ihrer Form auch Gauß'sche Glockenkurve genannt, deutlich (▶ *Abbildung 18.5*). Sie gibt Auskunft, mit welcher Wahrscheinlichkeit eine Nachfrage eintritt.

Bei der Bestimmung des Lieferservicegrads können grundsätzlich zwei unterschiedliche Betrachtungsweisen gewählt werden:

- Cycle Service Level (CSL) und
- Fill Rate (FR)

Sehr einfach kann mithilfe der Normalverteilung das Cycle Service Level errechnet werden. Das **Cycle Service Level** – In Stock Probability (CSL, deutsch: ereignisbezogener Lieferservicegrad) beschreibt, mit welcher Wahrscheinlichkeit (*Pi*) die gesamte Nachfrage (*Ji*) in einer Periode erfüllt werden kann (keine Fehlmengen). Sie kann als kumulierte Wahrscheinlichkeit der Nachfragen für die verfügbaren Mengen (Lagerbestand zu Beginn der Periode = Bestellmenge) berechnet werden.

Hält ein Unternehmen keinen Sicherheitsbestand, so kann es in 50% der Fälle alle Aufträge der Periode ausliefern, in 50% der Fälle kommt es zu Fehlmengen (Fläche rechts von 0 σ). Will man die Anzahl der Fehlmengensituationen verringern, so muss ein entsprechender Sicherheitsbestand gehalten werden. Bei einem Sicherheitsbestand von 2 σ kommt es mit einer Wahrscheinlichkeit von 2,28% zu Fehlmengensituationen. Die Lieferfähigkeit beträgt 97,72%.

Kennt ein Unternehmen das gewünschte Cycle Service Level, so kann der zur Erreichung des Lieferservicegrads notwendige Sicherheitsbestand unter Berücksichtigung der Verteilungsfunktion berechnet werden. Für die Normalverteilung kann dies unter Verwendung des Sicherheitsfaktors z und der Standardabweichung σ erfolgen.

$$SB = z \times \sigma$$

Im praktischen Bestandsmanagement spielt das Cycle Service Level eher eine untergeordnete Rolle. Es gibt jedoch Anwendungen, in denen der ereignisbezogene Lieferservicegrad von Bedeutung ist, z. B. bei Anlieferungen, die direkt ans Band erfolgen (die Montage kann sich hierdurch verzögern oder es kann zu Stillständen von Fließbändern kommen).

Insbesondere in der Distributionslogistik wollen Unternehmen in der Regel wissen, welche Prozentsätze der nachgefragten Mengen sie liefern können. Hierfür eignet sich vor allem die Berechnung der **Fill Rate** (FR, deutsch: mengenbezogener Lieferservicegrad). Sie kann berechnet werden, indem die erwarteten Verkäufe durch die erwartete Nachfrage dividiert werden. Dabei gibt die mengenbezogene Bestimmung des Lieferserviceniveaus an, welcher Prozentsatz von der nachgefragten Menge geliefert werden konnte.

Die Werte für die Fehlmengenwahrscheinlichkeit und für die Lieferbereitschaft können aus Tabellen für die Verteilungsfunktion der Normalverteilung entnommen werden (▶ *Abbildung 18.5*).

Cycle Service Level (CSL)	Fill Rate (FR)	Sicherheitsfaktor *(z)*	Sicherheitsbestand *(SB)*
50,00%	60,11%	0,00	$0{,}00 \times \sigma$
84,13%	91,67%	1,00	$1{,}00 \times \sigma$
97,72%	99,15%	2,00	$2{,}00 \times \sigma$
99,87%	99,96%	3,00	$3{,}00 \times \sigma$

Tabelle 18.3: Zusammenhang zwischen Lieferbereitschaft und Sicherheitsbeständen bei normalverteilter Nachfrage

Das folgende Beispiel in ▶ *Tabelle 18.4* verdeutlicht den Unterschied zwischen dem Cycle Service Level und der Fill Rate.

	Nachfragemenge *(Ji)*	Häufigkeit *(Hi)*	Wahrscheinlichkeit *(Pi)*	Erwartete Nachfrage
	6	1	0,1	0,6
	7	2	0,2	1,4
	8	4	0,4	3,2
	9	2	0,2	1,8
	10	1	0,1	1
Summe	40	10	1	8

Tabelle 18.4: Beispiel für Lieferservicegrad

Bei einem Lagerbestand von 8 Stück können das Cycle Service Level und die Fill Rate wie in ▶ *Tabelle 18.5* dargestellt berechnet werden:

	Nachfragemenge *(Ji)*	Wahrscheinlichkeit *(Pi)*	Verkäufe	Fehlmengen	Erwartete Verkaufsmengen (*Pi* × Verkäufe)	Erwartete Fehlmengen (*Pi* × Fehlmengen)
	6	0,1	6	0	0,6	0
	7	0,2	7	0	1,4	0
	8	0,4	8	0	3,2	0
	9	0,2	8	1	1,6	0,2
	10	0,1	8	2	0,8	0,2
Summe	40	1			7,6	0,4

Tabelle 18.5: Beispiel für Lieferservicegrad

- **Cycle Service Level:** Die Summe der Wahrscheinlichkeiten der Nachfragemengen, bei denen keine Fehlmengen auftreten: 0,1 + 0,2 + 0,4 = 0,7 = 70%.
- **Fill Rate:** $\frac{\text{Erwartete Verkäufe}}{\text{Erwartete Nachfrage}} = \frac{7{,}6}{8} = 0{,}95 = 95\%$.

Bisher sind wir davon ausgegangen, dass die Unsicherheit in der Prognose der Nachfrage besteht; es gibt aber, wie ▶ *Abbildung 18.6* zeigt, weitere Unsicherheiten.

Bestandsdifferenzen können dazu führen, dass zwar die Bestandsführung einen Lagerbestand aufweist, dieser tatsächlich aber nicht oder nicht in diesem Ausmaß vorhanden ist. Dies kann dazu führen, dass Bestellungen zu gering oder zu spät erfolgen.

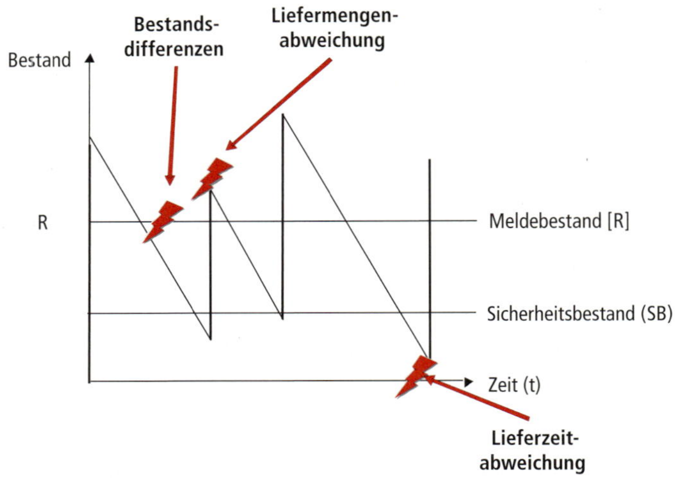

Abbildung 18.6: Ursachen für Unsicherheiten beim Bestandsmanagement

Weitere Unsicherheiten können beim Auffüllen eines Lagerbestands entstehen. So kann es vorkommen, dass nicht die bestellte Menge geliefert wird. Eine zu große Lieferung verursacht einen nicht geplanten Mehrbestand, eine zu geringe Lieferung einen nicht geplanten Minderbestand. Der Mehrbestand verursacht höhere Lagerkosten, ein Minderbestand kann ggf. Fehlmengenkosten verursachen. Außerdem kann eine Störung dadurch entstehen, dass die Lieferung nicht zum gewünschten Zeitpunkt erfolgt. Eine zu frühe Lieferung verursacht in der Regel einen (ungeplanten) Mehrbestand, eine zu späte Lieferung kann zu Fehlmengen führen.

Z U S A M M E N F A S S U N G

Das Bestandsmanagement als betriebliche Funktion muss dafür sorgen, dass ausreichend Materialien für die Bedarfsträger im Unternehmen vorhanden sind. Bei der Festlegung der Bestandshöhe muss eine Abwägung der Bestandskosten und der Fehlmengenkosten erfolgen. Problematisch sind überhöhte Bestände entlang der logistischen Kette, da sie eine Kapitalbindung verursachen. Sowohl Fehlmengen als auch überhöhte Bestände beeinflussen den Unternehmenserfolg negativ. Das Bestandscontrolling hat die Aufgabe, die Höhe und Struktur der Bestände zu kontrollieren und notwendige Maßnahmen zur Bestandsanpassung zu veranlassen. Zur Lösung von Entscheidungsproblemen des Bestandsmanagements werden Verfahren des Operations Research eingesetzt. Mithilfe mathematischer Modelle können z.B. Fragen der optimalen Bestellmengen, Bestände, Lieferservicegrade ermittelt werden.

Z U S A M M E N F A S S U N G

18.2.6 Übungsfragen

1. Wie ist Bestandsmanagement definiert?
2. Welche Ziele des Bestandsmanagements werden unterschieden?
3. Beschreiben Sie die Auswirkungen sinkender Bestände auf den ROI.
4. Nennen Sie Maßnahmen zur Senkung von Beständen.
5. Welche Bestimmungsgrößen werden in Lagerhaltungsmodellen berücksichtigt?
6. Beschreiben Sie die Grundlagen des Newsboy-Modells.
7. Was versteht man unter dem Lieferservicegrad?
8. Wodurch können Bestandsdifferenzen entstehen?

Lösungen zu den Übungsfragen und weiterführende Materialien finden Sie auf der Website zum Buch unter *www.pearson-studium.de*.

18.3 Transport

18.3.1 Begriff und Prozesse des Transports

Definition

Unter **Transport** wird die gewollte, d.h. zielgerichtete, oder ungewollte Überwindung der Raumdisparitäten von Objektfaktoren verstanden, wobei die Objektfaktoren keinen oder allenfalls unwesentlichen Veränderungen ihrer sonstigen Eigenschaften unterliegen dürfen.

Neben dieser Grundfunktion sind einige Neben- oder Hilfsfunktionen zu erfüllen, die sich in folgende Gruppen unterteilen lassen:

- **Transportvorbereitung:** Hierzu zählen das evtl. erforderliche Verpacken in oder auf Transporthilfsmittel, notwendige Kennzeichnungsvorgänge, die Erstellung und Kontrolle der Ladepapiere und die Vorbereitung des Transportmittels (Betankung, Sicherheitskontrolle etc.).
- **Beladung:** Diese besteht aus dem Anheben (z.B. auf Lkw) bzw. Absenken (z.B. auf Schiffe) des Transportguts auf die Ladefläche und aus evtl. dort erforderlichen Stapelungs- bzw. Ordnungsvorgängen.
- **Transportdurchführung:** Neben der Überwindung der Transportentfernung können in Sonderfällen administrative (z.B. Abwicklung von Zollformalitäten) oder objektbezogene Dienstleistungen (z.B. Kühlung) zu erbringen sein.
- **Entladung:** Diese Funktion gestaltet sich spiegelbildlich zur Beladung.
- **Transportnachbereitung:** Hierzu zählen etwa die Bearbeitung der Ladepapiere oder die Säuberung des Transportmittels.

Erbracht wird der Transport innerhalb (innerbetrieblicher Transport) wie außerhalb eines Unternehmens (außerbetrieblicher Transport).

Für die Wahrnehmung der Transportaufgabe ist eine kaum noch überschaubare Zahl unterschiedlicher Instrumente entwickelt worden. Diese unterteilt man in der Materialflusstechnik gemäß DIN (Deutsches Institut für Normung) 30781 in Fördermittel und Verkehrsmittel. Erstere vollziehen die Raumüberwindung von Objekten innerhalb von Unternehmen bzw. Betriebsstätten, somit zumeist innerhalb von Baulichkeiten. Verkehrsmittel übernehmen dagegen Transporte zwischen Unternehmen bzw. Haushalten, d.h. außerhalb von Gebäuden.

18.3.2 Innerbetrieblicher Transport

Um Transportaktivitäten innerhalb eines Unternehmens durchzuführen, werden unterschiedliche Fördermittel eingesetzt. Einen Überblick über typische Fördermittelarten gibt die folgende Tabelle.

Fördermittelart	Stetig/Unstetig	Automatisierungsgrad	Beweglichkeit
(Gabel-)Stapler	Unstetig	Manuell	Frei fahrbar
Laufkran	Unstetig	Manuell	Geführt fahrbar
Regalbediengerät	Unstetig	Maschinell	Geführt fahrbar
Rollenbahn	Stetig	Maschinell	Ortsfest

Tabelle 18.6: Fördermittelarten

Innerhalb der **Unstetigförderer** kommt in Bezug auf die Anzahl eingesetzter Einheiten den **Staplern** die größte Bedeutung zu. Sie besitzen eine ausgesprochen große Beweglichkeit und durch Zusatzhilfsmittel (unterschiedliche Gabelsysteme) hohe Einsatzflexibilität.

Kräne dienen zum Heben, aber auch zum Transportieren von Gütern (in der Regel über kürzere Strecken).

Vom Automatisierungsgrad her am weitesten fortgeschritten sind die **Regalbediengeräte** in automatischen Lagern. Sie fahren rechnergesteuert Boxen bzw. Lagerplätze an und stapeln oftmals sogar automatisch ein und aus.

Stetigförderer werden immer dann eingesetzt, wenn feste Transportstrecken vorliegen, über die ein vergleichsweise kontinuierlicher Objektstrom bewegt werden muss. Die in ▶ *Tabelle 18.6* angeführte Rollenbahn kann z.B. dazu eingesetzt werden, Pakete in einem Depot zu verteilen oder Produkte von einem Teil des Lagers (z.B. Hochregal) zu einem anderen (z.B. Versand) zu bringen. Eine solche Lösung erfordert zwar Investitionen, ist im Betrieb aber vergleichsweise kostengünstig, insbesondere dann, wenn natürliches Gefälle ausgenutzt werden kann. Außerdem verfügen Stetigförderer in der Regel über eine hohe Leistungsfähigkeit (Durchsatz). Im Falle des Ausfalls des Förderers entstehen aber bei Stetigförderern erhebliche Materialflussprobleme.

Die Wege, die Materialien und Halbfertigerzeugnisse im Unternehmen zurücklegen müssen, werden durch das Fertigungslayout (vgl. *Abschnitt 19.2*) bestimmt. Obwohl innerhalb dieses vorgegebenen Rahmens noch eine Reihe von Planungs- und Steuerungsentscheidungen zu treffen sind, erfolgt die Organisation des innerbetrieblichen Transports häufig durch Improvisation. Schon bei der Planung der Transportverfahren und der Transportmittel wird eine Änderung meistens nur im Zuge von Hallenneu- oder -umbauten in Erwägung gezogen.

Die Transportmitteleinsatzplanung erfolgt in vielen Unternehmen nicht entsprechend der Produktionsplanung und -steuerung, sondern „auf Zuruf". Hieraus resultieren:

- geringe Verkettung von Fertigungsteilen durch Stetigförderer,
- zu hoher Personal- und Fahrzeugbestand,
- eine schlechte Kapazitätsauslastung,
- zu viele und zu lange Leerfahrten und
- „Selbsttransport" der Maschinenbediener und Verlust wertvoller Maschinen- und Facharbeiterzeiten.

Vor allem bei Großunternehmen und bei großen mittelständischen Unternehmen ist deswegen eine systematisch betriebene Planung und Steuerung mit Fahraufträgen sinnvoll.

Zur Steigerung der Einsatzeffizienz, aber auch zur Reduktion von Energiekosten und Umweltwirkungen setzen Unternehmen verstärkt Konzepte zur Simulation des Betriebs ein und berücksichtigen z.B. den Energieverbrauch von Regalbediensystemen bei der Lagerplatzauswahl. Hinsichtlich der Antriebskonzepte stellen Betreiber auf Fördermittel um, die mit Gas oder Strom angetrieben werden. Ein Beispiel dafür ist der Hafen Hamburg, der bis Ende 2022 alle 100 selbstfahrenden Containertransporter (Automated Guided Vehicles, AGV), die den innerbetrieblichen Transport am Hafengelände erledigen, auf Elektroantrieb umstellt.

18.3.3 Außerbetriebliche Verkehre

Innerhalb der Verkehrsmittel haben sich in den letzten Jahren und Jahrzehnten erhebliche Umschichtungen ergeben. Bedingt durch Flexibilitätsvorteile und erhöhte Schnelligkeit nahm der Anteil des Straßengüterverkehrs kontinuierlich zu. Der Schienenverkehr hat erhebliche Schwierigkeiten, eine Door-to-Door-Versorgung innerhalb von 24 Stunden oder gar über Nacht („Nachtsprung") sicherzustellen. Vorhandene Kostenvorteile werden zudem dadurch aufgezehrt, dass nur ein (geringer) Teil der Unternehmen über einen eigenen Gleisanschluss verfügt und somit entsprechende Ver- und Entsorgungstransporte per Straße zusätzlich erforderlich sind. Außerdem haben sich die Monopolstrukturen der alten staatlichen Eisenbahnunternehmen in Europa effizienzmindernd ausgewirkt. Mit dem steigenden Wettbewerb sind jedoch hier – vor allem im Bereich der Ganzzugsverkehre – deutliche Marktveränderungen zu beobachten. Langfristig sollte der Eisenbahnverkehr auch dadurch profitieren, dass er eine höhere Energieeffizienz aufweist.

Da beim Eisenbahnverkehr immer ein Transport von Station zu Station erfolgt und ein Zug über eine große Transportkapazität verfügt (die Transportkapazität ist im Wesentlichen abhängig von den Strecken; in Europa werden meist Züge von 1.500 bis 2.000 t oder 18 bis 20 Containerwagen entsprechend 36 bis 40 20-Fuß-Containern eingesetzt), sind häufig Vor- und Nachläufe zu einer Station (Verladeterminal) erforderlich. Der **Kombinierte Verkehr (KV)** versucht durch die Verwendung standardisierter, handlingfreundlicher Transporteinheiten (z.B. Container), die notwendigen Umschlagsaktivitäten möglichst effizient durchzuführen.

Domäne des Schiffsverkehrs sind auf den Binnenwasserstraßen **Massengüter** wie beispielsweise Kohle, Getreide und Schrott. Nur auf wenigen Fahrtgebieten, in Europa z.B. auf dem Rhein, werden Containerverkehre mit Kaufmannsgut auf Binnenschiffen durchgeführt. Der Seeschiffsverkehr nimmt dagegen auch **Kaufmannsgüter** auf, für die sich ein Versand per Flugzeug aufgrund von Volumen, Gewicht oder fehlendem Zeitdruck nicht anbietet. So sind z.B. die Kosten einer Luftfracht von Asien nach Europa derzeit mindestens fünfmal so hoch wie die Seefracht (bei schweren Gütern noch wesentlich höher). Trotz der hohen Kosten hat der Luftverkehr in den vergangenen Jahren erheblich an Bedeutung gewonnen. Durch eine Reduzierung von Handlingvorgängen und insbesondere durch die auf langen Strecken konkurrenzlos kurze Transportzeit haben kleinere und weniger dichte Güter den Weg ins Flugzeug gefunden, sei es als Beiladung zu Passagierflügen, sei es als Ladung von Frachtflugzeugen.

Selbst Automobilrohkarossen finden sich mittlerweile unter den standardmäßig beförderten Gütern. Die Zahl von innerhalb einer Nacht erreichbaren Destinationen ist wesentlich erhöht worden, indem spezielle Organisationskonzepte realisiert wurden. Einen Überblick über die unterschiedlichen Verkehrsträger und deren Eigenschaften gibt die folgende ▶ *Tabelle 18.7*.

Verkehrsträger / Eigenschaften	Eisenbahnverkehr	Straßenverkehr	Binnenschifffahrt	Luftverkehr
Transport von	Station zu Station	Haus zu Haus möglich	Station zu Station	Station zu Station
Durchschnittliche Transportweite	Mittel	Gering – Mittel	Mittel	Groß
Kapazität der Transportmittel	Hoch	Gering	Hoch	Mittel
Bevorzugte Transportobjekte	Massengüter, Kaufmannsgüter (KV)	Kaufmannsgüter	Massengüter	Hochwertige, zeitkritische Kaufmannsgüter
Kostenstruktur (fix/variabel)	Hohe Fixkosten, geringe variable Kosten	Geringe Fixkosten, mittlere variable Kosten	Hohe Fixkosten, geringe variable Kosten	Hohe Fixkosten, mittlere variable Kosten
Verfügbarkeit und Flexibilität	Mittel	Hoch	Gering	Mittel

Tabelle 18.7: Charakteristika der unterschiedlichen Verkehrsträger

Auch wenn es offensichtlich ist, dass vom Verkehr insgesamt und von Gütertransporten insbesondere Emissionen ausgehen, so betrug der Anteil des Transports an den globalen Treibhausgasemissionen 2005 nur 13% und weniger als die Hälfte davon stammt aus dem Güterverkehr. In den entwickelten Ländern ist dieser Anteil höher. So liegt in Österreich der Anteil des Gesamtverkehrs an den nationalen THG bei ca. 29%, wobei der Güterverkehr 43,6% der verkehrsbezogenen THG verursacht. Der Straßengüterverkehr emittiert 12,1% der gesamten THG Österreichs.[6] Ziel des EU Klima- und Energiepakets ist es, die THG-Emissionen bis 2020 gegenüber dem Basisjahr 2005 um 20% zu reduzieren.

Im Transportbereich zwingen immer strengere Abgasnormen und ökologisch gestaltete Mautsysteme, bei denen umweltfreundlichere Fahrzeuge weniger Maut bezahlen als die Umwelt mehr verschmutzende Fahrzeuge, zu Fahrzeug-investitionen. Trotz des schlechten Öko-Images haben Transport- und Logistikunternehmen durch Green-Logistics-Maßnahmen erhebliche Einsparungspotenziale realisiert. Bei einer Studie

6 Vgl. Umweltbundesamt (2017), S. 97

der WU, gemeinsam mit Spring Procurement, gaben 100% der Unternehmen an, dass sie die Transportwege verkürzt haben, und 100% erhöhten die Treibstoffeffizienz.

Da der Schienentransport aufgrund des geringen Reibungswiderstands des Rad-Schiene-Systems Vorteile beim Energieverbrauch hat und im Schienenverkehr in Europa auch häufig elektrische Antriebsenergie verwendet wird, wird in der Verlagerung von der Straße auf die Bahn ein Ansatz zur umweltfreundlichen Gestaltung der Logistik gesehen. Allerdings müssen hier die Bahnen ihre Angebote deutlich verbessern und schon heute begrenzen knappe Bahnkapazitäten die Möglichkeiten des Schienengüterverkehrs.

Große Herausforderungen stellt auch die Schifffahrt. Hier verschmutzen die Schiffsdiesel die Weltmeere. Besonders belastend ist, dass im Bereich der Seefahrt nur minderwertige Dieseltreibstoffe (Schwerdiesel) eingesetzt werden, die schlecht verbrennen. Während die Treibstoffe im Straßenverkehr sehr hoch besteuert sind, sind die Schiffsdiesel und das in der Luftfahrt eingesetzte Kerosin weltweit steuerbefreit.

Um die CO_2-Berechnung im Transportbereich zu standardisieren hat das Europäische Komitee für Normung (CEN = European Committee for Standardisation) mit der DIN EN 16258 eine Norm zur standardisierten Berechnung und Berichterstattung des Energieverbrauchs und der Treibhausgasemissionen bei Transportdienstleistungen vorgelegt. Diese Norm soll zur Vereinheitlichung der Berechnungsmethoden und zu einer besseren Vergleichbarkeit der CO_2- und Treibhausgasbilanzen, die von den Unternehmen im Rahmen von Ökobilanzen erstellt werden, führen.

18.3.4 Transportmodelle

Grundstruktur von Transportmodellen

Der Transport ist in Transportmodellen durch den Ausgangspunkt (Quelle) und den Zielort (Senke) des Raumüberwindungsprozesses gekennzeichnet. In allen Transportmodellen werden die Wegstrecke, die das Transportmittel zurücklegt, und die damit verbundenen Kosten betrachtet. Die ganzheitliche Betrachtung von Logistikketten führt dazu, dass für die Beurteilung von internen und externen Transporten neben den Transportkosten die Leistungskriterien Transportzeit, Transportfrequenz, Transportflexibilität sowie Transportqualität (geringe Schadens- und Verlustraten, Schutz vor Umwelteinwirkungen, Termintreue) zusätzlich herangezogen werden. Allerdings geraten Optimierungsmodelle bei mehrdimensionalen Zielsystemen schnell an ihre Grenzen.

Die Transportplanung wird wesentlich durch die Standorte der Quellen und Senken determiniert. Deswegen sollen neben der Optimierung der Transporte bei gegebenen Standorten im Folgenden auch die Transportaspekte der betrieblichen und innerbetrieblichen Standortwahl berücksichtigt werden.

Standortmodell

Die ursprünglichen Modelle zur Bestimmung eines optimalen Standorts setzen alle an den Transportkosten an und bestimmen den optimalen Standort (Stopt) als den Standort mit den minimalen Transportkosten. Das Steiner-Weber-Modell geht dabei von einem kontinuierlichen zweidimensionalen Raum aus, in dem der zu platzierende Betrieb zu einer bestimmten Anzahl von Absatz- und/oder Beschaffungsorten (A_j) Transportverbindungen aufrechterhält. Das zur Verfügung stehende Verkehrsnetz wird dabei als so engmaschig angesehen, dass der Betrieb an jedem beliebigen Punkt im Raum platziert werden kann. Die Transportkosten k_t je Menge/Entfernungseinheit (z.B. Tonnenkilometer) sind konstant und unabhängig von der Art der transportierten Güter und dem Bezugs- bzw. Absatzort. Die Entfernung a_j zwischen einem potenziellen Standort St mit den Koordinaten x,y und A_j sei die jeweils kürzeste Entfernung (euklidischer Abstand). Die Entfernung a_j zwischen zwei Standorten lässt sich demnach wie folgt berechnen:

$$a_j = \sqrt{\left(x - x_j\right)^2 + \left(y - y_j\right)^2}$$

Die zwischen St und A_j zu transportierende Menge ist unabhängig von dem Standort St und sei m_j. Die Transportkosten K_T je Periode verlaufen proportional zu der mit den Transportmengen je Periode gewichteten zurückzulegenden Entfernung.

$$K_T = m_1 a_1 k_T + m_2 a_2 k_T + \ldots + m_j a_j k_j = k_T \sum_{j=1}^{i} m_j a_j$$

Das Optimierungskriterium lautet:

$$K_T \rightarrow min!$$

Damit ergibt sich folgender Ansatz zur Bestimmung des Standorts minimaler Transportkosten:

$$K_T\left(x,y\right) = k_T \sum_{j-1}^{i} \left(m_j \sqrt{\left(x - x_j\right)^2 + \left(y - y_j\right)^2} \right) \rightarrow min!$$

Das Optimum dieser Gleichung lässt sich nun durch Bildung der 1. und 2. Ableitung bestimmen. Bekannte Lösungsverfahren sind hierbei unterschiedliche Iterationsmethoden, z.B. die Fixpunkt-Iteration.

Klassisches Transportproblem (Hitchcock-Problem)

Bei dem klassischen Transportproblem, das nach Hitchcock[7] auch Hitchcock-Problem genannt wird, sind die Standorte für Quellen Qu_i ($i = 1,\ldots, n$) und Senken Se_j ($j = 1,\ldots, m$) bekannt. In der Realität könnten die Quellen z.B. Produktions- oder Lagerstandorte sein, die Senken sind Kunden, die beliefert werden sollen.

Die Abgabemengen der Quellen qi ($i = 1,\ldots, n$) und die Nachfragemengen der Senken sj ($j = 1,\ldots, m$) sind ebenfalls gegeben. Die Kosten für den Transport einer Mengeneinheit von Qu_i nach Se_j betragen k_{ij}. Die Anzahl der transportierten Einheiten wird mit x_{ij} bezeichnet. Die Summe der Nachfragemengen sollte gleich der Summe der Angebotsmengen sein.

$$(1)\ \sum_{i=1}^{n} q_i = \sum_{j=1}^{m} s_i$$

7 Hitchcock (1941), S. 224 ff.

Für das in ▶ *Abbildung 18.7* dargestellte Transportproblem wird ein optimaler Transportplan gesucht, der zu minimalen Kosten alle Bedarfe befriedigt.

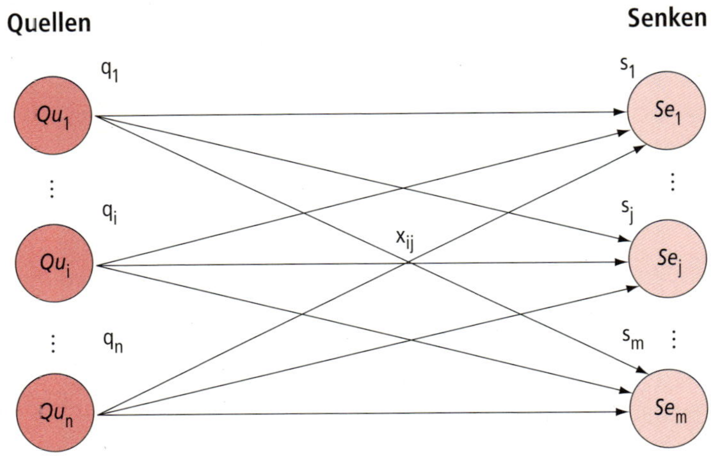

Abbildung 18.7: Darstellung des klassischen Transportproblems

Die Zielfunktion lautet:

$$(2)\ K(x) = \sum_{i=1}^{n} \sum_{j=1}^{m} k_{ij} x_{ij} \rightarrow min!$$

unter den Nebenbedingungen:

$$x_{ij} \geq 0 \text{ für } i = 1, \ldots, m \text{ und } j = 1, \ldots, m$$

Das klassische Transportproblem lässt sich mithilfe spezieller linearer Optimierungsverfahren lösen. In einem ersten Schritt wird durch ein Eröffnungsverfahren (Spaltenminimum-Methode, Vogel'sche Approximations-Methode oder Matrixminimum-Methode) eine zulässige Basislösung gefunden. In einem zweiten Schritt erhält man – von dieser zulässigen Basislösung ausgehend – mithilfe von Optimierungsverfahren [(Stepping-Stone-Methode oder Modi(Modifizierte Distributions-)Methode)] die (oder eine) optimale Lösung. Im Folgenden soll ein Beispiel mithilfe der Stepping-Stone-Methode gelöst werden.

Ein Unternehmen hat drei Fertigungsstätten F1, F2 und F3 an verschiedenen Orten, die das gleiche Produkt herstellen. Die Fertigung in der nächsten Planungsperiode beträgt:

38t in F1

52t in F2

30t in F3

Die Gesamtproduktion 120 t soll auf vier verschiedenen Märkten M1, M2, M3 und M4 verkauft werden. Die Nachfragemengen in den Märkten betragen:

17t in M1

50t in M2

10t in M3

43t in M4

Die Transportkosten pro t sind wegen der unterschiedlichen Entfernungen unterschiedlich und betragen:

	M1	M2	M3	M4
F1	17	11	10	12
F2	18	20	19	30
F3	13	25	15	27

Tabelle 18.8: Transportkosten

1. Schritt: Bestimmen Sie eine (möglichst gute) Ausgangslösung. Ein Verfahren ist das Matrixminimumverfahren. Dabei wird das jeweils kostengünstigste Element der Matrix mit der darauf maximal zu verschickenden Gütermenge versehen. Als Ausgangspunkt dient die um die Mengenangaben a und b erweiterte Kostenmatrix:

	M1	M2	M3	M4	a_i
F1	17	28t 11	10t 10	12	38t
F2	18	22t 20	19	30t 30	52t
F3	17t 13	25	15	13t 27	30t
b_j	17t	50t	10t	43t	120t

Tabelle 18.9: Bestimmung der Ausgangslösung

Wir suchen also den geringsten Transportkostenwert je t in der Matrix und ordnen dieser Lieferbeziehung die maximal mögliche Liefermenge zu. Die Menge wird in die linke obere Ecke des Matrixfelds geschrieben. In unserem Beispiel hat die Belieferung des Marktes 3 (M3) von der Fertigungsstätte 1 (F1) den geringsten Transportkostenwert je t (10). Also wird die größtmögliche Menge, in diesem Fall 10t (der Markt M3 benötigt nur 10t), dem Feld (M3/F1) zugewiesen. Als Nächstes wird der zweitniedrigste Kostenwert (in der Matrix), in diesem Fall die Belieferung des Marktes 2 von der Fertigungsstätte 1, gesucht und diesem die maximale Menge 28t (die Fertigungsstätte 1 kann nur 38t produzieren, da 10t in M3 gehen; es bleiben 28t für M2 übrig) zugeordnet. Diese Zuordnung wird immer weiter wiederholt, bis alle Mengen verteilt sind.

2. Schritt: Überprüfen Sie die Ausgangslösung, ob es Verbesserungsmöglichkeiten gibt. Dies geschieht durch eine Marginalbetrachtung. Es wird versucht, jedes bisher noch nicht belegte Feld mit einer Einheit zu belegen (Sie müssen die Einheit von einem bisher belegten Feld abziehen). Ergeben sich dadurch Einsparungen, so ist die bisherige Lösung verbesserungsfähig. Als Erstes wird das Feld (M1/F1) überprüft. Wird diesem Feld eine Tonne vom Feld (M2/F1) zugeordnet, so entstehen 6 Einheiten mehr Transportkosten. Damit die gleiche Menge in den Markt geliefert wird, müssen wir vom Feld (M1/F3) eine Tonne verlegen, z.B. zum Feld (M2/F3) dadurch entstehen aber wiederum 12 Einheiten Transportkosten. Eine Verlegung von M2/F1 nach M1/F2 und M1/F3 nach M2/F3 rechnet sich also nicht. Als Nächstes wird das Feld M1/F2 überprüft. Auch hier rechnet sich keine Verlegung. Es können jedoch durch folgende Verlegung Transportkosten gespart werden: Wird eine Einheit vom Feld M2/F1 nach M4/F1 verlegt, so entstehen dadurch 1 Einheit mehr Transportkosten. Durch die Verlegung von 1 Einheit von M4/F2 nach M2/F2 können die Transportkosten um 10 Einheiten reduziert werden. In der Summe können durch die Verlegung die Transportkosten um 9 Einheiten gesenkt werden. Es wird wieder die maximale Menge (28t) verlegt.

	M1	M2	M3	M4	a_i
F1	17	~~28t~~ 11	10t 10	28t 12	38t
F2	18	50t 20	19	2t 30	52t
F3	17t 13	25	15	13t 27	30t
b_j	17t	50t	10t	43t	120t

→ Verbesserungsmöglichkeiten

Tabelle 18.10: Erste Verbesserung

Versucht man diese zweite Lösung weiter zu verbessern, so ergibt sich:

	M1	M2	M3	M4	a_i
F1	17	11	~~10t~~ 10	38t 12	38t
F2	18	50t 20	19	2t 30	52t
F3	17t 13	25	10t 15	3t 27	30t
b_j	17t	50t	10t	43t	120t

→ Verbesserungsmöglichkeiten

Tabelle 18.11: Zweite Verbesserung

Die so gefundene Lösung ist optimal, da sie nicht verbessert werden kann.

Es gibt zahlreiche Modifikationen des klassischen Transportproblems. Diese lassen sich z.B. durch den Wegfall der Annahme gleicher Angebots- und Nachfragemengen, durch die Einführung beschränkter Transportkapazitäten, durch die Veränderung der Zielfunktion (Berücksichtigung von fixen Kosten) und durch mehrstufige Transporte näher kennzeichnen. Für globale Produktionssysteme ist die Berücksichtigung unterschiedlicher Produktionskosten für die Transportobjekte in den einzelnen Quellen von großer Bedeutung.

Travelling-Salesman-Problem

Wie der Name besagt, lässt sich das Travelling-Salesman-Problem durch einen Handelsreisenden (analog ein Fahrzeug) beschreiben, der eine Anzahl von Kunden an verschiedenen Orten besuchen und am Abschluss seiner Reise zum Ausgangsort zurückkehren will. Das Travelling-Salesman-Problem sucht also die optimale Rundreise für ein Transportmittel, das ausgehend von einer Quelle mehrere Senken beliefert. Dazu muss die Reihenfolge, in der die Senken angefahren werden, bestimmt werden.

Bei den Fahrten kann es sich auch um das Einsammeln von Materialien von Lieferanten handeln. Das Problem lässt sich mithilfe der Methoden des Operations Research (speziell der angewandten Graphentheorie) beschreiben und lösen.

Tourenplanung

Bei einem Tourenplanungsproblem sollen von einer Quelle, z.B. einem Lager, mehrere Senken, z.B. Kunden, bedient werden. Das Tourenplanungsproblem tritt dann auf, wenn die auszuliefernden Transportobjekte die Kapazität eines Transportmittels überschreiten oder die Zeitvorgaben den Einsatz mehrerer Transportmittel erforderlich machen. Bekannt sind die Standorte und die Bedarfsmengen der Knoten (Kunden). Der Ort, von dem die Fahrten gestartet werden, wird als Depot bezeichnet, eine Tour beschreibt die Knoten, die auf einer am Depot beginnenden und dort endenden Fahrt bedient werden. Im Rahmen der Tourenplanung wird festgelegt, wie viele Touren in einem Zeitraum (z.B. einem Tag) von einem Depot gefahren werden und welche Kunden von welcher Tour in welcher Reihenfolge bedient werden.

Die Tourenplanung kann analog auch für Abholungen von Lieferanten, z.B. Abholen von Milch von Bauernhöfen, eingesetzt werden.

Softwaresysteme zur Tourenplanung sind in der Praxis weit verbreitet. Die entwickelten exakten Lösungsverfahren (vor allem Branch-and-Bound-Verfahren) können wegen des hohen Rechenaufwands nur für einfache Probleme eingesetzt werden. Die Softwareprogramme verwenden deswegen vor allem heuristische Lösungsverfahren.

Z U S A M M E N F A S S U N G

Unter Transport wird die gewollte oder ungewollte Überwindung räumlicher Disparitäten von Objektfaktoren verstanden. Generell unterscheidet man zwischen inner- und außerbetrieblichen Transporten. Die Transportmittel bei den innerbetrieblichen Transporten werden als Fördermittel, bei den außerbetrieblichen Transporten als Verkehrsmittel bezeichnet. Die einzelnen Verkehrsträger weisen unterschiedliche Charakteristika auf und eignen sich daher für bestimmte Transportarten in besonderem Maße. Zur Lösung von Transportproblemen und zur Entscheidungsvorbereitung können Verfahren des Operations Research (OR) eingesetzt werden. Das Grundmodell zur Standortwahl versucht, die gewichteten Transportentfernungen von einem Standort zu den Kunden zu minimieren. Das klassische Transportproblem ordnet unterschiedliche Senken transportkostenoptimal unterschiedlichen Quellen zu. Die Lösungsverfahren für das Travelling-Salesman-Problem helfen, eine optimale Rundreise zu gestalten. Bei der Tourenplanung werden Transportaufträge den Transportmitteln zugeordnet und entsprechende Tourenpläne entwickelt.

Z U S A M M E N F A S S U N G

18.3.5 Übungsfragen

1. Worin besteht die Grundfunktion des Transports?
2. Nennen Sie die Nebenfunktionen (Hilfsfunktionen) des Transports.
3. Welche Fördermittel kommen beim innerbetrieblichen Transport zum Einsatz?
4. Geben Sie einen Überblick über die unterschiedlichen Verkehrsträger. Gehen Sie dabei auch auf deren charakteristische Merkmale ein.
5. Nach welchen Kriterien optimieren die traditionellen OR-Transportmodelle?
6. Ein Unternehmen hat drei Produktionsstätten, von denen es 15 Kunden beliefert. Sie sollen die Transporte mithilfe eines Modells optimieren.
   a. Welches Transportmodell setzen Sie ein?
   b. Welche Informationen müssen Sie erheben, um das Modell anwenden zu können?
7. Nennen Sie drei Transportprobleme, die mit OR-Methoden beschrieben und gelöst werden können.

EXTRAS ONLINE

Lösungen zu den Übungsfragen und weiterführende Materialien finden Sie auf der Website zum Buch unter *www.pearson-studium.de*.

18.4 Unterstützungsprozesse

Die Tätigkeitsfelder Lagerhaltung und Transport stellen die wesentlichen Logistikprozesse dar. Allerdings werden entlang des Material- und Warenflusses noch eine Reihe weiterer Leistungen (Unterstützungsprozesse) erbracht. Hier sind insbesondere Handhabung (engl. „handling"), Kommissionierung (engl. „picking"), Umschlag (engl. „handling", teilweise „transit") sowie Verpackung (engl. „packaging") und das Management der Logistikhilfsmittel (engl. „logistics devices") zu nennen.

18.4.1 Handhabung

Definition

Unter **Handhabung** wird gemäß der VDI-(Verein Deutscher Ingenieure)-Richtlinie 2860 das „Schaffen, definierte Verändern oder vorübergehende Aufrechterhalten einer vorgegebenen räumlichen Anordnung von geometrisch bestimmten Körpern in einem Bezugskoordinatensystem" verstanden.

Unter diese abstrakte Definition fallen etwa das Entnehmen eines Blechs aus einer Presse oder die Beschickung der Materialzuführung einer Maschine. Handhabungsvorgänge sind spezifisch, heterogen und jeweils zumeist von geringem Umfang, sodass sie bislang zumeist durch Menschen durchgeführt wurden. Erhebliche Anstrengungen der Materialflusstechnik haben jedoch auch hier zu einem signifikanten Automatisierungsgrad durch den Einsatz von **Robotern** geführt.

In Europa werden unter Robotern Hilfsmittel zur Handhabung oder zur Fertigung verstanden, die über mindestens drei Achsen verfügen. Sie können unterteilt werden in stationäre und mobile Roboter. Beispiele für stationäre Roboter sind etwa Verpackungsroboter, die am Ende einer Fertigungslinie stehen und Produkte auf eine Palette schichten. Mobile Roboter hingegen sind beweglich und verfügen über eine eigene Energiequelle.

18.4.2 Kommissionierung

Kommissionierungsleistungen sind darauf gerichtet, die Sortenbündelung von Objektmengen zu verändern, d.h. aus einem gegebenen Bestand an Material- oder Warenarten gemäß vorliegender Anforderung (Kommissionierungsauftrag) eine separierte Teilmenge zusammenzustellen. Hierzu ist eine Reihe von Teiltätigkeiten erforderlich:

- **Bewegung der zu kommissionierenden Güter zur Bereitstellung** (falls nicht aus bestehenden Kommissionierungslagern beschickt wird): Die Bewegung kann manuell, mechanisch oder automatisch erfolgen.
- **Bereitstellung:** Es gibt zwei grundsätzlich unterschiedliche Arten der Bereitstellung. Bei der **zentralen Bereitstellung** wird die Ware, z.B. auf einer artikelreinen Palette, zu einem Kommissionierplatz gebracht (Prinzip Ware zum Menschen) und dort die entsprechende Anzahl an Produkten entnommen Anschließend wird die Ware wieder zum Lagerplatz gebracht. Bei der **dezentralen Bereitstellung** geht ein

Kommissionierer zum Platz, an dem die Ware bereitgestellt/gelagert wird und entnimmt dort die entsprechende Anzahl an Artikeln (Prinzip Mensch zur Ware).

- **Fortbewegung des Kommissionierers zur Bereitstellung** (z.B. Gang zum Lagerplatz – nur bei dezentraler Bereitstellung)
- **Entnahme der Gütermengen durch den Kommissionierer** (hier sind vor allem Entscheidungen über den Automatisierungsgrad zu treffen)
- **Transport der Güter zur Abgabe** (z.B. zum Transportbehälter)
- **Abgabe der Güter** (z.B. Einlegen in den Transportbehälter)
- **Transport der Kommissioniereinheit** (z.B. des Transportbehälters) zur Abgabe
- **Abgabe der Kommissioniereinheit** (z.B. Übergabe des Behälters an den Warenversand)
- **Rücktransport** angebrochener Lade-Einheiten (bei zentraler Bereitstellung)

Kommissionierungsvorgänge können grundsätzlich in allen Stationen des Material- und Güterflusses stattfinden:

- Im **Eingangsbereich** kann z.B. ein Teil der gelieferten Warenmengen verwendungsbezogen vorkommissioniert werden (gemeinsame Einlagerung von häufig im Verbund benötigten Teilmengen).
- Im **Produktionsbereich** werden häufig produkteinheitsbezogene Teilesätze zusammengestellt, die gemeinsam verbaut werden.
- Im **Absatzbereich** bezieht sich die Kommissionierung in der Regel auf die Aufträge der Kunden. Hier ist das größte Kommissionierungsaufkommen zu beobachten. Im Handel findet häufig eine filialbezogene Kommissionierung statt.

Aufgrund der erheblichen handhabungstechnischen Diversität der Güter und Waren bereitet eine Automatisierung der Kommissionierungsprozesse derzeit noch erhebliche Schwierigkeiten. Roboter benötigen universell einsetzbare Greifeinrichtungen und aufwendige Bildverarbeitungssysteme, um die vorliegenden Aufgaben überhaupt technisch bewältigen zu können. Der Mensch als Träger der Prozesse arbeitet sehr schnell und zudem sind Kommissionierungstätigkeiten vergleichsweise gering entlohnt. Der Einsatzbereich von Technik in derzeitigen Kommissionierungssystemen bezieht sich deshalb vor allem auf eine Unterstützung des menschlichen Kommissionierers.

Eine solche Unterstützung bilden z.B. optische Pickhilfen, die dem Kommissionierer jeweils durch Leuchtzeichen signalisieren, aus welchem Fach die nächste Position des Kommissionierungsauftrags zu bedienen ist (engl. „pick by light"). Eine weitere Möglichkeit, die Kommissionierer zu unterstützen und das Kommissionieren papierlos zu gestalten, ist die Vergabe der Kommissionieraufträge an die Kommissionierer sowie die Rückmeldung der Kommissionierer über Sprache. Die Kommissionierer tragen hierbei ein Headset mit Kopfhörer und Mikrophon. Die einzelnen Kommissionieraufträge werden automatisch vergeben. Die Bestätigungen durch die Kommissionierer über erfüllte Aufträge werden auch automatisch erfasst und verarbeitet (engl. „pick by voice").

18.4.3 Umschlag

Definition

Umschlagen ist gemäß DIN 30781 die „Gesamtheit der Förder- und Lagervorgänge beim Übergang der Güter auf ein Transportmittel, beim Abgang der Güter von einem Transportmittel und wenn Güter das Transportmittel wechseln".

Umschlagsprozesse sind damit eine gesonderte Unterkategorie von Materialflussleistungen, die nicht nach ihrer Art, sondern nach ihrer Stellung im Materialfluss abgegrenzt und definiert werden. Sie bilden einen wesentlichen Betrachtungsgegenstand logistischer Optimierungen, da sie lange Zeit als physische Schnittstellenprozesse vernachlässigt wurden. Durch eine Vereinheitlichung von Transport- und Lagerhilfsmitteln lassen sich ebenso Umschlagsleistungen vermeiden wie durch eine Absprache mit den Lieferanten („Behälterdatenbank") und den Kunden. Bei dem Bemühen um Standardisierung und Durchgängigkeit sind in den letzten Jahren erhebliche Erfolge erzielt worden (z.B. Normpaletten, Standardbehälter, Anlieferung in einlagerfähigen Transporthilfsmitteln). ▶ *Abbildung 18.8* zeigt ein Beispiel für eine Containerumschlagsanlage.

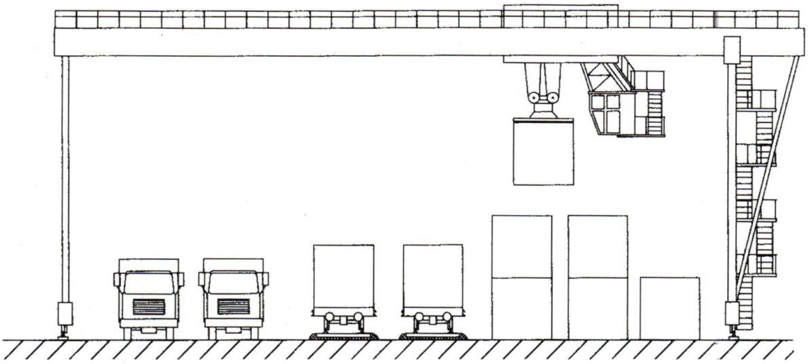

Abbildung 18.8: Beispiele für eine Containerumschlagsanlage[8]

Sowohl Kapazität als auch Energieeffizienz von Umschlagssystemen sind stark von der eingesetzten Technologie und dem Design der Umschlagssysteme abhängig. Betreiber von Umschlagsanalagen setzen daher bei der Systemplanung verstärkt Modelle zur Berechnung von Energieverbräuchen sowie zunehmend elektrisch betriebene Anlagen ein, die im Idealfall mit selbst produziertem Strom aus erneuerbaren Energieträgern gespeist werden (z.B. mittels Solaranlagen).

8 Quelle: Jünemann, R. (2000)

18.4.4 Verpackung und Logistikhilfsmittel

Definition

Verpackungen sind Umhüllungen eines Gutes, die lösbar sind und Schutz-, Werbe-, Materialfluss- sowie Verwendungsfunktionen erfüllen.

In der Vergangenheit standen bei Verpackungen vor allem die **Schutzfunktion** (vor mechanischen oder klimatischen Belastungen sowie vor Diebstahl) und die **Werbefunktion** im Vordergrund. Die gesonderte Betrachtung der Material- und Informationsflüsse führte dazu, dass die **Lagerfunktion** (Lagerplatzausnutzung durch Form und Abmessungen sowie Stapelfähigkeit), **Transportfunktion** (Form, Abmessungen, Gewicht), **Manipulationsfunktion** (einfaches manuelles Öffnen, Schließen, Handhaben, Kommissionieren und Umschlagen von Verpackungen sowie Möglichkeiten für den Einsatz technischer Hilfsmittel) und **Informationsfunktion** (direkte Kennzeichnung der Verpackung oder Anbringung von Informationsträgern) zunehmend untersucht wurden.

Der Verpackungsprozess besteht nach DIN 55405 aus der Vereinigung von Packgut und Verpackung. Zu der „Vereinigung gehören die Zuführung von leeren Verpackungen und des Packgutes, der eigentliche Packvorgang sowie die Bereitstellung der Verpackungseinheit zum Transport".

Vom eigentlichen Verpackungsprozess wird die Bildung materialflussbezogener Einheiten (das Zusammenfassen von Stückgütern und/oder Verpackungseinheiten zum wirtschaftlichen Transport, zu Lagerung und Handhabung) abgegrenzt. In der Literatur werden die logistischen Einheiten auch als Transport-, Lager- und Lade-Einheiten bezeichnet. Grundsätzlich erfüllen diese materialflussbezogenen Einheiten ähnliche Funktionen wie die Verpackung. Um logistikgerechte Materialflüsse zu erreichen, tritt als weitere Funktion die Forderung nach einer weitestgehend ununterbrochenen Transportkette hinzu, die durch den folgenden Leitsatz gewährleistet werden soll:

Produktionseinheit = Lagereinheit = Transporteinheit = Verkaufseinheit

Aufgrund der vielfältigen logistischen Aufgaben wurde ein breites Spektrum von Verpackungen und Hilfsmitteln zur Bildung materialflussbezogener Einheiten (Logistikhilfsmittel) entwickelt. ▶ *Abbildung 18.9* zeigt eine Auswahl der Logistikhilfsmittel. Gemäß der Verwendung der Hilfsmittel finden sich in der Literatur und in der Praxis auch die Bezeichnungen Transport-, Lager- und Ladehilfsmittel. Die Verpackungen und Logistikhilfsmittel können aus unterschiedlichen Materialien (Holz, Metall, Kunststoff oder Papier/Pappe) gefertigt sein.

Zur Senkung des Materialeinsatzes und der Erhöhung der Energieeffizienz im Bereich der Verpackungen setzen viele Unternehmen auf innovative Lösungen durch Reduktion eingesetzter Verpackungen (z.B. Reduktion der Materialstärke) oder die Substitution von herkömmlichen Kunststoffverpackungen durch biologisch abbaubare Verpackungen (z.B. aus Maisstärke). Darüber hinaus kommen verstärkt Mehrwegverpackungen und wiederverwendbare Logistikhilfsmittel zum Einsatz, um den entsorgungslogistischen Aufwand gering zu halten (vgl. *Abschnitt 18.4*). So setzt beispielsweise ein österreichisches Verpackungs- und Logistikunternehmen für den Versand von ganzen U-

Bahn-Zügen in die USA Mehrwegplanen zur Verpackung der Züge ein. Durch Einsatz dieses Konzept spart das Unternehmen 8,5 Tonnen Kunststoffabfälle (70% der Gesamtmenge) jährlich gegenüber dem Einsatz herkömmlicher Einwegplanen ein.

Abbildung 18.9: Mehrwegverpackung von U-Bahn-Zügen[9]

Bei der Diskussion um umweltfreundliche Verpackungen werden neben den Verpackungsmaterialien auch die bei der Verpackung eingesetzten Polsterungen untersucht. Produkte der chemischen Industrie wie Styropor oder Schaum werden verstärkt durch Papier/Pappe, Holzwolle oder wiederverwendbare Polster ersetzt.

Logistische Hilfsmittel (Transport- und Lagerhilfsmittel)

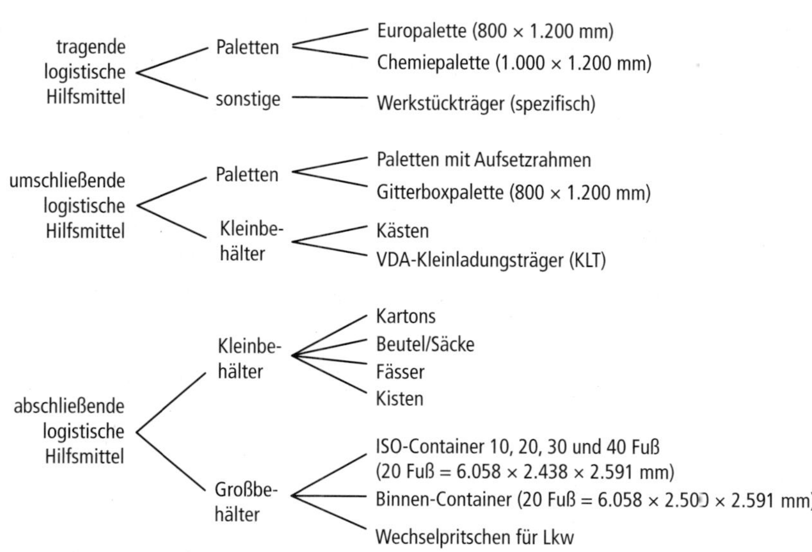

Abbildung 18.10: Überblick über logistische Einheiten

9 Quelle: *http://derstandard.at* (2013)

ZUSAMMENFASSUNG

Logistische Unterstützungsprozesse können in die Gruppen Handhabung, Kommissionierung, Umschlag, Verpackung und Logistikhilfsmittel eingeteilt werden. Während die Handhabung meist im Rahmen der Produktion anfällt, finden Kommissionierungsleistungen entlang des gesamten Material- und Güterflusses statt und bestehen aus einer Reihe von Teiltätigkeiten. Umschlagsleistungen erfolgen beim Übergang der Güter auf ein Transportmittel, von einem Transportmittel weg oder zwischen verschiedenen Verkehrsträgern. Verpackungen und Hilfsmittel können aus unterschiedlichsten Materialien bestehen und dienen zur Bildung materialflussbezogener Einheiten. Verpackungen erfüllen darüber hinaus eine Reihe zusätzlicher Funktionen (z.B. Schutzfunktion).

ZUSAMMENFASSUNG

18.4.5 Übungsfragen

1. Welche Arten von Unterstützungsprozessen werden unterschieden?
2. Nennen Sie die Teiltätigkeiten eines Kommissionierungsauftrags.
3. Welche unterschiedlichen Funktionen erfüllen Verpackungen?
4. Geben Sie einen Überblick über die logistischen Hilfsmittel.

EXTRAS ONLINE

Lösungen zu den Übungsfragen und weiterführende Materialien finden Sie auf der Website zum Buch unter *www.pearson-studium.de.*

18.5 Auftragsabwicklung

18.5.1 Grundlagen der Auftragsabwicklung

Mit dem Ziel, die Auftragsdurchlaufzeiten bei der Mercedes-Pkw-Produktion von bisher 40 bis 50 Tagen auf künftig nur noch zwölf bis 15 Tage zu verkürzen, hat DaimlerChrysler im Jahre 2002 einen neu gestalteten Kundenauftragsprozess namens „Global Ordering“ geschaffen. Damit kann der Händler Kundenaufträge direkt beim Produktionswerk „einbuchen“ und erhält im Gegenzug eine sofortige Terminbestätigung. Das Beispiel zeigt, dass durch Änderungen in der Auftragsabwicklung die Lieferzeiten deutlich gesenkt werden können.

Die Basis der logistischen Prozesse sind **externe Aufträge** (Kunden- und Bestellaufträge) sowie **interne Aufträge** (z.B. Fertigungs-, Lager-, Transport-, Kommissionier- und Verpackungsaufträge). Aufträge enthalten alle für die Logistik wichtigen Informationen wie z.B. Auftragsnummer, Auftragsdatum, Kundenadresse, Kundennummer, Kundeninformationen, Verkäufer, Verkaufsgebiet, Artikelbezeichnung, Artikelnummer, Menge des Artikels, Preis des Artikels, Verkaufsbedingungen, Liefertermin, Lieferanschrift, Versandart. Bei der Bearbeitung der internen und externen Aufträge werden in der Regel DV-Anlagen eingesetzt. Die Kunden geben die Ausgangsinformation, welche auf unterschiedlichen Übertragungswegen zu den Informationsempfängern gelangt.

Definition

Auftragsabwicklung ist die Koordination aller auftragsbezogenen Tätigkeiten von der Übermittlung des Auftrags bis zur Rechnungsstellung sowie die Ausführung aller zur Erfüllung des Auftrags erforderlichen informationsverarbeitenden administrativen Aufgaben.

Damit die Auftragsbearbeitung nicht zu Verzögerungen führt, sollte ein dem Materialfluss vorauseilender Informationsfluss alle am Materialfluss beteiligten Stellen rechtzeitig mit Informationen versorgen, welche für die Erfüllung der Aufgaben dieser Stellen notwendig sind. Typische, den Güterfluss begleitende Auftragsinformationen sind Arbeitskarten in der Fertigung oder Zoll- und Versandpapiere. Die dritte Form der Informationsflüsse sind dem Güterfluss nachlaufende Informationsflüsse (z.B. Informationen zur Fakturierung).

18.5.2 Prozesse der Auftragsabwicklung

Einen Überblick über die Prozesse der Auftragsabwicklung gibt die folgende ▶ *Abbildung 18.11*. Dabei werden aus Sicht des leistungserstellenden Unternehmens vier grundlegende Prozesse unterschieden. Ausgangspunkt für alle folgenden Tätigkeiten ist die **Anfrage durch den Kunden**. Diese löst die Angebotserstellung aus. Das Angebot erhält als zentrale Elemente Preis und Lieferkonditionen. Der Kunde prüft das Angebot und erteilt den Auftrag.

Die Auftragsprüfung entscheidet über die endgültige Annahme oder Ablehnung des Auftrags. Der Prozess der **Auftragsprüfung** beginnt mit der Verfügbarkeitsprüfung (Available to Promise). Dabei wird geprüft, ob die gewünschten Produkte verfügbar sind. Dieser Prozess ist vor allem bei der Make-to-stock-Produktion relevant.

Sind die vom Kunden gewünschten Produkte nicht verfügbar bzw. handelt es sich um eine Make-to-order-Produktion, so muss geprüft werden, in welcher Zeit die Produkte hergestellt werden können (Capable to Promise). Auf Basis der bestehenden Aufträge werden in einer Gesamtplanung die Verfügbarkeit bzw. Lieferbarkeit der Materialien und Zulieferteile sowie freie Kapazitäten im Unternehmen identifiziert. Im nächsten Schritt wird die Auslastung der innerbetrieblichen Kapazitäten im Hinblick auf die Möglichkeit überprüft, einen zusätzlichen Auftrag anzunehmen. Als letzter Teilprozess der Auftragsprüfung vor der Auftragsannahme oder -ablehnung erfolgt die finanzielle Bewertung des Auftrags hinsichtlich der wirtschaftlichen Erfüllbarkeit. Dabei werden auch Preiskonditionen, Liefermodalitäten und die Bonität des Kunden überprüft.[10] Bei einem positiven Ergebnis erfolgt die Auftragsannahme durch Übersendung der Auftragsbestätigung an den Kunden. Verfügt das Unternehmen nicht über

10 Vgl. Pfohl, H.-Chr. (2004), S. 85

die erforderlichen Möglichkeiten, die Produkte oder Dienstleistungen in der vom Kunden gewünschten Zeit herzustellen, oder fällt die Kundenprüfung negativ aus, so wird der Auftrag abgelehnt.

In der Realität erfolgt die Angebotserstellung häufig aufgrund einer groben Verfügbarkeitsschätzung. Die Durchführung eines realistischen Capable to Promise hängt von der Leistungsfähigkeit der Informationssysteme im Unternehmen ab. Außerdem werden die Kunden häufig versuchen, Preise und Lieferkonditionen zu verhandeln.

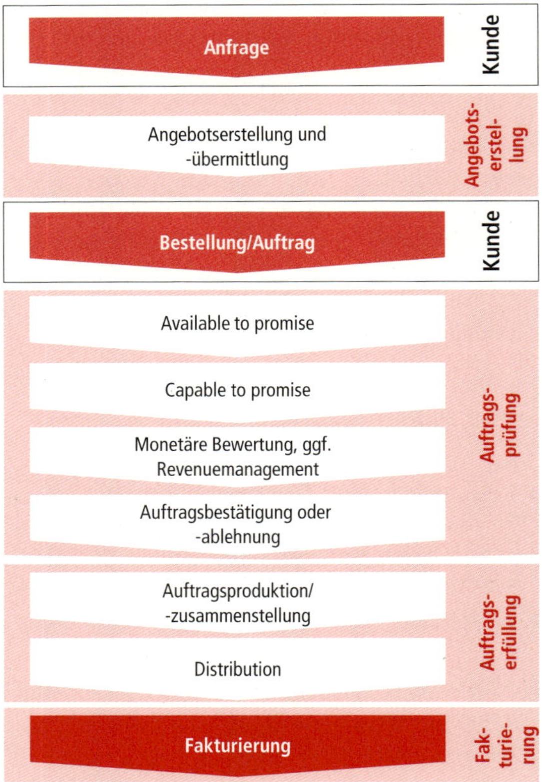

Abbildung 18.11: Prozesse der Auftragsabwicklung

Nach erfolgter Annahme des Auftrags wird die **Auftragserfüllung** eingeleitet. Die Auftragsabwicklung erfordert dabei Maßnahmen im Bereich des Lagermanagements (Lagerhaltung) oder in der kurzfristigen Produktionsplanung, falls die gewünschten Güter nicht auf Lager sind. Für die Distribution sind im Wesentlichen die beiden Schritte Zusammenstellung der Güter laut Auftrag (Kommissionierung) und Versand relevant. Der Auftragsabwicklung kommen dabei weitere informationsverarbeitende Aufgaben zu (z.B. Zusammenstellung und Überprüfung des Kommissionierauftrags, Erstellung der Versandpapiere).

Die **Fakturierung** (Rechnungsstellung) ist die Grundlage für Flüsse auf der monetären Ebene (vgl. *Abschnitt 2.2*) und bildet den letzten Prozess im Rahmen der Auftragsabwicklung. Die Fakturierung kann vor dem Versand (Vorfakturierung) gemeinsam mit den Gütern oder nach dem Versand (Nachfakturierung) erfolgen.

Ziel leistungsfähiger Logistiksysteme ist es, zu möglichst jedem Zeitpunkt Auskunft darüber zu geben, wo sich die Aufträge bzw. Sendungen befinden. Außerdem soll auch nach Abwicklung von (Transport-)Aufträgen ermittelt werden, wo die Sendungen zu welchem Zeitpunkt waren, um ggf. Schäden oder Eingriffe von außen rekonstruieren zu können. Die Systeme, die von den Transport- und Logistikdienstleistern dazu aufgebaut wurden, heißen Tracking-and-Tracing-Systeme (siehe *Abschnitt 18.6*).

Z U S A M M E N F A S S U N G

Die Auftragsabwicklung im Unternehmen beschäftigt sich mit der Koordination aller dispositiven, auftragsbezogenen Tätigkeiten zur Erfüllung eines Auftrags. Ausgangspunkt für die Auftragsabwicklung können die externe Anfrage eines Kunden oder die interne Anfrage eines Unternehmensbereichs sein. Die Auftragsabwicklung besteht aus vier grundlegenden Prozessen und beginnt mit der Angebotslegung. Darauf folgen die Auftragsprüfung, die Auftragserfüllung und die Fakturierung.

Z U S A M M E N F A S S U N G

18.5.3 Übungsfragen

1. Welche Arten von Aufträgen werden grundlegend unterschieden?
2. Nennen Sie Auftragsinformationen, die für die logistische Abwicklung eines Auftrags notwendig sind.
3. Nennen und beschreiben Sie die Prozesse der Auftragsabwicklung.

Lösungen zu den Übungsfragen und weiterführende Materialien finden Sie auf der Website zum Buch unter *www.pearson-studium.de*.

EXTRAS ONLINE

18.6 Informationsflüsse und Informationssysteme in der Logistik

Güterflüsse werden stets von Informationsflüssen begleitet und moderne Logistiksysteme sind ohne leistungsfähige Informationssysteme nicht realisierbar. Informations- und Kommunikationssysteme erleichtern, unterstützen und optimieren die Unternehmenslogistik. Das Erkennen und die entsprechende Anwendung neuer IuK-Technologien können in der Erreichung der Logistikziele als Schlüssel zum Erfolg gesehen werden und können den wirtschaftlichen Erfolg einer Unternehmung maßgeblich beeinflussen. Um eine klare Zuordnung in diesem Zusammenhang oft verwendeter Begriffe vorzunehmen, werden zunächst grundlegende Termini näher erläutert:

18.6.1 Grundlagen

Die Begriffe Wissen und Informationen sowie Informationen und Daten werden im allgemeinen Sprachgebrauch häufig gleichgesetzt und synonym verwendet. Eine Gleichsetzung ist jedoch unpräzise und versperrt den Blick auf wichtige Erkenntnisse. Zur Abgrenzung dieser Begriffe kann das Modell der Wissenstreppe von North herangezogen werden. ▶ *Abbildung 18.12* beschreibt, wie aus Zeichen und Daten Informationen werden sowie in weiterer Folge Wissen entsteht.

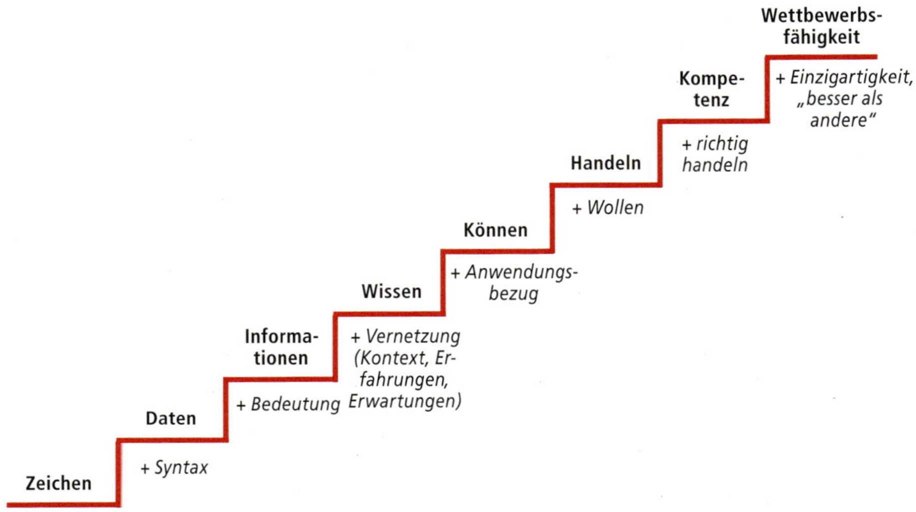

Abbildung 18.12: Wissenstreppe nach North[11]

Wie durch die Wissenstreppe dargestellt, werden **Zeichen** (wie Buchstaben oder Ziffern) durch eine Syntax zu Daten. **Daten** bestehen aus Zeichen und kennzeichnen einzelne objektive Fakten zu Ereignissen oder Vorgängen. Sie können als strukturierte Aufzeichnungen von Transaktionen betrachtet werden. In uninterpretierter Form besitzen Daten kaum Bedeutung oder Zweck und können nicht als Basis für Entscheidungen dienen. Sie bilden jedoch die Grundlage für die Generierung von Information.

Zusammengesetzte Daten, die übertragen werden und so sowohl Sender als auch Empfänger zur Verfügung stehen, werden als Nachrichten bezeichnet. Daher stammt auch der traditionelle Begriff der Datenübertragung oder Nachrichtentechnik.

Aus Daten wird dann eine **Information**, wenn der Empfänger den Daten einen Bedeutungsinhalt hinzufügt. Demnach werden gefilterte, formatierte oder extrahierte Daten, d.h. Daten mit Interpretationen, als Information bezeichnet. Gibt z.B. ein mit der Lagerhaltung beauftragter Logistikdienstleister die Bestandsdaten an seinen Kunden weiter und tätigt dieser daraufhin eine Bestellung, findet eine Aufwertung von Daten zu Informationen statt.

Informationen stellen demnach eine Voraussetzung für den Material- und Warenfluss dar und sind für dessen Planung, Steuerung und Kontrolle unerlässlich. Dementsprechend lassen sich verschiedene Arten von Informationen unterscheiden:

11 North, K. (2002), S. 39

- **Vorbereitende Informationen** beziehen sich auf die Übermittlung der Bedarfe an Lieferanten, auf die Planung der Leistungserstellung sowie auf die Bestellung und Reservierung der dafür notwendigen Ressourcen.
- **Vorauseilenden Informationen** kommt die Aufgabe zu, den betreffenden Stellen in der Supply Chain rechtzeitig das Eintreffen der erwarteten Güter bekannt zu geben. Sie dienen den Empfängern zur weiteren Disposition und Planung. Je früher die Versorgung mit den Informationen stattfindet, desto größer ist der Handlungsspielraum der nachgelagerten Stellen. Durch einen Informationsvorlauf kann sich zudem ein erheblicher Zeitgewinn ergeben, da Prozesse parallel ablaufen und Wartezeiten vermieden werden können. Es ist deswegen ein Ziel moderner Logistikkonzepte, möglichst viele Informationen vorauseilend zu geben.
- **Begleitende Informationen** sind u.a. für die Ausführung von operativen Tätigkeiten (z.B. Produktions-, Transport-, Lagerprozesse etc.) notwendig. Zudem dienen sie der Steuerung des Güterflusses durch die Supply Chain. Des Weiteren wird durch Informationen eine Standort- und Statusverfolgung von Gütern ermöglicht. Dies ist vor allem hinsichtlich der Gewährleistung eines fehlerfreien Umgangs mit Gütern unter Berücksichtigung bestimmter Eigenschaften (z.B. Empfindlichkeit, Gefährlichkeit etc.) von Bedeutung.
- **Nachfolgende/Abschließende Informationen** folgen nach dem logistischen Leistungsprozess. Als Beispiel kann die Verbuchung und Fakturierung der angefallenen Aufwände und Entgelte angeführt werden.

Werden Informationen in einen Kontext gesetzt und mit Erfahrungen und Erwartungen verknüpft, so wird dies als **Wissen** bezeichnet. Dem in Unternehmen vorhandenen Wissen kommt eine erhebliche Bedeutung zu. Dieses kann definiert werden als „die Gesamtheit der Kenntnisse und Fähigkeiten, die Individuen zur Lösung von Problemen einsetzen. Dies umfasst sowohl theoretische Erkenntnisse als auch praktische Alltagsregeln und Handlungsanweisungen.“[12]

North ergänzt in seinem Modell zusätzlich den Anwendungsbezug und führt weitere Ebenen an. Unter dem Begriff **Können** auf der Stufe nach dem Wissen kann das Umsetzen von Wissen in Fertigkeiten verstanden werden. **Handeln** erweitert den Begriff des Könnens um den Antrieb, das Wissen in Handlungen umzusetzen. Damit wird die Motivation bzw. das Wollen angesprochen. Die **Kompetenz**, die Fähigkeit der Anwendung des Wissens in verschiedenen Problemfeldern, bildet schließlich die Basis für die **Wettbewerbsfähigkeit** im Sinne eines Alleinstellungsmerkmals gegenüber den Wettbewerbern.

Um wettbewerbsfähig zu sein, müssen die Aufgabenträger arbeitsteiliger Organisationen im Wertschöpfungsprozess koordiniert werden. Hierzu sind Informationsübertragung und -verarbeitung erforderlich. Diese Informationsübertragung, gepaart mit Informationsverarbeitung, definiert den Kommunikationsbegriff. Kommunikation zwischen Akteuren hilft Distanzen zu überwinden.

12 Probst, G. J., Raub, S., Romhardt, K. (1999), S. 46

18.6.2 Informations- und Kommunikationssysteme

Mit den heutigen Informations- und Kommunikations-Systemen (IuK-Systemen) eröffnen sich ungeahnte Möglichkeiten zur Rationalisierung. Um IuK-Systeme adäquat einführen bzw. anwenden zu können, sind eine Reihe von Anforderungen zu beachten.

Generelle Anforderungen:

- Identifikation
- Lokalisierung
- Zuverlässigkeit
- Sicherheit
- Integrierbarkeit
- Anpassungsfähigkeit

Aus den soeben beschriebenen generellen Anforderungen lassen sich spezifische Anforderungen an Informationssystemen in der Logistik ableiten:

- Erfüllung der unternehmensinternen und unternehmensexternen Anforderungen
- Organisationseinheiten des Unternehmens
- Stakeholder des Unternehmens (Kunden, Lieferanten, Wettbewerber, Eigentümer, Staat, Gesellschaft etc.)

Wenn ein System allen Anforderungen gerecht wird, bestimmen die technischen und wirtschaftlichen Bedingungen eine erfolgreiche Umsetzung.

Das Spektrum der IuK-Systeme in der Logistik ist sehr breit und kann im Folgenden nicht annähernd dargestellt werden. ▶ *Abbildung 18.13* gibt einen Überblick über ausgewählte inner- und überbetrieblich ausgerichtete logistische Informations- und Kommunikationssysteme sowie Identifikations- und Lokalisierungs-Technologien.

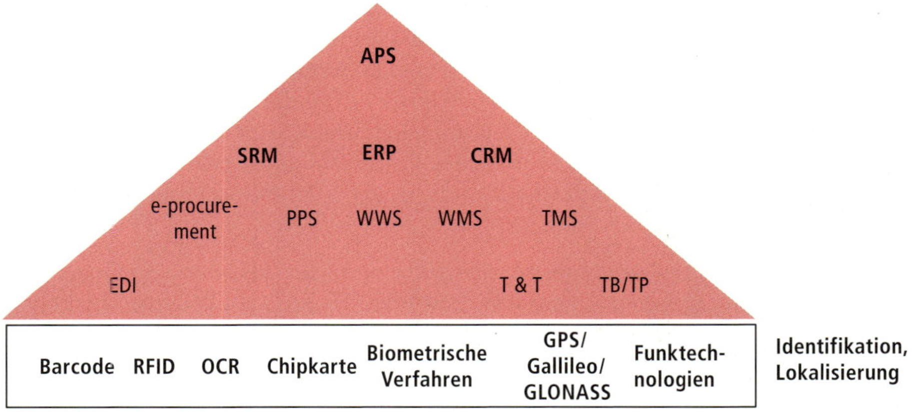

APS Advanced Planning System
ERP Enterprise Resource Planning
SRM Supplier Relationship Management
CRM Customer Relationship Management
PPS Produktionsplanungs- und Steuerungssystem
WWS Warenwirtschaftssystem
WMS Warehouse Management System
TMS Transportmanagement Systeme
EDI Elektronic Data Interchange
T&T Tracking & Tracing
TB Transportbörsen
TP Transportplattformen
OCR Optical Character Recognition
RFID Radio Frequency Identification Device
GPS Global Positioning System

Abbildung 18.13: Struktur inner- und überbetrieblicher IuK-Systeme

Betrachtet man die in der Praxis vorhandenen Anwendungssysteme, so ist festzustellen, dass logistische Aufgaben einerseits in integrierten Systemen wahrgenommen werden (z.B. die Bestandsführung) und andererseits für besondere logistische Funktionen wie beispielsweise die Frachtkostenoptimierung oder die Fertigungssteuerung häufig spezielle Softwaretools eingesetzt werden, welche über Schnittstellen an die integrierten Systeme angebunden werden.[13] Nachfolgend wird eine Auswahl von Software-Systemen mit logistischem Funktionsumfang im Überblick vorgestellt.

Advanced Planning System (APS)
Advanced Planning Systems, es findet sich zum Teil auch der Begriff der Supply Chain Software, dienen dazu, übergreifende Planungsprozesse zu optimieren. Sie verwenden dazu die Transaktionsdaten aus den ERP-Systemen, entweder unterschiedlicher Teilbereiche eines Unternehmens oder unternehmensübergreifend und versuchen darauf aufbauend optimale Pläne zu entwickeln. Wir werden die Entwicklungsschritte betrieblicher Planungs- und Informationssysteme hin zu APS in *Kapitel 21* vorstellen.

Customer-Relationship-Management (CRM)-Systeme
Eine große Herausforderung – vor allem für die Informationslogistik – stellt der Aufbau von **Kundeninformationssystemen** dar. Auf der einen Seite werden diese Systeme dazu genutzt, um Informationen über das Kundenverhalten zu gewinnen. So erhalten große Handelsunternehmen, Hotelketten, Fluggesellschaften, Autovermietungen etc. dadurch, dass ihre Kunden entsprechende Service- und Kreditkarten benutzen, genaue Informationen über das Verhalten ihrer Kunden. Diese Informationen werden dazu verwendet, ihr Angebot dem Kundenverhalten entsprechend anzupassen.

Neben der Bedeutung für das Marketing haben die Kundeninformationssysteme eine wichtige Bedeutung für die Verbesserung der Prognosen. Weiß ein Unternehmen, wie die abgesetzten Produkte verwendet werden (z.B. km-Laufleistungen bei Pkw), so können daraus wichtige Informationen für die Ersatzteillogistik gewonnen werden. Hat ein Handelsunternehmen gute Informationen über das Kaufverhalten seiner Kunden, so kann es z.B. den Absatz von bestimmten Produkten vor Feiertagen besser abschätzen.

Das steigende Bedürfnis nach **individualisierten Produkten** erfordert eine differenzierte Marktbeobachtung und -bearbeitung. Für die einzelnen Zielgruppen müssen unterschiedliche Angebote entwickelt werden. Die Differenzierung kann dabei sowohl über die Produktentwicklung oder die für jeden Kunden individuelle Anfertigung erfolgen als auch über eine hohe Logistikleistung. So war einer der Haupterfolgsfaktoren der Firma Dell Computer die schnelle Verfügbarkeit der individualisierten PCs und die einfache Auftragsabwicklung durch ein Bestellsystem per Telefon, später unter konsequenter Ausnutzung des Internets.

Supplier-Relationship-Management-(SRM)-Systeme
Auf das Lieferantenmanagement oder Supplier-Relationship-Management wurde schon in *Kapitel 6* sowie in *Kapitel 12* eingegangen. In den vergangenen Jahren haben viele Unternehmen durch **e-procurement** ihr Lieferantenmanagement neu gestaltet. Wesentliche Formen des e-procurement sind:

13 Vgl. Heiserich, O.-H., Helbig, K., Ullmann, W. (2011), S. 368

- Die Anbindung an Online-Shops von Lieferanten. Allerdings werden hierbei die Daten in der Regel nicht automatisch in ein Warenwirtschaftssystem übertragen.
- Desktop-Purchasing-Systeme (Multi-Lieferantenkataloge) fassen die elektronischen Kataloge mehrerer Lieferanten zusammen. Vorteile sind die einheitliche Bestelloberfläche und die Verknüpfung mit dem ERP-System. Allerdings kann die Erstellung und Pflege derartiger Systeme hohe Kosten verursachen.
- Die Beschaffung über eMarktplätze ist eine Alternative, weil hier Multi-Lieferantenkataloge bereits vorhanden sind. Ähnlich wie bei einem Firmenverzeichnis sind Anbieter dort mit ihren Produkten registriert und über eine Suchmaschine leicht zu finden. Die Effektivität des Einkaufs steigt mit der nahtlosen Anbindung an die eigene Warenwirtschaft, weil die Bestellprozesse automatisiert ablaufen können.

Enterprise-Resource-Planning-Systeme (ERP)
Unter einem Enterprise-Resource-Planning-System (ERP-System) wird eine integrierte betriebswirtschaftliche Software verstanden, die auf Basis standardisierter Module Unternehmensprozesse steuert und die Planung der Unternehmensressourcen (Material, Maschinen, Personal, finanzielle Ressourcen) unterstützt. Typische Logistikfunktionalitäten innerhalb von ERP-Systemen sind: Bestandsführung, ABC-Analysen, Absatzplanung, Kundenauftragsverwaltung, Materialbedarfsrechnung, Einkaufsabwicklung, Produktionsplanung, Lagerverwaltung, Kommissionierung und Versandplanung.

Ein Warenwirtschaftssystem (WWS) ist ein System zur Unterstützung der dispositiven und logistischen abrechnungsbezogenen Geschäftsprozesse eines Handelsunternehmens.[14] Wesentliche Funktionen sind Einkauf, Disposition, Wareneingang und Bestandsverwaltung, Rechnungsprüfung, Verkauf, Fakturierung, Warenausgang und Retourenabwicklung. Im Rahmen des **Customer-Relationship-Managements (CRM)** verfügen sie über Funktionen der Sortimentsbildung, Preisplanung, Verkaufsanalyse und Absatzwerbung. Üblicherweise sind auch Debitoren- und Kreditorenbuchhaltung integriert. WWS sind häufig Bestandteile der umfangreicheren ERP-Systeme.

PPS-Systeme sind Programme für die Produktionsplanung und -steuerung. Auch sie sind häufig als Funktionen oder Module in ERP-Systeme integriert.

Warehouse-Management-Systeme (WMS) oder **Lagerverwaltungs-Systeme (LVS)** unterstützen die Prozesse der operativen Lagerwirtschaft. Neben der reinen Lagerplatzverwaltung beinhalten sie auch Kommissionierung, Versandabwicklung, interne Transporte, Verpackung, Wareneingang und -ausgang sowie Palettierung. Einige der angebotenen Lagerverwaltungs-Systeme sind Bestandteil von logistischen Komplettlösungen, wobei fast alle auch separat betrieben werden können.

Transportmanagementsysteme (TMS) unterstützen die Prozesse der Speditions- und Transportabwicklung. Aufgrund des zunehmenden Outsourcings von Transportleistungen sind die Anwender dieser Systeme vorwiegend logistische Dienstleister. Klassische Funktionen umfassen Auftragsannahme, Disposition, Touren- und Routenplanung, Abrechnung, Leergut/Lademittelverwaltung, Tracking und Tracing, Lagerverwaltung innerhalb der Transportkette sowie Auswertungen und Statistiken.

14 Vgl. Schütte, R., Vering, O. (2011), S. 28

Tracking-and-Tracing-Systeme (T&T-Systeme) umfassen die Identifikation und Verfolgung von Sendungen in der Logistikkette. Somit ist eine vollständige Rekonstruktion des Warenflusses (auch als Basis für die Optimierung des Logistiksystems) möglich[15]. Ein weiteres wichtiges Unterscheidungsmerkmal von Tracking-and-Tracing-Systemen sind die **Ebenen der Erfassung**. Eine Erfassung kann auf den folgenden Ebenen realisiert werden:

- Produktebene, z.B. durch aufgedruckte Barcodes oder eingebaute RFID-Transponder
- Ebene der Nummer der Versandeinheit (NVE)
- Karton- oder Colli-Basis
- Palettenebene
- Containerbasis oder
- Lieferungsebene

Transportbörsen/Transportplattformen (TB/TP)
Grundsätzlich dienen elektronische Marktplätze dazu, die Kosten von Transaktionen zwischen Anbietern und Nachfragern zu senken. Transaktionskosten teilen sich auf in Informations-, Vertragsvereinbarungs- sowie Abwicklungskosten. Insbesondere die ersten beiden Kostenarten können durch den Einsatz von elektronischen Marktplätzen reduziert werden.

Auf Transportbörsen oder Transportplattformen, z.B. Transporeon, treffen Angebot und Nachfrage aufeinander mit dem Ziel, Verträge über Transportleistungen abzuschließen. Marktteilnehmer können Verlader, Logistikdienstleister, Spediteure oder Frachtführer sein. Klassischerweise werden zwei Formen von Transportbörsen unterschieden:

- Auf **Frachtenbörsen** werden Frachtangebote durch Verlader angeboten und es wird ein Transportdienstleister gesucht.
- Auf **Laderaumbörsen** bieten Transportdienstleister ihren Laderaum an, z.B. um Rückfrachten zu gewinnen, und suchen nach Fracht

In den letzten Jahren entwickelten sich einige der klassischen Transportbörsen hin zu integrierten Internetplattformen, deren Ziel eine umfassende Unterstützung aller Transaktionsvorgänge zwischen Marktpartnern von der Information über die Vertragsvereinbarung bis zur Abwicklung des Geschäfts ist. Diese Transportmarktplätze bieten verschiedene Mehrwertdienste (value addeds) an, z.B. Vergabe von Timeslots für Lkw bei der Abholung der Ware oder Unterstützung bei der Ausschreibung von Transportrahmenverträgen.

Häufig versuchen Verlader, mithilfe von Auktionen oder Ausschreibungen einen möglichst niedrigen Preis für Transportdienstleistungen zu erzielen.

Electronic Data Interchange (EDI)
Kommunikationsrechner und Telekommunikationsnetzwerke bilden die Infrastruktur für den Austausch von elektronischen Nachrichten. Der deutsche Begriff der Daten-Fernübertragung (DFÜ) wird zunehmend durch den Begriff „Electronic Data Inter-

15 Vgl. Kummer, S., Schramm. H.-J., Sudy, I. (2009), S. 126 ff.

change“ (EDI) abgelöst. EDI ist ein Konzept zum papierlosen und automatisierten Austausch von strukturierten Geschäftsdaten zwischen Anwendungssystemen verschiedener Unternehmen (z.B. Produzenten, Lieferanten, Kunden, Logistikdienstleister) unter Nutzung von Telekommunikationsverbindungen. Klassische EDI-Systeme tauschen vorwiegend Daten von standardisierten Routinevorgängen wie Bestellungen, Rechnungen, Überweisungen, Mahnung etc. aus.

Voraussetzung für das Funktionieren eines EDI-Systems ist die Verständigung auf einen Standard zur semantischen und syntaktischen Beschreibung der Daten, um eine beidseitige Interpretation und Verarbeitung zu ermöglichen. Für diese Standards gibt es nationale (z.B. VDA, SEDAS), internationale (z.B. EDIFICE), branchenspezifische (z.B. Odette, SWIFT) und branchenunabhängige (z.B. EIDFACT) Lösungen.

Vorteile des Einsatzes von EDI sind:

- Beschleunigung der Geschäftsprozesse durch den Wegfall von Medienbrüchen
- Vermeidung von Datenerfassungsfehlern
- Überwindung von Sprachbarrieren
- Vermeidung nicht wertschöpfender Tätigkeiten wie Wartezeiten, Öffnen von Briefen oder Ablage
- Einsparung von Personalkosten durch die Reduktion des manuellen Erfassungsaufwands und Vermeidung von Doppeleingaben
- Beschleunigung der Informationsflüsse erlaubt eine Reduktion der Wiederbeschaffungszeiten und damit der Lagerbestände mit der Folge einer verringerten Kapitalbindung sowie höherer Kundenzufriedenheit durch schnellere Belieferung, bessere Auskunftsfähigkeit usw.
- Imageaufwertung bei Kunden und Lieferanten durch die Signalisierung von Innovationsfreudigkeit

Durch die großen Erfahrungen und Standardschnittstellen (z.B. bei SAP) haben sich die Kosten für den Aufbau von EDI-Systemen, Hard- und Software sowie die Personalkosten deutlich verringert.

18.6.3 Automatische Identifikation und Datenerfassung (Auto-ID)

Um einen reibungslosen Güter-/Waren-/Materialfluss in Wertschöpfungsnetzwerken gewährleisten zu können, ist eine Identifikation der entsprechenden Objekte an bestimmten Stellen nötig. In der Vergangenheit war die **manuelle Identifikation** weit verbreitet, bei der Mitarbeiter die Informationen auf Listen oder direkt in Computer eingeben.

Moderne Logistiksysteme setzen auf eine **Automatische Identifikation und Datenerfassung (Auto-ID)**. Die automatisierte, eindeutige und fehlerrobuste Identifikation basiert darauf, dass die logistischen Einheiten (z.B. Lager-, Transport-, Verpackungs-, Lade-, Bestelleinheiten) mit einer Codierung versehen sind, die von Auto-Identifikationssystemen (Auto-ID-Systeme) gelesen und verarbeitet werden können.

Barcode
Der Barcode ist ein Binärcode aus einem Feld von parallel angeordneten Strichen und Trennlücken. Diese sind nach einem vorbestimmten Bild angeordnet und stellen Ele-

mente von Daten dar, welche auf ein zugehöriges Zeichen verweisen. Die Ablesung erfolgt durch optische Laserabtastung. Bei 2D-Barcodes handelt es sich um eine Weiterentwicklung des Strichcodes um eine zusätzliche Dimension, welche es erlaubt, deutlich mehr Informationen pro Fläche zu speichern, als es auf einem eindimensionalen Strichcode möglich ist. Im Falle der 3D-Barcodes wird die Informationsdichte pro Flächeneinheit noch weiter erhöht, indem die Informationen in Mustern codiert werden.

Der am weitesten verbreitete Barcode dürfte der EAN-Code (European Article Number) sein, der 1976 speziell für den Lebensmittelhandel konzipiert wurde. Er setzt sich aus 13 Ziffern zusammen: dem Länderkennzeichen, der bundeseinheitlichen Betriebsnummer, der Artikelnummer des Herstellers sowie einer Prüfziffer. Die Barcode-Technologie ermöglicht:

- die Nutzung umfassender und vorauseilender Sendungsinformationen
- die Eliminierung überflüssiger Prozessschritte in einer Logistikkette
- die Verringerung des manuellen Arbeitsaufwands
- eine erhöhte Abwicklungsgeschwindigkeit, Transparenz und Sicherheit

Barcodes sind zwar äußerst billig, allerdings verfügen sie nur über eine geringe Speicherfähigkeit. Die Informationen auf dem Barcode können nicht ergänzt oder umprogrammiert werden. Außerdem sind immer ein Sichtkontakt und eine relativ nahe Distanz von Barcode und Lesegerät notwendig. Bei höheren Anforderungen und komplexeren Anwendungen werden sie deswegen zum Teil durch Radiofrequenztechnik für Identifikationszwecke (RFID) ersetzt.

Optical Character Recognition (OCR)
Der Einsatz von Klarschriftlesern (Optical Character Recognition = OCR) begann in den 1960er-Jahren. Es wurden spezielle Schrifttypen entwickelt, die durch ihre Stilisierung nicht nur von Menschen, sondern auch automatisch von Maschinen gelesen werden konnten. Heute liegen die Einsatzgebiete von OCR in der Produktion, in Dienstleistungs- und Verwaltungsbereichen sowie in Banken zur Registrierung von Schecks.[16]

RFID
RFID ist eine auf Radiowellen basierende Kommunikation zwischen einem Transponder[17] und einem Lesegerät, wobei die Daten kontaktlos und nur auf Abruf übermittelt werden.

Die Ursprünge finden sich in den 1940er-Jahren im US-amerikanischen Militär, das Transponder in der Luftfahrt einsetzte, um eigene Flugzeuge besser von feindlichen Maschinen unterscheiden zu können. In den 1960er-Jahren wurde die Anwendung auf Atomwaffen und Personal erweitert. Im zivilen Bereich erfolgte der Einsatz zunächst in der Landwirtschaft zur Identifikation von Nutztieren, später auch im Straßenverkehr bei der Mauterfassung.[18]

16 Vgl. Finkenzeller (2008), S. 3
17 Transponder ist ein Kunstwort und setzt sich aus den Begriffen „transmitter“ (Sender) und „responder“ (Antwortgeber) zusammen.
18 Vgl. Heiserich, O.-H., Helbig, K., Ullmann, W. (2011), S. 347

Ein RFID-System besteht grundsätzlich aus einem Transponder (auch Tag genannt), einer Luftschnittstelle (magnetisches oder elektromagnetisches Feld), einem Lesegerät (entweder nur Lese- oder Lese- und Schreibeinheit) und einer lokalen Schnittstelle zu einem IT-System, wie folgende ▶ *Abbildung 18.14* zeigt.[19]

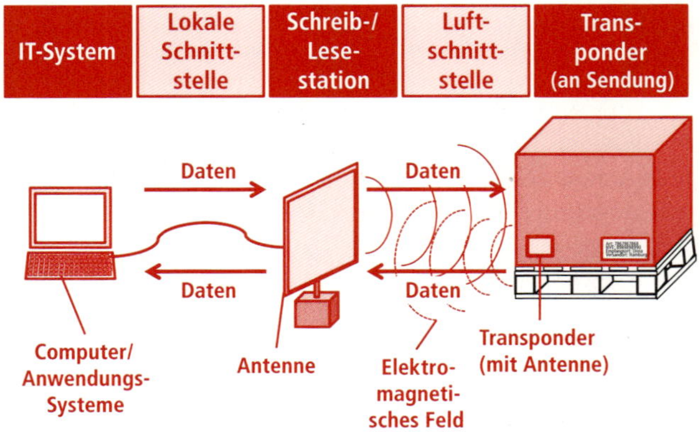

Abbildung 18.14: Aufbau und Elemente eines RFID-Systems

Ein Transponder besteht aus einem Mikrochip zur Speicherung der Informationen, einer Antenne für den Datenaustausch mit der Umwelt (Luftschnittstelle) und einer umschließenden Schutzhülle. Die Codierung bzw. die Decodierung der auf dem Mikrochip zu speichernden bzw. gespeicherten Daten erfolgt über Schreib-/Lesestationen, die die Daten über eine lokale Schnittstelle (z.B. Kabel aber auch WLAN) an die nachgelagerten IT-Systeme (Hardware und Anwendungen, z.B. ERP-System) weiterleiten. Der Schreib- bzw. Lesevorgang beginnt automatisch, sobald der Transponder in die Reichweite des Schreib-/Lesegeräts gelangt.

RFID-Transponder lassen sich unter anderem hinsichtlich

- der Energieversorgung (aktive und passive Transponder),
- der Speicherfähigkeit (Read-only-Transponder, Read/Write-Transponder) und
- der Frequenzbereiche unterscheiden.

Während aktive Transponder über eine eingebaute Batterie mit Energie versorgt werden, sind passive Transponder batterielose Systeme. Sie beziehen ihre Energie zur Versorgung des Mikrochips aus dem elektromagnetischen Feld, das der Leser bzw. die Schreib-/Lesestation produziert.

Aktive Transponder werden in der Logistik zur Begleitung von Montageprozessen in der Automobilindustrie, zur Identifizierung von Containern, zur Prozesskontrolle im Containerumschlag, zur Identifikation von Lkw beim Ein- und Ausfahren an Lieferpunkten oder bei Mautsystemen eingesetzt.

Zur Warenidentifikation und -verfolgung in der Logistikkette, vor allem zur Steuerung und Kontrolle der Waren im Distributionssystem der Konsumgüterindustrie und des Einzelhandels, werden passive Transponder verwendet.

19 Vgl. Heiserich, O.-H., Helbig, K., Ullmann, W. (2011), S. 348

Bei Read-only-Transpondern, welche das Low-Cost-Segment der RFID-Datenträger bilden, werden die Daten, meist nur eine Seriennummer, einmalig gespeichert und können nachfolgend nicht mehr verändert werden. Read/Write-Transponder, also wiederbeschreibbare Transponder, können durch ein Schreib-/Lesegerät mit Daten beschrieben werden.

Ein weiteres wichtiges Unterscheidungskriterium von Transpondern ist der Frequenzbereich, auf dem sie arbeiten, da dieser unter anderem die Reichweite des Systems beeinflusst. Verwenden RFID-Systeme einen Frequenzbereich < 135 kHz (Langwellenbereich), ist ihr Einsatz auf Reichweiten von unter 1,2 m beschränkt. Des Weiteren stellt die geringe Geschwindigkeit im Lesevorgang einen Nachteil dar. RFID-Lösungen auf Langwelle werden heute vor allem zur Tieridentifikation, zur Produktionskontrolle, zur Automatisierung, zur elektronischen Kfz-Wegfahrsicherung sowie bei Zugangskontrollsystemen verwendet. RFID-Systeme im Frequenzbereich von 3–30 MHz (Kurzwelle) gewährleisten eine Übertragung größerer Datenmengen bei gleichzeitig hoher Lesegeschwindigkeit. Zu den bevorzugten Einsatzgebieten von Kurzwellen-RFID-Lösungen zählen elektronische Warensicherungssysteme, Kaufhaus- und Supermarkt-Kassensysteme sowie Massenzugangs-Kontrollsysteme, wie beispielsweise an Theater- oder Konzertkassen oder Skiliften. Im Ultra-Kurzwellenbereich (200 MHz-2 GHz) können noch höhere Lesegeschwindigkeiten realisiert werden, wodurch der Haupteinsatzbereich dieser Systeme hauptsächlich in der Logistik und der Industrie im Allgemeinen liegt. So können mit Smart-Labels ausgestattete Euro-Paletten, aber auch Container, bei deren Anlieferung automatisch erkannt und erfasst werden.

Analog zu den Transpondern existiert auch bei den Lese- und Schreibgeräten eine ähnlich große Vielfalt. Grundsätzlich lässt sich zwischen stationären und mobilen Schreib- und Lesegeräten unterscheiden, welchen in unterschiedlichen Bauformen realisiert werden. Beide Arten von RFID-Schreib- und -Lesegeräten dienen dem Abruf der auf dem Transponder hinterlegten Daten. Bei stationären Schreib- und Lesegeräten muss das Objekt, auf dem sich der Transponder befindet, am Lesegerät vorbeigeführt werden. Dies geschieht beispielsweise über Förderbänder. Wichtig sind hierbei die optimale Gestaltung der Transportgeschwindigkeit sowie der Distanz zwischen Lesegerät und Transponder. Eine zu hohe Geschwindigkeit bzw. Distanz würde zu einem Anstieg der Fehlerquote bei den Leseprozessen führen. Werden ein oder mehrere Transponder am Lesegerät vorbeigeführt, wird das Lesegerät aktiv und liest die gespeicherten Daten aus. Mobile RFID-Schreib- und Lesegeräte sind ortsunabhängig und werden von der jeweiligen Person mitgeführt. In Abhängigkeit von der Bauform können sowohl sehr große als auch relativ geringe Lesereichweiten erzielt werden.

Um Daten lesen und austauschen zu können, benötigen RFID-Systeme eine geeignete Anwendungssoftware sowie standardisierte Schnittstellen.[20] Dazu dient die sogenannte Middleware, welche jene Software bezeichnet, die sich zwischen dem Betriebssystem und der Anwendung bzw. der Applikation befindet. Zentrale Aufgaben der Middleware sind die Ansteuerung der Schreib- und Lesegeräte sowie das Erkennen eines Ausfalls einer oder mehrerer Schreib- und Lesegeräte bzw. der Unterbrechung eines Schreib-/Lesevorgangs.[21] Ziel des Einsatzes von Middleware ist es, Datenströme, welche unter anderem durch das Auslesen von Transpondern entstehen,

20 Vgl. Franke, W., Dangelmaier, W. (2006), S. 170
21 Vgl. Peter (2007), S. 30

zu filtern, zu verwalten und anschließend an interne und externe Partner sowie an das interne ERP-System weiterzuleiten.

Einen nicht zu vernachlässigenden Aspekt beim Einsatz von RFID in der Logistik stellt die Datensicherheit dar. Zum einen werden in zunehmendem Maße RFID-Systeme in sicherheitsrelevanten Bereichen – wie Zutrittssystemen (z.B. Hochsicherheitslager) oder bei Zahlungsmittelsystemen – eingesetzt. Zum anderen werden über Netzwerke wichtige Produkt- und Sendungsinformationen übertragen, die für konkurrierende Unternehmen von Interesse sein können. Mit dem Anstieg von Wirtschaftskriminalität und -spionage sind Unternehmen gezwungen, sich mit derart gestalteten Risiken auseinanderzusetzen.[22]

Chipkarte

Als Chipkarte bezeichnet man einen elektronischen Datenspeicher, welcher zur Verbesserung der Handhabung in eine Plastikkarte im Kreditkartenformat eingebaut ist. Zum Betrieb werden Chipkarten in ein Lesegerät eingesteckt, das eine Verbindung zu den Kontaktflächen der Chipkarte herstellt. Durch den Einsatz von Chipkarten können Dienstleistungen, die mit Informations- oder Geldtransaktionen verbunden sind, einfacher, sicherer und kostengünstiger werden.

Biometrische Verfahren

Zu den biometrischen Verfahren zählen unter anderem die Sprachidentifizierung (eine Person spricht in ein Mikrofon, welches mit einem Computer verbunden ist, der die gesprochenen Worte in digitale Signale umwandelt, die von einer Identifizierungs-Software ausgewertet werden) sowie das Fingerabdruckverfahren (die Fingerkuppe wird auf ein spezielles Lesegerät gelegt; das eingelesene Muster wird mit einem gespeicherten Referenzmuster verglichen).[23]

GPS/Galileo/GLONASS

Um den Aufenthaltsort und die Wege von Transportmitteln, z.B. Lkw, aber auch Waren, zu ermitteln, werden häufig satellitengestützte Systeme eingesetzt. Am häufigsten wird das von den US-Streitkräften für militärische Zwecke eingeführte und der zivilen Nutzung zur Verfügung gestellte Navigational Satellite Timing and Ranging – Global Positioning System" (NAVSTAR GPS) angewendet. GPS-Empfänger verwerten die Positions- und Zeitsignale von Satelliten und können so die eigene Position für fast alle logistischen Anwendungen hinreichend genau, bis auf 10 m bestimmen. Aufgrund der weiten Verbreitung, mittlerweile auch in Mobiltelefonen, sind die GPS-Empfänger sehr günstig. Ähnlich ist das von der Europäischen Union (EU) und der Europäischen Weltraumorganisation (ESA) gemeinsam initiierte, aber noch nicht voll funktionsfähige Galileo-Projekt. Noch zu Zeiten des kalten Kriegs wurde das russische Satellitennavigationssystem GLONASS entwickelt.

Funktechnologien

Um die Identifikations- und die Lokalisierungsinformationen zu übertragen, z.B. an eine zentrale Steuerung, werden zunehmend unterschiedliche drahtlose, also Funk verwendende Technologien verwendet. Das Spektrum dieser Technologien ist entsprechend weit. Unternehmensintern werden Infrarot-Verbindung (IR) und Wireless Local Area Network (WLAN), z.B. bei Flurförderfahrzeugen, verwendet. Unterneh-

22 Vgl. Kummer, S., Einbock, M., Westerheide, C. (2005), S. 37
23 Vgl. Finkenzeller (2008), S. 4

mensextern vor allem Mobilfunktechnologien (Global System for Mobile Communications (GSM), General Packet Radio Service (GPRS), Universal Mobile Telecommunications System (UMTS) oder in Zukunft Long Term Evolution (LTE).

Z U S A M M E N F A S S U N G

Ein möglichst reibungsloser Informationsfluss ist in der Logistik von höchster Bedeutung. Es gibt eine Vielzahl technischer Möglichkeiten, die Informationsflüsse effizient zu gestalten. In diesem Zusammenhang sind vor allem die Verkürzung von Wartezeiten, das Wegfallen nicht wertschöpfender Tätigkeiten sowie die Vermeidung von Übertragungs- und Eingabefehlern als Vorteile zu nennen. Bei der Optimierung der (unternehmensübergreifenden) Planungsaufgaben kommen zunehmend Advanced Planning Systems (APS) zum Einsatz. ERP-Systeme und eine Vielzahl von Teilsystemen unterstützen in fast allen Unternehmen die betrieblichen Transaktionen, die Logistikaufgaben spielen dabei eine große Rolle.

Wichtige Auto-ID-Technologien sind Barcode und RFID. Neue Auto-ID-Technologien lösen zunehmend die manuelle Identifizierung ab. Sie führen nicht nur zu Produktivitätssteigerungen, sondern helfen auch, die Transparenz der Logistikprozesse zu erhöhen.

Z U S A M M E N F A S S U N G

18.6.4 Übungsfragen

1. Grenzen Sie die Begriffe „Nachrichten“, „Daten“ und „Informationen“ voneinander ab.
2. Was ist ein ERP-System?
3. Welcher Standard kommt bei der Datenfernübertragung (DFÜ) zum Einsatz?
4. Was versteht man unter dem Begriff Auto-ID und was sind wichtige Technologien, die Auto-ID unterstützen?

Lösungen zu den Übungsfragen und weiterführende Materialien finden Sie auf der Website zum Buch unter *www.pearson-studium.de*.

EXTRAS ONLINE

18.7 Logistik 4.0

18.7.1 Begriff und Charakterisierung von Digitalisierung und Logistik 4.0

Die erste industrielle Revolution begann mit der Erfindung der Dampfmaschine und führte zum Wandel von der traditionellen Handarbeit zur mechanischen, arbeitsteiligen Produktion. Die zweite industrielle Revolution begann mit der Einführung des Fließbands und ermöglichte eine mechanisch durchgeführte Massenproduktion durch die verstärkte Substitution von menschlicher Arbeit durch Maschinen. Die dritte und vierte industrielle Revolution sind stark durch den Einsatz von Mikroelektronik geprägt. Während die dritte Revolution vor allem auf die Automatisierung (oder automatisierte Steuerung) von Produktionsprozessen gerichtet war, so zielt die vierte industrielle Revolution auf die Vernetzung unterschiedlicher Akteure durch digitale Technologien im Rahmen der Digitalisierung ab (vgl. ▶ *Abbildung 18.15*).

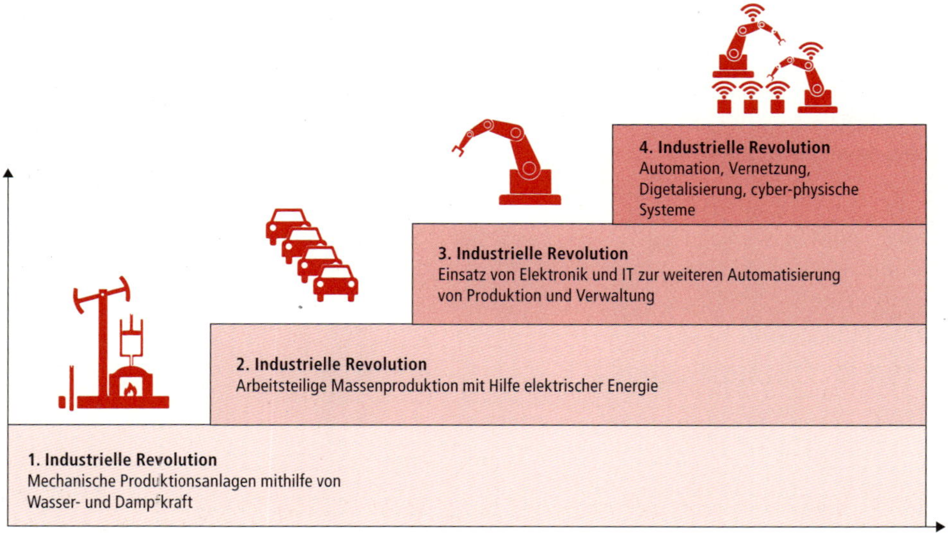

Abbildung 18.15: Industrielle Revolutionen im Überblick[24]

Als Erweiterung zur dritten industriellen Revolution verschiebt sich dabei der Fokus von automatischen Systemen zu autonomen Systemen, die sich selbst steuern und lernfähig sind. Dies steigert die Effizienz existierender Prozesse sowie die Korrektheit und Aktualität der verfügbaren Daten. Dies eröffnet neue Wege hinsichtlich flexibler und anpassungsfähiger Produktionsnetzwerke, die in der Lage sind, auf wechselnde Kundenforderungen rasch zu reagieren und individualisierte Produkte in kleinen Mengen zu niedrigen Produktionskosten zu fertigen.

Wesentliche Kernelemente sind dabei die Verfügbarkeit von Hard-, Software und Datenübertragungstechnologien sowie der nötigen Infrastrukturen (z.B. Breitband-

24 Quelle: Abbildung in Anlehnung an Illustration of Industry 4.0 von Christoph Roser at *AllAboutLean.com*

netze). Diese werden in verschiedenen Anwendungskontexten, z.B. Unternehmen, Bildung, öffentliche Verwaltung, eingesetzt. Durch den Einsatz von vernetzten Geräten und zahlreicher Applikationen entsteht eine rasch wachsende Menge komplexer und oftmals unstrukturierter Daten, deren Auswertung und Nutzung in unterschiedlichen Bereichen (z.B. e-Business, e-Government) Vorteile aber auch Herausforderungen mit sich bringt.[25]

Industrie 4.0 kann wie folgt definiert werden:

Definition

Industrie 4.0 umfasst Ansätze, Konzepte und Technologien für anpassungsfähige, ressourceneffiziente und nutzerfreundliche Formen der industriellen Produktion.

Analog kann Logistik 4.0 definiert werden:

Definition

Logistik 4.0 umfasst Ansätze, Konzepte und Technologien für anpassungsfähige, ressourceneffiziente und nutzerfreundliche Logistikformen.

Um der starken Kundenindividualisierung und Flexibilitätsanforderungen gerecht zu werden, kommen cyber-physikalische Systeme (Cyber-Physical Systems, CPS) zum Einsatz. Dies ist ein Oberbegriff für Anwendungen, die mit unterschiedlichen Technologien eine engere Kopplung zwischen digitaler und physischer Welt erreichen. So können physische Gegenstände und Abläufe unmittelbar in digitale Prozesse integriert werden und bislang bestehende System- und Organisationsgrenzen überschritten werden.

18.7.2 Innovationstreiber der Digitalisierung und Logistik 4.0

Auch wenn Logistik 4.0 wie schon deutlich geworden ist, vielfältige Ausprägungen und Elemente hat, so kann sie als die wichtigste Innovation im Bereich der Logistik der vergangenen Jahrzehnte angesehen werden. Die Innovationen können durch Nachfrage vom **Markt (Pull)** und/oder durch neue Techniken und technologische **Erfindungen (Push)** getrieben werden. Außerdem hat die Politik in Deutschland und Österreich erkannt, dass Industrie und Logistik 4.0 für die Wettbewerbsfähigkeit wichtig sind, um die internationale Wettbewerbsfähigkeit der Länder und der Unternehmen zu sichern und fördert Forschung und Entwicklung in diesen Bereichen.

25 Vgl. BMWFW und BMVIT (2017) S. 90

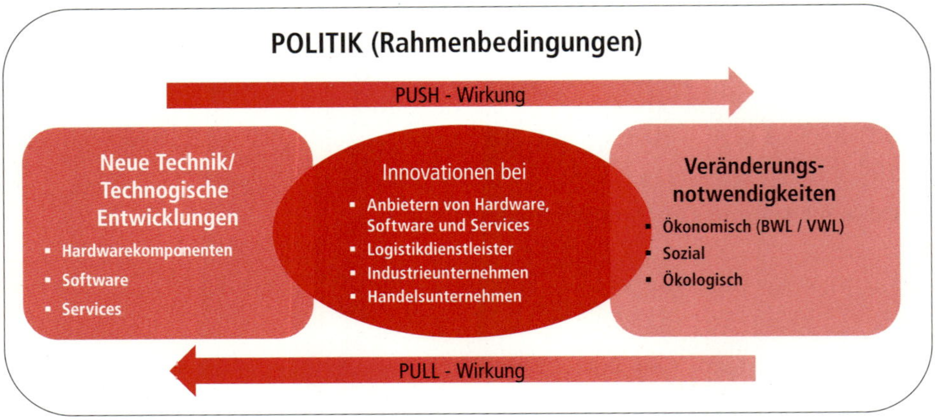

Abbildung 18.16: Innovationstreiber für Logistik 4.0

Neue Technik bzw. neue technologische Entwicklungen, die Logistik 4.0 im Sinne eines Innovations-„Push" treiben sind:

- **Hardwarekomponenten:** Aufgrund der gigantischen Rechnerleistung und Steigerung beim Speicherplatz sind Anwendungen möglich, die noch vor wenigen Jahren unmöglich erschienen. Basis ist dabei die Verfügbarkeit von Computerprozessoren (CPU) und Speichern mit hoher Leistung sowie niedrigem Energieverbrauch, wobei das sogenannte *Mooresche Gesetz* das exponentielle Wachstum bei Computerprozessoren beschreibt, dem zufolge sich die Rechnerleistung alle zwei Jahre verdoppelt. Wesentliche Anwendungsbeispiele sind dabei das Konzept der Smart Factory mit neuen Automatisierungskonzepten und Robotics; Hochleistungssensoren zu vertretbaren Kosten; RFID- und NFC-Technologien; hochleistungsfähige Optiken oder neue intelligente Werkstoffe.
- **Software:** Neue Software ermöglicht die Selbstoptimierung, Selbstkonfiguration und Selbstdiagnose von Maschinen und Systemen. Beispiele dafür sind die Entwicklung leistungsfähiger Datenbanken wie SAP HANA; Künstliche Intelligenz (KI); natürliche Mensch-Maschine-Interfaces wie persönliche Assistenten; Bildverarbeitung und Mustererkennung; Blockchain.
- **Services**: Basis für vernetzte Services ist die Verfügbarkeit günstiger und schneller mobiler Kommunikation und Internet (z.B. 5G-Standard) sowie weltweite leistungsfähige und (einigermaßen) kostengünstige Satellitenangebote, die weltweites Echtzeit-Tracking-and-Tracing ermöglichen; Cloud Computing; Big Data und die Nutzung und Auswertung von großen Datenmengen mithilfe moderner Algorithmen (Big Data Analytics).

Das Internet der Dinge (Internet of Things, IoT) ist die Vernetzung unterschiedlicher Objekte (Maschinen, Produkte und Materialien) und Menschen. Im IoT sollen Geräte automatisiert Informationen (z.B. über Sensoren erfasste aktuelle Zustände) austauschen (Machine-to-Machine, M2M) und durch Aktoren gesteuert werden.

Die ökonomischen, sozialen und ökologischen Herausforderungen für die Logistik, die eine „Pull"-Wirkung entfalten sind u.a.:

- **Ökonomisch (BWL/VWL):** Der Wandel bestehender und die Entwicklung neuer Geschäftsmodelle sowie internationaler Wettbewerbsdruck, Flexibilisierung und Individualisierung treiben die Entwicklung an, ebenso wie steigende Sharing-Economy-Orientierung und steigender Onlinehandel, die Dienstleistungsorientierung sowie Kooperation und Vernetzung der Wirtschaft.
- **Sozial:** Soziale Aspekte betreffen gesellschaftlichen Wandel, z.B. ausgelöst durch eine alternde Gesellschaft, die Verbesserung von Arbeitsbedingungen, steigender Arbeitskräftemangel und Sicherheit.
- **Ökologisch:** Spürbare Auswirkungen des Klimawandels und die Notwendigkeit der Reduktion der Emissionen gepaart mit wachsendem Umweltbewusstsein sind ökologische „Pull-Faktoren".

18.7.3 Digitalisierungsfelder in der Logistik

Digitalisierung und Logistik 4.0 haben so vielfältige Ausprägungen, dass es kaum möglich ist, alle Entwicklungen aufzuzählen. Wie vielfältig die Entwicklungen sind, soll die für ein Technologiemapping eines Logistikdienstleisters mit Schwerpunkt Transport erstellte ▶ *Abbildung 18.17* zeigen. Insgesamt kann man feststellen, dass der Güterverkehrsbereich in Europa bisher der Entwicklung hinterherläuft. Angesichts der Dynamik besteht die Gefahr, dass disruptive Entwicklungen traditionelle Geschäftsmodelle ablösen. So greifen z.B. digitale Speditionen das traditionelle Speditionsgeschäft an. Aber auch Onlinehändler, allen voran Amazon, bauen – nicht zuletzt mit massiver digitaler Unterstützung – eigene Distributionskonzepte auf, wodurch KEP-Dienste entsprechende Geschäfte verlieren.

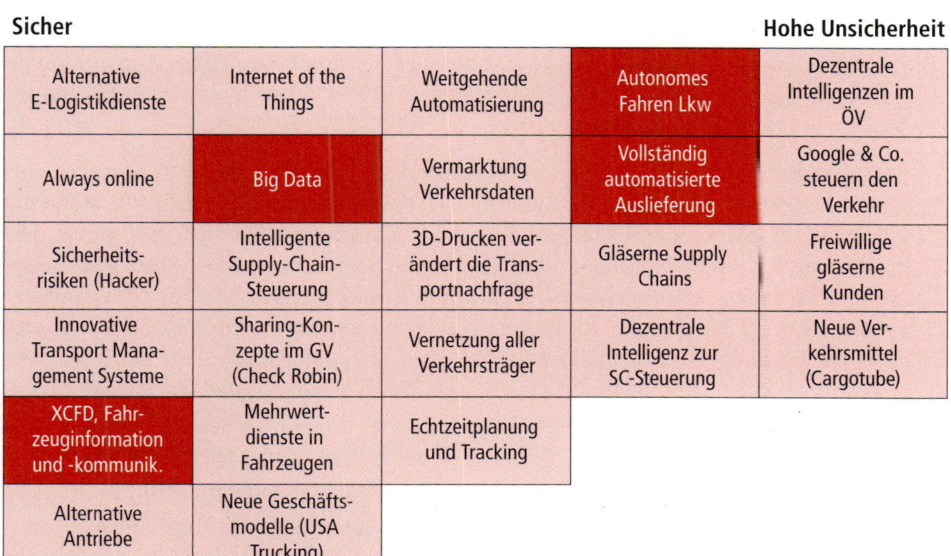

Abbildung 18.17: Ausgewählte Logistik-4.0-Trends

Im Bereich der Personen- und Güterfahrzeuge wurden in den letzten Jahren erhebliche Anstrengungen unternommen, um mithilfe von **Floating Car Data (FCD)** und **Extended Floating Car Data (XFCD)** Fahrzeugdaten zu übermitteln und z.B. Stauinformationen auf Straßen zu generieren, sowie ein permanentes Tracking and Tracing von Fahrzeugen und letztendlich Waren zu ermöglichen. Diese Daten können z.B. verwendet werden, um den Fahrer zu treibstoffsparendem Fahren zu bewegen oder bei sensiblen Waren die Umwelteinflüsse, wie z.B. die Temperatur, zu dokumentieren. Eine Dokumentation von Öffnen und Schließen von Türen bzw. Laderäumen ermöglicht es, Warenmanipulation und/oder Diebstähle zu identifizieren. Mithilfe dieser Informationen können die Supply Chains besser überwacht und gesteuert werden.

Trotz der großen Herausforderung eines autonomen, fahrerlosen Fahrens auf der Straße, nimmt das **autonome Fahren** zurzeit bei Pkw und Lkw konkrete Formen an. Nahezu alle großen Automobilhersteller haben im Pkw-Bereich entsprechende Projekte und auch Produkte angekündigt und führen Technologien des teilautonomen Fahrens ein. Vom autonomen Fahren werden enorme Vorteile erwartet, letztendlich kann es eines der Elemente von weitestgehend automatisierten Transporten und Auslieferungen von Sendungen sein.

Eine Analyse der vielfältigen Daten, gegebenenfalls auch in Echtzeit, kann verwendet werden, um:

- bessere Entscheidungen zu treffen,
- Wettbewerbsvorteile durch bessere Prognosen, Kostenerfassung und das Kundenverhalten zu erreichen,
- neue Geschäftsfelder aufgrund der Auswertung von Daten zu erschließen.

Grundsätzlich sind **Big-Data**-Anwendungen in nahezu allen Unternehmensbereichen möglich. Um bessere Entscheidungen zu treffen, ist aber nicht nur Big Data notwendig, sondern auch leistungsfähige Algorithmen und Heuristiken. Unter dem Begriff der **Künstlichen Intelligenz (KI)** (engl. „Artificial Intelligence (AI)“) entwickeln zurzeit viele Unternehmen Lösungsansätze, die viele beschreibbare Dispositionstätigkeiten ersetzen können und/oder den Mitarbeitern helfen, bessere Entscheidungen zu treffen.

Wichtige Felder der Digitalisierung sowie von Industrie und Logistik 4.0 sind die Nutzung und Auswertung von großen Datenmengen mithilfe moderner Algorithmen (Big Data Analytics). So versucht beispielsweise der Online-Händler Amazon durch die Verknüpfung und Analyse unterschiedlicher Kundendaten (z.B. Bestellhistorie, angesehene Produkte und Wunschlisten), zukünftige Bestellungen vorherzusehen (predictive analytics) und Sendungen vorausschauend zu verschicken (predictive shipment). Dabei ist es nicht so wichtig zu wissen, ob ein spezieller Kunde eine Ware bestellt, sondern vor allem zu prognostizieren, wie viele Produkte in einem bestimmten Gebiet benötigt werden. Diese können dann versendet werden und innerhalb kürzester Zeit nach Bestellung von einem dem Kunden naheliegenden Depot ausgeliefert werden.

Kombiniert man automatisiertes Kommissionieren, automatisierte Be- und Endladung und autonomes Fahren, so könnte eine **vollständig automatisierte Auslieferung** realisiert werden. Für die sogenannte „Letze Meile“ werden dazu kleine Roboterwagen oder Drohnen diskutiert, die von Lkw aus eingesetzt werden, die diese bis in die Nähe der Empfänger bringen.

Im Grunde existieren dafür schon alle benötigten Technologien. Dazu zählen:

- Leistungsfähigere automatische Lager- und Kommissioniersysteme können schon heute selbstständig Produkte erkennen und auftragsbezogen greifen.
- Der Daimler Future Truck zeigt, dass autonomes Fahren auch im Lkw-Bereich möglich ist. Zwar wird zurzeit die Version mit einem Fahrer an Bord aus rechtlichen Gründen präferiert, man kann sich aber sehr gut vorstellen, dass besonders bei geringen Geschwindigkeiten entsprechende Lkw auch ohne einen Menschen an Bord fahren können.
- Bezüglich der Übergabe der Waren an den Empfänger, sei es Endkonsument oder ein Unternehmen, haben sich im Bereich der Robotertechnologie erstaunliche Entwicklungen ergeben. Hondas Roboter „Asimo“ kann heute schon im Bereich der Altenpflege Getränke einschenken und diese an Personen übergeben.

Im Zusammenhang mit der vollständigen Automatisierung von Beschaffung, Produktion und Logistik erinnern die Visionen an die Vorstellungen von Karl Marx. Allerdings steckt hinter der Digitalisierung natürlich eine urkapitalistische Idee, nämlich der Traum einer automatisierten Produktion, z.B. mit 3D-Druckern und anschließender vollautomatischer Auslieferung. Im Grunde existieren dafür schon alle benötigten Technologien.

18.7.4 Digitaler Wandel und Innovation

Auch wenn die Entwicklungen der Industrie/Logistik 4.0 erschreckend erscheinen, so sollten sie als Herausforderung gesehen werden, auf die die Unternehmen reagieren müssen. Zwar ist es schwierig, zukünftige Entwicklungen vorherzusagen, aber eines scheint klar, Digitalisierung verändert auch soziale und kulturelle Aspekte im Unternehmen. ▶ *Abbildung 18.18* stellt wichtige Felder dieser Veränderung dar.

Abbildung 18.18: Felder des kulturellen und sozialen Wandels in den Unternehmen durch Digitalisierung

Die Digitalisierung verändert aber nicht nur die Unternehmen, sondern auch Geschäftsmodelle und Märkte. In diesem Zusammenhang wird auch der Begriff der **Digitalen Transformation** verwendet (wobei hier Transformation den Entwicklungsprozess beschreibt und nicht wie im Grundlagen- und Produktionsteil dieses Buchs eine einzelne Umwandlung). Davor haben viele traditionelle Manager Angst, jedoch ist diese selten ein guter Ratgeber. Vielmehr sollte das Management wie viele junge Menschen die digitale Transformation als Chance sehen und darauf mit Innovation reagieren.

Der Begriff **Innovation** leitet sich aus dem lateinischen Wort „innovare" (erneuern) ab. Innovationen können Neuerungen für Individuen, Organisationen oder die Gesellschaft beinhalten. Wobei der Neuigkeitsgrad unterschiedlich sein kann, es kann sich um weltweite Innovationen oder um Neuerungen für die Organisation handeln. Innovationen beinhalten auch den Prozess der Einführung, wohingehend die Idee der Ausgangspunkt einer Invention, also der schöpferischen Leistung der Problemstellung, darstellen kann. ▶ *Abbildung 18.19* gibt einen Überblick über unterschiedliche Innovationsdimensionen.

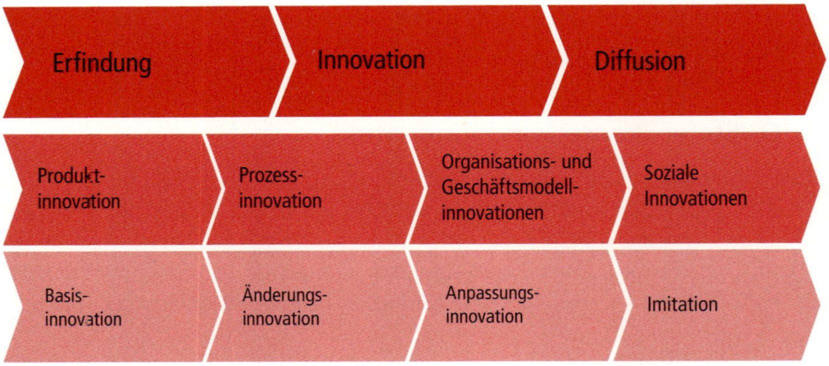

Abbildung 18.19: Innovationsdimensionen

Innovation wird häufig mit Invention, also der Erfindung, verwechselt. Das Innovationsmanagement kennt die Abfolge von (1) Erfindung, (2) Innovation, der marktreifen Entwicklung und Herstellung der Marktfähigkeit sowie (3) Diffusion, der Durchsetzung.

Innovationen können nicht nur Produkte betreffen, sondern auch Prozesse, betriebliche Organisationen und Geschäftsmodelle oder soziale Systeme. Entsprechend des Neuigkeitsgrads wird unterschieden zwischen Basisinnovation, Änderungs- und Anpassungsinnovation sowie Imitation. Innovationen müssen nicht absolut neu sein, sondern können auch für das betreffende Unternehmen, die Organisation, Branche oder das Land neu sein.

Das **Innovationsmanagement** im Unternehmen, aber auch in staatlichen Institutionen befasst sich mit der Planung, Förderung und Umsetzung von Innovationen sowie der Schaffung von Rahmenbedingungen für Innovationen.

Z U S A M M E N F A S S U N G

Die Digitalisierung eröffnet neue Wege hinsichtlich flexibler und anpassungsfähiger Produktionsnetzwerke. Diese sind in der Lage, auf wechselnde Kundenforderungen rasch zu reagieren und individualisierte Produkte in kleinen Mengen zu niedrigen Produktionskosten zu fertigen. Logistik 4.0 umfasst in diesem Zusammenhang Ansätze, Konzepte und Technologien für anpassungsfähige, ressourceneffiziente und nutzerfreundliche Logistikformen. Innovationstreiber für Logistik 4.0 können Push-Wirkung (Hardware, Software, Services) und Pull-Wirkung (betriebswirtschaftliche, soziale und ökologische Aspekte) haben

Die Verfügbarkeit und Auswertbarkeit von wachsenden Datenvolumina mittels Big Data Analytics und die integrale Betrachtung und Vernetzung unterschiedlicher Konzepte und Technologien werden künftig die Verbesserung von Prognosen und die effiziente Abwicklung mittels komplett autonomer Logistiklösungen (z.B. automatisierte Auslieferung) ermöglichen.

Die digitale Transformation bietet zahlreiche Chancen, aber auch Herausforderungen für die Wandlungs- und Innovationsfähigkeit von Unternehmen allgemein und insbesondere in der Logistik. Umfassendes Innovationsmanagement hilft, die Chancen strukturiert zu ergreifen.

Z U S A M M E N F A S S U N G

18.7.5 Übungsfragen

1. Erläutern Sie den Begriff Logistik 4.0.
2. Welche Innovationstreiber für Logistik 4.0 haben Push- und Pull-Wirkung?
3. Wie könnte ein Auslieferungstransport in Zukunft gestaltet werden?
4. Erläutern Sie den Begriff der Innovation und führen Sie an, welche Rolle das betriebliche Innovationsmanagement bei der digitalen Transformation spielt.

Lösungen zu den Übungsfragen und weiterführende Materialien finden Sie auf der Website zum Buch unter *www.pearson-studium.de.*

Logistik als Koordinationsfunktion (Querschnittsfunktion)

19

ÜBERBLICK

Die Logistik als Koordinationsfunktion betrachtet nicht nur die logistischen Prozesse in einzelnen Unternehmensbereichen, sondern auch zwischen Unternehmensbereichen und externen Partnern (Kunden, Lieferanten und Entsorgungsunternehmen). Dies führt zur Bildung **logistischer Prozessketten** vom Lieferanten über Beschaffung (Beschaffungslogistik), Produktion (Produktionslogistik) und Absatz (Distributionslogistik) hin zum Kunden. Der Strom an Recyclinggütern, Verpackungen und Leergut führt in entgegengesetzter Richtung vom Kunden bis zum Lieferanten oder einem Entsorgungsunternehmen (Entsorgungslogistik; vgl. ▶ *Abbildung 19.1*).

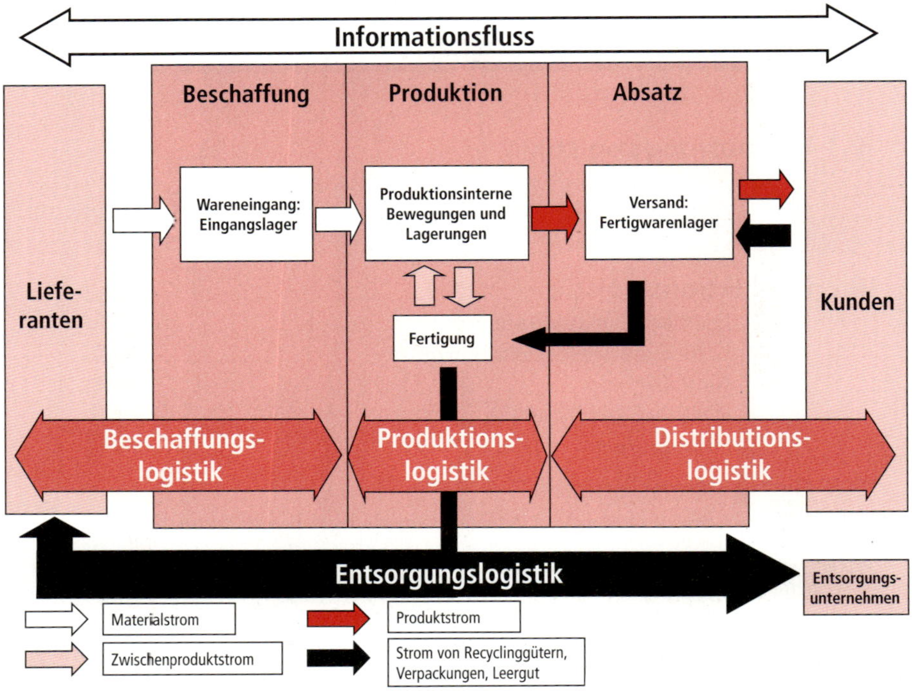

Abbildung 19.1: Prozesskettenbezogene Darstellung der Logistik

Die isolierte Betrachtung von Optimierungsaufgaben innerhalb der Beschaffungs-, Produktions- und Absatzwirtschaft kann zu Schnittstellenproblematiken und damit verbundenen Koordinationsproblemen (meist in Form von Zielkonflikten zwischen einzelnen Planungsfeldern) führen.[1] Besondere Bedeutung kommt daher bei der Betrachtung von Prozessketten den Schnittstellen zwischen einzelnen Planungsfeldern (Unternehmensbereichen, Unternehmen) zu.

Schnittstellen sind für den Informations- und/oder Material- bzw. Güteraustausch zwischen unterschiedlichen Systemen (Planungsfeldern) erforderlich.[2] Nach Art der Schnittstellen kann unterschieden werden in:

- Schnittstellen zwischen Elementen des Subsystems Logistik (Schnittstellen erster Ordnung)

1 Vgl. Weber, J. (2002), S. D5-2
2 Vgl. Sokianos, N. et al. (1998), S. 385 f.

- Schnittstellen zwischen Elementen des Subsystems Logistik und anderen Subsystemen bzw. Elementen (Schnittstellen zweiter Ordnung)
- Schnittstellen zwischen Elementen des Subsystems Logistik und Systemen außerhalb der Organisation (Schnittstellen dritter Ordnung)

Nach dem Übertragungsobjekt werden physische Schnittstellen (z.B. Materialumschlag) und informatorische Schnittstellen (z.B. EDI) unterschieden.[3] Einen Überblick über mögliche logistische Schnittstellen bei der betrieblichen Leistungserstellung gibt ▶ *Abbildung 19.2.*

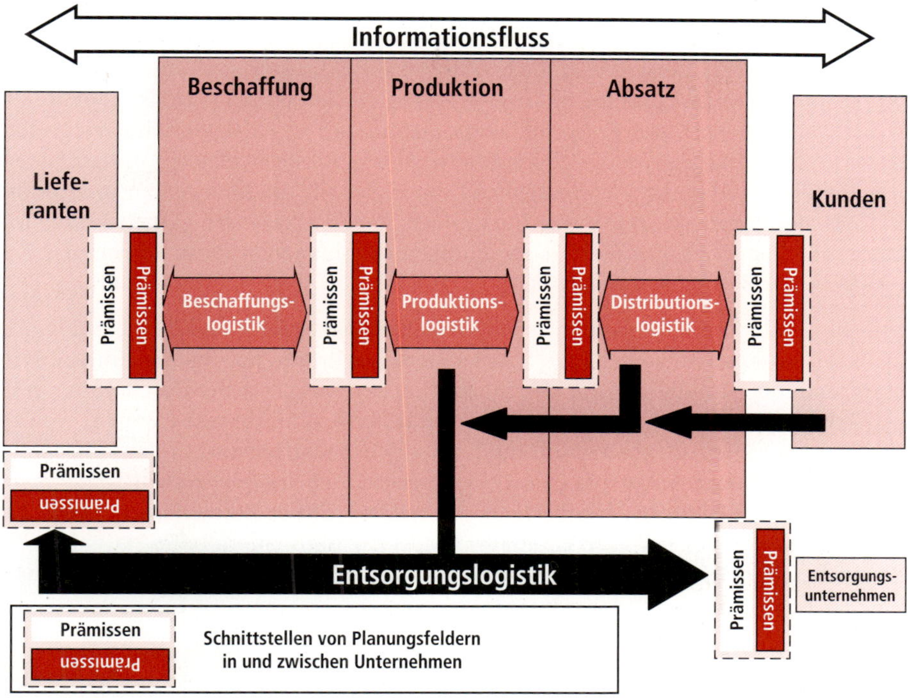

Abbildung 19.2: Schnittstellen von Planungsfeldern

Um die notwendigen Koordinationsaufgaben erfüllen zu können, werden der Logistik in den Unternehmen bereichsübergreifende Steuerungsaufgaben des Material- und Warenflusses übertragen. Im weitestgehenden Fall kann dies zur Übertragung von Aufgaben wie der Bestelldisposition, Produktionsplanung oder Vertriebsdisposition an die Logistik führen. Die Herauslösung dieser dispositiven Aufgaben aus den traditionellen Unternehmensbereichen Beschaffung, Produktion und Vertrieb und die damit verbundene Ausweitung des Aufgabenfelds Logistik um material- und warenflussbezogene Koordinationsaufgaben führt zu einem machtvollen, aber auch komplexen Logistikbereich.[4]

3 Vgl. Feierabend, R. (1997), S. 922 f.
4 Vgl. Weber, J. (2002), S. D5-2

19.1 Beschaffungslogistik

Bei der Bestimmung des Aufgabenumfangs der Beschaffungslogistik muss im Wesentlichen die Abgrenzung zu den im Teil II vorgestellten Beschaffungsaufgaben, die bei vielen Unternehmen in einer Organisationseinheit **Beschaffung** zusammengefasst sind, geklärt werden. Aus Sicht der Logistik ist es Aufgabe der Beschaffung (des Einkaufs), Lieferkapazitäten zur Verfügung zu stellen. Hierzu gehören u.a. die Aufgaben:

- Beschaffungsmarktforschung
- Lieferantenmanagement
- Make or buy

Zur Beschaffung (Einkauf) zählen die marktbezogenen Aufgaben, die mit den Materialflüssen nur indirekt zusammenhängen. Häufig geben diese langfristige Rahmenbedingungen vor (z.B. die Frage, ob neue Lieferanten in Billiglohnländern gesucht werden sollen). Die kurzfristige Steuerung wird von diesen Aufgaben nur im Einzelfall beeinflusst. Wenn die Lieferanten und die Preise für die Materialien und bezogenen Teile festliegen, so muss der Einkauf an dem Prozess der Bereitstellung von Gütern und Materialien und der dazugehörigen Informationen nicht teilnehmen. Dies ist Aufgabe der **Beschaffungslogistik**.

Durch eine solche Abgrenzung zwischen Beschaffungslogistik und Beschaffung (Einkauf) wird es möglich, sowohl die Spezialisierungsvorteile der Beschaffungsaktivitäten als auch die Vorteile, die aus der Integration der Aufgaben der Beschaffung in die logistische Kette (Koordination mit dem Produktions- und Vertriebsbereich) resultieren, zu nutzen. Die Aufgabenverteilung im Bereich Bedarfsermittlung und Bestellung erfolgt in der Unternehmenspraxis sehr unterschiedlich. Es besteht die Tendenz, die grundsätzlichen mittel- bis langfristigen Aktivitäten dieser Bereiche, z.B. Abschluss von Rahmenverträgen, der Beschaffung (Einkauf) zuzuordnen, und die Aktivitäten, die eng mit den Materialflüssen zusammenhängen, z.B. Abrufe innerhalb der Rahmenverträge, der Beschaffungslogistik zuzuordnen.

Die Abgrenzung zur Produktionslogistik umfasst zum einen den physischen Übergabepunkt der Waren bzw. Materialien. Zum anderen muss geklärt werden, welche Planungsaufgaben von der Beschaffungslogistik und welche von der Produktion bzw. der Produktionslogistik durchgeführt werden sollen und wie die Schnittstelle für den Informationsfluss gestaltet ist. Zur Bedarfsermittlung werden in der Regel Daten aus den Produktionsplanungs- und -steuerungssystemen (PPS) herangezogen. PPS dienen zur simultanen Planung aller für die Produktion benötigten Elementarfaktoren.[5]

▶ *Abbildung 19.3* zeigt wesentliche Aufgaben der Beschaffungslogistik sowie der sich hieraus ergebenden Abgrenzung der Beschaffungslogistik von Beschaffung (Einkauf) und Produktion bzw. Produktionslogistik.

Ziel der Beschaffungslogistik ist die Bereitstellung der richtigen Materialien zum richtigen Zeitpunkt in der richtigen Menge am richtigen Ort zu minimalen Kosten. Da die Beschaffungsstruktur (aus Sicht der Materialflüsse des Unternehmens) am Beginn der logistischen Kette steht, beeinflusst sie wesentlich die Leistungsfähigkeit der gesamten Logistik.

5 Vgl. Sokianos, N. et al. (1998), S. 335

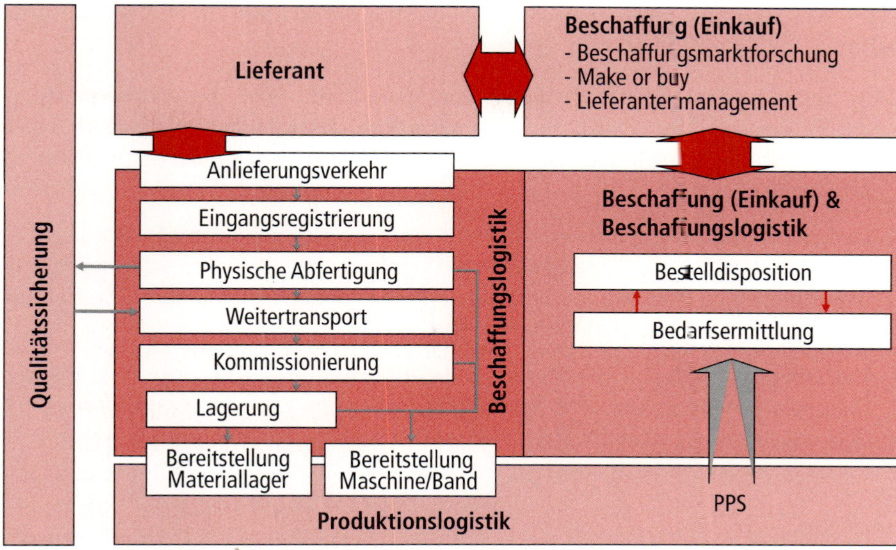

Abbildung 19.3: Abgrenzung der Beschaffungslogistik zu Beschaffung (Einkauf) und Produktionslogistik

In den folgenden Unterkapiteln werden die enge logistische **Anbindung von Lieferanten** und die **Just-in-Time-Anlieferung** als Anwendungsbeispiele behandelt.

19.1.1 Anbindung der Lieferanten

Die Strategie der engeren Anbindung der Lieferanten an das Unternehmen ist eine Reaktion auf die steigenden Anforderungen an Liefergenauigkeit und -zuverlässigkeit, vor allem aber auch auf die steigenden Risiken, die aus den immer kürzer werdenden Produktlebenszyklen und der steigenden Variantenvielfalt resultieren. Außerdem sollen durch eine enge Zusammenarbeit **Transaktionskosten** (für Verhandlungen, Marktbeobachtung, aber auch für die Auftragsabwicklung, z.B. durch den Einsatz von Datenfernübertragung) eingespart und im Idealfall die Bestände innerhalb der gesamten logistischen Kette gesenkt bzw. möglichst an den Anfang der Wertschöpfung geschoben werden.

Die von den Automobilunternehmen aktiv betriebene Politik der Ansiedlung von Lieferanten in Werksnähe, um – wie etwa bei Autositzen realisiert – eine montagegerechte Anlieferung zu erreichen, wird für mittelständische Unternehmen nur begrenzt möglich sein. Sie können aber mit den Lieferanten, die bereits jetzt in ihrer Umgebung angesiedelt sind, **enge Kooperationen** vereinbaren. Diese zeichnen sich aus durch:

- Eine langfristige Zusammenarbeit
- Eine Trennung der (Rahmen)Aufträge von den Bestellabrufen
- Eine enge informationstechnische Verknüpfung, z.B. durch Datenfernübertragung (DFÜ, engl. „Electronic Data Interchange, EDI")
- Steuerungsanreize, z.B. Bonus-Malus-Regelungen bei entsprechendem Lieferservice

Bei der Realisierung einer logistischen Anbindung hat sich ein dreistufiges Vorgehen bewährt:

1. In einem ersten Schritt wird mit den Lieferanten eine **Rahmenvereinbarung** abgeschlossen. Diese beinhaltet eine Kapazitäts- und Bedarfsvorschau in der Regel für ein bis zwei Jahre. Die Vorschau sollte laufend aktualisiert werden, z.B. alle sechs Monate.
2. Die zweite Ebene der Zusammenarbeit sind die **Rahmenaufträge**. Sie legen die Lieferkonditionen fest und sind eine Verpflichtung des Käufers, innerhalb des vereinbarten Zeitraums eine bestimmte Menge abzunehmen. Auch die Rahmenaufträge sollten laufend aktualisiert werden.
3. Die **Lieferabrufe** legen die Mengen, Liefertermine und Lieferorte fest. Während Rahmenvereinbarungen und Rahmenaufträge vom Einkauf abgeschlossen werden, sollten die Lieferabrufe direkt von den Disponenten getätigt werden. Die Bestellabwicklung wird somit zur Aufgabe der Logistik.

19.1.2 Das Just-in-Time-Prinzip

Eine vom zeitlichen Rahmen her sehr genaue Bereitstellung folgt dem **Just-in-Time-Prinzip** (JIT) (die material- und produktionswirtschaftliche Literatur bezeichnet dies seit langem als „produktionssynchrone Beschaffung"). Rohmaterialien, Halbfertigprodukte oder Fertigprodukte werden (erst) dann bereitgestellt, wenn sie tatsächlich benötigt werden. Ein derartiges Bereitstellungskonzept reduziert Lagerbestände beim Unternehmen im Extremfall auf sehr geringe Reichweiten. Die oben beschriebenen Lieferabrufe werden bei einer JIT-Anlieferung in einzelne Abrufe unterteilt.

Das in ▶ *Abbildung 19.4* dargestellte Beispiel zeigt vier unterschiedliche Genauigkeitsstufen der JIT-Anlieferung. Je nachdem, ob ein Teil minutengenau, stundengenau oder tagesgenau angeliefert werden soll, erfolgen unterschiedliche Abrufe zu verschiedenen Zeitpunkten. Wenn die Anlieferung der Produkte sortiert und genau in der Reihenfolge erfolgt, in der die Produkte eingebaut werden, so wird dies als „Just-in-Sequence" bezeichnet. So werden die Sitze bei vielen Automobilherstellern vom Lieferanten in der Reihenfolge in einen Lkw verladen, wie der Automobilhersteller diese einbaut. Sie können dann direkt auf Gestellen zum Band transportiert werden.

Vorteile von JIT liegen in der Verringerung von Kapitalbindungskosten, sonstigen Lagerkosten und der Vermeidung von Überbeständen. Weiterhin dienen Bestandsreduzierungen als Anstoß für eine Veränderung der Durchfluss-Strukturen. Just-in-Time-Produktion steht somit für eine vollständige Beherrschung eines erheblichen Teils der gesamten Materialflusskette. Bei der Vorbereitung von JIT-Konzepten werden in der Regel Schwachstellen in den Abläufen und in den Strukturen aufgedeckt. Die bei JIT notwendige Schaffung eines Vertrauensverhältnisses zwischen den Partnern kann als Vorteil angesehen werden.

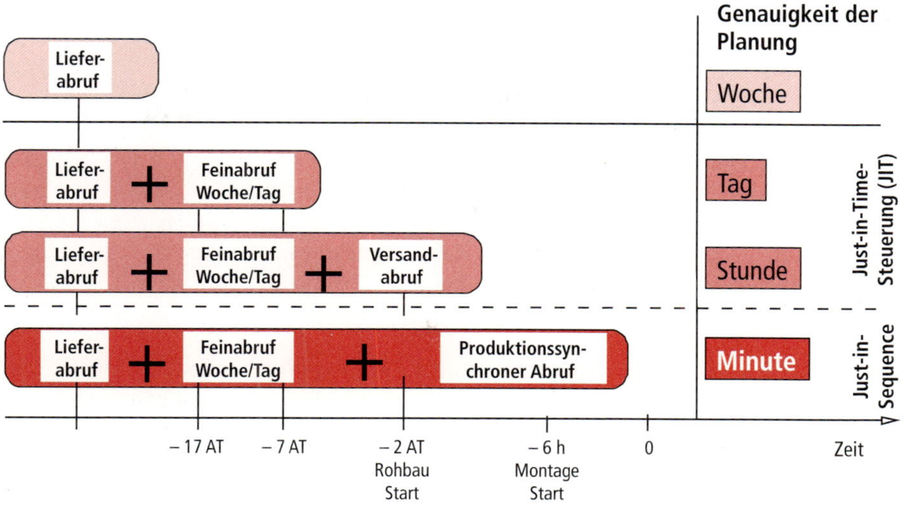

Abbildung 19.4: Unterschiedliche Genauigkeitsstufen der JIT-Steuerung in der Automobilproduktion

Nachteile von JIT können in einem starken Abhängigkeitsverhältnis zwischen Kunden und Lieferanten liegen. Störungen beim Lieferanten oder beim Transport vom Lieferanten zum Kunden wirken sich, da es keine Puffer gibt, direkt auf den Kunden (z.B. dessen Produktion) aus. Entsprechende Risikoanalysen und Ausfallstrategien müssen entwickelt werden. Häufig werden als Nachteil von JIT-Anlieferungen eine Erhöhung der Anzahl der Lkw-Transporte und damit erhöhte Transportkosten genannt. Es wird auch bei JIT versucht, die Lkw möglichst gut auszulasten, d.h., es wird die Anliefergröße so gewählt, dass kein halbvoller Lkw die Güter transportiert. Auch schließen sich JIT und Bahntransporte nicht ganz aus. So gibt es z.B. in der Automobilindustrie tägliche Ganzzüge, die die Motoren oder andere Komponenten anliefern.

Eine **bestandslose Fertigung** lässt sich nur dann ins Auge fassen, wenn lieferantenbezogen die produktions- und vertriebswirtschaftlichen sowie abnehmerbezogen die material- und produktionswirtschaftlichen Steuerungssysteme präzise, zeitaktuell und hoch integriert funktionieren. Eine enge Informationskopplung über DFÜ (Datenfernübertragung, vgl. *Abschnitt 17.9*) ist notwendig.

Der Lieferant muss einen (extrem) **hohen Servicegrad** einhalten. Die Anlieferung muss sehr präzise erfolgen. In der Regel wird auf eine Eingangsprüfung beim Kunden verzichtet, aus diesem Grund muss der Lieferant hohe Qualitätsstandards erfüllen. Da es bei geringeren Nachfragemengen schnell zu Leerkapazitäten kommt, sollte ein einigermaßen gleichmäßiger Bedarf vorliegen. Wenn hohe Schwankungen in der Nachfrage auftreten, so müssen diese gut prognostizierbar sein, damit eine Kapazitätsanpassung (nach oben oder unten) rechtzeitig durchgeführt werden kann. Damit Störungen im Transport nur in geringem Umfang auftreten, muss eine **funktionierende Verkehrsinfrastruktur** vorhanden sein. Insgesamt setzen JIT-Lösungen ein hohes Know-how bei allen involvierten Partnern voraus.

Z U S A M M E N F A S S U N G

Die Beschaffungslogistik dient der Bereitstellung von Gütern und Materialien und der dazugehörigen Informationen. Tätigkeiten der Beschaffung hingegen hängen mit den Materialflüssen nur indirekt zusammen. Zur Senkung von Transaktionskosten werden oftmals enge Kooperationen mit Lieferanten eingegangen. Die Senkung von Bestandskosten und Kapitalbindungskosten in der logistischen Kette wird mit innovativen Konzepten (z.B. JIT-Lösungen) erreicht.

Z U S A M M E N F A S S U N G

19.1.3 Übungsfragen

1. Welche Aufgaben werden im Rahmen der Beschaffungslogistik erfüllt?
2. Beschreiben Sie das dreistufige Vorgehen zur Anbindung von Lieferanten.
3. Wie funktioniert das Just-in-Time-Prinzip?
4. Welche Genauigkeitsstufen werden bei der JIT-Steuerung unterschieden?

EXTRAS ONLINE

Lösungen zu den Übungsfragen und weiterführende Materialien finden Sie auf der Website zum Buch unter *www.pearson-studium.de*.

19.2 Produktionslogistik

Die **Produktionslogistik** sorgt dafür, dass alle Material-, Güter- und Informationsflüsse von der Bereitstellung der Materialien bis zur Fertigstellung der Güter reibungslos verlaufen. Dabei müssen die Schnittstellen zur Beschaffungslogistik, zur Distributionslogistik, zur Produktion und zur Qualitätssicherung im Einzelfall bestimmt werden. Einen Überblick über Aufgaben und mögliche Schnittstellen der Produktionslogistik gibt ▶ *Abbildung 19.5*.

Die physische Schnittstelle zur Beschaffungslogistik kann entweder der Warenausgang eines Beschaffungslagers oder. der Wareneingang des Unternehmens sein. Wenn die Materialien direkt an die Maschine bzw. das Band geliefert werden, ergibt sich erst dort die Schnittstelle. Auch gegenüber der Distributionslogistik gibt es ein breites Spektrum an Schnittstellen. Es reicht von der Bereitstellung der Waren beim Warenausgang über die Bereitstellung bei einem Fertigwarenlager, ggf. können die Waren von der Distributionslogistik an der Maschine bzw. am Band abgeholt werden. Die informatorischen Schnittstellen zur Beschaffungs- und Distributionslogistik können in der Praxis ein Problem darstellen, z.B. wenn das Produktions-, Planungs- und Steuerungssystem (PPS-System) und die Systeme der Beschaffungs- und Distributionslogistik nicht integriert sind. Definitorisch ist dies jedoch kein Problem.

Die Abgrenzung zwischen den Aufgaben der Produktion und der Produktionslogistik ist sowohl aus praktischer als auch aus theoretischer Sicht ein weites Feld. Funktionell sollten alle Aufgaben, die den Materialfluss betreffen, Aufgaben der Produktionslogistik sein. In der Praxis kann dies jedoch bezüglich der organisatorischen Zuordnung durchaus unterschiedlich sein, z.B. wenn Produktionsmitarbeiter Transportaufgaben durchführen. Noch fließender sind die Übergänge im Bereich der informatorischen Schnittstellen. Hier sind viele Zuordnungen und Schnittstellenbildungen denkbar. Wenn überhaupt eine (tendenzielle) Zuordnung vorgenommen werden kann, so scheint die Zuordnung der Kapazitätsplanung sowie der Kapazitätsbereitstellungsplanung zur Produktion vertretbar, hingegen die Steuerung der Materialflüsse sowie der Materialbestände zur Produktionslogistik. Die Fragen der Fertigungssteuerung werden hier – aufgrund der Bedeutung für den Materialfluss – ebenso wie das Fertigungslayout der Produktionslogistik zugeordnet.

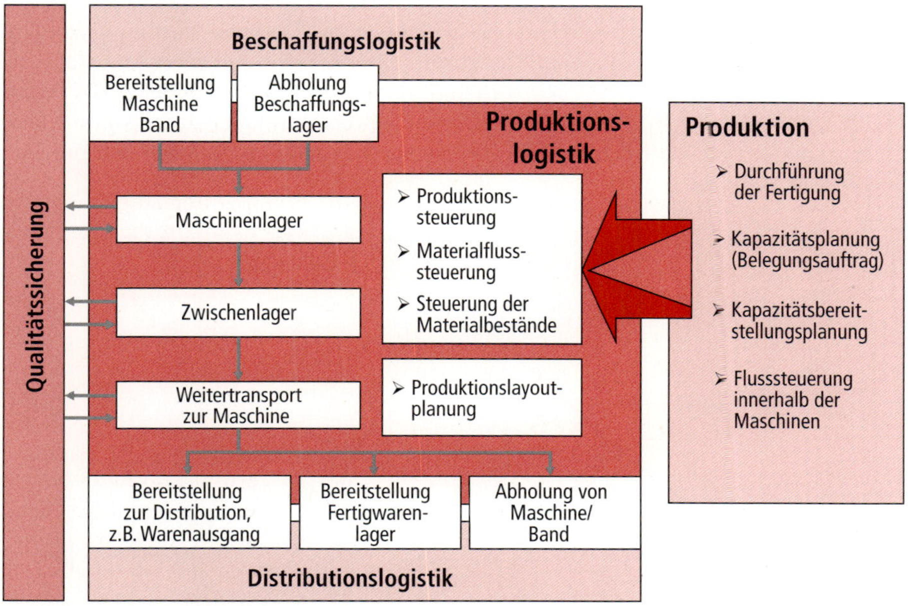

Abbildung 19.5: Abgrenzung der Produktionslogistik zur Beschaffungs- und Distributionslogistik

Aus logistischer Sicht sollte die **Qualitätssicherung** (QS, siehe *Abschnitt 15.4*), insbesondere unter dem Gesichtspunkt der Beschleunigung der Prozesse und einer Verkürzung der Durchlaufzeiten, innerhalb der Fertigungsprozesse erfolgen. Die Einführung von Qualitätskontrollen außerhalb der Fertigungsprozesse gilt als problematisch. Werden die fertigen Teile einer QS-Abteilung übergeben – sei es im Wareneingang, in der Produktion oder im Anschluss an die Produktion –, so bedeutet dies zusätzliche Schnittstellen und in der Regel eine erhebliche Verzögerung des gesamten Prozesses und damit eine Verlängerung der Durchlaufzeiten. Ziel muss es deswegen sein, eine „Null-Fehler"-Strategie zu verfolgen und eine Integration der Qualitätssicherungsaufgaben in die Produktionsprozesse (Werkereigenprüfung) zu erreichen. Auftretende

Fehler werden sofort, notfalls durch Bandstopp, und möglichst eigenverantwortlich gelöst. Ein weiterer wichtiger Aspekt, um eine hohe, gleichbleibende Qualität zu produzieren, ist der Einsatz robuster, einfacher Lösungen mit hoher Prozesssicherheit.

19.2.1 Produktionslayout

Bei historisch gewachsenen Fertigungslayouts (Maschinenanordnung in der Produktion) ist die Wahrscheinlichkeit hoch, dass durch die Anordnung der Maschinen der Materialfluss nur noch rudimentär erkennbar ist. Bei Verfolgung einzelner Bearbeitungsgänge in einer Fertigungsstätte erfolgen die Transporte zwischen einzelnen Fertigungsstufen oftmals kreuz und quer durch die Halle. So wurden bei der Analyse innerbetrieblicher Transportwege innerhalb der Fertigung und der jeweiligen Lager eines mittelständischen Maschinenbauunternehmens bei geordnetem Fertigungslayout Transportstrecken von mehr als 15 km (Betriebsgelände ca. 800 × 400 m) festgestellt!

Als Grund für ein nur wenig flussorientiertes Fertigungslayout wird angeführt, dass neue Fertigungsmaschinen dort aufgestellt werden, wo gerade Platz ist. Außerdem wird argumentiert, dass Maschinen für gleiche oder ähnliche Fertigungsvorgänge wegen der besseren Aufsichtsmöglichkeit und Mehrmaschinenbedienung am besten in einem Bereich aufgestellt werden sollten (klassische Werkstattfertigung, Funktionsprinzip siehe *Kapitel 15*). Ein solches Layout behindert jedoch häufig den Materialfluss und führt zu Ineffizienzen. Ein typisches Beispiel aus dem Bereich der Fertigung zeigt ▶ *Abbildung 19.6*.

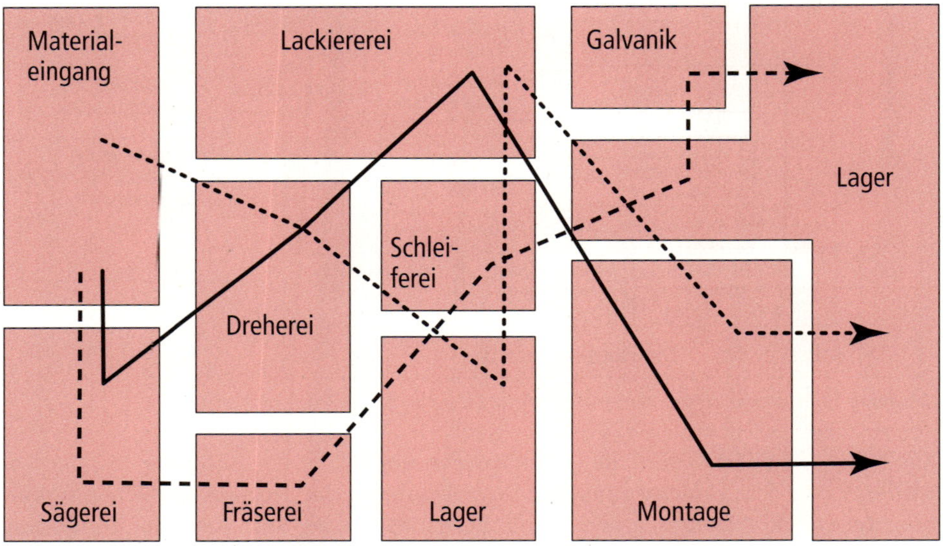

Abbildung 19.6: Probleme eines verfahrensorientierten Layouts (Funktionsprinzip) aus Sicht der Logistik (vgl. Funktionsprinzip *Abschnitt 15.1.3*[6])

6 Suzaki, K. (1985), S. 14

Der Vorteil eines solchen Fertigungslayouts liegt in der Maschinenüberwachung. Alle Drehmaschinen stehen in einem Bereich. Die „chemischen" Prozesse Lackieren und Galvanisieren liegen beisammen. Ein weiterer Vorteil ist die Möglichkeit, eine höhere Auslastung der Maschinen zu erreichen. Diese auf den ersten Blick wirtschaftliche Anordnung der Maschinen und Fertigungsbereiche führt aber zu einer Vielzahl von Problemen:

- Produktionsplanung und Kapazitätsbestimmung werden erschwert
- Zu viele und zu lange Transporte
- Hohe Umlaufbestände
- Viele Handhabungsprozesse an einem Werkstück
- Lange Durchlaufzeiten
- Probleme der Fehlerermittlung und -beseitigung
- Unregelmäßige Materialflüsse
- Unübersichtliche Fertigung: Die räumliche Trennung von aufeinanderfolgenden Fertigungsschritten verhindert Abstimmung und Kommunikation zwischen Mitarbeitern unterschiedlicher Bereiche.

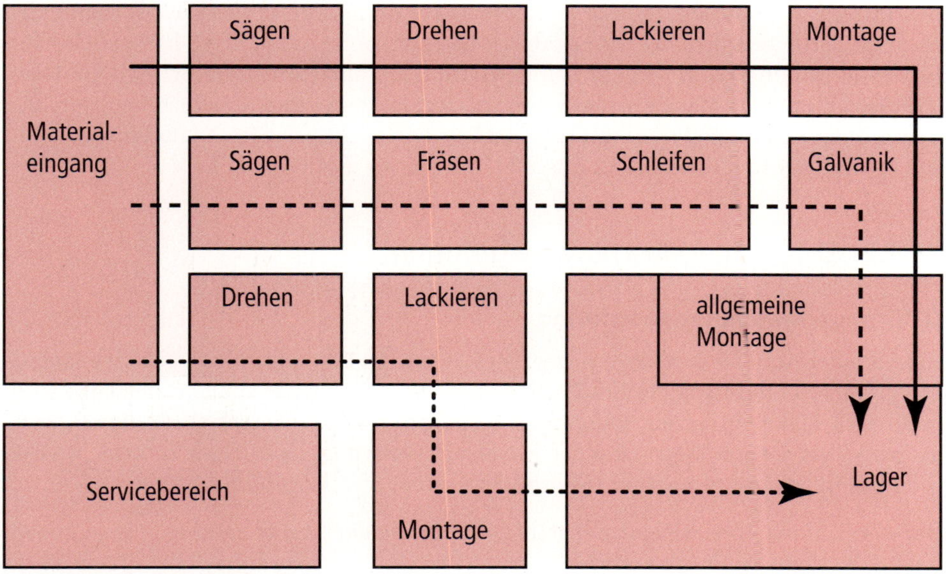

Abbildung 19.7: Vorteile eines produktorientierten Layouts (Objektprinzip) aus Sicht der Logistik (vgl. Objektprinzip, *Abschnitt 15.1.3*[7])

7 Suzaki, K. (1985), S. 14

Um diese Probleme zu beseitigen, empfiehlt es sich aus Sicht der Logistik, das Fertigungslayout nach dem Objektprinzip zu gestalten, wie in ▶ *Abbildung 19.7* (produktorientiertes Layout) dargestellt. Das Material fließt somit gleichmäßig und die Reihenfolge der Arbeitsgänge spiegelt sich klar im Fertigungslayout wider. Um eine produktorientierte Fertigung erfolgreich implementieren zu können, müssen die Mitarbeiter lernen, ein breiteres Spektrum von Maschinen zu bedienen. Die Verfahrensspezialisierung wird dabei zugunsten einer Produktspezialisierung aufgehoben. Eine ggf. geringere Auslastung der Maschinen wird dabei in Kauf genommen.

Das Lean Management (siehe *Teil I, Abschnitt 4.5*) verfolgt einen anderen Ansatz, der in der Produktion als Lean-Produktion und in der Logistik als Lean-Logistik bezeichnet wird. Der allgemeine Grundsatz **„Vermeidung jeder Verschwendung"** wird auf die Produktions- und Logistikbereiche übertragen. Lagerstände, Personalaufwendungen und dispositiver Aufwand sollen unter dieser Prämisse minimal gehalten werden.

Die Umsetzung des Konzepts setzt eine Unternehmenskultur voraus, die eine ständige **Verbesserung der Organisationsstruktur** in kleinen, zielgerichteten Schritten ermöglicht (vgl. *Teil I*). Aus logistischer Sicht werden dabei die Vorteile der **Werkstattfertigung** (Auftragsbezogenheit und Flexibilität) mit denen der **Fließfertigung** (hohe Produktivität) verschmolzen. Im Unterschied zur Fließfertigung gilt hier aber nicht mehr das Prinzip der Objektfertigung, sondern das Prinzip der **Prozessorientierung**. Die gesamte Fertigungsstruktur ist am Ablauf des zur Produkterstellung nötigen Gesamtprozesses orientiert und sorgt mit einer Vielzahl an Maßnahmen im Bereich der Fertigungsstruktur, der Maschinenanordnung, der Prozess- und Qualitätskontrolle für überdurchschnittliche Produktionsergebnisse. Die wichtigsten Maßnahmen dazu sind die U-förmige Maschinenanordnung, Kanban, Jidoka und Poka-Yoke.

19.2.2 U-förmige Maschinenanordnung

U-förmige Maschinenanordnung

Eine Sonderform des produktorientierten Layouts ist die U-förmige Maschinenanordnung (auch: U-förmiges Produktionslayout). Damit die Mitarbeiter in der Lage sind, mehrere Tätigkeiten in der Reihenfolge des Produktionsprozesses auszuführen, ohne aufgrund der langen Wege zu einer losweisen Fertigung gezwungen zu sein, werden die Produktionsmittel in einer U-Form angeordnet (vgl. ▶ *Abbildung 19.8*).

Bei der Bildung von Fertigungsinseln mit U-förmigem Layout müssen einige Regeln befolgt werden:

- Die Reihenfolge der Maschinen entspricht der Prozessfolge der Bearbeitung. Zwischen zwei Maschinen existiert ein Ablageplatz für genau ein Teil (falls an jedem Arbeitsplatz des U-Layouts gleichzeitig mehrere Teile gefertigt werden, so wird jeweils das in einem Arbeitszyklus gefertigte Los zwischengelagert).

  Die Menge, die produziert werden kann, ist abhängig von der Zykluszeit (z), die durch die Summe der Werkstückwechselzeiten W_i bestimmt wird, solange keine Werkstückwechselzeit einer Maschine i und deren Maschinenlaufzeit (L_i) größer sind.

$$z = \sum_{i=1}^{n} W_i$$

- Die größtmögliche Kapazität (Menge pro Zeiteinheit x_{max}) ist – wie bei einem Fließband oder auch bei Einzelmaschinen – von der größten Summe aus Maschinenlaufzeit L_i und Werkstückwechselzeit W_i abhängig:

$$z_{min} = MAX(L_i + W_i) \text{ wobei } t = \text{Zeit}$$

$$x_{max} = \frac{t}{z_{min}}$$

- Die bedarfsgerechte Zykluszeit z ist durch die folgende Gleichung bestimmt (m = Bedarfsmenge):

$$\frac{m}{t} = \frac{1}{z} \Leftrightarrow z = \frac{t}{m}$$

- Innerhalb eines Zyklus macht der Arbeiter eine vollständige Runde. Genau ein Teil wird aus dem Behälter für Rohteile entnommen und eines wird fertiggestellt. In der Zelle befindliches Material bleibt gleich.

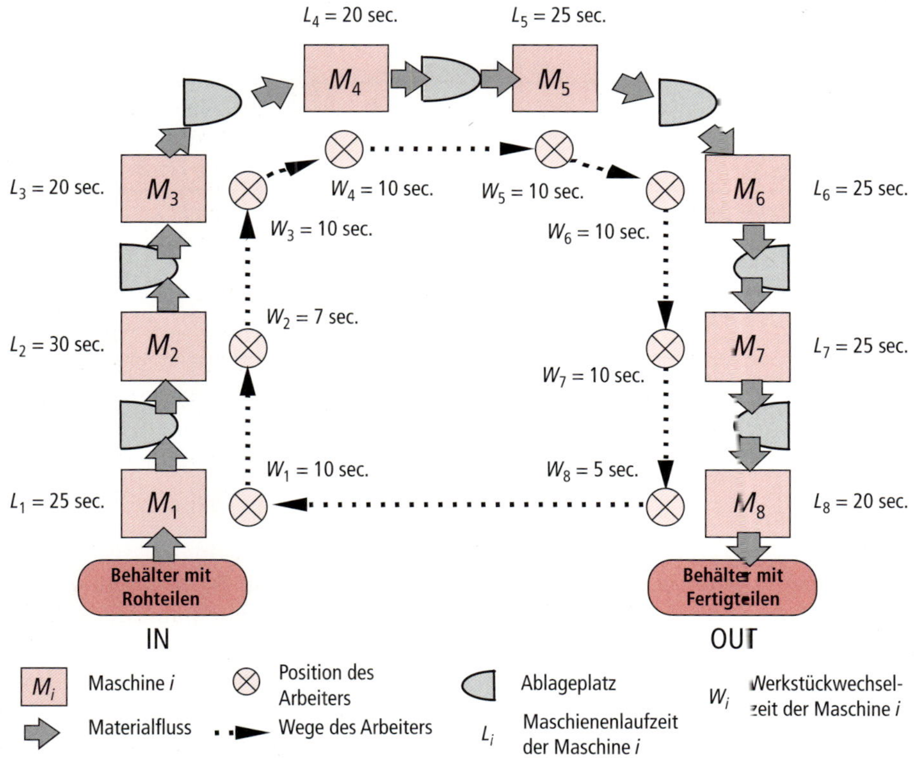

Abbildung 19.8: Beispiel für ein U-förmiges Maschinenlayout

Vorteile des U-förmigen Produktionslayouts sind:

- Größere Übersichtlichkeit: Die Arbeiter haben alle Maschinen im Blickfeld.
- Geringerer Flächenbedarf durch bedarfsgerechte Teilebereitstellung direkt an das Band bzw. an den Ort der Fertigung (Montage, Vorfertigung etc.). Hierdurch können „Doppelarbeiten" und Aufgaben vermieden werden, die keine oder nur eine geringe Wertschöpfung haben, wie z.B. das Ein- und Auslagern.
- Mögliche Entkopplung von Materialfluss und Arbeitsfolge des Arbeiters. Die Kapazität der Gruppe kann in einem Bereich durch den verstärkten Einsatz von Mitarbeitern flexibel gestaltet werden. Die Zyklen der Mitarbeiter sollten möglichst gleich lang sein (Balancing).

Um die Abläufe zu planen und um bei der Planung der Arbeitsabfolge und dem Einsatz mehrerer Mitarbeiter schnell vorgehen zu können, hat sich das in ▶ *Abbildung 19.9* gezeigte Standard Operation Sheet bewährt.

Standard Operation Sheet

Teile. Nr: 124.901	Standard Operations Routine Nr. 1	Datum 3.5.1998	Tagesbedarf 400 St.	Wegezeit / Werkzeugwechsel} W_i
Prozess: Teilefert. 1		Mitarb: Beye	Zykluszeit 72 sec.	Maschinenlaufzeit L_i

Bearbeitungs-reihenfolge	Bezeichnung	Zeiten W_i	L_i	12″ 24″ 36″ 48″ 1″ 72″ 84″ 96″ 108″ 2″ 134″ 146″158″
1	Material entnehmen und Entgraten Masch. 1	10″	25″	
2	Bohren auf Masch. 2	7″	30″	
3	Nachbohren Masch3	10″	20″	
4	Vorfräsen auf Masch. 4	10″	20″	
5	Fräsen auf Masch5	10″	25″	
6	Schleifen auf Masch. 6	10″	25″	
7	Polieren auf Masch. 7	10″	25″	
8	Endkontrolle u. Ablage auf Palette	5″	20″	

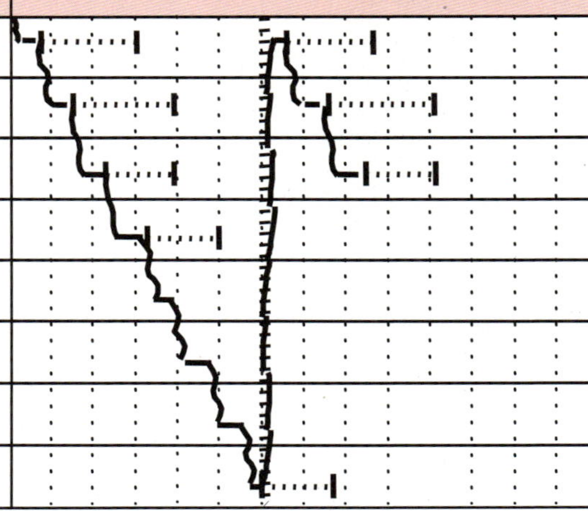

Abbildung 19.9: Beispiel eines Standard Operation Sheet für die oben beschriebene U-förmige Maschinenanordnung

Das Beispiel zeigt, dass beim Einsatz eines Mitarbeiters die Zykluszeit 72 Sekunden beträgt. Dabei werden nur die Rüstzeiten (W_i) berücksichtigt. Diese setzen sich aus drei Tätigkeiten zusammen: Entnahme des fertigen Teils, Einlegen eines neuen Teils und Start der Maschine. Der Mitarbeiter muss die Maschinenlaufzeit nicht abwarten. Pro Stunde können somit 50 Teile produziert werden. Der Tagesbedarf von 400 Teilen kann in acht Stunden gedeckt werden. Typisch für das U-förmige Layout ist, dass hierbei nicht die Maschinenlaufzeit maximiert wird, sondern der Fokus auf der Mitarbeiterproduktivität liegt.

19.2.3 Kanban

Bei der Kanban-Steuerung handelt es sich um ein einfaches Steuerungsprinzip, das auch im Bereich der Beschaffungslogistik eingesetzt werden kann. Im Prinzip ist es eine Pendelkarte, die zwischen zwei Produktionsbereichen bzw. einem Produktionsbereich und einem Lager, oder zwischen einem Lieferanten und seinem Kunden hin und her wandert.

Kanban ist ein Verfahren zur Produktionsregelung. Der teileerzeugende Bereich der Produktion (Quelle) wird mit dem nachgelagerten Teile verbrauchenden Bereich (Senke) über ein Pufferlager verbunden (vgl. ▶ *Abbildung 19.10*) Wenn die Senke aus dem Pufferlager Teile entnimmt, wird an die Quelle der Auftrag zur Produktion weiterer Teile und somit auch zur Auffüllung des Pufferlagers erteilt. Dies erfolgt im Regelfall mit einer Karte. Die darauf festgehaltenen Informationen können in drei Kategorien eingeteilt werden:[8]

- Entnahmeinformationen
- Transportinformationen
- Produktionsinformationen

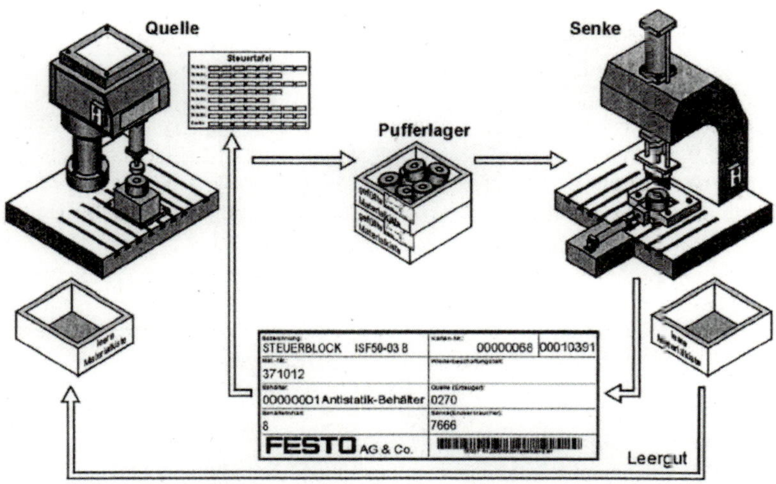

Abbildung 19.10: Kanban-Prinzip[9]

Bei anderen Varianten des Kanban wird statt der Karte ein Behälter verwendet (Behälter-Kanban) oder eine Softwarelösung (EDV-Kanban), um die Produktion neuer Teile in Gang zu setzen.[10] Kanban kontrolliert, steuert und regelt den gesamten Güterfluss, somit wird die Produktion eines Unternehmens überwacht. Die allgemeinen Regeln des Kanban sind in ▶ *Tabelle 19.1* aufgelistet:[11]

8 Vgl. Ohno, T. (1993), S. 54
9 Regber, H., Zimmermann K. (2001), S. 67
10 Vgl. Regber, H., Zimmermann, K. (2001), S. 65 ff.
11 Vgl. Ohno, T. (1993), S. 57

Funktionen des Kanban	Anwendungsregeln
Liefert Entnahme- oder Transportinformationen	Nachfolgender Arbeitsgang entnimmt dem vorangehenden die vom Kanban angegebene Anzahl der Werkstücke.
Liefert Produktionsinformationen	Vorgelagerter Arbeitsgang stellt Teile in der vom Kanban angegebenen Menge und Reihenfolge her.
Verhindert Überproduktion und überflüssigen Transport	Kein Werkstück wird ohne Kanban hergestellt oder transportiert.
Dient als Arbeitsauftrag, angebracht an Gütern	Bringen Sie immer ein Kanban an Gütern an.
Verhindert fehlerhafte Produkte durch Feststellen des Arbeitsgangs, der die Fehler verursacht	Fehlerhafte Teile werden nicht an den nächsten Arbeitsgang weitergeleitet. Das Ergebnis sind fehlerfreie Endprodukte.

Tabelle 19.1: Funktionen und Anwendungsregeln des Kanban

Die Anzahl von Kanban (Karten oder Materialbehälter) lässt sich mit folgender Formel berechnen:

$$K = \frac{\text{Erwarteter Bedarf in Durchlaufzeit + Sicherheitsbestand}}{\text{Fassungsvermögen pro Materialbehälter}} = \frac{J \times tw \times (1+SB)}{M}$$

K ... Anzahl an Kanbans (Karten oder Materialbehälter)
J ... durchschnittliche Anzahl benötigter Einheiten pro Periode
tw ... durchschnittliche Wiederbeschaffungszeit benötigter Einheiten pro Periode
SB ... Sicherheitsbestand (in % des Bedarfs)
M ... Fassungsvermögen pro Materialbehälter in Stück

19.2.4 Weitere japanische Fertigungskonzepte

Jidoka (Autonomation): Das Prinzip der Autonomation ist die Weiterentwicklung der Automation. Es eliminiert den Überwachungsaufwand für automatisierte Prozesse, indem es die Maschinen mit Mechanismen ausstattet, die bei Abweichungen vom normalen Prozess die Maschine selbsttätig anhalten und dann das Überwachungspersonal informieren. Dieses Konzept zum Bandstopp kann auch auf ganze Fertigungsbereiche ausgedehnt werden. In diesem Fall wird jeder Arbeitnehmer mit der Möglichkeit ausgestattet, im Falle mangelnder Qualität, fehlender Teile etc., das Band und damit den Produktionsprozess zu stoppen. Organisatorische Rückkopplungsschleifen sorgen dafür, dass die Ursache des zum Bandstopp führenden Problems behoben und ein Wiederauftreten desselben verhindert wird.

Die Kontrolle der gefertigten Teile wird direkt den am Herstellungsprozess beteiligten Mitarbeitern zugewiesen. Somit wird es möglich, in Verbindung mit Jidoka und dem Konzept des Bandstopps ein ausfallsicheres System zu schaffen, das es ermöglicht, den Ablauf des Herstellungsprozesses kontinuierlich zu verbessern.

Poka-Yoke: Poka heißt der unbeabsichtigte Fehler und Yoke heißt die Vermeidung. Es geht also beim Poka-Yoke darum, unbeabsichtigte Fehler zu vermeiden. Dies kann dadurch erfolgen, dass durch technische Vorkehrungen und Einrichtungen (narrensichere Mechanismen, Prüfungen während des Prozesses und automatische Korrektur) Fehler ausgeschlossen werden. Diese Form wird als hartes Poka-Yoke bezeichnet. Ziel ist es, das Auftreten von Problemen direkt an der Entstehungsquelle zu verhindern. Diese Poka-Yoke-Vorrichtungen machen es unmöglich, eine Maschine falsch zu bedienen oder zu bestücken. Damit wird ein reibungsloser Ablauf des Produktionsprozesses erreicht.

▶ *Abbildung 19.1* zeigt ein Beispiel aus einem Projekt bei einem Zentrifugenhersteller. Es soll ein rechteckiges Gehäuse auf eine rechteckige Bodenplatte aufgebracht werden, wobei die Vorderfront des Gehäuses auf der gleichen Seite wie die Vorderfront der Bodenplatte angebracht werden soll. Werden die Bohrlöcher der Bodenplatte symmetrisch in allen vier Ecken angebracht, so kann das Gehäuse in vier Richtungen angebracht werden. Werden die Bohrlöcher unsymmetrisch angeordnet, ergibt sich nur eine „richtige" Passform. Es kann kein Montagefehler begangen werden.

Heute werden aber auch Hilfsmittel (wie z.B. farbliche Markierungen, Checklisten, optische oder akustische Signale) eingesetzt, um Fehler zu verhindern. Diese werden als (weiches) Poka-Yoke bezeichnet. Wenn die Mitarbeiter diese Hilfsmittel missachten, können trotzdem Fehler entstehen.

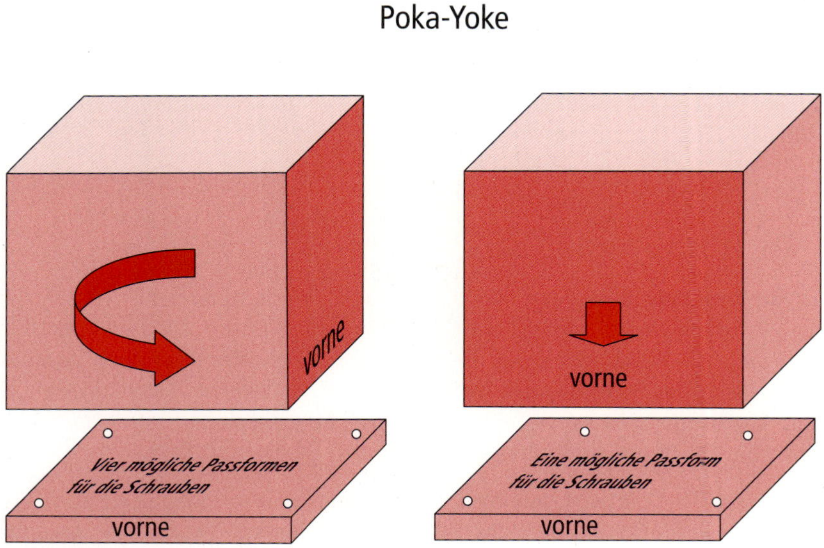

Abbildung 19.11: Poka-Yoke in der industriellen Fertigung

Z U S A M M E N F A S S U N G

Die Produktionslogistik hat die Aufgabe, alle Material- und Informationsflüsse von der Bereitstellung der Materialien an der Maschine bis zur Fertigstellung der Güter und der Bereitstellung für die Distributionslogistik zu organisieren. Den Schnittstellen zur Beschaffungs- und Distributionslogistik kommt dabei große Bedeutung zu. Ziele produktionslogistischer Konzepte sind die optimale Auslastung der vorhandenen Ressourcen sowie eine möglichst hohe Flexibilität.

Z U S A M M E N F A S S U N G

19.2.5 Übungsfragen

1. Welche Nachteile ergeben sich häufig bei einem verfahrensorientierten Fertigungslayout?
2. Nennen Sie Vorteile einer U-förmigen Maschinenanordnung.
3. Nennen Sie die Funktionen des Kanban und die dazugehörigen Anwendungsregeln. Worin liegt der große Vorteil des Kanban begründet?
4. Beschreiben und bewerten Sie das Jidoka-Konzept.

EXTRAS ONLINE

Lösungen zu den Übungsfragen und weiterführende Materialien finden Sie auf der Website zum Buch unter *www.pearson-studium.de*.

19.3 Distributionslogistik

Die **Distributionslogistik** umfasst alle Güter- und Informationsflüsse von der Fertigstellung der Güter bis zur Annahme der Güter durch die Kunden. Moderne Distributionslogistik ist mehr als Warenverteilung. Sie wird heute als **aktives Wertschöpfungsmanagement** verstanden. Dies bedeutet, dass Unternehmen Strategien entwickeln müssen, die ein optimales Verhältnis zwischen Lieferservice und Logistikkosten gewährleisten. Einen Überblick über die Elemente der Distributionslogistik gibt ▶ *Abbildung 19.12*.

Die Abgrenzung der Distributionslogistik vom Absatz kann wie folgt geschehen: Aufgabe des **Absatz- und Marketing-Bereichs** eines Unternehmens ist die Marktbearbeitung. Hierzu müssen Aufträge akquiriert, Kunden betreut und neue Kunden gewonnen werden.

Die Distributionslogistik sollte alle Aufgaben, die mit den Material- und Güterflüssen zusammenhängen, übernehmen. Aufgrund von Spezialisierungsvorteilen und zur Vermeidung von Liegezeiten und Fehlern bei der Übergabe der Informationen sollte die gesamte **Auftragsbearbeitung** der Logistik zugeordnet werden. Auch für mittelständische Unternehmen bietet sich die Zuordnung der Auftragsannahme, der Übergabe der Aufträge an die Produktion und der Lieferpapiererstellung zur Logistikabteilung an. Diese muss die Qualität ihrer Dienstleistung sicherstellen und dokumentieren.

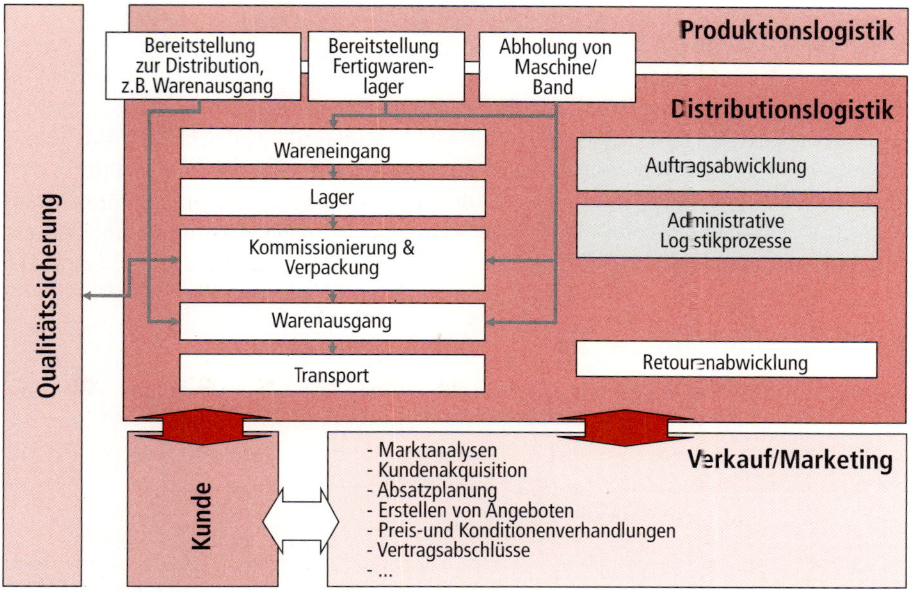

Abbildung 19.12: Elemente der Distributionslogistik

Als wichtige Fragestellungen der Distributionslogistik werden im Folgenden die Kunden- und Auftragsstruktur, die Bestimmung der Distributionskanäle und -strukturen sowie neue Entwicklungen in der Distributionslogistik behandelt.

19.3.1 Kunden- und Auftragsstruktur als Einflussfaktoren der Distributionslogistik

Die Leistungsfähigkeit und die Kosten der Distributionslogistik hängen von vielen Einflussfaktoren ab. Davon sind einige externer Natur und können kaum geändert werden (z.B. Zustand der Verkehrsinfrastruktur, Verfügbarkeit von Transportmitteln und Transportunternehmen). In einer traditionellen Sichtweise ist die Aufgabe der Distributionslogistik, lediglich die Aufträge, die der Verkauf akquiriert hat, auszuliefern. Diese Sichtweise hat dazu geführt, dass die Sendungsgrößen in den vergangenen Jahren ständig gesunken sind. Dabei ist zu beachten, dass Kunden- und Auftragsstrukturen die Logistikkosten und ggf. auch den Lieferservice beeinflussen.

Die **Kundenstruktur** kann durch die Anzahl und die Größe der Kunden charakterisiert werden. Verändert sich das Verhältnis von Großkunden zu Kleinkunden, so wirkt sich diese Veränderung (komplexitäts-) kostentreibend auf die Logistik aus. Wenn verhältnismäßig mehr Großkunden als Kleinkunden gegeben sind, wirkt das (komplexitäts-) kostensenkend. Die Anzahl der Märkte, die bedient werden, muss bei der Gestaltung der Distributionsstruktur ebenso berücksichtigt werden wie die räumliche Streuung der Kunden. Eine Verteilung in der Fläche erfordert komplexere logistische Systeme. Genaue Kenntnisse der für die jeweiligen Kundentypen anfallenden Logistikkosten über alle Stationen der Materialflusskette hinweg liegen derzeit in den Unternehmen nur selten vor. Deshalb ist zu vermuten, dass Kundenstrukturanalysen zu einer Reduzierung der Kundenzahl und/oder zu einer Veränderung kundenspezifischer Preise führen werden.

Die **Auftragsstruktur** ist gekennzeichnet durch das Volumen, die Heterogenität und die Varianz der Aufträge. Bei großen Auftragsvolumina lassen sich Economies of Scale (Betriebsgrößenvorteile) für die material- und güterflussbezogenen Distributionsaufgaben realisieren. Auch die Koordinationsaufgabe ist in der Regel einfacher zu bewältigen. Eine starke Heterogenität und eine hohe Schwankungsbreite hinsichtlich der Zusammensetzung und des zeitlichen Auftretens der Aufträge stellen höhere Anforderungen an das Logistiksystem. Wiederum liefern entsprechende Strukturanalysen Ansatzpunkte für eine gezielte Beeinflussung des Auftragsverhaltens (z.B. bezüglich der Forderung nach hohen Mindermengenzuschlägen).

19.3.2 Distributionskanäle

Die **Distributionskanäle** können definiert werden als unternehmenseigene oder unternehmensfremde Organisationseinheiten, die beim Verkauf und beim physischen Weg der Ware vom Produzenten zum Endverbraucher beteiligt sind. Alternative Distributionskanäle sind in ▶ *Abbildung 19.13* dargestellt.

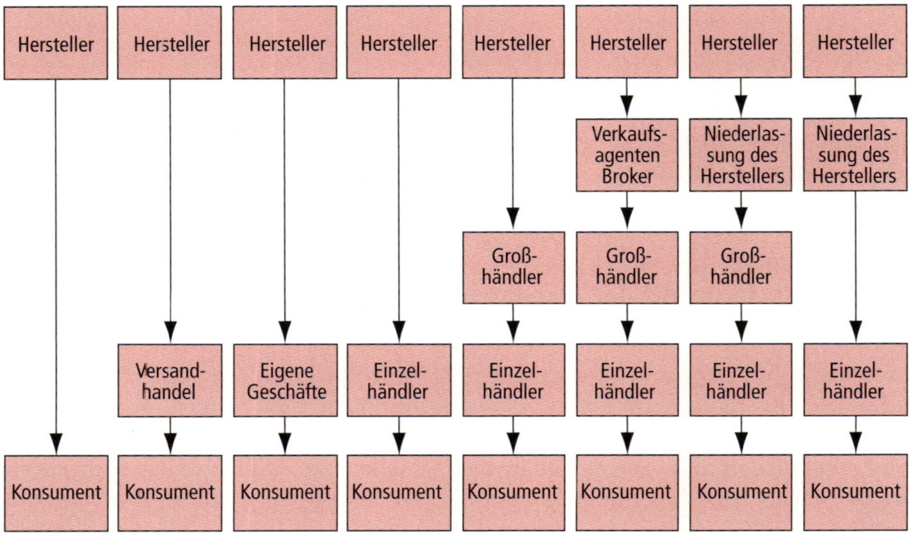

Abbildung 19.13: Alternative Distributionskanäle

Die Ausgestaltung des Distributionskanals und die Charakterisierung der einzelnen Organisationseinheiten können nach unterschiedlichen Kriterien erfolgen:

- **Eigentumsübernahme (Ownership):** Händler und Distributeure kaufen Produkte von Herstellern und übernehmen so alle mit dem Besitz verbundenen Risiken. Verkaufsmittler erwerben keine Eigentumsrechte an den Produkten. Je nach Einbindung der Verkaufsmittler in den Distributionskanal und nach der übernommenen Funktion können verschiedene Verkaufsmittler unterschieden werden. Verkaufsagenten sind in die Verkaufsorganisation des Herstellers eingebunden. Logistikdienstleister übernehmen keine Eigentumsrechte. Ihr Risiko ist in der Regel auf die von ihnen auszuführende logistische Dienstleistung beschränkt.

- **Nach der Übernahme der Funktionen:** Organisationseinheiten können eine spezifische Funktion übernehmen, z.B. Transportunternehmen, Lagerunternehmen; Großhändler erfüllen mehrere Funktionen wie Sortierung, Kommissionierung, Montage, Verpackung, Verkauf, Transport, Lagerhaltung, Finanzierung, Marktforschung, Kommunikationspolitik, Serviceleistungen (z.B. Reparaturen, Instandhaltung).
- **Nach Kundengruppen:** Segmentierungen können hier nach unterschiedlichen Kriterien erfolgen, z.B. „Kaufkraft", „Altersgruppen", „Interessengruppen" (so haben Umweltverbände wie Greenpeace leistungsfähige Verkaufsorganisationen).
- **Nach Produkten:** z.B. Agrargroßhandel, Getränkegroßhandel, Sanitärgroßhandel.

Auch wenn in vielen Branchen der Direktvertrieb oder der Weg „Industrieunternehmen – Großhändler – Einzelhändler – Endverbraucher" eine lange Tradition aufweist, sollten bei der Entwicklung eines **Distributionskonzepts** mögliche Veränderungen des Distributionskanals Berücksichtigung finden. Beispiele wie „das unmögliche Möbelhaus" IKEA, das die Möbelindustrie auf den Kopf gestellt hat, oder die Entwicklungen in der Spielwarenindustrie durch das aggressive Auftreten von Toys„R"Us sind den Verbrauchern wohl bekannt.

19.3.3 Anzahl der Lager und Lagerstufen: Zentrallager vs. Dezentrale Lager

Die **Distributionsstruktur** ist gekennzeichnet durch die Anzahl der Lagerstufen, die Anzahl der Lager auf jeder Stufe und die Frage nach den Standorten der Lager. Für die Verbindungen zwischen den Lagern müssen z.B. die Transportmittel ausgewählt werden, die Häufigkeit, die Zeitpunkte und die Kapazitäten der Verbindungen bestimmt sowie die Reihenfolge der Bedienung der Lager festgelegt werden. Einen Überblick über alternative Distributionsstrukturen mit unterschiedlichen Lagerstufen gibt ▶ *Abbildung 19.14*.

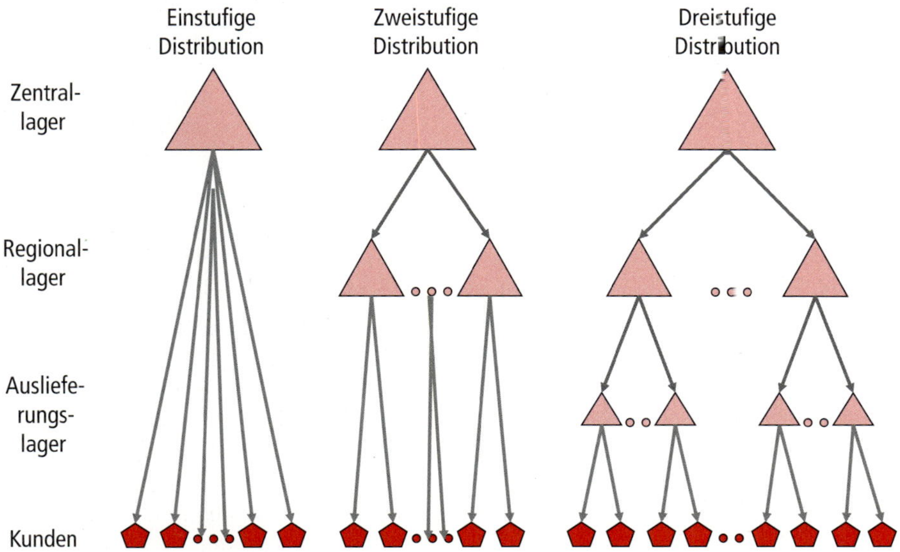

Abbildung 19.14: Alternative Distributionsstrukturen

Die Wahl der optimalen Distributionsstruktur war in der Vergangenheit häufig von dem Argument geprägt, dass Kundennähe und ein hoher Lieferservicegrad nur durch regionale/lokale Präsenz und eine mehrstufige Distributionsstruktur erreicht werden können. Durch das verbesserte Logistikangebot von Speditionen lassen sich aber bereits heute 24-Stunden-Auslieferungen innerhalb großer Teile Europas mit einer einstufigen Distribution realisieren. Außerdem wird die Verfügbarkeit der Ware bei Zentrallagerkonzepten erhöht. Die Frage der Distributionsstruktur wird somit immer stärker eine Kostenfrage. Bei der Kostenanalyse müssen die **Gesamtkosten** berücksichtigt werden. Wesentliche Kostengrößen sind:

- **Kosten der Lagerung:** Je mehr Lager ein Unternehmen unterhält, desto höher werden die Lagerkosten für Miete, Instandhaltung, Lagerhilfsmittel, Datenverwaltung, Handhabungskosten etc.
- **Bestandskosten:** Je mehr Lager ein Unternehmen unterhält, desto höher werden die Bestände und damit verbunden die Bestandskosten.
- **Transportkosten zu den Lagern:** Je mehr Lager ein Unternehmen unterhält, desto mehr Transporte zu den einzelnen Lagern und vor allem auch zwischen den Lagern fallen an.
- **Auslieferungskosten von den Lagern zum Kunden:** Bei einer mehrstufigen Lagerstruktur sinken die Auslieferungskosten.

In den 1980er- und 1990er-Jahren zeichnete sich ein deutlicher **Trend zur zentralen Lagerhaltung** ab, da Betriebsgrößenvorteile, eine bessere Bestandsdisposition sowie eine erhebliche Bestandsreduzierung in der Regel zu deutlichen **Gesamtkostenvorteilen** führen. Allerdings kann die Veränderung der Rahmenbedingungen (z.B. die EU-Erweiterung oder steigende Transportkosten) dazu führen, dass der Zentralisierungstrend sich verlangsamt oder sogar umkehrt. Eine Überprüfung der Lagerstrukturen und der Lagerstandorte muss ohnehin unternehmensindividuell durchgeführt werden. Für die **Standortanalyse** gibt es leistungsfähige Modelle, die die optimalen Lagerstrukturen und Lagerstandorte unter Zuhilfenahme der oben genannten Kriterien berechnen.

19.3.4 Cross-Docking

Der Ursprung der Cross-Docking-Konzepte findet sich in der Anwendung des Just-in-Time- bzw. Just-in-Sequence-Prinzips im Handel. Während in der Produktionslogistik die unterschiedlichen Anlieferungen von Materialien, Vor- oder Halbfertigprodukten mit der Montage bzw. Produktion abgestimmt werden, wird unter Cross-Docking eine Abstimmung der Lieferungen unterschiedlicher Lieferanten/Produkte mit den Auslieferungen an die Filialen verstanden. Die Produkte werden nur umgeschlagen und ggf. für eine geringe Zeitdauer zwischengelagert. Die Funktionsweise des Cross-Dockings zeigt ▶ *Abbildung 19.15*. Die Lieferungen der Lieferanten werden direkt den Filialen zugeordnet und kurze Zeit später an sie ausgeliefert.

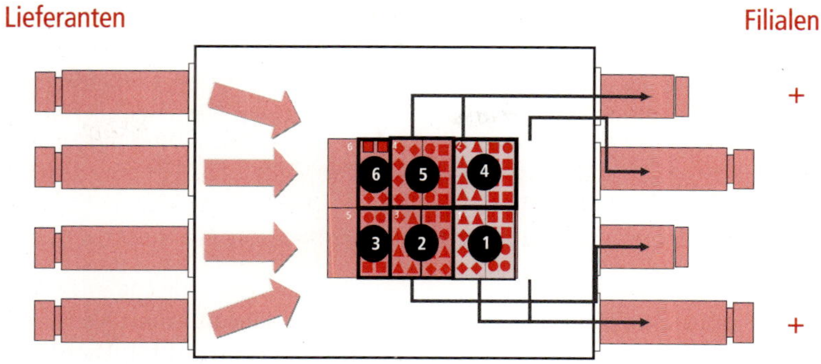

Abbildung 19.15: Funktionsprinzip des Cross-Dockings

Es ist offensichtlich, dass durch ein solches Vorgehen Lagerbestände und Lagerhaltungskosten reduziert werden können. Das Cross-Docking reduziert aber auch – gegenüber einer Direktbelieferung der Filialen durch die Lieferanten – den Aufwand in der Filiale für die Annahme und das Einschichten/Einsortieren der Güter in die Regale. Anstelle einer Vielzahl von Lieferungen erhält die Filiale nur noch eine oder wenige Anlieferungen. In der Realität enthält eine Anlieferung nicht alle Warengruppen. So werden z.B. aufgrund der unterschiedlichen Temperaturanforderungen unterschiedliche Fahrzeuge eingesetzt. Für langsam drehende Artikel wird in der Regel keine Cross-Docking-Lösung gewählt, diese werden häufig in einem Lager zwischengelagert. Es werden zwei Arten des Cross-Dockings unterschieden:

- Beim **einstufigen Cross-Docking** kommissionieren die Lieferanten ihre Ware filialbezogen vor. Diese Verpackungseinheit wird mit (filialreinen) Sendungen anderer Lieferanten zusammengebracht und an die Filiale versendet. Ein einstufiges Cross-Docking vermindert durch die Vorkommissionierung die Auslastung der Lkw. Deswegen ist es für lange Distanzen (insb. länderübergreifend) häufig nicht wirtschaftlich.
- Beim **zweistufigen Cross-Docking** werden die Waren vom Lieferanten artikelrein angeliefert und im Cross-Docking-Lager auf die Filialen verteilt. Da die Menge auf den (artikelrein) angelieferten Paletten in der Regel nicht hundertprozentig mit den Bestellungen der Filialen übereinstimmt, gibt es beim zweistufigen Cross-Docking zwei Strategien: Beim „Pick to Zero" werden die Paletten vollständig geleert. In diesem Fall müssen die Filialen in der Lage sein, Über- und Unterbelieferungen bewältigen zu können. Alternativ können die Restbestände in ein Zwischenlager eingelagert werden.

Um **Cross-Docking-Lösungen** zu realisieren, sind einige Voraussetzungen notwendig:

- Genaue Planung, da es kein oder nur geringe Pufferlager geben sollte
- Hohe Liefertreue, Lieferfähigkeit und Lieferqualität der Lieferanten
- Elektronischer Datenaustausch (EDI), aufgrund der Häufigkeit und – im Falle des einstufigen Cross-Dockings – der Vielzahl der filialbezogenen Bestellungen (bzw. Bestellinformationen)
- Die Lieferanten sollten ein größeres Liefervolumen besitzen.
- Die Waren bzw. die Sendungen, die über ein Cross-Docking-Lager führen, sollten einen einfachen Umschlag ermöglichen. Idealerweise ist dies durch Palettierung gewährleistet.

- Eine hohe Umschlagshäufigkeit der Ware sollte gegeben sein, da sonst die Abstimmung der Lieferungen der Lieferanten mit der Belieferung der Filialen schwierig ist.

Idealerweise wird nur das logistische Hilfsmittel (Ladungsträger) umgeschlagen, ohne einzelne Verpackungseinheiten zu verändern (Sortieren, Umpacken oder Preisauszeichnung).

19.3.5 eLogistik

Die Möglichkeiten des ecommerce, also der elektronische Handel mit Waren und Dienstleistungen, oder noch allgemeiner des ebusiness, die Abwicklung von Geschäftsprozessen über elektronische Medien, sind in den vergangenen Jahren kontinuierlich gestiegen.

Definition

Electronic business (ebusiness) umfasst die Abwicklung von Geschäftsprozessen sowie die Integration von Wertschöpfungsketten unter Nutzung elektronischer Medien. Der Einsatz der Informations- und Kommunikationstechnologien hat systembildende Funktion.

Electronic commerce (ecommerce) ist der Distanzhandel unter Nutzung elektronischer Medien.

Die Logistik für ecommerce und ebusiness wird als **elogistik** bezeichnet.

Nach den beteiligten Partnern werden im ebusiness entsprechend der Kombination von Anbieter und Nachfrager grundsätzlich neun Ausprägungen unterschieden (siehe ▶ *Abbildung 19.16*). Für die betriebliche Logistik sind vor allem die B2B- und B2C-Lösungen wichtig. Durch Anbieter wie eBay haben sich in den vergangenen Jahren auch rege C2C-Aktivitäten entwickelt.

Anbieter / Nachfrager	Administration	Business	Consumer
Administration	(A2A) Administration to Administration, z.B. Tranferleistungen von Behörden	(B2A) Administration to Business, z.B. öffentliche Beschaffung	(C2A) Consumer to Administration, z.B. Beantragung von Pässen
Business	(A2B) Business to Administration, z.B. Steuererklärung	(B2B) Business to Business, z.B. eprocurement	(C2B) Consumer to Business, z.B. Reklamationen, Beschwerden
Consumer	(A2C) Administration to Consumer, z.B. Abwicklung von Transferleistungen	(B2C) Business to Consumer, z.B. Onlineshops	(C2C) Consumer to Consumer, z.B. eBay

Abbildung 19.16: Ausprägungen des ebusiness

Vorteile des ecommerce sind u.a.:

- Möglichkeit der Kostensenkung
- Die einfachere Erschließung neuer Märkte (Marktzugang), aber auch bessere Möglichkeiten der Marktausweitung, Marktpenetration
- Schnellere Verbreitung neuer Produkte (Time to Market)
- Kundenbeziehung und -bindung
- Einfachere Programm- bzw. Sortimentsausweitung

Zumindest große Einzelhändler geraten ohne entsprechende ecommerce-Strategien immer mehr ins Hintertreffen. Sie versuchen einerseits, eigene eShops zu eröffnen, und andererseits, gezielt durch Multichannel-Strategien ecommerce und stationären Handel miteinander zu verbinden.

Da die Digitalisierung der Warenströme nur sehr begrenzt möglich ist, erfordert das ecommerce Logistiksysteme. Die Bedeutung der Logistik ist beim ecommerce wesentlich höher als im stationären Einzelhandel, da zum einen die Auslieferung direkt an den Endkunden wesentlich komplexer, anspruchsvoller und kostenintensiver ist und zum anderen viele Kosten entfallen, die die stationären Einzelhändler haben, z.B. für Ladengeschäfte und Verkäufer. Wie viele Studien zeigen, sind die zeitlichen Anforderungen im ecommerce sehr hoch. ▶ *Abbildung 19.17* zeigt, dass die Informations- und Vereinbarungsphase sowie die die Distribution vorbereitenden dispositiven Aufgaben im Web-Shop sehr schnell geschehen und wenig Kosten verursachen. Somit bestimmt die Logistik nicht nur einen Großteil der Kosten, sondern auch die Lieferzeit.

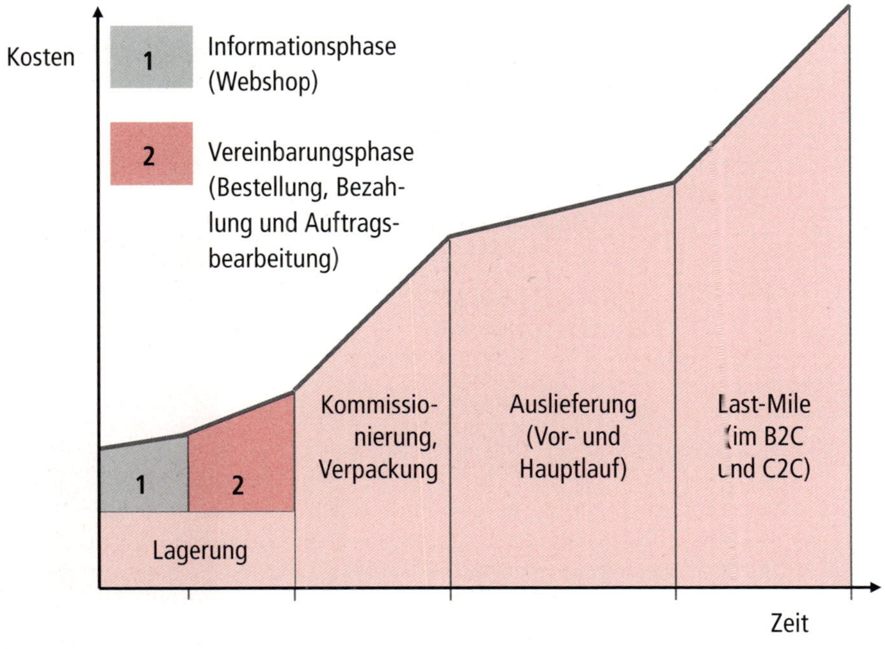

Abbildung 19.17: Bedeutung der Logistik im ecommerce

Wichtige Herausforderungen für die elogistik sind:

- Steigendes Sendungsaufkommen
- Kleinere Sendungs- bzw. Losgrößen
- Hohe Anforderungen an die Lieferzeit
- Die Auslieferung an die Haustür des Endkunden (Last-Mile-Problematik)

Aufgrund des Charakters des Kaufprozesses, der Kunde kann die Waren in der Regel ja nicht vorher ausprobieren bzw. physisch begutachten, sowie der gesetzlichen Rahmenbedingungen, Güter des Distanzhandels können – mit gewissen Einschränkungen – in der EU ohne Begründung innerhalb von 14 Tagen nach Empfang der Ware zurückgesendet werden, entstehen viele Rücksendungen.

19.3.6 Auslieferung an den Endkunden: Last Mile

Die Zustellung der Waren zum Endkunden gestaltet sich aufgrund der Tatsache, dass bei vielen Haushalten tagsüber niemand anwesend ist, schwierig. Auch die Abholung der Sendungen zu normalen Öffnungszeiten der Postfilialen, wie sie früher üblich war, ist für viele Haushalte unkomfortabel, da diese Zeiten zum Großteil in der Arbeitszeit liegen. Die Lösung des Problems der „letzten Meile“ ist eine der wichtigen Fragestellungen der elogistik. Lösungsansätze hierzu zeigt ▶ *Abbildung 19.18.*

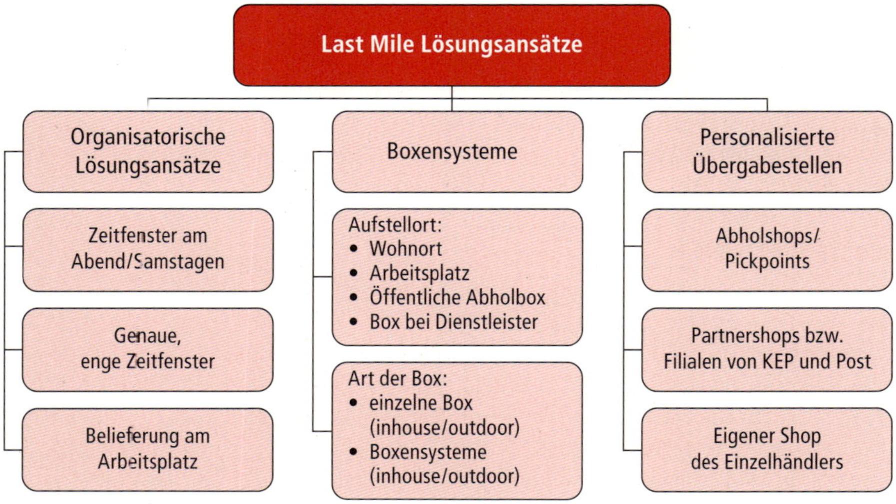

Abbildung 19.18: Lösungsansätze für das Auslieferungsproblem im ecommerce

Um das Problem der Auslieferung an den Endkunden zu reduzieren, sind Veränderungen der traditionellen Auslieferung, hier als **organisatorische Lösungsansätze** bezeichnet, möglich. Naheliegend, aber für die Logistikdienstleister mit Aufwand (Überstunden, Trennung der X2Business- bzw. X2Administration-Lieferungen von den X2Consumer-Lieferungen) verbunden, ist die Ausdehnung der Zeitfenster der Belieferung in die Abendstunden bzw. auf das Wochenende. Während Unternehmen und die staatliche Administration als Empfänger während der Öffnungszeiten über einen längeren Zeitraum belieferbar sind, stört die Endkunden es, wenn sie längere

Zeit auf eine Sendung warten müssen. Deswegen wären auch genaue, engere Zeitfenster ein Lösungsansatz. Allerdings erfordert dies eine Abstimmung mit dem Kunden und eine genauere Disposition. Beides verursacht Kosten, die aufgrund der Preissensibilität der Kunden im Bereich des ecommerce kaum akzeptiert werden. Die Belieferung am Arbeitsplatz löst viele der Probleme der letzten Meile, aber da dadurch die Mitarbeiter abgelenkt und in der Arbeit unterbrochen werden, werden diese zum Teil durch die Arbeitgeber untersagt. Für viele Mitarbeiter, z.B. in der Produktion, ist diese Form der Belieferung auch gar nicht möglich.

Um die Abgabe der Sendung durch den Logistikdienstleister von der Anwesenheit des Endkunden zu trennen, wurden unterschiedliche Formen von **Boxensystemen** entwickelt. Durch Boxensysteme sind Anlieferungen und Abholungen grundsätzlich zu jeder Zeit möglich. Je nach Aufstellort sind für den Kunden keine (Wohnort oder Arbeitsplatz) oder, wenn es ein dichtes Netz von Boxen an verkehrsgünstig gelegenen Orten gibt, nur geringe Umwege zur Abholung der Ware notwendig (öffentliche Abholboxen oder Abholboxen bei Dienstleistern). Boxensysteme unterscheiden sich in ihrer Bauart, ausgehend von einfachen Boxen am Wohnort über Systeme mit mehreren Boxen bis hin zu komplexen Boxensystemen mit eigener aufwändiger Infrastruktur. Einige Boxensysteme sind für den Einbau in Gebäude konzipiert (inhouse), andere können im Freien aufgestellt werden (outdoor).

In den USA haben sich Boxen für die Hauszustellung bewährt. In Europa setzt man bisher eher auf Boxenschränke in Wohnanlagen oder in Bürohäusern, um eine Anlieferung am Arbeitsplatz zu gewährleisten, ohne dass der Arbeitnehmer während der Arbeit gestört wird. Die deutsche und die österreichische Post sind mit der Entwicklung eigener Boxsysteme erfolgreich, die die Abholung der Sendungen außerhalb der Öffnungszeiten der Postfilialen oder an verkehrsgünstigen Stellen, z.B. Tankstellen an Ein- und Ausfahrtsstraßen größerer Städte, ermöglichen. Der Aufbau einer eigenständigen leistungsfähigen Infrastruktur für Boxsysteme, wie es z.B. das Fraunhoferinstitut mit dem Tower 24 vorgeschlagen hat, ist aufgrund der hohen Kosten, die damit verbunden sind, gescheitert.

Schon seit geraumer Zeit haben sich **personalisierte Übergabestellen** entwickelt. Das Unternehmen Pickpoint nahm verkehrsgünstig gelegene und länger geöffnete Shops, z.B. Tankstellen, unter Vertrag, bei denen die Endkunden die Ware abholen konnten. Inzwischen wurde das Geschäftsmodell geändert und die Pickpoints dienen als Übergabestellen für Servicemitarbeiter, die mit Ersatzteilen versorgt werden. Ein Grund, warum es unabhängige Systeme von personalisierten Übergabestellen schwer haben, ist, dass die KEP-Dienstleister (Kurier, Express und Paket) und die Postunternehmen mittlerweile eine Vielzahl von Partnershops gefunden haben, bei denen Sendungen aufgegeben und abgeholt werden können. Immer mehr Einzelhändler bieten den Kunden die Möglichkeit, die Waren im Onlineshop zu bestellen und in den eigenen Filialen abzuholen. Der Kunde spart so Zeit und das Problem der Abholung in der Filiale entfällt. Allerdings muss in der Filiale kommissioniert werden bzw. bei der Belieferung der Filiale müssen die in einem Lager kommissionierten Endkundensendungen mit den Lieferungen für die Filiale versendet und in der Filiale zwischengelagert werden.

In der Regel kann der Kunde zwischen unterschiedlichen Anlieferungsformen wählen, ggf. sind mit unterschiedlichen Lieferservicegraden, häufig auch der Lieferzeit, unterschiedliche Kosten verbunden. Bei den Boxsystemen und den personalisierten

Übergabestellen wählt der Kunde die für ihn am besten gelegene Box bzw. Übergabestelle aus. Bei der Anlieferung nach Hause sollte der Kunde eine Information über die Anlieferung mit einem entsprechenden Zeitfenster erhalten. Bei der Anlieferung an eine Box bzw. personalisierte Übergabestelle erhält der Kunde nach Hinterlegung seiner Sendung eine Information, bei Boxen ist diese in der Regel verbunden mit einem Zugangscode und ggf. einer Boxnummer, damit der Kunde die Box öffnen und die Ware in Empfang nehmen kann. Bei allen Systemen können auch unterschiedliche Zahlungsarten eingebaut werden.

ZUSAMMENFASSUNG

Die Distributionslogistik beschäftigt sich mit allen Güter- und Informationsflüssen von der Fertigstellung der Güter bis zu deren Abnahme durch die Kunden. Bei der Bestimmung der passenden Distributionskanäle kommen der Kunden- und Auftragsstruktur des Produzenten besondere Bedeutung zu. Bei der Wahl der optimalen Distributionsstruktur sind die anfallenden Gesamtkosten zu berücksichtigen. Der Trend ging lange Zeit hin zu Zentrallagerlösungen. Heute versucht man, z.B. durch Cross-Docking, eine Flächenbedienung aufzubauen. Der zunehmende Onlinehandel stellt sowohl die Handelsunternehmen als auch die Logistikdienstleister vor neue Herausforderungen. Zur Lösung der sogenannten „letzten Meile"-Problematik wurden organisatorische Ansätze, Boxensysteme und personalisierte Übergabestellen entwickelt.

ZUSAMMENFASSUNG

19.3.7 Übungsfragen

1. Welche Aufgaben werden im Rahmen der Distributionslogistik erfüllt?
2. Nennen Sie Organisationseinheiten, die beim Verkauf und beim physischen Weg der Ware vom Produzenten zum Endverbraucher beteiligt sind.
3. Welche Kostengrößen sind bei der Bestimmung der optimalen Distributionsstruktur relevant?
4. Nennen Sie Argumente für die Zentralisierung der Lagerhaltung. Welche Entwicklungen könnten dem entgegenstehen?
5. Wie unterscheiden sich einstufiges und zweistufiges Cross-Docking?
6. Was sind wesentliche Herausforderungen für die elogistik?

EXTRAS ONLINE

Lösungen zu den Übungsfragen und weiterführende Materialien finden Sie auf der Website zum Buch unter *www.pearson-studium.de.*

19.4 Entsorgungslogistik

19.4.1 Grundlagen der Entsorgungslogistik

Entsorgungslogistische Aufgaben sind nicht auf einzelne Abschnitte der Wertschöpfung beschränkt, sie können alle (logistischen) Teilbereiche betreffen. Eine Abgrenzung kann über die entsorgungslogistischen Objekte erfolgen. Ein weiteres Charakteristikum ist die Flussrichtung. Im Gegensatz zu den meisten Logistikflüssen fließen die entsorgungslogistischen Objekte in der Regel vom Kunden bzw. den Absatzmärkten hin zu den Unternehmen.

Die Entsorgungslogistik wurde in der Vergangenheit im Wesentlichen durch die gesetzlichen Rahmenbedingungen geprägt. So wurde in Deutschland das Abfallgesetz durch die Verpackungsverordnung (1991) und durch das Kreislaufwirtschafts- und Abfallgesetz (1996) ersetzt.

In immer stärkerem Maße beeinflussen die Entsorgungslogistik und die Logistik insgesamt den Wunsch der Kunden nach umweltfreundlichen Produkten und Dienstleistungen. Umweltfreundliche Logistik wird außerdem durch einen Wertewandel innerhalb des Managements der Unternehmen (Corporate Social Responsibility) und der Gesellschaft vorangetrieben. Grundsätzlich gilt:

Vermeidung vor Verwertung vor Entsorgung

Der Vorrang der Vermeidung und Verwertung gilt aber nicht uneingeschränkt. Die Abfallvermeidung muss technisch möglich sein und die Mehrkosten dürfen im Verhältnis zu anderen Entsorgungsmöglichkeiten nicht unzumutbar sein. Eine Abgrenzung der Entsorgungslogistik vom Umweltmanagement ist in ▶ *Abbildung 19.19* dargestellt.

Objekte der Entsorgungslogistik sind:[12]

- **Abfall:** Bewegliche Sachen, deren geordnete Entsorgung zur Wahrnehmung des Allgemeinwohls, insbesondere des Schutzes der Umwelt, erforderlich ist (objektiver Abfallbegriff)
- **Recyclingobjekte:** Bewegliche Sachen, die einer Wiederverwertung, Wiederverwendung, Weiterverwertung oder Weiterverwendung zugeführt werden
- **Abluft:** Nicht gefasste gasförmige Stoffe
- **Abwasser:** Stoffe, die in Gewässer, Kanalisationen oder Kläranlagen eingeleitet werden
- **Leergut:** Verpackungen und Transporthilfsmittel, deren Wiederverwendung vorgesehen ist

12 Vgl. Weber, J., Kummer, S. (1998), S. 293 ff.

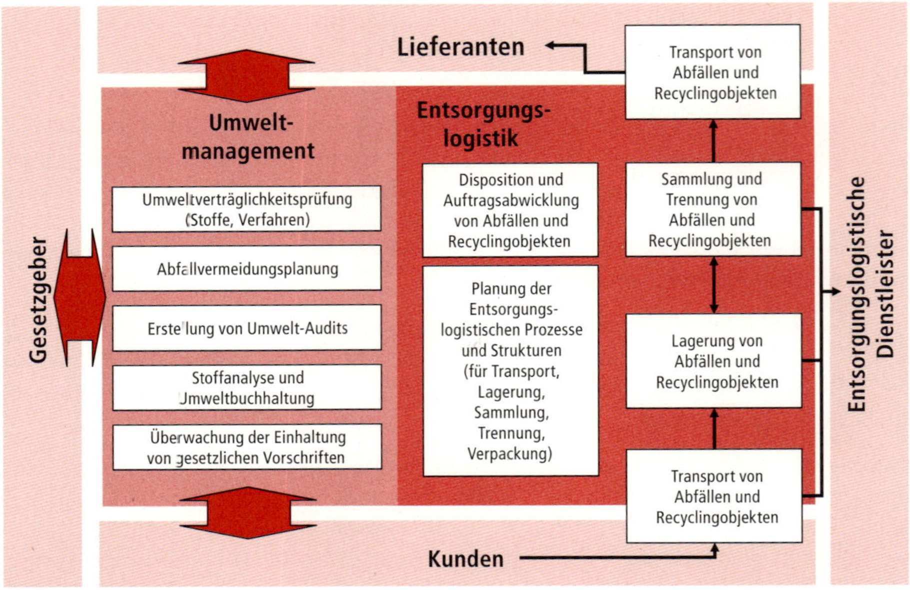

Abbildung 19.19: Abgrenzung der Entsorgungslogistik

In der betrieblichen Praxis gewinnt die Verwertung für Stoffe an Bedeutung, die während der Beschaffungs-, Produktions- und Absatzprozesse sowie in zunehmendem Maße auch während und nach der Benutzung der Produkte durch den Käufer/Endverbraucher keine direkte Verwendung mehr finden. Probleme bei der Gestaltung der Entsorgungsstruktur resultieren zum einen daraus, dass die Richtung der Materialflüsse umgekehrt verläuft, was zu einem Umdenken bei der Aufgabenverteilung für die Dienstleistungen Sammeln, Sortieren, Transportieren und Lagern führt. Zum anderen ist eine Neugestaltung der (bislang vernachlässigten) folgenden Aufgaben für alle Materialien und Produkte erforderlich:

- Die **Vermeidung** von Faktorverbräuchen (z.B. Wegfall von Umverpackungen) schont nicht nur die Umwelt, sondern macht auch entsorgungslogistische Prozesse überflüssig.
- Die **Reduzierung** (z.B. Schnittoptimierung beim Stanzen von Teilen aus Blechen) von Faktorverbräuchen schont die Umwelt und vermindert den entsorgungslogistischen Aufwand.
- Bei der **Wiederverwendung** (z.B. Einführung von Mehrwegverpackungen) werden die Materialien oder Produkte auf der gleichen Stufe ohne eine zusätzliche Bearbeitung wiederverwendet.
- Bei der **Wiederverwertung** werden Materialien oder Produkte nach einer Bearbeitung/Wiederaufarbeitung auf gleicher Stufe eingesetzt (z.B. Einschmelzen von Kunststoffverpackungen, Gewinnung von sortenreinem Granulat und Herstellung gleichwertiger Kunststoffverpackungen).
- Bei der **Weiterverwendung** werden die Produkte oder Materialien ohne eine Bearbeitung/Wiederaufarbeitung auf einer niedrigeren Stufe verwendet. Aus einem

Autoreifen können z.B. eine Schaukel auf einem Kinderspielplatz oder Fahrbahnbegrenzungen auf einer Gokart-Bahn entstehen.

- Bei der **Weiterverwertung** werden die Produkte oder Materialen nach einer zusätzlichen Bearbeitung/Wiederaufbereitung auf niedrigerer Stufe eingesetzt (z.B. Einschmelzen von Kunststoffverpackungen, Gewinnung von Granulat und Herstellung von niederwertigen Kunststoffprodukten wie Parkbänke oder Füllmaterialien).
- Sind eine Vermeidung oder die oben genannten Recyclingarten nicht möglich, so muss eine **Beseitigung** durch Deponierung (z.B. Endlagerung von Abfällen), Verbrennung oder Kompostierung erfolgen.

Die Logistik versucht, die hinsichtlich der Entsorgungsstrukturen gestellten Anforderungen durch den Aufbau **kreisförmiger Material-** und **Güterflüsse** zu bewältigen. Es gibt zwei Arten von Systemen, die unternehmensspezifisch, branchenspezifisch oder branchenübergreifend aufgebaut werden können. Nach Art des Systems wird unterschieden in:

- **Mehrwegsysteme:** Die Verwertung von Materialien und Waren wird durch Wiederverwendung sichergestellt.
- **Zyklische Einwegsysteme:** Die Verwertung von Materialien und Waren wird durch Recycling oder Verwertung auf gleicher oder niedrigerer Stufe gewährleistet.

ZUSAMMENFASSUNG

Die Entsorgungslogistik steht unter dem Paradigma der Vermeidung vor Verwertung vor Entsorgung. Die in der Entsorgungslogistik zu betrachtenden Stoffe entstehen bei Beschaffungs-, Produktions- und Absatzprozessen, aber auch während und nach der Benutzung von Produkten. Die Richtung der Güterflüsse ist dabei gegenläufig zu den Material- und Warenströmen in der Produktion. Als Organisationsform von Entsorgungsstrukturen kommen Mehrwegsysteme oder zyklische Einwegsysteme infrage.

ZUSAMMENFASSUNG

19.4.2 Übungsfragen

1. Welche Aufgaben werden im Rahmen der Entsorgungslogistik erfüllt?
2. Mit welchen Objekten beschäftigt sich die Entsorgungslogistik?
3. Nennen Sie Organisationsformen für die Realisierung von Entsorgungssystemen.

Lösungen zu den Übungsfragen und weiterführende Materialien finden Sie auf der Website zum Buch unter *www.pearson-studium.de*.

EXTRAS ONLINE

Logistik als Flussorientierung

20

ÜBERBLICK

20.1 Logistik im Führungssystem

Bei Betrachtung des Unternehmens als System kann zwischen dem Führungssystem und dem Leistungssystem unterschieden werden (vgl. ▶ *Abbildung 20.1*). Die Aufgabe des Führungssystems ist es, das Leistungssystem effizient und effektiv zu führen. Dazu ist es in mehrere Führungsteilsysteme gegliedert, die spezielle Führungsaufgaben wahrnehmen. Aus dieser Spezialisierung der Führung resultiert ein Koordinationsbedarf zwischen den einzelnen Führungsteilbereichen, welcher durch ein Metaführungssystem realisiert werden soll. Bezogen auf die einzelnen Führungsteilsysteme ergeben sich folgende Prämissen:

- Im **Wertesystem** soll das Denken in Stoff-Flüssen und -Kreisläufen als grundsätzlicher Wert verankert werden. Diese grundlegenden Werte bilden die Basis des Führungshandelns und unterliegen meist keinen kurzfristigen Änderungen.
- Die Beherrschung turbulenzarmer Leistungsprozesse bedeutet eine strategische Fähigkeit und stellt die Grundlage für die **Planung** dar.
- Flussbezogene Zielgrößen müssen neben den traditionellen Größen im **Kontrollsystem** überprüft werden. Die Kontrollen dürfen ihrerseits nicht zu Fluss-Störungen führen.
- Das **Informationssystem** muss einen Erfahrungsaufbau zur flussgerechten Gestaltung der Führung ermöglichen.
- In der **Personalführung** gilt es, die Bedeutung der Beherrschung turbulenzarmer Leistungsprozesse durch eine entsprechende Ausrichtung der Anreizsysteme (z.B. Karrieregestaltung, Entgeltsysteme) zu berücksichtigen.
- In der **Organisation** schließlich muss der Nutzen einer Prozess-Spezialisierung standardmäßig neben dem Nutzen anderer Spezialisierungsrichtungen Berücksichtigung finden.

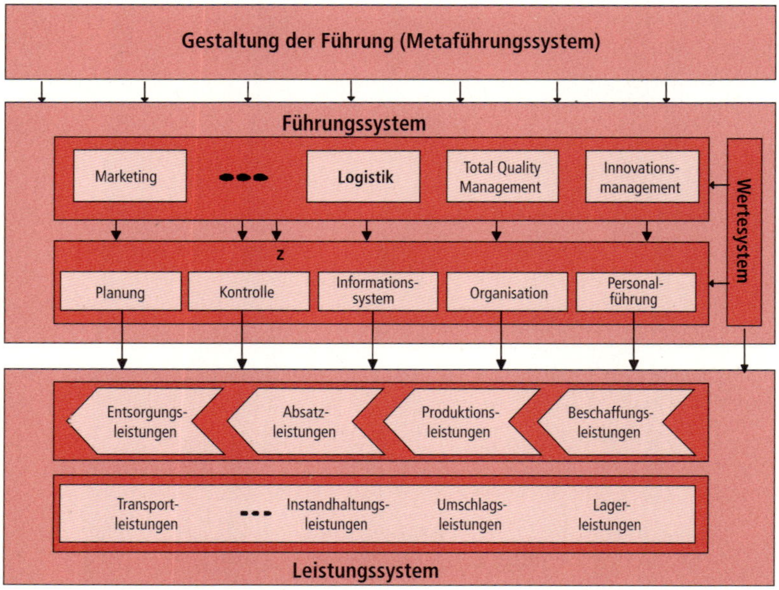

Abbildung 20.1: Stellung der Logistik im Führungssystem

20.2 Bewertungskriterien für die Umsetzung des Flussprinzips

Der Grad der Umsetzung des Flussprinzips im Unternehmen kann von der Unternehmensführung anhand bestimmter Messgrößen bewertet und kontrolliert werden. Bewertungskriterien für die Umsetzung des Flussprinzips sind Struktur-, Prozess- und Leistungsmerkmale des Unternehmens. Diese werden im Folgenden kurz vorgestellt:

20.2.1 Flussbezogene Strukturmerkmale

Komplexität erhöht den Koordinationsaufwand und erschwert eine effiziente betriebliche Leistungserstellung. Zur Reduktion der Komplexität tragen ein abgestimmtes Produktprogramm, klare Strukturen im Unternehmen und die spätestmögliche Variantenbildung in der Produktion bei. Mögliche Messgrößen sind z.B. die Anzahl der Elemente (Zahl der Produkte, Fertigungsstufen, Materialarten, ...) und die Anzahl der Beziehungen (Schnittstellen) im Unternehmen.

Kohärenz ermöglicht durchgängige, flussorientierte und damit effiziente Prozesse der Leistungserstellung. Dies kann durch eine abgestimmte Wertschöpfungsstruktur mittels flussgerechter Organisation, flacher Strukturen im Unternehmen, konsequenter Produktorientierung/Segmentierung, Dezentralisierung und Schaffung durchgängiger Informationssysteme erreicht werden. Mögliche Messgrößen sind die Länge der Prozessketten (z.B. Zahl der für einen einzelnen Auftrag von der Annahme bis zur Auslieferung verantwortlichen Stellen), der Grad der Auftragsbezogenheit des Wertschöpfungsprozesses oder die Zahl der Wechsel des Dispositionsverfahrens im Zuge der Auftragsbearbeitungskette.

Wandelbarkeit stellt in einem dynamischen Umfeld die Grundvoraussetzung für langfristige Wettbewerbsfähigkeit und nachhaltiges Wachstum dar und unterstützt die Reduzierung von Anpassungs- und Umstellungskosten. Sie begünstigt die Adaptionsfähigkeit der Strukturen an neue Prozesse und Produkte. Voraussetzung dafür sind engagierte Mitarbeiter mit einem hohen Maß an Einsatzflexibilität, Verantwortung und Qualifikation. Messgrößen sind z.B. der Grad an Standardisierung von Schnittstellen, die Umstelldauer von Teilprozessen oder die benötigte Zeit für Produkteinführungen.

Koordinierbarkeit ist die Voraussetzung für flexible Systemleistungen und Wandelbarkeit und trägt entscheidend zur Einsparung von Koordinationskosten bei. Voraussetzungen dafür sind ein effizientes Führungssystem, bedarfsgerechte Information, eindeutige Zuständigkeiten und die Güte und Schnelligkeit von Entscheidungen. Messgrößen für die Koordinierbarkeit sind die Regelungsdichte, die Zahl der für einen einzelnen Auftrag von der Annahme bis zur Auslieferung verantwortlichen Stellen, die Zeit zwischen dem Auftreten eines Problems und der Entscheidungsfindung für eine Problemlösung und die Anzahl der Entscheidungsrevisionen.

20.2.2 Flussbezogene Prozessmerkmale

Kundenorientierung ist Grundvoraussetzung für die Gewinnung neuer Kunden und sichert somit das langfristige Wachstum nach dem Motto: Nur kundengerechte Leistung ist erlöswirksam! Dies beinhaltet eine marktorientierte Unternehmensführung, die kundengetriggert und kundengerecht (JIT) agiert. Mögliche Messgrößen sind das Vorhandensein von TQM-Prozessen und die Häufigkeit der Erhebung der Kundenzufriedenheit.

Fehlertoleranz und **Stabilität** von Prozessen erhöht die Leistungsfähigkeit des Netzwerks. Dafür müssen Prozesse ausfallsicher und reproduzierbar sein. Messgrößen hierfür sind die Anzahl von Fehlern, die Schnelligkeit der Beseitigung aufgetretener Fehler und die Ausfallsicherheit von Prozessen und Teilprozessen.

Durchsatz beschreibt die Leistungsmenge pro Zeit und Ort. Ein steigender Durchsatz erhöht unter sonst gleichen Bedingungen die Produktivität und Wirtschaftlichkeit des Unternehmens. Mögliche Messgrößen sind Auslastungsgrade, Engpässe oder der Durchsatz einzelner Stufen der Wertschöpfungskette.

Effizienz bedeutet die kostenminimale Erstellung der Systemleistung im Wertschöpfungsnetzwerk (ökonomisch adäquate Gestaltung der Wertschöpfung). Diese wirkt sich unmittelbar auf die Umsatzrentabilität des Unternehmens aus. Messgrößen können der Verlauf der Auftrags- bzw. Kundenindividualisierung über die Wertschöpfungskette, die Stellung von Pufferlagern im Wertschöpfungsprozess, Prozesskosten einzelner Auftragsklassen oder Produktivitätskennzahlen sein.

20.2.3 Flussbezogene Leistungsmerkmale

Die **Menge** (Leistungsmenge) bestimmt in Form von Leistungsvolumina die Umsatz- und Wachstumsmöglichkeiten auf den Märkten. Messgrößen dafür sind z.B. die Leistungsmengen einzelner Stufen der Wertschöpfungskette, Auslastungsgrade oder Engpässe.

Die **Schnelligkeit** der Leistungserbringung ist besonders aus Kundensicht ein wichtiger Faktor. Als Messgrößen können hierfür Prozesszeiten einzelner Stufen der Wertschöpfung, Durchlaufzeiten von Aufträgen und Auftragselementen oder Lieferzeiten dienen.

Flexibilität ist notwendig für die operative Anpassungs- und Dispositionsfähigkeit des Unternehmens und beeinflusst die Reaktionsfähigkeit auf Leistungsanfragen. Flexibilität ermöglicht, Schwankungen im Leistungssystem des Kunden aufzufangen und ist daher für den Kunden wertvoll. Als Messgrößen können die Umstellungszeiten von Bearbeitungsstationen, die Frist der spätesten Änderungsmöglichkeit eines Auftrags durch den Kunden und die Umstellungsdauer der Produktion auf neue Produkte dienen.

Präzision zur Sicherstellung zuverlässiger Logistikleistung bedeutet, die richtige Leistung in der richtigen Menge zur richtigen Zeit am richtigen Ort zu erbringen, um dem Kunden hohe Verfügbarkeit und Ausfallsicherheit zu bieten. Mögliche Messgrößen sind Lieferzuverlässigkeit, Servicegrad, Struktur und Umfang von Fehlmengensituationen.

Diese Auflistung von flussbezogenen Merkmalen dient der Ermittlung des Informationsbedarfs für die Kontrolle der Umsetzung des Flussprinzips im Unternehmen und erhebt keinen Anspruch auf Vollständigkeit. Vielmehr soll sie das Prinzip des Vorgehens vermitteln und darauf hinweisen, dass die Flussorientierung sich nur dann effizient und effektiv realisieren lässt, wenn alle Teilbereiche der Führung abgestimmt zusammenwirken.

Z U S A M M E N F A S S U N G

Das Ziel der Logistik besteht darin, das Leistungssystem des Unternehmens flussorientiert zu gestalten. Um das Ziel zu erreichen, übernimmt die Logistik eine Koordinationsfunktion im Führungssystem. Sie umfasst die Strukturgestaltung aller Führungsteilsysteme, die Abstimmung zwischen diesen sowie die führungssysteminterne Koordination. Das zentrale Ziel der flussorientierten Gestaltung des Unternehmens liegt in der Erhöhung der Reaktionsfähigkeit sowie der Reaktionsgeschwindigkeit auf veränderte Umweltbedingungen. Der Grad der Umsetzung der Flussorientierung kann anhand von Struktur-, Prozess- und Leistungsmerkmalen beurteilt werden.

Z U S A M M E N F A S S U N G

20.3 Übungsfragen

1. Welche Vorteile hat ein Unternehmen durch die Implementierung des Paradigmas der Flussorientierung?
2. Versuchen Sie eine Systematisierung flussbezogener Informationen vorzunehmen.

Lösungen zu den Übungsfragen und weiterführende Materialien finden Sie auf der Website zum Buch unter *www.pearson-studium.de*.

EXTRAS ONLINE

Supply Chain Management
(Netzwerk, ganzheitlicher Ansatz)

21

ÜBERBLICK

21.1 Kernbestandteile des Supply Chain Managements

Im *Kapitel 5* wurden bereits Grundlagen des Supply Chain Managements sowie die ganzheitliche, integrierte Betrachtung von Supply Chains und der Kooperation der Supply-Chain-Partner als Kernbestandteile des Supply Chain Managements vorgestellt. Diese sollen in den folgenden Abschnitten näher erläutert werden.

21.1.1 Ganzheitliche, integrierte Betrachtung von Supply Chains

Anschaulich beschreibt das englische Schlagwort „from Farm to Fork", also von der Farm zur Gabel, die ganzheitliche, integrierte Sichtweise von Supply Chains. Allerdings greift selbst diese Betrachtung bei einem ganzheitlichen Anspruch zu kurz. Soll das Supply Chain Management z.B. die biologische Reinheit eines Agrarprodukts gewährleisten, so müssen die Vorlieferanten der Farm einbezogen werden. Denn was nützt der schönste biologische Anbau, wenn das Saatgut gentechnisch manipuliert oder mit Pestiziden behandelt wurde.

Dieses an und für sich einfache Beispiel zeigt allerdings auch, wie umfangreich und komplex eine ganzheitliche, integrierte Betrachtung von Supply Chains ist und dass etwas, was theoretisch gut aussieht, in der Unternehmenspraxis nicht funktionieren oder sich im schlimmsten Fall ins Gegenteil verkehren kann. ▶ *Tabelle 21.1* zeigt Chancen und Risiken des ganzheitlichen, integrierten Supply Chain Managements.

Chancen	Risiken
Bessere Nutzung von **Synergieeffekten**. Bei einer ganzheitlichen integrierten Betrachtung können Synergieeffekte identifiziert und realisiert werden.	Durch die gemeinsame Nutzung von Ressourcen und die Realisierung von Synergieeffekten können **Abhängigkeiten** entstehen.
Verbesserter **Ressourcenzugang**. Eine integrierte Betrachtung kann insbesondere dazu führen, dass ein besserer Zugang zu Ressourcen, vor allem finanzielle Mittel, Personal oder Know-how, besteht.	Der bessere Zugang der Partner zu Ressourcen birgt immer auch die Gefahr des **Verlusts der Ressourcen**, z.B. Abwerbung der Mitarbeiter oder Know-how-Preisgabe.
Realisierung von **Kostenersparnissen**. Durch die Integration können größere Volumina hergestellt werden (economies of scale) und bei einer besseren Abstimmung der Investitionen können Fixkosten vermieden werden.	Kommt es zu opportunistischem Verhalten in der Supply Chain oder zu Verlust der Wettbewerbsfähigkeit einzelner Partner können sich **ungünstige Kosten-Nutzen-Verhältnisse** ergeben.
Durch die Zusammenarbeit können **Zeitersparnisse** bei Prozessen und bei der Realisierung der Marktreife von Produkten (Time to market) erzielt werden.	Die Abstimmung in integrierten Supply Chains benötigt Zeit, der **Zeitaufwand** hierfür wird meist unterschätzt.
Realisierung von **Lerneffekten**. Die Partner einer Supply Chain können von den Best-in-class-Partnern z.B. durch Benchmarking lernen.	Das Management integrierter Supply Chains ist **komplex** und kann deswegen zu Ineffizienzen führen.

Tabelle 21.1: Chancen und Risiken eines ganzheitlichen, integrativen Supply Chain Managements

Chancen	Risiken
Durch Zusammenarbeit mit Partnern kann eine bessere **Markterschließung** gewährleistet werden.	Ein **eigenständiger Marktauftritt** kann durch das integrierte Supply Chain Management ggf. eingeschränkt werden.
Gemeinsame **Marketingaktivitäten** können dazu führen, dass das Marktpotenzial besser ausgeschöpft wird.	**Verlust der Unabhängigkeit** aufgrund der gemeinsamen Entscheidungen, Planungs- und Kontrollaktivitäten.
Flexibilitätssteigerung. Die Zusammenarbeit mit Supply-Chain-Partnern ist in der Regel flexibler als ein vertikal integriertes Unternehmen.	Die Abhängigkeiten und die Verpflichtung der Zusammenarbeit können zu **Flexibilitätsverlusten** führen.
Durch die Integration können die **Lobbyingaktivitäten** gestärkt werden, da mehr Stakeholder von den unterschiedlichen Partnern angesprochen werden.	Gemeinsames Lobbying kann zu **Wettbewerbsverfahren** führen.
Gemeinsame Supply-Chain-Aktivitäten und Zusammenarbeit können den **Wettbewerb reduzieren** oder im Extremfall sogar neutralisieren.	Insbesondere die starken, im Zentrum der Supply Chain stehenden **Unternehmen (fokale Unternehmen) können die Machtgefälle einseitig ausnutzen**.
Risiken können zwischen den Partnern aufgeteilt werden.	Aus der Zusammenarbeit können **Risiken entstehen**, z.B. finanzielle Risiken, die aufgrund von Investitionen, ausgelöst durch Anforderungen von Supply-Chain-Partnern, entstehen.

Tabelle 21.1: Chancen und Risiken eines ganzheitlichen, integrativen Supply Chain Managements (Forts.)

Die Tabelle zeigt auch, dass ein ganzheitliches, integriertes Supply Chain Management zwischen den vertikal integrierten Unternehmen (Hierarchie) und einer freien Marktorganisation steht. Die Netzwerktheorie hat dieses Phänomen analysiert. Sie kommt aus den Bereichen Soziologie und Mathematik/Graphentheorie. Im deutschsprachigen Raum wurde der Netzwerkansatz vor allem von Sydow[1] auf ökonomische Aktivitäten übertragen. Es herrscht Übereinstimmung, dass die Netzwerkunternehmen rechtlich selbstständig sind und (neben sozialen) ökonomische Austauschbeziehungen in Form von Kooperationen bilden. Dabei ist ihre wirtschaftliche Unabhängigkeit oftmals eingeschränkt. Das zentrale Ziel von Unternehmensnetzwerken ist die gemeinsame Schaffung von Wettbewerbsvorteilen, z.B. durch:

- gemeinsame Nutzung von Ressourcen
- gemeinsame Gestaltung von Geschäftsprozessen
- gemeinsame Marktbearbeitung

Unternehmensnetzwerke können anhand einer Vielzahl von Merkmalen klassifiziert werden. Dabei entstehen häufig Überschneidungen zwischen den einzelnen Klassifikationsmerkmalen.

1 Vgl. z.B. Sydow, J. (1995), S. 159 ff.

Gemäß der **Kooperationsrichtung** existieren horizontale, vertikale und diagonale Unternehmensnetzwerke. **Horizontale Netzwerke** entstehen durch den Zusammenschluss von Unternehmen der gleichen Wertschöpfungsstufe zur Erzielung von Skaleneffekten. **Vertikale Netzwerke** entstehen durch den Zusammenschluss von Unternehmen aufeinander folgender Wertschöpfungsstufen innerhalb einer Branche mit dem Ziel der Abstimmung der gemeinsamen Leistungserstellung auf die Kundennachfrage. In **diagonalen Netzwerken** schließen sich Unternehmen unterschiedlicher Branchen zusammen, um Verbundeffekte zu erzielen.

Ein weiteres Klassifikationsmerkmal ist die Form der **Koordination in Netzwerken.** Diese kann unterschiedlich ausgeprägt sein und ist von der Art und Dauer der Beziehungen innerhalb des Netzwerks und der Marktmacht einzelner Netzwerkteilnehmer abhängig. Unternehmensnetzwerke stehen somit in einem Spannungsverhältnis zwischen Markt und Hierarchie, wobei der Kooperationsaspekt meist stärker ausgeprägt ist als der Wettbewerbsaspekt.

Parameter	Markt	Kooperation/Netzwerk	Hierarchie
Leitidee	Souveränität, Autonomie	Vertrauen	Lenkung, Kontrolle
Koordination	Preis	Selbstabstimmung, Pläne	Weisung, Autorität
Anreize	Gewinn/Verlust	Gewinn/Verlust	Sanktion/Promotion
Vertragsformen	Einzeltransaktionsverträge	Rahmenverträge	Keine Vertragsnotwendigkeit
Informationsbeschaffung	Unternehmensexterne Beschaffung	Kombinierte, oft informelle Beschaffung	Hierarchieinterne Aggregation und Filterung

Tabelle 21.2: Netzwerke im Spannungsfeld von Markt und Hierarchie[2]

Die **Koordination auf Märkten** erfolgt als dezentrale Abstimmung von rechtlich und wirtschaftlich unabhängigen Unternehmen und geschieht im Wesentlichen über Preise.

Die **Koordination in Hierarchien** erfolgt durch die Ausstattung einzelner Stellen mit Entscheidungs- und Weisungsbefugnissen, denen untergeordnete Stellen Folge leisten müssen. Die Koordination wird durch diese Vorgehensweise erleichtert. Instrumente der hierarchischen Koordination sind die persönliche Weisung, Programme und die Vorgabe von Zielen und Budgets.

Die **Koordination in Netzwerken** schwankt zwischen Hierarchie und Markt und ist abhängig vom vorliegenden Netzwerktyp. Unabhängig vom Netzwerktyp gelten für funktionierende Kooperationen einige Voraussetzungen zur Reduktion von Unsicherheit.

In der Praxis typische Erscheinungsformen von Unternehmensnetzwerken sind strategische, regionale, interne Netzwerke und virtuelle Unternehmen (vgl. ▶ *Abbildung 21.1*).

2 Quelle: in Anlehnung an Zbornik, S. (1996)

Strategische Netzwerke sind auf langfristige Kooperation ausgerichtete vertikale Netzwerke, wobei sich jedes Unternehmen auf spezielle Bereiche bei der gemeinsamen Leistungserstellung spezialisiert. Im Mittelpunkt dieses Netzwerktyps steht das fokale Unternehmen, das zur langfristigen Sicherung von Wettbewerbsvorteilen am Markt ein Netzwerk aufbaut, die Koordination der arbeitsteiligen Leistungserstellung im Netzwerk übernimmt und die Marktbearbeitung durchführt. Somit übernimmt das fokale Unternehmen in strategischen Netzwerken eine Führungsrolle durch die Vorgabe von Zielen und hat gegenüber seinen Zulieferern und Systemlieferanten eine starke Verhandlungsposition (z.B. Hersteller von Automobilien und Elektronikprodukten).

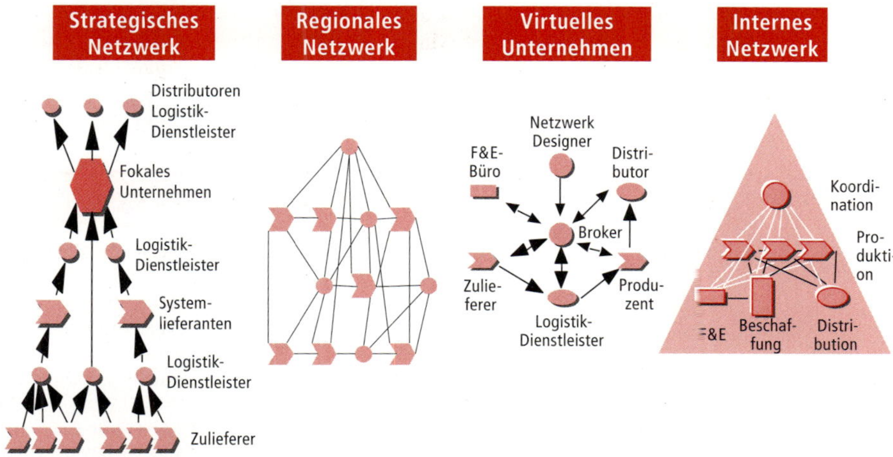

Abbildung 21.1: Typische Erscheinungsformen von Unternehmensnetzwerken

Regionale Netzwerke entstehen durch die räumliche Ansammlung von Unternehmen, die meist Klein- und Mittelbetriebe (KMU) sind. Regionale Netzwerke können unterschiedliche Kooperationsrichtungen aufweisen, die Koordination erfolgt im Normalfall partnerschaftlich durch alle Beteiligten, wobei meist keine strategische Führung durch ein fokales Unternehmen existiert (z.B. Nahrungsmittelproduktion). Im Zeitablauf kann sich dabei ein Unternehmen als fokales Unternehmen positionieren und Koordinationsaufgaben übernehmen. Dadurch entwickelt sich aus dem regionalen ein strategisches Netzwerk.

Virtuelle Unternehmen sind zeitlich befristete Unternehmensnetzwerke und dienen zur Verknüpfung der Kernkompetenzen unterschiedlicher Unternehmen. Die Gründung und Konfiguration erfolgen anlassbezogen, z.B. im Rahmen eines Projekts oder für einen konkreten Auftrag. Die Koordination in virtuellen Unternehmen erfolgt oftmals durch partnerschaftliche Abstimmung oder Verhandlungen (marktliches Element).

Interne Netzwerke entstehen häufig durch die Ausgliederung einzelner Organisationseinheiten von Großunternehmen in rechtlich eigenständige Firmen und anschließender Organisation der Zusammenarbeit als Netzwerk. Interne Netzwerke sind auf langfristige Zusammenarbeit ausgelegt. Die Koordination der arbeitsteiligen Leistungserstellung verändert sich wegen der rechtlichen Selbstständigkeit der Beteiligten.

21.1.2 Kooperationen der Supply-Chain-Partner

Grundvoraussetzung für effizientes SCM sind **Kooperationen zwischen Unternehmen**. Die Chancen und Risiken für die Supply Chain aber auch für die einzelnen Partner sind in ▶ *Abbildung 21.1* schon erläutert worden Trotz der dargestellten Risiken sind Kooperationen für die Umsetzung von SCM von entscheidender Bedeutung. Allerdings müssen für Kooperationen in Supply Chains einige Voraussetzungen erfüllt sein. ▶ *Abbildung 21.2* zeigt wichtige Voraussetzungen für langfristige Kooperationen in Supply Chains.

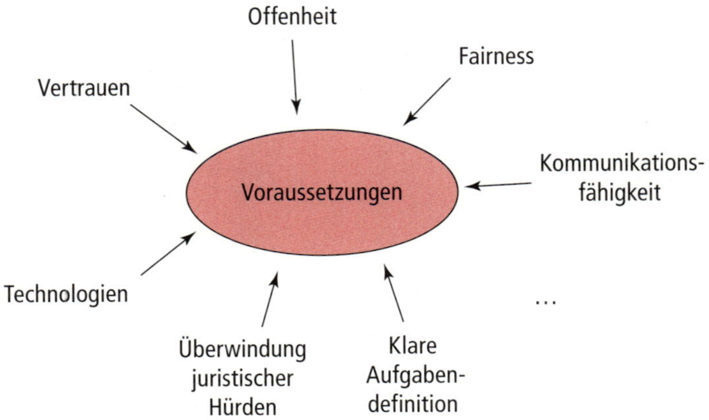

Abbildung 21.2: Voraussetzungen für langfristige Kooperationen in Supply Chains

Oftmals können unternehmerische Teilaufgaben nur im Rahmen einer Kooperation ökonomisch sinnvoll erfüllt werden. Gründe dafür können betriebsinterne Ressourcenknappheiten (z.B. Personal, Kapital), ein unwirtschaftliches Verhältnis zwischen innerbetrieblichem Aufwand zur Erfüllung der Teilaufgabe und Wert der Teilaufgabe oder die Notwendigkeit der Zusammenarbeit mehrerer Unternehmen zur Erfüllung der Teilaufgabe sein.

Basis für eine zwischenbetriebliche Kooperation sind langfristige Vereinbarungen (engl. „Partnering"), die allen Kooperationspartnern Rechte und Pflichten einräumen, mit dem Ziel, Kundenbedürfnisse gemeinsam möglichst effizient und umfassend zu befriedigen.

21.2 Gestaltung des Supply Chain Managements

Die Darstellung der Grundlagen des SCM im *Kapitel 5* und der Kernbestandteile im *Abschnitt 21.1* hat Ihnen einen Einblick in das SCM gegeben, eine Herausforderung des SCM ist auch schon deutlich geworden – obwohl in höchsten Maße praxisrelevant, kann die Vielfalt des SCM entweder durch eine theorielastige Darstellung oder durch enumerative Aufstellungen erfolgen. Beides ist wenig befriedigend. In Projekten zum Supply Chain Management hat sich für den Ablauf folgende fünfstufige Vorgehensweise bewährt, die wir im Folgenden vorstellen:

1. Supply-Chain-Analyse
2. Supply Chain Design

3. Supply Chain Planning
4. Supply Chain Operations
5. Supply Chain Controlling

21.2.1 Supply-Chain-Analyse

Im Normalfall sind Unternehmen an der Herstellung mehrerer Produkte beteiligt, beziehen Rohstoffe von unterschiedlichen Lieferanten und verkaufen Produkte an mehrere Kunden. Somit ist jedes Unternehmen in ein strukturelles Netzwerk aus kooperierenden Unternehmen (Liefernetzwerk, engl. „supply network") mit verschiedenen Lieferanten und Kunden eingebunden.

In vielen Unternehmen herrscht dabei keine Transparenz über die Supply Chains, in die das Unternehmen eingebunden ist. Häufig kennt man nur die eigenen direkten Kunden und Lieferanten der jeweilig benachbarten Stufe. Jedoch sind selbst diese Informationen meist in unterschiedlichen Unternehmensbereichen bekannt und relevante Daten in verschiedenen Systemen gespeichert. Diese Problematik wird durch den Umstand verschärft, dass Produktprogramme und Herstellungsprozesse von Unternehmen einem ständigen Wandel unterliegen, wodurch sich auch Teilnehmer an einer Supply Chain und deren Verbindungen ständig verändern.

Zu Beginn eines Supply-Chain-Projekts steht deswegen häufig die Supply-Chain-Analyse. In dieser Phase können einfache grafische Hilfsmittel, wie sie z.B. aus der Netzplantechnik bekannt sind, angewendet werden. ▶ *Abbildung 21.3* zeigt die Struktur und Systematisierung der Beziehungen des eigenen Netzwerks aus Unternehmenssicht (vgl. fokales Unternehmen).

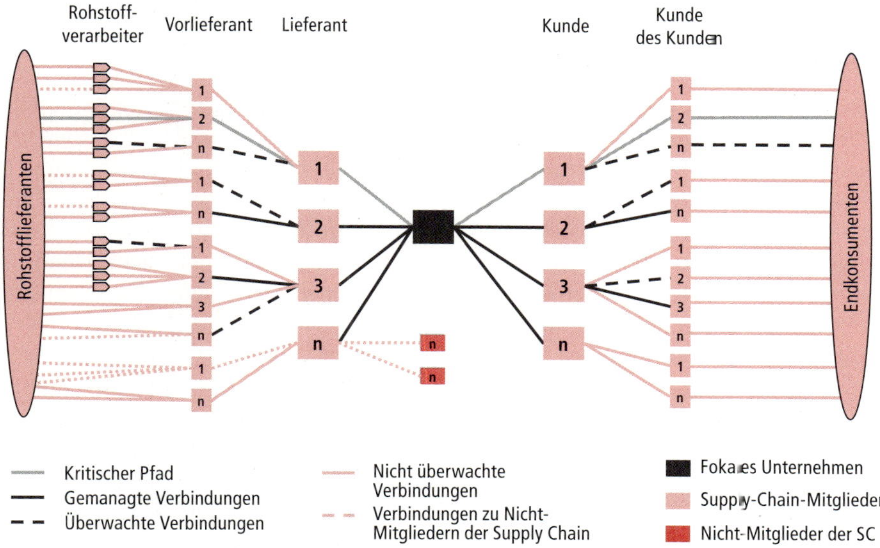

Abbildung 21.3: Supply-Chain-Struktur und Typisierung von Verbindungen[3]

3 Eigene Darstellung in Anlehnung an Lambert, D. M., Cooper, M. C., Pagh, J. D. (1998), S. 7

Aus Sicht des fokalen Unternehmens erfolgt eine Typisierung der einzelnen Verbindungen zu anderen Unternehmen der Supply Chain mit dem Ziel, diese nach ihrer Wichtigkeit für das eigene Unternehmen zu klassifizieren:

- **Kritische Pfade** stellen erfolgskritische Flüsse und Schnittstellen entlang der Supply Chain dar, die besonders intensiv betrachtet und aktiv gemanagt werden müssen (z.B. strategisch bedeutsame Materialien mit hohen Preisschwankungen, vgl. *Kapitel 8.1.2*). Analog zum kritischen Pfad aus dem Projektmanagement führen Störungen bei Supply-Chain-Partnern auf dem kritischen Pfad zu einer Lieferverzögerung beim Endprodukt.
- **Gemanagte Verbindungen** haben hohen Einfluss auf die Geschäftstätigkeit des Unternehmens. Diese Verbindungen werden aktiv gesteuert und überwacht (z.B. Audits und Lieferantenentwicklungsprogramme).
- **Überwachte Verbindungen** werden vom Unternehmen nicht aktiv gestaltet, aber überwacht (z.B. durch Kennzahlen, Abruf von Zertifikaten).
- **Nicht überwachte Verbindungen** haben hingegen kaum Einfluss auf den Unternehmenserfolg und müssen daher nicht näher betrachtet werden.
- **Verbindungen zu Nicht-Mitgliedern der eigenen Supply Chain:** Dies sind Verbindungen von Lieferanten oder Kunden, die keinen Bezug zur eigenen Supply Chain haben (z.B. die Verbindung eines Lieferanten zu seiner Hausbank).

Aus der umfassenden Analyse und Darstellung der eigenen Supply Chain gewinnt das fokale Unternehmen einen strukturierten Überblick. Davon ausgehend können so unterschiedliche Strategien, Konzepte und konkrete Vorgehensweisen für die unternehmensübergreifende Zusammenarbeit innerhalb der einzelnen Verbindungstypen abgeleitet werden, die das effiziente Management der Supply-Chain-Partner ermöglicht und Ansatzpunkte zur Optimierung im Rahmen des Supply Chain Designs aufzeigt.

21.2.2 Supply Chain Design

Hat man die Informationen über die bestehenden Supply Chains, so folgt als nächster Schritt die Frage, ob das bestehende Netzwerk effizient ist und wie eine Verbesserung der Supply Chain vorgenommen werden kann. Dabei muss entschieden werden, wie die Supply Chain ausgestaltet werden soll. Im Sinne einer strategischen Supply-Chain-Entscheidung müssen dabei grundlegende Strukturen festgelegt werden. Andere Entscheidungen betreffen die Netzwerkpartner. So muss die Anzahl der Lieferanten festgelegt werden. Im Rahmen von SCM-Projekten haben in den vergangenen Jahren z.B. viele Unternehmen eine Reduzierung der Lieferanten vorgenommen. Bezüglich der Distribution müssen z.B. Entscheidungen über Absatzkanäle getroffen werden.

Zum Supply Chain Design gehören insbesondere Entscheidungen über den Charakter der Supply Chain. Dabei kann auf die in *Abschnitt 21.1.1* dargestellten Netzwerkformen (regionale, strategische, virtuelle oder unternehmensinterne Netzwerke) zurückgegriffen werden:

- die Art und Anzahl wesentlicher Ressourcen, z.B. Werke und Lager
- den Ort wesentlicher Ressourcen
- auf welcher Ebene die Prozesse der Supply Chain ausgeführt werden

- die Aufgaben-/Prozessaufteilung unter den Supply-Chain-Partnern und aus Sicht der einzelnen Unternehmen, ob diese Prozesse/Aufgaben outgesourced oder inhouse erbracht werden sollen
- Transportarten und -wege
- eingesetzte Informations- und Kommunikationssysteme

21.2.3 Supply-Chain-Planung

Durch den intensiven Informationsaustausch in Supply Chains ergibt sich eine enge inhaltliche und zeitliche Koppelung von Planungs- und Steuerungsaufgaben entlang der Supply Chain. Wesentliche Grundlagen der unternehmensinternen Planung im Rahmen der integrierten Absatz-, Produktions- und Beschaffungsplanung (Sales and Operations Planning) haben Sie bereits in *Abschnitt 2.3* kennengelernt, Grundlagen der unternehmensübergreifenden Supply-Chain-Planung in *Abschnitt 5.4.*

Daraus geht klar hervor, dass bereits die unternehmensinterne Abstimmung der Planungen des Absatzbereichs mit denen von Produktion, Beschaffung und Logistik herausfordernd ist. Dies unternehmensübergreifend in einer Supply Chain zu tun ist entsprechend schwieriger. Allerdings kann insbesondere die Weitergabe der richtigen Informationen, z.B. Rückgang oder aber auch Steigerung der Verkaufsprognose, sehr wichtig für die Supply-Chain-Partner sein, da sie so ggf. frühzeitig ihre Planung und Produktion anpassen können und so den Bullwhip-Effekt (vgl. *Abschnitt 5.3*) und resultierende Überbestands- oder Fehlmengenkosten vermeiden können.

Weitere wichtige Planungsentscheidungen sind die Zuordnung der Bedarfserfüllung durch unterschiedliche Werke bzw. Lager, ggf. in Abhängigkeit von Beständen, Werbeaktionen oder preispolitischen Maßnahmen. In der Supply-Chain-Planung werden Entscheidungen über die Flexibilität und die Optimierung der Supply-Chain-Leistung getroffen.

Mit der Ausweitung des Betrachtungshorizonts von einer punktuellen Optimierung der Logistik hin zu einer unternehmensübergreifenden Optimierung von Supply Chains stellt sich die Frage nach der Funktion logistischer Dienstleistungsunternehmen neu. Getrieben von der Suche nach neuen Geschäftsfeldern und sicher auch von der einen oder anderen Beratungsgesellschaft, sahen sich diese vielfach schon als Koordinatoren von Supply Chains.

Nicht nur das Ende des Dot-com-Hypes am Ende des 20. Jahrhunderts, sondern auch die Probleme bei der Implementierung eines Supply Chain Managements haben hier zu einer gewissen Ernüchterung geführt. Die Bestrebungen zur Digitalisierung bieten jedoch neue Chancen. Jedenfalls ist unbestritten, dass **Logistikdienstleister** eine wichtige Rolle für die Koordination von Supply Chains spielen. Eine Herausforderung ist dabei die bestehende Sorge, dass Unternehmen dadurch, dass sie die ganze Koordination der Supply Chain einem Logistikdienstleister übertragen, in Abhängigkeit geraten. Dies gilt umso mehr, als sich die **Abhängigkeit** aufgrund von Know-how-Verlusten mit der Zeit noch steigert.

Der Begriff der **Kollaboration** (lat. für freiwillige Zusammenarbeit mit dem Feind) weckt im deutschen Sprachgebrauch negative Assoziationen. Vielleicht setzt sich der englischsprachige Begriff „collaboration" oder „Collaborative Planning" deswegen nicht so schnell durch, wie dies für andere aus den USA kommende Schlagwörter der Fall ist. Tatsache ist jedoch, dass die Zusammenarbeit in den Supply Chains und der Supply-Chain-Planung an Bedeutung gewinnt.

21.2.4 Supply Chain Operations

Die Supply Chain Operations behandeln die Abwicklung der Aufträge, inklusive aller Steuerungs- und Regelprozesse zur operativen Umsetzung der logistischen Aufgaben zur Planung, Steuerung und Überwachung des Materialflusses.4 Im Wesentlichen werden hier Logistikleistungen erbracht. Wichtige Teilprozesse sind:

- Die Auftragsabwicklung
- Die Bestimmung der Auftragserfüllung durch Lagerbestände bzw. Produktionslose der einzelnen Kundenaufträge
- Festlegung der Auslieferungszeiten
- Erstellung von Kommissionierlisten in den Lagern
- Vergabe der Transportaufträge
- Zuordnung der Kundenaufträge zu den Transporten

Ziel der Supply Chain Operations ist es, die Kundenanforderungen möglichst effizient zu erfüllen.

21.2.5 Supply Chain Controlling

Um ein partnerschaftliches Supply Chain Management aufzubauen, sind die Schaffung von Vergleichsmaßstäben und ein gegenseitiger Informationsaustausch zur Erzielung einer gerechten Aufteilung der Vorteile einer Zusammenarbeit innerhalb der Wertschöpfungskette notwendig. Eines der Hauptprobleme des **Supply Chain Controlling** sind dabei fehlende oder aber nicht vergleichbare Informationen über die einzelnen Teilprozesse in der Wertschöpfungskette. Es fehlen darüber hinaus auch die Vergleichsmaßstäbe, welche unternehmensübergreifend und intersubjektiv nachvollziehbar und von den beteiligten Partnern akzeptiert sind. Diese aufzubauen, ist ein wesentliches Ziel des Supply Chain Controlling.

▶ *Abbildung 21.4* gibt einen Überblick über die **Anforderungen und Instrumente**, die im Rahmen des Supply Chain Controlling eingesetzt werden können. Die bereits aus dem **Unternehmenscontrolling** bekannten Instrumente müssen dabei auf die unternehmensübergreifende Problemstellung des Supply Chain Controlling angepasst werden. Was sich auf den ersten Blick einfach anhört, ist jedoch in der Praxis des Supply Chain Management mit vielen Detailproblemen, z.B. der Währungsproblematik, unterschiedlichen Gewichtseinheiten oder unterschiedlichen Materialnummern und -bezeichnungen verbunden.

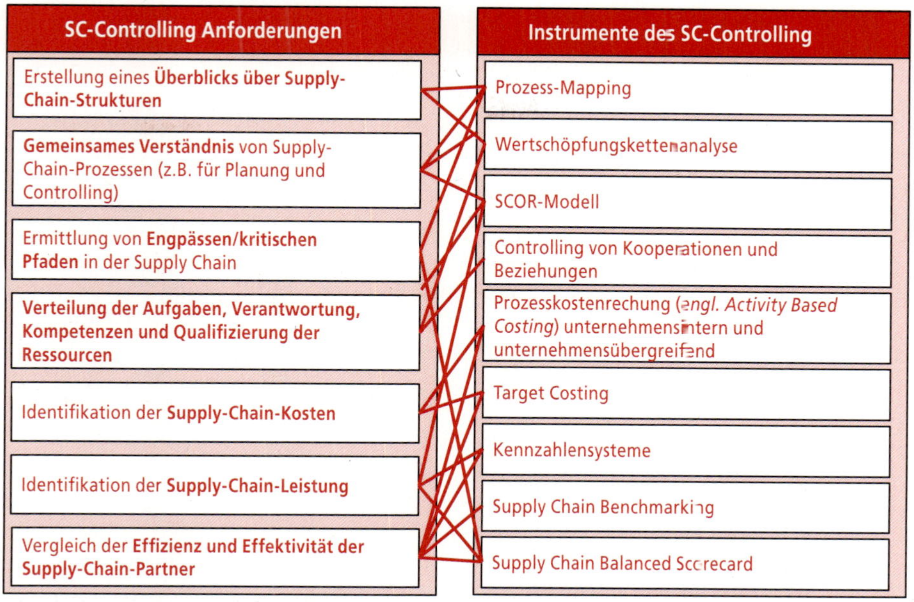

Abbildung 21.4: Überblick über wichtige Anforderungen und Instrumente des Supply Chain Controlling

21.3 IT-Systeme im SCM

Die Entwicklung des Supply Chain Managements ist eng mit der Entwicklung von Informationssystemen verbunden. Sie sind ein wesentlicher „Enabler" für die unternehmensübergreifende Kooperationen in Supply Chains. Wichtige Entwicklungsschritte zeigt die folgende ▶ *Tabelle 21.3*.

Betrachtungsgegenstand	Fokus der Informationsverarbeitung	Typische Schlüsselanwendungen
Teilfunktion	Automatisierung	Materialbedarfsplanung (MRP I), Eigenentwicklungen
Gesamtfunktion	Softwarepakete	PPS-Systeme (Manufacturing Resource Planinng: MRP II, Distribution Resource Planning: DRP)
Gesamtes Unternehmen	Gemeinsame Datenbasis	ERP-Systeme
Supply Chain	unternehmensübergreifende, simultane Planung	SCM-Software: APS

Tabelle 21.3: Entwicklungsschritte der betrieblichen Planungs- und Informationssysteme

Zunächst haben sich Softwarelösungen auf die Unterstützung einzelner betrieblicher Teilfunktionen im Unternehmen zur Materialbedarfsplanung (MRP I) beschränkt, oftmals als Eigenentwicklungen von Unternehmen. Eine Weiterentwicklung stellen **Pro-**

duktionsplanungs- und -steuerungssysteme (PPS) zur Planung, Steuerung und Überwachung aller Produktionsvorgänge dar.

Durch die Erweiterung auf Prozesse in anderen Unternehmensbereichen (z.B. Auftragsabwicklung, Vertrieb, Finanzwesen) haben sich **Enterprise-Resource-Planning-Systeme** (ERP-Systeme) entwickelt. ERP-Systeme bilden eine wichtige unternehmensbezogene Datengrundlage für das SCM, eignen sich jedoch nur mit Einschränkungen zur unternehmensübergreifenden Planung und Steuerung.

SCM-Software wird als **Advanced Planning and Scheduling Systems** (APS-Systeme) bezeichnet. Leitidee ist die ganzheitliche, prozessorientierte Planung und Steuerung der Flüsse von Informationen, Waren und Finanzmitteln in der Supply Chain. Merkmale, die in diesem Zusammenhang genannt werden, sind:

- vertikale Ergänzung durch die Strukturkonfigurationsebene (strategische Ebene)
- Austausch von Planungs- und Ist-Daten in Echtzeit
- simultane Planung von Bedarfen, Kapazitäten und Material
- Berücksichtigung von Restriktionen
- Entscheidungshilfen durch Decision Support Systems
- Erstellung, Analyse und Bewertung von Szenarien
- unternehmensübergreifende Planungsunterstützung

Die umfassende IT-Unterstützung der Supply Chain entsteht durch das Zusammenspiel von unternehmensübergreifenden Planungssystemen (APS) und unternehmensinternen Steuerungssystemen (ERP) zur Abwicklung der Transaktionen (Supply Chain Execution).[4] Zwischen den Systemen gibt es keine generelle Trennlinie, daher erfolgt die Trennung im Rahmen der konkreten Implementierung in der Supply Chain (vgl. ▶ *Abbildung 21.5*).

ERP-Systeme stellen Daten aus den einzelnen Unternehmen zur Verfügung (z.B. freie Kapazitäten, Liefertermine). Diese Daten bilden die Basis für die Planung und Szenarienbildung mittels APS-Systemen. Eine wichtige Anforderung an SCM-Software sind daher die Gestaltung von Schnittstellen und die Datenintegration aus den unterschiedlichen ERP-Systemen der Supply-Chain-Partner.

Aktuelle Trends bei betrieblichen IT-Systemen betreffen die webbasierte Zusammenarbeit zwischen Unternehmen, die dezentrale Datenhaltung und die Nutzung von Software auf mobilen Endgeräten. Zwischen den neu entstandenen Anbietern von Supply-Chain-Management-Software, z.B. i2, Numetrix, Wassermann, Manugistics, sowie den klassischen ERP-Softwareanbietern, z.B. SAP, JD Edwards, Oracle oder Microsoft, ist ein starker Wettbewerb entstanden. Dieser mündet oftmals in der Übernahme kleiner Anbieter durch große Konzerne. So hat beispielsweise JD Edwards zur Stärkung der eigenen Marktposition die Anbieter Manugistics und i2 aufgekauft. JD Edwards wurde in Folge von PeopleSoft aufgekauft, die wiederum von Oracle übernommen wurden.

4 Vgl. Hansen, H. R., Neumann, G. (2005), S. 733 f.

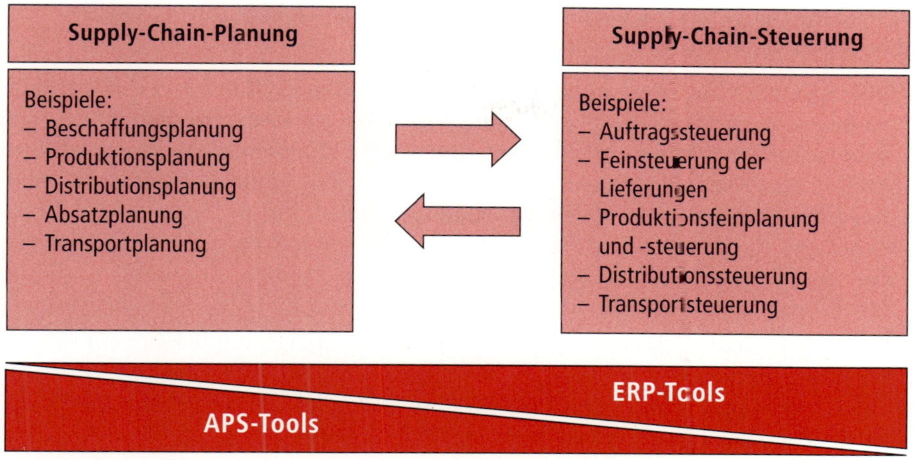

Abbildung 21.5: Funktionalitäten und Zusammenspiel von Softwaresystemen für SCM[5]

21.4 Efficient Consumer Response als Konzept des SCM im Handel

Ansätze zur Zusammenarbeit zwischen (Einzel-) Händlern und den Konsumgüterherstellern wurden in den vergangenen Jahren unter dem Schlagwort **Efficient Consumer Response (ECR)** entwickelt und entlang der Supply Chains implementiert. **Ziel von ECR** ist, Ineffizienzen entlang der Wertschöpfungskette zu identifizieren und durch unternehmensübergreifende Zusammenarbeit zu beheben, um Kundenbedürfnisse zu befriedigen und die Kundenzufriedenheit zu steigern. Neben Kosteinsparungen (z.B. Lagerhaltungskosten, Kosten von Aktionen im Handel) stehen dabei auch die Erhöhung des Kundenservice durch die kundengerechte Sortimentsgestaltung sowie die Vermeidung von Fehlmengen im Mittelpunkt. Die unternehmensübergreifende Standardisierung und Abstimmung ermöglicht auch oftmals die Reduktion negativer Umweltwirkungen entlang der SC von der Produktentwicklung bis hin zur logistischen Abwicklung, z.B. durch weniger Lagerflächenbedarf, geringeres Transportaufkommen und die Reduktion von Verpackungen.

Unternehmensübergreifende Handlungsfelder von ECR betreffen sowohl die **Kundenperspektive** (Demand Side) als auch die **logistischen Prozesse** (Supply Side) und umfassen die Bereiche Sortimentsgestaltung, Warenbeschaffung, Bestandsführung, Werbemaßnahmen sowie Produktneueinführungen. Als Basis für das Zusammenspiel der beiden Bereiche dient eine standardisierte EDI-Plattform als Clearingstelle für den Informationsfluss zwischen Produzenten, Logistikdienstleistern und Einzelhandelsketten, die allen Beteiligten ermöglicht, Prozessinformationen zeit- und ortsunabhängig abzurufen und neue Partner rasch an die bestehenden IT-Systeme anzubinden.[6]

5 Vgl. Beckmann, H. (2004), S. 79
6 Vgl. ECR Austria (2018), *https://www.ecr.digital*

Logistikbezogene Prozesse werden als **Efficient Replenishment (ER)** bezeichnet. Konzepte hierzu sind:

- **Collaborative Planning, Forecasting and Replenishment (CPFR):** Der Begriff kann ins deutsche mit "gemeinsame Planung, Prognose und Bestandsführung" übersetzt werden. In der Praxis wird aber fast ausschließlich der englische Fachbegriff verwendet. Das Konzept zeichnet sich dadurch aus, dass Hersteller und Händler die ihnen zur Verfügung stehenden Informationen teilen und im Rahmen einer wechselseitigen Abstimmung auf Basis einer abgestimmten Prognose eine gemeinsame Planung für Produktion, Lagerbestand und Absatz erstellen. Besonders wichtig ist dabei, Verkaufsförderungsmaßnahmen, z.B. Promotions, aufeinander abzustimmen.
- **Continuous Replenishment Program (CRP)** oder **Efficient Replenishment (ER):** Im deutschen finden sich die Begriffe „Kontinuierliche Warenversorgung" oder „Effiziente Warenversorgung". Die Idee ist, dass Hersteller und Händler ein automatisiertes Bestellsystem für die Waren etablieren. Dabei richtet sich die Bestellung nach den tatsächlichen Verkäufen (Pull-Prinzip). Je nachdem wer für die Versorgung des Lagers zuständig ist, unterscheidet man zwischen: Vendor Managed Inventory (VMI) – der Hersteller/Lieferant trägt die Verantwortung für den Warenbestand im Lager und die Versorgung; Co-Managed Inventory (CMI), Hersteller/Lieferant und Händler teilen sich die Verantwortung, Buyer Managed Inventory (BMI), der Händler trägt die Verantwortung für das Management des Warenbestands.
- **Cross-Docking (CD):** siehe *Abschnitt 19.3.4*
- **Direct Store Delivery (DSD):** Bei der direkten Filialbelieferung werden die Waren direkt vom Hersteller/Lieferanten in die Filiale gebracht, während im Normalfall Sendungen im Einzelhandel über Lager, bzw. Cross-Docking-Center geführt werden. Dies geschieht bei Produkten mit einer geringen Wertdichte (hohes Gewicht bei niedrigem Wert), z.B. bei Getränken, oder weil die Nachfrage in einer Filiale, z.B. aufgrund einer Aktion so hoch ist, dass sich der Transport als Komplettladung lohnt. Direkte Filalbelieferung, zum Teil verbunden mit der Regalpflege, gibt es auch in einigen Spezialsegmenten, wie z.B. Kosmetikartikeln oder Frischeprodukten aus der Region.
- **Quick Response (QR):** Quick Response ist der Überbegriff für Maßnahmen, die eine schnelle Reaktion auf Marktveränderungen, z.B. Nachfrageschwankungen ermöglichen. Gemeinsam versuchen hierbei die Hersteller/Lieferanten und die Händler Informations- und Warenflüsse zu beschleunigen. Meist werden die Verkaufsinformationen aus den Kassensystemen der Händler (engl. „Point of Sale, PoS") direkt an die Hersteller/Lieferanten weitergegeben (per EDI). So können diese schnell Nachfrageänderungen erkennen und reagieren.
- **Efficient Unit Loads (EUL):** Durch Standardisierung (Gestaltung, Kennzeichnung und Management) kann die Auslastung der Transporthilfsmittel, z.B. Paletten und Container aber auch von Fahrzeugen (z.B. Lkw) erhöht werden. Wichtig ist dabei, dass die Maße aufeinander so abgestimmt werden, dass der Raum optimal ausgenutzt wird. Hierzu wird in Europa meist mit dem Standardmaß 600 × 400 (halbe Euro-Palette) gearbeitet. Außerdem muss die Stapelbarkeit sichergestellt werden.
- **Roll Cage Sequencing:** Das Konzept betrifft die Reihenfolgeplanung bei der Beladung von Rollcontainern für die Filialbelieferung. Die Beladung der Rollcontainer ist so auf das Regallayout der Filialen abgestimmt, dass Filialmitarbeiter möglichst

kurze Wege zurücklegen und die Ware direkt aus den Rollcontainern in die Regale einschlichten können. Dies reduziert den Personalaufwand in der Filiale und ermöglicht eine höhere Verfügbarkeit von Waren im Regal.

Die effiziente Gestaltung kundenbezogener Prozesse zielt auf die Befriedigung aktueller Kundenbedürfnisse, Kundenbindung und die Schaffung von Begeisterung der Kunden ab. Dazu gibt es zwei Grundkonzepte: **Shopper Marketing** dient zur Kategorisierung einzelner Kundentypen und Kaufanlässe. **Category Management (CM)** umfasst das Management einzelner Warengruppen, um durch kundengerechte Sortimentsgestaltung Ergebnisverbesserungen zu erzielen. Konzepte hierfür sind:

- Efficient Product Introduction (EPI)
- Efficient Promotion (EP)
- Efficient Store Assortment (ESA)
- Efficient Store Merchandising (ESM)

Die effiziente Verwaltung und die Informationsverarbeitung können unter dem Begriff **Efficient Administration (EA)** zusammengefasst werden. Ansatzpunkte sind:

- Electronic Data Interchange (EDI)
- Computer-Aided Ordering (CAO). Hierunter wird die automatische Auftragsabwicklung verstanden.

Durch diese **Kooperationskonzepte** verändern sich die logistischen Prozesse zum Teil radikal. Einerseits versuchen die großen (Einzel-) Händler logistische Aufgaben, z.B. die Belieferung der Filialen, die Transporte von den Herstellern zu Zentral- oder Regionallagern sowie Kommissionierungs- und Lagerhaltungsaufgaben zu übernehmen. Auf der anderen Seite gibt es Konzepte, die die Belieferung von Waren durch die Lieferanten bis in die Regale der Filiale vorsehen. Vor diesen Verschiebungen im Leistungsspektrum stellt sich die Frage, für welche Produkte welche Supply Chain-Lösungen effizient sind. Dabei stellt die Digitalisierung der Supply Chain Handels-, Industrie- und Dienstleistungsunternehmen vor neue Herausforderungen, bietet jedoch wesentliche Potenziale für die noch intensivere Zusammenarbeit aller ECR-Partner mit dem Ziel, Kunden glücklich zu machen und den Bullwhip-Effekt zu reduzieren.

Auf der Suche nach neuen Absatz- und Beschaffungsmärkten wenden sich die Unternehmen seit geraumer Zeit den Ost-Märkten zu. Auch wenn die Erfahrungen, die die Unternehmen dabei gesammelt haben, sehr durchwachsen sind, spielen die CIS- oder die asiatischen Staaten dabei eine wichtige Rolle. Anders als beim Aufbau logistischer Netzwerke in (West-) Europa oder Nordamerika müssen dabei nicht nur die unterschiedlichen Voraussetzungen in der logistischen Infrastruktur, sondern vor allem auch andere Spielregeln der Kooperation berücksichtigt werden.

21.5 Herausforderungen des Supply Chain Management

Bei **marktlicher Koordination** von Wertschöpfungsketten erfolgt eine Koordination der Beziehungen innerhalb logistischer Ketten im Wesentlichen über die Preise. Verstärkt sich in der Wertschöpfungskette die Zusammenarbeit, so bilden sich aufgrund einer vordergründigen Maximierung der eigenen Vorteile oftmals traditionelle, machtorientierte Strukturen heraus. So geben die Unternehmen, die eine größere Machtposition besitzen, den **Wettbewerbsdruck** an ihre Lieferanten weiter, wie man z.B. anhand der Zusammenarbeit zwischen Lebensmitteleinzelhandel und Lebensmittelindustrie und der Reduzierung der Provisionen der Reisebüros durch die Fluglinien sehen kann. Die damit verbundenen Begleiteffekte zeigen, dass dieses Vorgehen häufig nicht rational ist. So schaffen es die vermeintlich unterlegenen Partner, die ihnen aufgebürdeten Kosten in Verhandlungen wieder einzubringen, z.B. indem Lieferanten erzielte **Rationalisierungsvorteile** nicht oder nur verzögert an die Hersteller weitergeben. Allgemein fördert die Ausnutzung einer Machtposition opportunistisches Verhalten, wodurch in vielen Fällen eine optimierte Gestaltung der gesamten Wertschöpfungskette verhindert wird.

Neben dieser **Anreizproblematik** beim Supply Chain Management lässt sich in vielen Wertschöpfungsketten der Peitscheneffekt (Bullwhip-Effekt) beobachten (siehe *Abschnitt 5.3*).

Zur Bewältigung der steigenden Variantenvielfalt sowie zur Reduktion der Bestände wurden im Rahmen von vielen SCM-Konzepten **Pull-Strategien** eingesetzt, bei denen die Waren nur dann produziert werden, wenn es einen entsprechenden Marktimpuls gibt. Neben den oben beschriebenen Vorteilen fordern Pull-Systeme flexible Kapazitäten. Derartige Strategien bringen häufig eine gewisse Unruhe in die Supply Chain, außerdem muss man auf Größeneffekte (economies of scale) verzichten, die man bei einer prognosegetriebenen Fertigung mit größeren Losgrößen realisieren könnte. Unternehmen überdenken deswegen Pull-Strategien und ersetzen diese häufig durch Push-Pull-Strategien.

Eine der größten Herausforderungen für das Supply Chain Management stellt zweifelsohne die **Globalisierung** dar. Dabei sind Logistik und Supply Chain Management gleichsam Treiber der Entwicklung und Getriebene. Ohne leistungsfähige Logistik und Supply-Chain-Systeme wäre die Globalisierung nicht möglich und die (relativ) niedrigen Kosten ermöglichen den Aufbau globaler Supply Chains. Wie aber nicht zuletzt diverse Katastrophen, wie der Tsunami und die Atomkatastrophe in Japan oder Überschwemmungen in Thailand zeigen, sind durch die globale Arbeitsteilung ganze Industrien betroffen, vor allem die Automobil-, Elektro- und Computerindustrie. Einige Hersteller waren überrascht, dass sie von den Katastrophen betroffen waren, denn nicht ihre Lieferanten, sondern einige Vorlieferanten kamen aus den betroffenen Gebieten. Dies hat die Notwendigkeit des Supply Chain Mapping gezeigt und die Sensibilität für die Gefahren der globalen Arbeitsteilung erhöht.

Supply Chain Management in der hier vorgestellten Form ist eine **komplexe Management-Aufgabe**. Diese kann häufig nur von Großunternehmen, die über entsprechendes Know-how und entsprechende Management-Kapazitäten verfügen, durchgeführt werden. Es besteht der begründete Verdacht, dass die Initiatoren des Supply Chain Managements auch dessen Früchte ernten wollen. Wie oben gezeigt, ist dieses Spiel aber gefährlich, da es opportunistisches Verhalten provoziert. Die Tendenz, das Supply Chain Management zu intensivieren, birgt darüber hinaus für kleine und mittelständische Unternehmen die Gefahr, dass die Großunternehmen aus Gründen der **Komplexitätsreduzierung** ihre Lieferantenanzahl erneut reduzieren.

Auf der anderen Seite bietet das Supply Chain Management in Verbindung mit **Internetlösungen** für kleine und mittelständische Unternehmen die Chance, schnell und kostengünstig, z.B. durch die **Web-EDI** (Elektronische Datenfernübertragung durch das Internet), Daten auszutauschen. Für die Großunternehmen wird in der Zukunft eine effiziente Geschäftsbeziehung mit kleinen und mittelständischen Unternehmen nur unter Ausnutzung eines **elektronischen Datenaustauschs** möglich sein. Hier gilt es für alle Seiten, Know-how aufzubauen und die Chancen von **Digitalisierung** und Logistik 4.0 entlang der gesamten Supply Chain zu nutzen.

ZUSAMMENFASSUNG

Voraussetzung für Supply Chain Management ist die zwischenbetriebliche Kooperation. Dabei muss jedes Unternehmen Chancen und Risiken abwägen, die durch eine langfristige Bindung („Partnering") entstehen können. Wesentliche Aspekte sind dabei die ganzheitliche, integrierte Betrachtung von Supply Chains und Kooperation der Supply-Chain-Partner als Kernbestandteile des Supply Chain Managements. Im Rahmen von SCM-Projekten wesentlich sind die fünf Schritte der Gestaltung von Supply Chains, bestehend aus Analyse, Design, Planung, Betrieb und Controlling. Die Möglichkeiten des IT-Einsatzes im Rahmen des SCM sind wesentlich für die Gestaltung effizienter Informationsflüsse. Eine spezielle Ausprägung des SCM im Handel ist das Efficient Consumer Response (ECR).

Die zwischenbetriebliche Zusammenarbeit im Rahmen des Supply Chain Management kann zu Problemen zwischen den Partnern führen, wenn erzielte Rationalisierungsvorteile nicht zwischen allen Beteiligten aufgeteilt werden. Der Wettbewerbsdruck des Markts wird dabei oftmals an den Partner mit der schwächeren Verhandlungsposition weitergegeben. Um Supply Chain Management als komplexe Management-Aufgabe wahrzunehmen, ist neben partnerschaftlichem Verhalten auch eine enge informationstechnische Anbindung zwischen allen Supply-Chain-Partnern notwendig.

ZUSAMMENFASSUNG

21.6 Übungsfragen

1. Welche Chancen und Risiken können beim SCM für ein Unternehmen auftreten?
2. Was beinhaltet der Begriff des „Partnering"?
3. Wozu wird Supply-Chain-Management-Software eingesetzt?
4. Nennen Sie Instrumente des Supply Chain Controlling.
5. Welche Supply-Chain-Partner sind in der Lage, den Wettbewerbsdruck weiterzugeben?
6. Was bedeutet der Peitscheneffekt? Wann tritt er auf?

EXTRAS ONLINE

Lösungen zu den Übungsfragen und weiterführende Materialien finden Sie auf der Website zum Buch unter *www.pearson-studium.de.*

21.7 Verwendete Literatur

Allianz/Market (2016): Wie gestresst ist Österreich?, Wien.

Bäck, H (1984): Erfolgsstrategie Logistik, München.

Baumgarten, H., Kasiske, F., Zadek, H. (2002): Logistik-Dienstleister – Quo vadis? Stellenwert der Fourth Party Logistics Provider (4PL), in: Logistikmanagement, 4. Jg., Nr. 1, S. 27–40.

Beckmann, H. (2004): Supply Chain Management, Berlin/Heidelberg.

BMWFW und BMVIT (2017): Österreichischer Forschungs- und Technologiebericht 2017, Wien.

Feierabend, R. (1997): Schnittstellen, logistische, in: Bloech, J., Ihde, G. B. (Hrsg.): Vahlens Großes Logistiklexikon, München, S. 922–923.

Finkenzeller, K. (2008): RFID Handbuch, 5. Auflage, Carl Hanser Verlag, München.

Franke, W., Dangelmaier, W. (Hrsg.) (2006): RFID – Leitfaden für die Logistik, Wiesbaden.

Groschopf, W., Posset, M. (2018): Einleitung, in: Grünbuch soziale Nachhaltigkeit in der Logistik, Wien, Bremen.

Haldimann, H. R. (1975): Integrale Logistik, Zürich.

Hansen, H. R., Neumann, G. (2005): Wirtschaftsinformatik 1, 9. Auflage, Stuttgart.

Heiserich, O.-H., Helbig, K., Ullmann, W. (2011): Logistik, Wiesbaden.

Hitchcock, F. L. (1941): The Distribution of a Product from Several Sources to Numerous Localities, in: Int. Journal of Mathematics and Physics, Vol. 20, S. 224–230.

Jünemann, R. (2000): Materialflusssysteme, 2. Auflage, Berlin.

Kille, C. (2012): Güteraufkommen nach Branchen, Köln.

Kuhn, A., Hellingrath, H. (2002): Supply Chain Management, Berlin/Heidelberg.

Kummer, S., Einbock, M., Westerheide, C. (2005): RFID in der Logistik – Handbuch für die Praxis, Wien.

Kummer, S., Schramm. H.-J., Sudy, I. (2009): Internationales Transport- und Logistikmanagement, 2. Auflage, Wien.

Lambert, D.M., Cooper, M.C., Pagh, J.D. (1998): Supply Chain Management: Implementation Issues and Research Opportunities, The International Journal of Logistics Management, Vol. 9, Issues 2, pp. 1–20.

North, K. (2002): Wissensorientierte Unternehmensführung – Wertschöpfung durch Wissen, 3. Auflage, Wiesbaden

Ohno, T. (1993): Das Toyota-Produktionssystem, Frankfurt/Main.

Pfohl, H.-C. (1994): Logistikmanagement, Berlin u.a.

Pfohl, H.-C. (2004): Logistiksysteme, 7. Auflage, Berlin u.a.

Probst, G.J., Raub, S., Romhardt, K. (1999): Wissen managen – wie Unternehmen ihre wertvollste Ressource optimal nutzen, 3. Auflage, Wiesbaden

Putzlocher, S. (2002): Maximierung der Produktionssicherheit durch Supply Chain Management bei DaimlerChrysler, in: Baumgarten, H., H. Stabenau, J. Weber, J. Zentes (Hrsg.): Management integrierter logistischer Netzwerke, Bern u.a., S. 463–476.

Regber, H., Zimmermann, K. (2001): Change Management in der Produktion, Landsberg/Lech.

Rohweder, D. (1996): Informationstechnologie und Auftragsabwicklung: Potenziale zur Gestaltung und flexiblen kundenorientierten Steuerung des Auftragsflusses in und zwischen Unternehmen, in: Pfohl, H.-C. (Hrsg.): Unternehmensführung und Logistik, Band 9, Berlin, S. 61–182.

Schütte, R., Vering, O. (2011): Erfolgreiche Geschäftsprozesse durch moderne Warenwirtschaftssysteme: Produktübersicht marktführender Systeme und Auswahlprozess, Wiesbaden

Sokianos, N., Drüke, H., Seel, C., Wieneke-Toutaoui, B. (1998): Lexikon Produktionsmanagement, Landsberg/Lech.

Stölzle, W., Heusler, K. F., Karrer, M. (2004): Erfolgsfaktor Bestandsmanagement, Zürich.

Straube, F., Pfohl, H.-C. (2008): Trends und Strategien in der Logistik – Globale Netzwerke im Wandel, Bremen.

Straube, F. (2005): Trends und Strategien in der Logistik – Ein Blick auf die Agenda des Logistik-Managements 2010, Hamburg.

Suzaki, K. (1985): Japanese Manufacturing Techniques: Their importance to U.S. Manufacturers, in: Journal of Business Strategy, 5. Jg., Nr. 3, S. 10–19.

Sydow, J. (1995): Unternehmungsnetzwerke. In: Corsten, H./Reiß, M. (Hrsg.): Handbuch Unternehmungsführung. S. 159–169, Wiesbaden.

Umweltbundesamt (2017): Klimaschutzbericht 2017, Wien.

Weber, J., Kummer, S. (1990): Aspekte des betriebswirtschaftlichen Managements der Logistik, in: DWB, 50. Jg., S. 775–787.

Weber, J., Kummer, S. (1998): Logistikmanagement, 2. Auflage, Stuttgart.

Weber, J. (2002): Logistik-Controlling, in: Arnold, D., H. Isermann, A. Kuhn, H. Tempelmeier (Hrsg.): Handbuch Logistik, Berlin/Heidelberg, S. D5-1 – D5-13.

Weber, J. (2002): Logistik- und Supply Chain Controlling, Stuttgart.

Weber, J. (1996): Zur Bildung und Strukturierung spezieller Betriebswirtschaftslehren, in: Die Betriebswirtschaft, 56. Jg., Nr. 1, S. 63–84.

Zbornik, S. (1996): Elektronische Märkte, elektronische Hierarchien und elektronische Netzwerke: Koordination des wirtschaftlichen Leistungsaustausches durch Mehrwertdienste auf der Basis von EDI und offenen Kommunikationssystemen, diskutiert am Beispiel der Elektroindustrie, Konstanz.

Internetquellen:

http://www.ssi-schaefer-peem.com
http://www.keyence.com.sg
http://derstandard.at
https://www.ecr.digital

Register

C

D

E

F

M

N

O

P

Q

R

S

T

U

V

W

X

Z